装备科技译著出版基金

# 装甲材料科学
## The Science of Armour Materials

［澳］伊恩·G. 克劳奇（Ian G. Crouch） 主编

孙葆森　张　磊　高永亮　译

国防工业出版社

·北京·

著作权合同登记　图字:01-2022-5453 号

#### 图书在版编目(CIP)数据

装甲材料科学/(澳)伊恩·G. 克劳奇
(Ian G. Grouch)主编;孙葆森,张磊,高永亮译.—
北京:国防工业出版社,2023.2
书名原文:The Science of Armour Materials
ISBN 978-7-118-12828-4

Ⅰ.①装…　Ⅱ.①伊…②孙…③张…④高…
Ⅲ.①甲防护—材料科学　Ⅳ.①E923

中国国家版本馆 CIP 数据核字(2023)第 022053 号

The Science of Armour Materials by Ian G. Grouch。
ISBN 9780081010020
Copyright@ 2017 by Elsevier. All rights reserved.
Authorized Chinese translation published by National Defense Industrpy Press.
《装甲材料科学》 孙葆森　张磊　高永亮　译
ISBN：978-7-118-12828-4
Copyright ⓒ Elsevier Inc. and <国防工业出版社>. All rights reserved.
No part of this publication may be reproduced or transmitted in any form or by any means, electronic or mechanical, including photocopying, recording, or any information storage and retrieval system, without permission in writing from Elsevier Inc. Details on how to seek permission, further information about the Elsevier's permissions policies and arrangements with organizations such as the Copyright Clearance Center and the Copyright Licensing Agency, can be found at our website: www.elsevier.com/permissions.
This book and the individual contributions contained in it are protected under copyright by Elsevier Inc. 和 国防工业出版社 (other than as may be noted herein).
This edition of The Science of Armour Materials is published by National Defense Industry Press under arrangement with ELSEVIER LTD
or sale in China only, excluding Hong Kong, Macau and Taiwan. Unauthorized export of this edition is a violation of the Copyright Act. Violation of this Law is subject to Civil and Criminal Penalties.

本版由 ELSEVIER LTD.授权国防工业出版社在中国大陆地区(不包括香港、澳门以及台湾地区)出版发行。本版仅限在中国大陆地区(不包括香港、澳门以及台湾地区)出版及标价销售。未经许可之出口,视为违反著作权法,将受民事及刑事法律之制裁。
本书封底贴有 Elsevier 防伪标签,无标签者不得销售。

#### 注　意

本书涉及领域的知识和实践标准在不断变化。新的研究和经验拓展我们的理解,因此须对研究方法、专业实践或医疗方法作出调整。从业者和研究人员必须始终依靠自身经验和知识来评估和使用本书中提到的所有信息、方法、化合物或本书中描述的实验。在使用这些信息或方法时,他们应注意自身和他人的安全,包括注意他们负有专业责任的当事人的安全。在法律允许的最大范围内,爱思唯尔、译文的原文作者、原文编辑及原文内容提供者均不对因产品责任、疏忽或其他人身或财产伤害及/或损失承担责任,亦不对由于使用或操作文中提到的方法、产品、说明或思想而导致的人身或财产伤害/或损失承担责任。

※
国防工业出版社出版发行
(北京市海淀区紫竹院南路 23 号　邮政编码 100048)
三河市腾飞印务有限公司印刷
新华书店经售
＊
开本 710×1000　1/16　印张 39½　字数 763 千字
2023 年 2 月第 1 版第 1 次印刷　印数 1—1500 册　定价 248.00 元

(本书如有印装错误,我社负责调换)

国防书店:(010)88540777　　书店传真:(010)88540776
发行业务:(010)88540717　　发行传真:(010)88540762

# 译者序

装甲材料是指用于高性能装甲、提高作战平台的战场生存力和全域机动能力的功能和结构材料,一般包括金属、非金属、陶瓷和复合材料等。先进装甲材料是陆、海、空、天作战平台装甲防护技术的基础,其通常工作在高温、高压和高应变率等极端环境下,这就对装甲材料提出比一般工程材料更高的要求。装甲防护技术是一门综合交叉技术,涉及穿甲力学、流体力学、热动力学等诸多学科。近年来,装甲材料技术受到世界各国学者和工程技术人员的重视并成为研究热点,新型装甲材料不断涌现。

原著作者伊恩·G. 克劳奇(Ian G.Crouch),1972—1976 年英国利兹大学获得博士学位,1976—1995 年在英国国防科学技术实验室(DSTL)工作,1995—1999 年在泰雷兹公司(Thales)(前身为 ADI Limited)工作;2000—2007 年在复合材料 CRC 公司任业务开发经理;2008—2011 年在澳大利亚国防服装公司(ADA)公司任工程师/研究员和技术经理;2013—2016 年担任国防材料技术中心(DMTC)"装甲材料科学"项目负责人。研究技术专长包括:装甲材料科学;轻型装甲系统设计,特别是陶瓷基系统设计;侵彻力学和高应变率现象研究;国防应用的工程材料;国防产品商业转化等。在澳大利亚装甲界是知名的科学家。

伊恩·G. 克劳奇多年来一直从事装甲防护材料及产品研发,担任装甲防护方案有限公司(Armour Solutions Pty)总经理,堪培门理工学院兼职教授,澳大利亚国防材料技术中心项目负责人,承担 43 项科研项目研究,其中包括金属、轻合金、陶瓷和复合材料、装甲材料和抗弹测试等研究,为澳大利亚陆军和国防发展做出了重要贡献。

本书是伊恩·G. 克劳奇先生对多年来在装甲材料科学领域的研究成果和装甲材料前沿发展方向展望的系统总结,涵盖了装甲材料的基础科学、应用工程科学等最新技术发展。本书系统、全面、科学地论述了几十年来装甲材料的研究现状。其中包括高强韧装甲钢、超贝氏体钢、闪光贝氏体钢、抗爆轰穿孔装甲钢、低成本钛合金、高强度稀土镁合金、新型叠层材料和叠层装甲、聚合物和塑料及其装甲、先进纤维复合材料装甲、高韧性玻璃和陶瓷材料,以及用于人体防护服的抗弹材料。另外本书还系统介绍了与装甲材料和装甲抗弹密切相关的侵彻机理、侵彻动力学、爆炸力学、流体力学和装甲物理学等学科在理论模型、试验研究以及数值模拟等方向的最新进展。

译者希望本书的翻译出版可以为国内装甲防护材料研究人员、坦克装甲车辆和其他武器装备防护系统设计人员、高等院校师生等在开展相关研究、设计和学习时提供指导和借鉴。

本书的译者分别来自于中国兵器工业集团公司北方材料科学与工程研究院、军事科学院国防工程研究院和北京理工大学等单位,都是多年来从事装甲材料研究、装甲防护结构系统研究和装甲材料高速冲击下的数值模拟和计算仿真研究的一线科研人员。孙葆森负责引言、序、前言、第1章和第12章的翻译以及进度协调管理工作;张磊负责第8章、第10章的翻译;高永亮负责第2章和第3章的翻译;李晓静负责第4章的翻译;郑威负责第5章和第6章的翻译;苗成负责第7章的翻译;徐豫新负责第9章的翻译;杨阳负责第11章的翻译。

本书译审工作由多年来工作在装甲防护技术领域的赵宝荣、徐龙堂和张志云等专家学者承担,他们对译稿进行了认真审阅并提出了宝贵的修改意见,并对相关章节进行了修改。

受译者翻译水平所限,书中不妥之处在所难免,恳请广大读者批评指正,愿本书的出版能为我国装甲材料的发展提供一点帮助。

如有任何意见和问题,均可直接联系我,Email:baosensun@126.com。

孙葆森

2021年10月

# 引言

2009年,国防材料技术中心(DMTC)成立,由澳大利亚研究和工业部门的主要参与者创办成立,从创办到现在,这一机构始终代表该部门的一些主要职能,以增强广泛的高技术活动,并致力于提高澳大利亚国防能力。该组织制定了一项旨在保护地面车辆的计划,以及旨在保护车外士兵防护方案的开始。

我的记事簿总是满满当当。

在美好的一周里,可能就几个小时没有安排会议和约见,我有一个出色的助理,他工作很努力,将事情安排得井井有条。合理安排每件事实属不易,总有一些约见需要我们在满满当当的行程表中挤出一些或全部时间。跟伊恩·克劳奇(Ian Crouch)的会面就不一样了。我们相识多年,他总是热情四射、信心满满,坚信我们可以做得更好。他的这种态度至关重要,让我非常期待彼此的见面。我们一般按计划见面。对此,我很高兴。

作为工程师和中心负责人,我当然十分清楚澳大利亚装甲和防护技术领域中一些新兴和既有力量,然而,伊恩多年来一直是团队的中坚力量,他以自己的权威影响力和独有的智慧、热情和魅力来推动该领域的发展。DMTC成立以来,关于澳大利亚装甲和防护技术领域涌现出的坚持不懈、力求卓越的故事层出不穷。在独立性高、供应链短、产量小和不确定性强的行业环境下,该行业的实业家面临着巨大的挑战。伊恩和他的许多来自工业和研究部门的同事都是推动一项技术方案的重要驱动力,这些技术在安装/车辆和车外/人员领域汇集了一套装甲和防护技术,并将它们交付给一个非常需求的客户。

他们的努力和成功在许多公开场合受到称赞,最为重要的是,澳大利亚陆军将他们称为士兵生命的拯救者。对于创新者来说,肯定没有比这更值得追求的东西了。

说实话,成功是怎么来的是一件非常难以说清的事情,但是作为一个在该领域从业十余年的研究人员，我亲眼见证伊恩在开发倡导我今日呈现的技术能力中发挥的核心作用。当然还有许多其他研究者，以他们的专业知识和丰富经验为该领域的发展做出了积极贡献，这让澳大利亚和其盟国人员对他们的防护装备充满信心。本书的作者中有人充满朝气年轻有为，而其他人则岁月积累经验丰富（他们肯定能包容我这番话语）。

这些作者之中，伊恩·克劳奇二者兼有，他一马当先地带动了这个领域飞快地发展，在澳大利亚和盟国的支持下为双方做出了极大的贡献。他的这种奉献一直都是DMTC及其合作伙伴极力倡导的，并让所有澳大利亚人感到骄傲和真诚的合作精神，这也是我们今日想让大家明了的。

Mark Hodge 博士  
澳大利亚国防材料技术中心  
首席执行官（CEO）

# 序

2009年上半年，我全权负责澳大利亚在阿富汗的相关部署和防护工作。司令部的全体官兵都配备了人体装甲，但以我的观点看来，我们士兵穿戴的大部分人体装甲不能完全适合他们所做的工作。澳大利亚模块化战斗人体装甲系统也只不过是把士兵装进了"碉堡"。士兵防护的关键是除了身体得到防护外，还应该具备使用武器和敏捷行动的能力，而相关的研究似乎没有注意到这一点。如果士兵穿戴人体装甲，再携带弹药和生活给养等通常需要的负载后，他们将不能执行任何作战任务。正是由于这一点，我开始对人体装甲的技术和功能变得颇感兴趣。

2009年，当我从阿富汗返回后，就有机会做这件事情了。我回到陆军总部，晋升为现代化与战略规划部门的首任负责人。然后，在参议院评估听证会上使我感觉到任务更加紧迫，陆军总司令被问及解释大量士兵和他们父母关心的关于个人携带物品和士兵防护设备的投诉，特别是人体装甲的重量和身体限制。

2009年末，我遇到Ian Crouch博士，发现他正是可以回答我所有关于重量和防护矛盾问题的人；而且还是可以解决这一矛盾并为我开展工作提供巨大帮助的人。在参加了澳大利亚墨尔本本迪戈召开的澳大利亚国防服装会议之后，我们就一起开启了为士兵研制作战中更好防护的征程。他有技术专长，我有权威。在我们离开工厂之前，已经确定了什么是可行的、可接受的和合适的，需要多长时间，主要问题是什么等。

差不多两年之后，我非常骄傲地见到在Townsville将这些装备用到阿富汗的战斗组训练。指挥官对结果欣喜若狂，使用过新装备的士兵都非常满意。这套装备被称为分层人体装甲系统(tiered body armour system, TBAS)，包含新型人体装甲和创新性战斗负重装备解决方案。所有这些正是作为国防合作组织而成立的机构"Diggerworks"的职责所在，领导研究并保持在士兵个人装备发展的前沿。成为"Diggerworks"决策部门的国防人员都是第一个TBAS设计的架构师，以用户为中心的迭代(新版软件)的驱动因素，使TBAS成为我们引以为豪的真正适合作战使用的系统。

每一位士兵，他们的家庭和他们的作战指挥官都应感谢 Ian 和他的团队为快速解决这一问题所做的工作。毋庸置疑，我们因此挽救了士兵的生命。我们通过 Ian 对装甲材料开展的深入研究，共同实现步兵最佳的重量、舒适度和防护之间的平衡，从而使士兵可以实现有效射击和轻松移动，目前的方案是脱胎于模块化作战人体装甲系统(MCBAS)的完美升级。

本书是 Ian Crouch 博士的知识和经验的结晶。希望更多的像他一样的研究人员可以从这本书中得到所需的知识。为保护我们的士兵免受伤害做出更多贡献。非常感激 Ian Crouch 博士为我们所做的一切以及他为本书所做的努力。

John Caligari 中将，AO，DSC（Rtd）
能力开发组组长
2015 年 8 月

# 前言

我很自豪地介绍这本关于装甲材料的新书,相信它是40多年来第一本真正的装甲材料专著,较全面综述了当前世界最新技术发展文献。值得一说的是,本书通过大量的独立章节间的交叉引用,简单明了地介绍了不同材料的相互依赖性。

2010年,我就有了编纂此书的想法,那时我刚刚从澳大利亚国防军防弹衣供应商——澳大利亚国防服装公司的离职。回顾过往,我对这一段充满魅力的工作深感怀念,然后我开始在英国国防研究机构工作,接着在澳大利亚国防工业公司工作了20年。自1980年以来,无论是作为研究人员、装甲技师,还是作为商业化新装甲材料和系统的推动者,我一直与国际装甲社团保持密切联系。本书包含我经历过的许多应用、案例和装甲材料。它也反映了我最近研究的合作情况,作为澳大利亚国防材料技术中心(DMTC)的项目负责人,本书内容是中心所有科研人员共同智慧和成果的结晶。澳大利亚装甲社团在过去的10年里确实发展壮大了。

本书主要是为刚进入该行业的专业人员编写的,因为20世纪80年代我开始工作时还没有这样的教科书。它是按照传统的材料工程教科书的框架,介绍所有主要的材料系列。每一章涵盖一种装甲材料,将每一种视为更广泛的工程材料的特殊子集,从已公认的装甲钢,轻合金,到涉及陶瓷、纺织品和复合材料的著名装甲。每一个装甲材料家族背后的材料科学都一目了然:很好地涵盖了不同侵彻方式下的能量吸收机制,因为弄清这些失效机制是开发新装甲材料的核心。正如第1章开头所提到的,装甲材料科学不是一个凭空想象的工程学科——它本身就是一门科学——一门围绕材料高应变率特性和局部变形行为的科学。每个章节包含关键属性的汇总表,并且提供了参考资料和弹道数据的详细来源。贯穿这本书的主题之一是实际装甲系统的设计:不仅用于设计简单、基本系统,而且还包括多层结构,如陶瓷面复合装甲的设计原则和准则。本书还提供了许多实际案例研究。

第1章首先介绍了考虑作战环境以及详细的威胁,因为这是在设计或开发装甲系统时总要考虑的第一件事。考虑种种因素,威胁范围仅限于小口径武器弹药、高速碎片、刀和尖锐物攻击以及各种爆炸载荷。引言部分还介绍了非材料专业科学家的基本背景资料和一些经验丰富的研究者的修订笔记。

关于传统装甲材料有两章,即第2章的装甲钢和第3章的轻合金。这两章提供了这些传统装甲良好的冶金背景信息和关键点,工程特性和合理的连接技术。它们大多是自然结构,而钢铁接近其研究和开发的尽头,然而在100多年后,它们仍然是大多数军用装甲首选的材料。它们还可能在未来的人体装甲系统中发挥作用。钛合金当然可以起到防御小口径武器弹药的作用,高强度铝合金也一样。

第4章是第2章、第3章中的传统、均质与金属装甲和后面章节中的"设计装甲"之间的过渡章节。该章对叠层材料和底层结构提出了一个独到的见解,认为最有效的装甲材料具有层状、层压或分层结构。接下来阐明了叠层板的主要性能:它们的止裂行为,以及界面和层间材料的基本作用。为后续展开第5章(聚合物和纤维增强塑料)层压纤维增强结构,第6章(纤维、纺物和防护服)的分层结构、纺织结构和第7章(玻璃和陶瓷)所涵盖的陶瓷复合装甲之前,本章做了必要的解读。

第5章介绍了聚合物和纤维增强塑料,包括对制造优质装甲、复合部件的许多方法的全面回顾。这是一个重要的主题,因为每种方法都会产生具有不同性质的装甲产品。本章还介绍了一种新型无缝隙技术,它能使一个完整的战斗头盔外壳一步一步地从复合材料的平板、铺层中制造出来,特别是那些基于超高分子量聚乙烯(UHMWPE)纤维的先进材料。

第6章通过向读者介绍软装甲背心背后的原理来继续引导读者探究叠层装甲材料的主题。软装甲背心不仅可以抵御手枪子弹,而且可以抵挡刀和尖锐物的刺戳。从纤维的构成、缠绕和非缠绕织物的结构到干织物的缝合层,最后到成形背心本身,依次介绍了背心的每一个组成部分。详细给出每个元素的变化和各种能量吸收机制,同时,详细列举了许多相关性质和特性的表。阻止刀刺入人体就像抵御手枪子弹一样具有挑战性。

本书认为,玻璃和陶瓷是装甲材料中最重要的一个家族,第7章详细介绍了这个高速发展的材料群体,综述了透明陶瓷的发展,以替代性能较差的浮法玻璃,并将其制造方法进行了比较。然而,最关注的还是高性能不透明陶瓷,如氧化铝和硅、硼碳化物,它们具有最高的抗弹性能等级,并且在重量方面也具有优势。作为一种人体装甲系统的关键单元,特别注意描述反应烧结/黏接产品和基于黏性陶瓷加工的新型工艺,该工艺结合无压烧结已经由 DMTC 开发并生产薄、可成形、装甲级碳化硼产品。

虽然计算机仿真或数字建模,不涉及装甲系统本身,但他们在装甲材料科学中的作用是公认的。两个独立的章节致力于讲述这些数学工具。第 8 章对分析技术进行了全面的综述。该章由澳大利亚国防领域杰出国防科学家 Shannon Ryan 博士撰写,它涵盖了各种用来计算装甲材料和系统临界穿透极限的公式。从基于准静态工作的简单模型到基于半经验或基本物理关系的复杂算法,这些数学工具使得装甲技术人员能够在不必花费昂贵的成本和/或费时间的靶试就可估计/预测弹道性能。第 9 章全面介绍了数值建模技术。重点通过大量装甲材料的应用实例,介绍了非线性、有限元计算机代码背后的基础物理学。装甲/反装甲的相互作用局限于重点讲述小武器弹药或高速碎片的冲击。但是,计算机模拟的实际能力是它们模拟特定失效方式或毁伤机制的能力,从而提高我们对所涉及的科学的理解。第 9 章还包括一个非常有用的核对标准输入参数,用于不同强度模型或状态方程转换——当开始数值模拟时,这是基本的数据。

上述数学公式的输入数据通常是通过专用的高应变率测试产生的,例如众所周知的带缺口霍普金森杆(SHPB)。第 10 章详细描述了这些测试过程,以及一些已被用来模拟特定失效机制的代表性的准静态测试。例如,装甲材料在穿透厚度(TT)方向上可吸收大量冲击能量。但是,与其在一个简单的试验材料圆柱体上进行标准穿透厚度压缩试验,不如用与装甲冲击更相关的约束压缩试验(CCT)进行试验。第 10 章提供了该试验的细节,以及包括板冲击、碎裂和散裂试验的高应变率方法的标准范围。

一般读者可能会发现本书中最有用的部分之一是第 11 章的弹道测试方法。它简要概述了弹道测试背后的科学原理和工程目标。该章由两位作者撰写,他们已经有超过 40 年的弹道测试经验,提供了一套宽泛的测试套件,这些测试可以用于研究人员设计装甲方案之初,或工程师在精确验证他们的首选装甲系统,或弹道测试人员进行验收试验。对备受关注却鲜有报道的"$V_{50}$"试验的分析可以加深读者的理解。

本书最后对装甲材料的未来进行了展望。虽然对钢材料的研究可能已经很难突破,但是透明陶瓷、3D 打印结构和石墨烯增强中间层等方面的应用,可能会开发出更好的装甲材料。例如,目前更好的装甲材料还尚未开发出来。然而,降低这些特殊材料制造成本的同时,继续提高其弹道性能同样重要。因此,第 12 章提出了一种基于定量的成本-收益分析的选择目标材料族的新方法。

最后,我要感谢所有为本书做出贡献的人,也感谢我的职业生涯。对我的同仁们,我感谢你们所有的努力。我特别感谢国防科学技术集团的 Stephen Cimpoeru 博士、Shannon Ryan 博士和 Horace Billon 博士以及国防材料技术中心 DMTC 的 James Sandlin。感谢装甲防护方案有限公司(Armour Solutions Pty Ltd)和国防材料技术中心对我工作提供的资金支持。特别感谢 DMTC 的首席执行官 Mark Hodge 博士,他在很多方面与我有着相同的认识。在我漫长的职业生涯中,有三个人一直激励我并支持我:20 世纪 80 年代国防研究局(DRA)装甲/反装甲集团公司的负责人 Neill Griffiths 博士;90 年代国防评估与研究局(DERA)装甲物理部主任 Bill Carson 博士,澳大利亚国防服装公司的老板(1995—2011 年)Brian Rush。在过去 20 年间,这些具有远见卓识的人,慷慨解囊资助研发经费,确保澳大利亚开发出一套新的装甲技术。

图　国防部长 Joel Fitzgibbon(2008),在访问本迪戈市 ADA 时观看用于澳大利亚国防部队的模块化作战人体装甲系统生产,与澳大利亚国防服装公司(ADA)总经理 Brian Rush 和 Ian Croueh 博士一起合影留念。

在任何领域,与成功相伴的是探究、战胜和失败。而在装甲材料领域,它就是探究不同攻击形式下的侵彻失效机制。接下来的工作,对于确保材料不发生失效的职业工程师来说,是一个艰辛的过程。让我们享受这个过程和这本书吧!

伊恩·G. 克劳奇(Ian G. Crouch)博士,董事总经理(装甲防护方案有限公司)
兼职教授(皇家墨尔本理工大学)
项目负责人(澳大利亚国防材料技术中心)

# 目录

## 第1章 装甲材料介绍 ··········································································· 1
### 1.1 作战环境 ··············································································· 1
### 1.2 威胁 ····················································································· 4
#### 1.2.1 小口径弹药 ··································································· 5
#### 1.2.2 高速破碎 ······································································ 9
#### 1.2.3 刀和尖锐物威胁 ···························································· 11
#### 1.2.4 爆炸和爆炸加载 ···························································· 12
### 1.3 终点弹道学、冲击动力学和装甲物理学 ········································ 16
### 1.4 防御机制 ·············································································· 18
### 1.5 侵彻力学和失效模式 ······························································· 20
#### 1.5.1 塑性扩孔 ····································································· 20
#### 1.5.2 冲塞 ··········································································· 21
#### 1.5.3 层裂 ··········································································· 22
#### 1.5.4 蝶形崩落 ····································································· 23
#### 1.5.5 锥形破坏 ····································································· 24
#### 1.5.6 粉碎 ··········································································· 26
#### 1.5.7 径向开裂 ····································································· 26
#### 1.5.8 周向开裂 ····································································· 28
#### 1.5.9 崩落（包括结疤） ························································· 29
#### 1.5.10 破碎 ········································································· 30
### 1.6 装甲系统设计 ········································································ 32
#### 1.6.1 简单基本系统设计 ························································· 32
#### 1.6.2 多层系统设计 ······························································· 34
#### 1.6.3 设计过程和设计驱动以及数学建模的作用 ··························· 34
#### 1.6.4 不同应用的不同装甲系统 ················································ 35
### 1.7 基础材料科学回顾 ·································································· 39

1.7.1　金属 ……………………………………………………………… 39
　　　1.7.2　聚合物 ……………………………………………………………… 40
　　　1.7.3　陶瓷 ………………………………………………………………… 41
　　　1.7.4　纤维和织物 ………………………………………………………… 41
　　　1.7.5　组织-力学性能-使用性能关系 …………………………………… 41
　参考文献 …………………………………………………………………………… 43

第2章　装甲钢 ………………………………………………………………………… 47
　2.1　简介 …………………………………………………………………………… 47
　　　2.1.1　简史：从"小威利"到"巨蝮" ……………………………………… 47
　　　2.1.2　铁合金（从低碳钢到铸钢） ………………………………………… 52
　2.2　装甲钢的有益特征 …………………………………………………………… 55
　　　2.2.1　显微结构方面 ……………………………………………………… 55
　　　2.2.2　硬度、强度和韧性 ………………………………………………… 58
　　　2.2.3　高应变率效应 ……………………………………………………… 61
　　　2.2.4　加工性 ……………………………………………………………… 67
　　　2.2.5　成本和实用性 ……………………………………………………… 70
　2.3　破坏机理及模式 ……………………………………………………………… 72
　　　2.3.1　绝热剪切 …………………………………………………………… 72
　　　2.3.2　脆性失效 …………………………………………………………… 75
　　　2.3.3　结构失效 …………………………………………………………… 77
　2.4　装甲钢的分类 ………………………………………………………………… 80
　　　2.4.1　均质加工装甲钢 …………………………………………………… 80
　　　2.4.2　铸造装甲钢 ………………………………………………………… 82
　　　2.4.3　双硬度装甲钢 ……………………………………………………… 84
　　　2.4.4　电渣精炼装甲钢 …………………………………………………… 85
　　　2.4.5　研究现状 …………………………………………………………… 87
　2.5　装甲规范和标准 ……………………………………………………………… 91
　　　2.5.1　锻造装甲钢 ………………………………………………………… 92
　　　2.5.2　铸造装甲钢 ………………………………………………………… 95
　　　2.5.3　穿孔装甲钢 ………………………………………………………… 95
　参考文献 …………………………………………………………………………… 97

第3章　轻合金 ………………………………………………………………………… 103
　3.1　概述 …………………………………………………………………………… 103

3.1.1 轻合金发展简史 ·················································· 103
3.1.2 弹道特性和特定失效模式 ······································ 108
3.2 铝合金 ····································································· 110
3.2.1 加工硬化铝合金 ·················································· 112
3.2.2 时效硬化合金 ····················································· 115
3.2.3 不同等级的弹道特性 ············································ 119
3.2.4 工程问题 ··························································· 124
3.3 钛合金 ····································································· 126
3.3.1 Ti-6Al-4V等级 ···················································· 128
3.3.2 未来的钛合金装甲 ·············································· 135
3.4 镁合金 ····································································· 136
3.4.1 Mg-3Al-1Zn合金 ·················································· 138
3.4.2 等级研究 ··························································· 139
3.4.3 未来的合金发展 ·················································· 140
3.5 轻合金规范和标准 ······················································ 141
3.5.1 铝合金 ······························································· 142
3.5.2 钛合金 ······························································· 143
参考文献 ············································································ 143

# 第4章 叠层装甲材料及层状结构 ········································ 148

4.1 概述 ········································································· 148
4.1.1 叠层装甲材料和层状结构的分类 ····························· 148
4.1.2 设计方法,附加值和创造性思维 ······························ 151
4.2 叠层原理 ··································································· 152
4.2.1 层与界面 ··························································· 155
4.2.2 界面特性 ··························································· 156
4.2.3 表面效果和涂层 ·················································· 158
4.2.4 破坏吸收原理 ····················································· 158
4.2.5 气隙 ································································· 159
4.3 设计叠层装甲的目的 ···················································· 162
4.3.1 处理应力波 ························································ 162
4.3.2 防止冲塞 ··························································· 162
4.3.3 防止碟形崩落 ····················································· 163
4.3.4 脆性材料支撑 ····················································· 164
4.4 叠层装甲研究 ···························································· 165

####### 4.4.1 叠层钢 165
####### 4.4.2 叠层轻合金 167
####### 4.4.3 混合叠层板 168
##### 4.5 叠层装甲示例 170
####### 4.5.1 黏结剂连接叠层铝装甲 170
####### 4.5.2 新型防护装甲:钢-复合叠层板 172
####### 4.5.3 氧化铝-铝叠层装甲 173
##### 4.6 结论 174
#### 参考文献 174

### 第5章 聚合物和纤维增强塑料 178
#### 5.1 概述 178
##### 5.1.1 从防崩落衬层到结构纤维增强塑料的发展简史 179
##### 5.1.2 能量吸收机制和失效模式 182
#### 5.2 聚合物和树脂 189
##### 5.2.1 未增强聚合物 190
##### 5.2.2 热固性树脂 194
#### 5.3 用于硬质装甲的增强纤维 195
##### 5.3.1 玻璃纤维 197
##### 5.3.2 碳纤维 199
##### 5.3.3 芳纶纤维 200
##### 5.3.4 聚乙烯纤维 201
#### 5.4 用于硬装甲的机织面料 205
##### 5.4.1 织物类型 205
##### 5.4.2 三维织物 207
##### 5.4.3 混杂织物 208
#### 5.5 加工路线:一般介绍 209
##### 5.5.1 平板压制 209
##### 5.5.2 高压(HP)压缩成型 211
##### 5.5.3 树脂传递模塑 213
##### 5.5.4 真空辅助树脂灌注(VARI)工艺 214
##### 5.5.5 软膜成型 216
##### 5.5.6 双软膜成型 217
##### 5.5.7 双隔膜深拉(D4)工艺 221
#### 5.6 用于个人防护的装甲制品 226

- 5.6.1 热成型盾牌和护目镜 ················································· 226
- 5.6.2 硬质装甲板 ····································································· 226
- 5.6.3 战斗头盔 ······································································· 227
- 5.7 规范和防弹标准 ········································································· 230
  - 5.7.1 护目镜 ············································································· 231
  - 5.7.2 防崩落衬层 ···································································· 232
- 参考文献 ······························································································· 232

## 第6章 纤维、织物和防护服 ··············································· 237

- 6.1 防护服概述 ················································································· 237
  - 6.1.1 个人防弹衣 ···································································· 237
  - 6.1.2 能量吸收机制和失效模式 ·········································· 239
- 6.2 防弹织物用技术纤维 ································································· 242
  - 6.2.1 从Kwolek到碳纳米管的发展历程 ··························· 242
  - 6.2.2 纤维的结构和性质 ······················································ 244
  - 6.2.3 蚕丝纤维 ······································································· 246
  - 6.2.4 聚酰胺(尼龙)纤维 ······················································ 247
  - 6.2.5 聚(对苯二甲酰对苯二胺)(PPTA)纤维 ··················· 248
  - 6.2.6 聚乙烯(UHMWPE)纤维 ············································· 250
  - 6.2.7 研究级纤维 ···································································· 252
- 6.3 防弹织物和纺织品技术 ····························································· 254
  - 6.3.1 编织织物 ······································································· 254
  - 6.3.2 非织造和非织物织物 ·················································· 261
  - 6.3.3 涂层织物 ······································································· 263
  - 6.3.4 针织织物 ······································································· 264
  - 6.3.5 毡 ···················································································· 265
  - 6.3.6 涂有剪切增稠液的织物 ·············································· 267
- 6.4 叠层织物结构 ············································································· 270
  - 6.4.1 缝合结构 ······································································· 270
  - 6.4.2 绗缝结构 ······································································· 272
  - 6.4.3 混合结构 ······································································· 272
  - 6.4.4 三维结构 ······································································· 273
- 6.5 软质装甲插件 ············································································· 274
  - 6.5.1 介绍和通用途径 ·························································· 274
  - 6.5.2 一般属性:边缘效应;抗多次击打效果 ··················· 275

6.5.3　用于防护手枪子弹的软质装甲插件 278
6.5.4　用于防刺的软质装甲插件 280
6.6　防护服 284
6.6.1　典型的人体装甲系统 284
6.6.2　重量、机动性与防护的权衡 285
参考文献 287

# 第7章　玻璃和陶瓷 293

7.1　概述 293
7.1.1　关键性能与驱动力 296
7.1.2　能量吸收机制与失效模式 297
7.2　传统玻璃 299
7.3　玻璃陶瓷 301
7.4　透明陶瓷 303
7.4.1　微观结构和加工方面 305
7.4.2　氮氧化铝 306
7.4.3　镁铝尖晶石 308
7.4.4　单晶氧化铝(蓝宝石) 309
7.4.5　弹道性能比较 312
7.5　块体陶瓷 315
7.5.1　氧化铝陶瓷 315
7.5.2　碳化硅陶瓷 315
7.5.3　碳化硼陶瓷 317
7.6　制备方法和成型工艺 319
7.6.1　成型工艺 320
7.6.2　致密化 323
7.7　聚合物陶瓷 326
7.7.1　成分效应和弹道性能 328
7.8　透明装甲在车辆平台上的应用 329
7.9　不透明陶瓷在车辆平台上的应用 330
7.9.1　系统变量 330
7.9.2　材料变量 332
7.10　不透明陶瓷在防弹衣系统中的应用 333
7.10.1　历史背景 333
7.10.2　设计准则 334

7.10.3　材料选择 …… 334
　　7.10.4　工艺方法 …… 337
　　7.10.5　弹道性能 …… 337
　　7.10.6　成本 …… 341
参考文献 …… 341

# 第8章　解析方法和数学模型 …… 348

8.1　引言 …… 348
8.2　半无限金属靶侵彻解析模型 …… 348
　　8.2.1　流体动力学射流侵彻 …… 349
　　8.2.2　"4阶段"侵彻模型 …… 350
　　8.2.3　开坑经验方程 …… 352
　　8.2.4　改进的流体动力学理论 …… 352
　　8.2.5　中线动量平衡 …… 362
　　8.2.6　一维有限差分离散 …… 365
8.3　有限厚金属靶贯穿解析模型 …… 367
　　8.3.1　空腔膨胀理论 …… 367
　　8.3.2　塑性理论 …… 369
　　8.3.3　Ravid-Bodner多阶段模型 …… 371
　　8.3.4　Breakout（崩落）（Walker-Anderson） …… 375
　　8.3.5　层压材料/靶标的侵彻/贯穿 …… 376
8.4　非金属靶侵彻/贯穿解析模型 …… 380
　　8.4.1　织物装甲的侵彻/贯穿 …… 381
　　8.4.2　复合物装甲的侵彻/贯穿 …… 383
　　8.4.3　陶瓷装甲的侵彻/贯穿 …… 389
　　8.4.4　陶瓷装甲附带损伤预测 …… 400
8.5　有限厚金属装甲贯穿计算程序 …… 403
　　8.5.1　THOR …… 404
　　8.5.2　JTCG/ME侵彻手册 …… 405
　　8.5.3　ConWep …… 406
　　8.5.4　FATEPEN …… 406
　　8.5.5　未来技术 …… 407
　　8.5.6　案例研究3 …… 411
参考文献 …… 414

# 第9章 数值建模和计算机仿真 ......421

## 9.1 数值建模简介 ......422
## 9.2 软件包的简短回顾 ......424
## 9.3 各种求解器的概述 ......427
### 9.3.1 拉格朗日方法 ......427
### 9.3.2 欧拉和任意拉格朗日欧拉(ALE)方法 ......428
### 9.3.3 无网格方法:光滑粒子流体动力学 ......431
## 9.4 状态方程 ......433
### 9.4.1 Mie-Grueneisen 状态方程 ......433
### 9.4.2 SESAME 状态方程 ......434
## 9.5 金属强度模型和失效准则 ......436
### 9.5.1 Johnson-Cook 强度模型 ......436
### 9.5.2 Johnson-Cook 损伤准则 ......439
### 9.5.3 Cockcroft-Latham 损伤准则 ......441
### 9.5.4 Zerilli-Armstrong(ZA)强度模型 ......443
### 9.5.5 力学阈值应力(MTS)强度模型 ......445
### 9.5.6 Steinberg-Cochran-Guinan-Lund(SCGL)强度模型 ......446
## 9.6 非金属强度模型 ......447
### 9.6.1 Johnson-Holmquist 陶瓷模型 ......447
### 9.6.2 Kayenta 陶瓷模型 ......449
### 9.6.3 聚合物材料的强度模型 ......451
### 9.6.4 橡胶和弹性体的强度模型 ......452
### 9.6.5 纺织品和纤维增强聚合物的本构方程 ......453
### 9.6.6 金属层压板建模 ......456
### 9.6.7 多孔材料建模 ......458
## 9.7 目标防御 ......464
### 9.7.1 KE 撞击器建模 ......464
### 9.7.2 高爆(HE)事件建模 ......466
## 参考文献 ......488
## 附录 ......500

# 第10章 高应变率及特殊试验 ......509

## 10.1 引言 ......509
### 10.1.1 专用准静态试验(QS) ......510

10.1.2　高应变率试验 ······················································· 511
10.2　专用试验技术 ································································ 512
  10.2.1　压痕试验 ··························································· 512
  10.2.2　沿厚度方向压缩试验 ············································ 513
  10.2.3　分层试验 ··························································· 515
10.3　冲击试验 ······································································ 516
  10.3.1　落锤试验 ··························································· 516
  10.3.2　泰勒撞击试验 ······················································ 517
  10.3.3　气炮撞击试验 ······················································ 519
10.4　动态断裂试验 ································································ 521
  10.4.1　夏比和悬臂梁冲击试验 ·········································· 522
  10.4.2　破碎试验 ··························································· 523
  10.4.3　层裂试验 ··························································· 524
  10.4.4　爆炸膨胀试验 ······················································ 526
  10.4.5　板(平板和曲板)和管的爆炸试验 ······························· 526
10.5　平板撞击试验 ································································ 529
  10.5.1　状态方程测量 ······················································ 530
  10.5.2　HEL 测量 ··························································· 530
10.6　分离式霍普金森杆试验 ···················································· 532
  10.6.1　SHPB 动态拉伸试验 ·············································· 536
  10.6.2　SHPB 动态扭转试验 ·············································· 537
  10.6.3　SHPB 动态剪切试验 ·············································· 537
  10.6.4　SHPB 动态三轴试验 ·············································· 538
  10.6.5　SHPB 动态断裂试验 ·············································· 538
10.7　SHPB 数据的应用 ··························································· 542
  10.7.1　主要模型 ··························································· 542
  10.7.2　装甲钢 ······························································· 543
  10.7.3　蜂窝和泡沫金属 ··················································· 544
  10.7.4　羊毛和芳纶纤维 ··················································· 547
  10.7.5　纤维增强高聚物复合物 ·········································· 549

参考文献 ················································································· 552

## 第11章　弹道试验方法 ···························································· 560

11.1　简述 ············································································· 560
  11.1.1　测试环境 ··························································· 560

- 11.1.2 测试程序和术语 ·················· 563
- 11.1.3 "失效"的定义 ·················· 566
- 11.2 装甲研制过程中使用的试验技术 ·················· 568
  - 11.2.1 装甲系统评估 ·················· 568
  - 11.2.2 装甲材料评估 ·················· 569
  - 11.2.3 防护机理研究 ·················· 573
  - 11.2.4 实验诊断工具 ·················· 576
- 11.3 装甲防护系统检验标准 ·················· 581
  - 11.3.1 人体防护系统 ·················· 581
  - 11.3.2 战斗头盔 ·················· 584
  - 11.3.3 防穿刺背心 ·················· 585
  - 11.3.4 防弹玻璃和透明装甲 ·················· 586
- 11.4 生产工艺检验 ·················· 586
- 11.5 预处理试验 ·················· 587
- 参考文献 ·················· 589

## 第12章 装甲材料未来发展 ·················· 591

- 12.1 简述 ·················· 591
- 12.2 威胁谱的趋势 ·················· 592
- 12.3 装甲材料发展趋势 ·················· 593
  - 12.3.1 装甲钢 ·················· 593
  - 12.3.2 轻合金 ·················· 593
  - 12.3.3 纤维和纤维增强塑料 ·················· 594
  - 12.3.4 织物 ·················· 595
  - 12.3.5 玻璃和陶瓷 ·················· 595
  - 12.3.6 微桁架材料 ·················· 597
- 12.4 装甲系统发展趋势 ·················· 599
  - 12.4.1 人体装甲系统 ·················· 600
  - 12.4.2 车辆装甲 ·················· 601
- 12.5 思考和建议 ·················· 602
- 12.6 结束语 ·················· 604
- 参考文献 ·················· 605

# 第1章
# 装甲材料介绍

伊恩·G. 克劳奇(I. G. Crouch)
澳大利亚维多利亚州特伦特姆装甲防护方案有限公司

装甲的设计应用更多的是一门科学,而不是一门死板的工程学分支。虽然所有专业工程师都会遵循良好的工程原理实践,但我怀疑很多人可能会错误地认为,工艺应用就是最优无风险装甲的唯一必需,就像是应用标准化轮胎测试,为汽车选择最佳轮胎一样。然而,装甲材料科学是一门专业化且跨学科的研究,在上学期间仅能掌握皮毛,而更多关键的内容都是在工作中积累的,这也是跟我一样的绝大多数装甲工程师的经验。为了能更好的理解这其中蕴含的科学原理,我们必须优先考虑作战环境,然后是更为重要的一个因素——何为威胁。

## 1.1 作战环境

假设你身处战区,或者中东某个地方的作战区域。在 2003—2014 年间,不论是在伊拉克还是阿富汗,这些战场的环境都是危险和复杂的,其中,许多爆炸或高能冲击事件时有发生。这正是需要装甲材料发挥作用的时候,并且希望最大限度地发挥作用。

不仅仅对于澳大利亚国防部队,这些地面战争的代价无疑是非常昂贵的。阿富汗 10 年冲突期间发生 41 起澳大利亚士兵死亡事件;当然不能忘记,其他国家成千上万的平民和士兵也在战乱中失去了生命。正如克里斯·马斯特斯(Chris Masters)在最近撰写的一篇关于阿富汗乌鲁察干省现役军人生活的报道中所描述的那样(马斯特斯,2012),像 Tarin Kowt 这样的基地,白天炎热,晚上寒冷,甚至冬天下雪,环境是尘土飞扬,道路是崎岖不平。对于士兵来说,极端恶劣的条件意味着:对设备的要求极端苛刻,因此对工程材料具有极大的挑战性。例如,由碳纤维增强塑料制成的黑鹰直升机快速旋转的螺旋桨叶片,需要承受尘土的冲击,需要保护飞行员免受来自地面小口径武器的伤害。像澳大利亚防护机动装甲车辆(Bushmaster)中的士兵,需要保护免受来自简易爆炸装置(IED)和地雷的伤害。地面上的士兵,在平原上追逐恐怖分子需要配穿最新舒适和轻便的人体装甲(图1.1)。

图 1.1　现役人员装备和装甲材料,2012 年(Anon,2012,澳大利亚国防部网站 www.defence.gov.au.)

现在分析一下在战场上应用的装甲材料。轻型铝合金用于制造直升机的结构件,更轻型陶瓷装甲用于制造驾驶员座椅下部防护结构件。可焊高强钢作为结构装甲用于 Bushmaster 车辆。但是,人们会问哪一级别的钢可以使用,为什么?大厚度可焊铝合金可制造 M113 装甲车辆(装甲人员输送车)的车体结构,该车过去 50 年到现在仍然在服役。还有现代人体装甲的材料种类有哪些?这些可能是战场上最复杂的被动装甲系统,通常包括凯夫拉背心和硬质装甲板(HAP),用以防护 AK47 步枪发射的高速步枪子弹。

这种人体装甲系统(BAS)确实可以保护士兵生命!例如,2009 年威尔士卫队第一营柯林斯军士长在阿富汗执行任务中,他和他的同伴在扫雷中被冷枪击中(Anon,2009)。他说,"当我被一发子弹击中后背时,我就跪在了地上的渠沟中。子弹一定来自 200~300m 的地方"。在描述他近乎死亡的经历中,柯林斯说:"子弹立刻把我打倒。我觉得就像被摆锤重击了一下。我面朝下重重地摔在泥土里。"图 1.2 展示了柯林斯损坏的人体装甲和背部的伤痕——硬质装甲板确实发挥了作用,柯林斯很快恢复并投入了战斗。

图1.2 柯林斯军士长(威尔士卫队第一营)展示损坏的人体装甲和背部的伤痕

这些硬质装甲板是性能非常优良的产品,以尽可能小的重量提供尽可能大的防护,但是,什么级别的陶瓷最合适呢?图1.3给出了典型人体装甲系统剖面示意图,以及设计该系统所考虑的装甲材料系列,特别是硬质装甲板。

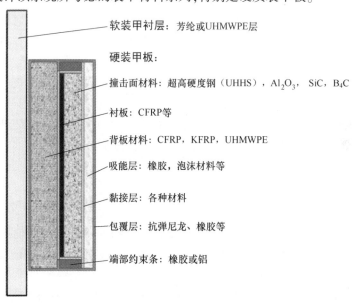

软装甲衬层:芳纶或UHMWPE层

硬装甲板:

撞击面材料:超高硬度钢(UHHS),$Al_2O_3$,SiC,$B_4C$

衬板:CFRP等

背板材料:CFRP,KFRP,UHMWPE

吸能层:橡胶,泡沫材料等

黏接层:各种材料

包覆层:抗弹尼龙、橡胶等

端部约束条:橡胶或铝

图1.3 典型人体装甲系统剖面

所有这些装甲材料(HAP中的钢、铝合金和陶瓷材料)如何才能满足这种苛刻的要求?设想一下装甲设计师和工程师为了研发、制造和验证这些装甲材料在危险环境中的应用所经受的磨难。与任何其他科学领域或工程一样,装甲工程师需要简化实际情况和按照最坏情况进行设计。在这种情况下,研发的装甲系统就能够抵御指定速度和倾角的威胁(如钢芯弹)。当然,设计和选择最适合的工程材料是材料科学家和设计工程师所负责的工作。那么,是什么使得装甲材料的工作和科学变得如此不同并富有吸引力呢?

从材料科学的角度来看,对于典型的碰撞事件:钢芯弹以每秒几百米的速度撞击装甲车辆侧部的钢装甲板。碰撞事件发生一系列的物理过程,并且整个撞击过程通常在100ms内完成。

(1) 冲击在材料中会产生一系列应力波,并在整个结构中传播。这些波在材料中以秒计速度传播,如在钢结构中,传播速度大约为6000m/s。由于这些波的传播速度比子弹快得多,它们确实会引起子弹头部材料的变形,是否可能会影响后续的材料行为?

(2) 如果装甲系统正确设计,将会产生驻留现象,期间,靠近钢板表面的子弹头部会发生变形,而不侵彻装甲。那么子弹会出现多少变形?它将被烧蚀或塑性变形吗?还是简单的弹回(跳弹)?

(3) 只要子弹开始侵彻装甲,材料就会产生流动,如在硬度试验时,金刚石头部压入材料表面的地方。但是,与硬度试验不同,该侵彻过程是动态的。材料在高应变率、高温和高局部压力等这些极端条件下如何流动?材料将如何抵抗这巨大的力量,材料科学家如何准确地描述这一复杂的流动行为?分析和数值模拟有帮助吗?

(4) 当子弹侵入后,应变率开始下降,装甲后部将开始承受冲击的全部力量并变形到极限,材料可能会如何失效?局部还是全部?钢结构将会变形吗?

这些问题和其他许多问题,将在接下的章节进行分析。引言后续部分将重点介绍除轻型装甲系统研发外的装甲材料基础和设计原理。

## 1.2 威胁

研制特定装甲材料或系统,最困难的是精准分析实际或观察到的威胁以及相关的数据。这种方法至关重要,因为没有一种装甲系统能够应对所有威胁。对于软装甲尤其如此,对于尖刀、长矛和手枪的威胁,防护需要高性能纤维(如凯夫拉)的不同组合。Brady(2003)和Horsfall(2009)整理了由战争和不同威胁引起的军事灾难清单。例如,与第二次世界大战一样,海湾战争中高速破片比子弹引起更多的伤害。但是,在婆罗洲(Borneo),90%的伤害由子弹打击引起。在最近的冲突中,像阿富汗和伊拉克作战中的威胁,多数是由IED引起的死伤,而不是小口径武器弹药(Kelly等,2008)。实际上,Kelly报告了战场威胁谱的显著变化,IED在2004—2006年两年间成为头号威胁。从那时起,在涉及恐怖活动的军事战斗中,

IED成为主要的威胁。

2010年,澳大利亚国防部成立了一个叫做Diggerworks的机构以收集车外士兵的实际需求(Cebon和Samson,2010)。以便根据第一手资料引领研究快速进展——第一任主任是Jason Blain上校去年指挥了在阿富汗作战的澳大利亚步兵营。Diggerworks,DSTO(现在为DSTGroup)和国防材料技术中心(DMTC)从那时起一直在紧密合作。在民用领域,手枪和步枪在美国仍然是主流自卫武器,而在欧洲,特别是像伦敦这样的主要城市,刀和长矛攻击居多。伦敦大都市警局技术部的PaulFenne报道(Fenne,2008,2009),伦敦犯罪数量达到每年13000起,2009年,武装警察响应11725次报警电话。其中,2232次出警,警察都需要配穿人体装甲。通常,包含装甲/反装甲的教科书会将这些情况分成两类:一类是材料特性不会起太大作用(流体动力学机制中,密度是主要的),另一类是材料特性具有很强的影响。后一种是在撞击速度较低时的情形。由于多种原因,本书重点主要讲后一类,因为这些不仅是材料科学家感兴趣的,而且还是澳大利亚国防部门最关心的情况,其中小口径弹药、高速破片和刺刀攻击是撰写需求报告最关注的。爆轰和高速破片防护不仅重要,而且很紧迫,因此被纳入本书的威胁谱系。

作为支撑本节介绍部分的结论,我个人进行了大量"流体动力学机制"弹道实验,证实与材料强度关系重大。因此,即使对于设计用于抗长杆穿甲弹芯和化学能武器的装甲系统来说,弄清装甲材料的动态性能仍然非常重要。需要了解更多动能(KE)威胁(长杆式弹等)的知识,读者可参见Hameed等(2004)和Ogorkiewicz(2015)。

### 1.2.1 小口径弹药

这类弹药口径范围从5.56mm、7.62mm步枪子弹到9mm手枪子弹,最大到12.7mm、14.5mm口径穿甲弹。后两种口径接近中口径武器(>20mm),因此本节不包含这两种口径弹药,但是对于所有口径的KE弹丸,它们的结构和侵彻原理以及毁伤概率的详细情况实际上都相同。装甲工程师需要弄清楚这些弹丸具有什么侵彻威力,因为在所有情形下是不同的。重要的是弹丸的核心——弹芯,特别是头部形状和材料类型,因为这将决定可能的毁伤机制(见1.4节)。因此,下面的小节论述了最常用的小口径弹药的结构细节,以及对于数值模拟最有价值的细节(见第9章)。

#### 1.2.1.1 手枪子弹

从表1.1看出,传统注铅手枪子弹的属性、形状和尺寸在150年里没有显著变化。实际上,从1840年以来的0.44英寸高柯尔特(Colt)子弹与目前的"44 Magnum"子弹非常类似——铅芯也具有相同的重量——后者只是具有简单的铜套。

来自 Remington 的 0.44 英寸 SJHP 弹药最初是设计用于手枪和步枪的两用弹药。在装甲试验中,该子弹是测试软人体装甲的两个弹种之一,通常选择用于评价装甲背面钝伤。这种子弹在澳大利亚禁止私有,目前弹道试验标准 HIJ0101.06 已经没有这种弹药。另外,9mmFMJ 可能是国际上军用和执法最广泛使用的口径,所以 9mm"Luger"在许多国家试验标准中被用于评价人体装甲性能。这些传统手枪的铅芯弹很容易变形,可以由叠层铺放的高性能纤维如凯夫拉织物防护(见第 6 章)。

表 1.1 传统手枪子弹

| 弹 药 | 0.44 英寸 Colt (US 1860s) | 0.52 英寸 Sharps (US 1860s) | 9mm FMJ Remington | 0.44 英寸 SJHP Remington |
|---|---|---|---|---|
| 子弹和变形的弹芯 | | | | |
| 子弹质量/g | 14.0 | 27.1 | 8.0 | 15.6 |
| 弹芯材料 | 铅基 | 铅基 | 铅基 | 铅基 |

这里需要指出,两种非传统手枪弹药见表 1.2。7.62mm×25mm(第 1 个数字是口径,第 2 个数药筒长度)Tokarev 是非常规几何尺寸的钢芯弹,它对软靶特别有效。5.7mm × 28mm SS195LF 也是目前备受关注的弹药。它被研发用于替代 9mmParabellum,但与 9mm 弹药不同,是完全无铅的。与传统的手枪铅芯弹药相比,轻型铝芯可大大降低附带损伤,但仍然需要特别关注软装甲设计。

表 1.2 特种手枪弹药

| 弹药 | 7.62mm×25mm Tokarev | 5.7mm×28mm SS195LF |
|---|---|---|
| 子弹和弹芯 | | |
| 子弹质量/g | 5.5 | 1.8 |
| 弹芯材料 | 软钢 | 弹药 |

### 1.2.1.2 步枪子弹

**1. 高速铅芯弹**

这些高速铅芯步枪弹的详细情况见表1.3。前两类极其普通,只有极少数国家制造7.62mm×51mmNATO Ball L2A2子弹,实际上是用户指定的制造商。为此,储弹通常是来自不同制造商的弹药。M80 NATO球形弹由北约于1954年首次使用,目前仍然广泛用于测试人体装甲部件和轻型防护车辆。虽然它们是9.5g的铅芯重型弹,外形短而粗,但飞行速度大于800m/s。这两种弹丸传统上被描述为"Level3"威胁。较小口径的变形弹,5.45mm×39mm AK74球形弹和5.56mm×45mm NATO M193弹丸,是相同弹丸的轻型版。铅芯弹质量只有3.5g,这样可增加战士的携弹量。

表1.3 常用铅芯球形弹

| 弹药 | 7.62mm L2A2 NATO 球形弹 | 7.62mm M80 NATO 球形弹 | 5.45mm×39mm AK74 球形弹 | 5.56mm×45mm M193 |
|---|---|---|---|---|
| 子弹和变形的弹芯 | | | | |
| 子弹质量/g | 9.3 | 9.5 | 3.5 | 3.6 |
| 弹芯材料 | 铅基 | 铅基 | 铅基 | 铅基 |

**2. 高速弹芯弹**

这种高速弹芯弹(表1.4)传统上属于Level 3+族小口径弹药。其中,自1979年北约审查候选弹药后,5.56mm×45mm NATO SS109弹开始逐渐确立稳固地位。它在接近头部有一小钢锥芯,与铅芯弹M193相比,在软装甲中似乎很少破碎。军方用户通常都选定这种弹药。需要指出该弹的两种变型弹:APHC型,用碳化钨(WC)替代钢芯,从而赋予该弹更强的侵彻力;M855A1型,相对较新,而且是受关注的研发弹药——弹芯用钢制造,但质量与APHC型子弹碳化钨芯相同。这种变型弹一直是人们希望得到的。

Level3+这一族7.62mm变型弹都是钢芯弹。通常作为声名狼藉的卡拉什尼科夫AK47步枪的子弹,常见于在世界上大多数冲突区域,为了降低成本和易于制造,采用了低碳钢芯。虽然不用作穿甲子弹,但 M43 的结构应用于人体装甲系统和轻型军用平台具有穿甲性能,其结构有大量文献报道——见图 1.4——在研发领域获得广泛使用(Crouch 等,2015)。7.62mm×54mmR LPS 在性能上类似,但质量小的多。即使它被归类到球形弹,因为其铅含量高,除了作为传统的穿甲子弹,该弹还被大量用于试验标准弹。

表 1.4 高速弹弹芯的选择

| 弹药 | 5.56mm×45mm SS109(M855) | 5.56mm×45mm M855A1 增强弹 | 5.56mm×45mm APHC | 7.62mm×39mm AK47 | 7.62mm×54mmR LPS |
|---|---|---|---|---|---|
| 子弹和变形的弹芯 | | | | | |
| 子弹质量/g | 4.0 | 4.0 | 4.6 | 7.9 | 10.0 |
| 弹芯材料 | 钢锥 | 钢 | WC 锥 | 低碳钢 | 低碳钢 |

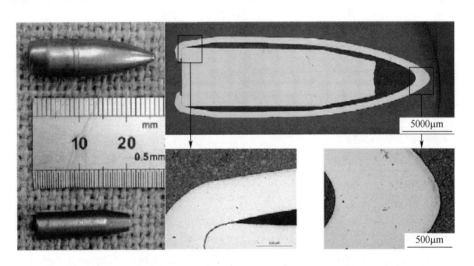

图 1.4 7.62mm×39mm AK47 子弹剖面图,低碳钢弹芯,注铅和涂覆铜的钢套

3. 穿甲弹

表 1.5 给出在不同抗弹试验标准中可选择的硬质钢芯穿甲弹药。最常用的是 US 30-06″Springfield M2 AP 弹,人们一般喜欢称为 APM2。目前,它实际上已经停产,现在的供货也仅仅是第二次世界大战和朝鲜战争后的剩余弹药。但对于很多装甲试验标准,它仍然是可选择的弹药,因为它已经使用了 50 多年,积累了大量的

抗弹数据——因此非常愿意使用它。尽管它不会被作为作战弹药,但它对于研究人员和装甲工程师还是很实用的,它仍是具有硬化钢尖头弹芯的高穿甲性能子弹。

表 1.5 高速弹弹芯的选择

| 弹药 | US 30-06″<br>(AP M2) | 7.62mm×54mm R<br>(B32) | 7.62mm×51mm<br>(P80) | 7.62mm×39mm<br>(API-BZ) | 7.62mm×51mm<br>(FFV) |
|---|---|---|---|---|---|
| 子弹和变形的弹芯 | | | | | |
| 子弹质量/g | 10.7 | 10.0 | 9.8 | 7.7 | 8.4 |
| 弹芯材料 | 硬化钢 | 硬化钢 | 硬化钢 | 硬化钢 | 碳化钨(WC) |

类似的子弹是 7.62mm×54mm R API B-32,该子弹是所有子弹中军用服役寿命最长的弹药。但是,作为试验弹,其钢芯的制造在质量上不稳定。例如,表 1.5 给出的实际弹芯在头锥部分稍不对称。

7.62mm×51mm P80 子弹与 APM2 类似,但弹芯形状更像是箭头状。这一形状避免了弹芯易破碎的问题,因为 APM2 和 B32 弹的弹芯经常出现破碎。因此,尽管其弹芯非常轻,但 P80 被认为具有同样的穿甲威力。较短的 7.62mm×39mm API-BZ 在穿甲性能方面同样令人惊奇。

最后介绍由 NAMMO 公司制造的 7.62mm×51mm 碳化钨芯 FFV 子弹。FFV 代表最初的供货商——瑞典 BoforsAB。5.56mm×45mm M995 子弹及其系列,于20世纪90年代晚期开始研制,从2000年起,少量供货。该弹芯具有尖锥形头部,比钢芯更具穿透力。许多研究人员已使用了20多年,但高成本限制了其应用。

### 1.2.2 高速破碎

1950 年,水城兵工厂实验室的科学家和工程师发现,像高爆弹和简易爆炸装置等破片弹药在爆炸时释放出大量尺寸不一的钢破片。防护来自这类弹药的威胁成为目前极具挑战性的研究热点。图 1.5 是一组初始形成均质系列直径为 2.54~20mm 凿头弹(Mascianica,1980)。如图 1.6 所示,这些破片模拟弹(FSP),是用中强度钢按照军用标准精密制造的(标准,2006),然后经过热处理,硬度范围为 28~32 Rc——典型弹药的硬度,像 105mmHE 弹,从 1960 年起成为常见的顶部威胁。

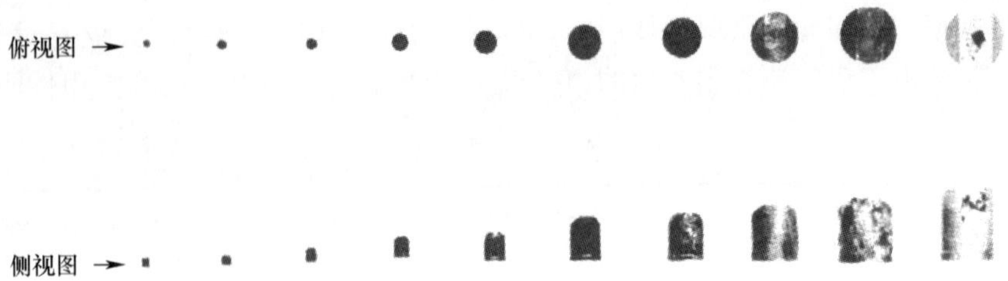

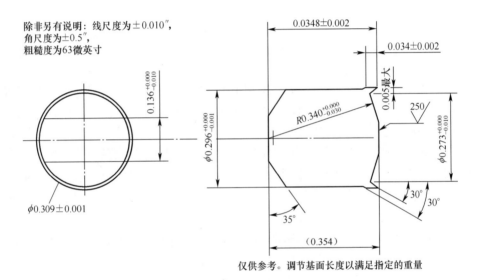

| 口径 英寸/mm | 0.10 (2.54) | 0.125 (3.18) | 0.15 (3.81) | 0.22 (5.59) | 0.30 (7.62) | 0.45 (11.43) | 0.50 (12.7) | 0.622 (15.8) | 0.712 (18.08) | 0.787 (20) |
|---|---|---|---|---|---|---|---|---|---|---|
| 质量/格令 | 1.35 | 2.65 | 5.85 | 17 | 44 | 147 | 207 | 400 | 600 | 830 |

图 1.5 初始系列 FSP(1 格令 = 0.0648g)

图 1.6 MIL-DTL-46593B(MR)给出 0.300FSP 精确的几何尺寸
(MIL-DTL-46593B(MR),口径 22mm、30mm、50mm 和 20mm 破片模拟弹)

从那时起,这些破片模拟弹就被广泛使用,不仅用于抗顶部爆炸威胁测试钢结构,而且还作为铝合金装甲和装甲钢以及战斗头盔和人体装甲部件验收测试标准部分——见第 11 章。当使用时,它们确实能够产生可控和可重复的塑性变形(图1.7),作为试验工具,它们已经受到全球装甲界一致认可。借助弹托发射装置,它们可以 2000m/s 的最大速度发射。可获得类似的一系列不同形状如圆柱体、球体和立方体的模拟破片,但这远不及用于主流装甲研究的凿头弹那么流行。

图 1.7 未试验和冲击过的成对 FSP(5.6mm、7.6mm、12.5mm、20mm);
冲击过的 FSP 经过对聚合物陶瓷装甲冲击——见 7.7 节

### 1.2.3 刀和尖锐物威胁

大多数刺伤事件一般是使用刀具(厨房刀、实用刀、鞘刀、锁刀(弹簧刀)、战斗刀、小刀及其他刀具)(Hainsworth 等,2008)。其他武器包括剪子、刺刀、武士刀、螺丝刀和碎玻璃瓶(Nolan 等,2012)。用于刺、戳和砍等袭击的不同类型的武器如图 1.8 所示,Horsfall 近期发表的综述(2000)以及英国伦敦大都会警察局 Paul Fenne(2009)和 DMTC(Crouch 等,2014)都指出这类威胁难以确定和量化。

如在 2000 年 9 月发布的 NIJ 标准 0115.00 指出,刀具构成的威胁取决于诸如锋利度、尖锐度、款式、手柄和刀片设计、攻击角度、攻击者的体力和技术等。

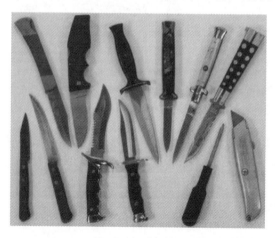

图 1.8 民事犯罪中使用的典型刀具

图 1.8 所示的所有刺击武器可根据刺击刀具的刃和头部来分类。因此,刺伤行为可以从切割和刺穿材料方面来描述。如设计用于穿透和切割材料的刀、工具、剑和其他器物的武器具有长的连续切割端面并被分类为"开刃"武器。刺击描述

的切割行为是,开刃武器主要以垂直被侵彻材料表面的方向刺击;而砍描述的切割行为是,开刃武器以平行于材料表面的方向摆动到开刃端攻击。防刺击显然比防砍击难得多,因为在刺击过程中,力量集中在刀片头部很小的面积,长的切割端产生连续的损伤。相比较,刀端部砍击较易防止,因为击打力分布于切割端,导致目标体较大面积的连续损伤。目前,用于刺击和砍击的刀片材料包括现代材料如陶瓷、合成蓝宝石、二氧化锆甚至很硬的塑料。其他尖锐武器可能具有尖头的细长杆,这些包括锥子、冰镐和冰锥等物,这些很容易刺穿材料。实际上,由于冲击面小,它们比手枪子弹单位面积上释放出更多的动能。

遍布全球的执法中心已经研发了试验方法,并对攻击武器和如何预防进行了标准化。图1.9给出英国内政部所使用的武器范围,用于评估装甲材料抗刺击和砍击性能。冲击一般限定在33~50J,按照剩余穿深确定武器进入"身体"的长度,从而判别是否失效。

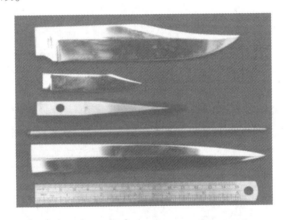

图1.9 各种试验刀片,从上到下依次为 PSDB #5、PSDB #1、Metropolitan 警用 spike、美国 ice-pick,以及在瑞士和德国试验中使用的双刃匕首

不要忘记,人体装甲设计用于限制损伤和保护生命,所以,有一个可接受的最小穿透深度。用户可在这些全球标准通用框架内确定自己的标准。

### 1.2.4 爆炸和爆炸加载

炸弹,特别是地雷,对装甲车辆构成很大威胁。大量深埋 IED 造成的攻击在过去十年中呈上升趋势(Kelly 等,2008),造成大量伤害(Anon,2014)迫使国防部队通过提高车辆防护和部署新的车辆来对抗爆轰威胁,特别是底部爆轰威胁。

车辆爆轰响应和乘员防护是复杂的,并且取决于车辆系统,这些将在其他章节介绍(例如,Cimpoeru 等,2015)。装甲材料受到爆轰时的关键问题是它们的抗变形性,是否断裂(或者甚至脆性断裂)从而导致爆炸物进入到车辆。这里重点关注近场而不是远场爆炸问题。然而全面描述爆炸加载远远超出本书的范围,这里重点描述特殊且动态变化的负载条件的复杂性。

#### 1.2.4.1 空爆加载

下面的讨论涉及空中裸球高爆装药理想化爆炸情形。图1.10给出远场车辆爆炸的示意图,在建筑物外面、在建筑物上施加了远场爆炸压力。回到现实中,实际爆炸事件大多数都是非理想状态,大大受到爆炸类型和其他因素的影响,包括与地面的相互作用。

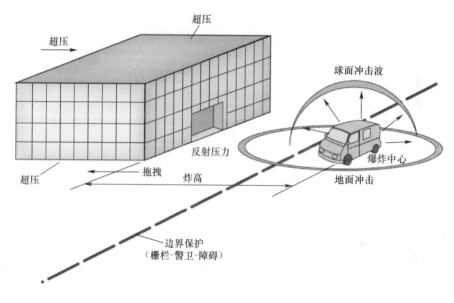

图1.10 对建筑物的远场爆炸加载

炸药引爆后,爆轰波以很高的速度下穿过未反应的爆炸材料,将固体炸药有效转换成热和极高压气体。由于极高的压力,气体爆炸物迅速膨胀到约4000倍的初始装药体积,可看到类似辐射状的火球,它是由于膨胀过程的流体动力学,产生爆轰波流动。

火球燃烧物的快速膨胀将冲击波推向在火球前面周围的空气。空气冲击波经过处产生瞬态和几乎同时的骤变,包括静态压力、密度、流动速度和温度在内的空气的所有气体动力条件的阶跃变化(静态压力指某一点经受的压力,不妨碍冲击波,即可在平行于流动的表面上测量)。爆炸物气体的综合膨胀和合成传播的空气冲击波构成"爆炸流动场"的加载条件,重要的是认识到这些流动条件的双重性(dualnature)。在靠近火球膨胀区域的装药,爆轰力幅值不仅极大,而且流动场主要由与空气不同的膨胀的爆炸物气体组成。与很远距离的爆炸相比,近场爆炸具有相当高的动能(Sternberg 和 Hurwitz,1976)以及变化显著的空间性和瞬时性的能量分布。

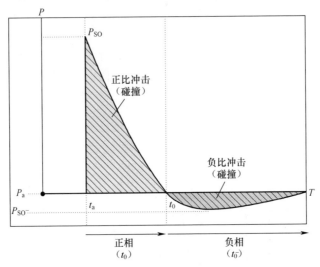

图1.11 用于远场爆炸分析的静爆压参数和术语

近场爆炸条件对于随后的加载和损坏过程具有重要意义,近场爆炸与传统的远场静压加载和破坏应该是不同的(Baker,1973)(图1.11)。由于动态压力,特别是来自膨胀爆炸产物的冲击,很强的近场流动力与结构的方向和相互作用完全不同于静态压力(动态压力是流动比动能的测量值,即 $\frac{1}{2}\rho v^2$,这里 $\rho$ 和 $v$ 为密度和流动速度)。相比之下,火球膨胀后的目标不仅经受由于较大距离而降低的爆炸加载,而且还经受动态压力影响的迅速下降。随着火球的膨胀和减弱,后来的能量转变成传播的空气冲击波。

重要的是,要考虑与电磁学或放射学中考虑的波相比,空气冲击波在界面处的传播和相互作用方面表现出截然不同的行为。尽管某些声学(声音)波理论可以应用到极其微弱的空气冲击波,但这种原理与车辆爆炸加载不同。即使当爆轰流动完全是远场空气冲击波(与近场的综合空气冲击和爆炸产物流动不同),在受关注的多数结构表面,与传播不同,空气冲击波加载条件完全反射(传递加载)或衍射(潜在传递加载)。

#### 1.2.4.2 车辆底部爆炸加载

IED爆炸产生锥形喷射烟幕通过爆炸的方式向上喷出,如图1.12所示。这种多相烟幕包括由产生于爆炸火球以及壳体破片的爆轰物气体增强的盖板材料和壳体破碎物组成。爆炸产物和喷射物由于地面周围的限制被分股或向上喷发,会对道路上的车辆造成巨大伤害。远离喷射锥形的爆炸威力相对较弱,这是由于仅有空气冲击波衍射到这个区域。

图1.12 简易爆炸装置(IED)控制引爆,在澳大利亚Bushmaster车前方爆炸

空中冲击波将在喷射烟幕的多相接触表面前被驱动。超过该距离,固体和气体相烟幕由于较大块或固体颗粒的动量将开始分开,使得它们在火球减速气体动力接触面前抛出。但是,在车辆损伤相关的爆炸流动规律中,空气冲击波和浓密高速多相喷射火焰是紧密耦合的。尽管固体颗粒在技术上不显现"压力",但颗粒相的"比动能"将对流动中的任何障碍物造成相当于等值的动态压力加载,注意地面的力学性能会显著影响爆炸加载状态(Cimpoeru等,2015)。

来自埋藏炸药的大部分爆炸能量被释放并加速固体颗粒形成喷射火焰;该颗粒动能在喷射锥体上高度定向(图1.12)。因此,加载过程和随之而来的埋藏炸药造成的破坏有点类似于大量射击的霰弹枪子弹爆炸效应,将动量以冲击的形式直接作用于目标,与传统的空中爆炸效应不同(空中爆炸作为流体动力学波,其能量可在障碍物周围反射和衍射）。车辆底部爆炸是近场爆炸，因此，将涉及综合高静压的冲击高密度多相流分布区域。

### 1.2.4.3 装甲响应

近场爆炸条件对于加载和损坏过程影响很大。由于动态压力，非常强的近场流动力是定向的，并与结构件相互作用。与静压部件完全不同，它控制着远场空气冲击波造成的伤害。强烈和局部非常致密、高压和（底部爆炸）多相高速流动的材料将使装甲产生拉伸和弯曲变形，在某些情况下可能导致断裂（甚至是脆性断裂）。避免断裂爆炸波的侵入是设计对付爆炸袭击的首要目标。有许多方法和材料可用于减轻爆炸冲击的效应，这些内容可以在本书的其他章节看到。

## 1.3 终点弹道学、冲击动力学和装甲物理学

弹道学分为3个学科领域：内弹道学，与发射弹丸科学有关；外弹道学，与弹丸飞行动力学相关；和终点弹道学，它涉及弹靶相互作用。所以，终点弹道学覆盖所有针对目标靶如建筑物、坦克、直升机以及地面部队的冲击，不论是来自动能弹，化学能弹像破甲弹，还是爆炸的冲击。这些不同装甲/反装甲相互作用在罗森伯格（Rosenberg）和德克尔（Dekel）（2012）的出版物中有详尽的论述。本节将只关注与动能弹威胁和爆炸相关的装甲的终点弹道响应，因为动能威胁会推进大多数装甲车辆的车体装甲设计，而爆轰冲击会推进车体底部的设计。

研究装甲/反装甲相互作用的物理学关键是充分理解整个威胁谱。把这门交叉学科结合在一起的第一个主要工作是Roy Laible于1980年所做的，他召集一个著名的合作小组，包括传奇人物如马克·威尔金斯（MarkWilkins）（陶瓷和数值模拟）、亨利·科尔斯基（Henry Kolsky）（应力波）、弗兰西斯·马西雅尼卡（Francis Mascianica）（弹道试验）和大卫·罗伊兰斯（David Roylance）（抗弹织物）。该团队出版的专著仍然是绝无仅有的面向材料的装甲教科书之一（Laible，1980）。当然，正如许多学科一样，可以通过下面列举的几条背景知识了解一二：

将不同分析和试验方面的冲击动力学集中在一起，概述（presenting）了受到从低速到超高速条件下强烈的瞬时加载的材料和结构的响应。

Zukas（1982）

高速冲击的建模与仿真的数学纲要介绍了冲击动力学的不同分析和试验方面的内容，描述了不同材料和结构件在冲击下的响应。

Zukas（1990）

阐述材料在服役条件下如撞击（impact）、冲击（shock）、应力和高应变率变形的基础和高级问题。从微观结构的角度对材料进行广泛的研究，这将是当今研究

的发展方向。

Meyers(1994)

本书分析研究了(develop)结构之间碰撞的不同方法。这些包括从刚性和紧凑结构的刚性体理论到柔性结构的振动和波分析。重点是低速撞击,这里所指的损伤是局部的碰撞体之间小区域接触。

Stronge(2000)

撞击的一个特殊方面更加值得关注——弹道撞击中应力波的产生、传播和作用。如图 1.13 所示,当弹丸撞击装甲/系统的正面时,装甲内部首先是产生应力波。这取决于应力的水平,这些应力波将是弹性、塑性或冲击波。当处于弹性应力波时,弹性波在装甲材料内以速度 $V$ 传播,决定于材料的体密度 $\rho$ 和弹性模量 $E$,按照公式 $V=(E/\rho)^{1/2}$ 计算。因此,波速随着弹性模量的增加和体密度的降低而增加。这意味着,对于大多数装甲材料,产生的应力波比弹丸运动快得多。因此当侵彻装甲时,应力波运动要领先弹丸侵彻装甲。这是重要的,由于材料可能在弹丸侵彻前就被改变,因此改变了材料的抗侵彻性能。

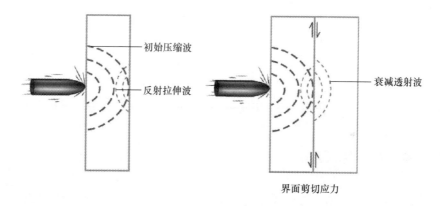

图 1.13 在装甲材料中产生的应力波和在界面处反射拉伸波和剪切应力形成的示意图

应力波控制是重要的,将在第 4 章讨论,但是,当分析动能武器以低于 1200m/s 的速度撞击时,高压冲击波就不是这么重要。终点弹道学中应力波的处理,包括冲击波,在 Paul Hazell 最新的出版物(2015)中有详细介绍。他指出,冲击波在极高速/直接爆炸中是非常重要的,但当考虑小口径弹药终点弹道时就并不重要。因此本书不包含冲击物理学。不过,应该认识到,某些材料在受到强冲击时确实经过固态相变化。例如,约 13 GPa 的极高压下,低碳钢确实会转变(Death 等,2011)。

装甲材料科学中应变率敏感性是重要的一个材料特性。换言之,许多材料具有随时间变化的性质。即,材料的弹性模量或者流动强度可能取决于被试验、加载或撞击的材料的速率。一方面,某些材料,像铅,在接近准静态加载速率(自加载当遇到重型材料如铅)会发生蠕变;另一方面,在弹道加载速率时,材料可能被"锁定"或"冷冻",没有足够的时间来响应施加应力的快速上升。表 1.6 给出不同的应变率情况,说明物理响应类型、材料响应类型和惯性力的重要性是应变率的函数。爆炸事件包括最高 $10^6$ 应变率,而大部分小口径弹药的撞击应变率峰值约 $10^4$。相比之下,速度最高为约 5m/s 的冲击只产生约 $10^1$ 的应变率。所以,在生成作为应变率函数的力学性能数据时,为了研究和模拟装甲材料,关心的应变率范围为 $10^{-2} \sim 10^4$。

表 1.6 应变率水平分级

| 应变率/$s^{-1}$ | $10^{-8} \sim 10^{-6}$ | $10^{-4} \sim 10^{-2}$ | $10^0$ | $10^2 \sim 10^4$ | $10^5 \sim 10^6$ |
|---|---|---|---|---|---|
| 特征时间/s | $10^6 \sim 10^4$ | $10^2 \sim 10^0$ | $10^{-2}$ | $10^{-4} \sim 10^{-6}$ | $10^{-6} \sim 10^{-8}$ |
| 试验类型 | 蠕变 | 准静态 | 中等应变率 | 杆冲击 | 高速板冲击 |
| 物理响应类型 | — | — | 设备和试样的机械共振 | 弹-塑波传播 | 冲击波传播 |
| 材料响应类型 | 等温 | | — | 绝热 | |
| 惯性力的重要性 | 惯性力忽略不计 | | 惯性力重要 | | |
| 应力状态 | — | | 平面应力 | — | 平面应变 |
| 应力水平 | 应力不断增大 | | | | |

## 1.4 防御机制

以安全方式防御威胁是装甲系统设计的主要目的。对于子弹和高速破片,防御机制包括:

(1) 子弹的反射,如斜板中的跳弹。

(2) 在装甲表面防御弹丸,即在界面驻留阶段:表 1.7 中的 A 级损伤。这是极限毁伤机制。

表 1.7 基于 WW2 文件的弹道损伤等级

| 损伤等级 | 损 伤 说 明 |
|---|---|
| A | 靶前后无损伤 |
| B | 靶撞击面有撞击损伤,但靶背面没有损伤 |
| C | 靶背面平滑鼓包 |
| D | 靶背面裂纹鼓包 |

续表 1.7

| 损伤等级 | 损 伤 说 明 |
|---|---|
| E | 靶背面裂纹鼓包,裂缝透光 |
| P | 由部分弹头侵彻引起的贯穿靶针孔 |
| W | 弹丸完全穿透靶板 |

（3）弹丸/弹芯塑性变形,如大多数铅芯弹。

（4）弹芯烧蚀,如硬化钢芯弹。

（5）弹芯粉碎,如极硬的脆性弹芯,像碳化钨。

图 1.14 给出防御机制示例。注意在某些示例中,包含弹丸/弹芯的质量损失,在某些情况下,通常由于塑性变形简单改变弹芯的形状。对于刺戳事件,防御机制包括：

（1）装甲的弹性和塑性变形——见第 6 章；

（2）刀尖或刀刃的钝化；

（3）武器本身的反射。

软铅芯的9mm HG弹冲击时变形较大。铜套分离,但总质量没有损失

AK47弹的钝头低碳钢芯在靶表面呈蘑菇状,无质量损失

7.62mm APM2弹的高硬度钢芯呈现不同程度的头部烧蚀,具有相应的质量损失

7.62mm FFV弹的碳化钨芯呈现头部烧蚀和/弹芯断裂

图 1.14 小口径弹药防御机制示例

对于爆炸,防御机制更多的与系统有重大关系,如 Cimpoeru 等(2015)讨论的

那样。避免车体在爆炸加载下的开裂是装甲工程师最关注的。对于钢的爆轰加载见第 2 章;对于爆炸加载技术和测量见第 10 章。

## 1.5 侵彻力学和失效模式

毁伤威胁是一回事——避免装甲失效是另一回事!本书关注的是当设计高性能装甲材料和装甲系统时,绝对需要首先弄清装甲材料可能的失效模式。所以,在详细论述所有不同类装甲材料(第 2 章~第 7 章)前,研究每一种可能的侵彻/贯穿模式和相关的能量吸收机制是非常重要的。

### 1.5.1 塑性扩孔

塑性孔是在均质结构装甲或装甲单元抗尖头动能弹中观察到的,被认为是有效的吸能机制。不论完全捕获与否,尖头和卵型头弹丸会产生清洁孔,像装甲塑性变形痕迹和材料的位移(图 1.15),没有任何靶材料损失,无或者出现很小的弹丸变形。装甲材料,不论是低强度钢还是高韧性铝或钛合金,都从弹丸头部向外(特别是径向)流动。由于材料的物理位移,大量的材料被推向弹丸的前面(在装甲后面形成鼓包),以及在入口周围向后形成断裂金属瓣。由于捕获与塑性流紧密相关,大多数靶的抗弹性能来自其塑性屈服性能。因为大多数流动是径向的,阻力大小与材料的平面压缩屈服强度成正比。当摩擦热产生,靠近新形成的"孔"材料(靶和子弹材料)温度升高。例如,通常在钢靶表面会看到回火色彩。但是,大量能量通过塑性变形做功而吸收。所以,严格说来,仅通过塑性孔形成(DHF)失效的延性金属靶的抗侵彻性与不同温度和压力下的动态、平面压缩强度成比例关系。这就是为什么即使是像 DHF 简单的侵彻失效模式,若要更好地描述也需要复杂的屈服强度模型。但是,Wooward(1978)以及近年来更多的研究已经证明,如同真应变 1.0 下流动应力简单的强度测量值通常足以预测材料 DHF 失效性能。第 2 章会给出更详细的介绍。

对于可能的失效模式,DHF 的抗侵彻性最大,装甲后效最小,因为这种失效模式在侵彻和贯穿过程没有任何材料损失。

1940 年,英国研究出标准化弹道损伤标准,用于描述由单一撞击均质钢装甲靶引起的破坏。这使得能够准确地描述记录保持侵入延性靶的结果阶段,与撞击速度成函数关系,因此,对撞击行为提供更多的信息指南,而不是简单引用基于平均的"穿透"和"未穿透"的数量的单一 $V_{50}$ 值。作者认为,表 1.7 给出的损伤标准应该在相关领域积极推广使用。

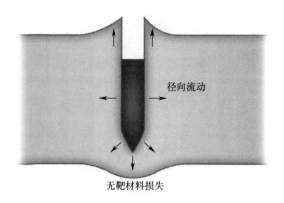

图 1.15　塑性孔形成示意图

## 1.5.2　冲塞

冲塞是在均质结构装甲或装甲单元受到钝头物体攻击时观测到的,通常与低吸能过程有关。因此是一种应该避免或抑制的机制。

当钝头弹丸撞击靶时,弹丸前部的靶材料加速,而靶剩余部分保持相对静止。这导致弹丸前部的材料局部压缩,在窄的绝热剪切带中剪切变形,这时剪切应变、应变率和温度可能局部很高。

被称作冲塞的贯穿机制受控于靶材料横向剪切性能。如图 1.16 所示,当钝头或变钝的弹丸对靶施加强烈的圆柱形剪切应力,就会以某种方式或其他方式在靶中引发剪切破坏。因为剪切是局部的,因此实际塑性变形很小,即使在撞击面向后挤压也很小。冲塞出现在有利于横向剪切的条件——最熟知的是弹丸口径(或弹芯)和靶厚之间的几何关系:如果接近 1∶1,那么充塞常会出现。由于大多数小口径弹药的弹芯是次口径 7.62mm,5~8mm 厚度的薄钢板对这类失效非常敏感。某些钢甚至更敏感,因为有些级别的钢易产生绝热剪切破坏。这是特殊的低吸能形式的冲塞,其中变形集中在窄的绝热剪切带,剪切阻力进一步降低(第 2 章和第 3 章)。即使经过 40 多年的研究,绝热剪切带形成的确切原因仍然没有一致的结论,尽管相变仍然是一个普遍的假设。

通常,与 DHF 相比,冲塞吸收的动能少得多。它还会形成很危险的二次弹丸,即冲塞体本身。如果该冲塞体被弹射到子弹前面,即使子弹可能被捕获,靶的弹道极限将大打折扣。

对于装甲工程师,这是一个特殊的失效模式,必须围绕它进行设计。防止这种不可接受的失效一直是叠层靶的设计推手,不论是通过粘接叠层(避免贯穿剪切)还是钢/GFRP 叠层(改变 $t/D$ 比)。这些设计方法将在第 4 章详细论述。

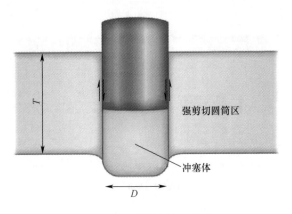

图 1.16 冲塞失效示意图

因为初始撞击引起厚度压缩,通常测量的冲塞体厚度小于靶板的厚度(图 1.17),来自 Borvik 等的研究(2003)。

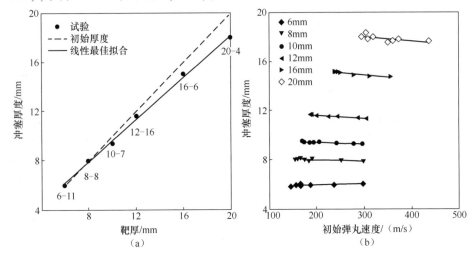

图 1.17 冲塞厚度与靶厚度(a)和弹丸撞击速度(b)的关系

### 1.5.3 层裂

层裂在高正交各向异性体叠层装甲和叠层结构中观测发现,如第 4 章所述。

不论弹丸头部形状如何,装甲材料会出现层裂,钝头弹丸侵彻会加剧层裂。伴随层裂有两种主要吸能过程:表层拉伸,包括背面单元的平面外塑性变形;层间断裂,包括如图 1.18 所示的层间拉伸破坏和/或层间接合的层间剪切破坏。第 4 章详细地论述了这一特殊失效模式。

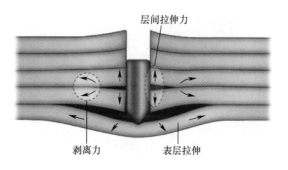

图 1.18　层状、叠层或层状结构分层示意图

尽管有些研究人员努力通过粘接叠层板进行研究,但这一过程的吸能难以定量。Simmons 等(1989)发表的论文,本书第 5 章中的纤维增强塑料(FRP)分层、第 4 章中的粘接叠层板和第 10 章中层裂的模拟对此均有论述。图 1.19 示出粘接铝叠层板的过度层裂。

图 1.19　铝叠层板受到高速破片模拟弹(FSP)撞击后的断面

### 1.5.4　蝶形崩落

当受到实心弹丸高速撞击时(图 1.20),观测到的高正交各向异性体和叠层装甲材料中出现的崩落,是一种特殊的靶后剥落。它的出现会显著降低装甲系统的抗弹极限,在轻合金弹道破坏中是很常见的(第 3 章)。过早失效是由于在靶中产生的强弯曲应力。某种程度的层裂就是一种前兆,它会发生在所有类型的靶中:比如厚钢靶,厚铝或钛靶,以及某些叠层材料。在所有情况下,都是在侵彻过程由力学断裂引起,而不是由冲击波相互作用引起。它不能与传统的剥落相混淆(见后面的破坏模式)。

Woodward(1979)早期基于高强度铝合金 7001-T6 侵彻行为(第 3 章)和 SAE 回火钢 4130(第 2 章)的研究,简要描述了这种失效模式,同时对早期的分析模型进行了研究。近年来,Crouch 更加详细地描述了这种早期失效(1992 年),之后进行了典型钢盘的检验分析(图 1.21),报道了该失效方式的 3 个阶段:①产生强弯曲运动和萌生层间剪切裂纹;②分层裂纹沿主剥落面快速扩展;③通过面内拉伸撕

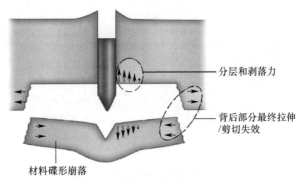

图1.20 层状、叠层或层状结构碟形崩落示意图

裂断裂,最终崩落盘形成和分离。

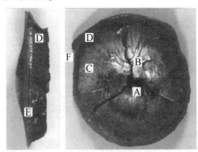

A—弹丸头部位于裂纹中心,对应盘后部的鼓包,如左图所示;B—非常平滑和发射的中心区域,表明滑移磨损破坏;C—可以看到在剥落面附近多裂纹萌生,河流图样表明向内裂纹扩展;D—将剥落面与后表面连接起来的延性断裂圆锥面;E—圆盘周长周围薄而显著的剪切唇;F—圆盘周围单个螺旋裂纹的扩展,表明缓慢的断裂。

图1.21 由20mmAP弹撞击厚RHA钢板盘的检验分析

总的说来,在控制低吸能失效中每一阶段的靶行为中,下面的材料参数被认为是关键的:

|  | |
|---|---|
| 阶段1 | (a)平面内弹性模量 |
| | (b)全厚度失效应变(对于叠层材料) |
| | (c)层间剪切失效应变(对于变形均质材料) |
| 阶段2 | (d)靶后部的平面内弹性模量 |
| | (e)层间断裂韧性 |
| 阶段3 | (f)LT和LS取向断裂韧性(图4.2) |

### 1.5.5 锥形破坏

这类全厚度破坏在玻璃、陶瓷、超高硬度钢以及硬质塑料如聚碳酸酯中观测发现,如第5章所述。

正如赫兹(Hertz)早在1881年就认识到,当脆性材料表面受到钝头或钝化弹丸撞击时,在局部拉伸应力的作用下,表面早期裂纹发展成锥形裂纹,最初开始于接触面,然后由弹丸向前动量驱动,快速向下通过材料扩展,剪切出一个完整的分离材料锥体(图1.22),这样的锥体如图1.23所示。注意锥形裂纹的形状随它们通过的材料扩展而变化。

图1.22 脆性固体锥形破坏示意图(沿撞击面萌生赫兹裂纹)

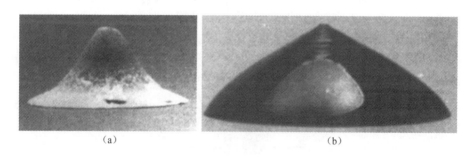

(a)　　　　　　　　　　　　(b)

图1.23　5mm直径钢球撞击形成的锥体示例
(a)撞击氧化铝块;(b)撞击玻璃陶瓷。

Lawn和Wilshaw(1975),以及此后许多研究人员,特别是那些研究玻璃族材料的研究人员如Ball和McKenzie(1994),进行了刻痕断裂现象的原理和应用的典型综述。通过利用可视测量技术,Walley和Field(2005)系统地综述了英国剑桥大学Cavendish实验室的JohnField及其团队的研究。

锥形破坏是脆性材料有效抗弹基本的失效机制(Crouch等,2015),但是,什么材料特性影响该锥形的形状和尺寸呢？Zeng等(1992)指出,泊松比影响撞击物下整个应力场,并且影响锥角Ø。这个角度被定义为半锥角,从锥裂纹和法线之间测得。根据Kocer(2003),研究人员发现锥角随着泊松比而增加,这样具有高泊松比的材料应该具有最大直径的锥角,因此具有最大的抗弹性能。对于泊松比在0.1~0.3之间的材料,计算得锥角为60°~70°。但是,其他因素确实也影响锥角,如撞击速度(Fellows和Barton,1999),而更高的速度导致更大的锥角,约束和刚性支撑条件也会带来较大的锥角,如Sherman(2000)报道。

### 1.5.6 粉碎

通常,粉碎一词指固体材料由于挤压、研磨、切割、振动或其他过程导致的从某一平均颗粒尺寸减小到更小的平均颗粒尺寸。在终点弹道学中,这一破坏现象出现在脆性、固体材料如玻璃、陶瓷和混凝土材料中。

在某些撞击场合,如图1.24所示,在弹丸前部出现通常被称为Mescall区的粉碎材料区,但仍然保持在锥形破坏边界中。John Mescall是一位20世纪80年代工作在美国陆军材料和力学中心的美国研究者,他通过数值模拟预测了它的存在。这通常与长杆弹芯超高速撞击相关,但是在高速小口径弹药下一定会出现。粉碎的材料从冲击部位向外喷射。Meyers(1994)描述了其他情形并建议,通过陶瓷上的约束板确保粉碎物不喷出,可以提高陶瓷基装甲的抗弹性能。这些内容将在第4章进一步讨论。近年来,TNO公司Carton等(2014)指出,从小口径武器弹丸撞击氧化铝陶瓷收集到的亚微米和纳米尺度颗粒可能产生于Mescall区。通过仔细收集全部颗粒,包括他们描述为"气溶胶(悬浮微粒)"部分的亚微米颗粒,他们得出结论,在粉碎区一定会出现较大的穿晶断裂。他们的研究还证明了Woodward等(1989)最初的结果,他们发现新断裂表面不会吸收更多的能量。

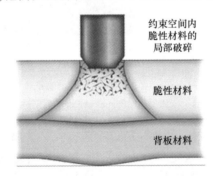

图1.24 脆性固体中的锥形破坏示意图(撞击面附近萌生赫兹裂纹)

### 1.5.7 径向开裂

当脆性固体受到单发弹丸撞击时,就会出现许多裂纹,如图1.25所示:形成如

1.5.5节所述的锥形破坏区,以及一系列始于撞击点的径向裂纹。它们总是伴随着在1.5.8节论述的周向裂纹的形成。在均质陶瓷块中,像用在人体装甲系统的HAP,这些径向裂纹快速扩展到产品的末端。这在像玻璃这样很硬的脆性材料中可以观察到。但是,在像超高强度钢这样较韧的材料(第2章)和硬质塑料(第5章)中,虽然这些径向裂纹仍然形成,但却停止在材料体中。

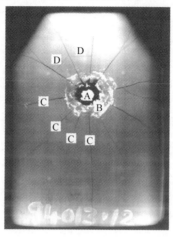

A—弹丸捕获;B—锥形破坏区;C—径向裂纹;D—周向裂纹。
图1.25 陶瓷基硬质装甲板高分辨率X射线照片给出

但是,什么促使它们形成,什么参数决定实际形成多少个径向裂纹?在最新的论述中,基于舍曼(Sherman)(2000)早期的研究"径向裂纹受到局部凹陷期间撞击点周围发展产生的环向应力驱动",Crouch综述了径向裂纹逐步演化的最新研究进展(Crouch,2014)。图1.26更清楚地示意说明这些步骤:①靠近撞击区多裂纹萌生;②随着陶瓷板瞬间弹性变成盘状,拉伸环向应力场发展;③通过有限数量径向裂纹扩展释放环向应力。拉伸环向应力的大小和与材料相关的断裂力学性能将决定径向裂纹的数量。舍曼(2000年)证明了径向裂纹数量和给予陶瓷靶的支撑条件之间的紧密联系,而Crouch和Elder在最新一项DMTC(英国国防材料技术中心)研究(Elder,2012)中分析了舍曼的氧化铝数据,发现对于每约150MPa的环向应力平均扩展为一个径向裂纹。

在类似情况下,在尖头弹丸撞击RHA塑性破坏中,星形裂纹的数量确实随着过度匹配的程度而变化。星形裂纹是当DHF破坏时延性装甲材料背面出现的那些径向裂纹。如果捕获于侵彻过程早期,那么裂纹的数量很少(可能两、三个);但如果弹丸晚期捕获(刚好捕获弹丸),星形裂纹的数量(径向裂纹)可能会有七、八个。对于陶瓷,这一开裂现象也是随着RHA开始穿透时萌生的无数裂纹中少量裂

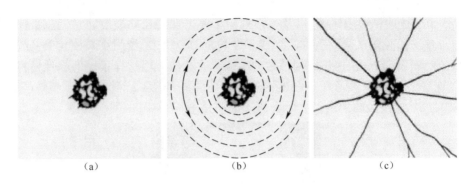

图 1.26 径向裂纹的阶梯式形成示意图
(a)多裂纹萌生;(b)周向应力场的产生;(c)有限数量裂纹扩展(到端部)。

纹选择性扩展的结果。

### 1.5.8 周向开裂

这种二次形成的开裂总是伴随着径向裂纹的产生而产生,并反映硬质面装甲系统的弯曲量。如图 1.27 所示,它们通常形成于围绕撞击点的同心圆。检验分析显示,它们在径向裂纹形成后形成,除非在某些特殊原因外独立出现。

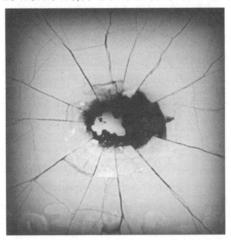

图 1.27 陶瓷块撞击点高分辨率 X 射线图,显示一系列围绕撞击点的周向裂纹,形成蜘蛛网图样

这一现象是由于靶和背板材料局部盘状凸起引起。一般来说,陶瓷都是粘接到背板材料上的(第 4 章和第 7 章)。所以,在典型的撞击事件中,弹丸由背板材料捕获,弹丸前部的支撑材料形成向后的推力,见图 1.28。然后沿着每个节段的径向轴立即产生弯曲力矩。接着陶瓷表面缺陷和断裂韧性将决定每个片段被破坏

的位置和次数。但是,因为约束条件一般是对称的,这些断裂在每一片段的类似的位置出现。因此在多层装甲系统中,周向开裂可以通过对脆性材料提供更大的支撑得以限制。

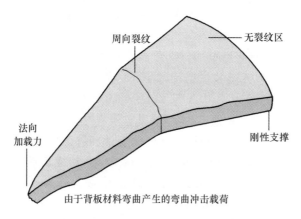

图1.28　陶瓷块周向裂纹形成示意图

限制周向开裂量,特别是径向裂纹数量,是很重要的,因为这样会限制由于弹道撞击引起的附带损伤,提高抗多发弹性能(Crouch,2014)。

### 1.5.9　崩落(包括结疤)

这是当HESH弹在装甲接触面爆炸时,厚均质结构装甲产生的一种非扩散性高破坏性失效。图1.29给出厚钢板被撞击几次的情形,对于每一种情形,装甲材

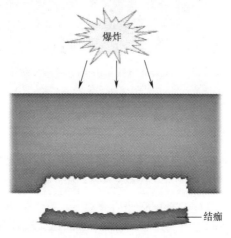

图1.29　崩落形成结痂从装甲背面崩出的示意

料结痂从板背面喷出。这是由于产生于撞击点的强压缩应力波(弹性、塑性和/或冲击)的结果。由于拉伸波,该波从任一不连续或自由面发射回来,与初始压缩波相互作用。如果相互作用力大于材料全厚度拉伸断裂强度,就会出现崩落。对于更详细的崩落现象,见 Meyers(1994)的分析。高动态全厚度抗拉强度,通常称作崩落强度,有利于不崩落现象。

结痂是 1940—1970 年厚壁均质硬壳军用车辆典型的防御机制,通常通过加装间隙装甲和利用新一代先进装甲系统(见第 2 章)比较容易解决。有关进一步研究和模拟这一典型现象的工作仍在继续(Deshpande 等,2003)。

当然,由于早期的碟形崩落,内部崩落可引起装甲材料中空洞增加,如 1.5.4 节所述。这也可引起像那些陶瓷脆性材料系统前部和后部崩落的振荡。实际上,图 1.30 给出 HAP 周围不连续崩落区的形成。这是由于从撞击点向外辐射并从板的内部边缘反射的强应力波而出现的——在 HAP 中很少见到的现象,因为一般情况下不会使用 20mm FSP 撞击 HAP。

崩落和相关的材料参数——剥落强度——是重要的装甲材料特性,测试剥落强度的方法将在第 10 章高应变率试验中详细介绍。

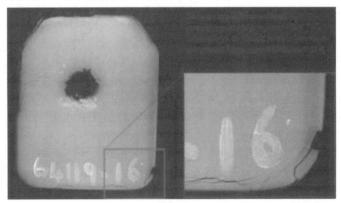

图 1.30　20mm FSP 弹撞击下 HAP 周围的剥落高分辨率 X 射线照片

## 1.5.10　破碎

由 Meyers(1994)定义的破碎描述初始固体、稳定固体同时产生大量破片的过程。这里假设 3 种情况:①炸弹壳体钢壳破碎;②手榴弹壳体破碎;③附近爆炸产生的爆轰加载导致混凝土柱灾难性解体。

在第 1 种情况中,Mott(1947)研究了钢环的快速膨胀现象(第 10 章),提出这会破碎成有限数量的离散碎片,因为钢环周围的断裂应变值比较平均。在第 2 种情况中,手榴弹壳体破碎,破片的尺寸通过壳体设计的槽沟预先设定。在第 3 种情况中,混凝土的解体,更加取决于组成材料的取向。考虑下面的脆性材料:陶瓷,具有小的预先存在的裂纹或空隙;铸铁,具有大的石墨核孤岛;金属基复合材料,可能含有较小而独立的增强颗粒。在这些类材料中,由于在微观组织中存在不连续物,就像混凝土骨料的复杂结构一样。当这样的材料动态加载时,Louro 和 Meyers(1998)提出了一系列导致破碎的微观组织(图1.31):①出现预先存在的缺陷或颗粒;②由压缩冲击波激活这些不连续物;③由于拉伸冲击激活缺陷的动态生长;④裂纹交汇和破碎。Louro 和 Meyers(1989)也研发了描述该逐渐破碎过程的数学模型,证明最终的破片尺寸取决于材料晶粒的初始尺寸、压缩与拉伸冲击的大小和时间以及最大开裂速度。使用该数学表达式,数值模型现在可模拟这类事件(第9章)。

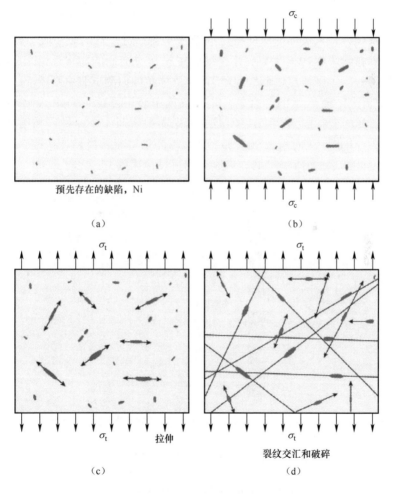

图1.31 提出的陶瓷破碎事件序列

## 1.6 装甲系统设计

下面几节通过示例论述装甲系统设计的演变过程。1.6.1 节研究钢板的简单情况。但是，威胁往往在不断改变，所以现有的装甲系统就需要随之改进——这反映了装甲/反装甲专业的互相跨越性；1.6.2 节研究顶装甲防护；1.6.3 节包含数学模拟在该设计过程中的作用，以消除在这一领域的一些误解；1.6.4 节研究替代系统，介绍不同装甲系统的比较方法。

### 1.6.1 简单基本系统设计

装甲系统设计人员如何保证特定的子弹不会穿透设计的装甲呢？换言之，装甲工程师和材料工程师如何实现并保证装甲材料对他们的用户（士兵或乘员）提供全防护呢？为了回答这些问题，我们需要搞清楚如何测试装甲系统。

考虑如图 1.32 所示的含有单一钢板的简单装甲系统。例如，如果要提供对 7.62mmAP 弹的全防护，装甲工程师需要考虑图中所列 4 个变量。如果选择的钢是高硬度钢（HHS），法向角为 90°，那么就只需测量具有超过设计速度 $V_D$ 的 $V_{50}$ 值的钢的厚度。那么，如何测定 $V_{50}$，它应该超过设计速度 $V_D$ 多少？

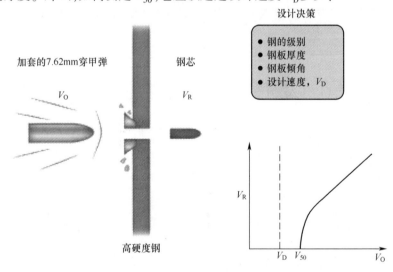

图 1.32　简单单板装甲系统设计

考虑一系列穿甲弹垂直撞击单 HHS 板。在低速 $V_O$ 时，子弹被完全阻挡，但当逐渐增加撞击速度直到出现子弹开始穿透钢板，并具有剩余速度 $V_R$。不断增加撞击速度将出现所有弹丸以越来越高的剩余速度 $V_D$ 穿透钢板。图 1.32 给出单板装甲系统简单设计示意图。

但是,如果要绘制穿透概率随撞击速度的曲线,那么该曲线可能如图 1.33 所示那样,它非常类似随机事件或测量的正态分布贝尔曲线。因此,与该曲线相关的将是一个平均点和一个标准偏差。平均点被称作 $V_{50}$,即弹丸穿透钢板的概率为50%。标准偏差 $\sigma$ 像所有正态分布一样,是衡量"混合结果区"的分布宽度。不确定区域的下限和上限(或灰色区域)可由约 6 个标准偏差分割,即 $6\sigma$。更重要的是,对于弹道概率曲线,下限被称作 $V_O$,在这一速度下多数(可能不是全部)弹丸将不能穿透装甲。

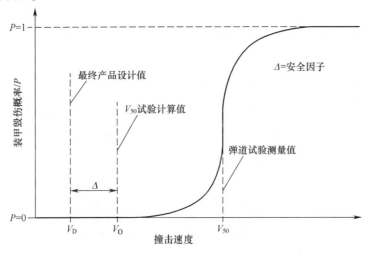

图 1.33 装甲穿透概率随弹丸撞击速度的示意曲线

因此,当设计安全的传统装甲材料或系统时,设计速度 $V_D$ 远低于 $V_O$,这样设计人员就可保证没有穿透出现。使用的安全度和所选定的相应的安全边界($\Delta$)将取决于应用可靠度(the level of confidence)——获得最小重量方案的必要条件。

这一设计过程将在第 11 章更详细介绍。这里应该注意到,弹道试验标准如包括 BAS 测试的 NIJ 标准 0101.04,非常精确地给出了最小的试验速度,在这一速度下没有一发弹穿透装甲。在设计良好的装甲系统中,该特定的速度应与 $V_D$ 值相对应。当然,对装甲系统最严峻的情况是:速度最大,垂直攻击,零偏差。在战场上,由于很可能倾斜和偏差,实际的撞击事件其侵彻威力较小。

在终点弹道学中,由 $6\sigma$ 定义的灰色区域的宽度是一个很好测量装甲系统复杂程度和/或装甲材料一致性的方法。对于由单钢板构成的简单的装甲系统,灰色区域宽度很窄(多数情况下小于 5m/s);但对于复杂多层系统,灰色区域宽度可以达到 50m/s。在包含多层缠绕纤维织物的软装甲系统(第 6 章),灰色区域宽度可用于测量材料制造的质量好坏,比如缝合、编织图案和纤维强度的一致性。对于陶瓷,$6\sigma$ 也可能取决于微观组织中缺陷的数量。从这个意义上讲,灰色区域的宽度可能与陶瓷材料的威布尔模量有密切关系(第 7 章和第 1.7.3 节)。

### 1.6.2 多层系统设计

1.6.1 节分析了同一种情况的示例,本节分析另一种情形。由于威胁水平增加,装甲工程师必须在现有钢结构上加装装甲。设计人员可考虑在主装甲后加装用 FRP 制成的抗剥落衬层,如图 1.34 所示。但是,尤其需要注意的是,由于变量较多,因此工程方案也有很多。这些将在第 4 章和第 5 章进行分析。如果空气间隙 $d_1$ 为 0,钢的抗弹性能会更好吗?

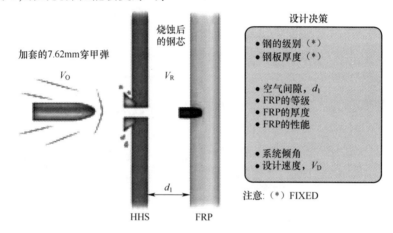

图 1.34 加装抗剥落衬层的简单单板装甲系统

假设威胁显著提高,如所说的 14.5mm AP 弹,该类似的系统需要进一步升级加强,需要加装什么?一种常用的方案是,可以考虑在现有钢结构外加装轻型陶瓷基装甲系统,如图 1.35 所示。但是,同样需要注意变量数增加越多,工程方案就会增加。

### 1.6.3 设计过程和设计驱动以及数学建模的作用

装甲系统设计是一个整体过程,设计人员不仅要基于目前的工程决策和传统的设计和研发过程,而且还涉及分析方法和计算机模拟研究。图 1.36 说明了这一整体方法。传统的设计研发过程由图左侧的任务表示。只要威胁一被设定,就可开始构思和测试初步设计,这里有一些相当快速、半定量的方法,见第 11 章论述。当然,初始设计可能要通过多次优化步骤来改进,确定最终设计。在这一阶段,初

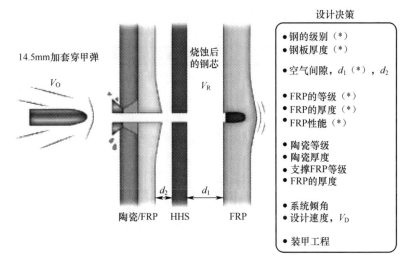

图 1.35 为增强防护加装陶瓷披挂装甲系统

始生产开始,但只限于生产一组"首件产品",然后提供给客户进行大量弹道测试。如果这些首件产品试验(FAT)令人满意,那么客户将给出进行批生产的授权,期间进行双方协议的批验收试验以便检查装甲产品是否满足要求的性能指标。对于 BAS,每生产 1000 件产品,就要有约 25 件产品进行验收试验。对于大型装甲结构,像铸造钢炮塔(第 2 章),每 25 件就得有 1 件进行验收试验(常称为验证试验)。

让我们回到设计过程的开始——初始设计的创建。设计过程开始受助于考虑实证结果数据库(来自类似的撞击情形),很少的通用设计原理,所有支撑都由分析建模(第 8 章)或数值模拟(第 9 章)提供。但是,计算机没有普及用来设计真正的装甲系统!图 1.36 还有两点需要说明。第一,如果材料数据是可得到的、准确的和相关的,数值建模才是有用的——第 9 章深入探讨了这一点,还给出有用材料输入参数纲要。第二,最重要的是,数值模型必须通过一些精心设计的实验和高度依赖于重现过去的实验弹道测试结果的精确预测来验证——这种研究活动有大量文献报道。这样简单的建模增加了我们对侵彻力学原理的常规理解。正是这种基本理解,有助于设计过程而不是计算机模拟本身。

### 1.6.4 不同应用的不同装甲系统

装甲材料和系统有几种分类方法。有些结构装甲肩负包括工程结构和装甲的双重作用(第 2 章装甲钢和第 3 章轻合金)。这主要取决于抗侵彻的材料等级和倾角。还有就是非结构装甲,像陶瓷和复合材料基装甲,虽然不能承受工程加载,

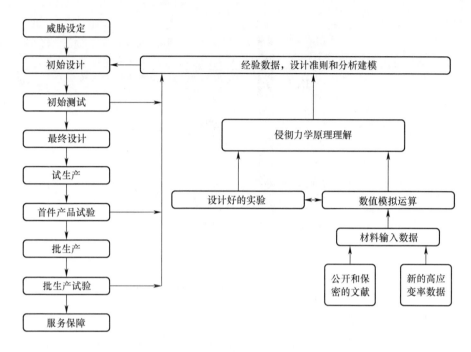

图 1.36 装甲设计过程示意图,给出如左侧所示的标准设计、研发任务和分析建模、计算机模拟以及相关的材料输入数据

但确实是非常有效的装甲系统(第 5 章 FRP、第 6 章纤维和织物以及第 7 章玻璃和陶瓷等内容)。

另外,为了研究尽可能多的装甲系统,我们需要根据系统的特点对它们进行分类:被动、反应、主动和电。表 1.8 列出这些备选方案并独立列出可用的主要材料和几何变量。在这点上,读者可参见 Gooch(2002)和其他作者如 Yaziv(2008)给出的关于披挂装甲系统的综述。这是一个非常广泛和复杂的主题,反映出已经进入发展的防护系统的想象力和创新思想。

出于完整性考虑,给出下面的示例,适当参考表 1.8 中的图:

(1) A:主战坦克装甲,使用包括具有倾角钢板的被动系统。

(2) B:由钢单元组成的格栅装甲,设计通过形成干扰破甲战斗部装药起爆后的刚性格栅,用于车辆防护反坦克 RPG。

(3) C:被动复合装甲系统,用于 RAN 猎雷器防护(第 5 章)。

(4) D:用于军用直升机防护的陶瓷和复合材料被动系统。

(5) E:SAPI 板组合——由陶瓷、复合材料和织物组成的被动系统,用于武装人员的防护(第 7 章)。

(6) F:反应系统,由叠层钢和炸药组成的反应装甲,由美国陆军设计,以色列

表1.8 装甲系统和材料不同分类综述

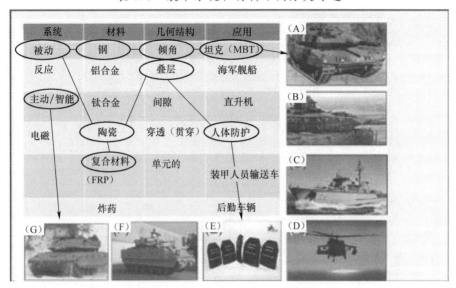

拉斐尔(Rafael)研制,安装到美国M2布雷德利装甲人员输送车(APC)上。

(7) G:以色列国防部队部署的智能主动系统,包括探测来袭弹丸的传感器和击毁弹丸的防御套件。图中为安装在梅卡瓦Mk4坦克上的战利品系统。

(8) 电磁装甲系统已经研究了几十年,根据James(2009)的研究分析,目前已经达到全尺寸测试和研发阶段,但在电池功率和重量方面仍存在较大困难。

在这很短一节中的主要内容是,不论什么装甲系统,总会涉及装甲材料,因此,需要按照它们的结构和制造方法做出工程决策。第2章和第7章包含的内容是设计、开发或研究相关的任何系统。

最后,当为特定应用选择最合适的系统时,如何比较这些非常不同的系统?除了成本、供货和战略原因之外,有两个标准评价参数:质量系数$E_m$和空间系数$E_s$,如下所定义:$E_m$ = RHA面密度/候选系统的面密度;$E_s$ = RHA系统总厚度/候选系统总厚度。

例如轻型装甲系统的$E_m$值可达到5~10,而空间系数$E_s$值通常小于1,因为最先进的系统比标准均质装甲钢板厚。空间不总是问题,而质量却总是问题,所以最常见的比较是单位面积上的质量也就是面密度。

放眼全球,仍然在使用已经过时的基于图1.37(Doig,1998)所示的Milne-de-Marre图生成的函数。这是正好侵彻靶的弹丸动能—靶材料的面密度对数的函数。该图非常具有普遍性,但在实际设计装甲系统时不太有用,更大的作用在于可以观察到总体发展趋势。例如,轻型车辆抗冲击功约$10^4$J的KE弹,显而易见,铝基方案轻于钢基方案。

037

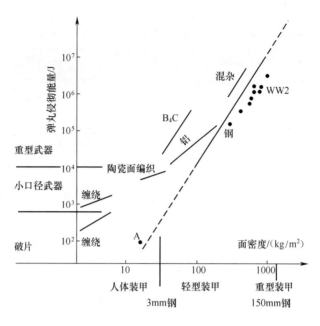

图1.37 抗动能弹整个装甲材料族 Milne-de-Marre 图

以一种更简练、实用的方式比较装甲系统,"面密度"是非常传统和必要的。这只不过是单位面积的质量($kg/m^2$)而已,但是,外行却反对这个概念。本书认为抗弹性能指标相对面密度的绘制测量值曲线对于装甲材料科学来说是非常普通的。图1.38说明其函数关系。应该注意,这一关系除了少数情况外通常为非线性。并且,通常情况下,当设计防护特定威胁的系统和已知装甲系统总面密度时,图1.38可以看出,在要求的撞击速度 $V_D$、设计速度(图1.33)下系统 A 和系统 B 的减重结果。

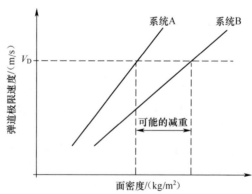

图1.38 两种装甲系统(A 和 B)弹道极限速度与面密度的关系,
表明如果选择装甲系统 A 可能减重/获得性能优势

## 1.7 基础材料科学回顾

本节提供给读者了解对贯穿本书其余章节的基础结构材料科学所需的基础知识。首先介绍元素周期表，即便是非专业读者也应该知道最轻的装甲材料是用最轻的化学元素(图1.39)制成的。对于长期从事技术服务的研究人员来说，时刻提醒他们掌握基础知识的重要性也是必要的。

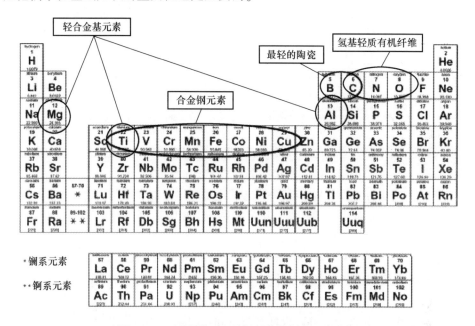

图1.39　元素周期表，最轻型装甲材料元素应用

所有材料的基本特性之一就是如何响应外力。例如，图1.40说明理想和实际材料在张力力学试验中不同的行为表现。理想形式常用于数学分析。不论是拉伸还是压缩，弹性模量、屈服应力、应力-应变曲线和应变-失效是重要的装甲材料性能。注意，应力-应变曲线受温度和应变率的影响，这一点将在后面的章节中介绍。

下面的内容涉及不同装甲材料的基础知识要点。

### 1.7.1　金属

(1) 自然界中具有可忽略的微缺陷、延伸性和高断裂韧性的连续均质材料(第2章和第3章)；

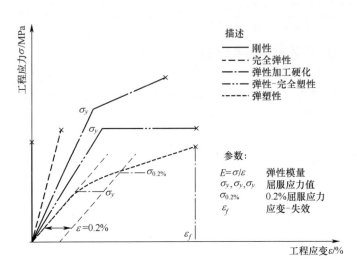

图1.40　一系列材料理想类型的应力-应变曲线示意图(彩图)

(2) 基本晶体结构决定了其性质,特别是延伸度:体心立方(BCC)、面心立方(FCC)和六方密排(HCP)是最常见的晶体结构;

(3) 位错运动(金属晶体内部的线缺陷)是产生塑性变形的机制;

(4) 晶粒尺寸对流动特性具有较强的影响,如Hall-Petch关系给出流动应力与平均晶粒尺寸的平方根成反比;

(5) 微观晶粒组织可从等轴晶粒到具有不同宽高比的煎饼状晶粒范围变化;

(6) 具有极端煎饼状晶粒的难加工合金具有各向异性,并显示正交各向异性(第4章);

(7) 某些金属,像BCC钢,将具有与时间-温度、应力状态相关的性质,会导致延脆行为转变。

### 1.7.2　聚合物

(1) 具有低模量、高延性和低强度的连续均质材料(第5章);

(2) 通过被称作单基物的简单有机分子聚合反应形成;

(3) 形成不同分子量和结构的聚合物链,这样每一种聚合物材料将包含长度正态分布的聚合物链;

(4) 含有非晶态聚合物链的区域通常不会完全结晶;

(5) 聚合物链可以交联以产生联锁3D结构;

(6) 被分成两类:一类是热塑材料,当加热时会软化/熔化,冷却时再固化;另一类是热固材料,加热不软化/熔化;

(7) 大多数聚合物具有时间-温度相关性质,因为聚合物链"需要时间来移动"——它们通常与应变率相关。

### 1.7.3 陶瓷

(1) 具有可测量的微缺陷、高压缩强度但特别是拉伸时很低的应变-破坏的连续均质材料(第7章);
(2) 通常具有各向同性微观结构,因此显示出各向同性;
(3) 体积密度通常表示为理论密度的百分比,因为总会存在一些孔隙;
(4) 通常由满足松装密度的具有不同形貌和粉末尺寸的干燥陶瓷粉末形成;
(5) 材料加工将决定材料缺陷的尺寸和数量,为了提高陶瓷制品的可靠度(第7章),加工陶瓷时应当尽可能减少缺陷的产生;
(6) 因为存在缺陷,具有大尺寸缺陷的陶瓷制品的强度比具有小尺寸缺陷的相同陶瓷制品的低;
(7) 用威布尔统计学描述脆性材料失效的概率是可行的。威布尔模量是 $\ln[\ln(1-PF)^{-1}]$ 对于施加应力的自然对数曲线的斜率,表示材料缺陷的分布。威布尔模量越高,材料就越可靠。

### 1.7.4 纤维和织物

(1) 由纤维束制成的不连续非均质材料(第5章和第6章);
(2) 韧度是用来描述纤维或纱线抗拉强度的术语;
(3) 织物类型多种多样,通常由编织方式描述:机制、非机制、单向等;
(4) 织物以设定的宽度制造,由单位面积质量($g/m^2$)和厚度表征;
(5) 悬垂性是织物的整体特性,而且是织物加工时的一个重要参数,不论是用作增强物(第5章)还是织物(第6章);
(6) 它们的力学性能具有方向性和应变率敏感性。图1.41给出与连续材料相比不同的应力-应变曲线(图1.40)。在施加拉伸载荷时,卷曲的机织物中的波浪状纤维将会变直,显示出早期部分应力-应变曲线的形状特征。

### 1.7.5 组织-力学性能-使用性能关系

如果在材料科学中存在黄金规则的话,那就是:材料的组织决定它的物理性质,即控制材料在特定功能中的行为方式。不论是细晶各向同性的铝合金还是多层纤维增强聚合物都是这样。金属合金化或热处理、陶瓷烧制是可显著改变材料

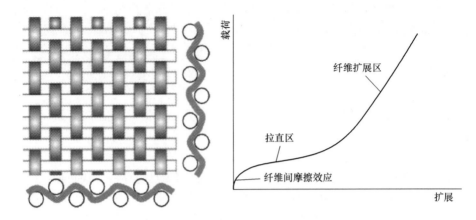

图 1.41　缠绕织物载荷-扩展曲线的典型形式

性能的工艺。材料科学家不断致力于弄清微观组织和力学性能的关系。例如，Hall 和 Petch 发现了晶粒尺寸与屈服强度之间的紧密关系。土木工程师利用物理和力学性能表设计建筑物和桥梁，航空工程师把物理和力学性能良好的碳纤维增强环氧叠层板应用于飞机设计。特别是复合材料，其性能高低取决于它们的加工工艺。因此，材料加工在结构-性能关系中具有重要作用。

　　该三角关系对于装甲材料和系统同样适用。如图 1.42 所示，在装甲情形下，结构可以是简单的装甲钢板或者复杂的陶瓷基装甲系统。微观组织和宏观结构都遵循这一黄金法则。这些结构的关键特性如断面模量、全厚度压缩强度甚至失效方式，将决定于装甲结构，但也受环境条件的影响，如室温、相对湿度、紫外辐射和应变率等。也就是说，这些通用的属性决定使用性能：在这种情况下，包括在弹道撞击下的抗弹性能和材料行为。因此，该基础三角关系提供了推动创新和性能改进的途径。如图 1.42 所示，装甲材料发展的主要推动力是改变装甲的结构，以目前的知识来看，结构改变将带来系统相关物理特性的正向改变，也就是说将会提高抗弹性能和冲击性能。当然，环境条件也会影响结果。例如，战场上的冲击类型（即所用武器类型）和结构支撑条件（例如，不论装甲是简单还是全局支撑）将影响系统的抗弹性能——这些详细的第二层级关系将在下面的章节讨论。

　　同时，这些装甲材料也应该是经过很好验证的工程材料：所有装甲材料不仅具有装甲的功能，而且还是主要的工程材料。例如，铝合金用来抗应力腐蚀开裂，焊接钢用来抗疲劳失效，陶瓷材料需要足够坚固以承受军用车辆穿越崎岖不平的地形产生的振动载荷。但是，本书不可能覆盖所有材料的工程特性，而是专注于它们作为装甲材料的能力。

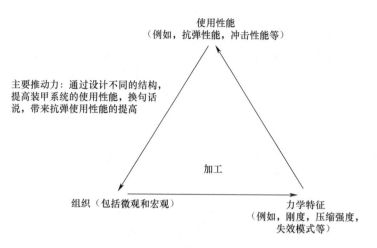

图1.42 用于设计改进性能的装甲系统的材料科学金三角关系

本章相关彩图,请扫码查看

# 参考文献

Anon,2009. Shot Soldier's Body Armour Praise. http://news.bbc.co.uk/2/hi/uk_news/wales/mid_/8089181.stm.

Anon,2012. Australian Department of Defence Website. images.defence.gov.au.

Anon,2014. Iraq Coalition Casualty Count. http://icasualties.org.

Baker,W.E.,1973. Explosions in Air. University of Texas Press,Texas,USA.

Ball,A.,McKenzie,H.W.,September 1994. On the low velocity impact behaviour of glass plates. Journal de Physique IV;Colloque C3,4,783-4788.

Borvik,T.,et al.,2003. Effect of target thickness in blunt projectile penetration of Weldox 460E steel plates. International Journal of Impact Engineering 28,413-464.

Brady,C.G.,2003. An Analysis of Wound Statistics in Relation to Personal Ballistic Protection. DSTO Technical Note #0510,August 2003.

Carton,E.P.,Weerheijm,J.,Ditzhuijzen,C.,Tuinman,I.,2014. Fragment and particle size distribution of impacted ceramic tiles. In:Paper Presented at the 28th International Symposiumon Ballistics,Atlanta,GA,USA,September 2014.

Cebon, P. , Samson, D. , 2010. DSTO-GD-0738: Diggerworks - Driving Innovation and Effectivenessin the Defence Sector; a Study of Success Factors. Department of Defence, Canberra, Australia.

Cimpoeru, S. J. , Phillips, P. , Ritzel, D. V. , 2015. A systems view of vehicle landmine survivability. International Journal of Protective Structures 6, 137–153.

Crouch, I. G. , 1992. Discing failures in both traditional and composite armour materials. In: Paper Presented at the International Symposium on Ballistics, Stockholm, June 1992.

Crouch, I. G. , 1993. Penetration and perforation mechanisms in composite armour materials. In: Paper Presented at the Euromech Colloquium 299, Oxford University, March 1993.

Crouch, I. G. , 2009. Threat defeating mechanisms in body armour systems. In: Paper Presented atthe Next Generation Body Armour, London, September 2009.

Crouch, I. G. , 2014. Effects of cladding ceramic and its influence on ballistic performance. In: Paper Presented at the International Symposium on Ballistics, Atlanta, GA, USA, September 2014.

Crouch, I. G. , Appleby-Thomas, G. , Hazell, P. , 2015a. A study of the penetration behaviour of mild-steel-cored ammunition against boron carbide ceramic armours. International Journalof Impact Engineering 80, 203–211.

Crouch, I. G. , et al. , 2014. Stab and Spike Armour Materials - a Review of the Scientific Literature and Commercially Available Materials. DMTC internal report, dated December 2014.

Crouch, I. G. , Kesharaju, M. , Nagarajah, R. , 2015b. Characterisation, significance and detection of defects in Reaction Sintered Silicon Carbide armour materials. Ceramics International 41, 11581–11591.

De'ath, J. M. , Proud, W. G. , Millet, J. C. F. , Appleby-Thomas, G. J. , 2011. Phase change in 080M40 plain carbon steel. Shock Compression of Dense Matter 2011, 1537–1540.

Deshpande, P. U. , Prabhu, V. D. , Prabhakaran, K. V. , 2003. Impulsive loading of armour by high explosive squash head munition. Defence Science Journal 53 (4), 357–365.

Doig, A. , 1998. Military Metallurgy. Maney Publishing, London.

Elder, D. , 2012. The DMTC KBE-based, Analytical Model for Predicting Second Round Impact Behaviour and Ballistic Performance. DMTC internal report, dated August 2012.

Fellows, N. A. , Barton, P. C. , 1999. Development of impact model for ceramic faced, semiinfinite armour. International Journal of Impact Engineering 22, 793–811.

Fenne, P. , 2008. Police body armour: the problem and the solution. In: Paper Presented at the Materials in Armour Systems, London, UK.

Fenne, P. , 2009. Can the key design aims for body armour for police officers be achieved? . In: Paper Presented at the Next Generation Body Armour, London, UK.

Field, J. E. , Sun, Q. , Townsend, D. , 1989. Ballistic impact of ceramics. Institute of Physics Conference Series 102, 387–393.

Gooch, W. A. , 2002. An overview of protection technology for ground and space applications. In: Paper Presented at the NATO Applied Vehicle Technology Panel, Aalborg, Denmark, September 2002.

Hainsworth, S. V. , Delaney, R. , Rutty, G. , 2008. How sharp is sharp? Towards quantification of the sharpness and penetration ability of kitchen knives used in stabbings. InternationalJournal of Legal Medicine 122 (4),281-291.

Hameed, A., Hetherington, J. G., Brown, R. D., 2004. Design trends in the development of largecalibre kinetic energy rounds. Journal of Battlefield Technology 7 (3),9-16.

Hazell, P. J., 2015. Stress waves. In: Hazell, P. J. (Ed.), Armour: Materials, Theory and Design. CRC Press, Florida, pp. 137-175.

Horsfall, I., 2000. Stab Resistant Body Armour (Ph.D. thesis). Cranfield University, Shrivenham, UK.

Horsfall, I., 2009. Human vulnerability. In: Paper Presented at the Next Generation BodyArmour, London, UK.

James, B. J., 2009. Armour and protection: science and technology centre. In: DSTL Presentation, October 2009.

Kelly, J. F., et al., 2008. Injury severity and causes of death from Operation Iraqi Freedom and Operation Enduring Freedom: 2003e2004 versus 2006. The Journal of Trauma 64 (2),21-27.

Kocer, C., 2003. Using the Hertzian fracture system to measure crack growth data: a review. International Journal of Fracture 121,111-132.

Laible, R., 1980. Ballistic Materials and Penetration Mechanics. Elsevier Scientific Publishing Company, Amsterdam.

Lane, R., Craig, B., Babcock, W., 2002. Materials for blast and penetration resistance. The AMPTIAC Quarterly 6 (4),39-45.

Lawn, B., Wilshaw, R., 1975. Review: indentation fracture - principles and applications. Journal of Materials Science 10,1049-1081.

Louro, L. H. L., Meyers, M. A., 1988. Stress waves induced damage in alumina. In: Paper Presented at the DYMAT 88, Ajaccio, France.

Louro, L. H. L., Meyers, M. A., 1989. Shock-induced fracture and fragmentation in alumina. In: Paper Presented at the Shock Waves in Condensed Matter 1989.

Mascianica, F. S., 1980. Ballistic testing methodology. In: Laible, R. (Ed.), Ballistic Materials and Penetration Mechanics. Elsevier Scientific Publishing Co., Amsterdam.

Masters, C., 2012. Uncommon Soldier: Brave, Compassionate and Tough; the Making ofAustralia's Modern Diggers. Allen and Unwin, Sydney, Australia.

Meyers, M. A., 1994. Dynamic Behavior of Materials. John Wiley & Sons, Inc., New York.

Mott, N. F., 1947. Proceedings of the Royal Society of London 300,300.

Naebe, M., Sandlin, J., Crouch, I. G., Fox, B., 2011. Novel lightweight polymer ceramic composites for ballistic protection. In: Paper Presented at the ICCS 16, Porto, Portugal, 2011.

Nolan, G., et al., 2012. A study considering the force required for broken glass bottles to penetrate a skin simulant. International Journal of Legal Medicine 126 (1),19-25.

Ogorkiewicz, R., 2015. Tanks: 100 Years of Evolution. Osprey Publishing, Oxford, UK.

Rosenberg, Z., Dekel, E., 2012. Terminal Ballistics. Springer-Verlag, Berlin.

Sherman, D., 2000. Impact failure mechanisms in alumina tiles on finite thickness support and the effect of confinement. International Journal of Impact Engineering 24, 313–328.

Simmons, M. J., Smith, T. F., Crouch, I. G., 1989. Delamination of metallic composites subjected to ballistic impact. In: Paper Presented at the 11th International Symposium on Ballistics, Brussels, Belgium, May 1989.

Specification, 2006. MIL-DTL-46593B (MR), Projectile, Calibers 22, 30, 50 and 20mm Fragment Simulating Projectiles.

Sternberg, H. M., Hurwitz, H., 1976. Calculated spherical shock waves produced by condensed explosives in air and water. In: Paper Presented at the 6th Symposium on Detonation, ONR, Arlington, 1976, pp. 528–539.

Stronge, W. J., 2000. Impact Mechanics. Cambridge University Press, Cambridge.

Walley, S. M., Field, J. E., 2005. The contribution of the Cavendish Laboratory to the understanding of solid particle erosion mechanisms. Wear 258, 552–566.

Woodward, R. L., 1978. The penetration of metal targets by conical projectiles. International Journal of Mechanical Sciences 20, 349–359.

Woodward, R. L., March 1979. Penetration behaviour of a high strength aluminium alloy. Metals Technology.

Woodward, R. L., O'Donnell, R. G., Baxter, B. J., Nicol, B., Pattie, S. D., 1989. Energy absorptionin the failure of ceramic composite armours. Materials Forum 13, 174–181.

Yaziv, D., 2008. Advanced add-on armour systems for combat vehicles. In: Paper Presented at the Land Warfare Conference, Brisbane, Australia, October 2008.

Zeng, K., Breder, K., Rowcliffe, D. J., 1992. The Hertzian stress field and formation of cone cracks - 1: theoretical approach. Acta Metallurgica and Materials 40 (10), 2595–2600.

Zukas, J. A., 1982. Impact Dynamics. Wiley, New York.

Zukas, J. A., 1990. High Velocity Impact Dynamics. Wiley, New York.

# 第2章
# 装甲钢

（伊恩·G.克劳奇）I.G. Crouch[1], S.J.钦波埃鲁(S.J. Cimpoeru)[2], H. Li[3], D.尚穆根(D. Shanmugam)[4]

[1]澳大利亚维多利亚州特伦特姆装甲防护方案有限公司；[2]澳大利亚维多利亚州渔人湾国防科技集团；[3]澳大利亚新南威尔士州卧龙岗大学；[4]澳大利亚维多利亚州本迪戈泰雷兹集团

## 2.1 简介

### 2.1.1 简史：从"小威利"到"巨蝮"

冶金工作者一直致力于利用其专业技能和特有的判断力，选择和发展合适的装甲或盔甲为在世界范围内的作战部队提供保护（Crouch，1988）。1915年，"小威利"的诞生，这辆全重18t的由全钢包覆的汽车被公认为是世界上第一辆军用坦克。自此，为了追求在战争中的竞争优势，装甲车作为战斗工具，其设计和制造理念受到越来越多的生产者和使用者的重视。

在第一次世界大战期间为解决堑壕战大量人员伤亡问题，1915年时任海军大臣的温斯顿·丘吉尔组织设计并由威廉工厂制造了一个可以容纳6人的早期"坦克"，该坦克形貌如图2.1所示。以现在的标准看，这辆坦克只不过是一个由钢板铆接而成的类似盒子的简单结构，且没有主炮。

位于英国林肯郡的一个小农场的福斯特公司生产的"小威利"，几乎没有服役，就被英国多塞特郡设计的更高级别的坦克替代了，该坦克现保存在博威顿坦克博物馆，车身完好无损。依据1984年Jones提供的数据，该坦克正面装甲厚度大约10mm厚，钢板的强度级别在选择上主要从实用性考虑，没有特意考虑其抗弹性。据估算它的强度级别近似10mm（0.39英寸）厚的锅炉钢板的水平，然而其实际强度级别不得而知，大概相当于ASME中的SA516级别，因此，其也属于高强度、高质量级别水平。

图 2.1　1915 年 12 月 3 日伯顿公园试验中的"小威利"

图 2.2 显示了第二次世界大战对装甲钢发展和提升所带来的影响,随着 20 世纪 40 年代早期大口径弹药以及实心钢炮弹的发展,对装甲钢的防护能力提出了更高的要求,促使装甲钢不断提高厚度,尤其是正面装甲钢的厚度。在第二次世界大战期间第一次出现了焊接的坦克,如丘吉尔 Mk7 型坦克。为满足前线战斗需要,坦克类型从最初的铆接、简单结构的交通工具向具有流线型、高性能战斗交通工具转变。例如英国的挑战者主战坦克吨位不断增加,且由装甲钢焊接而成。

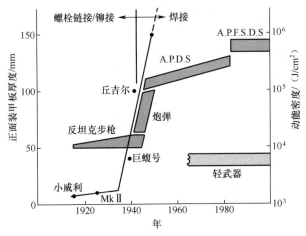

图 2.2　坦克装甲与动能侵彻的关系及发展历程

20 世纪 60 年代英国制造的"首领"主战坦克,车体由高强度等级的厚装甲板焊接而成。炮塔采用大弧度的铸钢铸造而成,是一个名副其实的具有厚装甲的大家伙,重量约为 6t。

然而,在 20 多年后的两伊战争期间发现只提高坦克的装甲厚度是远远不够的,更加先进的装甲结构应得到快速发展,这种需求促进了"斯蒂尔布鲁披挂

(Stillbrew appliqué)"防护系统的出现。

20世纪80年代,动能武器以及尾翼稳定脱壳穿甲弹(FSAPDS)的发展,促进了具有更为先进制造理念的坦克出现。如图2.3显示,英国挑战者型就是这一代产品的代表车型:该车重达62t,最高时速可达50km/h,并配有120mm口径的L11A5线膛炮,适用于脱壳穿甲弹和尾翼脱壳穿甲弹等弹药使用。随着具有高密度的钨或者贫铀弹芯的次口径、长杆穿甲弹的出现,使得穿甲弹的动能毁伤威力大幅提升(图2.2),其毁伤性能远远超越了现有的厚实的、整体材料的实际防护能力。对于重型主战坦克,需借助更为复杂的、特殊的装甲提高其防护性能,如挑战者型主战坦克上用的"乔巴姆"装甲。

图2.3 2014年英国挑战者II主战坦克在威尔士射击瞬间

无论采用特殊装甲与否,任何装甲战车的基本结构都是从选用可作为装甲使用的材料开始进行工程设计的。这些装甲材料不能有任何的冶金问题,同时要确保可用30年或更久的时间。这些被挑选出来被运用到不良环境中的装甲钢具有高品质、合理淬透性,其中普遍使用的以中碳装甲钢为典型代表,种类主要有Mn-Mo,Cr-Mo或者Ni-Cr-Mo-(V)低合金钢(Doig,1979)。对于这些结构装甲钢而言,保证其可焊性是其作为装甲材料的另一必要要求。为了保证装甲钢的可焊性,合金整体的碳当量不能太高,一般要求碳当量小于1,通常约为0.8。装甲钢的生产一般由拥有严格的质量管理体系和制造规范的制造商生产。对于炮塔、防弹舱和舱盖等具有复杂结构的部件,一般采用砂模铸造。而对于基体装甲,则采用被称为轧制均质装甲钢(RHA)焊接而成。均质装甲钢的截面厚度一般在100mm以上,通常需要热处理工艺获得具有最佳强韧性匹配的回火马氏体组织。

与主战坦克相比,很多装甲运兵车(APC)则是由相对薄一些的可焊结构钢钢板焊接制造而成,这是因为装甲运兵车设计的初衷仅仅是为了保护乘员免于那些轻武器弹药的伤害,这些轻武器弹药只拥有低的动能密度(图 2.2)。此类型的装甲车如澳大利亚的"巨蝮"车(图 2.4),是在 20 世纪 90 年代早期设计的,其早期的原型在 1999 年被部署于东帝汶,最后在 2006 年才被澳大利亚国防军(ADF)接受并开始服役。在维多利亚的本迪戈市,Thales 已经制造了 1000 多辆该车型车辆。改进型具有 V 型底盘以便更好地抵挡地雷带来的爆炸冲击。车辆采用了两种不同级别的防护钢:一种应用于车辆底部,其具有高的防爆轰性能;另一种应用于车体周边,其具有高的抗弹性能。

图 2.4  2005 年来自澳大利亚的"巨蝮"在伊拉克演练中

说来也奇怪,装甲运兵车的设计理念与当初的"小威利"号设计理念十分相似,只不过当今装甲钢的抗弹性能却早已远远优于在 1915 年使用的钢板!

在过去的几十年里,以色列与巴基斯坦在中东的冲突不断,迫使以色列人积极开发极其新颖和创新性的装甲解决方案,特别是在披挂装甲方面。具有代表性地用于覆盖 M113 系列轻量型、铝基装甲车上,这些装甲车装有 Toga 系统以及各种孔洞式披挂(第 1.7 节)。Toga 是一个很有趣的系统,装有 Toga 系统的 M113 战车被以色列国防军部署在塞尔达地区部(图 2.5)。Toga 系统首次使用了多孔钢板,这些板材上有穿孔,孔径的大小比实际的典型轻武器弹药的口径略大些。然而,这些具有孔洞的钢板主要目的是使子弹偏转,而不是阻止他们。当然,这些具有孔洞的装甲板材使其整体重量更轻,然而什么级别的装甲钢最适合此种应用,并且这些孔洞是如何制造的呢?

伊拉克和阿富汗两国的不断冲突,尤其是装备披挂系统的需要,不断促进超高硬度(UHH)装甲钢的发展。例如,在 2009 年美国解密的最新版本的 MIL-DTL-32332 规范里,包括了 SSAB 等制造商和美国 ARL 等实验室在 21 世纪初期大量研

图 2.5　以色列 M113 战车适用 Toga 穿孔装甲系统

究的成果(Showalter 等,2008),均涉及了超高硬度装甲钢。

在很多车辆设计中,装甲钢无论是作为结构材料还是披挂材料应用,重量总是一个最为关键的因素,车辆设计人员和装甲钢研发人员共同追求的目标就是最大限度地发挥装甲钢的质量效率,这是对钢材的硬度需求越来越高的原因。但是,随着装甲钢的硬度越来越高,势必在工程方面带来诸多问题,如冷弯、加工等。因此,需要充分考虑钢板硬度与工艺之间的关系,并进行有效平衡。

总之,如图 2.6 所示,提供了军用车辆上应用的各种强度级别的装甲钢。值得注意的是不同硬度范围的钢材应用也不同。

图 2.6　装甲钢种类

图中为一辆基体由焊接装甲钢并装配有披挂系统的英国 FV432 战车,注意:图中并非包括所有的装甲钢种类。

### 2.1.2 铁合金(从低碳钢到铸钢)

众所周知,轻薄的普碳钢汽车车身是无法防御霰弹猎枪或手枪子弹攻击的,例如9mm口径的巴拉贝鲁姆(Parabellum)手枪。厚度在1~2mm的冷轧普碳钢薄板只能对车内人员提供微乎其微的抗弹保护,这点早已被Durmas等(2011)最近的工作证明了(图2.7)。

子弹穿透钢板,钢板局部有少量凹陷变形(凹陷可见第1章),钢板背面有被子弹剪切形成的钢帽,而子弹本身几乎没有变形。

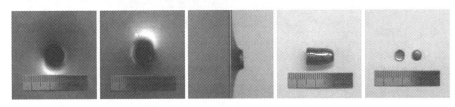

图2.7 该图出自Durmas的作品,显示1mm厚的普碳钢板的穿孔形貌
(前面、后面和侧面)以及未变形的子弹和被剪掉的钢帽

那么,什么样的钢材适合作为装甲材料呢?一般来说,只有具有高流动应力和高刚度等级的钢板(通过截面或弹性模量测量)才能作为装甲材料使用。由于所有钢的弹性模量值都非常相似(约为210GPa),因此必须通过增加厚度来增加刚度。高流动应力意味着更高的碳含量,参考经典Fe-C相图(图2.8),钢中的碳含量最高可达2%质量百分数。

在Fe-C相图的左端,极低碳含量(小于0.3%)普碳钢具有铁素体微观结构,其相对柔软,具有较低的屈服强度。在相图的另一端,是铸铁系列,虽然某些等级的适合作为披挂装甲,但由于铸铁材料本身太脆,故不能作为基体装甲材料使用。当然,铸铁更适合作为炮弹或碎片这样的战斗部使用,如破甲弹(HESH)和手榴弹等。

正如1907年Jones报道的那样,最早的均质装甲是19世纪后期的海军从钢中衍生出来的。这些海军装甲钢碳含量一般在0.25%以上,例如采用渗碳工艺进行表面强化的Ni-Cr钢。这种具有双硬度的钢将在2.4.3节中进一步讨论,该钢具有回火马氏体组织。

正如Edwards和Mathewson(1997)报道的那样,1941年由英国供应部对现有装甲钢进行了系统总结,提出在使用电弧焊接加工过程中一定要小心操作,防止裂纹和硬度高于基体装甲硬度(300HB)的喷溅物出现,以避免焊后裂纹的产生。Edwards研究了碳含量为0.95%的工具钢作为装甲材料的可能性,证实了UHH钢作

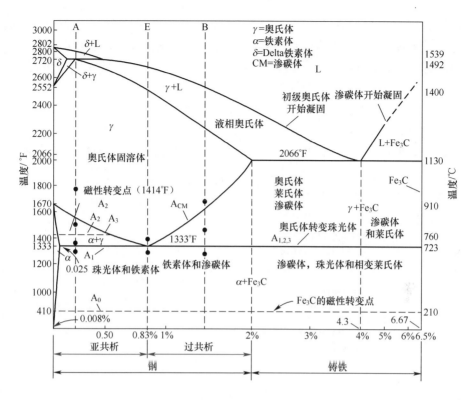

图 2.8 典型的 Fe-C 相图

为装甲材料具有典型的局限性,即容易出现裂纹扩展失效。在完全硬化的条件下,当硬度达到 510~710HV 之间时,装甲板均会出现严重的裂纹型破坏,而当硬度调整到 380HV 时,工具钢具有与传统均质装甲钢相似的抗弹性能(表 2.1)。

表 2.1 (碳含量 0.95%)工具钢作为同等级装甲钢候选材料的研究结果

| 序号 | 钢种 | 硬度/HV | 面密度/(kg/m²) | 威胁 | $V_{50}$/(m/s) | 失效模式 |
| --- | --- | --- | --- | --- | --- | --- |
| 1 | 工具钢(淬火和回火) | 386 | 39 | 7.62mm×39mm MSC(AK47) | 707 | 穿孔/盘化 |
| 2 | 工具钢(退火) | 200 | 39 | 7.62mm×39mm MSC(AK47) | 578 | 穿孔 |
| 3 | 普碳钢 | 133 | 39 | 7.62mm×39mm MSC(AK47) | 466 | 穿孔 |
| 4 | 工具钢(淬火和回火) | 364 | 78 | 7.62mmFFV | 588 | 穿孔/盘化 |
| 5 | 工具钢(退火) | 200 | 78 | 7.62mmFFV | 502 | 穿孔 |
| 6 | 轧制均质装甲钢 | 340 | 78 | 7.62mmFFV | 520 | 穿孔 |

但是,作为装甲材料,为什么马氏体钢如此受欢迎和有效呢?是否仅因为它们具有最高屈服应力等级的原因呢? Kasonde(2006)详细研究了许多被认为会影响抗弹性能的冶金变量:

(1) 合金含量及其对淬透性的影响;
(2) 马氏体类型,转变开始($M_s$)和完成($M_f$)温度;
(3) 残余奥氏体含量。

表2.2列出了钢中的典型合金元素并总结了它们的存在形态对性能的影响,

表2.2 合金元素对钢材性能及对抗弹性能的影响

| 元素 | 冶金影响 |
|---|---|
| 碳(C) | ·增加马氏体的显微硬度<br>·淬火后增加残余奥氏体的体积分数<br>·影响可焊性 |
| 锰(Mn) | ·提高淬透性<br>·弱碳化物形成物 |
| 钼(Mo) | ·$Mo_2C$ 的亚稳态形成,在700℃及以上溶解<br>·对淬透性的可能影响 |
| 镍(Ni) | ·固溶硬化<br>·通过改变晶格间距增加析出物与基体的错配度<br>·细化晶粒<br>·降低韧性脆性转变温度(DBTT)<br>·大大降低 $A_{c1}$ 温度 |
| 铬(Cr) | ·通过形成 $M_3C$ 来阻止 $Fe_3C$ 的软化<br>·提高淬透性,特别是>5% |
| 钒(V) | ·促进细粒度<br>·提高淬透性 |
| 铜(Cu) | ·增加基质沉淀 |
| 硅(Si) | ·延迟马氏体的分解<br>·减少铁素体基质的晶格间距 |
| 氮(N) | ·提高淬透性<br>·减少 $M_s$<br>·形成碳氮化物 |
| 硫(S) | ·隔离到晶界<br>·形成有害的 MnS 颗粒/桁条 |
| 磷(P) | ·偏离晶界并促进晶间断裂 |

其中一些可能会影响抗弹行为或抗弹表现。此外,Atapek(2013)在碳含量 0.23% 碳钢的基础上,通过添加 2.4% 的钴代替镍(含量 0.04%)研究了不同的成分变化对抗弹性能的影响。试验表明对于 12.7mm 厚的钢板,其对 7.62mm 制式弹的 $V_{50}$ 速度可达 780m/s。解剖结果可观察到绝热剪切带(ASB)的出现,与预期的结果一致。

在设计装甲钢时,淬透性是一个非常重要的方面。然而硬度是迄今为止最重要的,尤其是动态压缩屈服强度,钢材在其厚度范围内具有高强度是非常重要的,正如我们将在第 2.2.2 节中学到的那样。如果厚度方向上具有高的强度,则能最大限度地提高靶板的抗穿透阻力,从而有效提高钢的抗弹性能。

当然,淬透性与截面尺寸有关:钢板越厚,需要更高的淬透性来保证其完全淬透。所以,针对不同厚度的钢,需要利用不同的合金元素调节其钢材的淬透性-参见第 2.4 节和第 2.5 节。对于非常厚的界面钢材更是如此。人们非常渴望能获得一种通过空冷就能直接使钢的组织从奥氏体转变成马氏体,从而避免淬火后钢材的变形或最大限度地降低淬火残余应力。因此,量化合金装甲钢的淬透性非常重要。

图 2.9 所示为钢材的淬透性曲线,其可以通过标准的顶端淬火方法(Jominy 和 Boegehold,1938)结合钢的淬透性指数(DI)得出。对于每种厚度的装甲钢板,DI 需要足够大以保证其钢板完全淬透。

## 2.2 装甲钢的有益特征

### 2.2.1 显微结构方面

现在人们已广泛认识到在整个装甲钢板厚度截面上获得回火马氏体组织的重要性。然而,后续又会有什么影响呢,尤其是与微结构特征有何关联呢?

在第 1 章,我们已经了解到防止厚度方向过早出现分层、堆叠等失效模式,可最大化地提高钢材的防弹性能。因此,在微观结构层面,需要设计哪些冶金特征来最小化这些不可接受的失效模式的出现呢?

#### 2.2.1.1 晶粒尺寸与形状

晶粒尺寸很重要,作为传统的 Hall-Petch 方程(Hall,1951;Petch,1953)告诉我们:屈服强度与晶粒尺寸的平方根成反比。晶粒尺寸既影响淬透性又影响钢材的塑性特征,因此一般装甲钢需要获得非常细小的晶粒尺寸。

然而,锻钢和叠层复合材料一样,都是正交各向异性材料,原因在于它们在轧

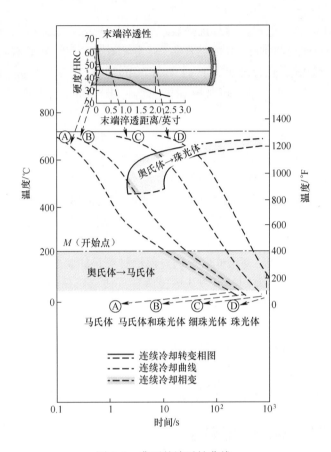

图 2.9 典型的淬透性曲线

制或锻造微观结构导致扁平的薄饼状颗粒平行于成形方向。轧制试验也可在晶粒内产生纹理，使晶体结构具有择优取向。相反，晶粒形状引起机械性能随方向变化而变化。例如，相比于在短横向方向(ST)，在纵向和横向方向上的轧制板的拉伸性能更为优良。实际上，由于晶粒尺寸的影响，短横向方向上的韧性非常小。因此，装甲钢非常希望获得细小的等轴晶粒组织。

### 2.2.1.2 合金元素的微观偏析

如图 2.10 所示，对于 3% 低合金钢的微组织，合金元素的微观偏析带非常清楚，其随合金含量高低而交替出现，形成原因为原始铸锭中的树枝状和枝晶区域的残余物；即使经过热轧进行大量热机械还原，仍然很明显。需要通过更好的炼钢手段来避免这种类型的偏析带出现，因为它可以大幅降低夏比冲击功，特别是在 ST 方向。

图 2.10 装甲钢的微观偏析形貌

#### 2.2.1.3 碳化物的大小和分布

一般来说,由于穿晶断裂路径比沿晶断裂更能吸收能量,因此人们更希望碳化物颗粒位于晶粒内而不是沿晶界出现。同样,人们也非常期望细小碳化物的均匀分布而不出现大的碳化物颗粒。这些同样适应于其他第二相析出物。

#### 2.2.1.4 硫化锰夹杂的尺寸及形状

钢中一般需要避免非金属夹杂物的出现。然而,如果存在诸如硫化锰(MnS)桁条的夹杂物,则 ST 性能可能会极差并且盘化和分层失效的倾向增加。

这些 MnS 夹杂是在炼钢过程中产生的,因此可以通过对钢锭重熔有效降低其含量,主要手段有在电弧炉冶炼过程中降低炉渣的用量或进行电渣重熔精炼(ESR)(参见第 2.4.4 节)。这些降低了钢锭中的硫(和磷)水平,进而降低了 MnS 颗粒的体积分数。总之,ST 性能得到改善,可以避免碟形崩落、碎化和分层失效事件的过早发生。根据 Doig(1998)的说法,弹道试验表明,ESR 钢板不会结痂,这使得它们可以抵抗破甲弹。为了实现非常低的硫含量,必须引入昂贵的冶金技术以及硫化物形状控制措施。较低的 Mn 含量允许较高的硫含量而不会形成大量的 MnS。已经开发出低锰方法(0.20%~0.50%(质量分数)),主要是通过降低材料中存在的 MnS 夹杂物的体积来减少中心线偏析并改善机械性能。

#### 2.2.1.5 马氏体特点

Kasonde(2006)的近期工作证明具有高马氏体转变起始温度 $M_s$ 的装甲钢,在弹道测试中表现不佳(表 2.3)。$M_s$ 值受奥氏体的成分、磁性特征、淬火速率、堆垛层错能和奥氏体的剪切强度的影响。此外,表 2.3 中给出的在低合金钢的范围内,残余奥氏体向马氏体转变以及孪晶马氏体向板条马氏体的过渡转变过程中,会产生相变诱导塑性(TRIP)效应发生。这种 TRIP 效应被认为消耗了大量的动能,但在微观结构中仅有少量的残余奥氏体可以实现最佳性能。有关 TRIP 钢的情况将在 2.4.5.4 节中进行更详细的描述。

表 2.3 经 5.56mm 软芯弹药测试的 0.4%C,4%Ni,2%Mn,1%Cr 系列高强度钢的抗弹数据

| 钢种 | 厚度/mm | 硬度/VPN | 测量的 $M_s$ 值 | 残留奥氏体 | | 抗弹极限 |
| --- | --- | --- | --- | --- | --- | --- |
| | | | | 测前 | 测后 | |
| P | 4.7 | 580 | 115 | 6.0 | <0.5 | >955 |
| Q | 4.9 | 615 | 178 | 4.0 | <0.5 | >948 |
| R | 5.1 | 610 | 170 | 5.0 | <0.5 | >947 |
| S | 5.2 | 578 | 182 | 3.0 | <0.5 | >947 |
| T | 5.4 | 610 | 184 | 0.6 | <0.5 | <935 |
| U | 4.9 | 578 | 170 | 2.0 | <0.5 | >961 |
| V | 5.1 | 595 | 145 | 5.3 | <0.5 | >952 |
| W | 4.8 | 565 | 130 | 6.0 | <0.5 | >942 |

#### 2.2.1.6 残余奥氏体

从表 2.3 的结果可以看出,马氏体结构中残留有限的残余奥氏体薄钢板(厚度约为 5mm)在对抗小武器弹药的抗弹性能方面是有益的。

总之,最新证据表明,对于钢材赋予最大抗弹性能,它应具备以下品质:
(1) 一种均匀高硬度的全硬化钢;
(2) 细小的等轴晶粒,无任何微观偏析;
(3) 没有 MnS 桁条;
(4) 马氏体起始温度低于 210℃;
(5) 在板状马氏体中残余奥氏体的体积分数大于 1%。

### 2.2.2 硬度、强度和韧性

20 世纪 70 年代(Manganello 和 Abbott,1972)提出并在 1980 年由 Dino Papetti 总结(Laible,1980)得到装甲钢的硬度可粗略表征钢的流动特性,并且其硬度值与

钢板抵抗小型武器与穿甲弹药的性能有一定的关系。图 2.11 显示随着硬度的提升,钢板的抗弹性能有增加的趋势,但这种趋势与钢板的毁伤模型息息相关。这些已经在第 1 章中深入地阐述过。

在硬度较低时,塑性流变为钢材的主要变形特征,此时的靶板失效模式表现为塑性冲孔类型,如图 2.11 中的 A 模式所示。随着靶板强度的提高,通过厚度剪切的局部破坏变得更加可能,靶板表现为软冲塞失效模式(模式 B),此时穿甲弹的弹头仍保持完好。图中过渡区的存在以及其大小程度不仅与装甲钢的质量和强度等级相关,同时也与靶板及弹丸的几何尺寸大小相关。当 $t/D$ 的比值接近 1 时,冲塞失效为主要失效模式。通过电渣精炼制造的清洁钢,或者通过先进的钢包精炼制造的清洁钢已被证明可以延迟这种转变(Rawson 和 Dawson,1972)。随着靶板硬度进一步提高,钢芯弹头开始出现变形/或者碎裂,弹头会由尖头变成钝头。钝头形状的形成更有利于以堵塞失效模式——也可叫硬冲塞失效模式(模式 C)出现。此时,靶板只有少量的塑性变形,弹丸的冲击能量主要通过弹丸的破坏而耗散。总之而言,在这种硬度区间,靶板的硬度越高,对于弹丸的损伤效果越好,从而靶板的抗弹性能越好。随着装甲靶板的硬度进一步提高到一定极值,此时靶板已经变得很脆,几乎没有结构强度,靶板本身在弹丸冲击时具有很低的抗弹性。虽然,理论上随着硬度的提高,抗弹性能仍能提高。此时的靶板硬度可作为结构装甲钢的抗弹硬度极值。

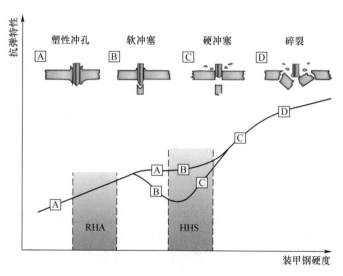

图 2.11　装甲钢族系列硬度与弹道性能之间的关系
抗弹性能与在特定硬度范围内的失效模式相关。尤其适用于一定硬度范围内的轧制均质装甲(RHA)和高硬度钢(HHA)。

然而,所有这些不同的失效模式都会吸收不同数量的冲击能量,并产生不同类型的弹片,在设计装甲防护系统时,所有的失效模式都要充分考虑以发挥其最大的抗弹优势。即使是"表现不佳"的碎裂失效模式!(详见 2.4.5.5 节。)

对于塑性冲孔(DHF),钢的防弹性将取决于钢的动态塑性流动特性。虽然钢板的抗弹性能与钢板的硬度有直接的联系,但是一般情况下,钢板的硬度是通过静态压痕试验或是静态屈服应力曲线获得(见第 1 章)。然而,硬度不能作为动态屈服或流动应力的衡量标准,但它可以解释应变率硬化、加工硬化或热软化(如 2.2.3 节所述),这也是确定装甲材料在动态弹丸冲击条件下对塑性流动的抵抗力所必需考虑的影响条件。

图 2.12 给出了从 RHA 装甲钢(详细规格,2013)到超高硬度装甲(UHHA)的各种实际装甲钢硬度值(Gooch 等,2007;Ryan,2016)对应的抗弹极限及其变化规律(规范,2009)。在抗弹防护领域,特别是在 1995 年 Rapacki 论述以后,通过提高硬度来提高靶板的抗弹性能早已达成共识。由于这个原因,装甲防护的设计者会经常在其披挂和结构装甲解决方案中选用更高强度的装甲钢。

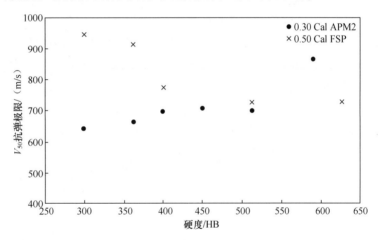

图 2.12　对于 0.30Cal APM2 和 0.50 Cal FSP,10mm Bisalloy
随装甲钢板硬度增加对 $V_{50}$ 抗弹极限的影响

图 2.12 还显示硬度 HB450 的装甲钢与硬度 HB512 的超高硬度装甲钢在抗弹性能方面差别不大,这一现象在其他板厚规格的装甲板上也曾出现过(Gooch 等,2007)。由于硬度 HB450 的装甲钢具有更少的合金元素,与超高硬度装甲钢相比具有更好的韧性和焊接性能,因此更适用于作为结构装甲钢使用,并且可以在保障同等抗弹性能的前提下,使装甲重量降低。

虽然提高硬度可以提高靶板的抗弹性能,但却不能提高碎片弹的防护性能,这点已通过对破片弹的模拟得到证明(图 2.12)。对碎片弹的防护能力随着装甲靶板的硬度提高反而呈下降趋势,因此,超高硬度钢不适合作为防护碎片弹装甲钢使用。这是因为钝型碎片的冲击可以造成高硬度靶板出现绝热剪切塞积从而使其以低能量损耗的机制发生失效破坏。绝热剪切的形成是模拟碎片弹性能降低的主要原因(图 2.12)。

最近(2008),超高强度钢被生产制造出来并通过评估作为实际装甲材料得到应用(Gooch 等,2004;Showalter 等,2008)。图 2.13 可以表明其与高硬度装甲钢相比是怎样提供更高的抗弹性能的,这点也可以从图 2.12 中看出。并且超高硬度装甲钢作为均质装甲板与双硬度装甲钢具有同等的抗弹性能(Specification,1987)。正如大家所熟知的那样,随着装甲钢硬度的提高,其抗弹性能会随之提高,只不过直到最近超高强度钢才作为装甲钢得到生产和应用,是因为人们在满足抗弹性能的同时保障了其在冲击条件下不会碎裂(见 2.3.2 节)。

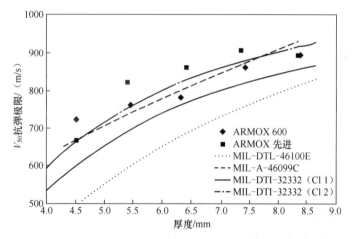

图 2.13 ARMOX 600、ARMOX 先进 UHHA、HHA(MIL-DTL-46100E)、双硬度装甲(MIL-A-46099C)、UHHA 1 级和 2 级(MIL-DTL-32332)等装甲钢在 0.30 Cal APM2,30°倾角时的 $V_{50}$ 抗弹极限(彩图)

总之,图 2.12 表明抗弹性能与装甲钢硬度有关,但在特定硬度范围内,抗弹性能和硬度之间可能存在增加或减少的关系,这取决于弹丸类型和相应的装甲失效机理。装甲硬度的另一个重要影响是它无论是否造成弹丸显著变形或破碎,都将极大地影响抗弹性能。实际上,硬度是可以作为保证装甲板质量的指标,且其可以轻易地通过对每张板材测量得到。

### 2.2.3 高应变率效应

大量研究发现,结构钢和装甲级别的钢的抗弹性能与硬度和抗拉强度(但不是屈服强度本身)相关(Manganello 和 Abbott,1972)。而十分有趣的是,在 Borvik 等的经典著作中,图 2.14(2009)显示有些系列的调质装甲钢,当测量的准静态拉伸屈服应力值在 600~1700MPa 之间时,抗弹性能与钢材的屈服应力呈线性关系。

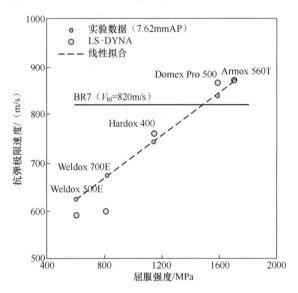

图 2.14 准静态拉伸屈服应力与弹道极限之间的线性关系

Woodward(1978a)证明在高应变下的准静态压缩屈服应力,即真实应变为 1.0 时的单向屈服应力,在弹丸未变形的前提条件下,用准静态压缩屈服应力进行预测和实际测量的抗弹性能之间存在很强的相关性(图 2.15)。当考虑到弹靶作用且涉及大应变时,尤其是出现韧性穿孔,且其他失效机制无法解释时,通过测量材料的屈服应力来进行表征是合理的。

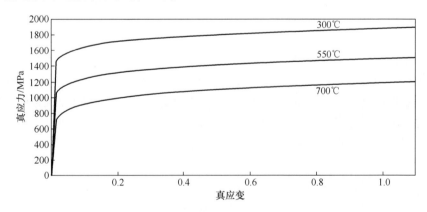

图 2.15 4130 钢的准静态压缩真应力应变曲线

高速率单向压缩测试最常用于测量动态材料特性,因为它可以获得在高应变速率弹丸冲击下材料的大应变。应变速率对低碳钢(Meyer 等,2006;Cimpoeru,1990)和代表性装甲钢(Nahme 和 Lach,1997)的应力-应变性能的影响如图 2.16 和图 2.17 所示。屈服应力的增加被称为应变率硬化或应变率效应。动态载荷显著地增强了钢在屈服和初始流动应力附近的流动应力。这两个图表明,大塑性应变下的流动应力似乎不受加载速率的影响,高加载速率下的初始流动应力倾向于接近大塑性应变下的准静态流动应力值。虽然应变率硬化仍在发生,但应力-应变曲线的整体形状随着大的高速率变形引起的绝热温升导致的热软化而被改变。换句话说,流动曲线是由于应变速率硬化引起的流动应力增加以及由于热软化引起的减小的组合,其一起可以导致应力-应变曲线趋于平坦。

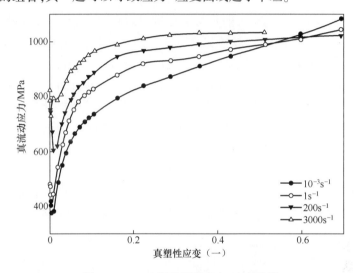

图 2.16 1045 钢的压缩应力-应变曲线

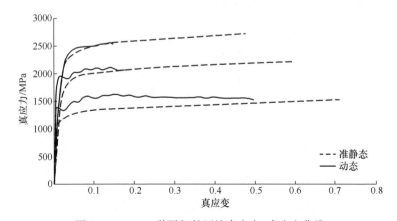

图 2.17 MARS 装甲钢的压缩真应力-真应变曲线

考虑到与弹道冲击相关的加载速率和加载速率对钢的应力-应变性能的影响（图2.16和图2.17），在某种情况下，假设材料的刚塑性应力-应变行为近似为材料的真实行为是合理的，例如，用于一维分析模型（Woodward，1978a）。然而，高应变率测试通常需要提供更高的保真度和对材料行为的理解，用于构建材料的本构模型以便进行数值模拟计算（第9章）。

高应变率下钢的初始流动应力增强的原因是什么？在初始流动应力附近，流动应力受温度和应变速率的影响，应变率增强可以通过位错运动的热激活模型来解释，该模型假设在低于临界温度的温度下（取决于应变率），流动应力大小取决于无热分量和热活化分量（Schulze和Vöhringer，2000）。流动应力的无热分量由长程位错障碍物（例如，晶界、沉淀物等）的影响决定，并且在很大程度上与应变率无关，但仍取决于温度。流动应力的热激活分量与短程障碍物（例如位错）有关，这可以通过由于热波动引起的位错滑移来克服，因此受到温度和应变率的影响更强烈；它可以通过降低温度或增加应变率来增加（Schulze和Vöhringer，2000）。降低温度会导致热能降低，而应变率的增加会减少位错运动的时间。两种情况都导致位错移动的能力降低，难以克服短程障碍物，从而导致应变率硬化。

图2.18给出了热激活模型（Schulze和Vöhringer，2000），它成功地描述了从低应变率到非常高应变率的初始流动应力下的应力-应变行为，即应变率为$10^{-3}$～$10^5\ \mathrm{s}^{-1}$。而其他模型并没有有效地解释观察到的行为（Meyer等，2006）。然而，热激活模型最初是为初始流动应力建立的。虽然这种模型也可以应用于较大的应变，但很少有人这样做，这是因为没有可用的闭合形式解决方案将应力-应变行为

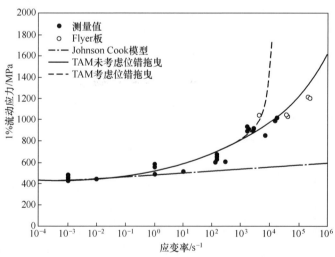

图2.18 应变率为$10^{-3}$～$10^5\ \mathrm{s}^{-1}$时的1045钢在1%真实塑性应变下的实测真实压缩流应力与热激活模型（TAM）、位错阻力的TAM和Johnson Cook模型计算值的比较

描述为塑性应变、应变率和温度的函数。在较大的应变下,诸如Johnston和Cook(1983)的经验模型或Zerilli和Armstrong(1987)的半经验模型经常被用来描述作为应变、应变率和温度的函数的流动应力行为。

动态拉伸性能也可以测量。图2.19比较了一系列调质装甲钢的准静态拉伸和动态拉伸性能。

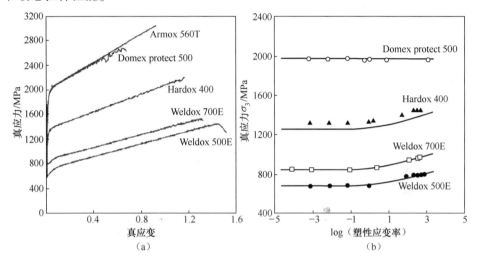

图2.19 各种淬火和回火钢的拉伸准静态真应力-真应变(a)和真应力-应变率(b)曲线

调质钢的准静态压缩和拉伸性能之间的差异是强度差异(Spitzig等,1975)。这也同样适用于动态载荷(Meyer和Abdel-Malek,2000)条件下。由于压缩和拉伸载荷之间的材料响应不同而产生强度差异,并且这种差异具有许多潜在的原因,例如:微观裂缝和由硬化引起的淬火裂纹;由于先前的塑性变形引起的晶界或夹杂物的位错运动;以及纹理效应和各向异性。在拉伸载荷下,裂缝扩展,从而增加材料体积,导致更大的塑性应变。在压缩载荷下裂缝闭合,导致较低的测量塑性应变。与压缩相比,淬火留下的任何残余奥氏体在拉应力下也具有不同的行为(Meyer和Abdel-Malek,2000)。

图2.20表明,对于调质钢,压缩和拉伸之间的应力-应变行为差异非常显著,并证明了Johnson-Cook和Zerilli-Armstrong模型在极低的应变率下描绘材料行为的能力。

装甲钢有多种厚度可供选择,因此材料性能会因较厚的截面难以达到充足的淬火速率而变化。特别是轧制装甲钢(RHA),其厚度规格涵盖2.5~150mm。用于较厚部分的合金具有较高的合金含量以增加其淬透性,但是成分的变化不能总是完全补偿厚度的这种显著变化,而导致较厚板的横截面中间的硬度降低。图2.21清楚地显示了RHA的动态特性如何受硬度影响(板厚的结果)(Weerasooriya

和 Moy,2004)。值得注意的是,这些钢有效地表现出刚塑性行为随着应变率增加的趋势,这是由于初始流动应力下的应变率增强以及由于较大塑性应变下的热软化导致的应力-应变曲线扁平化的原因造成的。

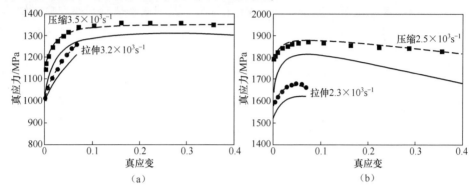

图 2.20　两种淬火和回火钢在标称相同应变率下的压缩和拉伸流动应力
(a)290HV30(拉伸 $3.2 \times 10^3 s^{-1}$ 和压缩 $3.5 \times 10^3 s^{-1}$);(b)410HV30(拉伸 $2.3 \times 10^3 s^{-1}$ 和压缩 $2.5 \times 10^3 s^{-1}$)。

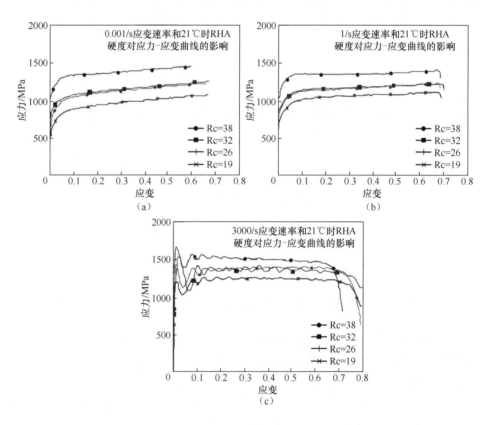

图 2.21　RHA 在不同硬度下的压缩强度曲线(彩图)
Rc38≈353HB,Rc32≈301HB,Rc26≈258HB 和 Rc19≈223HB。

## 2.2.4 加工性

装甲钢良好的可加工性是其作为任何军用车辆基础材料的主要优点。正如 Bill Gooch 及其同事在 2008 年所述,"在商业和军事作战领域制造装甲部件的能力,包括可用的装备和人员,是装甲钢作为解决方案的主要优势"(Showalter 等,2008)。然而,对于调质过的装甲钢,其马氏体组织将受到任何形式的再加热工艺的影响,因此热轧、热成型、切割和焊接将影响钢的微观结构和局部性能,进而影响抗弹性能。

### 2.2.4.1 热轧和冷轧的影响

热加工是钢在其再结晶温度以上通过塑性变形将其加工成不同形状的工艺过程。再结晶最有可能降低屈服强度和硬度并增加延展性,从而抵抗应变硬化。因此在不牺牲抗弹性能前提下,必须避免热加工。如果必须需要热加工,建议采用二次热处理工艺重新建立可接受的硬度。另一方面,冷加工是钢在再结晶温度以下通过塑性变形将其变为不同形状的工艺过程,通常在室温下进行。

冷加工的一些好处:

(1) 不需要加热;

(2) 实现了更好的表面粗糙度和出色的尺寸控制;

(3) 强度、疲劳和耐磨性能得到改善;

(4) 可实现各向异性。

冷加工的一些弊端:

(1) 需要更大的加工能力;

(2) 容易发生应变硬化(可能需要中间退火处理以减轻内应力);

(3) 可能产生残余应力。

热轧板和冷轧板的典型扫描电镜形貌和背散射电镜形貌,如图 2.22 和图 2.23 所示(Peranio 等,2010)。值得注意的是,要使冷轧微观结构变得更细,需要使晶粒经历更多的塑性变形。

### 2.2.4.2 焊接效果

焊接是用于装甲钢的常用连接技术。焊接在母材和焊缝金属之间产生热影响区(HAZ),包括各种硬度的子区域(再硬化、软化/回火)(图 2.24),可能影响结构、抗弹和疲劳性能。

铁素体钢存在两个可能影响装甲性能的问题。这些现象包括氢致冷裂(HACC)和热影响区(HAZ)软化,如图 2.24 所示。对于铁素体结构钢而言,为避

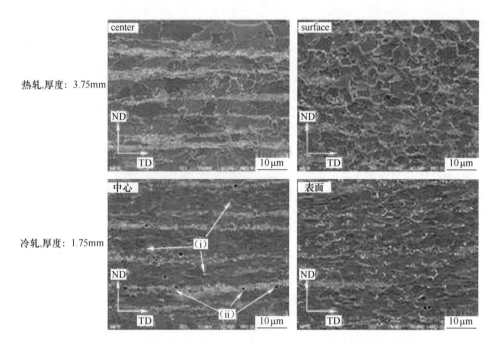

图 2.22　热轧板和冷轧板横截面扫描电镜

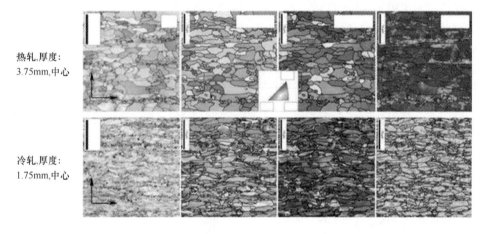

图 2.23　热轧板和冷轧板横截面中心背散射电镜(彩图)

免 HACC 的出现,已建立了完好的焊接规范,并且纳入国际标准( Ref AS/NZS 1554,ISO EN 1011)。由于 HACC 产生的原因是容易受影响的微观组织、应力和氢的存在综合结果,因此可以通过去除这些因素中的任何一个来消除它。在典型的焊接程序中,通过增加热输入和施加预热来降低冷却速率,使微结构不易受到影响。采用低氢工艺,包括仔细控制焊材和母材,并再次增加热输入,增加预热,甚至额外的后加热或控制冷却用于辅助氢扩散。然而,高热输入和预热的使用确实对受热区域软化产生不利影响。因此,对于一般的铁素体钢,特别是耐热机械处理或调质后,焊接程序的操作窗口相对较窄。用于确保适当操作窗口的最有效措施可能是对氢气的有效管理。这点在 EN 1011-2 中得到认可,也可用奥氏体焊条替代预热。澳大利亚国防材料技术中心(DMTC)最近的工作(Kuzmikova,2012)证明了这种方法的有效性及其在控制氢扩散以防止热影响区积聚方面的作用。

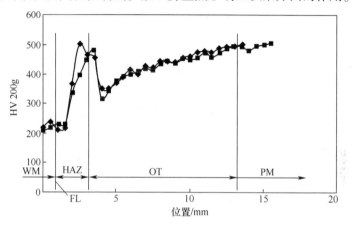

图 2.24　典型的焊件硬度曲线

HAZ 软化的程度取决于诸如化学成分、焊接热循环(焊接方法)和相变动力学等因素(Magudeeswaran 等,2008)。HACC 发生的可能性取决于各种因素,例如硬度(受钢的微观结构、碳当量(CE)和焊接冷却速率的影响),残余应力的类型和大小,以及在热影响区中的可扩散氢的浓度水平(Alkemade,1996)。

去应力热处理通常用于减少由于制造过程而保留在结构中的应力。将构件均匀加热到低于相变转变温度范围内的足够高的温度,然后均匀冷却可以消除残余应力。通过消除应力,可以获得更好的尺寸稳定性,HACC 的可能性大大降低,且可获得好的冶金组织。

### 2.2.4.3　切割效应

在车辆制造期间使用切割和加工工艺对车辆的整体性能起重要作用。1992年,Wells 等通过裁剖来自战场上车辆的几个部件的裂缝,研究了用于制造轻型装甲车辆(LAV)的高硬度装甲钢(HHA)钢板开裂的原因(Wells 等,1992)。在许多情况下,裂缝是由于在切割时不适当的边缘加工导致环境辅助开裂。在裂缝起源处的显微镜组织中显示有一层未回火的马氏体,这是板切割操作后并没有在随后的研磨过程将其完全移除的结果。这层未回火的马氏体非常脆,可以是裂纹起始点。

表 2.4 说明了各种操作方法对未回火马氏体层和热影响区厚度的影响。例如,当使用氧乙炔切割代替等离子弧切割时,必须除去更多的边缘材料(并因此花费更多的时间去除它)。应该注意的是,激光切割可产生迄今为止最薄的未回火马氏体层和 HAZ 层。水射流切割工艺没有未回火的马氏体厚度和 HAZ,因为水切割属于冷加工,并具有相对好的表面光洁度。由于装甲板的切割边缘非常重要,因此建议使用激光或水射流切割,该过程将减少或消除切割 HAZ 的厚度,不需要额外打磨得水平。

表 2.4　不同工艺下未回火马氏体表层和热影响区(HAZ)的厚度

| 切割工艺 | 未回火马氏体厚度/mm | 热影响区厚度/mm |
| --- | --- | --- |
| 喷水切割 | 未检测到 | 未检测到 |
| 砂轮切割 | 未检测到 | 2.5 |
| 等离子弧切割(空气、高速) | 0.5 | 2.5 |
| 等离子弧切割(水) | 0.5 | 2.5 |
| 空气碳弧切割(多通道的) | 1.0 | 3.8 |
| 气焊 | 3.0 | 15.0 |
| 激光切割 | 0.1 | 0.5 |

为了避免再加热装甲钢造成的所有缺点,可以利用铆接工艺将装甲板连接建造装甲车辆,这种工艺尤其适用于轻型车辆。表 2.5 总结了焊接和铆接之间的主要差异。需要指出的是采用铆接工艺,需要板材部分重叠造成车辆结构稍重,但是如果考虑部件更换、翻新和/或升级,则铆接结构更有吸引力。来自铆接螺栓的弹出造成的二次伤害与螺栓连接处的腐蚀被认为也是铆接工艺存在的弊端。然而,如果通过设计可以避免这些固有的缺点,那么通过机械方法将装甲材料连接在一起是最佳的选择。

## 2.2.5　成本和实用性

通常市场的需要促进应用的开发,但自 20 世纪初以来,各种级别的装甲钢都很充足。因此,与其他材料相比,钢材价格低廉,使其成为生产大批量军用车辆的极具有吸引力的材料。当世界上大多数军队仍然使用钢制车辆时,焊接钢结构的局部可修复性也是一个巨大的推动因素。

自 20 世纪 80 年代开始,钢铁工业的全球化意味着各国不必依赖从本国购买装甲钢。英国国防部在 1984 年左右做出决定,将装甲钢的来源扩大到整个欧洲供应商,而在那之前的冷战期间,英国制造的装甲车的所有装甲钢都是在英国严格控制并保证高度安全的条件下生产的。

表 2.5 焊接和螺栓链接装甲平台的优缺点比较

| 工程方面 | 焊 接 | 螺栓连接 |
|---|---|---|
| 加工性 | 常规连接工艺<br>需要预热<br>普遍使用 | 易拆装<br>连接的坚固性,有待考究<br>公差精度高且螺栓需要定期检测 |
| 通常应用范围 | 防水、密封等壳体结构 | 需要涉水的部件,如披挂系统与次生系统 |
| 电磁屏蔽和接地 | 保障外壳连接的连续性从而具有法拉第盒效应 | 肩带或导电密封胶间需要连续点焊连接 |
| 固有特性 | 存在热影响区,宜在焊接线附近出现环境裂纹开裂 | 重叠连接造成材料增加、重量增加 |
| 修理 | 造成细微修理不便,维修通常需要经专业培训的人员和特定的装备进行 | 维修方便,通常只需一个人使用标准工具就能进行 |
| 装甲材料选择 | 选材时由材料的最小碳当量决定 | 对材料强度等级和碳当量无要求,可选用高强度和高硬度的装甲材料 |
| 抗弹性能 | 在焊缝周围存在小而窄的抗弹窗口 | 抗弹窗口大,但易出现螺栓和螺母造成的二次伤害 |

表 2.6 显示了与某些可替代材料相比的钢制装甲系统的成本。即使在今天,在许多现役的装甲材料中,钢铁在成本方面仍然极具竞争力,尽管它总是最重的解决方案。对于 0.3″APM2 威胁,复合装甲(由碳化硼和高密度聚乙烯的层压材料为代表)约为 RHA 重量的 1/3。在人体装甲防护中,这种重量上的减轻非常重要。然而,特别是对于重型装甲车辆,结构装甲的重量仅是车辆总重量的一小部分。在考虑未来的装甲材料时,将在第 12 章中再次深入分析这些利弊。

表 2.6 针对特定威胁装甲系统选材时重量和成本之间的权衡
(此处指 7.62mmAPM2)

| 序号 | 类型 | 参考面密度标准 | 面密度/(kg/m²) | 成本/(美元/kg) | 成本/(美元/m²) |
|---|---|---|---|---|---|
| 1 | 轧制均质钢(RHA) | IDR#4,1991,p349 | 114 | 4 | 456 |
| 2 | 均质高硬度装甲钢(HHS) | IDR#4,1991,p349 | 98 | 4 | 392 |
| 3 | 均质铝合金装甲板(5083) | IDR#4,1991,p349 | 128 | 9 | 1152 |

续表

| 序号 | 类型 | 参考面密度标准 | 面密度/(kg/m²) | 成本/(美元/kg) | 成本/(美元/m²) |
|---|---|---|---|---|---|
| 4 | 均质铝合金装甲板（7039） | IDR#4,1991,p349 | 106 | 15 | 1590 |
| 5 | 均质钛合金装甲板（Ti-6Al-4V） | Timet,2015 | 86 | 113 | 9718 |
| 6 | 均质镁合金装甲板（ZK60A） | ISB22,2005,Van de Voorde | 135 | 120 | 16,200 |
| 7 | 玻璃纤维增强塑料（GFRP）（S-玻璃） | IDR#4,1991,p349 | 93 | 30 | 2790 |
| 8 | 纯铝/铝合金 | IDR#4,1991,p349 | 50 | 35 | 1750 |
| 9 | 碳化硼/超高强高分子聚乙烯（UHMWPE） | 装甲解决方案,2014 | 32 | 220 | 7040 |

## 2.3 破坏机理及模式

### 2.3.1 绝热剪切

由于冲击过程中的塑性变形产生的热量通常包含在变形材料内,且没有足够的时间使热量逸出到周围的材料中。出于实际应用的目的,这种条件下被认为是绝热的。在这种条件下,由于温度升高造成的材料软化的速率可以大于加工硬化的速率。这可能导致材料微观结构内的不稳定性,以及随后的材料强度显著下降。这对于许多装甲材料尤其是高强度钢具有重要意义,其中静态材料强度性能的增加有时伴随着在某些硬度范围内的抗侵彻性能降低(Manganello 和 Abbott,1972; Wingrove 和 Wulf,1973)。

这是因为绝热剪切现象的出现。在一组特定条件下,剪切屈服应力显著下降,促进装甲堵塞的形成使抗弹性能降低。图 2.11 介绍了这种潜在的下降趋势。这也可以在图 2.25 中看到,其中对碎片的抗弹能力的下降也与绝热剪切塞积有关。

一般来说,绝热剪切的出现可以使硬度降低 350 HV(w330 HB)(Wingrove 和 Wulf,1973;Woodward,1978b),但影响程度也受弹丸与靶板的倾角影响(Woodward 和

Baldwin,1979)。

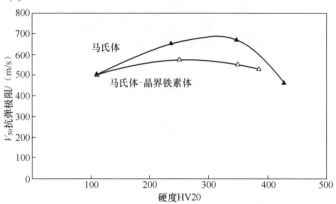

图 2.25 具有马氏体微组织和马氏体-晶界铁素体微观结构
的淬火和回火钢的抗弹极限与硬度之间的关系

绝热剪切的最初理论由 Zener 和 Hollomon(1944)提出,并由 Recht(1964)进一步完善。材料的绝热剪切敏感性的相对等级可以通过从热机械材料特性确定其临界剪切应变率中获取。低的比热值、热导率、密度和加工硬化率,同时具有较高的剪切屈服应力值和热软化速率,有利于绝热剪切的形成。

与绝热剪切相关的剪切屈服应力的下降将导致变形集中,产生强剪切变形带(图 2.26)。钢中绝热剪切带(ASB)的存在可以在金相试样中检测到,因为它们能够抵抗腐蚀,并呈现出一条白色带,与钢微观结构的其余部分形成鲜明对比,因为其后者更容易被腐蚀。ASB 具有非常细的晶粒尺寸、高硬度并且表现出异常的回火特性(Bedford 等,1974)。

对单独的绝热剪切材料的敏感性不一定导致绝热失效。绝热剪切破坏由强烈的剪切应变的窄的白色腐蚀带组成,其中剪切量通常比在常规剪切破坏中的材料大得多。后者通常牵扯到通过包含空洞成核、生长和聚结的破坏机制造成的韧性耗尽,相比之下,后者需要更大的塑性变形和功(Woodward,1984;Flockhart 等,1991)。

发生绝热剪切失效的条件是复杂的,而不仅仅与材料特性有关。绝热剪切失效还将取决于侵彻弹丸的几何形状,当它们受到钝头弹的冲击时更可能在不太敏感的材料中发生。即使不涉及绝热剪切,这种弹丸也会产生冲塞失效。

已知降低材料的应变率效应会促进绝热剪切失效(Dormeval,1988;Wang,2007)。在高应变率压缩试验中,利用具有简单几何形状的圆柱形试样来研究影响绝热剪切破坏的一些关键因素。在这种情况下,绝热剪切破坏需要满足以下条件:

图 2.26 绝热剪切带,从夹杂物的变形可以看出明显的剪切应变

(1) 材料应力-应变曲线上的负斜率;

(2) 一个合适的试样几何形状,以便促进强烈的剪切(O'Donnell 和 Woodward,1988);

(3) 确保材料变形/流动能够以稳定的方式持续进行的条件,例如摩擦力(Cimpoeru 和 Woodward,1990)。

一些 ASB 将仅在材料内发展,而其他剪切带将与自由表面相交,从而允许材料分离并因此实现绝热剪切失效。在许多情况下,这些观察结果与材料随时间的流动而变化方向一致(Flockhart 等,1991)。ASB 与塑性变形问题相关的滑移线相关,尤其是那些速度间断的滑移线(Backman 和 Finnegan,1973)。Flockhart 数值模拟了一系列冲击问题,以证明绝热剪切失效与滑移线场速度间断之间的相关性。在有限元模拟中显示,这种速度间断性可以在剪切应变率的最大值时来识别。

Meyer 和 Pursche(2012)提供了对高强度低合金(HSLA)钢的绝热剪切失效方面影响最大的材料特性的最新和最全面的说明。他们还系统地研究了各种材料特性对在淬火和回火后 HSLA 钢下的绝热剪切失效的初期反应的重要性。从绝热失效的定性和定量分析中发现最重要的材料特性是动态热软化行为(表 2.7)。

绝热剪切是钢的一种非常重要的失效机理,因为它会在一定范围的硬度值下产生低能量失效机制,通常会降低钢的抗弹性能。虽然过去在绝热剪切研究中已经做了很多工作,绝热剪切将继续成为未来许多年的重要研究课题。

表 2.7 根据绝热剪切失效倾向的材料特性排名

| 序号 | 特 性 | 定性考虑 阈值 | 定量考虑 $R^2$ 值 | 等级评估 |
|---|---|---|---|---|
| 1 | 动态的应力-温度行为的温度不稳定性 | 是 | 0.95 | 非常好 |
| 2 | 动态帽型冲压失效测试 | 是 | 0.95 | 非常好 |
| 3 | 动态应力-温度行为的应力不稳定性 | 是 | 0.94 | 非常好 |
| 4 | 动态应力-温度曲线包围面积 | 是 | 0.94 | 非常好 |
| 5 | 硬度 | 是 | 0.91 | 好 |
| 6 | 失效能量依据 Grady | 是 | 0.87 | 好 |
| 7 | 室温下动态压缩流变应力 | 是 | 0.86 | 好 |
| 8 | 室温下动态拉伸强度 | 是 | 0.84 | 好 |
| 9 | 动态压缩应力-温度曲线下降行为 | 是 | 0.79 | 好 |
| 10 | 压缩/剪切行为测试中动态压缩应力下降行为 | 是 | 0.61 | 不足 |
| 11 | 动态加载下均匀延伸 | 是 | 0.47 | 不足 |
| 12 | 简化的 Culver 方程 | 是 | 0.02 | — |

### 2.3.2 脆性失效

装甲板的破碎可以被描述为当弹丸冲击靶板时,装甲板的韧性不足以承受冲击而引发的弯曲应变,并且弯曲是最佳的失效机理(Woodward 和 Baldwin,1979)。同时需要明确的是当靶板碎裂时如果几乎没有可辨别的变形,此时就要与其他失效机理相结合(图 2.27)。显然,装甲板破碎是灾难性的事件。

在单轴拉伸试验中,延展性通过断裂应变来测量,该断裂应变包括达到极限拉伸强度后的均匀应变和颈缩应变。对于延性材料,延展性通常是在空隙生长和聚结导致最终断裂之前的总弹性和塑性应变之和。

破碎失效机理当然是脆性断裂的一个例子。这种断裂通常涉及快速裂纹扩展,表现出很小的塑性变形并且可以在很宽的环境下发生,甚至对于通常表现出良好塑性的钢也会出现此种现象!

实际上,材料是否满足应用的苛刻要求,例如抵抗弹丸冲击或炸药爆轰,取决于材料本身对划痕或裂纹存在时的反应程度。划痕将产生高局部应力集中和划痕根部的应变率的局部放大(Dieter,1981)。重要的是,凹口还将导致三维多轴应力状态,其直接导致在凹口前面应力特别严重,甚至比在裂缝前端更为严重。在这里,本地位错滑动能力控制了其延展性,在这些情况下将其定义为"韧性"。韧性

图 2.27　装甲钢碟形开裂和碎裂失效形貌
注意,碟形失效时通常会出现部分冲塞失效。

总是与三维应力相关并且特定存在于三维应力区域,其抵抗或阻碍整体塑性流动,即位错运动。因此,屈服和塑性流动仅在材料局部发生,如果仅发生划痕或裂缝的前端,则很容易超过材料的屈服应力。

高强度材料,包括一些装甲钢(其中延展性,即使在单轴情况下,通常非常低),通常在裂缝前端具有小的局部塑性区域(因此具有非常高的局部应力)(Dieter,1981)。即使外力较小,也会产生较高的局部应力,从而导致裂纹扩展和断裂。具有高加工硬化和高断裂应变的钢是最佳选择,因为它们可以在任何初期裂缝前端产生大的塑性区域,从而阻止更大的裂纹扩展。这种钢的优点在于在划痕根部处的部分塑性区将转变为弹性应变区,因此应力可以降得很低。因此,这种钢具有更高的抗断裂性。

对于厚装甲板而言,由于厚度截面方向会受到较高约束(Manganello 和 Abbott,1972)引起的三维应力状态,将韧性作为厚装甲板性能指标变得越来越重要。在这种情况下,由于缺口引起的应力状态接近平面应变而不是平面应力,而前者具有较小的断裂应力(Dieter,1981)。较厚的装甲钢通常需要具有较高的合金含量以增加其韧性以更好地管控三维应力状态(Manganello 和 Abbott,1972)。

MacKenzie 等(1977)表明,在一系列高强钢中断裂应变对应力状态非常敏感(例如,三维应力程度),正如预期的那样,在平面内和横穿厚度的断裂应变之间存在显著差异。Sato 等(2015)表明,对于拉伸强度高于 600 MPa 范围的钢,至少在高达 $10^2 s^{-1}$ 的应变率时,应变率对断裂应变没有太大的影响。

其他因素如温度和加载速率或应变率(Dieter,1981)也可以大大降低韧性。

例如,Whittington(2014)研究了 RHA 装甲钢的韧性断裂形貌,发现应变率的增加会导致很小的韧窝断裂极值从而发生断裂。相反,试验温度的增加将导致韧窝生长到断裂点并因此导致更大的断裂应变。

Charpy 冲击试验用于评估钢材是否满足不同装甲应用时的最低韧性水平(以焦耳计)(详见标准,2008)。测试要求在-40℃下进行,因为该温度通常足够用以区分和发现脆性行为(图 2.28),且在此种环境下容易获得相对准确的韧性测量值。Charpy 冲击试验(参见第 10 章)可以在比较基础上帮助区分低韧性钢,从而帮助确定什么样的钢最适合装甲应用。

Charpy 转变温度是 Charpy 试验中材料行为从韧性变为脆性行为的温度。低的测试温度,例如-40℃,阻碍位错运动,从而促进脆性行为。但是,韧性到脆性转变温度的测量还需要测试应力状态和加载速率特殊配置,因此 Charpy 实验室测试的结果不能绝对预测实际装甲钢的真实脆韧性转变温度。

虽然 Charpy 试验是对不同装甲钢的韧性进行排序的有用方法,但从根本上说它是在缺口处具有不明确的三维应力条件下的经验试验,这就是为什么它不能用于预测脆性断裂的起始点的原因。冲击或爆炸产生非常高的局部应力,容易产生裂缝。这些裂缝是否增值扩展并导致脆性断裂与材料本身特定的裂纹扩展特性有关,而这些特性不是通过 Charpy 试验测量的(Herzig 等,2010)。Herzig 等在进行 Charpy 冲击测试的同时也通过爆炸试验测量了一系列钢的裂纹扩展情况,试验表明测试结果随测试温度(-40℃的环境温度)而变化。重要的是,它表明在高速(或爆炸)载荷下材料韧性好坏与抵抗裂纹扩展能力之间存在良好的相关性。

由于在关键合金元素短缺的情况下,在第二次世界大战中设计利用相对贫乏的成分提高韧性进行低成本批量生产装甲钢。例如,增加镍含量可提高韧性并降低硬度以此降低产生破碎的可能性,同时提高抗弹性能,从而提高抗弹极限。虽然这会增加装甲成本并降低可焊性,但是在过去 15 年中,提高装甲钢韧性,特别是在高硬度和超高硬度等级中,一直是装甲钢研发的重要方向,并且这种趋势预计将持续下去。

### 2.3.3 结构失效

当装甲板出现裂纹时,无论其是逐渐产生的还是快速扩展的,只要其达到不能承受进一步的结构或冲击载荷的程度时,装甲钢结构被认为在结构上失效。保持结构完整性的关键是避免这种开裂,这里称为结构开裂,因为它在装甲钢中具有严重的自然性质并且可能对抗弹完整性产生影响。适当的装甲钢选择和制造将避免或至少最小化结构裂缝的引发或生长,从而避免昂贵的结构性补救措施。

装甲钢中的结构裂缝是由制造过程中的铸造工艺产生的,因此不能以任何形

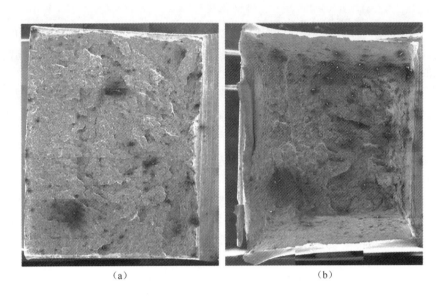

图 2.28 沿淬火和回火钢(Shah Khan, T-L(横-纵向)取样后,分别在-40℃(18J 测量)和环境温度(84J 测量)下经夏比冲击试验后的断口形貌
(a)脆性断裂(95%脆性行为);(b)韧/脆性断裂(脆性 46%)。

式预测,比如量化。微裂纹通常小于 1mm 且低于实际可以检测到的裂纹尺寸,但足以构成自由裂纹扩展所需要的尺寸。但重要的是要了解这些裂纹不是或必然是由疲劳引起的。拉伸残余应力在结构开裂中起主导作用,因为它们可以与屈服应力一样高,这对于许多装甲钢来说是相当可观的。相比之下,车辆运行的动态载荷起的作用非常小!

### 2.3.3.1 与焊接相关的开裂

焊接过程会产生大量缺陷和裂缝(图 2.29),其中许多可能导致结构开裂问题。避免焊接缺陷,特别是开裂是装甲钢焊接工艺需要通过各种焊接标准精心控制的,这就是使用轧制均质装甲钢(规格,2013)这种比普通调质钢具有高强度钢的原因,几十年来成功焊接一系列装甲车辆结构。

然而,现在需要焊接硬度较高的装甲钢。虽然高硬度装甲钢(HHA)(规格,2008)最初不是作为结构装甲开发的,但它现在也用作焊接结构装甲,例如用于轮式 LAV。因此,必须仔细选择这种钢,并且必须严格按照规定程序进行制造,以使结构开裂的风险降到最低。

氢致冷裂(HACC)最常见于装甲钢的焊接热影响区(HAZ)中,有时称为焊趾或焊道层底裂纹。焊接铁素体钢时存在很大的风险,并且可能导致焊接完成后很长时间后才能检测到裂缝。人们已经开发了许多焊接工艺以避免 RHA(Ritter 等,

1989)和 HHA(Alkemade,1996)装甲钢焊接开裂。焊缝通常在装甲钢修复过程中出现,由于焊接部位高度约束和高的残余应力的存在,使装甲钢的焊缝修复特别困难。

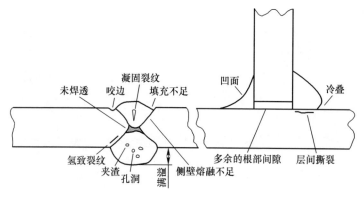

图 2.29　焊接缺陷和不连续性示意图(来源不明)

### 2.3.3.2　疲劳开裂

虽然在装甲钢中可能存在疲劳裂纹,但实际上这种情况很少发生,因为根据规定,在装甲钢设计时已充分考虑疲劳影响,并预留了充足的余量。当出现疲劳裂纹时,通常与焊接接头设计不良有关,设计的不良导致复杂的残余应力出现或动态载荷的突然增大,这些载荷可能包括:无法预见的非设计载荷;超出设计服役时间。

### 2.3.3.3　应力腐蚀开裂

应力腐蚀(和动态载荷明显时的腐蚀疲劳)是一种环境辅助的开裂形式。例如,与其他环境相比,甚至是热带环境下,高强度装甲钢更容易在海水中发生开裂(Shah Khan 等,1998)。当存在以下所有 3 种条件时,在裂纹萌生后会发生应力腐蚀开裂:

(1)有应力载荷或存在残余应力;
(2)易受腐蚀的微观结构;
(3)腐蚀环境。

如果去除这 3 种条件中的任何一个,则能防止应力腐蚀开裂。由于高强度装甲钢具有易受腐蚀的微观结构,因此保持保护涂层和利用相关工艺去除制造期间产生的残余应力的积累将是十分重要的。

### 2.3.3.4　延迟开裂

"延迟开裂"是一个严重的结构性问题。延迟裂缝通常在装甲车辆的制造期间或制造完成之后发生,并且裂纹扩展非常快。在制造完成后很长时间可以发现分米而不是毫米量级长度的裂缝,但是这种裂纹的扩展延长不能被认为是因疲劳而引起的,尽管应力腐蚀有时也会发挥作用。图 2.30 显示了由延迟开裂引起的典型裂缝结构。

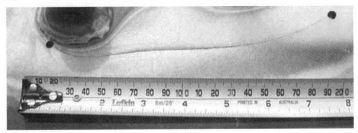

图 2.30 由延迟开裂引起的高硬度装甲的结构裂缝,该裂缝长度超过 200mm

有时,装甲板甚至在焊接之前就会发生开裂,这种裂缝有时被称为"相框开裂",因为裂缝发生在独立板的外围周边,通常在两侧或多侧。即使在制造之后,经常发现延迟裂纹起源于装甲板的自由边缘。产生延迟开裂的 4 个主要原因:

(1) 具有足够硬度的易受影响的微观结构,允许临界长度的裂缝自由扩展;

(2) 拉伸残余应力场;

(3) 在与焊缝相邻的板 HAZ 中的氢致冷裂纹(Ritter 等,1989;Alkemade,1996);

(4) 没有严格控制装甲材料的使用规格,具有易腐蚀微观结构的材料显著降低了材料的韧性,提高了裂纹萌生扩展的敏感性(Wells 等,1992)。

裂纹的产生常与装甲板切割后的自由边缘上存在未回火马氏体有关。未回火的马氏体会造成临界长度的裂缝形成并可自发扩展到装甲板的其他区域。通过以下方式可以防止或减少延迟开裂:

(1) 采用低氢焊接工艺;

(2) 严格执行装甲钢对成分和更高韧性的使用规范要求;

(3) 使用激光切割减少板材自由边缘处未回火马氏体的尺寸,甚至使用水射流切割来完全消除未回火的马氏体。

## 2.4 装甲钢的分类

### 2.4.1 均质加工装甲钢

作为传统的热加工装甲级别的钢,轧制均质装甲钢(RHA)被广泛提及,并在第一次世界大战期间得到广泛应用,合金等级类别被早期标准规范如 IT80 和 IT100 所覆盖。IT 代表坦克监察局,是 20 世纪 30 年代出现的监管机构。在被各种国防标准(例如,DEF STAN 95-24)所取代前,这些早期由英国制定的规范一直到 20 世纪 80 年代仍在使用,这些标准将在 2.5 节中进行更加详细的描述。

RHA 属于低合金钢,淬火和回火的马氏体钢,碳含量在 0.25% 左右,并添加了 Ni、Cr、Mo 和/或 Mn。表 2.8 列出了保证合金基本机械性能的最小合金成分。为保障可焊性,合金的最大碳当量(CE,通常要求小于 0.8)等合金成分均以重量百分比表示:

$$CE = C + [Mn/6] + [(Cr+Mo+V)/5] + [(Ni+Cu/15)]$$

只有经认证的供应商才能严格按照冶金精度要求严格控制质量标准,生产制造轧制装甲板。这些板的防弹性能通过生产取样和严格的验证测试制度来控制。然而,抗弹性能测试只是质量控制测试,甚至直到今天,都在一直沿用第二次世界大战时期的弹药进行的。在英国 2 磅、6 磅和 17 磅的较厚规格的装甲板作为抵御 20mm 穿甲弹用的薄板。然后由设计机构确定这些装甲板的防弹级别以应对不同的防护要求。

表 2.8 装甲钢的成分范围和最低性能要求

| 合金元素 | 变形装甲钢 | | 铸造装甲钢 | |
| --- | --- | --- | --- | --- |
| | DEF(AUST)8030 2 级:典型轧制装甲钢 | DEF(AUST)8030 6 级:典型高硬度装甲钢 | DEF STAN95-25(2004):淬火等级(水冷) | DEF STAN 95-26/4(2011):气淬等级 |
| 碳 | <0.30 | <0.32 | 0.25~0.35 | 0.20~0.2 |
| 硅 | 0.20~0.60(b) | 0.60~1.00(a) | 0.20~0.60 | 0.30~0.50 |
| 锰 | 0.70~1.00(b) | <1.00(a) | 1.20~1.70 | 0.70~1.10 |
| 硫 | <0.015 | <0.005 | 0.020max | 0.015max |
| 磷 | <0.025 | <0.020 | 0.020max | 0.020max |
| 镍 | NR(b) | NR(a) | 0.50~1.00 | 3.20~3.50 |
| 铬 | 0.95~1.25(b) | <1.25(a) | 0.40~0.80 | 1.20~1.60 |
| 钼 | 0.13~0.20(b) | <0.20(a) | 0.30~0.50 | 0.40~0.50 |
| 钒 | 0.10max(b) | 无 | 无 | 0.07~0.10 |
| 铜 | <0.25(b) | <0.25(a) | 0.30max | 0.20max |

续表

| 合金元素 | 变形装甲钢 | | 铸造装甲钢 | |
|---|---|---|---|---|
| | DEF(AUST)8030 2级:典型轧制装甲钢 | DEF(AUST)8030 6级:典型高硬度装甲钢 | DEF STAN95-25(2004):淬火等级(水冷) | DEF STAN 95-26/4(2011):气淬等级 |
| 性　能 | | | | |
| 硬度(HB) | 260~310 | 477~534 | 241~285 | 260~310 |
| 抗拉强度/MPa | n/a | n/a | 770min | 850~1050 |
| 屈服强度 $R_{p0.2}$/MPa | n/a | n/a | 600min | 700min |
| 延伸率 $A$/(%) | n/a | n/a | 14min | 12min |
| -40℃夏比V形缺口冲击功(CVI)/J | 40min | 16min | 40min | 30min |

注意：(a) 详见 MIL-A-46100E(MR)；(b) 典型范围，详见 MIL-A-12560H,1990年11月；(c) DEF STAN 95-25 已废弃(只用于维修,而不用于采购)。

经批准的供应商包括瑞典的 SSAB,德国的 Thyssen 和澳大利亚的 Bisalloy,以及遍布美国各州的众多钢铁生产商。在英国,获批准的供应商随着其他钢铁业的消失而慢慢消失。20世纪80年代中期,英国国防部决定将其在英国以外的被获准的供应商扩展到欧洲其他地区时,这是当时最重大的政治和商业决策!

在美国,2008年实施的军用标准 MIL-A-46100E(MR),用于生产高硬度装甲钢,与 DEF STAN 8030 6级标准一样(标准,2008),严格规定了炼钢工艺和质量管理控制程序。其中热轧、冷轧工艺甚至细化到横轧量,以获得合理的组织和晶粒结构。

## 2.4.2　铸造装甲钢

在第一次世界大战期间和英国早期开发的铸造装甲钢种类都包含在由坦克监察局颁发的 IT90 标准中。在第二次世界大战期间,随着截面厚度的急剧上升(图2.2),需要水淬处理以保障整个厚度截面范围内的硬度性能。合金的种类非常贫乏,并且主要使用低碳含量和锰作为主要合金元素。在写于20世纪60年代早期最后一个 IT90G 版本中,涵盖了英国 MBT 酋长战车的炮塔铸件、斜板和其他部件对铸造装甲钢的要求。该标准现已升级为国防标准(DEF STAN 95-25,2004),表2.8 给出了典型的成分范围。不过这个标准已经作废了,现在仅用于维护现有产品,而不是用于购买新产品。

在 20 世纪 80 年代,炮塔的设计发生了改变,需要使用水淬合金,这种新设计的改变带来了制造麻烦,但也促进了空冷淬火合金的出现。在 RARDE(Chobham)中,Crouch,Luck 和其他人在 20 世纪 80 年代早期开发并验证了这种新型铸造装甲钢。尽管 MBT80 项目没有进行,但基于清洁的 Ni-Cr-Mo-V 成分设计,而不是普通的 C-Mn 成分设计思路成功开发出一种新型空气淬火钢,并初步形成了相应的规范草案(Crouch,1985)。

碰巧在同一时期,酋长级主站坦克的炮塔需要升级。20 世纪 80 年代早期的伊朗-伊拉克之间的冲突已经证明酋长级主战坦克在战场上表现不佳,急需增强正面防护。使用厚截面铸造装甲是工程解决方案的最佳选择,因为它们的轮廓必须符合现有炮塔的外部形状。新的空气淬火硬化合金成功在各种厚度截面的铸件中得到应用。对于这个项目只能保证完全淬透,但不能确保发生扭曲变形。在使用主战坦克炮弹进行一系列全面的抗弹试验之后,斯蒂尔布鲁(Stillbrew)上舱盖装甲诞生了(图 2.31),同时伴随产生了相应的铸钢装甲规范,RARDE 823(规范,1985)。并从那时起,将该规范升级为英国国防标准,DEF STAN 95-26:2011,并且截至目前该规范仍是最新的(2015)。

图 2.31　1980 年"酋长"主战坦克的 Stillbrew 炮塔结构及形貌

当然使用这种高性能铸造合金时,需要良好的铸造工艺,以避免美国海军在 20 世纪 70 年代开发 HY130 铸件时的"冰糖"裂缝和细小裂纹情况的出现。"冰糖"裂缝是由氮化铝晶间脆化引起的,而细小裂纹是由硫和/或磷偏析到原始奥氏体晶界引起的。

其他国家也在一直通过复杂设计并制造铸造产品,尤其在炮塔的铸造方面。特别是俄罗斯已经掌握并充分利用熟练的铸造工艺所提供的成本效益和设计自由的有利优势。

然而,虽然俄罗斯和其他国家,如英国,仍然对开发和使用铸钢件(DEF STAN 95-26 的最新版本,2011)感兴趣,但美国却不一样,这或许表明美国设计师可能更喜欢将焊接 RHA 板用于他们的军用车辆上。不过,1987 年 5 月颁布的美国规范 MIL-A-11356F(MR)中仍涵盖了对厚度为 1/4 英寸至 8 英寸铸件的要求,并提供了大量的制造细节。

### 2.4.3 双硬度装甲钢

需要非常高的装甲硬度来破碎坚硬的穿甲弹。但是这种高硬度的均匀装甲钢通常会很脆,装甲板自身也易于碎裂。这促进了双硬度装甲钢概念的出现,其中正面坚硬的装甲板用于使弹体破碎,更具韧性的后层防止残留弹片的穿透,在避免任何裂缝扩展的同时可以保持层压板的结构完整性。

20 世纪 60 年代研发的大量双硬度装甲钢,均在 1987 年美军标准 MIL-A-46099C 中有所体现,该标准规定面板硬度为 HB601~712,背板硬度为 HB461~534。这些材料都是 Ni-Mo-Cr 系钢,在面层具有较高的碳含量以达到所需的硬度(Gooch 等,2005)。通过热轧工艺保障面层与背层之间形成牢固的冶金结合,使其具有多功能和高的抗弹性能。如果不能保障产生强烈可靠的冶金结合,这种材料的防弹性能会出现问题。

电渣精炼(ESR)(参见第 2.4.4 节)工艺可用于生产具有前后表面硬度不同(HB500~560 面板,HB340~370 背板)的双硬度装甲钢,能更好地提升抗碎片性能(Gooch 等,2005)。通过 ESR 工艺可实现两种钢层间可靠的冶金结合,因为 ESR 工艺将其中一层(熔化的)焊接到另一层,处于固态或部分熔融状态。虽然并没有完全优化该工艺生产的双硬度钢的抗弹性能,但正如图 2.32 显示的那样,该钢的抗弹性能在 RHA 和 HHA 之上。

爆炸焊接也在商业上用于生产双硬度钢装甲板,可将两个 Ni-Cr-Mo 装甲钢板爆炸焊接在一起以形成强烈的冶金和机械结合。爆炸焊接工艺与热轧工艺相比可形成更强的冶金结合。这是因为良好的爆炸焊接工艺可在两个焊接板之间产生爆炸冲击波,该波可有效清除两个板层之间的金属氧化物,使两种板之间形成冶金机械结合,且结合区的组织晶粒尺寸更加细小。爆炸焊接在两板层间形成的波浪状机械互锁结构最大限度地提高了间界面的剪切强度,使得其能更好地承受弯曲变形带来的剪切,更好地保持复合板的完整性,特别适用于承受多次弹丸冲击。图 2.33 显示了调质马氏体钢与软质奥氏体钢之间可实现机械互锁的一个例子。

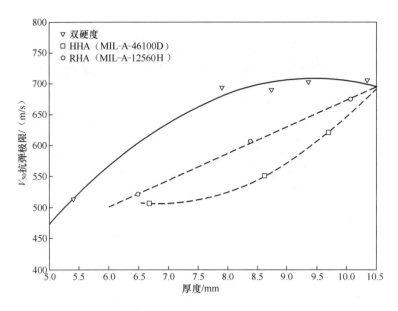

图 2.32 保加利亚双硬度装甲钢、高硬度装甲钢以及轧制均质装甲钢在零度角抵抗 0.30 Cal APM2 战斗部时的 $V_{50}$ 抗弹极限

这种 Ni-Mo-Cr 双硬度装甲钢的一个重要优点是它们可以固溶退火热处理软化,易于后续加工制造(成型、切割、钻孔、焊接等)。然后通过较低的时效热处理使这种钢再硬化,然后空冷至最终设计硬度。这为制造加工提供了相当大的灵活性。虽然这种钢比传统的淬火和回火钢更昂贵,但它们能够在任何最终硬化热处理之前制造大或复杂形状的部件。

均质的 Ni-Cr-Mo 系装甲钢可以满足标准 MIL-DTL-46100E 第 2 等级的要求。与传统的淬火和回火高硬度装甲钢相比,此系列装甲钢通过额外添加 Ni、Cr 和 Mo,以提高淬透性和韧性,并允许进行时效热处理,然后进行空气冷却(Gooch 等,2009)。该系列装甲钢是从 Ni-Cr-Mo 马氏体双硬度钢成分体系发展出来的,具有很好的加工性,易于锻造、切割、钻孔以及通过加工后的后续热处理恢复钢材的抗弹性能。且相对较慢的空气冷却热处理工艺可以获得更高的尺寸稳定性。

## 2.4.4 电渣精炼装甲钢

电渣精炼(或电渣重熔)(ESR)已被用于生产成分更加均匀、性能更高的清洁钢。该方法显著降低了硫含量和非金属夹杂物的尺寸。因此,电渣重熔钢具有更好的延展性和韧性,特别是在全厚度方向上,比具有各向异性的等效传统钢更具延展性(MacKenzie 等,1977)。

图 2.33 经爆炸焊接后下层调质马氏体装甲钢(440HV)与下层奥氏体
装甲钢(215HV)机械互锁形貌(标尺为 200mm)

图 2.34 显示了电渣重熔钢比真空电弧重熔钢在厚度方向上(高度方向上)具有更高的韧性,即使两种工艺生产的钢在纵向上具有相同的韧性。这与 ESR 钢对爆炸物接触引起的厚度应力波具有高更抗裂性的观察结果一致(Doig,1979)。ESR 钢在绝热剪切发生的硬度范围内具有更好的抗弹性(Rawson 和 Dawson,1972),因此在这种硬度方位内更需要应用这种钢。对小型武器的防弹性能的任何提高,都与一旦发生不对称变形,冲塞撕裂所需的能量增加有关(Woodward,1984)。

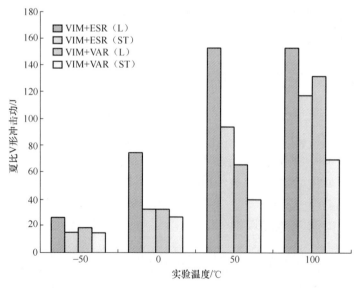

图 2.34 经不同冶炼工艺制备的装甲钢纵向和横向夏比冲击功(彩图)

随着钢铁连铸工艺和钢包精炼工艺的发展,以及 ESR 工艺的复杂性和成本较高,在西方该工艺未在装甲防护上得到广泛应用。

### 2.4.5 研究现状

常规的 RHA 和 HHA 已作为优选的装甲材料使用多年。然而,随着冶金、机械、动能穿甲能力的不断发展,为了使装甲车辆继续保持生存力和战斗力,需要研究和开发更为先进的装甲钢,以防御在战斗中的这种威胁,这是至关重要的。近年来,已获得进一步研究的钢种主要包括超级贝氏体钢、闪光贝氏体钢、孪晶诱导塑性(TWIP)钢、TRIP 钢和双相钢,这些都被认为有可能成为"下一代"黑色金属装甲系统的候选材料,特别是将其用于防爆领域,因为它们的共同特点是屈服强度较低而延展性很高。

#### 2.4.5.1 超级贝氏体钢

马氏体装甲钢通过快速冷却(淬火)产生的精细马氏体结构来获得强度和硬度。由于热处理工艺的局限性使其很难在大型尺寸或复杂部件上获得均匀一致的组织和性能。然而,作为装甲系统候选材料的贝氏体钢却具有许多极具吸引力的特性。事实上,(英国国防科学技术实验室)DSTL 于 2008 年(Anon,2008)发布了一篇题为"有史以来最好的装甲钢的故事"的新闻稿,描述了 DSTL 和剑桥大学合作研究开发的超级贝氏体装甲钢,该钢采用低温等温硬化工艺使材料达到超高硬度水平。

目前,剑桥大学已经对超级贝氏体钢进行了大量研究。据报道(Bhadeshia,2006),超级贝氏体钢可以设计成兼具强度、硬度和韧性的非凡组合,而无需添加昂贵的合金元素或机械加工。此外,超级贝氏体钢还具有许多其他突出特性:较低的生产成本和较大的部件可塑性(Bhadeshia,2006,2005)。

超级贝氏体可以描述为钢转变为无碳化物贝氏体,其具有贝氏体板条的特殊微观结构。这种材料产生的硬度约为 600VHN(Garcia-Mateo 等,2003),极限拉伸强度为 2500MPa,韧性为 $30\sim40\mathrm{MPa}\cdot\mathrm{m}^{1/2}$,室温延伸率为 5%~30%。据报道,微观结构中还含有薄贝氏体板条(Bhadeshia,2006)。图 2.35 显示了超级贝氏体的典型透射电子显微镜(TEM)形貌。这些贝氏体板条在微结构中的厚度通常为 20~50nm。钢的强度来自贝氏体板条厚度,并且随着转变温度降低,板条的厚度减小。因此,可以理解,热处理过程的目的是降低转变温度以促进薄板条的形成。然而,这种转变温度的降低导致贝氏体形成速率降低(取决于碳浓度,数小时至数年)。对于1%(质量分数)的碳,预计需要大约一年(Garcia-Mateo 等,2003)。这是超级贝氏体钢的最主要缺点。然而,通过钴或铝的合金化可以加速这种转化速度,在未来的研究中,也将通过控制锰含量提高转换率的可能性(Caballero 和 Bhadeshia, 2004)。

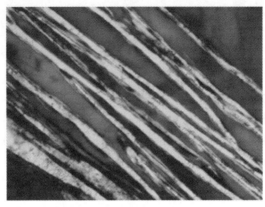

图 2.35　Fe-0.98C-1.46Si-1.89Mn-0.26Mo-1.26Cr-0.09V
质量分数贝氏体钢在 200℃经 5 天处理后的显微组织形貌

#### 2.4.5.2　闪光贝氏体钢

一家美国公司(SFP Works,LLC)于 2007 年革命性地开发了一种名为闪光贝氏体工艺的渐进式热处理技术。据称这种钢拉伸强度为 1100~1900MPa,伸长率为 8%~9%。商业现货钢板,板(宽达 61mm,厚 6.6mm)和管材(直径 12~63mm)可以转变为闪光贝氏体。该工艺通过快速加热和水淬,在连续轧制过程中可非常快速地生成贝氏体组织(图 2.36)。

在美国进行的工作表明,闪光贝氏体护装甲(FBA)优于 RHA 和传统的 HHA (Lolla 等,2011)。例如,FBA4130 装甲钢与 RHA 相比,在应对穿甲弹威胁时,质量可降低 40%(图 2.37);与传统的 HHA 相比,在面对 FSP 威胁时,面密度降低了 34%(图 2.38)。但是,由于制备工艺的限制,目前该钢的厚度限制在 6.6mm 以下。

#### 2.4.5.3　孪生诱导塑性钢

TWIP 钢的发展主要由汽车行业推动。TWIP 钢具有高强度和良好成形性(塑性),两者完美结合,这种材料尤其适用于结构增强部件和能量吸收部件。

TWIP 钢是从 20 世纪 90 年代末开发的,它具有优异的延展性,高加工硬化率,在受到冲击时能显著增强能量吸收,同时保持部件的稳定性和结构强度。TWIP 钢通常含有 20%~30%的锰和少量的碳、铝和硅,钢的室温组织全部为奥氏体。其主要变形方式是在晶粒内部发生孪生,延伸率可高达 100%,而抗拉强度可高于

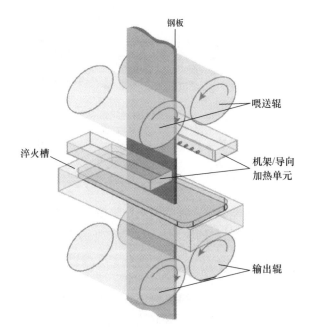

图 2.36　闪光贝氏体试验装备机构示意图

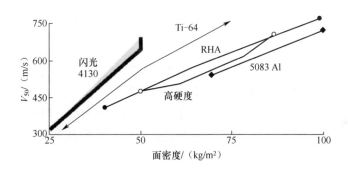

图 2.37　4130 钢抵抗 0.3″APM2 战斗部的抗弹性试验结果

1000MPa（Bouaziz 和 Guelton,2001;Zhen-li 等,2009）。

与 20 世纪 80 年代上市的 TRIP 钢相比,TWIP 钢具有更高的塑性储备和更高的加工硬化率。它们的塑性源于其面心晶格中的堆垛层错。如果从上面向晶格引入额外的两层原子平面,则会干扰原子平面的常规排序,在镜面上形成堆叠并产生规则的镜像对称截面,这种效应被称为孪生。孪生发生时可瞬时提高加工硬化,且使组织越来越细。产生的孪晶界像晶界一样可以使钢得到强化。因此,一旦特定体积的钢开始变形,其屈服强度就会上升,使得变形扩散到相邻的部分,最终全部材料参与变形并吸收能量。

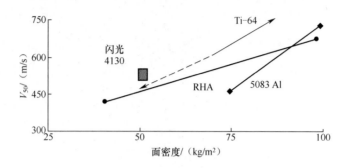

图 2.38　4130 钢抵抗 20mm FSP 的抗弹性试验结果

然而,虽然其具备的高能量吸收能力对汽车工业极具吸引力,但它们相对低的屈服强度限制了其作为装甲材料的应用。

#### 2.4.5.4　相变诱导塑性钢

TRIP 钢的微观组织是铁素体、贝氏体(20%)和残余奥氏体(10%)的混合物。在塑性变形和应变过程中,亚稳奥氏体相转变为马氏体相。这种转变可以提高强度和塑性,抗拉强度的典型范围为 500~1000MPa,延伸率为 15%~30%。典型的 TRIP 钢的成分为 0.1%~0.4% 碳、硅和锰各 1%~2%。高硅浓度确保在上贝氏体生长过程中不析出渗碳体。由贝氏体铁素体析出的碳增加了残余奥氏体的稳定性,使其能够保持在环境温度下。TRIP 钢可通过各种不同的热机械工艺和与其化学成分相关的热处理工艺组合生产(Zrnik 等,2008)。

Kasonde(2006)在抗弹试验时也观察到了这种相变过程。其 2006 年发表的结果,甚至显示了相变量(在撞击区域)与抗弹性能之间的关系。他的主要研究成果在图 2.39 中得以再现,抗弹性能与残余奥氏体的体积分数有关。在最佳抗弹性能时,残余奥氏体体积分数应在 0.018~0.06 之间。这是一个非常有趣的现象,但需要更深入的研究。

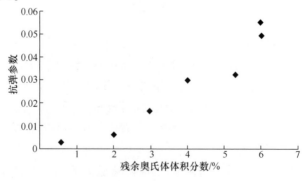

图 2.39　残余奥氏体与抗弹性能之间的关系

#### 2.4.5.5 高碳高合金钢

对不做结构材料应用的装甲钢,允许钢存在韧性较差的缺点,此时开发超高硬度装甲钢(UHHA)极具吸引力,此种钢的抗弹等级可以达到与某些陶瓷竞争的程度(第7章)。例如,薄板钢已被应用于防弹衣(例如,AR500钢),以抵御轻武器弹药的伤害。但是,为了降低基体重量,这些UHHS通常非常薄:在2~4mm之间。在这个厚度下,它们具有的另一种突出特性是成品仅为陶瓷硬质装甲板厚度的50%(参见第7章)。最近,澳大利亚国防材料技术中心(Li,2013)对这种低形体改变的防弹衣概念进行了研究。然而,为了真正与陶瓷系统竞争,一般需要钢材具有极高的硬度,而一旦达到那个硬度值时,钢材又容易碎裂。但在防弹衣的应用上,这点并不重要,因为硬质装甲设计师惯于将芳纶包层与脆性材料一起使用(Crouch,2014)。

原始抗弹冲击试验的早期结果已经证明,高碳高合金钢确实表现得像陶瓷一样,并且以锥形方式失效(图2.40)。通过钢的成分设计可达到最大硬度超过700VPN。研究人员证实,含有0.9%碳和13%铬的"剃刀刀片"钢,发生了锥形断裂和径向裂纹,但整体仍保持完整,因为它已像脆性陶瓷那样被塑性材料包覆。目前的目标是以铝基HAP系统一半的厚度达到同等的抗弹性能。

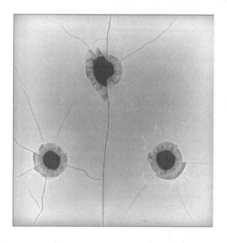

图2.40 超高硬度装甲钢(UHHS)经AK47步枪子弹650m/s速度射击后3处着弹点X光形貌,出现了通常只有在陶瓷基装甲系统中存在的圆锥状放射性裂纹典型形貌

## 2.5 装甲规范和标准

实际上,装甲防护需要针对一系列战场威胁提供最优化的性能,以应对穿甲和碎片的威胁。且这种防护必须提供真实可靠的面密度,同时价格要合理。淬火和

回火马氏体钢作为许多抗弹应用的装甲材料仍具有很强的竞争力。装甲规范是作为特定应用所需材料最低性能的质量保证。

### 2.5.1 锻造装甲钢

使用的两种最常见的装甲钢级别是 MIL-DTL-12560K 标准中的 1 级 RHA,硬度范围为 250~410HB(规范,2013) 和 MIL-DTL-46100E 中的高硬度装甲钢(HHA),硬度范围为 477~534HB(规范,2008)。这两个规范都起源于第二次世界大战并且自 2007 年后(Gooch 等,2007)没有发生明显改变,尽管在很多年以后,为配合一种新的 4 级锻造装甲钢的应用,对先前的装甲规范进行了修改调整。4 级装甲钢相对于 1 级装甲钢具有更高的热处理硬度范围和其他方面的优势。在新规范 MIL-DTL-32332(规范,2009)中,详细阐述了硬度超过 570HB 的超高硬度装甲钢。目前使用统一装甲钢规范在很宽的钢硬度范围内控制装甲钢的性能。DEF(AUST)8030(标准,2008) 和 UK DEF STAN 95-24(标准,2004) 就是这些规范应用的示例。表 2.9 和表 2.10 将这些规范与美国军用规范进行了比较。DEF(AUST)8030 是一种统一的装甲钢规范,可用来保障各种级别的轧制均质装甲钢的机械和化学性能。该规范是一种基于性能的规范,允许设计人员自由选择最能满足其需求的装甲钢,确保弹道性能满足质量保证要求,同时确保装甲结构的结构完整性也符合最低标准要求(Cimpoeru 和 Alkemade,2002)。

提高装甲钢的硬度通常会降低其韧性。因此,可用硬度作为(表 2.9)装甲钢级别界定的标准,以控制生产过程中的韧性问题(表 2.10),降低特定钢组分和应用中发生碎裂或其他脆性破坏的风险。例如,HHA 在海洋(盐水)环境中非常容易受到应力腐蚀开裂的影响。

表 2.9 厚度小于 35mm 装甲钢的硬度等级

| 装甲钢等级,根据 DEF (AUST)8030 标准 | 等效硬度(HB) | | |
|---|---|---|---|
| | DEF(AUST)8030[a] | US 标准 | DEF STAN 95-24 标准 |
| 1 级 | 未明确规定 | 无对应的 | 无对应的 |
| 2 级 | 260~310 | MIL-DTL-12560K: 2 级,260~310 | 1 级,262~311 |
| 3 级 | 340~390 | MIL-DTL-12560K: 1 级, 6.35~15.8mm:340-390; 15.9~28.6mm:330~380; 28.6~50.8mm:310~360 | 2 级 <9mm: 341 9~15mm:311 15~35mm:285 |

续表

| 装甲钢等级,根据 DEF (AUST)8030 标准 | 等效硬度(HB) | | |
|---|---|---|---|
| | DEF(AUST)8030[a] | US 标准 | DEF STAN 95-24 标准 |
| 4 级 | 370~430 | MIL-DTL-12560K:1 级, ≤6.3mm:360~410 | 无对应的 |
| 5 级 | 420~470 | MIL-DTL-12560K:4 级, 420~470 | 3A 级,5~50mm:420~480 |
| 6 级 | 477~534 | MIL-DTL-46100E:477~534 | 3 级,<15mm:470~540; 15~35mm:470~535 |
| 7 级 | ≥570 | MIL-DTL-32332:1 级, <16mm:≥570 | 5 级,560~655 |
| 8 级 | ≥570 | MIL-DTL-32332:2 级, <16mm:≥570 | 无对应的 |

每个硬度范围均依据 DEF STAN 8030 标准规定测试,适用于厚度为 3~35mm,除非特殊说明。

表 2.10 厚度小于 35mm 装甲钢的夏比冲击韧性,根据 AS 1544.2 (DEF(AUST)8030)或 BS EN 10045-1(DEF(AUST)8030 和 DEF STAN 95-24)或 ASTM E23 和 ASTM A370(美国规格)测量的夏比冲击韧性

| 装甲钢等级 根据 DEF (AUST)8030 | 最小的夏比冲击韧性/J | | |
|---|---|---|---|
| | DEF(AUST)8030 | US 标准 | DEF STAN 95-24 标准 |
| 1 级 | 未明确规定 | 无对应的 | 无对应的 |
| 2 级 | 260~310 HB 40 | MIL-DTL-12560K:2 级 260~270HB:75.9 270~280HB:69.1 280~290HB:62.4 290~300HB:55.6 300~310HB:48.8 | 1 级 260~310HB:40 |
| 3 级 | 340~390HB 20 | MIL-DTL-12560K:1 级 340~350HB:29.8 350~360HB:25.7 360~370HB:24.4 370~380HB:23.0 380~470HB:21.7 | 2 级 <9mm:≥341HB:20 9~15mm:>311HB:20 15~35mm:>285HB:25 35~50mm:≥262HB:30 |
| 4 级 | 370~430HB 18 | MIL-DTL-12560K:1 级 370~380HB:23.0 380~470HB:21.7 | 无对应的 |

续表

| 装甲钢等级 根据 DEF (AUST)8030 | 最小的夏比冲击韧性/J | | |
|---|---|---|---|
| | DEF(AUST)8030 | US 标准 | DEF STAN 95-24 标准 |
| 5 级 | 420~470HB<br>16 | MIL-DTL-12560K：4 级<br>420~470HB：21.7 | 3A 级<br>5~50mm：<br>420~480HB：16 |
| 6 级 | 477~534HB<br>16 | MIL-DTL-46100E<br>477~534HB：16.3 | 3 级<br><15mm：470~540HB：16<br>15~35mm：470~535HB：29 |
| 7 级 | ≥570HB<br>12 | MIL-DTL-32332：1 级<br>≥570HB：8.1 | 5 级<br>560~655HB：5 |
| 8 级 | ≥570HB<br>8.1 | MIL-DTL-32332：2 级<br>≥570HB：8.1 | 无对应的 |

虽然弹道性能通常会随着硬度的增加而增加,但这取决于威胁弹丸的类型以及装甲的厚度和韧性。此外,最佳装甲的选择还将取决于此装甲是作为独立结构装甲还是披挂装甲使用。装甲设计师应确保他们选择的装甲等级能够提供适合预期应用的弹道性能和结构性能的最佳组合(表 2.11)。装甲设计人员有责任在选择装甲等级和装甲材料性能(强度、硬度、韧性)时,最大限度地提高防护能力并降低制造成本。

表 2.11  DEF(AUST)8030 中每个装甲等级的预期用途

| 等级 | 硬度/HB | 预 期 用 途 |
|---|---|---|
| 1 级 | 无明确规定 | 1 级装甲钢可作为淬火回火结构装甲钢应用,比如,海军特种装甲钢的应用。1 级装甲具有良好的韧性和很好的焊接性以及可形成性。<br>1 级装甲钢应满足 AS 3597,ASTM A514 或者 MIL-S-24645A 等规范标准要求,例如,屈服强度 Rp0.2 必须大于 550MPa,此外还要满足 MIL-S-24645A 规范中章节 3.4~3.9 具体要求。这里的 1 级与 MIL-A-12560K 中的 1 级并不相同 |
| 2 级 | 260~310 | 2 级装甲钢主要用于抵抗爆炸冲击和碎片攻击,而抵御装甲侵彻只作为其第 2 应用方向。2 级装甲钢可抵御手雷以及其他爆炸性武器。此外,2 级装甲钢要具备良好的冷加工性和可焊性 |
| 3 级 | 340~390 | 3 级装甲钢具有良好的结构特性,用于抵御弹丸侵彻,此外,应具有良好的冷加工性和可焊性 |
| 4 级 | 370~430 | 4 级装甲钢为热处理装甲钢,与 3 级装甲钢相比具有更高的硬度,从而具有更好的抗侵彻性能,同时具有与 3 级相近的结构特性,4 级装甲钢在某些特定应用领域比 3 级和 5 级装甲钢更具有优势 |
| 5 级 | 420~470 | 5 级装甲钢也为热处理装甲钢,比 4 级装甲钢具有更高的硬度和抗弹性能。5 级装甲钢可作为 6 级装甲钢的替代,同样具有很好的抗弹性能 |

续表

| 等级 | 硬度/HB | 预期用途 |
|---|---|---|
| 6级 | 477~534 | 6级装甲钢最初只用来appliqué披挂装甲系统,作为焊接结构应用时一定要仔细处理 |
| 7级 | ≥570 | 7级装甲钢不能作为结构材料应用,其主要应用于appliqué披挂装甲,比6级装甲钢具有更高的抗弹性能 |
| 8级 | ≥570 | 8级装甲钢不能作为结构材料应用,其主要应用于appliqué披挂装甲,比7级装甲钢具有更高的抗弹性能 |

### 2.5.2 铸造装甲钢

本书2.4.2节描述了用于铸造装甲的典型合金和相应的军用规范。

在英国采用两种防御标准:DEF STAN 95-25(2004)用于普通C-Mn,水淬等级的装甲钢和DEF STAN 95-26(2011)用于洁净、空冷硬化等级的装甲钢。对于铸造装甲钢澳大利亚没有相应的规范,而美国一直沿用1987年5月的旧版规范MIL-A-11356F(MR)。

这些都是生产规范,详细说明了对成分和机械性能要求、检验标准以及其他质量控制程序,包括许多铸造缺陷。弹道测试仅作为质量控制程序的一部分,使用标准的旧弹药,如英国的2pdr和6pdr,以及第二次世界大战时期开发的弹药,如美国的0.3英寸APM2、0.5英寸APM2和75毫米AP(M72)弹药。

表2.8列举了规定的化学成分范围和典型的最小机械性能。

### 2.5.3 穿孔装甲钢

穿孔装甲钢是在装甲钢板上垂直于装甲钢表面加工一系列规律分布的通孔(图2.41)。这些孔径通常不大于预期弹药直径的一半。2007年,"穿孔均质钢装甲"规范被陆军部批准使用,可供国防部所有部门和机构使用(规范,2007)。为了减轻板材或铸件的重量和总面密度,需要根据合同或采购订单中的具体规定要求进行穿孔。

过去已经尝试通过引入不同的孔型配置来改善穿孔装甲钢的性能。例如,使用圆形(Trasi等,1987)、三角形(Auyer等,1989)和其他类型的孔(Moshe和Hirschberg,2006)的穿孔装甲板已被用作装甲组件的前面板以抵御破坏来袭弹药。在这种相互作用过程中弹丸的偏转使弹丸产生更高的应力是使弹丸失效的主要原因,从而降低穿透深度。此外,穿孔装甲板对于被动抵御爆炸冲击系统也很有吸引力(Langdon等,2008)。最近一些关于几何形状、力学性能、厚度、倾斜度和间隙对穿孔装甲板对抗12.7mm M-8 API弹药的防弹性影响的研究表明,防护效率可高达5.91(Balos和Sidjanin,2011)。在该研究中,穿孔装甲板由50CrV4和Hardox 450两种类型的装甲钢制成。50CrV4板在840℃下油淬,随后在170℃(C170)和450℃(C450)下回火,以便使拉伸性能、硬度和冲击强度达到性能要求。Hardox 450由制造商提供。在室温(20℃)下测试这些材料的机械性能,并在表2.12中给出。

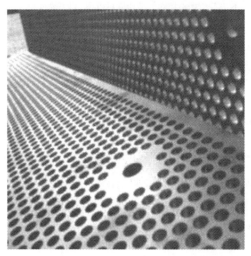

图2.41 典型多孔装甲钢结构

测试钢板厚度为6mm(所有测试材料)和4mm(仅限Hardox450)。穿孔板中的孔是利用水射流切割制造的,使用的水压为3500bar。测试板使用7mm和9mm两种不同的孔径,孔的中心距分别为10.5mm和13.5mm。因此,各孔之间存在3.5mm和4.5mm的连接区,这意味着孔直径和连接区之间的比例是恒定的。多孔板和基板之间的距离通常为400mm。最佳试验样品显示具有9mm直径孔的多孔板,它的阻力足以引起穿甲核心弯曲应力达到使其频繁破碎成两个以上部分。因此,碎屑不能充分影响基板,使其具有非常高的抗多发弹的能力。

该领域的研究仍在继续,DMTC(Li,2013)的工作中包括人体装甲防护系统以及由Sleeman工程学提供的一系列在车辆上应用的完全商业化产品。最近,英国国防部与Tata钢铁公司签署了一项许可协议,在英国生产超贝氏体钢。根据协议,将生产7种不同类型的钢,包括可用于未来前线装甲车辆的穿孔装甲板。此后,Tata钢铁公司生产了超高硬度穿孔装甲钢,并命名为"PAVISE SBS 600P"(国防部,2011)。图2.42显示了超级贝氏体钢穿孔装甲板的典型孔型设计。经测试PAVISE的弹道性能至少是传统轧制均质装甲钢的两倍。钢的穿孔设计产生大量边缘,分解了来袭弹的路径,大大降低了它们的毁伤效能。

表 2.12　典型多孔装甲钢的特性

| 性　　能 | 50CrV4 170℃回火 | 50CrV4 450℃回火 | Hardox 450 |
| --- | --- | --- | --- |
| 布氏硬度 BHN/(kgf/mm$^2$) | 598±5 | 465±4 | 445±3 |
| 抗拉强度 $R_m$/MPa | 1885±10 | 1470±14 | 1450±8 |
| 屈服强度 $R_{p0.2}$/MPa | 1845±15 | 1410±13 | 1255±7 |
| 延伸率 $A$/% | 3±1 | 6±1 | 11±2 |
| 断面收缩率/% | 14±2 | 21±3 | 45±5 |
| 冲击功/J | 5±2 | 14±2 | 60±3 |

注：1kgf/mm$^2$ = 10MPa

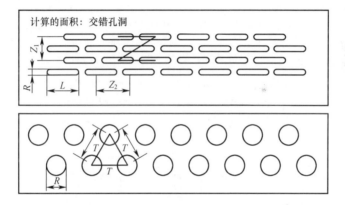

图 2.42　Tata 钢铁公司为满足军事需要生产的 Pavise 系列超高硬度穿孔装甲钢

本章相关彩图，请扫码查看

# 参考文献

[1] Alkemade, S. J., 1996. DSTO Technical Report DSTO-TR-0320, the Weld Cracking Susceptibility of High Hardness Armour Steel.

[2] Alkemade, S. J., 2015. Unpublished DST Group research.

[3] Anon., 1986. Low-cost add-on Chobham at last. Defence Attache 6(1986), 4.

[4] Anon., 2008. Super Armor-The Story of the Best Armour Steel Ever Made. Made in the U.K. Defence Science and Technology Laboratory, p. 1.

[5] Anon., 2014. Bovington Tank Museum Database.

[6] Atapek, S. H., 2013. Development of a new armor steel and its ballistic performance. Defence Science Journal 63 (3), 271–277.

[7] Auyer, R. A., Buccellato, R. J., Gidynski, A. J., Ingersol, R. M., Sridharan, S., 1989. PerforatedPlate Armor. International Patent No. WO89/08233.

[8] Backman, M. E., Finnegan, S. A., 1973. The propagation of adiabatic shear. In: Rohde, R. W., Butcher, B. M., Karnes, C. H. (Eds.), The Propagation of Adiabatic Shear in MetallurgicalEffects at High Strain Rates. Plenum, New York.

[9] Balos, S., Sidjanin, L., 2011. Metallographic study of non-homogenous armour impacted byarmour-piercing incendiary ammunition. Materials and Design 32, 4022–4029.

[10] Bedford, A. J., Wingrove, A. L., Thompson, K. R., 1974. The phenomenon of adiabatic shear. Journal of the Australian Institute of Metals 19, 61–73.

[11] Bhadeshia, H. K., 2005. Large chucks of very strong steel. Materials Science and Technology 21 (11), 1293–1302.

[12] Bhadeshia, H. K., 2006. Bainitic bulk-nanocystalline steel. In: Paper Presented at the 3$^{rd}$ International Conference on Advanced Structural Steels. Korean Institute for Metals, Korea.

[13] Blazynski, T. Z., 1983. Explosive Welding, Forming and Compaction Barking. Applied Science-Publishing, England.

[14] Borvik, T., Dey, S., Clausen, A. H., 2009. Perforation resistance of five different high strength steelplates subjected to small arms fire. International Journal of Impact Engineering 36, 948–964.

[15] Bouaziz, O., Guelton, N., 2001. Modelling of TWIP effect on work-hardening. MaterialsScience and Engineering A319–321, 246–249.

[16] Caballero, F. G., Bhadeshia, H. K., 2004. Very strong bainite. Current Opinion in Solid State and Materials Science 8, 251–257.

[17] Choi, C., Callaghan, M., van der Schaaf, P. L. H., Dixon, B., 2014. DSTO Technical Report, DSTO-TR-2960, Modification of the Gurney Equation for Explosive Bonding by SlantedElevation Angle.

[18] Cimpoeru, S. J., Alkemade, S., 2002. Guidelines for effective armour material specifications fordefence applications. In: Paper Presented at the Technological and Research Developmentsin Welded Defence Equipment. WTIA.

[19] Cimpoeru, S. J., Woodward, R. L. Unpublished DST Group research.

[20] Cimpoeru, S. J., Woodward, R. L., 1990. High strain rate properties of three liquid phase sinteredtungsten alloys. Journal of Materials Science Letters 9, 187–191.

[21] Cimpoeru, S. J., 1990. The flow stress of a 0.21% C mild steel from strain rates of $10^{-3}$ to $2\times 10^4 \text{sec}^{-1}$. Journal of Materials Science Letters 9, 198–199.

[22] Crouch, I. G., 1985. Final Development Phase of a New Air-Hardenable, Cast Steel, ArmourAlloy-Part

1. Technical Report, MVEE, Chertsey.
[23] Crouch, I. G., 1988. Metallic armour-from cast aluminium alloys to high strength steels. Materials Forum 12,31-37.
[24] Crouch, I. G., 2014. Effects of cladding ceramic and its influence on ballistic performance. In: Paper Presented at the International Symposium on Ballistics, Atlanta, GA, USA, September 2014. Dieter, G. E., 1981. Mechanical Metallurgy, second ed. McGraw-Hill.
[25] Doig, A., 1979. Comparative anisotropy of quenched and tempered alloy steel plates made byhigh quality air melting, ESR, VIM &VAR, and VIM &ESR processes. In: Paper Presentedat the Sixth International Vacuum Metallurgy Conference on Special Melting, SanDiego, CA.
[26] Doig, A., 1998. Military Metallurgy. Maney Publishing, London.
[27] Dormeval, R., 1988. The adiabatic shear phenomena. In: Chiem, C. Y., Kunze, H. D., Meyer, L. W. (Eds.), Impact Loading and Dynamic Behavior of Materials, vol. 1. DGM Informationsgesellschaft, Oberursel, pp. 43-56.
[28] Durmas, A., Guden, M., Gulcimen, B., Ulku, S., Musa, E., 2011. Experimentalinvestigations onthe ballistic impact performances of cold rolled sheet metals. Materials and Design 32(2011), 1356-1366.
[29] Edwards, M. R., Mathewson, A., 1997. The ballistic properties of tool steel as a potentialimprovised armour plate. International Journal of Impact Engineering 19 (4),297-309.
[30] Flockhart, C. J., Woodward, R. L., Lam, Y. C., O' Donnell, R. G., 1991. The use of velocity discontinuitiesto define shear failure trajectories in dynamic plastic deformation. InternationalJournal of Impact Engineering 11,93-106.
[31] Garcia-Mateo, C., Caballero, F. G., Bhadeshia, H. K., 2003. Development of hard bainite. ISI JInternational 43 (8),1238-1243.
[32] Gooch, W. A., Burkins, M. S., Squillacioti, R., Koch, R. M. S., Oscarsson, H., Nash, C., 2004. Ballistic testing of Swedish steel for U. S. Armor applications. In: Paper Presented at the 21st International Symposium on Ballistics.
[33] Gooch, W. A., Burkins, M. S., MacKenzie, D., Vodenicharov, S., 2005. Ballistic analysis of Bulgarian electroslag remelted dual hard steel armor plate. In: Paper Presented at the 22$^{nd}$ International Symposium on Ballistics, Vancouver, BC, Canada.
[34] Gooch, W. A., Showalter, D. D., Burkins, M. S., Thorn, V., Cimpoeru, S. J., Barnett, R., 2007. Ballistic testing of Australian Bisalloy steel for armor applications. In: Paper Presented at the 23rd International Symposium on Ballistics, Tarragona, Spain.
[35] Gooch, W. A., et al., 2009. Development and Ballistic Testing of a New ClassAuto-tempered, High Hard Steels Under Military Specification MIL-DTL-46100. TMS(Retrieved from San Francisco, CA). Hall, E. O., 1951. Proceedings of the Physical Society of London B64,747.
[36] Herzig, N., Meyer, L. W., Pursche, F., Hüsing, K., 2010. Relation between dynamic strength andtoughness properties and the behavior under blast conditions of high strength steels. In: Paper Presented at the 7th International Symposium on Impact Engineering, ISIE, Warsaw, Poland.
[37] Johnston, G. R., Cook, W. H., 1983. A constitutive model and data for metals subjected to larg-

estrains. In: Paper Presented at the 7th International Symposium on Ballistics the Hague, Netherlands.

[38] Jominy, W. E. , Boegehold, A. L. , 1938. A hardenability test for carburising steel. Transactions ofthe American Society for Metals 26 (1938), 574-606.

[39] Jones, H. J. , 1907. Modern armor and armor-piercing projectiles. Journal of American Society ofNaval Engineers 19 (3), 726-760.

[40] Jones, P. N. , 1984. The Metallurgist and Materials Technologist 16, 465.

[41] Kasonde, M. , 2006. Optimizing the Mechanical Properties and Microstructure of ArmouredSteel Plate in Quenched and Tempered Condition (M. Sc. thesis). University of Pretoria, South Africa.

[42] Kuzmikova, L. , 2012. An Investigation of the Weldability of High Hardness Armour Steels (Ph. D. thesis). University of Wollongong.

[43] Laible, R. C. , 1980. Ballistic Materials and Penetration Mechanics. Elsevier, Amsterdam.

[44] Langdon, G. S. , Nurick, G. N. , Balden, V. H. , Timmis, R. B. , 2008. Perforated plates as passivemitigation systems. Defence Science Journal 58, 238-247.

[45] Li, H. , 2013. DMTC Project P7. 1. 3, Low Profile Body Armour.

[46] Lolla, T. , Cola, G. , Narayanan, B. , Alexandrov, Babu, B. , 2011. Development of rapid heatingand cooling (flash processing) process to produce advanced high strength steel microstructures. Material Science and Technology 27 (5), 863-875.

[47] MacKenzie, A. C. , Hancock, J. W. , Brown, D. K. , 1977. On the influence of state of stress on ductilefailure initiation in high strength steels. Engineering Fracture Mechanics 9, 168-188.

[48] Magudeeswaran, G. , Balasubramanian, V. , Madhusudhan Reddy, G. , 2008. Hydrogen inducedcold cracking studies on armour grade high strength, quenched and tempered steel weldments. International Journal of Hydrogen Energy 33 (7), 1897-1908.

[49] Manganello, S. J. , Abbott, K. H. , 1972. Metallurgical affecting the ballistic behaviour of steeltargets. Journal of Materials 7, 231-239.

[50] Meyer, L. W. , Abdel-Malek, S. , 2000. Strain rate dependence of strength-differential effect intwo steels. Journal de Physique IV France 10. PR9, 63-68.

[51] Meyer, L. W. , Pursche, F. , 2012. Adiabatic shear localization. In: Dodd, B. (Ed. ), Adiabatic Shear Localization, Frontiers and Advances, second ed. Elsevier, London, p. 85.

[52] Meyer, L. W. , Halle, T. , Herzig, N. , Krüger, L. , Razorenov, S. V. , 2006. Experimental investigationsand modelling of strain rate and temperature effects on the flow behaviour of1045 steel. Journal de Physique IV France 134, 75-80.

[53] Ministry of Defence, 2011. New Armour Steel Showcased at DSEi (Retrieved from U. K. ). Moshe, R. , Hirschberg, Y. , 2006. European Patent No. EP 1 705452 A1, Perforated Armor Plates.

[54] Nahme, H. , Lach, N. , 1997. Dynamic behavior of high strength armour steels. Journal de Physique IV France 7, C373-C377.

[55] O' Donnell, R. G. , Woodward, R. L. , 1988. Instability during high strain rate compression of 2024T351 aluminium. Journal of Materials Science 23, 3578-3587.

[56] Peranio, N., Li, J. Y., Roters, F., Raabe, D., 2010. Microstructure and texture evolution in dualphasesteels: competition between recovery, recrystallisation and phase transformation. Materials Science and Engineering: A 527, 4161-4167.
[57] Petch, N. J., 1953. The Journal of the Iron and Steel Institute 174, 25. Rapacki, E. J., 1995. Armor steel hardness influence on kinetic energy penetration. In: PaperPresented at the 15th International Symposium on Ballistics, Jerusalem, Israel.
[58] Rawson, J. D., Dawson, D. I., 1972. British Steel Corporation Corporate Laboratories ReportMG/34/72.
[59] Recht, R. F., 1964. Catastrophic thermoplastic shear. Journal of Applied Mechanics 31E, 189-193.
[60] Ritter, J. C., Dixon, B. F., Baldwin, N. J., 1989. Deformation and weld repair of armour steel. Materials Forum 13, 216-224.
[61] Ryan, S., Li, H., Edgerton, M., Gallardy, D., Cimpoeru, S. J., 2016. The Ballistic Performance ofan Ultra-High Hardness Armour Steel: an experimental investigation. International Journalof Impact Engineering 94, 60-73.
[62] Sato, K., Yu, Q., Hiramato, J., Urabe, T., Yoshitake, A., 2015. A method to investigate strainrate effects on necking and fracture behaviours of advanced high-strength steels usingdigital imaging strain analysis. International Journal of Impact Engineering 75, 11-26.
[63] Schulze, V., Vöhringer, O., 2000. Influences of alloying elements on the strain rate and temperaturedependence of the flow stress of steels. Metallurgical and Materials Transactions, Physical Metallurgy and Materials Science 31, 825-830.
[64] Shah Khan, M. Z., Alkemade, S. J., Weston, G. M., 1998. DSTO Technical Report, DSTO-TR-0320, Fracture Studies on High Hardness Bisalloy 500 steel. Shah Khan, M. Z. Unpublished DST Group research.
[65] Showalter, D. D., Gooch, W. A., Burkins, M. S., Koch, R. S., 2008. Ballistic testing of SSABultra-high hardness steel for armor applications. In: Paper Presented at the 24th InternationalSymposium on Ballistics, New Orleans, LA.
[66] Spec, US Specification MIL-DTL-46100E High Hardness Armor, 2008.
[67] Spec, US Specification MIL-DTL-12560K Class 1 Rolled Homogeneous Armor, 2013Specification, March 1985. RARDE 823, Specialised Armour Quality Steel Castings (UKRestricted).
[68] Specification, September 14, 1987. MIL-A-46099C, Armor Plate, Steel, Roll-Bonded, DualHardness (0.187 inches to 0.700 inches Inclusive).
[69] Specification, October 18, 2007. MIL-PRF-32269(MR).
[70] Specification, July 9, 2008. MIL-DTL-46100E(MR), Armor Plate, Steel, Wrought, HighHardness.
[71] Specification, July 24, 2009. MIL-DTL-32332(MR), Armor Plate, Steel, Wrought, Ultra-High-Hardness.
[72] Specification, December 7, 2013. MIL-DTL-12560K(MR), Armor Plate, Steel, Wrought, Homogeneous(For Use in Combat-Vehicles and for Ammunition Testing).

[73] Spitzig, W. A. , Sober, R. J. , Richmond, O. , 1975. Pressure dependence of yielding andassociatedvolume expansion for tempered martensite. Acta Metallurgica 23, 885-893.

[74] Standard, 2004. UK Defence Standard, DEF STAN 95-24, Armour Plate, Steel (3-160mm) Issue 3.

[75] Standard, 2008. Australian Defence Standard, DEF(AUST) 8030, Rolled Armour Plate, Steel (3-35mm).

[76] Trasi, Y. , Ben-Moshe, D. , Rosenberg, G. , 1987. An Armor Assembly for Armored Vehicles. EP0209221 A1.

[77] Wang, X. B. , 2007. Adiabatic shear localization for steels based on Johnson-Cook-Model andsecond- and fourth-order gradient plasticity models. Journal of Iron and Steel Research, International 14, 56-61.

[78] Weerasooriya, T. , Moy, P. , 2004. Effect of strain rate on the deformation of behaviour of rolledhomogenousarmour (RHA) steel at different hardnesses. In: Paper Presented at the SEMC ongress and Exposition on Experimental Mechanics, CostaMesa, CA.

[79] Wells, M. G. , Weiss, R. K. , Montgomery, J. S. , Melvin, T. G. , 1992. LAV Armor Plate Study. U. S. Army Materials Technology Laboratory Report, MTL TR 92-26.

[80] Whittington, 2014. Capturing the effect of temperature, strain rate and stress state on the plasticityand fracture of rolled homogenous armour (RHA) steel. Materials Science and Engineering: A 594, 82-88.

[81] Wilson, J. P. , 1978. In: Paper Presented at the Int. Conf. on Trends in Steels and Consumables forWelding, London, UK.

[82] Wingrove, A. L. , Wulf, G. L. , 1973. Some aspects of target and projectile properties on penetrationbehaviour. Journal of the Australian Institute of Metals 18, 167-172.

[83] Woodward, R. L. , Baldwin, N. J. , 1979. Oblique perforation of steel targets by 0. 30 Cal. APM2projectiles. International Journal of Mechanical Sciences 21, 85-91.

[84] Woodward, R. L. , 1978a. The penetration of metaltargets by conical projectiles. InternationalJournal of Mechanical Sciences 20, 349-359.

[85] Woodward, R. L. , 1978b. The penetration of metal targets which fail by adiabatic shear plugging. International Journal of Mechanical Sciences 20, 599-607.

[86] Woodward, R. L. , 1984. The interrelation of failure modes observed in the penetration of metallictargets. International Journal of Impact Engineering 23, 121-129.

[87] Zener, C. , Hollomon, J. H. , 1944. Effect of strain rate upon plasticflow of steel. Journal ofApplied Physics 15, 22-32.

[88] Zerilli, F. J. , Armstrong, R. W. , 1987. Journal of Applied Physics 61, 1816-1825.

[89] Zhen-li, M. , et al. , 2009. Effects of annealing temperature on the microstructure and properties ofthe 25Mn-3Si-3Al-TWIP steel. International Journal of Minerals, Metallurgy, and Materials16 (2), 154.

[90] Zrnik, J. , Muransky, O. , Stejskal, O. , Lukas, P. , Hornak, P. , 2008. Structural materials: properties, microstructures and processing. Materials Science and Engineering: A 483-484, 71-75.

# 第3章 轻合金

D. P. 爱德华兹(D. P. Edwards)[1];伊恩·G. 克劳奇(I. G. Crouch)[2]

[1]澳大利亚维多利亚州渔人湾国防科技集团;

[2]澳大利亚维多利亚州特伦特姆装甲防护方案有限公司

## 3.1 概述

工程上应用的轻合金家族主要由铝基、钛基和镁基的合金组成,从第1章所述的元素周期表中可以看出,所有三种合金体系都可被用作装甲材料,但是迄今为止应用最多的是铝合金,这主要是因为铝合金具有很好的实用性、加工性和宽容性(延展性、可塑性、坚韧性和耐用性)。

### 3.1.1 轻合金发展简史

自20世纪60年代早期以来,铝合金已经成为装甲设计工程师选取用于军用装甲结构材料的一部分。由于铝合金的体积密度约为钢的1/3,因此相同重量下板材的截面尺寸(板的厚度)要大得多,这使其在结构刚度方面具有先天优势,这点在设计制造盒状轻质结构时非常有吸引力。这一优势,第一次得到最为广泛应用,是其作为美国M113装甲运兵车的结构外壳。为什么说此种应用很成功呢?因为这些车辆已经建造了超过80000辆(图3.1和图3.2),而且大多数已经持续使用了50多年! 这些例证了其是一项非常成功的工程壮举……

1962年4月在越南战争期间,该装甲运兵车首次由美国陆军部署在前线,其在通过密集灌木丛和在强大敌人火力下突袭敌人阵地战斗中发挥了积极作用。越共给其命名为"绿龙"。作为前线装甲车,它已被美国装甲运兵车(APC),如Bradley等车辆所取代,但他们中很多仍然担任支援角色,即使在今天,它们仍占比美国陆军装甲车辆的50%。美国陆军计划到2018年退役M113系列车辆,通过装甲多用途车辆计划寻求并进行更换。

澳大利亚国防部最近交付了在LAND 106项目支持下的改进型M113型号为

图 3.1 M113 的早期版本,1975

图 3.2 澳大利亚士兵从 M113 后部冲出的场景

M113AS4。这次升级改造包括 M113 的电动炮塔、日/夜武器瞄准系统、新发动机、转向控制装置、传动系统、电气和燃料系统以及新设计的内部布局,以适应各种情况下的安全装载(Anon,2015d)。

用于制造 M113 装甲外壳的主要铝合金是加工硬化铝合金,牌号为 5083,基于 Al-5%Mg-Mn 成分并冷轧成表 3.2 和表 3.3 中 H115 或 H131 规定的条件。这种改良合金具有优异的延展性、可成形性和良好的耐腐蚀性——它还具有良好的可焊性、几何加工性和牢固的连接点。5083 合金像装甲钢领域中的轧制均质装甲钢(RHA)一样,在所有其他铝装甲合金研发设计时,至今仍然将其作为标准的参考合金。更重要的是,20 世纪 60 年代出现的轻质结构装甲,也是将其用作车辆外部保护的结构装甲。然而,正如我们将在下面看到的,这种工程合金的延展性和宽容性使得该结构能够演变成一种极为出色的衬背系统,用于更高性能的外部披挂装甲。这也是 M113 系列装甲车成功的秘诀——其具备从结构装甲演变为披挂装甲系统中部件的能力。

作为基础材料,这种加工硬化合金很快被发现其强度有限,正如我们将在本章后面看到的那样,合金的抗弹性通常随着硬度的增加而增加。因此,20 世纪 70 年代,人们一直在致力于找到一种可热处理的合金。当时人们研究了大量的此类合金,发现具有最优性能的是铝-锌-镁合金,并标记为 7039(表 3.3),其对穿甲弹药提供了更高的抗弹性能。这种合金在美国按照 MIL-A-46063A MR(3.5 节)的标准要求进行了大批量生产,像美国 Bradley(图 3.3)这样的车辆就是由这种高强度合金制成的。

图 3.3　2003 年伊拉克战争中美军士兵隐蔽在 Bradley 战斗车辆后面的场景

在英国,人们还研究了 7000 系列可热处理合金的其他军事用途。Al-4Zn-2Mg 合金被用于建造英国的中大型高架桥的军用桥梁部件,并且在 20 世纪 70 年代将更高强度的合金变种用于装甲车辆上。英国军用规范 MVEE 1318B 和先前的合金规范 7017 中包含了很多军用车辆工程局(MVEE)进行的深入研发工作;就像当地人所说的那样,在英国的"坦克家族"中,其中一个早期的应用是在战车侦察追踪(CVRT)车辆系列的装甲壳体(图 3.4)。Scorpions 和 Scimitars 是英国在 1982 年福克兰群岛战争期间仅有的战斗车辆,到 1986 年,英国已经接收了 1863 辆 CVRT,包括 313 辆 Scorpions 和 334 辆 Scimitars。因此,具有高强度、可焊接和良好结构性的材料成为 20 世纪 70 年代和 80 年代的轻型装甲材料的首选。

在英国,直到 20 世纪 80 年代后期出现了一种名为"勇士"的装甲车,其设计方式使得车辆的主体工程结构与装甲脱钩。"勇士"装甲车的保护系统随着威胁等级的增加而演变,而基本形状和工程结构以及使用的合金等与规范 MVEE 1318B、7017 和 7020 中的规定没有大的改变。1987—1995 年期间,超过 750 辆"勇士"战车成功地交付给英国陆军(图 3.5)。

图 3.4　2011 年升级版的英国弯刀战车

图 3.5　英国"勇士"战车的变种,左图为没有安装披挂装甲
系统,右图为加装披挂装甲系统

在早期的"勇士"车型中,使用了挤压铸造工艺。挤压铸造工艺是在 20 世纪 70 年代后期 GKN 公司与 MVEE 合作开发并完全商业化的。车体上所有 24 个负重轮均采用基于 7039 的新型挤压铸造合金制造而成(Crouch,1987)。车轮的轮辋甚至将自行车链条作为耐磨器件。最终焊接到趾板上的驱动盖也是通过挤压铸造工艺生产的,虽然使用的是较低等级的 Al-4Zn-2Mg 合金(指定为 SF1),这类合金非常类似于桥用合金 DGFVE 232A。

铝合金确实具有许多突出特性,包括具有一定的耐腐蚀性。但不幸的是,一些铝合金容易遭受应力腐蚀开裂。自 20 世纪 70 年代以来,这点已被充分证实。也正因此,从那时起便开展了大量深入的材料学研究,并出现了众多缓解应力腐蚀开裂的措施(3.2.4.2 节),同时在铝装甲采购规范中也严格规定了要经过应力腐蚀开裂(SCC)考核测试。然而,过去 40 年来开发的大部分合金受到了这种致命缺陷的严重影响。当然,具有高的抗应力腐蚀开裂性是合金在两栖部队和海军应用的先决条件。正是出于此目的,美国开发了一种 Al-Cu-Mg 脱溶硬化合金即铝合金 2519,用以消除与 SCC 相关的问题。高级两栖突击车(AAAV)的早期原型 c.2000,在几个关键挤压部件中使用了 2519 合金。

事实上,现代铝制舰艇的建造自 20 世纪 90 年代以来得以迅速发展,自从美国海军在 20 世纪 30 年代早期将其应用于船舶上层建筑和船舶甲板室,如 USS Sims 和 USS Gleaves(Crum 等,2012)。在马岛战争之后提出的关于"铝燃烧"的谬论,在 1982 年 12 月 14 日的英国国防白皮书中被正式驳斥。铝制舰船的增加可能与铝制造技术的改进、合金开发以及由于商业航运和客船数十年的运营有关,铝合金可作为海事材料的事实得到广泛接受。在海军舰船结构中使用铝合金是非常有吸引力的,因为与钢铁材料相比它可以显著减轻重量(减轻 55%),提高舰船速度,节省燃料(高达 21%)和提高载货量,可以装载更多的设备或人员(Ferraris 和 Volpone,2005)。

除了高强重比特性外,用于舰船制造的铝合金还需要易于焊接,具有良好的可成形性和高耐腐蚀性。5××××系列铝合金(例如,5059,5383 和 5083)可满足这些先决条件性能标准要求。镁含量在 2.5%~5% 之间,海水中的腐蚀速率约为低碳钢的 1/20。根据 Austal Ships(Anon,2015a),适用的 6××××系列船用合金 6082,6063 和 6061 的腐蚀速率约为低碳钢的 1/10。

如图 3.6 所示,铝质海军舰艇适用于美国陆军及海军,如澳大利亚海军 56mArmidale 级巡逻艇,127m 濒海战斗舰和联合高速船,由 Austal 公司采用挤压和轧制 5××××和 6××××系列铝合金制造。然而,因为这些合金分别通过加工硬化和时效硬化热处理获得其特定的机械性能,所以需要结构整体性设计,以充分考虑合金焊接时热影响区内拉伸机械性能降低的影响。如果未考虑来自各种制造工艺带来的额外热输入对锻铝和焊接结构的机械性能的影响因素,可能导致由于过度负载和结构疲劳问题导致船舶服役期大幅降低。

(a) (b)

图 3.6 澳大利亚 Austal 船舶公司为美国海军建造的海军舰船
(a)濒海战斗舰;(b)联合高速船。

应用于舰船和海事上的铝合金不是依据其抗弹性来选择的。因为,对于舰船来说良好的焊接性和抗应力腐蚀性是其是否可以应用的最高评价标准。虽然,铝合金的高强度和延展性确实使其具有一定的抗弹性。

在具体的铝制装甲方面,21世纪以来超高强度铝合金作为appliqué装甲使用量不断增加。且由于不存在任何拉应力,可以完全避免应力腐蚀开裂问题的出现。对于钛和最近的镁合金来说也是如此,尽管镁合金作为appliqué装甲材料的使用仅略微增加。例如,高强度钛合金已被应用于美国Bradley炮塔的上膛装配套件,这大大减轻了部件重量(Gooch,2012)。

### 3.1.2 弹道特性和特定失效模式

铝制装甲主要用于厚截面装甲,这是因为铝制装甲主要的能量吸收机制是通过延性孔形成来耗散能量的(第1章),尤其是针对尖头弹丸,如0.3 cal APM2圆形。由于这一事实,这些合金的抗穿透性与其动态屈服性能成正比。因此,如图3.7所示,对于中高强度合金,弹道性能随硬度增加(最简单的形式)而增加。然而,正如所有冶金学家都知道的那样,随着强度的增加,韧性降低,韧性的降低又影响更高强度水平的弹道性能。铝合金装甲易以冲碟型机制失效(第1章)。这虽然不会降低合金的固有抗穿透性;但它却直接降低了作为抵抗最终穿透材料的有效厚度。它还会提高产生破坏崩落的可能性。这种效应也反映在弹道性能的测量方法上——参见第1章和第11章;如果弹体或目标靶板的任何部分穿透了放置在目标靶板后面的靶板,那么目标靶板被视为防护失败。此时,它的抗弹极限和防护性能就要降低,尤其会对车辆内的人员和设备造成严重损害。

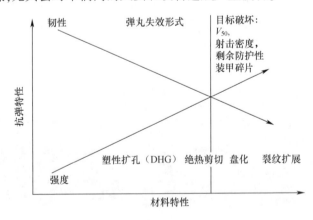

图3.7 材料性能(强度和韧性)如何强烈影响抗弹性能

这种现象是整个轻合金装甲材料系列普遍存在的致命缺陷:不仅高强度铝合

金易通过冲碟形式而失效,钛和镁合金也同样如此,这将在后面描述。Crouch(1992)详细定义的冲碟是通过材料在短横向(ST)方向上的分层而发生的。更确切地说,这种分层的发生是因为在高横向剪切应力区域穿透时引发的短横向裂纹,由于材料对裂纹扩展的抵抗力差(即低断裂韧性)且能够传播。反过来,可能这是由于晶粒结构不良和/或存在晶间杂质,如铁基或硅基化合物。具有不同$K_{1c}$值的合金将在不同程度上蝶形化——图3.8和图3.9显示了由澳大利亚DST集团,2014年进行的两种不同合金7075-T6和2024-T351的冲碟失效。冲碟的程度(即蝶的直径和厚度)也与侵彻弹体的弹头形状有关:弹头越钝,冲碟越大。还应注意的是,尽管7075靶的前面剥落也是冲碟现象,但是它的形成不会导致抗穿透性的减少,也不会降低防弹性。

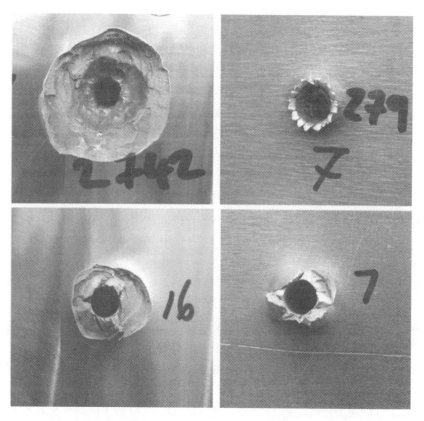

图3.8 左图为7075-T6铝合金抵抗0.3 cal APM2弹丸进入和穿出的形貌,以及2024-T351铝合金抵抗30mm弹丸后的迎弹面(上部)与背面(下部)形貌

2015年Fras等报道了一套关于40mm厚的7020-T651铝合金抵抗20mm碎片模拟弹丸(FSP)的综合试验和数值分析结果,结果表明失效形式主要为低能耗、

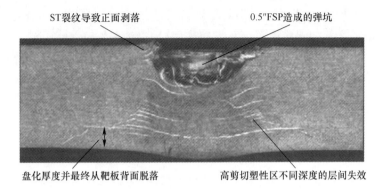

图 3.9　25mm7075-T6 铝合金板经 0.5cal FSP 冲击后形成的 ST 裂纹和冲碟失效形貌

冲碟和堵塞失效。对于钝型弹,合金通过冲塞而失效(第 1 章)——这种低能量吸收剪切过程可以通过在高剪切应力区域形成的绝热剪切带(ASB)来加强。

　　冲碟失效机制下,材料的损失更易发生在板材较薄的部分,此部分微观晶粒结构已得到充分发展,晶粒更加扁平并且各向异性明显。在 Cheeseman 等(2008)的技术报告中,总结了许多不同合金等级的 $K_{1C}$ 数据:在最坏的情况下,合金 8090-T8771,ST 取向的 $K_{1C}$ 值小于横向纵向(TL)和纵向横向(LT)方向的一半。

　　防止冲碟现象的影响,促进了在铝制车辆内安装复合材料防剥落衬垫的出现。它们的存在不仅降低了内部损伤的程度(由于来自过度匹配的圆形的散裂),而且还降低了锥形装药武器的锥角。纤维增强聚合物剥落衬垫在第 5 章中讨论。通过更好地控制最终微观结构,冲碟行为也是改进合金并用于弹道应用开发的驱动因素之一。

## 3.2　铝合金

　　最近的关于铝合金综述主要来自 Polmear(2006)和 Lumley(2011)的评论。铝在工业上得以广泛应用主要归因于其低比重(钢的 1/3)和良好的耐腐蚀性(源自快速形成的强黏附氧化膜)。对于纯铝而言,其具有相对低的强度和高的延展性,限制了其在工程上的应用。因此,为了充分发挥铝合金的优势,使其在工程上得到轻量化应用,特别是在航空航天、汽车和建筑行业,需要显著提高材料强度。这可以通过合金化和/或应变硬化以及机械变形来实现。合金元素通过固溶硬化(间隙和/或原子取代),或通过特定热处理沉淀硬化形成二次金属间相(ASM,2000)来提高强度。在实践中,通常通过合金化、热处理和机械应变硬化工艺(例如锻造、挤压和板材轧制)的组合来实现期望的强度水平。除了特定的合金名称(表 3.1;ASM,2000)外,它们可以分为两个不同的类别:不可热处理和可热处理合金。

铝合金在工业上一般会采取一系列专有的加工硬化和热处理回火工艺,以满足工程应用(特别是航空航天和国防领域)的特定机械性能要求。为了能够快速表征合金的相对机械性能以及所应用的处理工艺,现已制定并形成了相应的标准化体系。有关合金体系的详细说明和指南,读者可以参考 ASM 金属手册第 2 卷 (ASM,2000)。总之,合金的名称通常是以字母 H 或 T 开头后面跟随最多三位数字的形式表达,例如 5××××-H14 或 2××××-T351。合金的应变硬化(H)水平和沉淀时效热处理(T)条件由前面的数字描述(表 3.2)。

表 3.1 铝合金体系

| 系列号 | 主要合金元素 | 热处理① | 强化模式② |
| --- | --- | --- | --- |
| 1××× | 铝纯度≥99.00% | 否 | 冷加工 |
| 2××× | 铜(含有镁) | 是 | 沉淀强化-时效强化 |
| 3××× | 锰 | 否 | 降水-老化 |
| 4××× | 硅 | 否 | 冷加工 |
| 5××× | 镁 | 否 | 冷加工 |
| 6××× | 镁和硅 | 是 | 冷加工 |
| 7××× | 锌(含镁) | 是 | 沉淀强化-时效强化 |

①通用法则,尽管某些特殊合金会偏离;
②除合金硬化。

表 3.2 铝合金回火工艺概况(ASM,2000;Benedyk,2010)

| 加工硬化合金(H) | 热处理合金(T) | |
| --- | --- | --- |
| H1 仅应变硬化 | T1 从成形过程的高温冷却和自然时效 | T6 固溶热处理、淬火、人工时效 |
| H2 应变硬化和部分退火 | T2 从成形过程的高温冷却、冷加工和自然时效 | T7 固溶热处理、淬火、人工过度时效 |
| H3 应变硬化和低温稳定化热处理 | T3 固溶热处理、淬火、冷加工和自然时效 | T8 固溶热处理、淬火、冷加工和人工时效 |
| H1$x$, $x$=1~9 水平的应变硬化和极限抗拉强度增加 | T4 固溶热处理、淬火和自然时效 | T9 固溶热处理、淬火、人工时效和冷加工 |
| 如 $x$=4;35% 冷加工 6;55%冷加工,8;75% 冷加工 | T5 从成形过程的高温冷却和人工时效 | T10 从成形过程的高温冷却、冷加工和人工时效 |

表 3.3 总结了应用于装甲的全系列铝合金的化学成分和基本机械性能。该数据表基于 Doherty 等的工作(2012),并将合金分为三大类:

(1) 结构合金等级,主要用于焊接结构;
(2) appliqué 等级,用于独立的非结构领域;
(3) 其他等级,如许多已经开发的高强度等级合金。

值得注意的是,appliqué 等级和 R&D 等级的合金比作为结构等级的强度要高很多,在体积密度(最后一行)上差异也很大。这点在设计轻型装甲系统时尤为重要。

对高比强度的需求是铝装甲合金发展的关键驱动因素之一。

### 3.2.1 加工硬化铝合金

不可热处理的铝合金,通常为 3×××、4××× 和 5××× 系列,主要合金元素锰最高可达 2%和/或 3.5%~5%的镁,并含有少量的铬、硅和铁等杂质元素。这种合金的强度主要是通过加工硬化得到的(Van Horn,1967)。热处理对材料强度性能没有积极影响。作为装甲防弹等级的合金主要包括 5083、5456 和 5059。3××× 系列的非装甲等级合金可用作储罐、屋顶和建筑产品的材料,铝-硅 4×××× 系列合金广泛用作焊接填充焊丝,用于连接其他铝合金,这是由于该合金的熔点低,其也可作为阳极氧化材料在建筑领域应用。

除了主要溶质合金元素镁的存在所提供的强化外,5083 铝合金的机械性能和伴随的防弹性能主要是通过板材的重型轧制或通过挤压工艺造成的应变硬化来实现的。5××× 系列合金的拉伸屈服强度可以通过冷轧或增加镁含量,镁含量可高达 6%(质量分数)(图 3.10)。研究表明,在退火状态(O—回火)下,5××× 系列铝-镁合金的屈服强度与镁的溶质浓度呈近似线性关系,可近似表达为 $\sigma_Y \propto B$(镁含量的质量分数),其中 $B=15MPa$,而合金的晶粒尺寸($d$)大小也影响其屈服强度,正如众所周知的 Hall-Petch 关系 $\sigma_Y \propto kd^{1/2}$,其中 $k$ 是材料的常数(Lloyd,2004),值得注意的是金属的抗弹性能与金属的流动性能相关,而流变特性又由材料的屈服强度和拉伸强度决定(第 8 章)。

为了增加超过 5083 的装甲级合金的范围以及克服不断增加的致命弹药和爆炸威胁的需要,特别是应对穿甲(AP)射弹威胁,需要开发具有更高强度的铝合金,同时还要继续保持 5083 合金的理想耐腐蚀性,以便在下一代装甲车辆上使用。为满足这些需求,由德国的 Aleris Aluminium Koblenz 生产的 ALUSTAR 铝合金 5059 合金以及回火 H131 和 H136,可作为改进的应变硬化合金(Anon,2015b)使用。5059 合金成分含有较高的镁含量,含量是锌和铜的两倍多。与 5083 合金相比,添加更多的锆,使屈服强度和拉伸强度增加了 15%~20%,且具有相似的延伸率。关于 Zn 在焊接 5××× 系列合金中对腐蚀影响的研究发现,较高的 Zn 含量导致焊接热影响区域局部腐蚀趋势增加(Sanders 等,2004)。然而,Aleris 进行的长期海水腐

表 3.3 铝合金装甲一览表

| 元素 | 结构合金等级 | | | | | | | | Appliqué 等级 | | | | 其他等级 | | |
|---|---|---|---|---|---|---|---|---|---|---|---|---|---|---|---|
| | 6061 | 5083 | 5456 | 5059 | 7020 | 7039 | 2519 | 2139 | 2195 | 7085A | 2090 | 7075 | 7449 |
| 硅 | 0.40~0.80 | 0.4 | 0.25 | 0.45 | 0~0.35 | 0.3 | 0.25 | 0.1 | 0.12 | 0.06 | <0.10 | <0.4 | <0.12 |
| 铁 | 0.7 | 0.4 | 0.4 | 0.5 | 0~0.4 | 0.4 | 0.3 | 0.15 | 0.15 | 0.08 | <0.12 | <0.5 | <0.15 |
| 铜 | 0.15~0.40 | 0.1 | 0.1 | 0.25 | 0~0.2 | 0.1 | 5.3~6.4 | 4.5~5.5 | 3.7~4.3 | 1.3~2.0 | 2.4~3.0 | 1.2~2 | 1.4~2.1 |
| 锰 | 0.15 | 0.4~1.0 | 0.5~1.0 | 0.60~1.2 | 0.05~0.5 | 0.10~0.40 | 0.10~0.50 | 0.20~0.60 | 0.25 | 0.04 | <0.05 | <0.3 | <0.2 |
| 镁 | 0.8~1.2 | 4.0~4.9 | 4.7~5.5 | 5.0~6.0 | 1.0~1.4 | 2.3~3.3 | 0.055~0.40 | 0.20~0.80 | 0.25~0.80 | 1.2~1.8 | <0.25 | 2.1~2.9 | 1.8~2.7 |
| 铬 | 0.04~0.35 | 0.05~0.25 | 0.05~0.20 | 0.25 | 0.10~0.35 | 0.15~0.25 | — | 0.005 | — | 0.04 | <0.05 | 0.18~0.28 | — |
| 锌 | 0.25 | 0.25 | 0.25 | 0.40~0.90 | 4.0~5.0 | 3.5~4.5 | 0.1 | 0.25 | 0.25 | 7.0~8.0 | <0.10 | 5.1~6.1 | 7.5~8.7 |
| 钛 | 0.15 | 0.15 | 0.2 | 0.2 | 0~0.17 | 0.1 | 0.02~0.10 | 0.15 | 0.1 | 0.06 | <0.15 | <0.2 | — |
| 锆 | — | — | — | — | 0.08~0.20 | — | 0.10~0.25 | — | 0.08~0.16 | 0.08~0.15 | 0.08~0.15 | — | — |
| 锆+钛 | — | — | — | — | — | — | — | — | — | — | — | — | <0.25 |

续表

| | 结构合金等级 | | | | | | | | Appliqué 等级 | | | 其他等级 | |
|---|---|---|---|---|---|---|---|---|---|---|---|---|---|
| 钒 | 0.05 | — | — | — | — | — | 0.05~0.15 | 0.05 | — | — | — | — | — |
| 锂 | 0.15 | — | — | — | — | — | — | — | — | — | — | — | — |
| 银 | — | — | — | — | — | — | — | 0.15~0.60 | 0.8~1.2 | — | 1.9~2.6 | — | — |
| 单个最大 | 0.05 | 0.05 | 0.05 | 0.05 | 0.05 | 0.05 | 0.05 | 0.05 | 0.25~0.60 | <0.05 | 0.05 | <0.05 | <0.15 |
| 总和最大 | 0.15 | 0.15 | 0.15 | 0.15 | 0~0.15 | 0.15 | 0.15 | 0.15 | 0.05 | 0.15 | <0.15 | 0.15 | — |
| 性质 | — | — | — | — | T651 | — | — | — | — | — | T83 | T6 | — |
| 屈服强度(YS)/MPa | 255 | 255 | 255 | 269 | 310 | 352 | 407 | 441 | 434 | 510 | 520 | 503 | 585 |
| 抗拉强度(UTS)/MPa | 262 | 310 | 310 | 359 | 380 | 414 | 455 | 462 | 490 | 552 | 550 | 572 | 625 |
| 预期损失/% | 10 | 8 | 8 | 7 | 12 | 9 | 10 | 9 | 9 | 11 | 6 | 11 | 12 |
| 密度/(kg/m³) | 2700 | 2660 | 2660 | 2660 | 2780 | 2740 | 2820 | 2810 | 2710 | 2850 | 2590 | 2810 | 2850 |

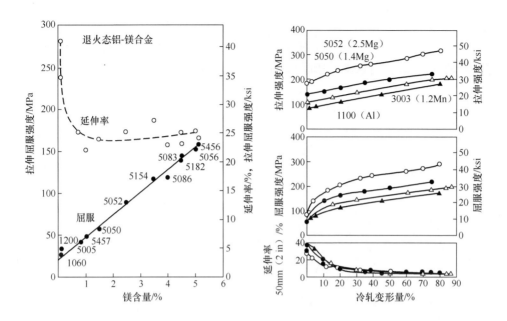

图 3.10 Mg 固溶浓度及冷轧加工对 5×××系列铝合金拉伸屈服强度的影响

蚀试验表明,虽然经过长达 14 个月的海水浸泡,目前的 5059 合金却能够抵抗局部焊接腐蚀。

作为 M2 Bradley 壳体的潜在修复材料,美国陆军研究实验室(ARL)着手进行了 5059 对 0.3cal 和 0.5cal 的穿甲弹和 20mmFSP 的抗弹性能测试,并于结构合金 7039 进行了对比。高强度 5059 合金在 AP 弹丸和 FSP 攻击时,均表现出与 5083 相似的理想延性和堵塞失效模式。正如图 3.11 所示,尽管 5059 合金对 FSP 的防护性与 7039 合金相当或略高于 7039 合金,但其对穿甲弹的防护性能却略逊于强度更高的 7039 合金。尽管如此,与高强度 7039 合金相比,5059 合金具有易焊性和优异的腐蚀性能,且具有较低的应力腐蚀开裂敏感性以及相对低廉的长期维修成本,使 5059 合金成为 5083 和 7039 合金的可行替代品,详见 ARL-TR-4427 报告(Showalter 等,2008)

## 3.2.2 时效硬化合金

可热处理铝合金特指 2×××、6×××和 7×××系列铝合金,合金成分主要有铜、镁、硅、锌及其化合物。此类合金很容易在高温(例如 500℃)保温并快速冷却到常温时形成单相固溶体。当合金固溶体通过特定的热处理工艺快速冷却到 180℃以下并维持一定的时间,则会发生通常所说的时效强化。时效处理可以促进原子有序化并引发亚微米级金属间化合物沉淀析出,析出的亚微米金属间化合物分布在

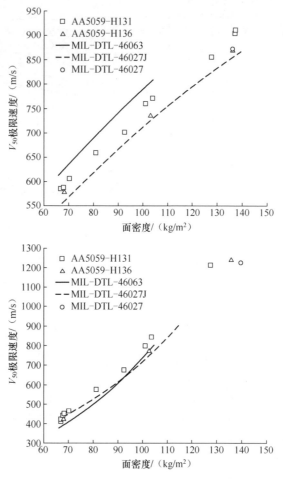

图 3.11 5059 铝合金面密度与 $V_{50}$ 极限速度之间的关系(0.30cal APM2 和 20mm FSP)
注：MIL-DTL-46063 涵盖 7039；MIL-DTL 46027 涵盖 5083/5456

整个微观组织中,析出物的类型由合金的平衡相图决定(Schlenker,1970;Van Horn,1967)。一般只能通过电子显微镜观察到这些细小的析出物,析出物会造成局部晶格畸变并阻碍错位运动从而使合金的强度和硬度增加(Higgins,1968)(图 3.12)。

合金的峰值强度性能可以通过时效强化获得,时效处理可以使具有最佳尺寸的析出物连续均匀分布在合金基体中,并与合金基体形成良好的配位关系。但过长的时效时间和过高的时效热处理温度会促进析出物的生长和粗化(其粗化程度可以通过光学显微镜就能轻易辨别),且析出物不再与合金基体组织存在位向关系,造成合金的抗拉强度降低并趋于具有平衡态微观组织时的性能。图 3.13 和图 3.14 为可热处理 Al-Cu 合金时效微观结构与拉伸性能之间的关系示意图。

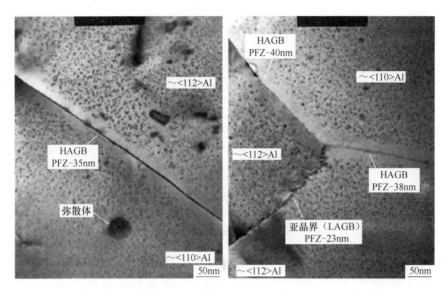

图 3.12 7075-T651 合金峰值强度时效后在大角度晶界(HAGB)和小角度晶界(LAGB)相邻处都存在硬化析出物的高密度微区以及贫化区(TEM 明场形貌)

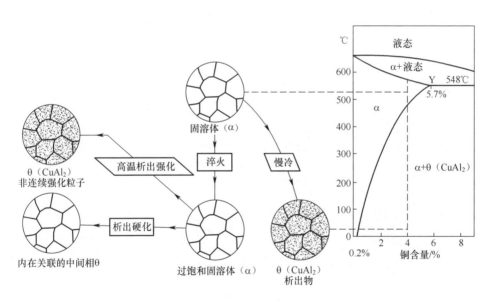

图 3.13 热处理析出硬化处理对 Al-Cu 合金富铝侧截面平衡相图与微观组织之间的对应关系示意图

已用作车辆防弹装甲的高强度可热处理铝合金包括 7×××系列 7017 和 7039 合金(详见规范,1992)。英国弯刀 CVRT 于 20 世纪 70 年代首次生产,采用 7017 合金作为基础装甲,而美国 M2/3 Bradley 战斗车和 M551 壳体装甲均由 7039-T64

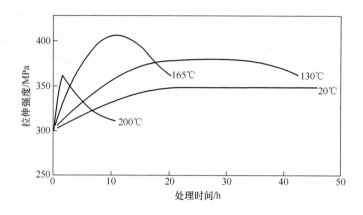

图 3.14 Al-Cu 合金沉淀硬化热处理时间-温度与抗拉强度的关系图

铝合金制造(图 3.3)(Crum 等,2012;Ogorkiewicz2005;Perez-Bergquist 等,2011;Showalter 等,2008)。尽管与传统的加工硬化装甲合金 5083-H131 相比,这种合金的高强度性能提高了抗穿甲能力,但 7××× 系列合金更容易受到应力腐蚀的影响,焊接修复和焊接热影响区具有开裂的倾向,这点是一个特别值得关注的问题。此外,高强度 7039 合金易于出现背板崩裂倾向(图 3.15),也被视为一个需要改进的方面,其改进的结果也将决定 7039 合金是否在美国未来装甲车辆上得到应用(例如 AAAV)。

图 3.15　5083 合金(右图)与 7039 合金抵抗 20mm FSP 后背板失效形貌对比

针对 7××× 系列合金的抗弹性能仍有大量的学术研究正在进行(Borvik 等,2010;Demir 等,2008;Flores-Johnson 等,2011;Forrestal 等,2010;Pedersen 等,2011)。尤其对作为高强度铝合金基准的 7075-T651 合金的研究更为突出。尽管如此,由于该合金具有应力腐蚀敏感性,造成其作为装甲材料应用的局限性,该合金不适合长期暴露在环境中。

为了应对7039合金腐蚀性能的缺点,人们致力于开发其他具有与高强度7×××系列合金相当的抗弹性能的铝合金。如对应力腐蚀开裂敏感性较低或不敏感的5083合金。为此,一系列2×××含锂和银的可热处理航空航天铝合金,如2090-T8E48(Al-Li),2195Al-Cu-Li-Mg-Mn-Ag-Zr),2139-T8(Al-Cu-Mg-Mn-Ag),Al-Cu-Mg合金2519-T87和2219-T851等合金被评估是否可以作为装甲应用的潜在材料。表3.3列出了这些合金中的某些典型机械性能。然而,该系列中,只有2519合金被批准可作为结构装甲材料使用。

在应变率敏感性方面,最近的研究(Chen等,2009)表明6×××系列合金只有轻微的应变率敏感性,而7×××系列合金在所有三个方向都表现出一定的依赖性(LT,TL和ST)。

### 3.2.3　不同等级的弹道特性

现在已经充分认识到由于铝合金自身的特性其作为装甲材料具有巨大的潜力,铝合金装甲主要通过延性扩孔形式吸收来自侵彻弹体的大部分动能,但也确实在一些变体铝合金中容易过早出现冲碟失效。本节整合了以多种不同方式进行测量的抗弹性能数据。例如,基于Gasqueres和Nussbaum(2011)的工作,图3.16显示了标准AP穿甲弹在着靶速度840m/s情况下,随着合金抗拉强度的提高,残余速度降低的情况。在较大的强度范围内,这种关系看起来非常线性。该图还显示了试验合金7449-T651在面对穿甲弹威胁方面具有尚佳表现。

然而,由于7449-T651合金抵抗20mm FSP时表现不佳(出现大量冲碟现象),只有2139-T8对两种弹体都具有最佳防护性能。值得注意的是,这得益于该合金具有强度和断裂韧性的最佳平衡。图3.16(b)曲线的形状与图3.7非常相似并非巧合。抗弹性能指数可以由下列公式得到:

$$抗弹指数(\%) = (Vo - Vr)/Vo$$

到目前为止,读者会意识到整个装甲级铝合金都是锻造合金——没有任何铸造铝合金被批准用于抗弹领域,主要是因为铸造铝合金的机械性能差,缺乏足够的塑性。然而,的确有一些挤压铸造铝合金(Crouch,1987)得到了应用——这是因为挤压铸造工艺能够将传统的锻造合金精确铸造成形,如英国Warrior APC的车轮(图3.5)。快速凝固会产生细小的等轴晶粒结构,虽然确实发生了一些合金偏析,但通常偏析都会在截面的中心内。

使用新的高强度铝合金提供了进一步减轻车辆装甲重量的机会。美国铝业公司的2090铝合金在抵抗0.3cal的APM2弹时性能要优于2519-T87和7039-T67铝合金,这是由于其有更高的抗拉强度的原因,然而,该合金在抵抗20mm FSP时

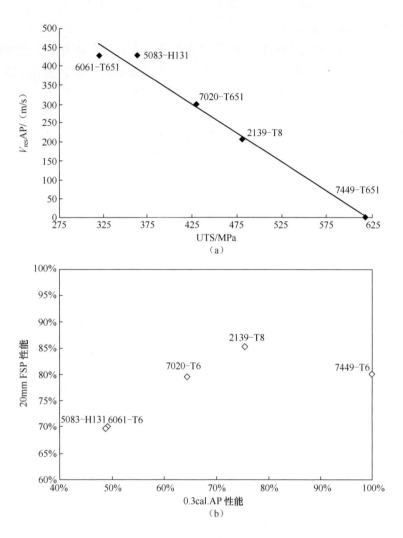

图 3.16 AP 弹丸穿透不同装甲铝合金后的剩余速度(a)和不同
装甲铝合金针对 AP 和 FSP 时的抗弹性能(b)

的抗弹性能却很低,并且表现出严重的碟化和分层,因此,不能将它视为装甲材料。腐蚀研究还表明,2090 合金具有较高的点蚀倾向,在高应力区域尤为明显,对 SCC 的抗性低于 5083 合金。通过断裂表面观察,发现晶间应力腐蚀敏感性与 Al6CuLi3 或 Al2CuLi 晶界沉淀物的存在相关(Chin 等,1989)。

合金 2519-T87 是 2219 的一种变体,与 2219 相比铜含量较低而镁含量较高,该合金由美国铝业公司和美国陆军开发,并作为 7039 合金的潜在替代品(Kackley 和 Bethoney,1986)。该合金具有优于 2219 的弹道性能,并且相当于或优于用来抵抗 AP 和 FSP 的 7039 合金。它还具有良好的抗 SCC 性能,尽管它仍然易受一般腐蚀和点蚀的影响。对2519的可焊性研究发现,使用适当的工艺和填充材料(例如,2319或4145)可以实现焊接到自身或5083-H131合金,且具有良好的抗拉强度,焊接失效一般以期望的延性失效形式出现。焊件通过了必要的弹道鉴定标准试验(Devletian等,1988)。

为了寻找适合未来的战车防弹材料,美国陆军对NASA开发的用于航空航天领域的高强度铝合金进行了评估,以研究此类合金直接转换为新装甲材料的可能性(Nickodemus等,2002)。对用于航天飞机外部燃料箱结构合金的Al-Li2195合金进行了测试,且测试是在该合金的现成商用型T8和实验型TE1B状态下进行的。2195-T8回火后在低温下具有高韧性,并可提供高强度(5083的两倍)和在服役条件下的良好延展性。T8和低强度TE1B回火态均证明具有优于传统5083的AP和FSP弹道性能。T8回火分别比5083在对抗0.5cal AP和20mm FSP上增加了25%和11%,而TE1B分别提高了22%和17%。

由NASA开发的另一种具有高抗拉强度和高断裂韧性的航空航天合金——合金2139,并由美国陆军研究实验室评估,以确定其与2519、7039和5083相比的弹道性能,因为它具有作为轻型装甲材料的潜力,即良好的抗爆炸性能(Cheeseman等,2008)。弹道测试显示,对于0.3cal和0.5cal APM2和20mm FSP,在抗弹性上2139-T8合金显著地优于7039和5083。与2519合金相比,高强度2139合金对抗0.3cal APM2表现出轻微改善,对于0.5cal APM2和20mm FSP具有更大的防弹性能。图3.17显示了50mm厚2139装甲铝合金抵御20mm FSP后迎弹面和背面出现的延性充塞和盘化形貌,而图3.18显示了一系列新合金与标准装甲合金相比的弹道性能(Cheeseman等,2008)。

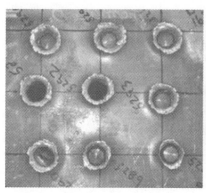
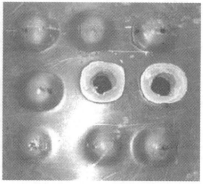

图3.17 50mm厚2139装甲铝合金抵御20mmFSP后迎弹面和背面出现的延性充塞和盘化形貌

在21世纪初,ARL研究人员在两种回火条件下(T7E01和T7E02)评估了基于7.5%锌、1.5%镁、1.5%铜成分的高强度合金7085,并发现它可作为一种出色的appliqué装甲等级(Gallardy,2011)的代表。实际上,MIL-DTL-32375(规范,2012)

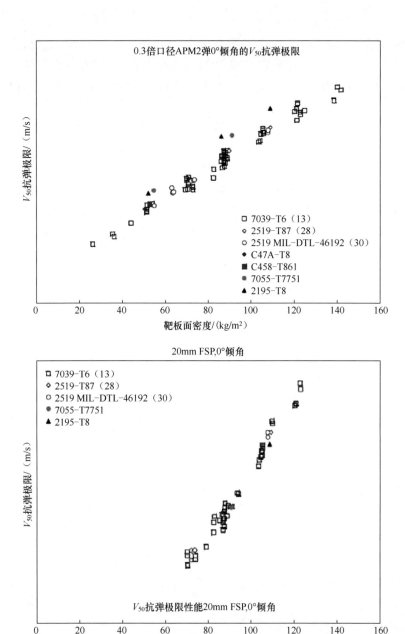

图 3.18 不同系列装甲铝合金的抗弹曲线(彩图)

的开发是为了涵盖这种新等级的装甲合金的采购。特别是在 T7E01 回火态超过了 7039 合金 15%。这种新合金的突出特性在表 3.3 中给出,并在 3.5.1 节(规格)中引用。

在 Ryan 和 Cimpoeru(2015)最近的工作中,他们列举了(图3.19)一系列合金的弹道数据,并表明这些结果似乎遵循基于泡沫腔膨胀定律的缩放比例定律(第8章)。虽然这些数据忽略了由于冲碟失效导致的任何影响,但趋势依然非常明显,因为它已经持续了30年,但预测性能在±5%内令人印象深刻。

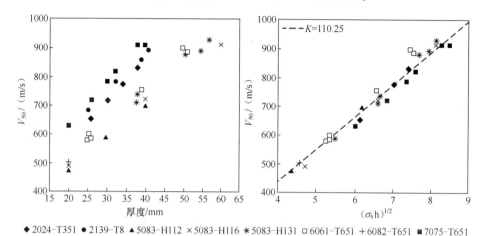

● 2024-T351  ● 2139-T8  ▲ 5083-H112  × 5083-H116  ✳ 5083-H131  □ 6061-T651  + 6082-T651  ■ 7075-T651

图 3.19  7.62mm APM2 弹丸对铝合金冲击的弹道极限试验结果(彩图)
(a)不同靶材和厚度;(b)根据福雷斯特比例定律拟合结果。

多年来,科研人员都是针对如何提高合金可用等级(即以成型和焊接的等级)的流变强度开展研究。然而,这些发展的动力和赞助商都来自装甲领域之外。自20世纪80年代后期以来,人们一直探索超轻合金的应用领域,例如那些基于 Al-Li(例如8090)的合金,其体积密度为2.55,比大多数装甲级合金低约8%。由于市场规模(拉动效应)的巨大差异,这种合金开发再次用于航空航天,而不是装甲领域。1992年,来自 ARL 的 Holmes 等发表的研究表明,Al-Li 合金作为装甲材料具有巨大的潜力,但一直进展甚微。由于 Al-Li 合金具有高强度、高刚度和低密度,继续引起航空航天业的极大兴趣。关于 8045-T8771 和 Weldalite TM 049-T8 Al-Li 合金的微观结构、性能和断裂特性等的研究获得了由空军先进铝合金测试项目的赞助。与 2519 和 5083 铝装甲合金相比,8090 和 Weldalite Al-Li 合金均表现出优异的强度重量比。8090 合金具有与 2519 相当的机械和弹道性能,同时密度降低8%。Weldalite 具有相当于 2519 的密度,但在屈服强度、抗拉强度和断裂韧性方面具有超过 25%的提高。两种 Al-Li 合金在轴向疲劳性能上均优于 2519 合金。在静态载荷下,两种材料均显示出穿晶剪切、微观延展性和晶间断裂的混合失效模式。在弹道测试中,两种合金都通过堵塞、剥落和分层模式表现出混合动态失效模式。无论目标是减轻重量还是提高强度,Al-Li 合金都可以替代像 2519 和 5083 等合金,作为轻质高强度结构装甲材料。

最近,Tolga Durson 回顾了先进的航空器铝合金的最新发展(Durson 和 Soutis,2014),其中包括 Al-Li 合金。他列举了许多 EH101 的应用例子,但到目前为止,并没有看到其在抗弹领域的应用——除了叠层板之外再没有其他的应用了(第 4 章)。

### 3.2.4 工程问题

#### 3.2.4.1 应力腐蚀开裂

应力腐蚀开裂是一个潜藏的失效机制,它会损害军事平台的结构和弹道完整性。几十年来在该领域开展的大量研究,进一步地推动人们对抵抗应力腐蚀开裂(SCC)合金的了解和应用。20 世纪 70 年代,Leeds 大学的 John Scully 博士领导的 9 名博士生中,有 8 人研究 SCC 问题(只有 Crouch 当时研究氧化领域!)。从工程师的角度来看,对发生 SCC 事件有 3 个并发条件:

(1) 敏感合金中具有易受影响的微观结构(化学和物理形态);

(2) 应力压力 (通常是焊接或切割产生的残余拉应力);

(3) 腐蚀环境 (具有游离 $H_2$)。

通过消除这 3 个决定因素中的一个将可完全阻止 SCC 问题!

铝合金中的 SCC,特别是可热处理铝合金,与微观结构内的晶间裂纹的存在有关,这是由于沉淀相是沿晶界选择性析出的。时效沉淀物的析出、析出物的不同组分、晶粒基体和相邻合金贫化区之间的组分差异导致形成电位差,在适当的水性环境中促进沿晶粒结构的晶间腐蚀和裂纹扩展(Hatch,1984)。晶界的范围(方向性和连续性)很大程度上取决于材料的制造工艺。例如,板的重轧产生平行于轧制方向的连续晶粒结构。

在周围环境条件下或在升高的温度下长时间使用的合金,不可热处理合金更易受应力腐蚀开裂影响,只是由于在微结构内,特别是与沿晶界产生网状析出有关。例如,在暴露于略微升高的温度下的高加工硬化的 5××× 铝镁合金中,可能析出 β 相 $Mg_2Al_3$ 的沉淀物,与相邻的 Al-Mg 基体相比,沉淀相的阳极特征明显,这种现象通常被称为敏化,由于较低的耐腐蚀性而导致微结构裂纹开裂。

#### 3.2.4.2 应力腐蚀开裂的缓解措施

铝装甲合金焊接结构中 SCC 的问题促进了许多缓解措施的出现,因为多年来几乎没有开发出具有完全抗 SCC 特性的装甲合金。这些实用的工程解决方案包括:

(1) 涂装厚合金焊接板的外露边缘,以密封易受环境影响的结构和组织;

(2) 对敏感区域(焊趾、暴露边缘)喷丸,以在表面中引起压缩残余应力;

(3) 用浅"滚子轴承"抛光表面,形成一层严重塑性变形层;

(4) 用金属喷涂或非金属树脂涂覆易受影响的区域,以密封易受环境影响的结构;

(5) 从根本上改变焊接工艺,去除或降低焊接结构中的拉伸残余应力水平。

### 3.2.4.3 焊接性能

传统焊接工艺常使用金属惰性气体(MIG)或钨极惰性气体(TIG)工艺对加工硬化或时效硬化铝合金进行焊接,这些工艺会产生热影响区(HAZ),其热软化区域低于母合金材料硬度水平。即在焊接结构中产生"弹道窗口"——其抗弹性低于母合金,造成低于标准的失效形式出现。因此,这些窗口尽可能小,并且最好避免出现任何弹道声波结构,尽管最近的研究(Holmen 等,2015)表明在 6082-T6 合金的焊接接头部位,抗弹性能降低不会超过 10%。当军用车辆的样车进行验证测试时,作为接受验收的一部分,这些区域受到了检查员的极大关注。通过精确的射击找到弹道窗口不是一件容易的事——最好事先把它们设计出来!

通过熔焊工艺焊接加工硬化合金(不可热处理的合金)或沉淀时效合金,并保留材料的机械性能,是该工艺多年来得到设计工程师关注的重要原因。融焊工艺涉及在两种材料之间的界面处熔化材料并引入填充材料,从而易出现诸如孔隙、夹杂物、凝固裂缝等缺陷。此外,由于热量的输入显著地改变焊接区和邻近 HAZ 内的母合金微观结构,导致机械性能的急剧变化。

这些微观结构变化导致机械性能的显著降低,这反过来又降低了弹道性能。为了克服这些影响,已经广泛研究了通过搅拌摩擦焊接(FSW)工艺连接铝合金。有关 FSW 的详细信息,读者可以阅读 Mishra 和 Ma 关于 FSW 的加工、焊接参数和机械性能的综述文章(Mishra 和 Ma,2005;Ma,2008)。FSW 是一种固态连接技术,最初于 1991 年由英国的焊接研究所发明。与传统的熔焊相比,它是一种极具吸引力的金属连接技术,因为固态工艺能够在低于金属熔点的温度下连接材料,并且不需要消耗性填充金属。FSW 通过将旋转的硬质金属或陶瓷工具插入焊接接头表面并缓慢地穿越工件长度来实现。在与工件表面接触的工具肩部处产生足够的摩擦热,使得在接头处发生金属流动和塑性变形以消除界面并产生无缺陷的焊接区域(图 3.20 和图 3.21)。

FSW 材料中的纹理发展导致横向和纵向上均出现各向异性特性。由于 FSW 区具有取向的原因,在拉伸强度、延展性和断裂韧性方面均存在性能变化。横向于 FSW 焊接的方向上的机械性能通常与纵向相比减小。时效硬化铝合金中析出物的溶解可导致熔焊区性能下降,或者,邻近 HAZ 的未变形材料在热循环作用下可导致热处理合金中的析出物生长,并且使无析出物区域的宽度增加。

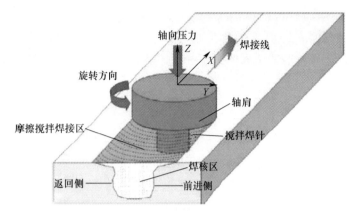

图 3.20 搅拌摩擦焊工艺、焊接工具与焊接区的特征示意图

图 3.21 FSP 铝合金中不同微区形貌:焊接热影响区(HAZ),热机械影响区(TMAZ),搅拌熔池区

通常,FSW 工艺会使时效硬化铝合金的拉伸强度和屈服强度降低,这是由 FSW 的焊接区内的析出物减少造成的。通常观察到合金中的 UTS 值为基体材料的 80%~90%。焊后材料的时效处理可以恢复熔核区中的损失强度,其可以提高屈服强度但对抗拉强度(UTS)没有影响。同时由于析出物和晶界无析出物区的增加而导致塑性急剧下降,如由 14% 下降至 3.5%(Mahoney 等,1998)。

对 FSW 后的铝合金进行固溶、淬火和时效热处理,可以显著增加 FSW 区域内材料的拉伸强度、屈服强度和伸长率,使其性能恢复到相当于或优于基材的性能。应该注意的是,从 FSW 材料中取出的样品通常会包含热影响、热机械和熔核区域。因此,由于晶粒尺寸和结构的变化,预计这些区域的性能会有很大变化,因此需要大量的试样样本才能代表平均特性和行为。

## 3.3 钛合金

钛合金作为轻质装甲材料为替代传统装甲钢提供了可能,因为它的密度仅是装甲钢的 60%（图 3.22），而抗拉强度却相当于或优于 RHA 钢。此外，钛在海洋环境中具有优异的耐腐蚀性，高熔点（1680℃）和优异的高温机械性能，历史上主要在航空航天领域中应用。

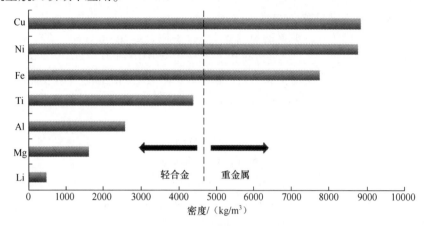

图 3.22 金属合金的相对体积密度

Polmear（2006）综述了钛合金的冶金特性。在单质形式中，钛在所谓的 β-转变温度下加热时经历相变，由室温稳定的 α 相（α）在 882℃ 转化为 β 相（β）。α 相的特征是六方密排晶体结构，而 β 相具有体心立方晶体结构。通过添加在 α 相和 β 相中具有不同固溶度的特定合金元素，可以影响转变温度，使得 β 相可以在环境温度下存在。因此，可以实现混合的 α+β 相钛合金，并且通过热处理和沉淀（强化）工艺来定制这种合金的微观结构和机械性能。较低转变温度的典型的 β 相稳定元素包括铜、钒、铬、铁、镍、钼以及作为间隙元素的氢。α 相稳定元素包括铝和间隙元素氧、氮和碳，以及锡、锆和硅，它们对转变温度影响较弱（图 3.23）。为了防止塑性和韧性的损失，通常对铁，特别是间隙元素氢、碳和氧保持严格的浓度限制。Wasz 等最近在 1996 年的工作中验证了 20 世纪 70 年代 Leeds 大学的 Chris Hammond 和 Jack Nutting 的开创性工作（Hammond 和 Nutting，1977）。

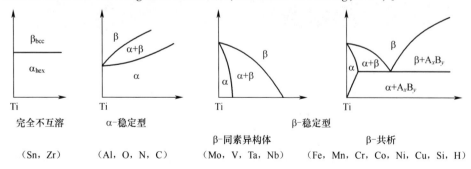

图 3.23 合金元素对钛合金的相转变的影响

钛是地壳中最丰富的元素之一,天然存在于钛铁矿(FeTiO$_2$)和金红石(TiO$_2$)中。尽管具有吸引人的抗弹性能,但从矿石中提取和加工的高成本限制了其作为军用材料的广泛应用。诸如等离子体和电子束熔化的新处理方法已经降低了材料成本,但仍未开发出降低成本的技术,使得钛合金仅基于抗弹性能来选择。

对于军用装甲应用最重要的钛合金是 α+β 相合金 Ti-6Al-4V,它是可焊接的,具有良好的成形性,通过热处理可以获得超过 900MPa 的抗拉强度。由于装甲级 Ti-6Al-4V 合金的质量防护系数(通常为 1.5 与 RHA 相比),当用于替代 RHA 钢时,预计重量减少 30%~40%(Montgomery 等,1997)。美国军方计划将 Ti-6Al-4V 和其他钛合金纳入装甲平台等。

例如,通过选择性更换装甲和各种盖板,M1A2 Abrams 战斗坦克的重量减轻了 600kg;通过使用铸造钛合金使 M777A1 野战榴弹炮与 M198 相比减轻了 3175kg;通过使用锻造钛合金使 M2A2 的指挥舱重量得以减轻(Gooch,2012)(图 3.24)。M1A2 Abrams 坦克是使用钛装甲的绝佳例子。整车重量为 62t。车体装甲占该重量的 28%,其中 85% 是 RHA 钢。炮塔装甲占总重量的 23%,其中 60% 是 RHA 钢。因此,用钛装甲合金代替 RHA,其重量减轻 30%,有可能显著地降低车辆的总重量。此外,不是将钛合金改装到 M1A2 平台,而是设计新的构造,从一开始就设计钛合金炮塔、附属物(裙子、舱口、格栅)、壳体和支撑结构,可以节省高达 7300kg 重量(Lewis,1994)。

图 3.24　M1A2 Abrams 和 M777A1 野战榴弹炮

### 3.3.1　Ti-6Al-4V 等级

由于碳、氧、氮和氢的浓度对钛合金(例如 Ti-6Al-4V)的延展性和弹道性能的有害影响,装甲材料根据间隙浓度极限和杂质元素浓度进行分类。Ti-6Al-4V

合金不同等级装甲板的成分和机械性能见表 3.4(规格,2006)中。满足 1 级成分限制的合金通常被称为超低间隙等级(ELI)。由于与生产 ELI、1 级合金相关的成本,在可以提供较低的延展性和韧性而不影响最小防弹性能要求的情况下,该等级可以被替代。除了增加的间隙元素水平外,4 级合金可具有与常规 Ti-6Al-4V 合金不同的 Al、V 和 Fe 组分。

表 3.4 基于规范(2006)的 Ti-6Al-4V 合金的规格数据

| 级别 | 铝 | 钒 | 碳 | 氧 | N | H① | 铁 | 钛② | 其他③ |
|---|---|---|---|---|---|---|---|---|---|
| 1 | 5.50~6.50 | 3.50~4.50 | 最大 0.04 | 最大 0.14 | 最大 0.02 | 最大 0.0125 | 最大 0.25 | Rem | 最大 0.10 |
| 2 | 5.50~6.75 | 3.50~4.50 | 最大 0.08 | 最大 0.20 | 最大 0.05 | 最大 0.0150 | 最大 0.30 | Rem | 最大 0.10 |
| 3 | 5.50~6.75 | 3.50~4.50 | 最大 0.08 | 最大 0.30 | 最大 0.05 | 最大 0.0150 | 最大 0.30 | Rem | 最大 0.10 |
| 4 | | | 最大 0.08 | 最大 0.30 | 最大 0.05 | 最大 0.0150 | | Rem | |

| 级别 | 屈服强度 0.2%/MPa | 抗拉强度/MPa | 伸长率/(%) |
|---|---|---|---|
| 1 | 758 | 827 | 10 |
| 2 | 758 | 827 | 6 |
| 3 | 758 | 827 | 6 |
| 4 | 758 | 827 | 6 |

①氢含量依据每批产品的要求;
②钛是由差异要求决定;
③除非另有规定,否则无需分析或报告其他元素,但总含量不得超过 0.40。

ARL 的科学家在合金的冶金特性和其对弹道性能的影响方面做了大量工作(Burkins 等,1997,2000,2001)。例如,研究了应用于 ELI Ti-6Al-4V 合金的各种退火热处理工艺,并且指出 α 和 β 相结构和含量的变化对弹道性能的影响。

在超过 β-转变温度的温度范围内退火 30min 空冷后的装甲板,用 20mm FSP 评估其抗弹性能。弹道极限速度($V_{50}$)在 732~954℃的温度范围内保持恒定,而在 β-转变线上退火板表现出 $V_{50}$ 值急剧降低(815m/s,与 1100m/s 相比)。在 β-转变线下退火的板包含等轴的 α 相,而在较高的退火温度下,更倾向于增加晶间 β 相。经测试的板表现出韧性塞积和平行于靶板轧制方向的多层裂缝扩展以及由于分层裂缝的存在而部分偏转的垂直绝热剪切裂缝。在 β-转变线上退火的装甲板粗糙的先析出 β 相晶粒微观结构转变为 α+β 相层状或魏氏组织结构(图 3.25)。经弹道测试后发生有限的变形(降低塑性),没有平面分层裂缝,以及增加厚度方向上

ASB,暗示了其为低能量失效(图3.26和图3.27)。尽管在β-转变线上退火的那些不能满足伸长率和面缩率要求(Burkins等,1997)),但退火板的机械性能测试表明,拉伸性能均满足作为装甲板标准的最小值(规范,2006)。

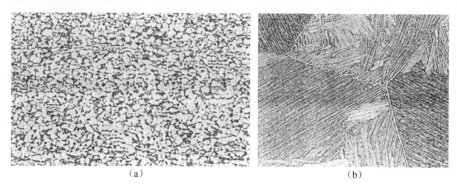

图3.25 Ti-6Al-4V ELI 合金退火30min后的金相形貌
(a)900℃退火后细小α相基体与晶间β相;(b)1038℃退火后先析出粗大β相中的α+β魏氏组织。

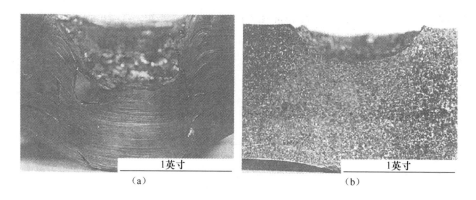

图3.26 Ti-6Al-4V 合金靶板经20mm FSP抗弹试验后形貌
(a)900℃退火后的靶材具有广泛的分层裂纹、韧性和剪切充塞;
(b)1038℃退火后靶材后表面胀形有限,无吸能分层裂纹。

同样地,在高于和低于β-转变线的温度下轧制的Ti-6Al-4V ELI合金板,随后进行退火处理,当在β区高于相转变温度进行轧制(图3.28和图3.29),会降低对20mm FSP的抗弹性能。对于在β区轧制的板材,测量的$V_{50}$降低高达200m/s。在β相区轧制的材料的失效模式表现出低能绝热剪切堵塞,而α+β两相区轧制的板具有增强的塑性、平面分层裂缝、绝热剪切和剥落。此外,揭示了在α+β两相区轧制及随后在β相区进行退火热处理的板材,对20mm FSP弹丸的弹道性能也相应降低(参见$V_{50}$ 978~775m/s)。这种板的微观结构由早期粗大的β相转变为层状α+β相的粗晶组成,如图3.30所示。

图 3.27 绝热剪切裂纹偏转成平面分层裂缝(a)和剪切裂纹未分层裂缝(b)的照片

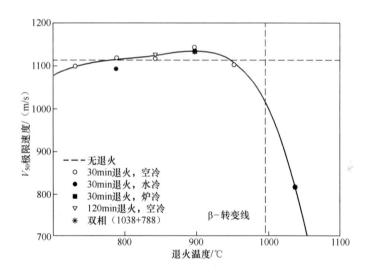

图 3.28 Ti-6Al-4V 板在 β 转变线以上不同温度退火对 $V_{50}$ 弹道极限速度的影响

对于 12.7mm APM2 穿甲弹,与 20mm FSP 相比,弹道极限差异并不那么明显(约为 25m/s),并且在 α+β 相和 β 相区轧制板之间观察到相似的失效模式。

Sukumar 等(2013)将高强度亚稳态 β 相钛合金 β-CEZ 的 0.3cal APM2 弹道性能与固溶处理和时效处理的 Ti-6Al-4V 做了对比。对 β-CEZ 合金板应用一系列时效热处理手段,获得了拉伸性能比 Ti-6Al-4V 合金高出 200MPa 的合金。各种 β-CEZ 合金板未能显示出比 Ti-6Al-4V 合金有任何明显的抗弹性提高,并发现 β-CEZ 合金测得的 Charpy 冲击性能在某些情况下减少了一半以上。对穿透板

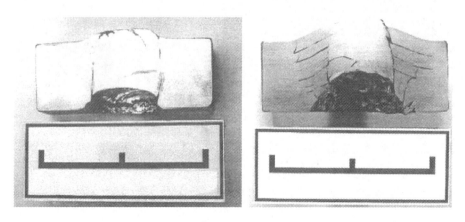

图 3.29 Ti-6Al-4V 合金轧制板 20mmFSP 弹道试验

(a)高于 β-转变线轧制的板材失效以绝热剪切造成的充塞为主;(b)β 相区轧制的板材以平面分层失效为主。

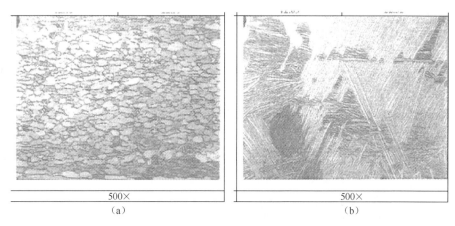

图 3.30 Ti-6Al-4V 合金经 954℃ 轧制及退火热处理后的微观组织形貌

(a) 788℃时 α+β 两相区热处理 (20mmFSP $V_{50}$ 978m/s);(b) 1038℃时 β 相区热处理(20mmFSP $V_{50}$ 775m/s)。

的金相切片结果显示 β-CEZ 具有更大的 ASB 成核倾向和剪切带诱导开裂,因此降低了能量耗散。

由于 Ti-6Al-4V 合金的高强度和低导热性,在冲击时存在通过绝热剪切堵塞模式失效的倾向。剪切失效发生是由于穿甲弹引起的高变形率和周围材料不能耗散塑性流动产生的热量。当材料的热软化超过加工硬化的过程时,会形成明显的热软化材料薄层,称为剪切带,随着剪切带的出现进而发生失效。剪切边界表面上存在金属粒子和剪切冲塞,证实冲击时材料的温度已经升高到熔化温度以上了。绝热剪切和堵塞失效模式只有在达到临界着弹速度(高应变率)时才会发生,超过该速度,钛合金的防弹性能下降(Woodward,1979;Holt 等,1993)。如 Zheng 等研究指出(2015),钛合金中 ASB 的形成对局部失效模式具有非常大的影响,并且可能导致脆性行为发生。

为了扩大钛合金在军用车辆上作为装甲材料应用的范围,在国防工业上已经采取了一系列措施降低成本,并开发了低成本的钛合金。"低成本钛合金"这一术语被定义为:实用的钛合金产品,其生产工艺涉及降低成本的环节,包括还原工艺、电子束和等离子弧,优化的热机械加工工艺和近净成型制造等(Pickens,2004)。

人们研究了不同熔炼工艺对 Ti-6Al-4V 的影响,并试图去除一些其作为航天材料时昂贵的和不必要的生产环节。评估了低成本单次电子束冷床熔炼(EBCHM)工艺,用以替代生产关键飞机部件所需的昂贵的多真空电弧熔炼工艺,以满足严格的杂质限制要求。美国陆军研究实验室对 EBCHM 生产的 Ti-6Al-4V(2级)板进行了研究。结果发现,Ti-6Al-4V 材料超过了最低要求的机械性能,并且符合钛装甲相对于 20mm FSP 的弹道性能规范(Burkins 等,2001)。

总之,图 3.31 和图 3.32 显示了标准 Ti-6Al-4V 合金与 5083 和 RHA 标准相比,在广泛的平面密度值范围内弹道性能更为优越,此种现象与 2010 年钛合金供应商 Timet 所提供的情况相符(Fanning,1999)。既然是这样,那么为什么这些合金在装甲系统中不能广泛使用呢?答案是成本和可用性(表 2.6)。对钛合金方案而言,防护 0.3cal APM2 弹,估计其成本约为等效 RHA 方案的 20 倍,尽管重量减少了 28kg/m²。因此,除非需要大面积的装甲,人们才可能正视和接受钛合金作为装甲材料的成本效益。

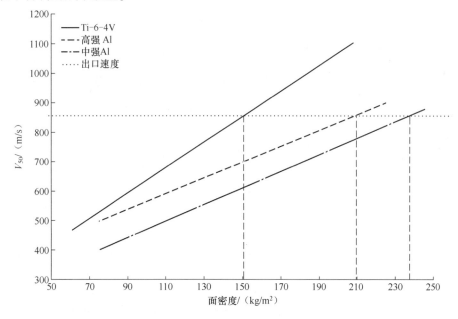

图 3.31　Ti-6V-4Al 合金的弹道性能优于普通铝合金(0.5cal APM2 弹药)(彩图)

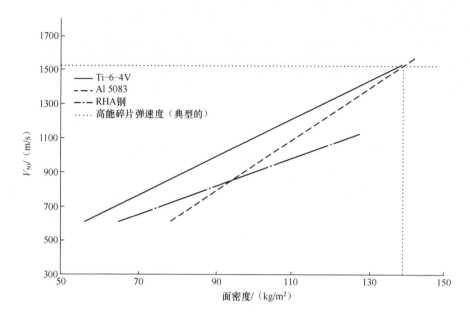

图 3.32 Ti-6V-4Al 合金与 5083 和 RHA 钢相比对 20mm FSP 弹的弹道性能更好(彩图)

钛合金在对抗穿甲弹方面具有广泛的优异弹道特性,可以应对所有口径,据报道在口径高达 20mmM602 弹丸上抗弹性能也很高(图 3.33)。但是,为什么钛合金

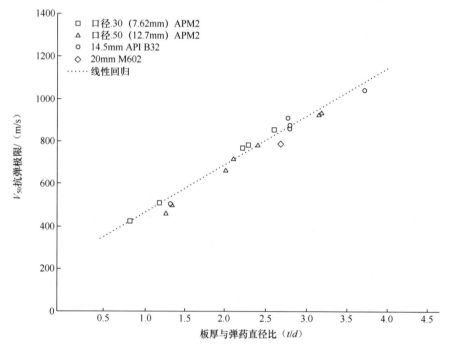

图 3.33 Ti-6V-4Al 合金对 AP 弹丸的抗弹特性(彩图)

在对抗穿甲弹威胁时具有优于铝合金和钢材的性能(图 3.31 和图 3.32)？在传统的 DHF 计算中,或许需要充分考虑摩擦项或热传导项,这将在第 12 章中讨论。

通过减少使用昂贵的合金添加剂(如钒)来降低成本,例如,在 α+β 合金 ATI-425-Mil 中,通过添加比标准 Ti-6Al-4V 1 级更高含量的铁(β-稳定剂替代品)和氧含量,以维持其必要的拉伸强度并满足 MIL-DTL-46077G 4 级合金的要求。据报道,基于 Ti-4V-2.5V-1.5Fe 的 ATI-425 合金(Anon,2008)与 Ti-6Al-4V 相比易于冷加工,而 Ti-6Al-4V 在低温下是不可行的。Ti-6Al-1.5Fe 的钛合金 TIMET 62S 合金,同样取代了昂贵的合金元素以降低成本,同时旨在保留典型的 Ti-6Al-4V 合金的性能,其可作为替代现有装甲材料的潜在应用。在低成本装甲板上进行的弹道性能测试表明,这种合金具有良好的弹道特性(图 3.34),能够满足钛装甲规范要求(规范,2006),因此,低成本钛合金是昂贵的标准航空航天 Ti-6Al-4V 合金装甲等级的可行替代品。

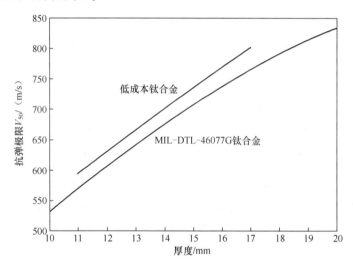

图 3.34 低成本钛合金与常规钛装甲板对 0.3cal APM2 弹丸的抗弹特性对比

## 3.3.2 未来的钛合金装甲

未来的轻型装甲很可能通过非常不同的方法在防弹板中作为 appliqué 或车辆结构元件进行加工和制造。如 3.2.4.3 节所述,搅拌摩擦焊接或其改进工艺可能成为连接高强度合金的首选方法,在这种方法中,需要小心控制热量输入,并且理想情况下的 HAZ 必须完全消除。近年来,增材制造已经可以通过激光或电子束打印 Ti-6Al-4V 合金粉,随着工业规模级的设备出现,使 3D 打印工业级部件成为了现实(Vega,2014),虽然现在 3D 打印工艺多在学术机构进行。粉末原料的组成范围正在迅速增加,并且所生产的块状材料的特性及其在工业上的应用正得到越来越多的重视,证明增材制造工艺能够用于满足替代当前通过传统方法制备的材料。

增材制造工艺被广泛认为是下一次工业革命,能够实现独特组件的快速和短期生产——新的几何形状和材料特性。Oakridge 国家实验室已经开始(Anon,2015c)研究通过增材制造的 Ti-6Al-4V 航空航天和装甲部件性能,并进行了功能梯度和几何有序方面的研究。工业和研究机构已经适当地表达了可以通过新的制粉和固化工艺,进一步降低高级钛合金的成本,可见增材制造工艺未来具有巨大潜力(Grainger,2014)。

## 3.4 镁合金

纯镁的密度仅为 $1740kg/m^3$,因此,镁合金可作为最轻的结构工程合金代表。Nie(2012)发表了一篇关于镁合金冶金学的综述,受到一些汽车设计师(因其出色的阻尼特性)和航空航天工程师(例如直升机的变速箱外壳)的关注,使得镁合金在小众领域占据了一席之地。然而,作为一种弹道材料,这还远远不够。这主要有两个原因:首先,由于其反应性质,在经济上大规模地处理并不容易;其次,它具有很高的剥落倾向,就像钛合金和一些铝合金一样,由于需要非常大的厚度并且其全厚度的延展性也很差。此外,合金相对较软,在某些情况下(例如,对抗 0.5cal APM2 弹),材料甚至不足以将铜护套从子弹上剥离(Van de Voorde 等,2005)!

不管怎样,一些研究人员正在开展研究以扩展镁合金家族体系的应用范围,尤其在美国,科研人员尝试了其作为 appliqué 装甲应用,并制定了相应的军用标准。而在 2009 年发布的 MIL-DTL-32333 表明,所有系列还处于起步阶段。问题是,镁合金成为主流装甲材料真的有潜力吗?

2013 年,Pekguleryuz 等对镁合金的冶金学进行了系统综述,在此强烈推荐阅读此书。由于其极低的密度,镁合金与其他装甲材料(图 3.35)相比,其标称密度低非常有利。然而,实际密度并不低,因为需要很厚的截面才能保持相同的面密度,这反过来又导致微观组织恶化,出现固有的坚硬结构,使其碟化倾向增加(见第 1 章)。然而,特定的合金等级已经建立并且研究仍在继续,目的是克服这两个缺陷。

镁合金的性能是由它的密排六方晶体结构(有限滑移系统)以及它的原子尺寸(有利于固体溶解度)所支配的。变形孪晶,特别是在高应变速率下,能够容纳更大的应变,而不是常规的位错运动。合金是可热处理的,因此大多数合金的开发都是通过溶质添加和沉淀硬化方式进行的(表 3.5)。

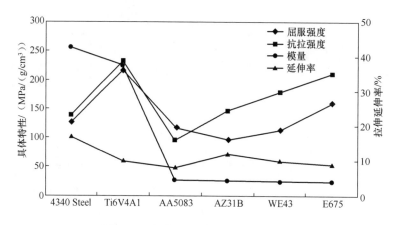

图3.35 轻合金性能与4340钢的比较

表3.5 镁合金的等级、组成和性能

| 等级 | 合金元素 | 密度/(kg·m$^{-3}$) | 屈服强度/MPa | 抗拉强度/MPa | 弹性模量/GPa | 伸长率/% | 发展阶段 |
|---|---|---|---|---|---|---|---|
| AZ31B-H24 | 3%Al,1%Zn | 1780(b) | 150 | 245 |  | 7 |  |
| AZ31B-H24,轧制板 | Al2.5-3.5,Ca≤0.040,Cu≤0.050,Fe≤0.0050,Mn≤0.20,Ni≤0.0050,Si≤0.10,Zn0.60-1.4 | 1770 | 220 | 290 | 45 | 15 |  |
| ZK60A | Zn4.8%~6.2%,Zr≥0.45% | 1830 | 305 | 365 | 44.8 | 11 | MIL-DTL-323333 |
| 镁铝合金675 | 4%Y,3%稀土,0.4%Zr, | 1900(b) |  |  |  |  |  |
| 镁铝合金675 |  | 1950 | 310 | 407 |  | 9 |  |
| 镁铝合金WE43-T5 | 4%Y,3%稀土,0.4%Zr, | 1840 | 287(L)225(LT) | 351(L)343(LT) |  | 4.2(L)8.6(LT) |  |
| 镁铝合金43-厚度38.1mm | 3.7-4.3Y,2.3-3.5稀土,≥0.20Zr | 1840 | 255 | 345 | 44 | 14 |  |

续表

| 等级 | 合金元素 | 密度/(kg·m⁻³) | 屈服强度/MPa | 抗拉强度/MPa | 弹性模量/GPa | 伸长率/% | 发展阶段 |
|---|---|---|---|---|---|---|---|
| AMX602 | 6%Al,2%Ca,0.5%Mn | | 310(L)<br>240(LT) | 356(L)<br>310(LT) | | 19.9(L)<br>10.8(LT) | MIL-DTL-323333 |
| ZAXE1711 | 7%Al,1%Zn,1%Ca,1% La | | 270(L)<br>242(LT) | 380(L)<br>369(LT) | | 18.1(L)<br>16.9(LT) | |

美国陆军研究实验室在 21 世纪初期开展了一项短期的研发计划,并在 2008—2010 年期间发表了大量的技术报告和会议论文。其中的"超轻型装甲地面车辆的镁技术和制造"(Cho 等,2009)与本节特别相关,并涵盖了重要的论题,如变形机制、腐蚀行为、连接和可燃性。

### 3.4.1 Mg-3Al-1Zn 合金

这是被批准用于装甲应用的主要合金。含有 3%~4%Al,0.5%~1.5%Zn,并按照 ASTM-B90(规范,2007)和/或 AMS-4377 标准严格制造的。该标准包含 3 种回火条件,涵盖一系列厚度可达 80mm 的最低机械性能(表 3.6)。由于合金的耐腐蚀性差(规范,2007),建议使用铬酸浸泡或油涂层作为防止在运输过程中失去光泽和抵抗一般腐蚀的保护措施。

表 3.6 选择镁合金时应具有的最小机械性能,AZ31B(规范,2007)

| 合金牌号 | 厚度 mm | 抗拉强度/MPa | 屈服强度/MPa | 伸长率/% |
|---|---|---|---|---|
| AZ31B-O | 12.5~50.0 | 221~275 | NR | 9 |
| AZ31B-H24 | 12.5~25.0 | 248min | 152min | 7 |
| AZ31B-H26 | 12.5~20.0 | 255min | 172min | 5 |

关键性能指标指强度、延展性和晶粒尺寸等。正如人们所预料的那样,2009 年 Liao 等工作表明当晶粒尺寸由 5~10mm,减少到小于 3mm 时,夏比冲击功可以从 10J 提高到超过 25J。镁合金是具有强烈各向异性的,此外 Tucker 等(2009)还发现 AZ31B-H24 具有很强的应变率依赖性(图 3.36);每个测试方向表现出不同程度的依赖性。他们还观察到,在所有 3 个方向上,随着应变速率的增加,双密度和断裂粒子的数量也增加。有趣的是,他们计算出,随着应变率增加每单位体积的能量在全厚度(法线)方向上比在任何一个面内方向(纵向和横向)吸收得更多,此特性特别适合用于装甲材料,因为来自钝头弹的大部分初始冲击能量将转换为全厚度压缩(第 1 章)。

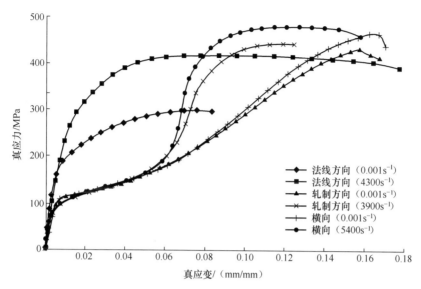

图 3.36 AZ31B-H24 的压缩应力-应变曲线显示了各向同性对应变率依赖性的影响(彩图)

### 3.4.2 等级研究

#### 3.4.2.1 添加稀土的合金

该合金变体包括来自镧系元素族的稀土添加物(参见第 1 章中的图 1.39 周期表),钕、铒、镝和钇,它们在热处理时促进固溶强化和沉淀硬化。美国陆军实验室的 Tyrone Jones(Jones 和 Placzankis,2011)在一份报告中,评估了 Elektron E675 的弹道和腐蚀特性,发现 E675 合金与 AZ31B 和铝合金 5083 相比,对单次打击具有更高的防弹性能(高达 28%)。然而,随着厚度的增加,抗弹性反而大大降低,这是由于合金具有的脆性本质和冲碟失效倾向(图 3.37)。更重要的是,结果表明 E675 没有通过 MIL-DTL-32333 的腐蚀要求,并指出使用稀土添加剂也可能会增加成本。参考表 2.6,可以看出镁合金非常昂贵,因此不是非常有竞争力的装甲材料。Elektron 675 通常以铸造、挤压和热处理条件的 T5 供货。

WE43 合金是一种传统的铸造合金,但 2009 Cho 等将其作为潜在的锻造装甲等级合金进行了研究,研究了该合金通过半连续浇铸紧随热加工成型的工艺。弹道测试(Cho 等,2009)结果表明其抗弹性高于 AZ31B 合金,但也只达到 $75kg/m^2$,且 $V_{50}$ 远低于对 0.3cal APM2 弹丸的完全防护要求。但是,这并不能否定其未来作为薄装甲使用。

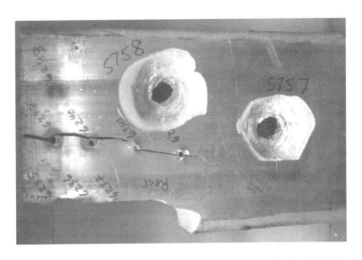

图 3.37　镁铝合金 E675-T5 板硬度 131BHN 经 20mmFSP 打击后靶板背面形貌

#### 3.4.2.2　添加铝和钙的合金

这些试验等级,命名为 AMX602 和 ZAXE1711,含有比标准合金更高的铝百分含量,AX31B:6%~7%铝以及 1%~2%的钙。美国的一项关于制造工艺的影响研究(Jones 和 Kondoh,2009),发现 AMX602 比 AZ31B 表现出 20%的抗弹性改善。两种镁合金 AMX602 和 AZ31B 均采用旋压水雾化工艺(SWAP)制造,然后进行等离子烧结(第 7 章),以形成冶金结合。将试验合金挤成 5mm 厚的靶板,用 1.1g FSP 进行测试。然后将它们与具有相似面密度值的常规轧制板进行比较。

从图 3.38 和图 3.39 可以看出,与试验合金相比,常规加工的 AZ31BH24 镁合金板,抵抗 1.1g FSP 测试时,在出口孔外围仅有少量的散裂剥落。试验加工的合金在靶板背面有大量的崩落,尽管崩落的速度低(对目标屏的损坏非常小)。据报道,它们各自的 $V_{50}$ 值(基于部分穿透/完全穿透(PP/CP))是 275m/s(相对于 1.1g FSP),并且所有加工变量之间的差异非常小。然而,从对试验 SWAP 工艺制备的合金崩落物研究揭示,如果该合金可以抑制剥落,那么 $V_{50}$ 值会增加。

### 3.4.3　未来的合金发展

尽管研发人员对镁装甲合金研究的热情不减,但这种轻合金系列作为装甲材料存在一些固有缺点:它无法进行冷加工,具有极差的耐腐蚀性,焊接方面面临的问题严峻,最重要的是它的屈服强度低。虽然焊接问题可以通过使用 FSW 等新方法来克服(3.2.4.3 节),但其他固有的缺点会阻碍其获得实际应用。

 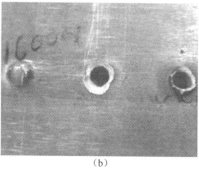

(a) (b)

图3.38 AZ31B-H24锻造合金板抵御1.1g FSP弹打击后靶板正面(a)和背面(b)的形貌

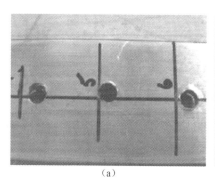 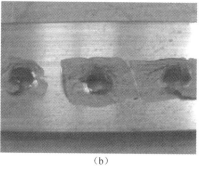

(a) (b)

图3.39 经325℃冷挤压后的试验合金AMX602靶板抵御1.1g FSP
弹打击后靶板正面(a)和背面(b)的形貌

替代制造过程的试验方法也必须有一定的范围适应性。从生产的角度来看，如果考虑用于板材应用的镁合金，那么对等离子烧结进行的研发是毫无价值的。

从装甲技师的角度来看，将镁合金作为叠层装甲系统的一部分还是有一定意义的(Van de Voorde 等,2005)。这将在第4章中进行更深入的讨论，但这种应用的驱动因素是使用具有低冲击阻抗值的材料抑制冲碟失效。

## 3.5 轻合金规范和标准

表3.7~表3.9总结了大多数实用的轻合金装甲材料的状态。非专业读者应该认识到，为了满足军事标准，必须制定一个真正的需要/要求。因此，持续关注军用标准规范的状态非常有意义：新的标准和废弃的标准——它们都反映了装甲材料和技术的实时使用情况。

### 3.5.1 铝合金

大多数铝合金的相关军用规格见表3.7。

表3.7 大多数铝合金的相关军用规格

| 等级 | 注解 | 用途 | 参考文献 | 军用标准,日期 |
|---|---|---|---|---|
| 2090-T83 | 含锂合金 | 试验 | — | — |
| 2139-T8 | 高的抗穿透性 | 披挂级别 | Gooch等(2007) Gasqueres和 Nussbaum(2011) | MIL-DTL-32341, 2010年3月31日 |
| 2195 | 高的抗穿透性 | 披挂级别 | — | MIL-DTL-32341, 2010年3月31日 |
| 2219-T851 | — | — | — | MIL-DTL-46118E, 1998年8月26日 |
| 2519-T87 | — | 铝型材 AAAV,USA | Crum等(2012) | MIL-DTL-46192C, 2000年2月7日 |
| 5059-H131 | 高的抗剥落性能 | MRAP | Anon(2015b) | MIL-A-46027K, 2013年4月17日 |
| 5083-H131 | — | M113和其他 | — | MIL-A-46027K, 2013年4月17日 |
| 5456 | — | M113和其他 | — | MIL-A-46027K, 2013年4月17日 |
| 6061-T6 | 海军舰艇级别 | 铝型材,板 | Manes(2014) | MIL-DTL-32262, 2007年7月31日 |
| 6082 | 海军舰艇级别 | — | — | — |
| 7017 | 进化的 RARDE 1318B | UK Scimitar | — | — |
| 7020-T651 | — | — | — | — |
| 7039-T64 | — | US Bradley;M551 | Gooch等(2007) | MIL-DTL-46063H, 2000年6月12日 |
| 7075-T651 | 航空级别 | — | Crouch等(1987) andDemir等(2008) | — |
| 7085-T711 | — | 新披挂级别 | Gallardy(2011) | MIL-DTL-32375, 2012年12月11日 |
| 7449-T6 | 研发 | — | — | — |
| 8090 | 航空航天级别 | 不用作装甲领域 | Crouch等(1992) | — |

### 3.5.2 钛合金

大多数钛合金的相关军用规格见表3.8,镁合金的相关军用规范见表3.9。

表3.8 大多数钛合金的相关军用规格

| 级 别 | 注 释 | 用 途 | 参考文献 | 军用标准 |
|---|---|---|---|---|
| Ti-6Al-4V | 5级至MILT-9046J | M1A2AbramsMBT | Montgomery等(1997) | MIL-DTL-46077G,2006年9月 |
| Ti-4V-2.5V-1.5Fe | ATI-425 | 试验 | Anon(2008) | — |
| Ti-6Al-1.5Fe | Timet 62S | 试验 | — | — |

表3.9 镁合金的相关军用规范

| 级 别 | 注 释 | 用 途 | 参考文献 | 军用标准 |
|---|---|---|---|---|
| AZ31B-H24 | 美国陆军实验室测试 | 轧制板 | Jones,ISB24(2008) | MIL-DTL-32333 |
| 镁铝合金675 | 试验 | — | — | — |
| AMX602 | 试验 | 挤压件 | — | — |

本章相关彩图,请扫码查看

## 参考文献

[1] Anon.,2008. ATI 425 Military Titanium Alloy. Allegheny Technologies Brochure.
[2] Anon.,2015a. Aluminium e Hull Structures in Naval Applications. www.austal.com.
[3] Anon.,2015b. Data Sheet on Alustar. www.aleris.com.
[4] Anon.,2015c. http://energy.ornl.gov/armor/materials/materials.cgi?nav¼1.
[5] Anon.,2015d. http://www.army.gov.au/Our-work/Equipment-and-clothing/Vehicles/M113AS4.
[6] ASM,2000. Hand Book Vol. 2. Properties and Selection:Nonferrous Alloys and Special-Purpose Materials,tenth ed. USA.
[7] Benedyk,J.C.,August 2010. International temper designation systems for wrought aluminiumalloys:part II-thermally treated (T temper) alloys. Light Metal Age 16-22.
[8] Borvik,T.,Hopperstad,O.S.,Pedersen,K.O.,2010. Quasi-brittle fracture during structuralimpact of AA7075-T651 aluminium plates. International Journal of Impact Engineering 37(5),537-551.

http://dx.doi.org/10.1016/j.ijimpeng.2009.11.001.

[9] Burkins, M. S., Hansen, J. S., Paige, J. I., Turner, P. C., 2000. ARL-MR-486, The Effect of Thermo-Mechanical Processing on the Ballistic Limit Velocity of Ti-6Al-4V ELI.

[10] Burkins, M. S., Love, W. W., Wood, J. R., 1997. ARL-MR-359, Effect of Annealing Temperatureon the Ballistic Limit of Ti-6Al-4V ELI.

[11] Burkins, M. S., Wells, M., Fanning, J., Roopchand, B., 2001. ARL-MR-515, the Mechanical andBallistic Properties of an Electron Beam Single Melt of Ti-6Al-4V Alloy Plate.

[12] Cheeseman, B., Gooch, W., Burkins, M. S., 2008. Ballistic evaluation of aluminium 2139-T8. In: Paper Presented at the International Symposium on Ballistics, New Orleans, LA.

[13] Chen, Y., et al., 2009. Stress-strain behaviour of aluminium alloys at a wide range of strain rates. International Journal of Solids and Structures 46, 3825–3835.

[14] Chin, E. S. C., Cappucci, M. R., Huie, R. M., Pasternak, R. E., 1989. MTL-TR-89-97 Evaluation of 2090-T8E48.

[15] Chinella, J. F., 2004. ARL-TR-3185: High Strength Al-Cu-Li and Al-Zn Alloys: Mechanical Properties and Statistical Analysis of Ballistic Performance. US Army Research Laboratory.

[16] Cho, K., et al., 2009. ARL-RP-236, Magnesium Technology and Manufacturing for Ultra Lightweight Armored Ground Vehicles.

[17] Crouch, I. G., 1987. Metallic Armour: from cast aluminium alloys to high strength steels. In: Paper Presented at the RMIT University Centenary Seminar on Inter-Material Competition, Melbourne, Australia.

[18] Crouch, I. G., 1992. Discing failures in both traditional and composite armour materials. In: Paper Presented at the International Symposium on Ballistics, Stockholm, Sweden.

[19] Crum, K. A., McMichael, J., Novak, M., February 2012. Advances in aluminum relative to ship-survivability. In: Paper Presented at the American Society for Naval Engineers.

[20] Demir, T., Ubeyli, M., Yildirim, R. O., 2008. Investigation on the ballistic impact behavior of various alloys against 7.62mm armor piercing projectile. Materials and Design 29, 2009–2016.

[21] Devletian, J. H., DeVincent, S. M., Gedeon, S. A., 1988. MTL-TR-88-47 Weldability of 2519-T87 Aluminium Alloy.

[22] Doherty, K., et al., 2012. Expanding the availability of lightweight aluminium alloy armor plateprocured from detailed military specifications. In: Paper Presented at the 13th International Conference on Aluminium Alloys (ICAA13), June 2012, Pittsburgh, PA.

[23] Durson, T., Soutis, C., April 2014. Recent developments in advanced aircraft aluminium alloys. Materials and Design 56, 862–871.

[24] Edwards, D., 2014. Private Communication. DST Group, Australia.

[25] Fanning, J. C., 1999. Ballistic evaluation of TIMETAL 6-4 plate for protection against armor-piercing projectiles. In: Paper Presented at the Titanium 99, Science and Technology, St. Petersberg, Russia.

[26] Ferraris, S., Volpone, L. M., 2005. Aluminium alloys in the third millenium shipbuilding: materials, technologies and perspectives. In: Paper Presented at the The 5th International Forum on Aluminium Ships, Tokyo. Flores-Johnson, E. A., Saleh, M., Edwards, L., 2011. Ballistic performance of multi-layered metallic plates impacted by a 7.62-mm APM2 projectile. International

Journal of Impact Engineering 38 (12),1022-1032.

[27] Forrestal,M. J. ,Borvik,T. ,Warren,T. L. ,2010. Perforation of 7075-T651 aluminum armor plates with 7.62mm APM2 bullets. Experimental Mechanics 50,1245-1251.

[28] Fras,T. ,et al. ,December 2015. Thick AA7020-T651 plates under ballistic impact of fragments imulating projectiles. International Journal of Impact Engineering 86,336-353.

[29] Gallardy,D. ,2011. Ballistic evaluation of aluminium 7085-T7E01 and T7E02. In: Paper Presentedat the International Symposium on Ballistics,Miami,FL.

[30] Gasqueres,C. ,Nussbaum,J. ,2011. Ballistic performance and failure mode of high performance 2139-T8 and 7449-T6 aluminium alloys. In: Paper Presented at the International Symposium on Ballistics,Miami,FL.

[31] Gooch,W. A. ,2012. Processing and fabrication technologies for current and potential titanium military applications. In: Paper Presented at the Titanium 2012,Atlanta,Georgia,USA.

[32] Gooch,W. A. ,Burkins,M. ,Squillacioti,R. J. ,2007. Ballistic testing of commercial aluminium alloys and alternative processing techniques to increase the availability of aluminium armor. In: Paper Presented at the International Symposium on Ballistics,Tarragona,Spain.

[33] Grainger,L. ,March 2014. Novel metal powder production route for additive layer manufacturing via the metalysis process. In: Paper Presented at the Additive World Conference II ,Eindhoven, Netherlands.

[34] Hammond,C. ,Nutting,J. ,October 1977. The physical metallurgy of superalloys and titanium alloys. Metal Science 474-490.

[35] Hatch,J. E. (Ed. ),1984. Aluminum: Properties and Physical Metallurgy. American Society for Metals.

[36] Higgins, R. A. , 1968. Engineering Metallurgy: Part I Applied Physical Metallurgy, second ed. The English Universities Press Ltd,London.

[37] Holmen,J. K. ,et al. , October 2015. Perforation of welded aluminium components: microstructure based modelling and experimental validation. International Journal of Impact Engineering 84, 96-107.

[38] Holmes, T. M. , et al. , 1992. Evaluation of 8090 and Weldalite 049 Aluminium-Lithium Alloys. ARL report ADA258121,September 1992.

[39] Holt,W. H. ,et al. ,1993. Reverse ballistic impact study of shear plug formation and displacement in Ti-6Al-4V alloy. Journal of Applied Physics 73 (8),3733-3759.

[40] Hopperstad,O. S. ,Børvik,T. ,Fourmeau,M. ,Pedersen,K. O. ,Benallal,A. ,2014. Quasi-static and dynamic fracture of high-strength aluminium alloy. Procedia Materials Science 3,51-56.

[41] Jones,T. ,Delorne,R. ,Burkins,M. ,2008. A comparison of the ballistic performance between rolled plate in AZ31B-H24 magnesium and 5083-H131 aluminium' paper presented at the 24th International Symposium on Ballistics.

[42] Jones,T. ,Kondoh,K. ,2009. ARL-TR-4828,Initial Evaluation of Advanced Powder Metallurgy Magnesium Alloys for Armor Development.

[43] Jones,T. ,Placzankis,B. ,2011. ARL-TR-5565,the Ballistic and Corrosion Evaluation of Magnesium Elektron E675 vs Baseline Magnesium Alloy AZ31B and Aluminium Alloy5083 for Armor Applications.

[44] Kackley, M. C., Bethoney, W., 1986. Engineering and ballistic properties of a newly developed 2XXX series aluminum alloy armor. In: Paper Presented at the 9th International Symposium on Ballistics 29th May1st April. Royal Military College of Science, Shrivenham, UK.

[45] Lewis, J. A., 1994. Titanium concepts in heavy vehicles. In: Paper Presented at the Workshop on Low Cost Titanium in Ground Vehicles. ARL.

[46] Liao, J., et al., 2009. Enhanced impact toughness of magnesium alloy by grain refinement. Scripta Materialia 61 (2), 208–211.

[47] Lloyd, D. J., 2004. Some aspects of the metallurgy of automotive Al alloys. Materials Forum 28, 107–119.

[48] Lumley, R. N. (Ed.), 2011. Fundamentals of Aluminium Metallurgy. Woodhead Publishing, Cambridge, UK.

[49] Ma, Z. Y., 2008. Friction stir welding technology -a review. Metallurgical and Materials Transactions A 39, 642.

[50] Mahoney, M. W., et al., 1998. Properties of friction stir welded 7075-T651 aluminium alloy.

[51] Metallurgical and Materials Transactions A 29, 1955.

[52] Manes, A., Serpellini, F., Pagani, M., Saponara, M., Giglio, M., 2014. Perforation and penetration of aluminium target plates by armour piercing bullets. International Journal of Impact Engineering 69, 39–54. http://dx.doi.org/10.1016/j.ijimpeng.2014.02.010.

[53] Mishra, R. S., Ma, Z. Y., 2005. Friction stir welding and processing. Materials Science and Engineering: R: Reports 50 (1e2), 1–78. Retrieved from: http://www.sciencedirect.com/science/article/B6TXH-4GX0C6S-1/2/cd3adba839cb56524581ff3c074f3b45.

[54] Montgomery, J. S., Wells, M., Roopchand, B., Ogilvy, J., 1997. Low-cost titanium armors for combat vehicles. Journal of Materials 49 (5), 45–47.

[55] Nickodemus, G. H., Kramer, L. S., Pickens, J. R., Burkins, M. S., February 2002. Aluminiu malloys advances for ground vehicles. Advanced Materials & Processes 160.

[56] Nie, J. -F., 2012. Precipitation and hardening in magnesium alloys. Metallurgical and Materials Transactions 43, 3891.

[57] Ogorkiewicz, R., 2005. Fundamentals of Armour Protection: Advances in Armoured Vehicle Survivability 19th-22nd September. Cranfield University.

[58] Pedersen, K. O., Børvik, T., Hopperstad, O. S., 2011. Fracture mechanisms of aluminium alloy AA7075-T651 under various loading conditions. Materials & Design 32 (1), 97–107.

[59] Pekguleryuz, M. O., Kainer, K. U., Kaya, A. A., 2013. Fundamentals of Magnesium Alloy Metallurgy. Woodhead Publishing.

[60] Perez-Bergquist, S., Gray, G., Cerreta, E., Trujillo, C., Lopez, M., 2011. The Dynamic Constitutive Response of Three Aluminum Alloys: 5083, 7039, and 5059. Los Alamos National Laboratory. LA-UR-11-01302.

[61] Peters, M., et al., 2003. Titanium and Titanium Alloys. Wiley-VCH.

[62] Pickens, J., May 2004. Low cost titanium for ships and tanks. Advanced Materials & Processes 37.

[63] Polmear, I. J., 2006. Light Alloys, fourth ed. Butterworth-Heinemann.

[64] Ryan, S., Cimpoeru, S., 2015. An evaluation of the Forrestal Scaling Law for predicting the performance of targets perforated in Ductile Hole Formation. In: 3rd International Conference on Protective Structures (ICPS3), Newcastle, Australia.

[65] Sanders Jr., R. E., Hollinshead, P. A., Simielle, E. A., 2004. Industrial development of non-heattreatable aluminium alloys. In: Nie, J. F., Morton, A. J., Muddle, B. C. (Eds.), Materials Forum, vol. 28.

[66] Schlenker, B. R., 1970. Introduction to Material Science. John Wiley & Sons Australasia P/L, Sydney.

[67] Showalter, D. D., Placzankis, B. E., Burkins, M. S., 2008. Ballistic Performance Testing of Aluminum Alloy 5059-H131 and 5059-H136 for Armor Applications. ARL-TR-4427.

[68] Specification, 1992. Military Specification MIL-DTL-46063G Armor Plate, Aluminum Alloy7039: AMSRL-WM-MA. US Army Research Laboratory.

[69] Specification, September 2006. MIL-DTL-46077G, Armor Plate, Titanium Alloy, Weldable.

[70] Specification, 2007. ASTM B 90/B 90M, Standard Specification for Magnesium Alloy Sheetand Plate.

[71] Specification, 2009. MIL-DTL-32333(MR), 2009, Armor Plate, Magnesium Alloy, AZ31B, Applique.

[72] Specification, 2012. MIL-DTL-32375 (MR), December 2012, Armor Plate, Aluminium Alloy, 7085, Unweldable Applique.

[73] Sukumar, G., et al., April 2013. Ballistic impact behaviour of Beta-CEZ Ti alloy against 7.62mm armour piercing projectiles. International Journal of Impact Engineering 54, 149-160.

[74] Tucker, M. T., et al., 2009. Anisotropic effects on the strain rate dependence of a wrought magnesium alloy. Scripta Materialia 60, 182-185.

[75] Van de Voorde, M. J., Diederan, A. M., Herlaar, K., 2005. Preliminary investigation of potential lightweight metallic armour plates. In: Paper Presented at the International Conference onBallistics, Vancouver, Canada, November 2005.

[76] Van Horn, K. R., 1967. Aluminum Vol. I. Properties, Physical Metallurgy and Phase Diagrams. American Society for Metals, Metals Park, Ohio.

[77] VegaF., 2014. Titanium additive manufacturing - a novel, game-changing technology. In: Paper Presented at the Titanium 2014, Chicago, IL, September 2014.

[78] Wasz, M. L., et al., 1996. Effect of oxygen and hydrogen on mechanical properties of commercial purity titanium. International Materials Review 41 (1), 1-12.

[79] Woodward, R. L., May 1979. Metallographic features associated with the penetration of titanium alloy targets. Metallurgical and Materials Transactions A 10A, 569-573.

[80] Zheng, C., et al., 2015. Failure mechanisms in ballistic performance of Ti-6Al-4V targets havingequiaxed and lamellar microstructures. International Journal of Impact Engineering 85, 161-169.

# 第4章
# 叠层装甲材料及层状结构

伊恩·G. 克劳奇(I. G. Crouch)
澳大利亚维多利亚州特伦特姆装甲防护方案有限公司

## 4.1 概述

最佳弹道防护效率的装甲材料和系统是片状、叠层或层状结构。无论是在特定金属微结构中具有各向异性(第2章和第3章),使用单层纤维增强聚合物(第5章和第6章),还是陶瓷复合装甲系统(第7章),都是如此。为什么是这样?这仅仅是因为界面的存在吗?

然而,仅仅通过层状结构并不能保证具有最佳的效果。图 4.1(a)所示的一本圣经在第一次世界大战中挡住了射向埃尔瓦斯·詹金斯中尉的致命子弹(Aubusson,2015)。这是一件神奇的事。后来,经过仔细思考后,我试图使用一组"黄页本"重现这个事件。经过几次尝试,用四叠 27mm 厚的"黄页本"而不是一叠,才完全防住一发全装药 9mmHG 子弹的射击。该叠层的体积密度为 $550kg/m^3$,即厚度约为 105mm 时,面密度约为 $60kg/m^2$,这是典型软装甲插板(SAI)面密度的 10 倍以上;这是为什么呢?仔细研究图 4.1(b),就会发现一个非常重要的现象——铜套被甲完全没有变形。

注意:任何装甲系统设计中的第一条原则是能够以某种方式改变穿甲弹的形状(第1章)。因此,叠层的"黄页本"不是一个非常好的"防护装甲系统":重要的是这个中尉应该感谢他的圣经使用了皮革面,正是因为皮革封面可能使充满铅的子弹变形从而挽救了他的生命。

### 4.1.1 叠层装甲材料和层状结构的分类

1986年,我开始对装甲材料开展研究——这项工作使我开始了解了许多用于

(a) (b)

图 4.1 来自第一次世界大战中的"圣经装甲"
(www.images.defence.gov.au) (a) 和一叠"黄页本装甲"(b)

装甲的复合材料,包括黏结剂连接叠层铝装甲(4.4.2节)、纤维增强金属、挤压铸造铝合金和纤维增强聚合物。多年后,我们可以看到其更大的应用前景,并为叠层装甲材料目前的重要地位而感到十分欣慰。

首先,应该了解材料和结构各向异性的程度——各向异性是非常普遍的——现实中纯各向同性的材料是非常罕见的。事实上,大多数材料是正交各向异性的,这意味着它们在3个正交方向上具有不同的性质。表4.1列出了不同类型的片状、叠层和层状结构,展示了一系列不同的叠层材料和分层体系,材料体系从表格上端的锻造装甲材料到表底部的非常复杂的非结构化分层(间隔)系统的结构变化及过渡过程。注意材料数量($m$)以及层数($n$)如何变化。本章主要目的是描述不同片状和层状结构的重要特征和冲击特性。

表 4.1 不同类型的叠层装甲材料和系统,$n$ 为叠层的层数,$m$ 为材料类型的数量

| 装甲类型 | 图片 | 详情 |
| --- | --- | --- |
| 1. 结构,具有层状结构的均匀的装甲材料/系统:$n=1,m=1$ | | 锻造铝合金 2099-T861(Hamel,2010)<br>轧制均质装甲的典型微观结构,显示出高度的各向异性 |
| 2. 结构,叠层装甲材料(扁平):<br>$n=2\sim10$;<br>$m=2\sim4$ | | 黏结铝合金的(Crouch,1986)<br>关注防止叠层堵塞和分层程度 |

续表

| 装甲类型 | 图片 | 详情 |
|---|---|---|
| 3. 结构,叠层装甲材料(弯曲): $n=10\sim100$; $m=2\sim4$ |  | 由多层 Spectra SR3130 构建的新型战斗头盔的 X 射线照片(Crouch,2013a)。通过层剥离吸收碎片模拟射弹(FSP)大量碰撞能量的能力 |
| 4. 非结构,分层装甲系统: $n=20\sim40$ $m=2\sim5$ |  | 展示了多层芳纶织物,后层的泡沫材料,以及尼龙织物顶层和底层的软质装甲插板示例(Crouch,2013b) |
| 5. 非结构,叠层装甲系统: $n=6\sim12$; $m=6\sim12$ |  | 硬质装甲板示例(Tencate),由六边形陶瓷,中间材料和芳族聚酰胺织物组成 |
| 6. 复合间隙装甲系统包括:非结构的叠层系统;空气间隙;结构均匀的装甲材料/系统 $n=10\sim20$; $m=5\sim10$ |  | 复合装甲系统的模型,由结构 RHA 装甲前面的陶瓷装甲贴花系统组成,由气隙隔开; 由高速碎片的撞击引起的陶瓷系统的损坏如何影响 RHA 后板的前表面(Yaziv 等,1996) |

这些装甲材料体系有许多共同特征。然而,除了正交各向异性之外,定义所有这些的一个特征是它们以某种形式分层的能力。无论材料是连续的(如在锻造的固体金属的情况下)、不连续的(如在柔软的织物层中),还是简单地通过界面(接触、间隔或黏合的界面)分开,片状/层状结构都有利于分层(或进一步分离)。

值得一提的是,将完全锻造的均质装甲材料(如轧制均质装甲(RHA)或轻合金(第3章))也列入这类材料可能会稍微牵强一些,尤其是RHA,因为这些材料确实具有非常强的抗分层性。但是,如第1章所述,这些材料在发生故障之前会因分层而失效。例如,Hamel 对 Al-Li 合金中的分层进行了参数研究,并强调了织构对断裂韧性和分层过程的影响(Hamel,2010)。

### 4.1.2 设计方法,附加值和创造性思维

本节是第2章、第3章与第5章、第7章间的过渡章节,第2、3章描述了常规的传统装甲材料,而第5、7章中将介绍更复杂的"设计装甲"。

叠层装甲材料或分层系统的创建带来了附加价值。它为装甲工程师提供了选择的灵活性。最重要的是,它开辟了新途径。如第1章所述,装甲工程师的驱动力是在抵御威胁的同时避免低能量吸收失效机制。因此,用有针对性的方法设计的叠层装甲的性能应该优于整体式等效物。实现这一目标有很多方法,本章将全面介绍这些不同的方法。

任何叠层结构都是针对特定功能设计的,每层的功能不仅与固有性能相关,而且与其相邻层相关。研究表4.2中列出的3个类别。双层系统有5个主要变量:要使用的材料类型、厚度以及将它们粘合在一起的方法。如果它们没有粘合,它们仍被归类为叠层吗? 即叠层装甲材料何时成为叠层结构?

三层叠层结构引入了更多变量和更多选择。如果第三层被认为是中间层,两个主要层之间的次要层,则主要围绕薄膜效应发挥许多其他效应(4.2.2节)。如果中间层是空气,则它从叠层装甲材料转变为间隙装甲系统。但是,间隙 $x$ 应该有多宽;两层之间的间隙又有多宽(4.2.6节)?

表 4.2 叠层装甲材料的实例

| 类别 | 示意图 | 变量 |
|---|---|---|
| 两层 | 材料#1 $t_1$ / 材料#2 $t_2$ / $T$ | • 材料#1<br>• 材料#2<br>• 厚度 $t_1$<br>• 厚度 $t_2$<br>• 粘合工艺 |
| 三层 | 材料#1 $t_1$ / 中间层 $x$ / 材料#2 $t_2$ | • 材料#1<br>• 材料#2<br>• 厚度 $t_1$<br>• 厚度 $t_2$<br>• 中间层材料<br>• 中间层厚度, $x$<br>• 粘合工艺 |

续表

| 类别 | 示意图 | 变量 |
| --- | --- | --- |
| 多层 | 材料#1 材料#2 材料#1 材料#2 材料#1 （$t_1$、$t_2$、$T$） | • 材料数量<br>• 材料#1、#2 等<br>• 厚度 $t_1$、$t_2$ 等<br>• 每种材料的层数<br>• 层的方向<br>• 层序<br>• 总厚度 $T$<br>• 粘合工艺 |

增加层数会增加叠层的复杂性。实际上,在多层叠层结构中存在很大数量的组合和变量。在表4.2中,将多层叠层结构视为1mm厚的铝合金板(材料#1)。如果材料#2仅仅是空气并且层之间的粘合仅仅是接触表面,则叠层将具有非常小的弯曲强度。然而,如果材料#2是粘合层,则弯曲性能将受到黏结剂的层间剪切性能的控制,而黏结剂的层间剪切性能又受其厚度以及其固有的机械性能的影响。黏结剂连接叠层铝装甲(ABALs)系列包含在4.4.2节和4.5.2节中。

如第7章所述,防弹玻璃传统上由玻璃、聚碳酸酯以及其他夹层材料的多层叠层组成,其中 $n$ 可高达100。举例来说,读者可以参考Grujicic等(2012)的论文,该论文介绍了透明装甲系统的设计和材料指南和策略。它是采用"层次排列影响"方法设计多层叠层结构的极好例子(Krell 和 Strassburger,2008)。

在任何多层系统中,随着材料变量的数量增加,通常使用数值模拟的方法来帮助研究各种叠层效果。第9章介绍了许多叠层系统良好渗透特性的例子。Yong等(2010)也报道了使用数值仿真方法来模拟和优化受到子弹冲击的混合多层板的构造。

## 4.2 叠层原理

许多经典的工程教材中涵盖了材料力学(Jones,1975;Roylance,1996)、复合材料和结构设计(Barbero,2010)等内容,以及相关标准的出版物,如NASA的Nettles(1994)。然而,所有这些研究主要集中在相对薄(2~10mm)的平铺叠层结构的性质,通常是用于航空航天的纤维增强聚合物复合材料,这些研究的优点是得到公认的。对于传统的工程结构,这些是:

(1) 断裂韧性,通过各种正交各向异性效应实现(图4.2);
(2) 疲劳行为,通过止裂或分裂过程;
(3) 耐磨性,通过改变表面下的耐磨性;

(4) 耐腐蚀性,通过涂覆硬质涂层得到;

(5) 阻尼能力,通过加入低模量夹层实现;

(6) 成型性,通过使用多层薄材料,而不是一个厚切片。

Lesuer 等(1996)在研究金属叠层时非常好地总结了这些方面。而且,在本章中,相同的原理适用于所有叠层。在考虑这些之前,必须提醒读者与叠层装甲材料相关的命名法。图 4.2 显示了一种经典方式来描述缺口或裂纹的方向与锻造产品有关的轧制方向和/或叠层材料主方向的关系。正如第 2 章和第 3 章所叙述的那样,具有高度各向异性的锻造产品在短横向-纵向(S-L)和短横向-横向(S-T)方向上表现出较低的断裂韧性,这是分层的主要平面。

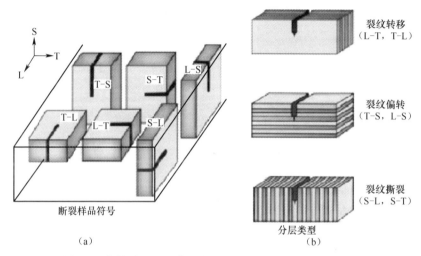

图 4.2 与锻造和叠层装甲材料相关的缺口方向和分层类型

图 4.2 还包括 3 种分层的定义:

(1) 裂纹转移,其中个别薄层在平面应力条件下断裂,而不是在平面应变条件下整个叠层的断裂,因此表现出更高水平的断裂韧性(图 4.3)。

(2) 裂纹偏转,其中主裂纹通过在其路径的法线处存在的层被直角钝化或偏转。这是一种阻止裂纹扩展的非常有效的方法。

(3) 裂纹撕裂,这是正常的分层模式。例如,如果考虑粘接接头,则存在与这种经典分层模式相关的剥离强度或断裂韧性的大量数据。然而,这种分层模式受到中间层/界面性质的影响,并且可以通过适当的材料选择获得。

在第 1 章中,我们了解到,与常规加载的复合结构相比,弹丸对装甲材料/系统的高速冲击会产生不同的载荷和外力。这些动态影响会在装甲材料/系统中产生以下力:

(1) 贯穿厚度的压缩力;

(2) 贯穿厚度的剪切力(横向 - 短横向(T-S)和纵向-短横向(L-S)方向);
(3) 靶的三维(3D)弯曲,产生膜拉伸(弹性和塑性)。

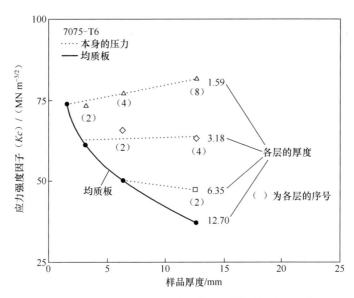

图4.3　7075-T6黏结层的断裂韧性随样品厚度的变化

对于叠层装甲材料,如表4.2所列,建议通过使用在弹性变形时的混合物标准规则和在塑性变形时最低强度部件的压缩流动性能来处理贯穿厚度抗压强度。可以逐层处理贯穿厚度剪切特性。但是,弯曲性能需要更加精确地处理。

弯曲梁外表面的最大弯曲应力 $\sigma_c = M \times c/I$,其中 $M$ 为弯矩,$c$ 为从中性轴到表面的距离,$I$ 为惯性矩。对于矩形梁,$I = w \times t^3/12$,其中 $t$ 为叠层或薄板的厚度,$w$ 为梁的宽度。然而,在叠层梁中,弯曲载荷将在界面处或者在夹层材料处产生层间剪切力,并且这些力可以决定叠层梁如何失效。重点在于,如果叠层的总厚度 $T$ 根本没有粘合,则该叠层的弯曲性能将取决于各层的弯曲性能(厚度 $t$),因为 $I$ 与厚度的第三个力有关。因此,例如,在表4.2中,如果多层叠层是五层叠层,其中材料#1是厚度为1mm的金属板,而材料#2是厚度为0.25mm的黏结介质,则总厚度为6mm。如果黏结介质具有高的层间阻力,则叠层的惯性矩将与(6)³成正比,直至分层,而对于非常弱或不存在的黏结介质,每层的惯性矩将与(1)³成比例,约为黏结叠层的1/200。另一方面,因为截面模量与 $t^2$ 成比例,黏结叠层材料的截面模量将比未黏结叠层材料大36倍。

由Woodward和Cimpoeru(1998)给出的进一步考虑提出了屈服力矩的公式,该公式考虑了弯曲中塑性变形的开始,并且与厚度的平方和层数成比例,分别是25倍(对于5mm均质板)和5倍(适用于无黏结的1mm层)。换句话说,当经受塑性变形时,均质板比叠层硬5倍。

因此,在弹性变形和塑性变形的状态中,叠层板中黏结剂的存在及其结构特性是非常重要的,并且将决定装甲板在弯曲中能够吸收多少能量。

### 4.2.1 层与界面

对于给定的叠层,层数是否会影响它的弹道性能呢? 较大数量的薄层是否与较少数量的较厚层相同? 对于给定的叠层,层数是否会影响它的弹道效应? 在4.1节中,我们了解到未黏结叠层的弯曲性能远远低于其整体等效物。因此,很明显,就未黏结或弱黏结叠层的能量吸收而言,较少数量的较厚层是有益的。然而,黏结叠层的断裂韧性则相反,如图4.3所示。在软装甲中,如第6章所述,较大数量的较薄层对于小武器弹药更有效,尽管从制造的观点来看,较少数量的层是有利的。

在两种或更多种材料的叠层材料中,这些材料的铺设顺序也很重要。在第2章中简要分析了双硬度装甲,并且具有更硬的前层的概念并不是新的——也许是叠层装甲经常采用的第一个设计原则。然而,最近,一些研究人员对这一般原则提出了质疑,指出在某些情况下在前面设置较软的层可能是有利的。例如,van de Voorde、Herlaar和Broos(2007)已经指出,在某些情况下,使子弹被甲剥离可能有利于改变穿透模式。

拥有多层装甲有时是不可避免的。例如,大多数陶瓷的厚度不能超过20~25mm,否则会显著降低性能。因此,在设计中/重型装甲系统时,需要多层装甲材料。因此,有时需要考虑厚的刚性层之间的界面。这些界面应该是表面、黏结层甚至钎焊接头的简单接触吗?

材料之间存在不同的连接方式,无论是在简单的双硬度叠层内还是在两个相似材料的黏结体之间的夹层中,都会引起物理性能和机械性能的不匹配。其中最重要的是热膨胀系数、延展性和弹性模量的差异。虽然后两种性质通常是决策设计过程的一部分,但是热性能的差异往往被忽视,即使大多数装甲系统的典型使用温度仅在$-40 \sim +60℃$范围内。热不匹配会导致界面处产生周期性剪切应力。

在Oberg等(2015)最近的一项研究中,进行了一系列小规模试验,以确定薄氧化铝块(2mm厚)和碳复合材料(仅0.8mm厚)之间的黏结层的断裂韧性是否影响从50J冲击中吸收的能量。冲击器是硬化钢球,直径8mm,冲击速度约为220m/s。他们证明,正如人们所期望的那样,黏结叠层的黏结层韧性测量值约为$620J/m^2$,比韧性值约为$170J/m^2$的叠层吸收的能量更多。然而,他们还计算出,在所涉及的所有能量吸收过程中,剥离过程仅吸收约5J(约10%的冲击能量)。图4.4非常清楚地显示了各种失效机制所吸收的能量数量——这种性质的更多计算需要由其他研究人员进行——它使研究领域保持透明公开,使研究人员能够将精力集中在最重要的能量吸收过程上。

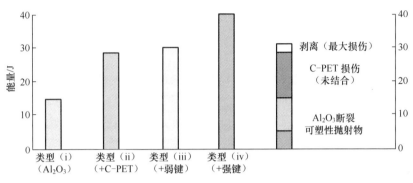

图 4.4 四种不同靶吸收能量的示意图(类型 i 至 iv)
右侧的条形图是通过结构说明能量吸收的划分情况

### 4.2.2 界面特性

考虑表 4.2 所列的三层黏结叠层,其中被黏物是相对厚的金属板。黏结剂最好不要在张力下工作,而是像弯曲板一样置于剪切状态。然而,该中间层材料的物理性质是重要的,尤其是其厚度和弹性模量。中间层材料的可塑性及其抗裂性也对分层模式起到强有力的控制作用。研究图 4.5 中所示的贯穿厚度裂缝的替代路径。路径 1 是优选的途径,不仅因为它实现了防裂原理,而且因为在夹层材料内产生了分层。如果它通常是坚韧的环氧树脂或韧性材料的薄层,则在中间层材料的内部断裂期间可以吸收相当大的能量。路径 2a 和 2b 是最不可选的,因为它们代表黏合剂/黏附体界面处的失效并且总是具有低韧性(例如,由于被黏物表面的准备不充分)。在这种情况中,路径 3 是最不可取的。更多的内容将 4.3.2 节介绍。

黏性分层(即图 4.5 中的路径①)也受塑性约束的影响。也就是说,由于中间层的厚度有限,裂纹尖端前面的塑性区域可能受到限制(图 4.6)。中间层的厚度将对连接处的抗裂纹扩展性和叠层的整体性能产生强烈影响。根据 Kruzic 等(2004)的研究,当中间层厚度从 $5\mu m$ 增加到 $100\mu m$ 时,氧化铝黏附体之间的纯铝结合处的韧性就增加了一个数量级。在粘合处,夹层厚度的最佳值在 0.3~0.5mm 之间(Lees,1988;Lopez-Puenta 等,2005)。

对于韧性夹层,人们可以观察到经典的"薄膜效应"。在装甲厚钢板和铝装甲合金(Crouch,1981)之间的焊接接头上进行厚度拉伸试验时,这是可以测量到的。过渡插入件是低碳钢和 3003 铝合金之间的爆炸焊接接头,屈服强度约为 100MPa。

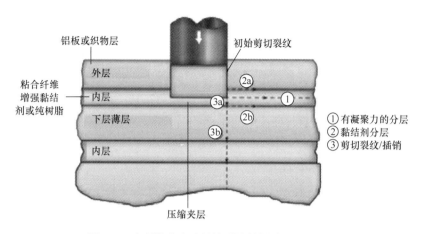

图 4.5 止裂模式中选择性裂纹传播路径的示意图

然而,Crouch 所发现的是通过减小实际上是连接处内弱夹层的 3003 铝合金层的厚度,使焊接接头的面内拉伸屈服强度增加了 2~3 倍。低屈服材料受到塑性变形的限制。最后一个例子也说明了另一个重点:边界效应,例如尺寸依赖性和难以实现均匀的应力或应变场,在叠层装甲材料中比在整体材料中更具挑战性——不同的机械性能数据是由特定的测试尺寸或测试方法得到的。

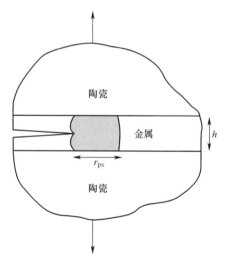

图 4.6 裂纹尖端前面的塑性区域的约束示意图
(该裂纹扩展通过两个陶瓷体之间的金属层实现)

本节中的最后一个例子是由复合材料支撑的陶瓷之间的经典装甲叠层(更多细节见 4.5.3 节)。参考图 4.6,将下层材料想象为复合材料,将顶层想象成陶瓷。

Tasdemirci 等(2012)广泛研究了不同的夹层材料对这种复杂叠层的弹道性能的影响。他们考虑了3种不同的材料类型：橡胶、聚四氟乙烯和铝泡沫，并发现夹层的存在改变了层之间的应力传递，正如人们所预料的那样。他们还发现，层间材料的类型影响了支撑复合材料的分层程度和损伤区域的宽度。就面密度来说，Teflon夹层的体积密度仅为 $760kg/m^3$，厚度为2mm，效果最佳。第9章包含许多不同夹层材料(包括金属泡沫)的防弹性能的实例。

### 4.2.3 表面效果和涂层

在本节中，我们需要研究双层叠层中前部材料的局限性和性质。参考表4.2，为了制造有效的迎弹面材料，材料#1需要多厚？有许多传统方法可以改善金属的表面硬度或耐磨性：例如，氮化、渗碳、镀硬铬。然而，虽然这些方法在增加表面硬度方面是非常有利的，但是通过增强表面内的残余压应力或施加薄的硬面材料，这两种方法都不能改善基材的防弹性能，因为表面涂层就是那种薄涂层。如第1章所述，装甲材料的抗穿透性受全厚度整体性质和/或装甲板的弯曲性能控制。但是需要什么厚度？这取决于穿甲弹的种类。从 Ozsahin 和 Tolun(2010)的工作中可以看出，当受到9mm铅芯手枪弹的射击时，通过喷涂仅0.76mm厚的等离子涂层，就可以改善2024和6061等高强度铝合金的抗弹性能。然而，他们没有给出涂层系统与具有相似面密度的未涂层板相比具有怎样的弹道性能差别。Crouch、Appleby-Thomas 和 Hazell(2015)的研究表明，碳化硼撞击面要求最小厚度为3 mm才能有效对抗普通钢芯弹药。对于穿甲弹，具有弹道效率的最小所需厚度将更大。

然而，薄涂层小于1mm才起作用。脆性材料，如陶瓷和超高硬度钢(UHHS)具有优异的压缩性能，这使它们成为极具吸引力的弹道材料，但它们的拉伸应变非常低，并且断裂韧性极低：通常小于 $5MPa \cdot m^{1/2}$。因此，当它是弯曲脆性材料并使底面处于拉伸状态时，后表面的物理状况变得非常重要：以磨痕为例，表面粗糙可以起到应力提升的作用，促进过早开裂。阅读第7章将会意识到这一点的重要性。关键是通过在脆性靶材的远端面上施加一层黏合剂，可以改善脆性材料的缺口敏感性。Jaitlee(2013)用碳化硅块展示了这一点，DMTC 最近对 UHHS 应用了相同的原理。当撞击钢板时 Crouch 检测到高硬度钢的弹道性能存在差异，钢板仅在一侧被磨削。在这些情况下，如果表面放在另一侧后面，则弹道极限降低。

### 4.2.4 破坏吸收原理

一些装甲技术人员提出了装甲材料和系统的两个主要分类(表4.3)，从而描述了双层系统的构成。

(1) 放置在冲击面的阻挡层是那些通过某种机制破坏穿甲弹的材料或系统。对于高硬度脆性材料,如超高硬度钢和陶瓷,这些材料会由于塑性变形、腐蚀或激发碎片来破坏穿甲弹。对于玻璃,通常是由于全面的断裂和粉碎破坏穿甲弹。对于装甲系统,如第1章所述,这些系统以各种方式起作用,但主要是使穿甲弹发生偏转。

(2) 顾名思义,放置在远端的吸能层吸收穿甲弹破坏后的剩余能量。对于材料本身而言,通常具有高延展性和在弯曲中吸收能量的能力。

虽然简洁,但这种分类确实说明了一些经典的破坏/吸能组合:双硬度装甲中的超高硬度钢(UHHS)和RHA(第2章);陶瓷和纤维增强塑料,如第5~7章所述;玻璃和聚合物,如叠层防弹玻璃(第7章)。所有系统阻挡层都设计用于结构装甲前面,如RHA和铝合金装甲,应用系统或集成的复杂系统。第1章简要介绍了不同系统的阻挡层。

### 4.2.5 气隙

表4.2中的三层叠层板,中间层材料是空气。中间层厚度为具有零剪切强度的气隙,叠层装甲材料为叠层(层状)或间隔装甲系统。叠层,也就是它与可忽略的气隙紧密接触;间隔,也就是有一个显著的气隙和一个已经被设计的空气间隙。

表4.3 装甲材料和系统的主要分类

|  | 阻挡层 | 吸能层 |
|---|---|---|
| 材料 | 高强度钢<br>超高强度钢<br>陶瓷<br>玻璃<br>硬涂层 | 低碳钢<br>RHA<br>轻合金(铝、钛和镁)<br>金属叠层<br>纤维增强塑料<br>聚合物 |
| 系统 | 爆炸反应装甲<br>非爆炸反应装甲<br>电动装甲<br>盔甲<br>斜板<br>间隔板 | 结构装甲,如RHA和可焊铝合金 |

为什么这样?引入气隙有什么好处,因为装甲显然不再具有结构性?也许一般的答案是让阻挡层材料#1最大限度地吸收能量,而不会在吸能层材料#2上施加任何动态或工程负荷。在吸收冲击能量时,迎弹面材料可以通过在其后侧形成凸

起状起作用——如果是这种情况,则间隙应该足够大以容纳该凸起,而不会撞击吸能层的前面。如果间隙足够宽并且迎角是倾斜的,那么具有间隙就可以允许离开前板的穿甲弹偏转并由此以更倾斜的角度撞击后板。5.5.4节中介绍了一个应用效果良好的案例研究。

1996年,RMCS的Mike Iremonger和他的研究生Shrivenham(Velentzas,1996),在简单的单片和间隔系统上对小口径武器弹药进行了一系列操作简单但数据翔实的冲击试验。他们使用了一组5mm厚的低碳钢板,通过改变钢板之间的间隙将它们的性能与单片10mm厚的低碳钢板的性能进行了比较。他们的结果如图4.7所示,显示了较大的间距是如何有效地降低AK47和SS109子弹(以各自的初速度740m/s和915m/s发射)的剩余速度。从左到右,结果显示了通过各种组合将气隙从0增加到2mm再到10mm,然后向前增加的效果。很明显,每个板之间有10mm的间隙可以显著降低靶的侵彻能力。据报道,这是由于弹头每多穿过一层,其偏移都会增加。

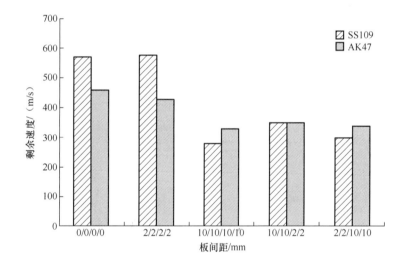

图4.7 一组5块2mm厚的低碳钢板之间的气隙增加对小武器弹药残余速度的影响

这个例子确实揭示了使用间隙装甲系统的两个主要缺点:首先,空间效率降低,因为系统现在厚50mm而不是10mm;第二,质量防护系数降低,因为需要通过使用夹装和固定装置将间隙板设计到平台上,所有这些都是附加的重量。

虽然这可能不是轻量化系统的真正关注点,但它肯定适用于重型装甲系统。

最后,有关表4.1所列复合间隙装甲系统的更多细节,包括一组氧化铝/铝×装甲系统,它连接在一块高硬度钢板上并与之隔开(Yaziv等,1996)。该系统受到标准的20mmFSP弹冲击,速度为920~950m/s。通过改变两个组件之间的间隙(5mm,15mm或25mm)进行了试验和数值模拟——对于30μs和150μs之间的不同时间步长,在图4.8中再现了数值模拟。结论表示:对于最有效的侵彻阻力,存在最佳的间隙值。当间隙很小或不存在时,铝背衬层在其冲塞失败之前变形能力受到限制。当间隙太大时,铝板后部的凸起穿过形成塑性扩孔,并产生许多延展的花瓣。当空间被优化后,在15mm的情况下,会形成一个凸起,但没有形成花瓣——它只是被压缩在HHS后板上——有人认为这个弹头会使更多的铝背衬层变形,从而吸收更多的冲击能量(图4.8)。这听起来很可行。然而,他们忘记提到由于凸起的这种受限制的变形,会给HHS后板上施加相当大的力,这就需要更实用的工程解决方案以开发实用的装甲系统。

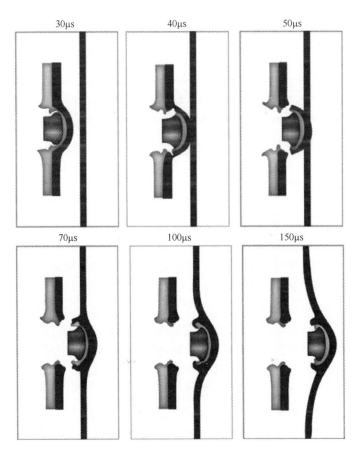

图4.8 使用MSC/PISCES/2DELK水力旋流器在HHS装甲前面的氧化铝/铝装甲中进行的数值模拟

## 4.3 设计叠层装甲的目的

虽然科研人员针对叠层装用或分层装甲开展了研究,但似乎没有什么研究目的——只是"为了研究而进行研究"。而对于研究人员来说,叠层装甲也只是听说具有一定效果!事实上,在关于多层金属屏蔽的最新观点中,Ben Dor等(2012)对自20世纪80年代后期大部分已发表的关于该主题的研究进行编目后分析,其并没有明确的结论证明有效,而且分层结构的防弹性能难以预测。在某些方面,如前所述,这是无数个变量的结果。然而,很少有已发表的文章介绍,叠层/分层靶对实弹射击的响应,特别是轻武器弹药。

在作者看来,设计叠层装甲或分层装甲的唯一动机应该是防止失效机制或增强吸收能量机制,这才是了解装甲材料学科的前沿和中心,即设计装甲材料或装甲系统以防止特定的失效机理。唯一可接受的替代动机可能是降低成本。在这一点上,读者应该熟悉第1章中详细描述的各种侵彻失效机制,并且要非常注意头部形状的影响(Gupta等,2008),因为头部形状会影响装甲如何失效,因此决定了什么样的能量吸收机制更加有效。威胁的性质可以从单一的、强烈的点负荷(如刀或子弹)到外部爆炸情况或内部应力波情况。

### 4.3.1 处理应力波

据我所知,James(1995)报道了最早应用于陶瓷复合装甲系统之一的应力波控制技术。James指出,通过控制声阻抗失配效应,可以最大限度地减少附加损伤的程度,从而可以提高多重阻力。实质上,这意味着改变镶嵌陶瓷块排列中使用的黏合剂/密封剂的声学特性(图7.1)。

在Yadav和Ravichandran(2003)的研究中也提到了这种效果,他们将聚氨酯内部夹层的存在归因于叠层氮化铝陶瓷的改进防弹性能。他们的研究结果表明,中间层材料中的波传播速度可以在其组分之间或低于两个组分,以获得最佳效果。

据报道,弹性涂层在高硬度钢中的应用有利于提高$V_{50}$值以防止碎片攻击。在Roland等(2010)的论文中,他们证明了橡胶经历了冲击诱导的玻璃相转变,更重要的是,多个双层板是最有效的。这被认为是由于叠层内阻抗不匹配导致的压缩波的分解和衰减。

### 4.3.2 防止冲塞

整体装甲材料的冲塞是所有情况中最不能吸收能量的机制。防止或抑制其发生可以在弹道侵彻阻力方面带来直接益处。应用止裂器原理效果最佳(图4.2)。这是1984年至1994年间开发黏结剂连接叠层铝装甲(ABAL)系列的动机(Crouch,1986,1988,1993;Crouch和Woodward,1989;Crouch等,1990,1994;Woodward和Crouch,1989;Woodward等,1991)。从图4.9中的图像可以清楚地看出破坏机理的变化。然而,作为防弹板,它不仅仅是在叠层中成功应用(详见4.4.2节和4.5.2节)。

另一种避免整个系统冲塞破坏的简单方法是采用一个简单的、间隔开的具有明确间隙的双板阵列。简单地具有间隙可防止横向剪切裂纹通过系统一直传播。相反,背板经历了一系列高阶缓冲吸能机理,如塑性变形和膜拉伸。然而,间距与射弹的长度是严重相关的。在Dey等的工作(2007)中,两个间隔24mm的6mm厚的Weldox 700E装甲板,比同一钢材的单个12mm装甲板的性能要好得多(图4.10)。侵彻弹是重200g、直径20mm的硬化钢弹,长度为80~100mm。应该注意的是,这比间隙长,因此弹丸不会发生偏转。图4.10所示的优点在于,即使从两层中弹出一个圆盘(小冲塞),对第二层的冲击强度也会小得多,相当于略微半球形的影响,使剪切过程更加困难。第9章中的侵彻实例#1给出了没有间隙的双层钢靶的侵彻性的详细描述。

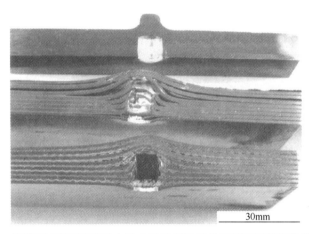

图4.9 使用高速破碎模拟弹丸冲击黏结剂连接的叠层铝装甲和整块铝合金

### 4.3.3 防止碟形崩落

如第3章所述,碟形失效是轻合金装甲族的致命弱点,这会导致装甲材料的抗弹性能降低。因此,抑制或设计出碟形失效应该获得应有的效果,特别是对于具有

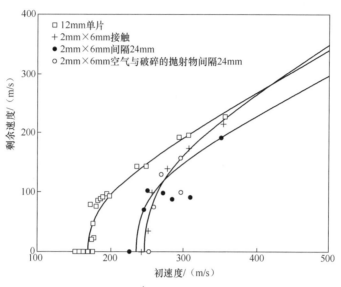

图 4.10 不同双层钢靶的残余速度曲线

强烈正交各向异性的大变形材料。

也许最直接的方法是在轻合金板的后部与第二层物理连接。当认识到镁和钛合金在厚断面的碟形崩落弱点时，Van de Voorde 等提出了这种方法(2005)。在其报道中，背衬 7039 铝装甲的钛合金双金属叠层装甲在受到 0.3″APM2 弹头攻击时表现良好。

然而，叠层并不总是解决方案。在 ABALs 族系的开发过程中，Crouch 和其他人(Woodward 等，1991)发现 Al-Li 黏结剂连接叠层装甲也易于发生盘状崩落，这恰恰证明了对足够延展的背衬层的要求，从而最大化膜拉伸工作，无早期破坏。图 4.11 说明了这一点，Crouch(1992)提供了无盘装甲材料/系统基本属性的解释和清单。

### 4.3.4 脆性材料支撑

脆性材料，如超高硬度钢(UHHS)和陶瓷，具有优异的压缩性能，但缺乏拉伸延展性。它们是缺口非常敏感的材料，当弯曲时会过早失效。从第 7 章中可以了解到，为了最大限度地提高硬质击迎弹面材料的效果，它需要尽可能长时间地保持刚性。如前所述，这可以通过在陶瓷后面放置支撑材料来实现。陶瓷和玻璃只有具有支撑时才能作为装甲材料起作用。因此，双层叠层板是必不可少的。关键是通过使用具有高弹性模量(如钢材)(其中 $E = 208$GPa)和聚合物的密度(其中

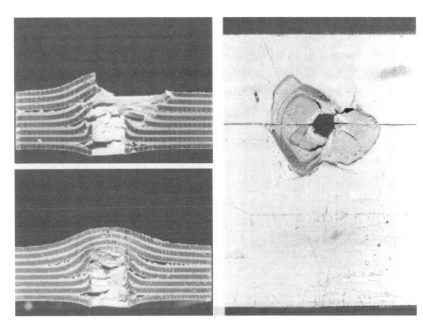

图4.11 左侧的剖面图显示了穿过八层8090 ABAL在测量的$V_{50}$值的正下方和上方的冲击,右侧显示了后端面后层板的碟形崩落

($\rho<1$,优选)的背衬材料,提供对迎弹面材料的最大支撑。同时在两个元件(迎弹面和背衬)之间产生良好的冶金结合。这里要特别注意,选择粘合介质和粘合层厚度,已在4.2.2节中讨论过(Lopez-Puenta等,2005)。

在陶瓷前面放置附加层也会影响脆性材料的防弹性能。这将在第7章中进行更多讨论,但简而言之,是通过使用包覆层(Crouch,2010,2014),或小口径武器弹药中夹带层的缓冲层(Crouch等,2015)。通过精心设计的包覆层(例如,0.5mm厚的芳族聚酰胺纤维增强环氧树脂层),可以通过最小化径向裂纹的开口位移来改善陶瓷基装甲系统的抗多发弹性能。

## 4.4 叠层装甲研究

### 4.4.1 叠层钢

Laible(1980)概述了20世纪60年代和70年代双硬度钢基装甲的早期发展,Rosenberg和Dekel(2012)在他们共同撰写的终点弹道学教材中,将这一领域扩展到分层和间隙装甲系统。然而,后来的大多数研究针对抗短杆和长杆弹,而对抗小口径武器弹药的研究和论文较少。

日本刀的设计和表现在钢铁制造商和历史学家口中都颇受好评,多层精细加工的钢板制成了非常优异和有效的武器,就像大马士革钢匕首一样(Lesuer 等,1996),拥有超过大多数材料科学家能够测量的物理和机械属性,比如断裂韧性。钢材确实具有制造双硬度装甲的许多天然优势:①它们能够硬化至约 750VPN,成为有效的迎弹面材料,②它们可通过自身冶金结合并实现一种近乎完美的冶金结合,其性能与基础材料非常相似。1983 年,Kum 等发表了 12 层低碳钢/碳钢叠层板的一些经典结果(Kum 等,1983)。从图 4.12 中可以看出,在这种叠层板中,可以在 V 形缺口冲击(CVI)值和韧性脆性转变温度(DBTT)中实现协同改善。在今天的典型装甲钢中,CVI 值通常低于 100J。

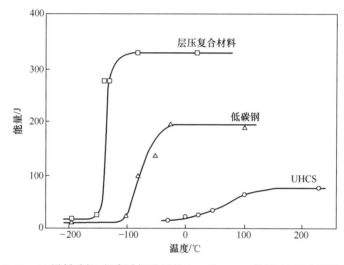

图 4.12　12 层低碳钢/超高碳钢叠层的 CVI 和 DBTT 数据,处于止裂器方向

钢也适用于爆炸焊接和轧制复合,并且是生产大量的双硬度装甲的有效方法。美国甚至通过制定规范来促进购买这种产品,即 1987 年发布的 MIL-A-46099C。2.4.3 节详述了这一叠层装甲材料系列。Rolc 等(1996)研究提出,界面结合强度是提高侵彻阻力的关键机制,例如,在工具钢(HV750)和中等强度钢(HV475)之间的轧制复合叠层装甲中。测量的黏结强度在 170~640MPa 之间。爆炸焊接的双硬度钢也被考虑用于抗爆应用(Choi 等,2014)。应该指出的是,爆炸焊接作为一种生产双硬度装甲的方法,是一种批生产工艺,需要高质量的控制措施来保证一致性。轧制复合是最常见的生产方法,并且仍然作为生产双硬度装甲(DHA)的有效方法,如最近的专利(Stefansson 等,2012)所示。它可以使用多个薄片,而不仅仅是创建双金属叠层板。

### 4.4.2 叠层轻合金

在我看来,过去几十年来所有新研发的材料中,其影响力和应用等方面没有一个能与由少量的高强度铝合金(如7075)薄板(约厚0.3mm)用纤维增强聚合物夹层(厚度也约为0.3mm)粘合在一起的粘合叠层装甲系列板(通常称为纤维金属层板(FMLs))相比较。成品叠层板的厚度仅为1~3mm,但具有一系列出色的机械性能。Sadighi 等(2012)、Chai 和 Manikandan(2014)对该系列的抗冲击性能在过去四年中已验证过两次,证明其具有良好的商业价值。

20世纪70年代和80年代,由Fokker Aviation(Vermeeren,2003)在荷兰开发的铝叠层板体现了叠层板所具备的一切优点:高比强度(因为所选择的合金),高断裂韧性(正如Kaufman在20世纪60年代所说,见图4.3),优异的抗疲劳性(由于在裂纹分隔模式下加载材料时观察到的纤维桥接,见图4.13)和优异的抗爆轰性

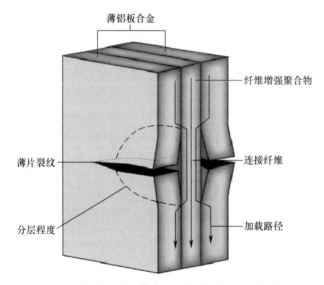

图4.13 FML在裂纹分压模式下抵抗裂纹扩展时光纤桥接图示

能(因为平面外的高延展性)。ARALL 是一种芳纶增强铝叠层板,在20世纪80年代早期由代尔夫特大学的研究人员研发并不断改进,是第一个获得C17飞机货舱门商业认可的商品。然而,最成功的改进是GLARE,一种玻璃纤维增强材料,现在是空中客车公司制造A380飞机上蒙皮的首选材料;这是在叠层板发明40年后!在洛克比空难后,GLARE 在防爆货物集装箱的建造中也得到了认可(Anon,2001),图4.14说明了GLARE 在局部爆炸负荷时的表现:在损坏区域中,多种塑性变形的金属碎片和撕裂的涂层纤维清晰可见。

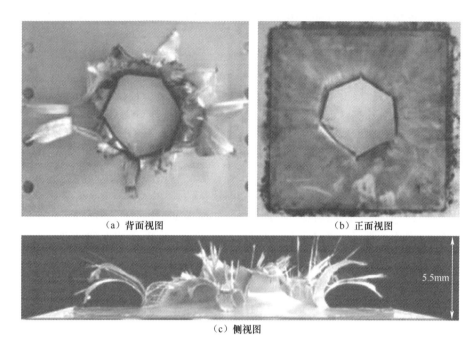

(a) 背面视图　　　　　　　　(b) 正面视图

(c) 侧视图

图 4.14　GLARE 面板中局部爆炸损坏图像

该 FMLs 系列实际上是粘合铝叠层板的一个系列,如表 4.4 所列。另一种无纤维变体 ABALs 作为一种新兴的吸能装甲材料(Crouch,1988),在随后的 5 年中发展成为适用于保护结构免受高速碎片毁伤的专利材料。4.5.1 节详述了其改进过程。

表 4.4　粘合铝叠层板系列

| 叠层板 | 夹层 | 薄层厚度 /mm | 叠层板厚度 /mm | 用途/评论 |
|---|---|---|---|---|
| ABAL | 仅聚合物或黏合剂 | 1.0~3.0 | 5~25 | 开发产品,应用于轻型装甲系统,尤其是背衬材料 |
| ARALL | 芳纶纤维增强聚合物 | 0.2~0.4 | 1~3 | 商业化产品,可用于抗冲击航空结构 |
| GLARE | 玻璃纤维增强聚合物 | 0.2~0.5 | 1~3 | 商业化产品,已作为商用航空结构机身材料 |
| CARALL | 碳芳纶纤维增强聚合物 | 0.2~0.4 | 1~3 | 商业化产品,待推广应用 |

### 4.4.3　混合叠层板

参考图 4.2,本节描述了双层叠层板的优点,其中材料#1 和材料#2 在结构和性能上有显著差异,例如:陶瓷/金属,陶瓷/复合材料和钢/复合材料。在每种情况下,材料#1 选择为抗弹层陶瓷或高硬度钢,材料#2 选择为吸能层(韧性金属或软复合材料)。

第7章详细介绍了陶瓷作为抗弹层材料的传统用法。读者可参考 Yadav 和 Ravichandran(2003)关于氮化铝基叠层板的论文,以及 Pechoucek 等(2011)关于面密度高达 300kg/m² 的更复杂系统的论文。本节将重点介绍使用高硬度钢作为抗弹层和复合材料作为吸收层的优点。

第5章将介绍使用抗崩落内衬来减少聚能装药武器和杆式动能弹的损伤效应。在这种应用中,抗崩落内衬安装在车辆内部。但是什么条件可以提供最好的结果?20 世纪 90 年代末期在德国恩斯特马赫研究所工作的装甲工程师揭晓了答案。Strassburger 等(1998)对高强度钢(厚度为 7.5~13.5mm)和纤维增强聚合物(由 5~21 层芳纶织物组成)的组合结构进行了系统研究。两种材料用聚氨酯黏结剂粘合在一起。弹丸是一系列钝头的钢制圆柱体,质量在 5~50g 之间,$L/D$ 比为 0.8,并以高达 1800m/s 的速度射击。图 4.15 是标准化面密度与冲击速度的归一化关系图,显示了使用复合背板材料的整体效果和明显的优点。当这些结果转换成 $Em$ 值时,报道中使用较薄的变体时重量减轻高达 35%,特别是在较低的冲击速度约 800m/s 时。通过使用高速摄影和弹头恢复技术,他们还展示了崩落锥的减少,因为复合材料保留了目标碎片的外环,如图 4.16 所示。

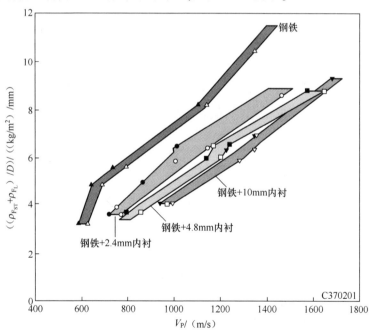

图 4.15　各种钢/复合材料叠层板的标准化弹道极限归一化曲线(彩图)

在后续研究中,同一团队发表了钢/复合材料叠层板的结果,其中复合材料为芳纶增强聚合物(堆积密度约为 1100 kg/m³)或聚乙烯基层压板(堆积密度仅为 950kg/m³)。在这种情况下(Lexow 等,1999),威胁是穿甲弹药,包括 AP M61 弹头(第 1 章)。报告中提到了强烈的协同效应,但前提是 AP 弹头的弹芯在撞击过程中碎裂。这是非常尖锐的,如第 5 章所述:复合材料是钝头弹的优良吸能层,但对 AP 弹不太有效。

Rondot 等最近的论文(2013)已经表明,铝/复合材料层压板比硬度为 400HB 的装甲钢更有效地抵抗高能碎片的侵彻。同样,在设计针对高能钝性碎片的装甲时,使用复合物作为有效吸能层的功效已经被证明。

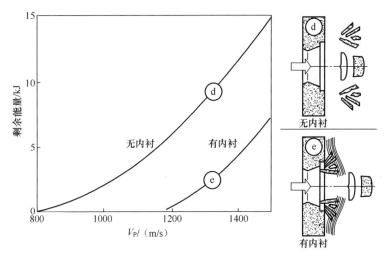

图 4.16 所有碎片与弹芯的总剩余能量和钢靶与钢/复合材料叠层板的冲击速度的关系

## 4.5 叠层装甲示例

本节选择了 3 个例子来证明叠层装甲的几何设计与正确选择基础材料同样重要。4.5.1 节中第一个例子,层的比例变得重要;4.5.2 节中第二个例子,目标厚度与弹头口径的比率是一个重要的因素;4.5.3 节中第三个例子,重新审视了一些陶瓷装甲的经典产品,这些产品表明了抗弹层和吸能层之间厚度比的重要性。

### 4.5.1 黏结剂连接叠层铝装甲

图 4.17 是 1984 年开发的原始示意图的副本,用于图解说明防弹叠层板的潜

在优势。直至今天同样是有意义并有参考价值！对于钝头弹,所有对叠层材料的研究都可以参考这个图,尤其出发点是抑制或消除低能量吸收机制。

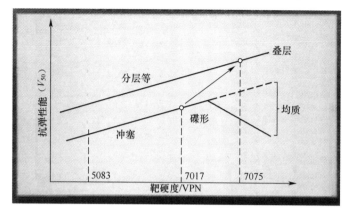

图 4.17　1984 年开发的原始示意图的副本,用于图解说明防弹叠层板的潜在优势

ABAL 的发展可以通过以下 ABAL 引文来追溯(Crouch,1986,1988,1993;Crouch 和 Woodward,1989;Crouch 等,1990,1994;Woodward 和 Crouch,1989;Woodward 等,1991)。这里强调了这一发展的关键步骤:

(1) 应用防裂原理来防止在装甲中产生剪切裂纹,从而防止冲塞造成的早期失效(图 4.2 中的插图);

(2) 认识到,剪切裂纹的产生必须限制在最外层,如图 4.18(a)所示;

(3) 认识到中间层材料沿厚度方向的抗压动态性能,环氧树脂黏合剂,需要研究和充分表征(Crouch 等,1994);

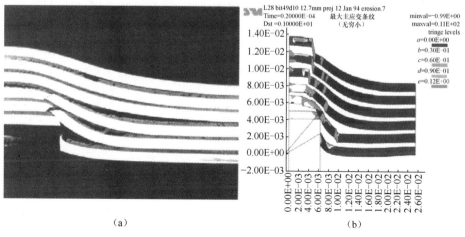

图 4.18　六层 ABAL 的横截面显示了最外层的剪切(a)及其数值模拟结果(b)(彩图)

(4) 提升对这种碰撞事件进行数学建模的能力(图 4.18(b)和 9.6.6 节);

(5) 认识到不仅夹层的厚度很重要,更重要的是夹层厚度与层厚度之比(图 4.19)。

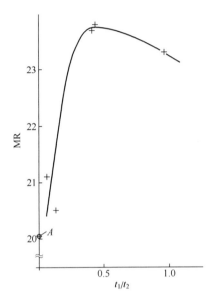

图 4.19 层厚度—黏结剂厚度比对黏结剂连接叠层铝装甲防弹性能的影响

因此,在设计防弹叠层板时,不仅仅是具有简单堆积的叠层,也不仅仅是黏结剂连接叠层板,而是薄层厚度与层间厚度具有最佳比例。然后,只有这样,才能抑制冲塞并获得优异的防弹性能。Woodward 和 Cimpoeru(1998)最近的工作表明,简单地将铝合金板堆叠在一起并不能最大限度地提高对钝头弹的侵彻阻力。

推论:这种有益机制仅在钝性撞击器垂直撞击 ABAL 时才起作用。当撞击器的头部形状为尖头、卵形或半球形时,不起作用。关键是如何组织叠层装甲,使剪切裂缝在垂直情况下始终撞击 ABAL 的表面,但如何实现呢?

### 4.5.2 新型防护装甲:钢-复合叠层板

新型防护装甲是一种商用的钢-复合材料防弹叠层板,已应用于澳大利亚惩教中心瞭望塔的墙壁和天花板。它不仅是陶瓷装甲系统的应用实例,而且是如何设计具有最佳抗弹层和吸能层材料的防弹叠层板的一个应用实例。

在这种情况下,威胁只有 7.62mm 普通弹。然而,针对这种威胁,装甲级钢材容易因冲塞而失效,因为所需的钢材厚度约为 7~9mm。$t/D$ 比接近 1,这通常会导致冲塞破坏。事实上,在这种厚度下,高硬度钢在阻止这类威胁时特别容易冲塞。

设计理念是减小钢的厚度以降低 $t/D$ 比并促进塑性扩孔的形成,并用具有低成本效益的复合材料支撑钢。在这个应用中,没有空间限制,也没有任何严格的重量限制——项目是由成本驱动的,这在建筑行业是正常的。

经过 AS／NZS 2343:1997 装甲标准认证达到 R2 级的开发解决方案包括:

(1) 厚5mm,中等强度的钢,硬度约为360HV;

(2) 厚度为 0.5mm 的 Hysol 黏结剂 9309.3(一种增韧的环氧黏结剂)粘合层;

(3) 19mm 厚的玻璃纤维增强乙烯基酯树脂,玻璃纤维的体积分数约为55%~60%。

选择钢的中等硬度—它不是标准等级的装甲钢。选择吸收层材料 GFRP 是因为它的高体积纤维部分(第5章),选择粘合层是因为它是经过验证的航空航天黏结剂,具有良好的动态特性(Crouch 等,1994)。图 5.1 和图 5.6 说明了它的防弹性能和冲击性能。

### 4.5.3　氧化铝-铝叠层装甲

最后,举一个典型实例来说明破坏层与吸收层的厚度比例在陶瓷基装甲系统中的重要性。John Hetherington 在 1992 年发表了关于氧化铝/铝系统的数据(Hetherington,1992),即图 4.20 所示的双层叠层板,考虑两个元素的厚度极限。显然,氧化铝在没有任何支撑的情况下将不起作用。同样地,相对柔软的铝在其前面没有硬质冲击面的情况下也不会那么有效。Hetherington 的报道是一个简单的

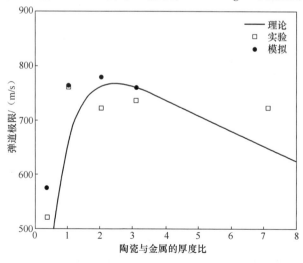

图 4.20　具有相似面密度但不同陶瓷-金属厚度比的氧化铝/铝靶的弹道极限速度

例证,即最有效的装甲系统有一个最佳的厚度比。这在图 4.20 中再现,最佳厚度比约为 2∶1。在面密度一定的基础上,该比率变为约 3∶1。换句话说,为了使陶瓷基体系具有最佳的防弹性能,该体系的约 75%(重量)应为陶瓷。这是几十年来遵循的设计规则之一,并且已经在 Lee 和 Yoo(2001)最近的数值模拟中再次得到证实。然而,正如第 7 章所描述的那样,在设计具有成本效益的轻质陶瓷装甲系统时,有一些方法可以改进或规避这个一般规则。

## 4.6 结论

总之,希望这一过渡章节不仅激发一些新的思想和设计思路,接下来通过阅读关于聚合物和纤维增强塑料的第 5 章,关于纤维、纺织品和防护服的第 6 章,及关于玻璃和陶瓷的第 7 章,鼓励读者更多地了解叠层装甲及层状结构的相关知识。

本章相关彩图,请扫码查看

## 参考文献

Anon, 2001. Composite blastproofing systems move from R&D to the marketplace. High-Performance Composites 25–29 (January/February).

Aubusson, K., 21 April 2015. Anzac Day 2015: The Bullet in the Bible that Led to Salvation. Sydney Morning Herald.

Barbero, E. J., July 2010. Introduction to Composite Material Design, second ed. CRC Press, FL, USA.

Ben Dor, G., Dubinsky, A., Elperin, T., 2012. Investigation and optimisation of protective properties of metal multi-layered shields-a review. International Journal of Protective Structures 3 (3), 275–291.

Chai, G. B., Manikandan, P., 2014. Low velocity impact response of fibre-metal laminates-areview. Composite Structures 107, 363–381.

Choi, C., Callaghan, M., van der Schaaf, P. L. H., Dixon, B., 2014. DSTO Technical Report, DSTO-TR-2960, Modification of the Gurney Equation for Explosive Bonding by Slanted Elevation Angle.

Crouch, I. G., Woodward, R. L., 1989. The use of simulation techniques to study perforation mechanisms in laminated metallic composites. In: Paper Presented at the International Conference on Mechanical Properties and Materials at High Rates of Strain, Oxford, UK.

Crouch, I. G., Greaves, L. J., Simmons, M. J., 1990. Compression failure in composite armour materials. In: Paper Presented at the 12th International Symposium on Ballistics, San Antonio, Texas, USA, October 1990.

Crouch, I. G., Greaves, L. J., Ruiz, C., Harding, J., September 1994. Dynamic compression of toughened epoxy interlayers in adhesively bonded alumunium laminates. Supplement to Journal de Physique III, Colloque C8, 4, 201–206.

Crouch, I. G., Appleby-Thomas, G., Hazell, P., 2015. A study of the penetration behaviour of mild-steel-cored ammunition against boron carbide ceramic armours. International Journal of Impact Engineering 80, 203e211.

Crouch, I. G., 1981. Properties of Welded Transition Joints between Steels and Aluminium Alloys for Use in Structural Applications. Institution of Metallurgists. Course Volume (Series 3).

Crouch, I. G., 1986. A Review of Metallic Composite Materials for Armour. RARDE, Chertsey. UK Government Internal Report.

Crouch, I. G., 1988. Adhesively-bonded aluminium laminates-their future as energy-absorbing, structural materials. In: Paper Presented at the New Materials and Processes for Mechanical Design, Brisbane, Australia, May 1988.

Crouch, I. G., 1992. Discing failures in both traditional and composite armour materials. In: Paper Presented at the International Symposium on Ballistics, Stockholm, June 1992.

Crouch, I. G., 1993. Laminated Armour. US Patent Number 5272954. Filed 28th September 1990; Granted 28th December 1993.

Crouch, I. G., 2010. A Comparative Study of Ceramic Coating Techniques, as a Means of Conferring Multi-hit Resistance on SAPI Ballistic Plates. Internal DMTC Report, May 2010.

Crouch, I. G., 2013a. "Next Generation Combat Helmets", 3rd DMTC Annual Conference, March 2013, Canberra, Australia.

Crouch, I. G., 2013b. unpublished data from ADA.

Crouch, I. G., 2014. Effects of cladding ceramic and its influence on ballistic performance. In: Paper Presented at the International Symposium on Ballistics, Atlanta, GA, USA, September 2014.

Dey, S., et al., 2007. On the ballistic resistance of double-layered steel plates: an experimental and numerical investigation. International Journal of Solids and Structures 44 (20), 6701–6723.

Grujicic, M., Bell, W. C., Pandurangan, B., 2012. Design and material selection guidelines and-strategies for transparent armor systems. Materials and Design 34, 808–819.

Gupta, N. K., Iqbal, M. A., Sekhon, G. S., 2008. Effect of projectile nose shape, impact velocity and target thickness on the deformation behavior of layered plates. International Journal of Impact Engineering 35, 37–60.

Hamel, S. F., 2010. A Parametric Study of Delaminations in an Al-Li Alloy (M. Sc. thesis). University of Illinois, Urbana-Champaign, 2010.

Hetherington, J. G., 1992. The optimisation of two component composite armours. International Journal of Impact Engineering 12 (3), 409–414.

Jaitlee, R., 2013. Physical Protection: Inter-dependence between Hard and Soft Armours (Ph. D. thesis). RMIT University, Australia.

James, B. J., 1995. Modification of ceramic failure in impact by stress wave management. In: Paper Presented at the Lightweight Armour Systems Symposium, Shrivenham, UK.

Jones, R. M., 1975. Mechanics of Composite Materials. McGraw-Hill, New York.

Kaufman, J. G., September 1967. Fracture toughness of 7075-T6 and-T651 sheet, plate and multi-layered adhesive-bonded panels. Journal of Basic Engineering 503–507.

Krell, A., Strassburger, E., 2008. Hierarchy of key influences on the ballistic strength of opaque and transparent armor. Ceramic Engineering and Science Proceedings 20 (5), 45–55.

Kruzic, J. J., McNaney, J. M., Cannon, R. M., Ritchie, R. O., 2004. Effects of plastic constraint on the cyclic and static fatigue behavior of metal/ceramic layered structures. Mechanics of Materials 36, 57–72.

Kum, D. W., Oyama, T., Wadsworth, J., Sherby, O. D., 1983. Journal of Mechanics and Physics of Solids 31, 173–186.

Laible, R., 1980. Ballistic Materials and Penetration Mechanics, Chapter 4 (Fibrous Armor). Elsevier.

Langdon, G. S., et al., 2007. Behaviour of fibre metal laminates subjected to localised blast loading: part 1-experimental observations. International Journal of Impact Engineering 34, 1202–1222.

Lee, M., Yoo, Y. H., 2001. Analysis of ceramic/metal armour systems. International Journal of Impact Engineering 25, 819–929.

Lees, W. A., 1988. Adhesives in Engineering Design. Springer-Verlag, Berlin.

Lesuer, D. R., et al., 1996. Mechanical behaviour of laminated metal composites. International Materials Reviews 41 (5), 169–197.

Lexow, B., Strassburger, E., Senf, H., Rothenhausler, H., 1999. Ballistic resistance of steel/composite targets against 7.62 mm AP projectiles. In: Paper Presented at the 18th International Symposium on Ballistics, San Antonio, USA, November 1999.

Lopez-Puenta, J., Arias, A., Zaera, R., Navarro, C., 2005. The effect of the thickness of the adhesive layer on the ballistic limit of ceramic/metal armours: an experimental and numerical study. International Journal of Impact Engineering 32, 321–336.

Nettles, A. T., October 1994. Basic Mechanics of Laminated Composite Plates. NASA Publication 1351.

Oberg, E. K., Dean, J., Clyne, T. W., 2015. Effect of inter-layer toughness in ballistic protection systems on absorption of projectile energy. International Journal of Impact Engineering 76, 75–82.

Ozsahin, E., Tolun, S., 2010. On the comparison of the ballistic response of coated aluminium plates. Materials and Design 31 (7), 3188–3193.

Pechoucek, P., Rolc, S., Buchar, J., 2011. Fragment simulating projectile penetration into layered targets. Engineering MECHANICS 18 (5/6), 353–361.

Roland, C. M., Fragiadakis, D., Gamache, R. M., 2010. Elastomer-steel laminate armor. Composite Structures 92, 1059–1064.

Rolc, S., Buchar, J., Obdrzalek, L., Hrebicek, J., 1996. On the penetration process in steel laminates. In: Paper Presented at the 16th International Symposium on Ballistics, San Francisco, September 1996.

Rondot, F., et al., 2013. On the use of laminate protection against high velocity fragment impact. In: Paper Presented at the 27th International Symposium on Ballistics, Frieburg, Germany, April 2013.

Rosenberg, Z., Dekel, E., 2012. Terminal Ballistics. Springer-Verlag, Berlin.

Roylance, D., 1996. Mechanics of Materials. Wiley & Sons, New York.

Sadighi, M., Alderliesten, R. C., Benedictus, R., 2012. Impact resistance of fiber-metal laminates: a review. International Journal of Impact Engineering 49, 77–90.

Stefansson, N., Bailey, R. E., Swiatek, G. J., 2012. PCT/US2011/066691, Entitled "Dual Hardness Steel Article and Method of Making". Filed 22nd December 2011.

Strassburger, E., et al., 1998. The ballistic resistance of steel/aramid bi-layer armor against fragment impact. In: Paper Presented at the 17th International Symposium on Ballistics, South Africa.

Tasdemirci, A., Tunusoglu, G., Guden, M., June 2012. The effect of the interlayer on theballistic performance of ceramic/composite armors: experimental and numerical study. International Journal of Impact Engineering 44, 1–9.

Van de Voorde, M. J., Diederan, A. M., Herlaar, K., 2005. Preliminary investigation of potential lightweight metallic armour plates. In: Paper Presented at the International Conference on Ballistics, Vancouver, Canada, November 2005.

Van de Voorde, M. J., Herlaar, K., Broos, J. P. F., 2007. Is a hard top layer always the right choice? . In: Paper Presented at the 23rd International Symposium on Ballistics, Tarragona, Spain, April 2007.

Velentzas, G. C., 1996. Spaced Armour Systems, 24 MVT M. Sc. Project Report. Royal Military College of Science, Shrivenham (Mike Iremonger, Supervisor).

Vermeeren, C. A. J. R., 2003. An historic overview of the development of fibre metal laminates. Applied Composite Materials 10, 189–205.

Woodward, R. L., Cimpoeru, S. J., 1998. A study of the perforation of aluminium laminate targets. International Journal of Impact Engineering 21 (3), 117–131.

Woodward, R. L., Crouch, I. G., 1989. MRL Research Report, MRL-RR-9e89, "A Computational Model of the Perforation of Multi-Layer Metallic Laminates". DSTO Materials Research Laboratory.

Woodward, R. L., Tracey, S. R., Crouch, I. G., October 1991. The response of homogeneous and laminated metallic sheet material to ballistic impact. Journal de Physique IV, Colloque C3, 277–282.

Yadav, S., Ravichandran, G., 2003. Penetration resistance of laminated ceramic/polymer structures. International Journal of Impact Engineering 28, 557–574.

Yaziv, D., Reifen, Y., Kivity, Y., 1996. Spacing effect on the performance of ceramic targets. In: Paper Presented at the 16th International Symposium on Ballistics, San Francisco, September 1996.

Yong, M., Iannucci, L., Falzon, B. G., 2010. Efficient modelling and optimisation of hybrid multi-layered plates subject to ballistic impact. International Journal of Impact Engineering 37, 605–624.

# 第5章
# 聚合物和纤维增强塑料

伊恩·G. 克劳奇(I. G. Crouch)[1],J. 桑德林(J. Sandlin)[2],S. 托马斯(Thomas)[3]

[1]澳大利亚维多利亚州特伦特姆装甲防护方案有限公司
[2]澳大利亚维多利亚州霍索恩国防材料技术中心
[3]澳大利亚维多利亚州南丹东Defendtex武器研发公司

## 5.1 概述

虽然,"复合装甲"这一词语在过去几十年中被赋予许多不同的含义,从系统的角度来看,它通常意味着由陶瓷和背衬两个不同材料组合构成的"复合"装甲系统。然而,对于材料科学家来说,"复合材料"这个词通常指的是纤维增强塑料(FRP),例如碳纤维增强环氧树脂,它已成为航空航天工业中的首选材料。本章涉及未增强聚合物,如聚碳酸酯和纤维增强聚合物(或塑料)、玻璃纤维等。复合装甲系统将在包括第7章的其他章节中介绍。

正如第4章详述的那样,复合材料是层合材料,故所使用的基础材料有丰富的选择余地:树脂类型(热固性或热塑性);树脂种类(聚酯、环氧树脂等);增强材料种类(玻璃纤维、碳纤维或芳纶纤维);增强材料的参数(体积分数、取向、预处理等)。本章将为装甲防护技术人员分析一些常用情形,并深入揭示其弹道性能。例如,图5.1给出了能够有效防护M80型7.62mm铅芯弹的一系列复合装甲面密度的比较。密度最大的系统是材料装甲(玻璃纤维和合成泡沫的专利复合结构);密度最小的是由碳化硅陶瓷和芳纶增强塑料支撑背板构成。绿色柱是一种来自装甲防护方案有限公司(澳大利亚)的更具效费比的Newsentry复合装甲系统。这是一种由高硬度钢板和其背面的玻璃纤维增强乙烯基酯树脂构成的简单层合结构(见第4章)。图5.1中给出的数据是一种特定的纤维增强塑料的整体层合板。应该注意的是,这些"防弹"层合板的厚度通常为10~50mm,而1~5mm厚的航空用材料的抗冲击性和能量吸收机制在其他地方已有所涉及,尤其是Cantwell和

Morton(1991)已做过经典评论。

一般来说,纤维增强塑料并不是好的防弹材料,至少单独使用不行。正如克劳奇(2009a)揭示的那样,它们倾向于与其他装甲材料组合使用。但为什么会这样呢?纤维增强塑料确实具有非常优异的结构性能并且已经以半结构方式使用以减轻装甲车辆主要结构的重量。它们也可以比金属更容易成型,并且已成为制造头盔等装甲产品的主流材料(见5.5.2节)。作为一种能量吸收材料,它们在防护钝头弹丸,譬如高能碎片方面非常出色,并且自20世纪70年代以来已经成为防崩落衬层的优选材料。从那时起,大多数装甲输送车都将这些纤维增强塑料层合板改造安装到主结构装甲的内部,使其作为主装甲防护系统一部分或作为升级装甲部件的一部分。

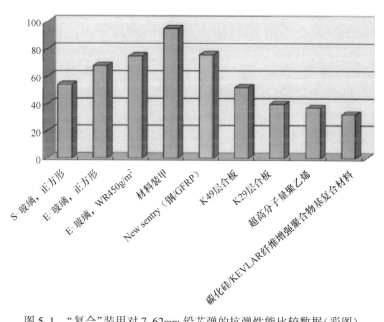

图5.1 "复合"装甲对7.62mm铅芯弹的抗弹性能比较数据(彩图)

## 5.1.1 从防崩落衬层到结构纤维增强塑料的发展简史

复合材料作为装甲材料最广泛的应用是作为防崩落衬层。它们安装在主结构装甲的内侧,以降低其背面崩落的风险和其他影响。它们最初开发的主要目的是解决厚壁轻质铝基装甲被动能弹(KE)或化学能弹(CE)击穿后的崩落问题。正如前面章节特别是第3章中所描述的那样,轻合金容易背面遭受碟形破坏。在空心成形装药武器打击的情况下,防崩落衬层的存在可以显著降低内部破片的散射锥角,从而减轻对人员的严重伤害。

这些防崩落衬层通常是玻璃纤维或芳族聚酰胺纤维增强热固性树脂的层合材料;树脂通常是阻燃级的,例如酚醛树脂,因为这些材料位于装甲输送车(APC)的车内空间。早期是通过 MVEE 802( c. 1982)这样的军事规范来控制的,现在已经发展成为防御标准(见第5.6节这些产品用于英国装甲战车(AFV),如武士 APC,以及许多美国车辆,如 M113s,LSAC 和 ASV( RUSH, 2007)。如后面所述,这些防崩落衬层,不论纤维类型如何,其特征在于高纤维体积分数。

纤维增强塑料的层合板(图5.2)还曾与装甲钢、装甲铝合金复合作为另外一种替代材料用作装甲车辆车体主装甲和主结构。这种聚合物基的材料在限定的重量下提高了抗弹性能。它可以采取内部崩落衬层的形式(参见5.6.2节)甚至是外部涂层的形式,以缓解车体对爆炸的响应。

20世纪90年代,一些防崩落衬层材料被用作类似"陆虎"等轻型陆地车辆的驾驶室防护构件(图5.2)。英国 CAV 100 整车采用 S2 玻璃增强酚醛树脂制成,是最早的应用车型之一,在北爱尔兰境内的战乱服役期间,该车实现了重量减轻,但产量有限,可维修性也成为一个问题。

图 5.2 纤维增强塑料的车辆应用照片

然而,20世纪90年代最重要的车辆研发计划是英国的先进复合材料装甲车辆平台。该项目基于这样一个前提,防崩落衬层附着在车体上,只是增加了车辆的重量,并没有提供结构上的好处。20世纪90年代早期,MVEE(Chobham)的团队认识到将防崩落衬层转换为结构装甲并将主装甲系统连接到永久性的轻质复合材料车体上的好处。不仅如此,如果能够实现这一点,那么升级主装甲将非常容易。Mark French 于 2001 年 5 月在挪威 Loen 上发表的题为《复合材料和新型轻型装甲车辆建模技术》的论文(French 和 Lewis,1996)中给出了复合车辆计划 c.2000 的完整概述,列出了 ACAVP 的基础数据。

20 世纪 90 年代后期,随着复合材料在装甲应用中的增长,ADI(现在的 Thales,澳大利亚)研究了它在炮塔、防盾和舱口盖等容易改装以减轻整体重量的制品中的应用。ADI 选择了真空袋辅助树脂灌注(VBRI)工艺(见 5.4.2 节)制造一种舱口盖原型样件。它采用的是一种无皱褶 E-玻璃织物,注入了乙烯基酯树脂(Derakane 8084)。图 5.3 给出了这种制品的照片:带有整体窗口的整体式多曲面舱口盖。其抗弹性能非常好,但是,与其同代的单一复合材料部件的许多早期设计一样,其边缘性能较差。复合材料部件和金属结构之间的界面需要仔细设计,以消除"弹道窗口"问题(子弹从这些结构界面附近轻松穿过)。

图 5.3 1998 年在 Puckapunyal 试验期间安装在 ASLAV 上的复合舱口盖的图像

在同一时期,Crouch 和他在 ADI 的团队(c.1997)成功地开发了一种复合装甲系统,用于装配到 Huan 级的 RAN 的扫雷车(见 5.5.4.1 节)。同样,选择的制造工艺是 VBRI。

最近,随着芳纶、玻璃、UHMWPE 甚至碳纤维聚合物基复合材料的广泛采用,这些材料被设计成轻型车辆的主要结构和主装甲。在这种应用中,他们开始取代钢和铝的使用。然而,它们仍然比金属材料更昂贵,因此它们更适合用作对战斗全重要求较高的平台(如空中部署以及高机动性要求)的主结构。

通用动力的 Ocelot(Anon,2014)和 Supacat SPV400(Anon,2015g)是两个典型的例子。两者都采用了由复合材料制成的后部载员舱。并且都可以快速更换重塑车辆,并且车辆的总空载质量在 7~8t 的范围内(图 5.4)。

尽管聚合物基复合材料在人员装甲中的使用现在更加普遍,但是由于超出成本拖了其作为车辆主结构首选材料的后腿。这些还特别包括将在 5.5.4 节讨论的超高分子量聚乙烯(UHMWPE)准静态刚度以及弹道响应机制随着装甲车辆型号

图 5.4 2012 年在阿富汗卸载的 Foxhound 轻型车辆(LPV)

及其面临威胁的提升而发生变化的问题。

UHMWPE 材料的开发是一个令人津津乐道的成功范例。20 世纪 70 年代,荷兰的帝斯曼公司发明了这种超轻质材料,经过数十年的发展,现在已经成功用作轿车的上车身材料、人体防弹插板的能量吸收背板材料(见 5.6.2 节)以及作战头盔的重要材料之一。最近的研究结果表明,这种材料吸能效果超出了之前 Cunniff (1999)提出的传统预测结果,能够吸收额外的、更多的冲击能量。

### 5.1.2 能量吸收机制和失效模式

传统的航空航天复合材料传统失效方式包括基体开裂、纤维拔出、分层以及纤维拉伸和纤维失效,这些在已有的文献中有详细的记载(Cantwell 和 Morton, 1991)。但是,弹道冲击对于复合材料来说则完全不同。自 20 世纪 80 年代以来对厚度为 15~50mm 的复合材料已经花费了相当大的精力来确定那些在弹道侵彻事件中重要的机制。正如图 5.5 所示,分层是其中最确切的。实际上,在开发以抗多次打击能力为先决条件的复合材料装甲中,限制及抑制这种自然破坏模式的程度是面临的挑战之一。20 世纪 70 年代和 80 年代初期,美国佛罗里达大学的 Sierakowski 及其团队在工作中结合传统知识认为,由于分层吸收了大部分的冲击能量是主要的失效机制。然而,这并不总是得到试验证据的支持。在玻璃纤维增强的聚酯树脂复合材料中经常发现,由多层较薄片层构成的材料与由相对较少数量但较厚片层构成的材料相比,防弹性能没有差别(Morrison 和 Bowyer, 1980)。早期的研究人员还提出,分层是唯一重要的,因为它使各个层就像没有树脂存在一样。不仅如此,分层是抗弹复合材料中必不可少的失效模式,即使它可能不会吸收大部分冲击能量。

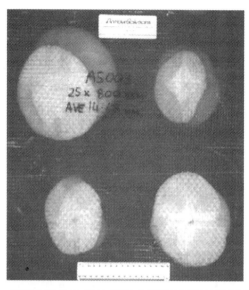

图 5.5　Newsentry 装甲系统的后表面,显示玻璃纤维增强树脂背衬材料的大量分层

最早开展的试图认定全系列吸能机制的工作源自 20 世纪 80 年代的国际合作活动,尤其是美国(Gooch 和 Perciballi)、加拿大(Poursartip)、澳大利亚(Gellert)和英国(Crouch)之间的一项政府间合作计划。继 Crouch 于 1986 年进行了广泛的评估之后(Crouch,1986),Greaves 终于发表了两个侵彻阶段的研究工作(图 5.6):阶段 I 主要涉及厚度方向压缩;阶段 II 涉及膜拉伸和分层(Griffs,1992)。

总之,基于 Rayner 和 Crouch(1984)在金属层合板的早期开发工作,图 5.7 给出了无论是金属还是聚合物层合板中发生的所有已知失效机制的最新总结。

图 5.7 给出了 0.3 英寸(7.6mm)碎片以 900m/s 速率冲击侵彻纤维金属层合板的弹孔处横截面照片。侵彻过程分为两个阶段:阶段 I,涉及广泛的厚度方向压缩,阶段 II,涉及膜拉伸。两个主要阶段中的每个失效机制都归因于一个特定的微观事件:

(1) 厚度方向压缩;
(2) 横向剪切;
(3) 压垮和局部剪切;
(4) 分层;
(5) 膜弯曲;
(6) 面内拉伸失效。

厚度方向压缩(1)涉及一种弹性和一种塑性响应,并且当外层在横向剪切中开始失效时达到顶点(2)。该步骤涉及增强纤维的局部剪切和拉伸破坏,并且在

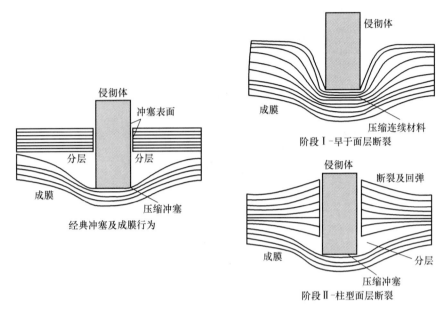

图 5.6 两个故障阶段的图示

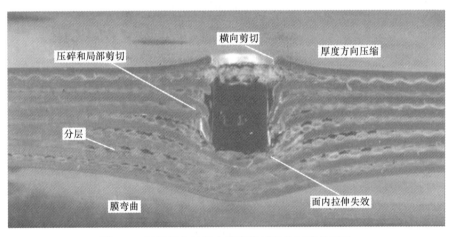

图 5.7 层压复合材料中整套能量吸收过程的图示

高性能 FRP 层合板中是十分必要的。这个过程紧接着是纤维和树脂颗粒聚集体的大量破碎(3),向各个方向上流动(取决于弹头形状),迫使未损坏的材料移动(通过弯曲或通过弹/塑性应变)。正是在这个阶段,由于层间区域抗裂性相对较低、分层开裂较易形成,分层(4)开始,并且阶段Ⅱ开始。然后分层的扩展受树脂的断裂韧性控制。随着后面的子层从前面的子层剥离,发生膜变曲(5)并且在弯曲中吸收冲击能量。如果膜应变超过纤维的失效应变,则后层中纤维的面内拉伸失效(6)就最终发生了。

在过去的30多年中,针对测量这些个体微观事件已经开发和/或确定了特定的、有效的力学测试(准静态或动态测试)方法。这些首先由Crouch在1993年牛津大学的欧洲会议上进行了总结(Crouch等,1993)本书对相关内容进行转载,见图5.8。阶段Ⅱ"分层"和"膜弯曲"机制则是基于更早期的工作(Simmons等,1989)。

| 阶段 | 侵彻机制 | 微观结构事件 | 专用测试程序 |
|---|---|---|---|
| Ⅰ | 1. 厚度方向压缩 | 基体材料的弹性/准塑性响应<br>受FRP中的$V_f$影响的低模量事件 | ·圆柱形样品的简单压缩测试<br>·约束压缩试验(CCT) |
| Ⅰ | 2. 横向剪切 | 压垮和局部剪切 | ·约束压缩试验(CCT)<br>·冲压试验,冲头直径可变 |
| Ⅰ | 3. 压碎和局部剪切 | 纤维、树脂等的局部粉碎<br>粉碎物质的流动 | ·锥形压痕测试,具有可变锥角 |
| Ⅱ | 4. 分层 | 层内和层间分离 | ·短梁剪切试验<br>·中央柱塞分层(CPD)测试 |
| Ⅱ | 5. 膜弯曲 | ·基体开裂<br>·薄层剥离 | ·二维四点弯试验<br>·三维集中加载打孔(CLP)测试 |
| Ⅱ | 6. 面内拉伸失效 | 纤维拔出<br>纤维或子层的拉伸断裂 | ·面内拉伸试验,可变方向(例如,轴向或横向) |

图5.8 能量吸收机制和相关的微观结构事件列表以及相应的QS模拟测试

第10章将更全面地介绍这一系列专业测试技术,图5.9给出了示例,显示了一组GFRP材料纤维体积分数($V_f$)变化的约束压缩试验(CCT)曲线。这清楚地表明随着$V_f$的增加,TT(厚度方向)抗压强度的增加,而且实际上,其抗弹性能也提高(Crouch等,1990)。这组数据还表明,$V_f$(体积百分数为67%)相近时,S2玻璃基复合材料比E玻璃基复合材料更有效:其厚度方向压缩模量TT和峰值载荷都明显更高。

阶段Ⅰ的存在首先在一些经典研究中(Bless和Hartman,1989)得到证实,并重绘于图5.10。通过使用阴影X射线照相术和基准标记,他们能够非常清楚地显示存在阶段Ⅰ的行为,GFRP材料的厚度方向压缩。在这些的情况下,它采用的是一种S2-酚醛层合板。正如图5.10所示,在撞击的前18ms内,靶板的后表面没有移动。冲击的弹丸仅简单地在面内约束的自然限制区域内沿厚度方向压缩复合材料。

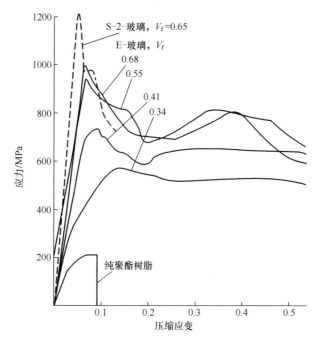

图5.9 一系列GFRP面板的CCT数据

但阶段Ⅰ和阶段Ⅱ哪个阶段最重要呢？哪个阶段吸收大部分能量？人们普遍认为，结构层合板和防弹层合板之间的显著差异在于后者分层更多而吸能更多，从而导致层合板抗冲击能力更强。然而，Crouch、Greaves和Rutherford在20世纪90年代初期开展的工作（Crouch，1993）表明情况并非如此（图5.11）：阶段Ⅰ吸收了大量能量，这也是为什么各种纤维复合材料对钝头弹防护效能更高的原因。在这个精心设计的系列试验中，Crouch采用从0.3英寸APM2子弹的剥离钢芯侵彻在不同的支撑条件下复合装甲材料，结果表明，阶段Ⅰ吸收了超过60%的冲击能量。应该注意的是，这些试验是用卵形头部的刚性钢芯侵彻体（APM2的弹芯）进行的。可以想象，对于钝头弹，这个比例应该更大。

然而，限制或完全抑制分层不会导致终极的复合装甲材料。这一点已经在很多场合通过使用不同的基体得到了证明（Gellert等，1998；Wong等，2001）。事实上，黄等非常清楚地表明，基体需要在韧性或脆性之间平衡：他们的研究表明，向GFR酚醛树脂添加10%PVB添加剂的效果是有效的，并且确定了$G_{1c}$和$V_{50}$值之间的反比关系。

基于同样的思路，人们通过引入贯穿厚度方向的增强纤维研制三维复合材料，希望可以通过有效抑制分层程度提高防弹性能。事实上恰恰相反，James和

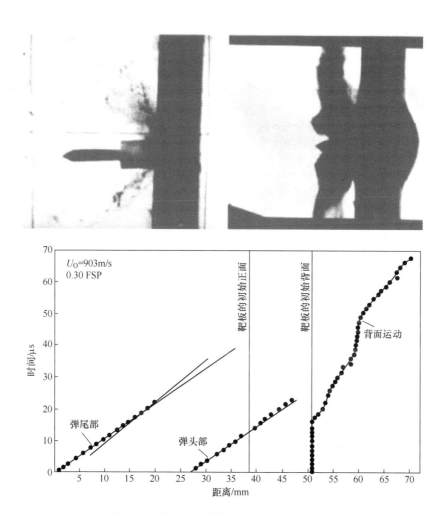

图5.10 阶段Ⅰ失效模式下的厚度压缩证据

Howlett(1997)发现三维层压板仅吸收了85%~90%的二维层合板吸收的能量,其抗0.3英寸碎片模拟弹的性能实际上降低了。

复合材料的抗弹性能也非常依赖于弹头的形状。几十年来,相当多的工作试图量化这种现象。这可以用厚度方向压缩行为和面内压缩行为之间的平衡来解释。Reid等在20世纪90年代早期使用锥形压头动态压痕试验试图解决这个问题(Reid等,1995):他们发现面内抗压性不随冲击速率变化而变化,但厚度方向压缩性能$T$却有一个数量级的增加。Jordan和Naito(2014)最近的工作也非常清楚地说明了这种效果。他们量化了8种不同头部形状弹丸冲击各种玻璃/树脂层压板的效果,并将结果与Wen的分析模型进行了比较(第8章)。图5.12再现了这些

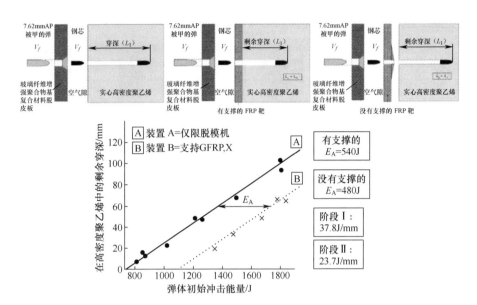

图 5.11 GFRP 材料的残余穿透深度(RDOP)示意图用于
确定阶段Ⅰ和阶段Ⅱ失效模式的能量吸收水平

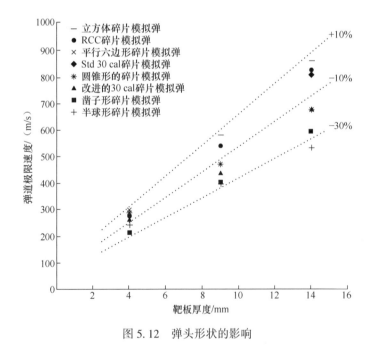

图 5.12 弹头形状的影响

数据。很明显,FRP 抗更钝的弹丸性能更好,并且这种现象可以理解为在阶段Ⅰ

失效(TT压缩)中吸收了更多的能量。

最近的研究又更进一步揭示了一个现象(Crouth,2013a),那就是在头盔研发过程中发现的靶板曲率对其抗弹性能的影响,尤其是钝头破片。图 5.13 给出了这个事件的原理示意图,其中在具有更强自我支撑能力的结构受到初始冲击时,其面内纤维的抗穿透阻力具有垂直分量。与平板相比,阶段Ⅰ在更多横向约束下发生,而阶段Ⅱ在更高剥离阻力的条件下发生。阶段Ⅱ被延迟,并且变得更依赖于后续纤维/织物层的可塑性(破坏应变)。在这些条件下,如弯曲的 UHMWPE 目标所观察到的那样,人们可以预期总体抗穿透性会提高。但传统的玻璃纤维增强酚醛树脂却并非如此(见 5.6.3.4 节)。

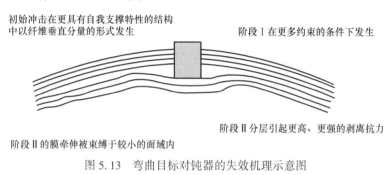

图 5.13 弯曲目标对钝器的失效机理示意图

## 5.2 聚合物和树脂

未增强聚合物,就像其增强型变体,由于其非常低的拉伸强度和高延展性,不能制造好的装甲材料。但是,出于许多其他原因,例如透明性,它们确实被用于弹道防护。这些可以是用于飞机座舱盖或用于装甲车辆的层合玻璃。还发现了它们的特定应用,例如防崩落外壳[用于硬质装甲板(HAP)]和眼镜(防弹护目镜)。考虑到完整性,也将在此处介绍。

表 5.1 列出了一系列热塑性聚合物和热固性树脂的基本机械性能。图 5.14 给出了这些聚合物的物理性质分布在蛛网图上的位置。值得注意的是,所有具有较好抗冲击和防护性能的工程聚合物都位于该图表的最顶端。

表 5.1 聚合物的力学性能列表

| 聚合物 | 本体密度 /(kg/m³) | 拉伸强度 /MPa | 拉伸强度 /GPa | 伸长率(试样50mm) /% |
|---|---|---|---|---|
| 缩醛树脂 | 1410 | 55~70 | 1.4~3.5 | 75~25 |
| 丙烯酸树脂 | 1190 | 40~75 | 1.4~3.5 | 50~5 |

续表

| 聚合物 | 本体密度/(kg/m³) | 拉伸强度/MPa | 拉伸强度/GPa | 伸长率(试样50mm)/% |
|---|---|---|---|---|
| 环氧树脂 | 1250 | 35~140 | 3.5~17 | 10~1 |
| 尼龙 | 1160 | 55~83 | 1.4~2.8 | 200~6 |
| 酚醛树脂 | 1135~2130 | 28~70 | 2.8~21 | 2~0 |
| 聚碳酸酯 | 1200 | 55~70 | 2.3~3.0 | 125~10 |
| 聚酯树脂 | 1280 | 55~90 | 2~5 | 300~5 |
| 聚乙烯 | 910~970 | 7~40 | 0.1~0.5 | 1000~15 |
| 聚氯乙烯 | 1330 | 7~55 | 0.014~4 | 450~40 |

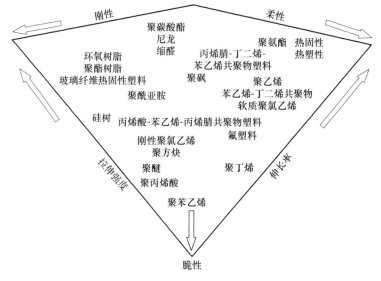

图 5.14 聚合物的一般类别

## 5.2.1 未增强聚合物

聚乙烯系列已被证明是一组相当通用的装甲材料,可以用作吸能材料(在RDOP 测试中),覆盖板(在硬装甲 HAP 上)和用于热叠合高级层合板薄膜。正如图 5.15 所示,它们的性质取决于聚合物链长(分子量)和形态(结晶度)。对于装甲应用来说,其分子量通常超过 30000,结晶度>50%。正如表 5.2 所列,根据其体积密度值可将它们分为不同等级。密度约为 910kg/m³ 的 LLDPE 薄膜具有优良的成型特性(用于叠层热压),因为它们的熔体流动指数低,并且在 Klintworth 和

Crouch(2002)开发出独特的制造方法中用作硬装甲板中支撑层合板(第7章)。在精确控制的高压釜条件下,将约 0.125mm 厚的 LLDPE 薄膜与 $308g/m^2$ 的 K49 织物(称为 K900)叠层热压复合,可以制备具有优良能量吸收特性用的硬装甲 HAP 的背板层。澳大利亚国防服装公司(ADA)在 2000 年初将该工艺完全商业化,并使用这种专有工艺向国际客户销售了许多硬装甲。

HDPE 已经被用作 RDOP 测试中的能量吸收层(Crouch,1993)(图 5.11),当然分子量超过 100000 的已经被用于开发超高性能先进纤维一族(第 6 章)。

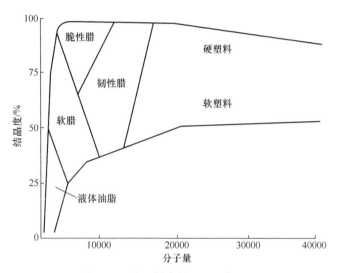

图 5.15 聚乙烯多晶型的经典相图

表 5.2 聚乙烯家族的分类

| 聚乙烯类别 | 简称 | 本体密度/(kg/m³) |
|---|---|---|
| 线性低密度聚乙烯 | LLDPE | ~910 |
| 低密度聚乙烯 | LDPE | 910~935 |
| 中密度聚乙烯 | MDPE | 936~938 |
| 高密度聚乙烯 | HDPE | ~950 |
| 超高分子量聚乙烯 | UHMWPE | ~970 |

其他许多未增强聚合物,主要是热塑性聚合物,可以有许多应用场合,特别是那些同时要求透明性和抗冲击性的应用。这些包括聚碳酸酯(PC),聚甲基丙烯酸甲酯(PMMA)和改性尼龙(Song 等,2006)。这些材料用于透明装甲的时间已经很长,主要用于需要光学透明度和防弹的窗户、护目镜及其他方面。

从历史上看,PMMA 在 20 世纪 40 年代被认为是一种很有应用前景的透明装甲,因为它被认为比大多数类型的玻璃更坚韧(Sands 等,2004)。在 20 世纪 60 年代,PC 在许多应用中取代了 PMMA,因为它具有更高的韧性、强度(几乎是"单一强度"玻璃的 300 倍)和抗弹效能。它在耐热性和阻燃性方面也优于 PMMA。尽管 PC 是一种优质的防弹材料,但它在使用中确实存在许多缺点。其中包括其对紫外线(UV)的敏感性和耐磨性差。因此,基于 PC / PMMA,PC / PMMA /玻璃, PC / PMMA / PU 和新改性透明尼龙的混合系统仍在不断的研发中(Sands 等, 2004;Hsieh 等,2004;Song 等,2006;Fountzoulas 等,2009)。

这些混合系统的一个突出特点是它们在一定密度条件下的抗弹性能优于上述单一组分材料。例如,谢等的研究工作发现(2004)PC-PMMA-PC 层压板在面密度 22.6kg/m² 时对 0.22cal 的碎片模拟弹的 $V_{50}$ 为 864m/s,而面密度较高 (23.5kg/m²)的 PC 层压板 $V_{50}$ 仅为 618m/s。他们的报告说,这两种材料的失效机理不同,PC 表现出类似于金属中的冲塞行为,而 PMMA 表现出类似陶瓷的锥形断裂,使传递到背层的载荷分散(图 5.16)。

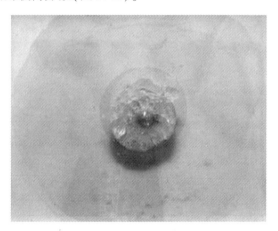

图 5.16 在 PC-PMMA-PC 层压板的 PMMA 层中观察到的锥形断裂行为

在躯干和肢体保护应用(包括头盔)的情况下,普通的 PC 和 PMMA 基础材料令人特别感兴趣,因为它们很容易热成型为形状复杂且公差要求高的几何形状 (Sand 等,2004)。此外,它们的韧性(PC)加上它们通过断裂锥扩大冲击区域的能力使其可以取代难以成型的抗弹陶瓷作为抗冲击面层,并与纤维复合材料背层发生相互协同作用。由于塑料的无定形结构,这对于提高对高长细比弹丸和碎片的防护能力或许有效。事实上,最近的模型分析和试验验证(Yong 等,2010)表明, PC-PC-UHMWPE 结构对一些特定威胁提供了最轻的解决方案(图 5.17)。这表明塑料抗冲击面层的技术可能值得进一步开发。

值得注意的是,除了更常见和传统的 PC 以及基于 PMMA 和 PU 的透明塑料

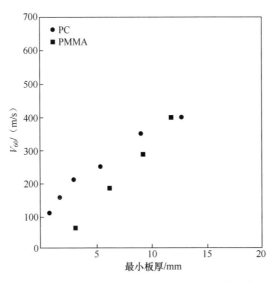

图 5.17 PC 和 PMMA 对 1.1g FSP 的弹道性能

装甲外,还有一些新的透明尼龙可用于弹道防护(由 Degussa 制造)。宋等的工作(2006)表明,这些材料有可能比 PC 和 PMMA(图 5.18)面密度更低,并且它们也是适合混合应用的,因此值得进一步研究。

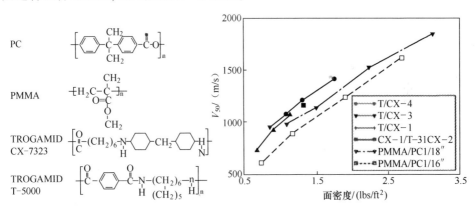

图 5.18 透明弹道尼龙的化学结构和 $V_{50}$ 与 AD 数据的关系

然而,尽管 PC 具有较差的耐磨性,它仍然是防弹护目镜的首选材料,因为其商业镜片上涂有耐划伤表面涂层。Siviour 等(2005)已经表征了 PC 在高应变速率和宽工作温度范围内的聚合物的机械性能。

最近,基于聚脲和/或聚氨酯长链聚合物的专利家族已被用作防爆炸抗剥离的厚涂层(Anon, 2015e)。这些高延展层(厚度可达几毫米)确实可以提高砖或混凝土结构的抗爆性,并且已经应用于军用车辆的底部(Anon,2015a)。然而,Crouch发现(Crouch,2013b),当其应用于硬装甲的外表面时,与使用防弹尼龙(如防弹尼龙织物)相比,不具有防弹效率。然而,据报道(Ramsay,2015),当将薄瓷构件(厚度为3mm)封装于厚聚合物薄膜(厚度约为3mm)中时,它们会提高陶瓷基系统的抗多发弹性能。在这个阶段,作者不确定它们真正的防弹效能——尽管简单地增加结构装甲厚度通常在质量基础上更有益(Ackland等,2013),这些聚合物目前还是为装甲技术专家所用,用作可能的爆炸衰减方法的一部分。

### 5.2.2 热固性树脂

这种聚合物一直以来用于制造多种先进复合材料,已广泛用于海洋、海运、运输和航空航天市场。对于装甲应用,很少关注它们的冲击性能和/或高应变率行为,并且特定等级的选择通常受其他重要的工程要求的支配。表5.3列出了该类热固性树脂的一般工程性能。

表 5.3 用于装甲应用的四类主要热固性树脂的简要概述

| 树脂类型 | 优点 | 缺点 | 装甲及应用 |
| --- | --- | --- | --- |
| 聚酯树脂 | 低成本;易于加工;室温固化;防潮 | 易燃;力学性能低;工作温度低 | 船舶;防崩落衬层;外部固定结构 |
| 乙烯基树脂 | 成本中等;低黏度;力学性能良好;室温固化;耐化学性能优良 | 易燃;工作温度低 | 船舶;防崩落衬层;层合板装甲;VBRI组件 |
| 酚醛树脂 | 成本中等;不易燃;良好的力学性能 | 有毒成分;工艺较难;可能较脆 | 装甲输送车结构;防崩落衬层;动力室隔板;烧蚀材料 |
| 环氧树脂 | 力学性能优良;耐化学性能优良;可用于结构承载;工作温度较高 | 昂贵,较高的成型工艺温度 | 结构复合材料装甲;ABAL;黏接层 |

聚酯和酚醛树脂在世界范围内已用于制造防崩落衬层,主要是后者,因为它本身具有更高的阻燃性。然而,对于结构装甲应用和黏合层压板(ABAL;见第4章),环氧树脂更受青睐。

20世纪90年代初,Crouch与牛津大学的Harding和Ruiz合作,表征了一种已批准用于航空航天工业(用于二次黏合)和装甲领域(用于层压和黏合)、名为Hysol 9309.3环氧树脂的应变率敏感性(Crouch等,1994)。这组数据(图5.19)适用于CowpereSymonds强度方程,并用于数值模型,以研究与ABAL相关的关键失效模式(第4章和第9章)。

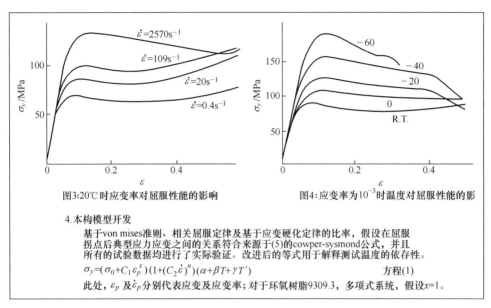

图3:20℃时应变率对屈服性能的影响　　图4:应变率为$10^{-3}$时温度对屈服性能的影

**4.本构模型开发**

基于von mises准则、相关屈服定律及基于应变硬化定律的比率,假设在屈服拐点后典型应力应变之间的关系符合来源于(5)的cowper-sysmond公式,并且所有的试验数据均进行了实际验证。改进后的等式用于解释测试温度的依存性。

$$\sigma_y=(\sigma_0+C_1\varepsilon_p^x)(1+(C_2\dot{\varepsilon})^n)(\alpha+\beta T+\gamma T') \qquad 方程(1)$$

此处,$\varepsilon_p$ 及 $\dot{\varepsilon}_p$ 分别代表应变及应变率;对于环氧树脂9309.3,多项式系统,假设$x=1$。

图5.19 摘自Crouch等(1994)的论文并给出了一种环氧树脂材料的应变率特性

在Bourne、Howlett和Crouch(1993)的文章中,环氧树脂、玻璃和聚酯基GFRP材料(至MVEE 802)的Hugoniot曲线显示,随着质点速度的增加,应力均增加,结果正如人们所料,复合材料位于玻璃和环氧树脂之间。环氧树脂CibaeGeigy LY564的Hugoniot弹性极限(第10章)也显示出与PMMA等其他先进聚合物非常相似。在同一时期,发现聚酯树脂的剪切波速为1093m/s,纵波速度为2302m/s。袁等研究了GFRP的剥落强度(2007)。而且令人惊讶的是,E-玻璃复合材料的剥落强度居然高于S2玻璃复合材料的剥落强度。据相关报道,S2玻璃聚酯树脂(Cycom,4102)的纵波速度为3200m/s。

## 5.3 用于硬质装甲的增强纤维

第6章涉及软铠甲应用的技术纺织品,并在此过程中涉及许多纤维(丝绸、尼龙、芳纶和聚乙烯)和防弹织物(织物、针织物和毛毡)。这里关注那些与热固性或热塑性聚合树脂复合成层合板、可以应用于硬质装甲的纤维(玻璃和碳,以及芳族聚酰胺和聚乙烯)和织物。所有这些由片层以及织物构成的层合板尽管看起来简单,但却非常重要。

5.1.2节讨论了层合复合材料的侵彻破坏模式,并确定了主要的能量吸收机制(图5.8)。这使得我们了解固体层压材料或子层材料的所需性能。反过来,这也描述了什么类型的微结构对于抗穿透的层压复合材料是所需的。表5.4总结了这些要求。从这个新的角度来看,很明显纤维类型和织物形式是开发防弹层压板时最重要的两个选择标准。对于一种具有实际意义的抗多次打击层压板,为了减小分层程度,选择纤维界面黏合强度足够的树脂也是十分重要的。然而,这也许是一个难以捉摸的平衡行为。

表5.4 针对6种微观结构失效机制中的每一种所需的性能(与图5.8)

| # | 机制 | 所需的性能 |
| --- | --- | --- |
| 1 | 整个层压板的厚度方向压缩 | ·纤维体积含量高<br>·纤维横向/弯曲模量高 |
| 2 | 正面单层、多层横向剪切 | ·纤维高剪切强度 |
| 3 | 压溃及粉碎的纤维/树脂混合物的局部剪切 | ·纤维与树脂粉碎成团的高剪切模量 |
| 4 | 层间平面的分层 | ·层合板的层间剪切强度(尤其是层间区域) |
| 5 | 背面层(单层或者作为一个子层)的弯曲 | ·背面子层的弯曲模量高 |
| 6 | 背面层的纤维拉伸 | ·背面子层中纤维的应变—失效 |

1991年,Pervorsek等首先发表的图表揭示了防弹纤维的比拉伸模量与其韧性之间的相互关系。Crouch最近采用新开发纤维的数据更新了这一重要关系(图5.20)。抗弹纤维(玻璃、芳纶和UHMWPE)的上升态势非常明显,最近开发的UHMWPE纤维新品种早已超越了在2000年初声称是"未来的纤维"的PBO纤维-Zylon。从这个新图中也可以清楚地看到,更多的结构纤维,如K149,钢和碳纤维(尤其是HM变体)始终位于弹道纤维的趋势线之上。它还证实,最初为开发M5纤维而制定的"目标"数据可能是设置错误! HT-700碳纤维的数据点表明了,这些HT变体可能是最适合用于对付结构承载和弹道冲击的混合层压板。

在美国陆军20世纪90年代的复合装甲车辆(CAV)和未来战斗系统(FCS)计划中,考察了各种纤维增强聚合物体系,并将它们视为潜在的复合整体装甲(CAI)。那时,玻璃纤维(以S2玻璃纤维增强的乙烯基酯树脂的形式)被认为在重量、刚度、可用性以及成本方面具有最佳的平衡。20世纪90年代,UHMWPE纤维尚未获得批量生产,并且由于它们的力学性能不佳,至今仍然不是车辆结构应用的理想材料。以下部分讨论了各类纤维的优缺点。

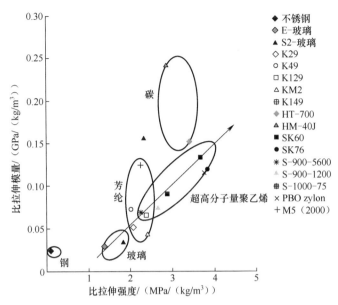

图 5.20　一系列结构和抗弹纤维的拉伸模量和韧度之间的关系(彩图)

### 5.3.1　玻璃纤维

由铝硼硅酸盐制成的 E 玻璃纤维本体密度为 2620 kg/m³,已在交通运输和船舶/海运等传统的非航空市场应用了数十年。例如,早在 20 世纪 90 年代,澳大利亚皇家海军(RAN)在建造的每个 Huon 猎雷艇就以低体积纤维分数(见 5.5.4.1 节)使用了许多吨的 E 玻璃粗编织物。而它们的低模量对于承载式硬壳结构对爆炸的充分适应非常重要。然而对于抗弹应用来说,由镁铝硅酸盐制造的 S 玻璃是更优的选择,因为其强度和模量值以及失效应变(5.7%与 4.6%相比)都高得多。其本体密度也显著降低,为 2480kg/m²。单丝直径也大得多(20μm 与 7μm 相比)。20 世纪 90 年代,Owens Corning 的 S-2 玻璃纤维成为后勤车辆和装甲输送车 APC 的防崩落衬层等大多数装甲应用的首选材料。S-2 玻璃纤维比标准玻璃纤维产品含有更多的二氧化硅,故而可以提供更强的物理性能,包括更高的拉伸和压缩强度,更高的耐温性,更高的抗冲击性。

截至 2015 年,S-2 玻璃产品一直由 Advanced Glassfiber Yarns(AGY)公司独家生产,并向多种多样的市场提供各种等级的产品,如直升机桨叶、飞机地板和内饰、高强度传送带,以及特定的装甲产品。2008 年,该公司推出了更轻的产品型号,'Featherlight S-2 玻璃'(Anon,2010),与标准 S-2 玻璃基解决方案相比,可减轻重量5%(Anon,2010)(图5.21)。这些纤维经过认证,符合军用标准 MIL-R-60346(粗纱用 IV 型和纱线用 MILY-1140H)。虽然 S-2 玻璃纤维比 E 玻璃纤维造价高许多倍,但它们仍然是最便宜的防弹材料之一。

AGY 公司生产的 D450、G150 和 G75 纱线采用了针对织造过程优化过的淀粉/油上浆剂体系,织物将经过热处理和织物整理。这些纱线由许多绞合在一起的单丝组成。纤维上使用的上浆剂在玻璃纤维加工过程中保护其免受磨损,加工后除去这些上浆剂。织物可提供一系列与不同树脂相容的上浆剂/表面处理剂。

2003年以来,用于结构和/或弹道应用的玻璃纤维的可用性受益于军用平台的轻量化和成本降低。它们仍然是一种非常有竞争力的装甲材料。图5.22 给出了"Featherlight"变体与标准 S-2 玻璃纤维(Anon,2010)对全套碎片模拟射弹的弹道性能的比较。

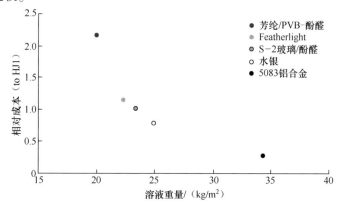

图 5.21 3 种基于玻璃纤维的装甲溶液相对于 0.3 英寸 FSP 威胁的相对成本和面积重量,$V_{50}$值为 760m/s(彩图)

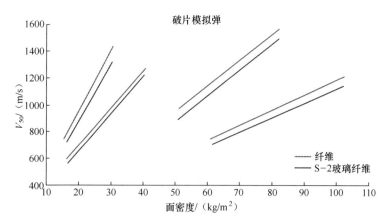

图 5.22 两种等级的 GFRP 抗 5.56mm、7.62mm、12.7mm 和 20mmFSP(从右到左)的弹道性能(彩图)

### 5.3.2 碳纤维

碳纤维的固有特性其实并不适合大多数装甲应用:它们具有非常高的比刚度值和低应变失效值。然而,它们又确实在装甲系统中得到了精准应用,例如用于脆性陶瓷的坚硬支撑层(见7.9节),或者作为陶瓷系统中的缓冲层或剥离层。特别是在美国,许多演示车项目研究了在混杂结构解决方案中使用碳基织物的可行性(Ogorkiewicz,2015)。

自从20世纪70年代早期,英国的RAE(Famborough)发明以来,基于一系列制造技术,已经研发出许多等级。Huang(2009)的研究结论表明,聚丙烯腈和中间相沥青是最重要的碳纤维前体,其中降低成本仍然是主要问题,特别是对于航空航天工业以外的应用。像ACP复合材料这样的制造公司现在供应高达50K的大型丝束,价格大幅降低(美元/kg),但应用仍然相对较慢。在澳大利亚,Geelong的Carbon Nexus领导研发工作,积极寻找非航空市场的商业化渠道。

表5.5给出了一系列商用PAN基碳纤维的强度和模量值总结,同时图5.23给出更为广泛的产品的说明。

表5.5 不同碳纤维的关键力学性能清单

| 等级 | 拉伸模量/GPa | 抗拉强度/GPa | 生产国家 |
| --- | --- | --- | --- |
| HT-T300 | 230 | 3.53 | 法国/日本 |
| HT-T700 | 235 | 5.3 | 日本 |
| HT-AS4 | 241 | 4.0 | 美国 |
| HT-Panex 33 | 228 | 3.6 | 美国/匈牙利 |
| IM-T800 | 294 | 5.94 | 法国/日本 |
| IM-IM6 | 303 | 5.10 | 美国 |
| IM-T40 | 290 | 5.65 | 美国 |
| HM-M40 | 392 | 2.74 | 日本 |
| HM-M40J | 377 | 4.41 | 法国/日本 |
| UHM-M46J | 436 | 4.21 | 日本 |
| UHM-UHMS | 441 | 3.45 | 美国 |

与所有其他复合材料一样,碳纤维增强塑料各向异性明显,成品层压板的性能取决于以下许多关键参数;

(1) 碳纤维和树脂基体的等级;

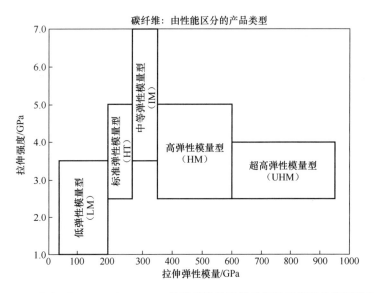

图 5.23 来自 Clearwater Composites 的碳纤维拉伸模量和强度值变化的图形表示

(2) 纤维体积分数；
(3) 纤维的形式：织物、无纺布等；
(4) 纤维取向和铺设顺序；
(5) 纤维分布的均匀性。

作为潜在的装甲材料，还应考虑表面硬度、失效模式和耐磨性等因素。当然，它们的低体密度(约为 1550kg/$m^3$)是一个优点，并且有时它们的低热膨胀系数也是有优势的。

### 5.3.3 芳纶纤维

6.2.5 节详细介绍了主要用于软体装甲市场的所有类型的芳纶纤维的化学和物理性质。本节重点介绍结构装甲和层合板变体。出于此目的，应该优选较高模量等级的产品，如 DuPont 的 K49 纤维。因为这些纤维/织物需要层压，所以它们的表面处理非常重要，并且通常在表面蚀刻状态下提供。不同纤维的典型特性如表 5.6 所列(另见表 6.2)。

表 5.6 所选芳纶纤维的典型特性

| 纤维等级 | 体积密度/(kg/$m^3$) | 弹性模量/GPa | 抗拉强度/MPa | 失效应变/% |
| --- | --- | --- | --- | --- |
| Technora | 1.39 | 74 | 3400 | 4.5 |

续表

| 纤维等级 | 体积密度/(kg/m³) | 弹性模量/GPa | 抗拉强度/MPa | 失效应变/% |
| --- | --- | --- | --- | --- |
| Twaron HM | 1.45 | 110 | 3100 | 2.2 |
| Kevlar29 | 1.44 | 74 | 2965 | 3.5 |
| Kevlar 129 | 1.44 | 95 | 3400 | 3.4 |
| Kevlar 49 | 1.44 | 105 | 2900 | 2.5 |
| Kevlar KM2 | 1.44 | 64 | 3430 | 4.3 |
| Kevlar 149 | 1.49 | 186 | 3400 | 2.0 |

超高模量等级 K149 于 20 世纪 90 年代引入，但从未成为商业产品。杜邦和其他供应商更倾向于开发用于防弹衣市场的新纤维，而不是用于硬质装甲应用的结构等级纤维。21 世纪初，杜邦发布了一种新型芳纶纤维，Kevlar KM2，现在广泛用于防弹衣，特别是在美国。该纤维是横向各向同性的材料。它的轴向拉伸应力-应变响应是线性弹性的，直到失效。

来自杜邦的新型芳纶产品，最初称为 Kevlar XP500，现在作为 S102 商业化生产（Anon，2015c），可以在 11 层防弹板/背心结构的前两到三层防住 0.44 口径的马格南子弹。这种材料主要针对软装甲市场开发，比基于传统的芳纶织物的解决方案更具有成本竞争力。在研究软装甲插件和硬装甲板之间的相互依赖关系时（Jaitlee，2013），除了 Crouch 和 Jaitlee 使用了层压形式的硬质装甲，硬装甲的实际应用很少。

Technora 是另一种芳纶纤维，由日本 Teijin 公司生产。它的模量略低于 Kevlar 29，但抗弯曲疲劳性能略高。通过将其天然金色染成黑色可以增强纤维的抗紫外线能力。Technora 经常用作层压帆布的双向支撑（正交层）。Twaron 是另一种芳纶纤维，由 Teijin 在荷兰生产。它在化学和物理性质上与杜邦公司的 Kevlar 相同。Twaron HM（高模量）具有与 Kevlar 49 相似的拉伸性能、更高的拉伸强度和更好的抗紫外线性能。Twaron SM 与 Kevlar 29 类似。与 Kevlar 类似，纤维呈亮金色。

### 5.3.4 聚乙烯纤维

第 6 章将详细介绍这些 UHMWPE 纤维，因为它们现在作为软质装甲插件中的通用材料非常受欢迎。然而，虽然应用纤维的种类是相同的，但基体材料确实因应用而不同。因此这里仅涉及与硬装甲技术相关的内容。UHMWPE 纤维可用于防弹背心、防弹头盔和防弹车辆保护，以及弓弦、攀登装备、钓鱼线、长矛枪的发射线、高性能风帆、运动降落伞悬挂线、游艇装备、风筝和风筝线等。Spectra 也用于高端滑水板线。

Dyneema 是 DSM(荷兰)的注册商标,由 DSM 于 1979 年发明。1990 年以来,它一直在荷兰 Heerlen 的一家工厂进行商业生产。Dyneema 与 Toyobo 公司在日本达成了商业生产合作协议。在美国,Dyneema 在北卡罗来纳州格林维尔设有生产工厂,这是美国最大的 UHMWPE 纤维生产工厂。Allied Signals 公司于 20 世纪 80 年代在美国获得了该技术商业许可。今天,Honeywell 公司继续开发 Spectra 品牌的全系列 UHMWPE 纤维。尽管生产细节有所不同,但所得材料的性能非常相似。其他固定的 UHMWPE 材料的商品名包括 Quadrant EPP 公司的 TIVAR,Rochling Engineering Plastics 公司的 Polystone-M,Integrated Textile Systems 公司的 Tensylon,以及 Garland Manufacturing 公司的 GARDUR 等。

Dyneema 和 Spectra 是通过喷丝头凝胶纺丝以形成 UHMWPE 的定向合成纤维束,如 Dyneema SK75,其屈服强度高达 2.4GPa,体密度低至 970kg/m$^3$。高强度钢才有相当的屈服强度,低碳钢的屈服强度则要低得多(约 0.5 GPa)。由于钢的本体密度约为 7800kg/m$^3$,因此这些材料的强度/重量比比钢高 10~100 倍。UHMWPE 纤维的强度重量比比芳族聚酰胺纤维高约 50%。

单向、双轴向和四轴向的织物可使用一系列不同等级的纤维和基体树脂。它们以薄片卷料形式供货,典型的重量在 100~300g/m$^2$ 之间。然后制造商使用平板压制(见 5.5.1 节)或模压工艺(第 5.5.2 节)将这些织物转化为可用的装甲产品,其纤维体积分数通常超过 80%(图 5.24)。这些产品可用于从平板(用于豪华轿车装甲)到深拉头盔外壳(见 5.6.3 节)。Nguyen 等(2015)报道了厚度达 100mm 的 UHMWPE 层压板的抗弹性能,并已证明这一族防弹材料的优越性。

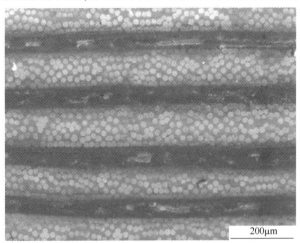

图 5.24 UHMWPE 层压板的横截面,基于 DSM 的 HB26 织物

自 20 世纪 80 年代后期以来,Crouch 观察到两个主要供应商(霍尼韦尔和 DSM)的产品在结构、性能和抗弹性能方面非常相似,他因此认为今天的产品也是如此。而且由于 Crouch 在澳大利亚墨尔本澳大利亚国防服装公司工作期间,从 2000 年到 2013 年只使用过霍尼韦尔产品,因此,本节中的随后评论是基于霍尼韦尔提供的那些等级的产品。

表 5.7 总结了两家供应商一系列产品的演变历程。Crouch 还记得,在 21 世纪初,当那些产品大量用于个人防弹系统时,特别是那些在美国制造的防弹系统时,造成那些材料在世界范围短缺。从那以后,供应量已经超过了需求,但是还好,由于产品在弹道性能和力学性能方面与去年同期相比有了显著的改善,仅通过提高价格就获得了补偿。直到 2006 年,所有这些等级产品都非常不适合任何类型的结构应用,尤其是头盔。事实上,Crouch 回想起他只需用手指就可以对第一代 UHMWPE 层压板进行四点弯曲测试!

然而,UHMWPE 产品在制造防弹衣系统(BAS)的硬装甲板时,确实可以作为陶瓷制造了异常好的背板材料。早期产品仅为双层片材结构(参见 PCR Plus,c.2000),因此背板层压板通常需要许多层(约 100 层)。从那以后,大多数产品都是四层正交叠层 UD 纤维。进入 21 世纪,SR3124 等级产品已广泛应用于在为澳大

表 5.7 Honeywell 和 DSM 公司不同 UHMWPE 纤维产品的总结

| 供应商 | 牌号 | 最早上市时间 | 面密度/$(g/m^2)$ | 层数 | 纤维类型 | 基体树脂 | 熔点/℃ | 推荐用途 | 评价 |
|---|---|---|---|---|---|---|---|---|---|
| Honeywell | PCR plus | 2000 | 95 | 2 | Spectra1000 | NK | NK | 硬装甲背板 | 面密度低 |
| Honeywell | PCRw | 2000 | 250 | 4 | Spectra1000 | NK | NK | 硬装甲背板 | |
| Honeywell | SR3124 | 2006 | 257 | 4 | Spectra3000 | Kraton? | 147 | 背板,抗多发弹 | 表面发粘,兼容性产品 |
| Honeywell | SR3130 | 2008 | 257 | 4 | Spectra3000 | PU 基 | 147 | 背板,抗多发弹 | 见 DMTC 数据 |
| Honeywell | SR3136 | 2009 | | 4 | Spectra3000 | PU 基 | 150 | 背板,抗单发弹 | 硬质高模量制品 |
| Honeywell | SR3137 | 2009 | 257 | 4 | Spectra3000 | PU 基 | NK | 头盔,背板 | 适于 D4 工艺 |

续表

| 供应商 | 牌号 | 最早上市时间 | 面密度/(g/m$^2$) | 层数 | 纤维类型 | 基体树脂 | 熔点/℃ | 推荐用途 | 评价 |
|---|---|---|---|---|---|---|---|---|---|
| Honeywell | SR4221 | 2013 | 257 | 4 | Spectra4000 | NK | 150 | 多用途 | 与SR3136性能相似 |
| Honeywell | SR5143 | 2014 | 163 | 4 | NK | NK | NK | 硬装甲背板 | 兼容性，宽背鼓 |
| Honeywell | SR5231 | 2014 | 167 | 4 | NK | NK | NK | "结构"级 | 高刚性、低背鼓 |
| DuPont | Tensylon | 2010 | 110 | 2 | NK | 单侧PE胶粘剂 | 147 | 车辆、硬装甲及背板 | 抗多发弹性能 |
| DSM | HB2 | 2004 | NK | NK | NK | NK | NK | 船、飞行器、车辆硬装甲及背板 | 较早的变种 |
| DSM | HB26 | 2004 | 264 | 4 | SK76 | PU基 | 155 | 船、飞行器、车辆头盔、硬装甲及背板 | 适合头盔 |
| DSM | HB50 | 2010 | 233 | 4 | NK | 橡胶基 | 150 | 船、直升机硬装甲 | |
| DSM | HB80 | 2010 | 145 | 4 | SK76 | PU基 | 151 | 车辆、船、头盔 | 为美国开发(Tokareva) |
| DSM | BT10带材 | 2009 | 168 | NK | NK | 自增强编织带 | 151 | 结构装甲、背板 | 适合头盔 |

利亚国防军生产的许多硬质装甲上。当在热压罐中成形时，它形成了表面具有一定黏性、非常服顺的层压材料。选择该等级产品是因为其具有良好的抗多发弹性能。在2010年左右，新的牌号产生了，可以使用基于聚氨酯的不同的专有基质材料制造：SR3130和随后的SR3136比SR3124有显著改进，特别是对于抗单发弹性能。2009年至2013年，DMTC研究团队测定了一系列力学和物理性能数据。随着力学性能出现了量子跃变演化出了SR3137。这是Honeywell公司专门开发、用于制造战斗头盔的材料。2014年，纤维和基质都有进一步的发展，SR5143和SR5231

产品已上市。Honeywell 公司建议选择 SR5231，它可以减少钝伤，具有出色的抗多发弹性能，抗高速步枪弹的 $V_{50}$ 值与 SR3136 相比提高了 20%~25%。SR5143 则是抗 M80 实心弹药和高能碎片最轻的解决方案。将这两个产品混杂可以带来抗弹性能更好的平衡。

表 5.7 给出了 DSM Dyneema 不同织物：HB2、HB26、HB50 和 HB80 的对比细节。这些产品同样用于硬装甲。Dyneema 还指出，他们高压成形的层压板能够有效防护软钢芯弹药以及 NIJ Level III 弹药，不需要任何陶瓷面板。事实上，Dyneema 更加重视成形压力对弹道性能的影响，并提供制造工艺的细节要求（Anon，2004b）。

作为一族弹道材料，现在正在进行用于战斗头盔的应用开发。经过多年的开发（见 5.6.3.3 节），DMTC 已经展示了使用 SR3130、SR3136 和 HB80 等材料设计开发和制造头盔的整体能力（Cartwright 等，2015）。与 BT10 一样，带材 UHMWPE 也变得非常受欢迎，其专利来自美国（Bhatnagar 等，2015）。

## 5.4 用于硬装甲的机织面料

在聚合物复合材料术语中，织物被定义为由长纤维组装成的一层或多层纤维的平片。这些层保持在一起或者通过纤维本身的机械互锁或者用辅助材料将这些纤维黏合在一起并将它们保持在适当位置，从而使组件具有足够的完整性以便处理。织物类型根据所用纤维的取向以及用于将纤维保持在一起的各种构造方法分类。主要的纤维取向类别是：单向，0/90（编织、缝合或混合），多轴向和其他/随机取向。纤维和机织织物在第 6 章中有更详细的描述。

### 5.4.1 织物类型

这些织物包括平纹、紧密织物和无皱褶织物（NCF）。机织织物是通过经纱（0°）和纬纱（90°）以规则图案或编织方式交织而成。织物的完整性通过纤维的机械互锁来保持。悬垂性（织物与复杂表面相符的能力）、表面光滑度和织物的稳定性都主要由编织类型控制。织物的面密度、孔隙率和（在较小程度上）浸透性（流体渗透织物的能力）则由丝束尺寸和单位长度（cm）纤维数来确定。以下是一些更常见的织物类型。

1. 平纹织物

如图 5.25 所示，每个经纱丝束在每个纬纱丝束下方和上方交替通过。织物对称，稳定性好，孔隙率合理。然而，与其他编织样式相比，它是悬垂性最差的织物，并且高水平的纤维卷曲使其力学性能相对较低。对于大丝束纤维来说（高特克斯),这种编织类型会产生过多的弯曲,因此一般不会用于厚重的织物。

2. 斜纹织物

如图 5.25 所示,一根或多根经纱按照规则重复方式在两根或更多根纬纱上方和下方交替通过。这会使织物产生直的或破断的斜向"肋条"的视觉效果。斜纹组织相对平纹组织稳定性有较小的降低,弹浸湿性和悬垂性更为优异。通过减少弯曲,织物还具有更光滑的表面和稍高的力学性能。

3. 缎纹织物

如图 5.25 所示,缎纹编织基本上是斜纹编织的改进,经线和纬线十字交叉更少。织物结构设计中使用的"线束"编号(通常为 4、5 和 8)是在纤维重复图案之前穿过并通过的纱束总数。"crowsfoot"编织是一种在重复图案中具有一个不同交错的缎纹编织结构。缎纹织物非常平整,具有良好的湿润性和高度的悬垂性。低弯曲赋予其良好的力学性能。缎纹编织允许纤维束之间非常靠近,因而可以形成"紧密"编织的织物。但是,需要考虑这织物结构的低稳定性和不对称性。这种不对称性会导致织物的一个面由经纱方向上运行纤主导,而另一个由纬纱主导。在组装这些多层织物时必须注意确保不会因这种不对称效应在材料中产生内应力。

4. 篮纹织物

如图 5.25 所示,篮纹编织基本上与平纹编织相同,只是两条或更多条经线交替地与两条或更多条纬线交织。两根经纱穿过两个纬纱的布置是 2×2 篮纹设计,但是纤维的布置没必要是对称的。因此,可以有 8×2、5×4 等篮纹结构。篮纹编织比较平滑,弯曲更少,比平纹编织更强,但是不太稳定。它必须用由厚的(高 tex)纤维制成的重型织物,以避免过度弯曲。

5. 纱罗织物

如图 5.25 所示,纱罗织物提高了纱束数量低的"开孔"织物的稳定性。它是一种平纹组织,其中相邻的经线纤维围绕连续的纬线纤维扭转以形成螺旋副,有效地将每个纬线"锁定"到位。纱罗织物通常与其他织物一起使用,因为如果单独使用它,其开孔性无法制造有效的复合材料零件。

6. 模拟纱罗织物

如图 5.25 所示,这是平纹织物的一种版本,此时相隔几束经纱后,偶尔有跟经纱按照规则的间隔但偏离原本的逐个上下交替顺序切换交织,而是按照每两个或更多的丝束交织。这在纬纱方向上以相同频次出现,相应的织物整体效果是厚度增加、表面更粗糙,并获得了额外的孔隙率。

表 5.8 给出了这些不同织物一般属性的对比:性能最佳的织物具有弯曲程度低、孔隙率低等特点,这种织物是缎纹织物。其中,5 经缎纹和 8H 经缎纹织物对于防弹保护效果特别明显(Crouch,2009b)。

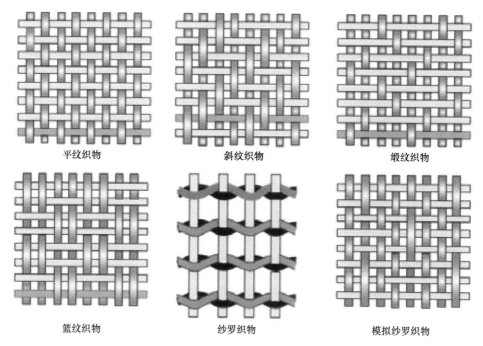

图 5.25 防弹和结构层合板的常见编织结构示意图

表 5.8 不同类型织物的特性

| 性能 | 平纹 | 斜纹 | 缎纹 | 篮纹 | 纱罗 | 模拟纱罗 |
|---|---|---|---|---|---|---|
| 稳定性 | ＊＊＊＊ | ＊＊＊ | ＊＊ | ＊＊ | ＊＊＊＊＊ | ＊＊＊ |
| 悬垂性 | ＊＊ | ＊＊＊＊ | ＊＊＊＊＊ | ＊＊＊ | ＊ | ＊＊ |
| 低空隙 | ＊＊＊ | ＊＊＊＊ | ＊＊＊＊＊ | ＊＊ | ＊ | ＊＊＊ |
| 顺滑性 | ＊＊ | ＊＊＊ | ＊＊＊＊＊ | ＊＊ | ＊ | ＊＊ |
| 均衡性 | ＊＊＊＊ | ＊＊＊＊ | ＊＊ | ＊＊＊＊ | ＊＊ | ＊＊＊＊ |
| 对称性 | ＊＊＊＊＊ | ＊＊＊ | ＊ | ＊＊＊ | ＊ | ＊＊＊＊ |
| 低弯曲 | ＊＊ | ＊＊＊ | ＊＊＊＊＊ | ＊＊ | ＊＊／＊＊＊＊＊ | ＊＊ |

关键字：＊，差；＊＊＊＊＊，优秀。

## 5.4.2 三维织物

为了完整起见,此处介绍了三维织物结构的主题。它们通常不是软质防弹背心的首选材料,因为它们太过刚硬,限制了层间滑移。然而,一些研究人员已经研究了 Z 向穿刺在复合装甲层压板中的各种影响,如图 5.26 所示。已经发现,大多数形式的 Z 向穿刺缝合减少了分层的程度,但是,Z 向缝合结构的存在确实限制了可获得的面内纤维的最大体积分数,这反过来又降低了层合板弹道性能(与普通的二维层合板相比)。

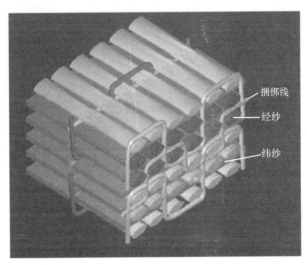

图 5.26　一种采用各种 Z 向穿刺缝合结构的多层无弯曲织物(彩图)

### 5.4.3　混杂织物

混杂织物是指在其构造中有多于一种类型的结构纤维的织物。在多层层压板中,如果需要多于一种类型纤维的性能的话,那么就可以提供两种织物,每种织物都含有所需的纤维类型。然而,如果需要很轻重量或极薄厚度的层合板材料的话,混合织物将允许两种纤维出现在一层织物而不是两层中。在编织混合物中可能是一种纤维作纬纱、另一种纤维作经纱,但更常见的是在每个经向/纬向上让每根纤维交替出现。尽管混合物最常见于 0/90 织物中,但该原理也用于 0/90 缝合、单向和多轴织物。最常见的混合组合是:

1. 碳/芳纶

芳纶纤维的高抗冲击与拉伸强度和碳纤维的高抗压缩与拉伸强度相结合。两种纤维都具有低密度但成本相对较高。

2. 芳族聚酰胺/玻璃

芳纶纤维的低密度、高抗冲击与抗拉强度和玻璃的良好压缩与拉伸强度相结合,并且成本较低。

3. 碳/玻璃

碳纤维提供高拉伸强度、抗压强度和刚度并降低密度,而玻璃纤维降低成本。

虽然这些大多数的混杂织物在船舶制造业和运动应用中得到很好的应用,但它们通常不用于防弹应用,因为高性能纤维(即芳纶)的高性能被混杂纤维(玻璃纤维和碳纤维)直接稀释了。

## 5.5 加工路线:一般介绍

制造传统复合材料和结构的方法比比皆是(Dave 和 Loos,1999;Campbell,2003;Baker 等,2004)。然而,对于装甲产品,应该记住,质量有效的纤维增强层压板的主要贡献者是高体积分数的纤维。因此,本节中介绍的所有工艺都旨在实现纤维高体积含量,并且确保纤维/树脂黏接充分,还要满足高于一切的工程要求和经济性的工作实践。

正如 Rudd 等(1997), Summerscales 和 Searle(2005),以及 Kruckenberg 和 Paton(2012)报道的那样,液态成型技术,特别是大型复合结构,自 20 世纪 90 年代以来就受到了特别的关注。英国普利茅斯大学的 John Summerscales 在查阅了大量文献后分析了 2005 年的所有相关工艺,揭示了树脂传递模塑和真空辅助变体的无穷变化,用首字母缩略词:VARTM、CIRTM、RIFT、VARI 等概括。

### 5.5.1 平板压制

平板压制是生产商业数量的防崩落衬层的传统方式。由于防崩落衬层一般为面积 1m×2m 的平板,这些精密产品适用于使用高压(HP)液压机进行平板压制。织物通常是手工叠层,在转移到平板压制设备之前铺好,然后使用高压来使纤维体积分数达到最大(通常约 65%)。使用室温固化树脂允许在压机内完成加工循环。

20 世纪 90 年代中期,Crouch 和他的团队在 ADI(现在的 Thales,澳大利亚)工作期间开发了这种工艺的变种工艺,采用 VBRI 工艺对干态的织物浸渍树脂(参见 5.5.4 节)。然后在真空袋外部通过平板进一步施加压力,以获得更高的 $V_f$ 值。由于多余的树脂保留在袋中,整个过程比传统的手糊工艺更清洁,并且一旦胶凝,可以在最终固化之前从压板上移除单板,从而缩短生产周期时间。

当然,平板热压机可用于生产多种纤维/树脂/纤维组合料:不仅包括手糊部件,还包括预浸渍织物层合板,无论是热固性树脂("预浸料")或像 UHMWPE 增强聚合物薄膜(例如,Spectra SR3124 和 DSM 的 HB80)的热塑性树脂。这些平板压机通常是平板的或单曲率的。对于更复杂的曲面,模压成型(见 5.5.5 节)或膜片成型(见 5.5.6 节)更为适合。

Klintworth 和 Crouch(2002) 在为硬质装甲板开发具有成本效益的制造工艺时,发明这种工艺的另一种变体。在这种情况下,将陶瓷胸插板用作单独的模具,采用真空袋工艺结合典型的热压罐时间温度压力条件制备层合制品。由此形成完全固化、部分浸渍的层合板,完美匹配了每个陶瓷的复杂曲率,抵消了表面瑕疵,促进陶瓷受冲击面上每个位置的完美支撑,从而保证不必对脆性陶瓷施加任何不均匀的压力即可实现抗弹性能的最大化。

在所有可能的材料组合中,近年来(2005—2015)使用金属对模(平面或非平面)在140℃左右制造基于 UHMWPE 的产品变得非常流行。在该制造路线中的重要工程因素包括施加的压力、传热(进入和离开层合板)、温度控制、树脂类型和纤维体积分数。

防弹层合板的最终固化对其冲击行为有显著影响。不良固化的层合板机械刚度差、并且可能在弹道冲击期间脱粘,造成严重的背面变形。因此,对预期的应用来说,较高的压力导致更好的固化和更好的弹道性能。在芳纶/热塑性层压材料的情况下,增加压力可以改善干膜黏合剂对织物的润湿。对于 UHMWPE 的 UD,制造商公布的预浸料信息表明,对于 165bar 这种大约加倍的固化压力只会使 $V_{50}$ 增加 10%(Anon, 2004b)。经验表明,在明显较低的固化压力下可以获得足够的弹道性能,特别是当 UHMWPE 层压板只是装甲系统的一部分时。

对于 UHMWPE 预浸料,应该注意的是,建议在热压之前对叠合预制件采用真空或热压压实。这是因为材料不透气,如不这样做会导致空气裹挟,导致最终部件中的空隙或脱粘。在芳纶纤维热塑性层压材料的情况下,这或许也对部件处理有用。然而,这不是必需的,因为这些材料是透气的。

芳纶和 PE 材料是热的不良导体。然而,进出其层合板的热传导率取决于模具的质量和压力。在最坏的情况下,当使用冷模具加工预热的预制件时,在达到全部压力之前,层压件的外层很可能低于其最低黏合温度。尽管在高压下层压板快速热传导,但在大气压下,热量传递到层压板中的速度很慢(图 5.27)。因此,必须注意确保层压芯在压制之前达到工艺温度。

热能是平板压制的必要组成部分。使用热塑性塑料系统时,必须将基质/黏合剂系统预热至最低黏合线温度。在不使用预浸料的情况下(例如,芳纶/热塑性复合材料),可以使用各种热塑性胶膜黏合剂。仅从一家制造商那里就有超过 40 种不同等级的黏合剂薄膜,它们的化学成分略有不同,适用于不同的应用领域(Anon, 2004a)。因此,在选择树脂系统时,应寻求黏合剂制造商的建议。然而,用于层压芳纶纤维的普通热塑性胶膜通常衍生自聚乙烯和聚氨酯族聚合物。在这些系统中,一旦达到临界黏合线温度,压制温度的过冲并不重要,因为芳纶纤维开始降解的温度远远超过这一点。使用 UHMWPE 预浸料时,必须注意基体树脂的最低黏合线温度在纤维熔化温度的 20℃(或更低)范围内。在热塑性预浸料和胶膜

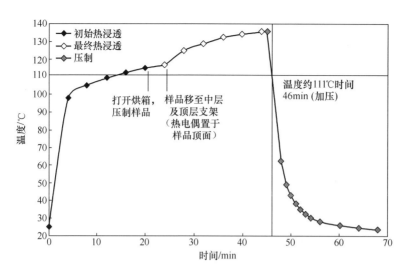

图 5.27 Spectra Shield UHMWPE 层压板的时间温度曲线
(在大气压下加热并在环境"冷"工具中压制(材料在约 12MPa 高压下淬火))

黏合剂的情况下,必须在释放压力之前充分冷却部件,否则黏合不足以保持层压件的固结状态。

## 5.5.2 高压(HP)压缩成型

在匹配的金属热压机中对弯曲弹道层压板进行高压成型是压板压制的一个子集,旨在制造诸如战斗头盔等深度弯曲的部件。传统的弹道式头盔外壳制造(以及更普遍的采用低延展性织物制造物品)仍然是劳动力和资本密集型、低产量的过程。尽管近年来已经有了基于 UHMWPE 预浸料和材料混合物的头盔壳,用于弹道防护的大多数现代头盔壳由芳纶纤维/酚醛树脂复合材料制成。

制造过程包括预浸料或干态织物被切割成各种几何零件(例如,"针轮"和"花瓣"拼接图案)(图 5.28),进而仔细地铺设使得切割线不重叠。然后将叠层放置在压机中带有内置加热和冷却夹套的阳模上。如果使用干燥织物,则需将液态树脂涂覆在模具上的铺层织物上。上部的阴模被推动到层压板中,使其与模具轮廓一致,在非常高的压力和适当的温度下通过固化树脂完成制品压实和成形。

在制造之后,由于层的初始形状存在大量的飞边,必须将其修整以获得最终的头盔壳。修剪通常由熟练的操作员在带锯上完成。如果设计这样做,飞边也可以通过工具内的裁剪动作进行修剪(图 5.29)。由于使用了拼接和高压(可导致纤维断裂、起皱和卷曲),最终制品的弹道性能在拼接区域附近通常是不均匀的。

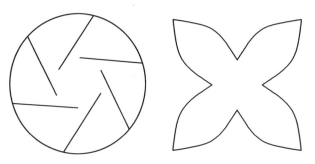

图5.28 制造防弹头盔壳时使用的针轮(左)和花瓣拼接图案

图5.29 加热和冷却匹配的金属HP热压机

此外,该过程本身是缓慢、劳动力和能耗密集型的。由于采用的刚性模具,该过程只能制造单一厚度的物品,因为面密度的任何变化也需要制造新的阳模及阴模(Sandlin和Kenyon,2014)。在使用实心对模单一轴向压制的另一个缺点是会给头盔在固化期间带来不均匀的固结力。当典型战斗头盔的拔模角度接近零(在耳朵处)时,垂直力分量减小,从而减小这些位置的有效压力。与相对水平的冠部区域相比,这可能导致头盔在耳朵、颈背和边缘的"垂直"区域中的固结不成比例,可能造成这些区域中的防弹性能下降。

使用热塑性预浸料模头盔,由于这些材料缺乏透气性而导致发生更高的裹挟空气可能性。这通常发生在头盔顶部的内侧(Ling,2013)。为避免这种情况,在模压工序之前需要仔细地对预制件进行真空压实。有人已经提出(Sandlin等,2011)通过倒置阳模和阴模位置(即,将头盔倒置成形),可以使空气通过头盔环形区域逸出而获得简单的几何优势。

### 5.5.3 树脂传递模塑

这是一个用于生产高质量、设计精密的复合材料零件(Kruckenberg 和 Paton, 2012)的合理的制造工艺。这种闭模近净成型工艺在树脂注入之前先将一组干态织物预成型件小心地放入模腔中。预制件通常是所选纤维/织物的缝合或定位焊接结构。然后将具有适当黏度和固化特性的热固性树脂压入模腔中,并以受控方式流过设计预制件,使得所有增强纤维均被树脂浸润和充分填充。非常像金属铸造工艺,一个由许多入口、出口和排气口组成的阀门系统帮助树脂在预制件内部线性流动。对于需要高纤维体积分数的装甲产品,通常使用四轴织物这样的非编织织物,以有助于树脂均匀流动。树脂可以通过预热降低黏度,从而减少充模时间。还可以添加真空管线以将树脂吸入模腔中,从而进一步减少填充时间。这种变体被称为真空辅助树脂传递模塑(VARTM)(图 5.30)。

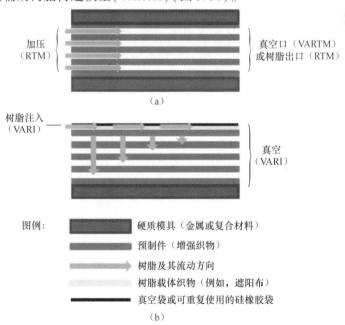

图 5.30 RTM 过程(a)(聚合物数据手册)和真空辅助树脂灌注(VARI)
过程(b)之间的主要差异示意图

树脂传递模塑(RTM)是英国在 20 世纪 90 年代初开始实施 ACAVP 项目时的首选工艺。Crouch(DRA,Chertsey)与 Summerscales(英国普利茅斯大学)共同开展的这种先进装甲战车用单片厚壁复合板的先期制造工作为该项目奠定了基础。正如 Summerscales(2015)早期报道的,制成了一个 $1m^2$ 的单曲率面板,整个面板的厚度从一边 35mm 增加到另一边 60mm。这块板重约 100kg,提供给 DRA(Chertsey)进行抗弹性能测试。通过这些测试和其他基础研究与开发,和美国的类似工作一样(Ostberg 等,1996),ACAVP 项目获得了足够高(Ogorkiewicz,1996)的信心。

2000 年,Shelly 报告说,ACAVP 上的装甲是用螺栓连接的,螺栓拧入复合材料螺纹孔中的螺纹嵌件(Shelly,2000)。这样做的原因是使基型车满足空运要求,并且设计计划的要求之一是该车辆可以装入 C130 运输机。成本从一开始就是一个问题,因此选定了约 3GBP/kg 的 E 玻璃无皱褶织物,而不是更加特殊的物质,如 11GBP/kg 的 S2 玻璃纤维,20GBP/kg 的"Kevlar"芳纶或碳纤维。这种织物由 Hexcel Composites 提供。基体树脂是 Ciba 的"Araldite"LY556 环氧树脂,它被选中是因为其能够承受高达 130℃ 的发动机舱温度。总的来说,复合材料车体的重量约为 5.5t。下半部分是一个 3t 的单件,长 6.5m,扭力杆悬挂护罩粘在内部并用螺栓固定在其内部。在最初的概念中,必须用大型热压罐固化成型,但遮阳布掉落的后果之一是 Vosper Thorneycroft(VT)公司已经知道如何制作大而厚的复合材料构件,而只需要在烘箱中固化。因此,车体部件采用了该公司的 RTM 真空灌注变体工艺、SCRIMP 工艺制造。下节是该公司当时获得许可的专利过程。

### 5.5.4 真空辅助树脂灌注(VARI)工艺

Summerscales 和 Searle(2005)已经给出了这一系列成型工艺的许多变体综述。实质上,如图 5.30 所示,VARI 工艺在树脂流动和浸渍增强材料织物上与 RTM 工艺不同:RTM 工艺树脂在平面内流动;而 VARI 工艺树脂则是在厚度方向上流动。VARI 方法通过缩短流动距离使得树脂填充过程更加容易,这对于厚截面的装甲部件尤其有利。尽管对原始 IP 的有效性有很多置疑,特别是在美国以外,成立于 1987 年的 Seemann Composites 公司基于 BillSeemann 的造船经验,旨在开发 VARI 工艺,并率先将这一工艺商业化并申请专利。作为与 VARI 工艺非常相似的众多缩略词之一,SCRIMP 是 Seemann 复合树脂灌注制造工艺(图 5.31)的代名词。

自 20 世纪 80 年代以来,它被广泛应用于包括美国海军在内的世界造船行业。它已被用于制造包括 ACAVP 原型车体(英国 Vosper Thornycroft)在内的许多大型复合材料零件。在 20 世纪 80 年代和 90 年代期间,该工艺在世界范围内演变出许多变体。在澳大利亚,复合材料 CRC(以前称为先进复合材料结构的 CRC,1991 年至 2015 年)开发了一种称为真空袋树脂灌注(VBRI)的变体(Beehag,2015),在 20 世纪 90 年代和 21 世纪初用于生产许多不同的装甲产品,包括无皱褶织物增强酚醛树脂制成的火车车头(Dutton 等,2000)。VBRI 还用于制造原型 ASLAV 舱口盖

(见5.1.1节)、1996年至1997年间,Huon级扫雷艇改进的次级隔板(图5.32),以及复合装甲板。

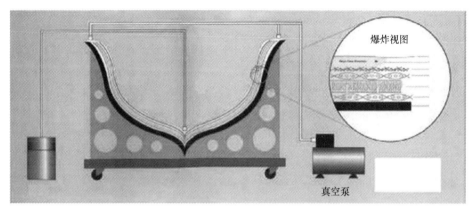

图5.31 大型复合结构(船体)用SCRIMP过程示意图

图5.32 第一个Huon级扫雷艇(HMAS Huon)

**案例研究:VARI在RAN复合装甲系统中的应用**

1997年,ADI(现在澳大利亚泰勒斯)正在澳大利亚纽卡斯尔Carrington的一个专门的复合材料制造厂采用先进的复合材料为澳大利亚皇家海军建造Huon级扫雷艇。每艘艇使用了数吨的E玻璃纤维增强聚酯树脂,其中大部分是商用品,在预浸渍机器的帮助下从工作场所的高处输送织物,然后通过手工铺设。该船是由Intermarine公司(意大利)设计的,在适当位置带有主要和次要层压隔舱板的变厚度单壳体结构。

船身设计具有出色的抗爆性能,这主要是通过使用柔性船体材料实现的,然而,由于纤维体积分数相对较低,其防弹穿透性不是最佳的,需要船舶的某些区域加装装甲。

本来采用轧制均质钢单板结构就是一个简单的解决方案,但作为一艘扫雷艇,不允许有磁性,因此 Crouch 和他在 ADI 的 Advanced Composites 团队不得不寻找复合材料装甲解决方案。通过巧妙的设计和对复合材料侵彻行为的深入了解,研发出了一种与金属相比十分独特的复合材料。

复合板采用经认可的热固性树脂,并采用先进的玻璃纤维织物以最佳的纤维体积分数增强。每块板都是在 Carrington 的 ADI 现场使用 VBRI 工艺制造的。每个 Huon 级扫雷艇的选定区域都装配有复合装甲系统。

### 5.5.5 软膜成型

软膜成型是真空成型的延伸,是一种使用真空力将层压板成型为模具形状的工艺。它通常用于形成已经覆盖的未增强聚合物,例如 5.2.1 节的 PE、PC 和 PMMA。在特定情况下,它已被针对纤维增强聚合物,如 CFRP、GFRP、UHMWPE 复合材料和芳纶/热塑性复合材料等做了改进(见 5.3 节和 5.4 节)。

该过程本身很简单,通常仅需要低成本的模具。该工艺有许多变化,包括单膜、双膜和正反模具。如图 5.33 所示,在最简单的形式——热塑性片材聚合物真空成型时,这种层压材料本身即可用于真空密封。将层压材料装入框架中并在其边缘处夹紧,使在其周边完全密封。一旦零件被加载,就使用加热阵列(通常是一组红外灯)使材料达到成型温度。在成型温度下,周边框架与模具压板之间相互作用形成密封,并且在模具下方抽真空以抽空模具和层压板之间的区域,使得层压板根据模具轮廓变形。

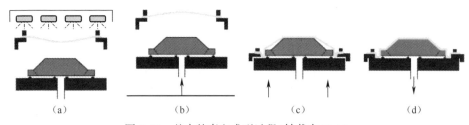

图 5.33　基本的真空成型过程(转载自 Web)

如果在零件的非模具侧需要特定的表面光洁度,则可以在层压板的这一侧引入一个软膜。该技术还可用于增加施加的力,并通过将真空隔膜的表面积延伸超出待形成的层压板的周边而使作为飞边的部件材料浪费最小化。因为对于给定区域来说真空是固定的,所以增加软膜的面积会增加成形力。

该方法通常用于塑性延展性聚合物,如聚碳酸酯和聚丙烯。飞机檐篷、防弹盾牌和遮阳板都是采用这种工艺制造的,有许多技术指南可以提供帮助(匿名,2005a,b)。

### 5.5.6 双软膜成型

软膜成型技术的扩展是双隔膜成型(DDF)工艺。如果待形成的层压板被捕获在两个软膜之间,这两个软膜被抽空,则可以控制许多额外参数。可以改变零件两侧的表面光洁度。这种设置还在层压板中提供膜张力,可减少最终部件中的褶皱,并且还允许同时制备多个层压板。在这种情况下,真空软膜还提供一些固结力。该方法的另一个优点是对于织物系统的成型,软膜中的"拉伸"允许织物的边缘移动并适应所需的三维形状。

常用的隔膜材料包括乳胶、硅树脂(可重复使用)和高延展性尼龙及特氟隆(一次性)。当与基于纤维的系统一起使用时,该方法既与预浸料也和干态织物兼容。在后一种情况下,通常在双软膜被抽空之后、模具抽真空之前(即在层压材料是平的时)完成树脂灌注。然而,该工艺也存在许多固有的局限性,这些限制与起始材料中的纤维几何结构(当使用基于纤维的层压板时)、模具几何结构、加工温度和传热有关(Crouch 和 Sandlin,2010)。

在非增强聚合物的隔膜成型中,机械约束包括起始层压板厚度通常不大于12.7mm(在此之上可能需要正模具来辅助成型),部分腔体深度不得超过腔体宽度的75%,不允许底切,不制作肋骨和安装凸台,壁厚不能变化(Sabart 和 Gangel,2010)。但对于本书讨论的许多应用来说,这些限制不是问题。事实上,关于初级装甲级非增强塑料(PC 和 PMMA),有大量文献(Anon,2005ab)报道真空成型中的加工参数。当使用双软膜工艺制备纤维增强复合材料制造零件时,必须考虑的工程因素不能太宽泛。

自2005年以来,DMTC 一直在研究这些双软膜工艺参数,因为对于 FRP 部件、层间和层内摩擦、织物锁定角度和网格结构都对织物成型性和产品的防弹性能有显著影响。

#### 5.5.6.1 织物丝束宽度和织物几何形状对悬垂性的影响

悬垂性是用于描述织物在弯曲物体上均匀悬垂能力的通用术语。在形成术语中,这种能力对于织物或整个预制件在阳模上无褶皱成型非常重要。控制织物悬垂性的物理性质是织物丝束宽度和织物几何形状。要考虑的制造参数包括深拉深度(即加工设计的纵横比)和曲率半径。

图 5.34 分别给出了使用由 20mm 和 40mm 宽的芳纶带(丝束宽度)编织而成的"正方形"或"平纹"芳纶纤维织物制成的两个半球。两个半球均采用双软膜成型,利用相同的成型压力和温度制成。可以看出,与 20mm 宽芳纶纱束相比,40mm 宽芳纶纱束显示出更高的悬垂性。在将预制件成型为双曲率(如这些半球)期间,纤维将因平面内发生剪切而重新排列。在这种情况下,较小的丝束宽度导致内部摩擦增加,因为较小的丝束在织物中的正交交叉数是较宽丝束的 4 倍。因此,更复杂的编织或"更紧密"的编织织物相比具有更大的丝束和更少交叉的"更松"的织物需要更多的成型力来实现相同拉伸。因此,可以得出结论,在制品成型过程中,要想在成型过程中采用较低的成型压力以克服摩擦力和实现压实,需要采用较宽丝束织物,因为较宽丝束织物在变形区域中经纱和纬纱丝束之间的交叉较少。

为了研究和量化与各种丝束宽度相关的工艺极限,使用游标卡尺测量使用相同加工条件制造半球的成型深度。表 5.9 给出了 3 个芳纶半球的成型深度。应注意,在形成较大半径的情况下,较窄的丝束织物不限制成型深度。这是由于在成型压力相同时由于表面积较大,导致施加的成型力也更大。然而,当面密度增加到 12kg/m² 时,40mm 的丝束芳纶的成型深度下降了 6%,达到 97.24mm。这仅仅是在成型更多层的层压板过程中层间层内摩擦力增加的结果,将在下面的部分中进一步讨论(Naebe 等,2009)。

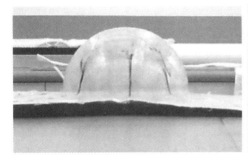

图 5.34 双隔膜成型平纹芳纶半球的牵伸宽度与悬垂性:40mm 丝束(右)和 20mm 丝束(左)

表 5.9 芳纶头盔成型的深度数据

|  | 面密度/(kg/m²) | 模具半径(半球)/mm | 成型深度/mm | 成型压力/MPa |
| --- | --- | --- | --- | --- |
| 20mm 丝束芳纶 | 2.2 | 103.2 | 90.70 | 2.0 |
| 40mm 丝束芳纶 | 2.2 | 103.2 | 103.2 | 2.0 |
| 40mm 丝束芳纶 | 12.0 | 103.2 | 97.24 | 2.0 |
| 20mm 丝束芳纶 | 13.0 | 150.0 | 150.00 | 2.0 |

#### 5.5.6.2 层间和层内摩擦约束

在给定的一组成型条件下,影响系统实现完全变形能力的另一个因素是系统的内部摩擦。该系统的这种摩擦阻力与待形成的层合板的层数和在相邻层之间沿着不同方向的摩擦系数成比例。在第一种情况下,变量是层数,而在第二种情况下,有许多变量可以影响到部件的完全成形。

在基于芳纶纤维的体系中,需要中间黏合剂层来固结层压材料,该热塑性或液态热固性层在成型期间完全是液体的。这减少了由包含隔膜对纤维施加的高度横向约束引起的纤维与纤维的摩擦。对于 UHMWPE 系统,虽然基体也是热塑性塑料,由于其熔化温度太接近纤维失去分子量的温度(译者注:此处有错误,不是失去分子量温度,而是熔融温度或结构破坏温度),所以基体材料不能完全熔化,故在重新固化时具备了防弹性能。因此,材料被加热到基体变"软",尽管降低了引起纤维间滑动和重排所需的压力,但纤维仍然彼此接触且没有润滑。结果是随着在非润滑系统中材料的面密度(AD)的增加,层间摩擦力增加的速度更快。

对于 UHMWPE,在后一种情况下层内摩擦是无法控制的。然而,通过在层之间引入热塑性层却可以改善层内摩擦条件。这可以对防弹层合板的动态背面产生积极的影响。然而,这对于四层正交结构的 UHMWPE/TPU 复合材料的总体成型压力来说仅是一个小的变化。

#### 5.5.6.3 锁定角度和网格效应

在织物的成型中已经注意到,主要的限制因素是称为"锁定角"的现象。这是相邻纤维聚集在一起并锁定的相对变形角度,因此超出该角度的任何变形都会产生"超出平面"的起皱。为了确定在织物中是否已达到该限制约束,使用以下锁定角度方程

$$\theta = \arcsin(t_2/t_2 + l_2)$$

式中:$t_2$ 为纬纱丝束的宽度;$l_2$ 为丝束间距(图 5.35)。

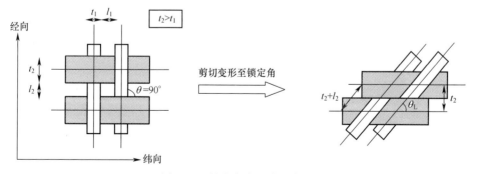

图 5.35 锁定角度和编织参数

在平纹织物情况下,经线和纬线方向上的丝束宽度相等;并且因为编织紧密,丝束间距($l_2$)为零。因此,该织物的锁定角度为90°。假设织物不受约束(即织物的边缘不固定),则该值就成立,因为织物内的各个丝束可以线性移动以达到变形需要的任何旋转(图5.36)。

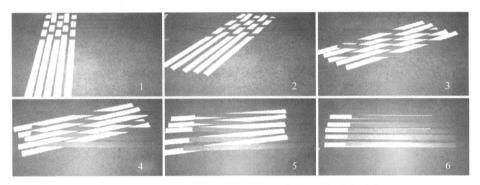

图5.36　方形编织系统中的90°锁定角度,没有端部约束

在端部没有约束的方形编织中,影响其在真空成型工艺中变形的限制因素不是锁定角度,而是另一个现象"网格效应"(Rozant 等,2000;Miravette,1993)。网格效应是作用在材料上的分力引起丝束旋转和剪切的结果,由此材料呈现由该过程决定的几何形状。在该过程开始时,起作用的力正交作用于纤维和织物(平面外),并且最大力矩应用于纤维的重新取向。随着变形的进行,纤维变得越来越与作用在它们上的力一致。在低延展性纤维系统中,如在装甲中使用的那些(例如,芳纶纤维、玻璃纤维和UHMWPE纤维),随着成型过程的进行,在正常情况下,在纤维上的作用力更多加在纵向上,而不是正交方向。结果,施加的力试图拉伸而不是重新定向纤维(图5.37)。解决这个问题的唯一方法是改变施加力的方向,或者增加力的大小以补偿所施加的减小的旋转和剪切力矩(Naebe 等,2009)。

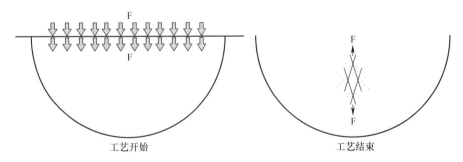

图5.37　随着变形过程的进行,纤维与施加力的对齐:"网格效应"

在"锁定角度"是可成型性的限制因素的情况下,修改织物编织结构可以控制系统。在"网格效应"限制可成型性的系统中,唯一的选择是引入额外的成型力。对于纯的真空双膜片成型,这可以使用更大的膜片来完成,可通过在施加真空压力下增加面积以增加净力。还可以引入额外的正压以帮助成型。5.5.7 节介绍了一种利用真空压力和正压力的组合的方法,它描述了双膜片深拉(D4)工艺的演变。

### 5.5.7 双隔膜深拉(D4)工艺

继 ADA、VCAMM 和国防科学技术组织(2005—2009 年)的基础工作之后,国防材料技术中心在 2009—2013 年开发了双膜片成型工艺的独特变体,最终在 2014 年实现了轻质无拼接战斗头盔全尺寸外壳的生产能力。这项工作的一些细节最近由 DMTC 团队发布(Cartwright 等,2015)。

由 James Sandlin(当时的 VCAMM)发明的双隔膜深拉(D4)工艺是应澳大利亚国防部的要求,通过国防科技集团(DST 集团)能力和技术演示(CTD)计划而开发。这项工作的目的是降低复合装甲系统所涉及的制造成本和复杂性,以便更有成本效益地进行覆盖人体装甲,进而有可能扩展到士兵的四肢防护上。

为了绘制具有高纵横比的物品(例如,头盔),必须克服弹道纺织品的一些固有限制。首先,它们的高模量和强度,加上缺乏延展性,导致系统出于所有实际目的,在施加力时不会塑性变形。其次,取决于编织几何形状,大多数弹道织物对人体解剖学典型的深度和半径的双曲率反应不佳。它们起褶了。

因此,该项目专注于战斗头盔,旨在降低与传统方法相关的成本和复杂性(参见 5.5.2 节)。DMTC 内部成立了一个由发明人 James Sandlin,Stuart Thomas(当时为 VCAMM)、Madhusudan Suryanarayana、Minoo Naebe 和 John Vella(迪肯大学),以及其他许多机构组成的合作团队,一起开发这项技术。该团队致力于为复合材料开发一种类似于金属冲压的制造路线,目标是达成一种不再需要材料的拼接和手工铺设制造方法。

基于 Deakin 大学内部的复合材料经验,双隔膜成型是第一种被试验的技术(参见 5.4.4 节)。最初认为,在膜之间施加的真空将提供足够的压实和约束力,可在成型过程中施加足够水平的平面张力,能够抑制不受控制的"平面外运动"(例如,起皱)。

这里遇到了两个限制。首先,为达到所需厚度的原材料本身刚度太大,仅由真空获得的力不足以使其与整个深度的模具完全赋形。其次,隔膜之间施加的真空力也不足以抑制这些原材料的"面外移动"(即起皱)。

关键的创新性步骤发生在 2006 年 11 月。为了克服这些限制,从双隔膜成型工艺转向 D4 工艺,即施加外部正压(实现完全成型)和引入机械方法以在叠层内施加平面张力(实现抑制皱纹)。其实,其他人曾经在复合材料成型中应用过正压和毛坯夹持器技术。例如,Jinhuo,Wang博士在2008年8月提交给诺丁汉大学的博士论文《复合材料成型行为的预测模型和实验测量》中提出了一种类似的方法。应该注意的是,虽然在复合材料中应用相对较新,但在正压和压边装置以及金属板的深拉中应用过,即通过液压油缸(用于正向力)和环形压边(用于平面张力)控制材料进入模具(图5.38)。

D4设备的被开发包括许多功能,能够转化为复合材料的快速成型能力。在建造了4个实验室规模的概念演示器之后,2013年10月,建造了一个交钥匙的原型装备(图5.39和图5.40),能够在20min的周期内完成防弹头盔外壳的压制与材料固化。在交付D4 Pilot原型装备之前,先前的实验室设备加热和冷却层压板是原位进行的。尽管形成复合材料制品(防弹头盔)的实际过程仅需要大约30s,但是使层压板中实现等温状态(成型温度约135℃)通过原位加热就需要大约45min。而且在没有用于强制冷却方法的情况下,在加热和成型步骤之后,还需要约1h15min才能将成型的制品冷却至合适的脱模温度(约40℃)。

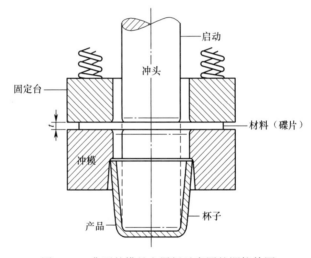

图5.38 典型的模具金属板示意图的深拉伸图

为了缩短工艺循环时间,将一批材料(24头盔材料)先在烤箱中预热,然后再在原型装备上依次进行防弹层合板连续操作。层合材料的预热是在要求的成型温度等温和真空条件下进行。试验表明层合材料在8h内性能没有下降。材料入模前用于放置层压材料的工装上表面在压制设备中也加热到成型温度。该工装内部包含主动冷却结构,以在成型和脱模温度之间循环。

在实践中,通过将事先预热的层合板快速移动到D4设备成型,并利用带有流体夹套模具实施主动加热/冷却,该系统将整套工艺循环时间减少到20～25min。

图 5.39 DMTC D4 试验样机(c.2013)

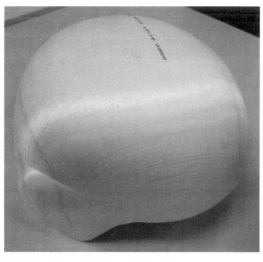

图 5.40 由新委托的预生产原型 D4 机器生产的 Spectra Shield SR-3136 头盔

在使用热塑性材料的情况下,将材料用 1min 装模,30s 成型,17min30s 冷却,最后用 1min 脱模。当使用热塑性和热固性材料的组合时,在成型工序之后增加 5min。此时在模具后面通入流体加热模具以提供热能使热固性材料固化。

除了实现商业上可行的工艺循环时间之外,如何理解在成型期间初始材料取向对纤维变形路径的影响也是制备无皱褶产品的挑战。使用 D4 工艺和装备制造的原型头盔的最终材料主要由双向和单向织物(分别为 UHMWPE 热塑性和碳纤维环氧热固性复合材料)组成。对于制造一定均一厚度、纤维含量、抗弹性能和结构性能的头盔来说,理解初始和最终纤维取向之间的关系至关重要。初始和最终纤维的取向分析最初是由 James Sandlin 和 Minoo Naebe 凭经验完成的(图 5.41)。

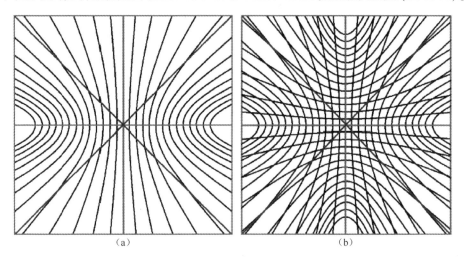

图 5.41　如果将单向(a)和双向(b)材料中投影在平面上,则在半球形变形后的光纤路径的概念化二维表示。中心代表表冠,正交轴上有红线,45°轴上有蓝线

后来 Bruce Cartwright( Pacific ESI)通过对工艺和制造构件的动态模拟确认了纤维变形路径和方向(图 5.42)。在动态模拟中,使用了简化的九层头盔。这项模拟技术的更多细节在其他文献中提到了(Cartwright 等,2015)。

从经验和模拟研究中可以看出,沿着主要纤维轴方向的纤维取向和纤维密度(厚度)的变化是最小的。然而,在离纤轴(45°)方向,厚度增加,纤维角度从 90°起始方向减小到 60°。

如果层合材料由具有相同起始取向的层构成,那么头盔壳厚度将随之变化,防弹性能也随之变化。无接头头盔开发中的这一挑战与必须注意确保拼接不重叠的拼接头盔是一样的(参见 5.5.2 节)。

总之,经过断断续续近 7 年的研发活动,已经形成了一种能够以一定厚度需事前无准备的平面层压材料开始、通过预制件一步法制成头盔这样复杂几何形状制品的工艺。D4 是一种可拓展的工艺,在演示用试验原型中其模具最大适用于面内尺寸 750mm×750mm,拉深 500mm 的零件。可以通过增加设备尺寸实现更大尺寸制品的制造。与其他国际开发的热成型技术相比,D4 工艺非常有利,因为其工艺循环时间为 20~25min(取决于热塑性或热固性原料,或两者的混合物),且制品具

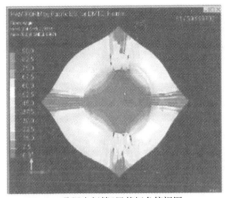
叠层中间第5层剪切角俯视图

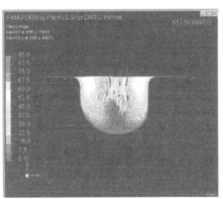
第5层剪切角侧视图

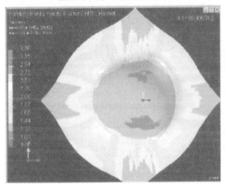
第5层厚度俯视图

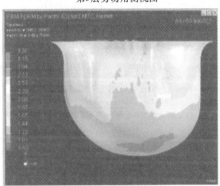
第5层厚度侧视图

图 5.42 使用 D4 工艺在双轴复合材料变形后纤维取向和帘布层厚度的变化

有优异弹道性能和良好结构性能。DMTC 对生产战斗头盔外壳的所有商业流程进行了全面审查(Sandlin 和 Kenyon,2014)。为简洁见,表 5.10 简单地比较了使用 D4 工艺与传统压力成型工艺相比的优缺点。

表 5.10 制备战斗头盔的 D4 工艺和 HP 压缩成型工艺比较
(Sandlin 和 Kenyon,2014)

| | 循环时间/min | 优 势 | 劣势 |
|---|---|---|---|
| DMTC 双膜片深拉伸(D4) | 20 | ・循环时间<br>・形成无拼接层合板<br>・使用阴模而不是阳模<br>・一种在层合板中控制张力的独特方法<br>・在成型制品中组合应用真空及正位移压力<br>・采用正压固化<br>・相对较低的压力和柔性模具<br>・热塑性和热固性材料的共固化能力 | ・技术成熟度达到商业化前程度<br>・压实的挑战<br>・模具热控制较弱<br>・内部铺层褶皱<br>・依赖预浸料 |

续表

| | 循环时间/min | 优 势 | 劣 势 |
|---|---|---|---|
| 模压<br>(金属对模) | 7~60 | ·依赖已有技术<br>·技术简捷<br>·可以加工预浸料和干态织物<br>·可以加工混杂材料 | ·劳动强度大<br>·关键装备与模具昂贵<br>·材料因拼接产生浪费<br>·制品性能不均匀<br>·工艺变数多<br>·压力不均匀<br>·阳模容易裹挟气体 |

## 5.6 用于个人防护的装甲制品

人体装甲系统的主要组分是柔性织物(见第6章),但也有许多结构是由纤维增强复合材料刚性层合板或固体热塑性塑料(如聚碳酸酯)制成。

### 5.6.1 热成型盾牌和护目镜

透明的防护制品,如防暴盾牌,传统上由具有防雾、耐磨涂层的热成型聚碳酸酯板制成。具有创新意义的入侵者 G2 是这类产品中的第一款产品,采用 PROTECH 独特的三角形、前后重叠视口设计。该防护罩解决了操作员在弹道防护罩中增加垂直周边视野的需要。它还提供额外的覆盖范围和高速机动性,并可有效防护标准速度的ⅢA弹药。

### 5.6.2 硬质装甲板

正如第7章所述,市场上的大多数硬质装甲板(HAP)都是基于陶瓷基材的,并使用层合纤维增强复合材料作为其吸收能量、减少钝伤的主要背板材料。在开发的最初阶段,硬质装甲板开始由单纯使用固体陶瓷构件转变为使用了玻璃纤维织物包覆原始陶瓷构件。然而,在20世纪60年代发明 Kevlar 之后,芳纶纤维增强材料成为硬质装甲背板的首选材料。正如其他地方所提到的,澳大利亚本迪戈的 Australian Defense Apparel 开发了一种专有工艺,将陶瓷元件作为成型模具预制芳纶纤维增强线性低密度聚乙烯层压板。更多细节参见2002年提交的欧洲专利申请 EP 1 319 917 A2(Klintuorth 和 Crouch,2002) 。

大约在2005年,UHMWPE 纤维和织物发展到很高性能水平,已经成为当时流行的固体层压材料。这些产品采用高压平板压制技术制造,可以不含有陶瓷元件,因而简化了相应硬质装甲的制造工艺。另外,还充分证明,基于 Dyneema 和 Spectra 产品的固体刚性层压材料的防弹性能根据所施加的压缩载荷而变化。$V_{50}$ 值,以及动态和永久背鼓值都会随着制造时的压力而变化。对于手枪子弹,高速碎片和高速步枪的铅芯弹(例如,M80 实心弹),固态的 UHMWPE 板防护性能非常好。然而,它们对于硬芯的步枪弹没有竞争力。基于陶瓷的系统具有更高的质量和空间效率(即更轻和更薄)。固体 UHMWPE 的确可以漂浮,因此可以为战斗员提供一些浮力,但是与最佳的陶瓷系统相比,它们非常厚,因此不适合要求小尺寸的场合。

应该注意的是,虽然人们认识到 UHMWPE 层压板的弹道性能可能随着施加的压力而增加,但这并不总能提高多层装甲系统的抗弹性能,如复杂的硬质装甲/软质装甲插层组合(见第 7 章)。

根据 DSM 公司提供的数据(Anon,2004b),采用 73 层 HB2 压制成型的复合材料层合板(图 5.43)虽然面密度为 $19kg/m^2$,但是厚度却达到 20mm,与之防护性能相当的陶瓷基装甲体系的厚度仅为 14mm。这是需要在成本、抗冲击性、重量和隐蔽性之间权衡的典型示例。

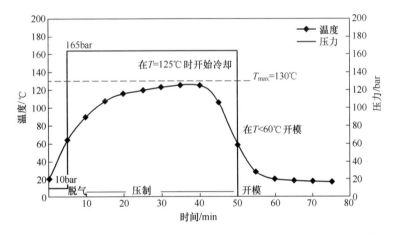

图 5.43 生产 UHMWPE 板的推荐压力循环,由 73 层 Dyneema HB2 织物构成

### 5.6.3 战斗头盔

"然而,人类头骨与尼安德特人的前辈不同:例如,北京人头盖骨的顶部和侧面有厚厚的骨壁和低矮的宽阔轮廓,旨在保护大脑、耳朵和眼睛免受冲击损伤。相比之下,我们现代人在相对薄壁的骨质球壳中保护我们巨大的、容易受伤的半液体大脑。我们必须买自行车头盔!"(Boaz 和 Ciochon,2004)。

### 5.6.3.1 战斗头盔的历史和演变

在战斗中,虽然人类头部和颈部通常仅占身体暴露区域的 12%,但是被击中概率则达到 25%,而击中后死亡的概率更是高达 50%(Carey 等,2000)。因此,设计能够对高速弹体形成有效保护的头盔对于减少战斗伤亡十分重要。Carey 等概述了现代军用头盔的历史及其主要的设计因素。千百年来,战士们使用过包括头盔在内的人体铠甲。虽然对剑和箭有效,但是人体装甲最终还是失宠了,因为它们在防护需由更强大的武器发射的弹药时重量过大。在第一次世界大战开始时,大多数士兵没有任何个人铠甲。在第一次世界大战期间重新引入了军用头盔以对头部提供一定程度的保护,例如,向一些法国军队提供的第一个钢制帽罩或帽子被认为有效防护了 60% 的破片。第一次世界大战和越南战争期间的战士使用了各种钢盔。凯夫拉复合头盔是美国军方在 20 世纪 70 年代研制的,并在 20 世纪 80 年代成为标配装备。

多年来,战斗头盔的设计和材料发生了变化(图 5.44)。PASGT 和 ACH 头盔由防弹芳纶织物和热固性树脂基体制成。防弹头盔从钢到芳纶的演变为使用者提供了更大覆盖面积和更好防弹性能。由于防弹性能提高,芳纶头盔迅速被主要由超高分子量聚乙烯(UHMWPE)的单向预浸料制成的头盔所取代。一个典型的例

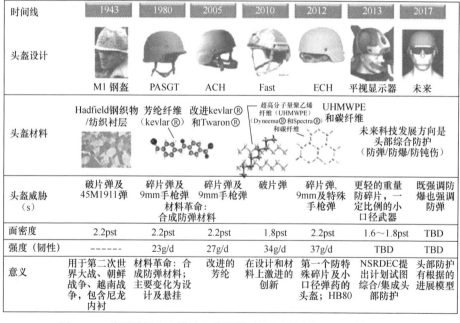

图 5.44 美国陆军头盔设计和使用材料的发展历程(Walsh 等,2012)

子是,增强型战斗头盔 ECH 可提高防弹性能同时减轻重量。这种头盔通常采用以热塑性树脂为基体的单向预浸料热压而成。与前几代头盔中使用的高模量热固性预浸料不同,这种头盔牺牲了其结构刚性,但提高了抗弹性能和制造工艺性。

#### 5.6.3.2 设计注意事项

头部覆盖面积、重量和防弹性能只是防弹头盔必备设计要素的一部分。除了这些要求,制造工艺、结构性能、耐久性、服役性和系统性也是头盔设计中的重要因素(Utracki,2010)。一旦制定了头盔的防弹性能,并由此确定了材料的面密度,盔壳的最终重量将仅与头部覆盖面积单独关联。

耐久性和制造工艺的推手可以部分通过材料供应商和所选择的制造方法来解决,这些都在前面的章节中讨论过。服役性和系统性要求通常由政府采购专家开发的采购规范驱动。因此,头盔设计中最具挑战性的是满足工程结构和弹道要求,这两者通常都在采购文件中规定。

1. 结构要求

生活中的许多事故造成的大量伤害是由钝性冲击头部引起的(与弹道创伤相反)造成的,包括在运输装卸的坠物和撞到突出结构。此外,部队非正常使用头盔,将它们作为临时座位并将它们扔在坚硬的表面上。因此,头盔需要满足严格的结构性能要求。尽管由芳纶织物/热固性系统制造的头盔具有高结构模量,但是由单向 UHMWPE/热塑性系统制造的头盔在合理的壳厚度下却难以满足结构性能要求。这是由于热塑性基体的模量低和纤维基体粘接性差引起的。因此,使用这些基于热塑性塑料的防弹材料会带来显著的结构设计挑战。

为应对这一挑战,澳大利亚的 Pacific ESI(包括 Pacific ESI 澳大利亚)和美国陆军研究实验室(Walsh,2009)等多方提出了解决方案(Mulcahy 和 Cartwright,2011)。所提出的解决方案集中在热塑性防弹壳体的内部或外部布置由高模量塑料或纤维增强复合材料(例如,CFRP)制成的基础性外壳。内部和外部加固的方法各有优缺点,包括降低防弹效率的可能性以及背面变形性能(内部基础性外壳)的相应改进以及外部加固情况下的相反折中。Ops-Core 在使用膜压工艺制造壳体时采用的一种新方法,即使用外部 CFRP 壳的同时在弹道中性轴上引入 CFRP 的中间层。由于没有限制热塑性防弹夹芯的防弹效率,这样做质量得到了有效保证,但是背面变形性能仍然没有得到改善。

美国 ECH 标准给出了战斗头盔最严格的结构测试要求(在撰写本文时)(Passagian,2009),其垂直和横向载荷分别为 1778N 和 1330N。每个载荷工况重复 25 个循环,事后测试仅允许有限的变形。钝性冲击试验需要吸收 54N·m 的冲击力,并且壳体损伤最小。

## 2. 防弹要求

在设计防弹要求时,通常需要在一系列威胁和测试条件下测试两个关键指标。这些指标是 $V_{50}$(头盔的弹道极限)和背面鼓起高度(头盔外壳后面永久或瞬间变形的量度)。测试条件可能涉及温度、射击倾角和各种枪弹,包括 5.56mm 碎片模拟弹和 RCC 以及 9mm 手枪弹。

由 Sandlin 和 Kenyon(2014)领导的 DMTC 研究小组测试了多个 UHMWPE 产品的弹道性能,包括平板或头盔壳。得出的一个清晰且可有重复性的结论是,与平板相比,弯曲的 UHMWPE 头盔壳体的 $V_{50}$ 明显提高了。这与 Crouch 测试的芳纶增强酚醛层合板实验结论完全相反。

对于颅骨保护来说,背面鼓起变形控制自然比躯干更重要。对于盔壳来说,这些背鼓值要求测得的动态(瞬态)变形(Freitas 等,2014)小至 15mm。这对于层间剪切强度和厚度方向拉伸强度差的 UHMWPE 材料来说的确是一个相当大的挑战。

## 5.7 规范和防弹标准

民用和军用最终用户的规范分为 3 种类型:
(1) 材料、制造或产品规范(MS);
(2) 测试程序(TP);
(3) 防弹性能要求(BPS)。

表 5.11 包括所有 3 种类型的示例。MS 类别仅提供制造装甲产品的规定手段,而 TP 仅描述了要遵循的实际测试程序。BPS 类别是所有标准中最敏感的,它定义了明确的通过/失败标准所要求的弹道性能。当然,出于安全原因,单个产品通常不能使用这 3 种类型。制造规范通常仅限于标准产品或 FSP 等关键要素。有一个明确的趋势,即拥有 BPS 和 TP,并让供应商自选和竞争,以开发自己的解决方案。对于防弹衣系统来说肯定是这种情况。

表 5.11 聚合物及纤维增强聚合物装甲材料及制品通用标准选编

| 类别 | 规范 | 提出国 | 测试细节 | 备注 |
| --- | --- | --- | --- | --- |
| 通用 | MIL-STD-662F | 美国 | 用于标准 $V_{50}$ 测试采用铝后效板判断失效 | 对任何装甲材料通用 |
| | STANAG 2920 | 北约 | 通用弹道测试方法 | |
| | MIL-P-46593 | 美国 | 破片模拟弹制造标准 | 世界范围采用 |
| | MIL-STD-8109 | 美国 | 特殊环境条件实践 | |
| | DEF-STAN-00-35 | 英国 | 特殊环境条件实践 | |

续表

| 类别 | 规范 | 提出国 | 测试细节 | 备注 |
|---|---|---|---|---|
| 盾牌、门等 | NIJ 0108.01 | 美国 | 涵盖0.3英寸口径的APM2枪弹的弹道测试标准 | |
| 护目镜 | MIL-DTL-43511D | 美国 | 用于测试护目镜和面罩 | |
| | MIL-PRF-31013 | 美国 | 用于安全眼镜 | |
| 纤维增强聚合物层合板 | MIL-DTL-62474F | 美国 | 平板及模压层合板制造规范 | 提供广泛的制造细节 |
| | MIL-DTL-64154B | 美国 | 平板及模压层合板制造规范 | 提供广泛的制造细节 |
| | MIL-DTL-32378 | 美国 | 正交对位芳纶UD平板及模压层合板制造规范 | 提供广泛的制造细节 |
| | DEF-STAN-93-111/1 | 英国 | 防崩落衬层制造规范,参照DEF-STAN-08-44,采用0.3英寸及0.5英寸口径破片的弹道测试规范 | 早于MVEE 802及RARDE 802,包含抗弹性能表 |
| 硬装甲板 | NIJ 0101.04 Ⅳ级 | 美国 | 防弹衣测试标准。测量抗侵彻性时将RDOP用于俘获材料 | 最为通用,尽管不是最新版本 |
| | NIJ 0101.06 Ⅳ级 | 美国 | 防弹衣测试标准。相比NIJ 0101.04要求更小的边缘距离,并显著增大了样品尺寸 | 最新版本,条件要求更严格 |
| | HOSDB RF1,RF2 | 英国 | 英国警用防弹测试标准 | 设定了更低的背鼓值要求25mm(以往42mm) |
| | DEF(AUST) 10946 | 澳大利亚 | 基于世界最佳实践的细化测试程序 | 人体装甲的最新测试程序 |
| 头盔 | NIJ 0106.01 | 美国 | 防弹测试标准。采用头模记录头部加速度。涵盖最高达9mmFMJ武器弹药 | |
| | MIL-H-44099A | 美国 | 战斗头盔的制造与性能规范 | 美国PASGT头盔的制造规范 |

2006年,Bhatnagar概述了轻质防弹材料的标准和规范,包括硬质装甲板和头盔。在本节中,我们提供了有关眼镜和剥落衬垫的标准指标的简要概要。表5.11还简要介绍了最常见的标准及其应用。

## 5.7.1 护目镜

军用标准MIL-PRF-31013规定,眼镜应能抵抗0.15英寸直径的钢弹丸以640~660英尺/s速度冲击,镜片或框架应不出现故障。这是工业安全眼镜对冲击速度要求的4倍以上。对于护目镜,此要求更改为一个0.22口径的钢球,冲击速度550~560英尺/s。这些钢弹是使用特殊的塑料弹托发射的。2.2~2.8mm厚的聚碳酸酯镜片通常可以抵御这种威胁。

### 5.7.2 防崩落衬层

MVEE(Christchurch和Chertsey)的研究人员负责起草20世纪80年代早期的防崩落衬层材料MVEE 802的原始制造规范,该规范基于英国当地生产的压板E玻璃层压板。该标准于1986年12月转换为RARDE 802,并对英国研发机构进行了重组。该标准于2004年3月成为DEF STAN 93-111/1的基础,它仍然定义了一些基本的结构性能要求。

Singletary等(2011)在ISB26报道,从1992年到2012年间,美国材料规格经历了从编织玻璃纤维复合材料到UD芳纶层压板的不同等级防崩落衬层的演变。后者基于霍尼韦尔的Gold Shield产品——GV-2016和GV-2018。相对于1992年的原始芳纶基标准(MIL-L-62,474B),这一更新等级对0.30英寸碎片模拟弹的$V_{50}$值提高了约6%~8%。

总之,这些具有相同的高纤维体积分数的防崩落衬层材料通常用作陶瓷基装甲方案的背衬板(见第4章和第7章)。

本章相关彩图,请扫码查看

## 参考文献

Ackland, K., Anderson, C., Ngo, T. D., 2013. Deformation of polyurea-coated steel plates underlocalised blast loading. International Journal of Impact Engineering 51 (2013), 13-22.

Anon., March 2004a. Collano Xiro ® Adhesive Films. Collano ®, Product selection sheet.

Anon., July 14, 2004b. Recommended Processing Data for HB2 and HB25 Dyneema Materials. DSM datasheet.

Anon., 2005a. Lexan Sheet Processing Guide. GE Structured Products.

Anon., 2005b. Workshop Handbooke Perspex From Lucite. Lucite International UK Ltd.

Anon., 2010. AGY Featherlight. AGY website. www.agy.com.

Anon., 2014. Ocelot Specifications, General Dynamics Specialty Vehicles. http://www.gdls.com/

index. php/products/other-vehicles/ocelot (accessed 21. 04. 15. ).

Anon. , 2015a. ArmorThane Website. www. armorthane. com.

Anon. , 2015b. Clearwater Composites Website. https://www. clearwatercomposites. com/.

Anon. , 2015c. DuPont Datasheet for XP500 (S102) Non Crimp Fabric. DuPont website. http://www2. dupont. com/Kevlar/en _ US/assets/downloads/DSP _ Kevlar% 20XPS102 _ datasheet _K23846. pdf.

Anon. , 2015d. Gurit Website. www. gurit. com.

Anon. , 2015e. PAXCON Website. www. safetydrape. com/products/paxcon.

Anon. , 2015f. RBR Technology. http://www. ccaprotect. com. au/rbr-armour-systems/aboutus. aspx (last accessed 26. 02. 15. ).

Anon. , 2015g. Supacat, SPV400 Specifications. http://www. supacat. com/files/pdf/SupacatSPV400-specification. pdf (accessed on 21. 04. 15. ). 264 The Science of Armour Materials

Baker, A. , Dutton, S. , Kelly, D. , 2004. Composite Materials for Aircraft Structures, second ed.

Beehag, A. , July 2015. End of an era for composites R&D. Connections: The Official Magazine of Composites Australia, Issue 39, 15-18.

Bhatnagar, A. , 2006. Lightweight Ballistic Composites. Woodhead Publishing, Cambridge, England.

Bhatnagar, A. , et al. , 2015. High Performance Laminated Tapes and Related Products forBallistic Application. US Patent Application 9,138,961. Filed October 2012.

Bless, S. J. , Hartman, D. R. , 1989. Ballistic penetration of S-2 glass laminates. In: PaperPresented at the 21st International SAMPE Conference, September 25-28, 1989.

Boaz, N. T. , Ciochon, R. L. , February 2004. Headstrong Hominids. Natural History Magazine. Campbell Jr. , F. C. , 2003. Manufacturing Processes for Advanced Composites. ElsevierAdvanced Technology, Oxford.

Cantwell, W. J. , Morton, J. , 1991. The impact resistance of composite materials——a review. Composites 22 (5), 347-362.

Carey, M. , Herz, M. , Corner, B. , McEntire, J. , Malabarba, D. , Paquette, S. , Sampson, J. B. , 2000. Ballistic helmets and aspects of their design. Neurosurgery 47, 678-689.

Cartwright, B. K. , Mulcahy, N. L. , Chhor, A. O. , Thomas, S. G. F. , Suryanarayana, M. ,Sandlin, J. D. , Crouch, I. G. , Naebe, N. , September 2015. Thermoforming and structuralanalysis of combat helmets. Journal of Manufacturing Science and Engineering 137 (5),051011.

Cristescu, N. , Malvern, L. E. , Sierakowski, R. L. , 1975. Failure Mechanisms in Composite Plates-Impacted by Blunt-Ended Penetrators. ASTM STP 568, Foreign Object Impact Damage toComposites, p. 159.

Crouch, I. G. , 1986. A Review of Metallic Composite Materials for Armour. Internal Report. RARDE, Chertsey.

Crouch, I. G. , 1993. Penetration and perforation mechanisms in composite armour materials. In: Paper Presented at the Euromech Colloquium 299, Oxford University, March 1993.

Crouch, I. G. , 2009a. Do composites make good armour. In: Composites Australia & the Composites

CRC Annual Conference & Trade Show 2009. http://www.compositesconference.com/.

Crouch, I. G., 2009b. Private Communication. Armour Solutions Pty Ltd.

Crouch, I. G., 2013a. Next generation combat helmets. In: Paper Presented at the 3rd DMTCAnnual Conference, March 2013, Canberra, Australia.

Crouch, I. G., 2013b. Unpublished Data.

Crouch, I. G., Sandlin, J. D., May 2010. Review of Alternative Materials for Next GenerationTorso Armours. DMTC Technical Report, Project 6.1.2.

Crouch, I. G., Greaves, L. J., Simmons, M. J., 1990. Compression failure in composite armourmaterials. In: Paper Presented at the 12th International Symposium on Ballistics, SanAntonio, Texas, USA, October 1990.

Crouch, I. G., Greaves, L. J., Ruiz, C., Harding, J., September 1994. Dynamic compression oftoughened epoxy interlayers in adhesively bonded alumunium laminates. Supplement toJournal de Physique III, Colloque C8 4, 201–206.

Crouch, I. G., Greaves, L. J., Simmons, M. J., Rutherford, K. L., 1993. Penetration and Perforation Mechanisms in Composite Armour Materials. Euromech Colloquim, Oxford, UK, p. 299.

Cunniff, P. M., 1999. Dimensionless parameters for optimisation of textile-based body armorsystems. In: Paper Presented at the 18th International Symposium on Ballistics, SanAntonio, Texas.

Dave, R. S., Loos, A. C., 1999. Processing of Composites. Hanser, Munich. Polymers and fibre-reinforced plastics 265

Dutton, S. E., Crouch, I. G., St. John, N. A., 2000. Meeting requirements for a composite railvehicle application. In: Paper Presented at the ACUN-2 on Composites in the Transportation Industry, UNSW, Sydney, Australia. Fountzoulas, C., Cheeseman, B., Dehmer, P., Sands, J., June 2009. A Computational Study ofLaminate Transparent Armour Impacted by FSP. US Army Research Laboratory.

Freitas, C. J., et al., 2014. Dynamic response due to behind helmet blunt trauma measured with ahuman head surrogate. International Journal of Medical Sciences 11.

French, M., Lewis, M., 1996. The advanced composite armoured vehicle platform (ACAVP) programme. Journal of Defence Science 1 (3), 296–301.

Gellert, E. P., Pattie, S. D., Woodward, R. L., 1998. Energy transfer in ballistic perforation of fibrereinforced composites. Journal of Materials Science 33, 1845–1850.

Greaves, L. J., 1992. Failure Mechanisms in Glass Fibre Reinforced Plastic Armour. MVEE, Chertsey. Internal Memorandum.

Hsieh, A., DeSchepper, D., May, P., Dehmer, P., February 2004. The Effects of PMMA onBallistic Impact Performance of Hybrid Hard/Ductile All-plastic and Glass-Plastic BasedComposite. ARL-TR-3155. Army Research Laboratory.

Huang, X., 2009. Fabrication and properties of carbon fibres. Materials 2009 (2), 2369–2403.

Jaitlee, R., 2013. Physical Protection: Inter-Dependence Between Hard and Soft Armours (Ph. D. thesis). RMIT University, Australia.

James, B. J., Howlett, S. A., 1997. Enhancement of post-impact structural integrity of GFRPcomposite by through thickness reinforcement. In: Paper Presented at the 2nd EuropeanAFV Symposium, RMCS Shrivenham, May 1997.

James, M., 2009. Polymer Data Handbook, second ed. Oxford University Press, Oxford, UK.

Jordan, J. B., Naito, C. J., 2014. An experimental investigation of the effect of nose shape onfragments penetrating GFRP. International Journal of Impact Engineering 63, 63-71.

Kalpakjian, S., Schmid, S. R. (Eds.), 2008. Manufacturing Processes for Engineering Materials, fifth ed.

Klintworth, W. R., Crouch, I. G., 2002. European Patent, EP 1 319 917 A2, Filed 12.12.2002, Hard Armour Panel and Production Method Therefor.

Kruckenberg, T., Paton, R., 2012. Resin Transfer Moulding for Aerospace Structures. Springer.

Ling, M., June 27, 2013. Private Communication DMTC to DSM Re Dyneema ®. Asia PacificTechnical Centre, Singapore.

Miravette, A., 1993. Composites design. In: Ninth International Conference on Composite Materials (ICCM/9). Madrid, July 1993. Woodhead Publishing.

Morrison, C. E., Bowyer, W. H., 1980. Factors Affecting the Ballistic Impact Resistance ofKevlar Laminates. Fulmer Research Institute report, 1980.

Mulcahy, L., Cartwright, B., 2011. Structural Analysis of Composite Helmets. DMTC InternalReport, Project 8.10, November 2011.

Naebe, M., Sandlin, J. D., Crouch, I. G., Vella, J., July 2009. Next Generation Armour Technologies Program. Advanced Manufacturing CRC, Technical Report.

Nguyen, L. H., Ryan, S., Cimpoeru, S. J., Mouritz, A. P., Orifici, A. C., 2015. The effect of targetthickness on the ballistic performance of ultra high molecular weight polyethylene composite. International Journal of Impact Engineering 75, 174-183.

Ogorkiewicz, R., 2015. Tanks: 100 years of Evolution. Osprey Publishing, Oxford, UK.

Ogorkiewicz, R. M., 1996. High fibre diet for armour. Janes International Defense Review1 (1996), 57.

Ostberg, D. T., et al., 1996. Composite Armored Vehicle (CAV) advanced technology demonstrator. In: Paper Presented at the 14st International SMAPE Symposium, March, 1996. 266 The Science of Armour Materials

Passagian, A., 2009. Purchase Description for Enhanced Combat Helmet Revision 1.0. GL-PD-09-04. U.S. Department of Defense, U.S. Marine Core. April 2009.

Pervorsek, D. C., Chin, H. B., Kwon, Y. D., Field, J. E., 1991. Strain rate effects in ultrastrongpolyethylene fibres and composites. Journal of Applied Polymer Science 47, 45-66.

Ramsay, J., 2015. Private Communication.

Rayner, M. C., Crouch, I. G., 1984. A Study of the Relationship Between Hardness and theBallistic Properties of Aluminium Alloys. MVEE, Chertsey. Technical Report.

Reid, S. R., Reddy, T. Y., Ho, H. M., Crouch, I. G., Greaves, L. J., 1995. Dynamic indentation ofthick fibre-reinforced composites. In: Paper Presented at the ASME Conference on HighStrain Rate Behavior of Composites, San Francisco, November 1995.

Rozant, O., Bourban, P. E., Manson, J. A., 2000. Drapability of dry textile fabrics for stampable-thermoplastic preforms. Composites Part A: Applied Science and Manufacturing 31 (11), 1167–1177.

Rudd, C. D., et al., 1997. Liquid Moulding Technologies. Woodhead Publishing, Cambridge, UK.

Rush, S., January 2007. The art of armor development. High Performance Composites.

Sandlin, J., November 2007. Trial Pressing of Spectra SR3124 Backing Plates. VCAMM report.

Sabart, B., Gangel, J., 2010. Thermoforming for Prototype and Short-Run Applications. www.redeyeondemand.com (accessed 14.05.10.).

Sandlin, J., Kenyon, M., 2014. Helmet Technologies Overview. DMTC Technical Report, Project 7.1.2.

Sandlin, J., et al., 2011. Research, Development, Design and Manufacture of a New CombatHelmet. DMTC Technical Report, Milestone 2, Projects 6.1 & 3.7.

Sands, P., Patel, P., Dehmer, A., Hsich, M., October 2004. Protecting the future force: transparent materials safeguard the Army's vision. The AMPTIAC Quarterly 8 (4).

Shelley, T., 2000. Composite hull gives tank top performance. Eureka Magazine.

Simmons, M. J., Smith, T. F., Crouch, I. G., 1989. Delamination of metallic composites subjectedto ballistic impact. In: 11th International Conference on Ballistics, Brussels, Belgium, pp. 351–360.

Singletary, J., Chang, K., Scott, B., Squillacioti, R., 2011. Properties of cross-plied unidirectional aramid fiber laminates for a new detailed military specification: MIL-DTL-32378. In: Paper Presented at the 26th International Symposium on Ballistics, Miami, FL, USA.

Siviour, C. R., Walley, S. M., Proud, W. G., Field, J. E., 2005. The high strain rate compressive-behaviour of polycarbonate and polyvinylidene diflouride. Polymer 46 (2005), 12546–12555.

Song, J., Lofgren, J., Hart, K., Tsantinis, N., Paulson, R., Hatfield, J., November 2006. AromaticNylons for Transparent Armor Applications. U.S. Army Research Development and Engineering Command, Soldier Systems Center, Natick Soldier Center.

Summerscales, J., 2015. www.tech.plym.ac.uk/sme/acavp.htm.

Summerscales, J., Searle, T. J., 2005. Low-pressure (vacuum infusion) techniques for mouldinglarge composite structures. Proceedings of the Institution of Mechanical Engineers, Part L: Journal of Materials Design and Applications 219.

Utracki, L. A., October 2010. CNRC-NRC Report, Rigid Ballistic Composites (Review ofLiterature). Canada.

Walsh, S., 2009. Enhancing the Performance of Thermoplastic-Based Ballistic Helmets. Societyof Photographic Instrumentation Engineers.

Walsh, SM, Vargas-Gonzalez, LR, Scott, BR, Lee, D. Developing an Integrated Rationale forFuture Head Protection in Materials and Design. U.S. Army Research Laboratory, Aberdeen Proving Ground; Md: 2012.

# 第6章
# 纤维、织物和防护服

伊恩·G. 克劳奇(I. G. Crouch)[1],L. 阿诺德(L. Arnold)[1],
A. 皮埃罗(A. Pierlot)[2],H. 比利翁(H. Billon)[3]
[1]澳大利亚维多利亚州不伦瑞克皇家理工大学;
[2]澳大利亚维多利亚州华安池英联邦科学与工业研究组织(CSIRO)
[3]澳大利亚维多利亚州渔人湾国防科技集团

## 6.1 防护服概述

### 6.1.1 个人防弹衣

"凯夫拉背心"通常是指平民和军事人员使用防护服的代名词,并且大多数人都认可,自20世纪80年代初以来,凯夫拉一直被普遍用作主要的防弹材料。但是,什么是凯夫拉?谁发明了它?它是哪种芳纶纤维?它是如何吸收速度高达450m/s的铅芯手枪子弹的如此高的冲击能量的?它是这种防护应用的唯一纤维吗?现在还有性能更好的替代纤维吗?

本章解释了为什么以织物形式存在的技术纤维为什么仍然作为先进轻质防护服的首选材料,为什么可以抵卸大多数子弹的冲击,但用来防止冰镐刺穿监狱官员的衣服却是一项挑战性很高的工作。

在更详细地研究这些高强度材料之前,我们需要考虑实际的冲击事件本身。无论冲击物是刀、低速手枪弹还是高速步枪弹,几种常见的特征与冲击物对防护服的冲击影响有关:

(1) 冲击物对防弹衣系统(BAS)施加了强烈的点负荷。

(2) 中高速冲击事件会在装甲材料中产生应力波(或在足够高的冲击压力下,甚至是冲击波)。这些可以从材料内部表面反弹出来,并产生严重的二次影响,如装甲钝性创伤(BABT)。

(3) 相关的冲击力是时间的非线性函数,但输入能量有限。

(4) 冲击事件发生的持续时间很短,高速子弹通常持续 20ms,刀攻击持续 0.2s。

(5) 冲击对装甲施加大的变形应变,这通常导致局部失效。

(6) 与正常的准静态载荷相比,装甲材料在不同的冲击条件下会有不同的反应,特别是如果它的任何物理特性都是应变率敏感的。大多数聚合物材料以及一些金属对加载速率的变化敏感。

对于个人防弹装甲来说(PBA),典型的防弹背心将由多层织物组成,这些织物通常缝合在一起形成相互关联的一套(通常称为一套)。但是需要多少层？什么样的织物最好？应该使用哪种纤维？它们的物理特性是什么？它们在高应变率下的表现如何？本章各节分别介绍了其中的作用。6.2 节介绍了纤维,6.3 节介绍了织物,6.4 节涉及织物的层合,第 6.5 节涉及整个人体装甲系统。图 6.1 显示了作为现代士兵服装组成部分的人体装甲系统。

图 6.1　2014 年典型的人体装甲系统

一般来说,就像其他装甲材料一样,织物的选择主要依据其抗弹性能比评。但由于装甲需要在特定环境中发挥作用,所选材料还需要满足一系列工程要求,如耐受化学、天气和水的能力,还有舒适度,以及压倒一切的关于职业健康和安全要求。Bhatnagar(2006)已经对织物的一般特性、特别是工艺技术特性进行了详细的综述。这里我们聚焦防弹特性。

### 6.1.2 能量吸收机制和失效模式

对装甲材料的弹道冲击可以设想为弹体和靶板之间的一种能量平衡。弹体的动能传入靶板,并转化成其他形式的能量。对于基于织物的靶板,这将包括纺织元素(例如纱线和纤维)的动能和势能。大多数弹道冲击中非保守势力在起主要作用,因此相当大比例的能量被耗散了。弹体也可能在冲击过程中发生变形。

防弹织物的最简单元素通常是纤维或纱线。了解冲击作用纱线行为才可以深入洞察更为复杂的织物和织物组装结构的行为。纱线受到弹道冲击时会发生变形(图6.2),这种变形显示为从冲击点传播的两种波。一种类型的波与纱线的拉伸有关,并且被称为纵波。它以声速沿着纱线向外传播,并且与弹体的冲击速度无关。这引发了纱线内的材料向冲击点的运动,并且与纱线的拉伸相关联。第二种类型的波是横波:它较慢并且使得纱线材料在与弹体相同的方向上移动。因此,当高速弹体撞击由编织纱线制成的织物时,它在垂直于织物的方向上变形平面(图6.3)。

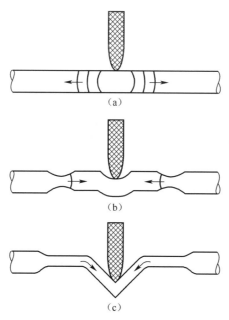

图 6.2 弹体撞击纱线时的横波和纵波

如图6.2所示,受冲击的一根纱线有3个明显的区域:

(1) 一边一个未受冲击影响的区域。

(2) 纱线内的聚合物分子仅发生水平变形的两个区域,此处纱线材料发生了颈缩。

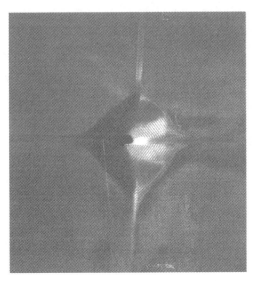

图 6.3 单层织物在碎片模拟弹冲击下的变形

(3) 中央 V 形区域,纱线在冲击方向上发生了变形。

通过前人仔细观察和其中 Cunniff(1992)经典研究,证实了以下事实:

(1) V 形区域中的纱线仅具有横向速度分量。一旦纱线材料从水平变形引起颈缩进入该区域,纱线中其他部分的所有水平运动就停止了。

(2) 水平变形区域中的所有纱线材料都变形到一个值 $\varepsilon$,该值是纱线的物理性质以及冲击速度 $V_p$ 的函数。可以假设该应变在水平区域的范围内是恒定的。

(3) 水平拉伸区域中的所有纱线材料以相同的速度移动。

(4) 只要在撞击过程中弹体速度保持恒定,则 V 形区域中所有纱线材料的速度垂直分量相同。该分量等于抛射物撞击速度 $V_p$。

对于大多数撞击来说,这最后的假设是一个很好的假设。因为单根纱线只能吸收极少量能量,远远无法匹配以初速条件冲击的弹体动能。

在冲击条件下织物的面外(横向)变形自撞击点向外扩展。而面内(纵向)应变波在编织材料内以声速沿着纱线向外传播。面内波速越高,距离冲击区的应变造成的消散也越大。因此,材料具有高波速是非常重要的。纱线内的波速与其弹性模量的平方根成比例,并与纱线密度的平方根成反比。织物中的波速与其组分纱线中的波速不同,这是由于织物在纱线交叉点处存在卷曲。

冲击速度对于确定织物的响应速度至关重要。在具有高波速的织物受到低速冲击时,织物内达到的应力水平可能低于其内部纱线断裂临界强度,从而使应力波可以传播到整个织物内部。在这种情况下,横向变形期间传递的能量将是主要的能量吸收机制之一。然而,弹体可以通过将纱线拉出织物结构而穿透织物。这种机制取决于织物纱线内的摩擦力和弹丸与纱线之间的摩擦力。

当弹体侵彻多层材料组成的软甲装插件时,由于发生变形和旋转,它可能经历不同的失效模式。铜被甲也发生塑性变形和失效,有时可以看到它切过一些片层(图6.4)。

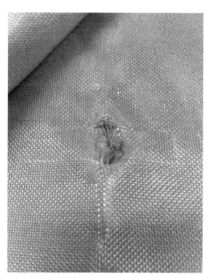 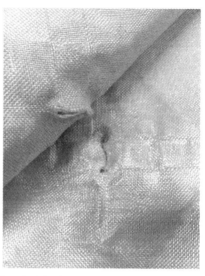

图6.4 芳纶软质装甲插件内的多层材料典型穿孔损伤显示不同层的破坏程度不同

如果冲击速度足够高,则在初始应力上升期间织物可能会被穿透,因为在超过纱线材料的断裂载荷之前装甲不能足够快地响应以吸收能量。这是由于织物内纵波速度有限而引起的应力松弛限制所致。这凸显了纱线材料高应变率依赖性的重要性。

因此,对于纺织装甲,拉伸强度、断裂伸长率和纱线内的波速是最重要的性质。因此,如6.2节所述,现代装甲系统中选择使用的纱线是因为它们表现出这些特性的良好组合。总之,这两种能量吸收机制可以用两个方程来描述:

$$V = (E/\rho)^{1/2} \tag{6.1}$$

式中:$V$ 为应变波速,$E$ 为弹性模量;$\rho$ 为纱线的本体密度。

$$E_s = \sigma' \varepsilon / 2\rho \tag{6.2}$$

式中:$E_s$ 为纤维中的弹性储能;$\sigma$ 为应力;$\varepsilon$ 为屈服应变。

Phillip Cunniff(1999b)在圣安东尼奥举行的第18届国际弹道学研讨会上发表了主题演讲,并提出将这两个主要因素结合成一个统一的无量纲因子$(U^*)^{1/3}$,其中:

$$(U^*)^{1/3} = V \cdot E_s \tag{6.3}$$

他的分析假设弹性储能($E_s$)和纤维应变速度 $V$ 是织物唯二的关键力学性质，撞击面积(弹丸前部的表面积)及其质量是弹体唯二关键参数。图6.5是采用这种方法为所有类型纤维制作的地毯图，看起来具有普适性。在20世纪初，它成为一种非常流行的方式，为进一步研究提供方向。例如，Cunniff 和 Auerbach(Cunniff 等，2002)在2002年使用这种方法预测了PBO纤维的性质(见6.2.7节)。然而，正如 Cunniff 自己在亚特兰大的ISB2014(Cunniff,2014)所指出的那样，UHMWPE系列材料似乎是这种普遍规则的例外，需要做进一步的工作。

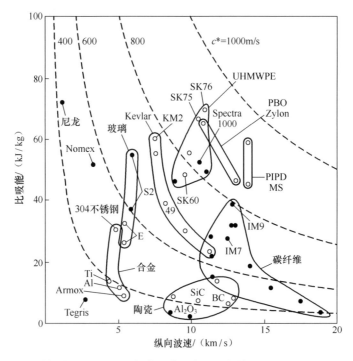

图6.5 覆盖恒定 Cunniff 因子轮廓的典型装甲材料族比能量吸收—纵波速度图

## 6.2 防弹织物用技术纤维

### 6.2.1 从 Kwolek 到碳纳米管的发展历程

虽然像丝绸、尼龙甚至纸张这样的织物(Dekker,2009)都曾经被用于制造防弹材料，但真正意义上的纤维防弹织物时代可以追溯到 Stephanie Kwolek 和她在杜邦的团队发明了 Kevlar。

Kwolek 发现对氨基苯甲酸可以聚合并溶解。最初认为该溶液不能纺成纤维。然而,发现溶液形成的液晶纺丝很容易(Pramanik 和 Chakraborty,2004)。Kevlar(聚1,4-对苯二甲酰对苯二胺)由长链分子组成,其中主链芳环通过对位相互连接,形成极强且不可伸长的棒状结构。与其密切相关的 Nomex 具有相同的化学式,但其芳环通过间位相互连接(Laible,1980)。

另一个里程碑是基于超高分子量聚乙烯(UHMWPE)防弹纤维的研发。像 Kevlar 一样,UHMWPE 也是由长链分子组成,但两种材料之间存在一些重要差异。Kevlar 在高温下具有更高的分解点,而 UHMWPE 分子在很大程度上依赖于分子长度来获得结合强度。这是因为 UHMWPE 分子之间的键合力是相对弱的分子色散力,而不是氢键。

UHMWPE 纱线或纤维可以制成各种织物类型。它可以编织成简单的编织织物,或者以单根长丝或纤维 0/90 的正交铺层结构。UHMWPE 纤维甚至也可以制成毡(见 6.3.5 节),其在市场上可以买到的牌号为 Fraglight。

防弹领域的最新进展是 SRI 和 Toyobo 开发了基于聚对亚苯基-2,6-苯并二恶唑(PBO)纤维(商业上称为 Zylon)的织物。相比 Kevlar 纤维,PBO 纤维拉伸强度和刚度高得多。然而,当暴露在湿热的环境中时,它会迅速降解,并且其弹道性能严重下降。这导致了穿着 Second Chance Body Armor Inc. 制造的 Zylon 背心的执法人员在使用中出现伤亡的严重意外失效事件。这不仅对材料开发商和供应商产生了深远的影响,而且导致执法机构和管理机构很快开发了 NIJ0101 防弹衣标准的新版本(National Institute of Justice,2008)。反过来,由于采用了更为严格的测试方法,供应商感受到了更大的压力,一些公司故而无法生存。

越来越多的人尝试开发生物材料,特别是用于装甲的蜘蛛丝。据说蜘蛛丝在所有防弹纤维(Bolduc 和 Lazaris,2002)中具有最高的韧性。Bolduc 表示,蜘蛛牵引丝的强韧性是芳纶纤维的 3 倍(强韧性定义为应力-应变曲线下的面积),比强度是钢的 5 倍(极限强度与密度的比值)。由于存在与用于丝绸生产的蜘蛛驯化相关的问题(蜘蛛不是群居动物并且提取丝绸的过程是麻烦的)(Cunniff 等,1994),故选择开发人工制造方法。

已经有人研究了丝蛋白重组及其分泌到小鼠和山羊的乳中(Tokareva 等,2013)的转基因制造技术。Nexia Biotechnologies 和 Lewis 集团在山羊身上已经做到了这一点。在过去十年中,在了解与蜘蛛丝相关的遗传信息方面取得了进展,并且蜘蛛丝的克隆、表达和纯化得到了改进。使用重组方法的潜在优点是可以使用丝组分来生产定制结构。Tokareva 的结论是,主要的挑战是丝的产量扩大。

最近一些努力致力于开发衍生自纳米技术或引入纳米技术的防弹材料。这包括碳纳米管。例如,Mylvaganam 和 Zhang(2007)利用分子动力学开展了钻石型弹体对碳纳米管冲击的小规模数值研究。他们得出结论,厚度仅为 $600\mu m$ 的碳纳米管防弹衣即可对枪口能量为320 J的子弹形成有效防护。但是,在将碳纳米管分子水平的特性转化为实际的防弹性能之前必须克服许多挑战。

杜等(2007)确认了碳纳米管具有极高的拉伸强度(200GPa)和弹性模量(1~2 TPa)的预测,同时也列出了其具有许多问题。这些问题包括结构、形态、长径比、结晶度和机械性能缺乏一致性。Song等(2011)描述了通常用于生产碳纳米管的化学气相沉积(CVD)工艺。他们指出,纳米管的质量随着长度的增加而降低,并且其不均匀性和缺陷也限制了可以纺成纱线的长度。

### 6.2.2 纤维的结构和性质

用于防弹应用的高性能纤维一般具有高强度、高刚度(模量)和低断裂伸长率(<5%)。相比之下,用于其他纺织品应用的商品纤维(例如,聚酯、尼龙、蚕丝和丙烯酸纤维)强度和模量较低,但断裂伸长率较高。一般商业纤维的结晶度约为30%~65%,结晶取向因子在0.9~0.98。为了获得高强度和刚度,分子必须完全伸展并且充分取向。分子链的链折叠和离轴取向必须避免。高性能纤维的高强度和模量归因于更高的结晶度(接近100%)和结晶取向度(>0.99),以及更少的缺陷,例如空隙、链端和弯曲。平行分子链之间的应力转移是通过分子间键和链重叠实现的。如果分子间键合很强,纤维获得高强度所需要的分子量可较低。图6.6给出了结晶模量和纤维模量之间的测量关系,这些数据来自2000年左右。尽管Spectra这样的UHMWPE纤维的纤维模量当时报道的数字仍然只有120~150GPa,据统计到2015年接近220GPa的晶体模量。

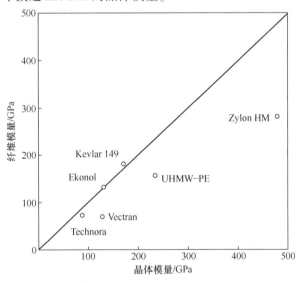

图6.6 防弹纤维的纤维模量和晶体模量之间的对比(Kitigawa,T.,Ishitobi,M.,Yabuki,K.,2000)

单根纤维的结构和形态将决定它们在弹道测试时如何失效,从而确定它们可能吸收多少冲击能量。图6.7(Bhatnagar,2006之后)给出了各种防弹纤维的不同形态和失效模式:在Kevlar和PBO纤维中观察到相当显著的微纤化现象,在Spectra纤维中则有更多的原纤维应变和分裂。相比之下,尼龙纤维在其尖端显示出明显的熔化迹象。应该注意,这些失效模式将根据撞击区域内的位置而变化。

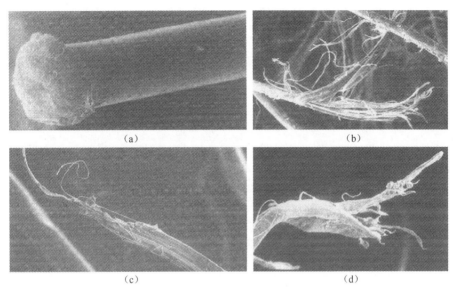

图6.7 纤维的失效
(a)尼龙66;(b)Kevlar 29;(c)Spectra UHMWPE;(d)Zylon(Bhatnagar,A.,2006)。

可用于防弹系统的最常见纤维包括UHMWPE、聚对苯二甲酰对苯二胺(通常缩写为PPTA,对位芳纶或p-芳纶)和聚酰胺(尼龙)。丝绸曾被用作防弹纤维,但现在已被合成纤维取代,除非用于内衣。防弹尼龙抗弹性能优于丝绸,但明显不如UHMWPE或PPTA。后两组纤维目前在市场上占据主导地位,许多公司提供这些纤维类型。

在选择特定防护应用时,除了纤维的防弹性能外,其他性能也很重要。因为仅靠一种特定类型纤维无法获得优化这些额外的性能属性,因而存在替代商业纤维。UHMWPE纤维尽管强度高,但熔融温度低、可燃,并且容易形成熔融聚合物滴落,因而在可能导致进一步伤害的应用中应避免使用。PPTA纤维即使短期暴露在紫外线(UV)之下性能也会显著降低,因此当产品可能处于阳光直射下时应避免使用它,除非它们受到一定方式的紫外线保护。较不常见的防弹纤维包括聚(对亚苯基-2,6-苯并二恶唑)(缩写为PBO)、聚(对亚苯基苯并二噻唑)(缩写为PBT或PBZT)和聚{2,6-二咪唑[4,5-b:4',5'-e]亚吡啶基-1,4-(2,5-二羟基)亚苯基}(缩写为 PIPD)。典型的纤维特性见表6.1。

表6.1 防弹应用中使用的第一代纤维的典型特性

| 纤维类型 | 拉伸模量/GPa | 抗拉强度/MPa | 拉伸模量/GPa | 纤维强度/(N/tex) | 断裂伸长率/% | 波速/(m/s) | Cunniff因子$(U^*)^{1/3}$/(m/s) |
|---|---|---|---|---|---|---|---|
| 蚕丝 | 1250 | 740 | 10 | 0.6 | 10~30 | 2800 | 550 |
| 尼龙66 | 1140 | 910 | 10 | 0.8 | 15~20 | 2960 | 482 |
| Kevlar-29 | 1440 | 3000 | 74 | 2.1 | 3.5 | 6996 | 621 |
| Kevlar-49 | 1440 | 2900 | 105 | 2.0 | 2.5 | 9649 | 612 |
| Spectra-1000 | 970 | 3000 | 171 | 3.1 | 2.7 | 13277 | 801 |
| PBO | 1560 | 5200 | 169 | 3.3 | 3.1 | 10400 | 813 |
| M5(2001) | 1740 | 3960 | 271 | 2.3 | 1.4 | 12500 | 583 |

在纤维生产期间,可以针对特定应用通过改变如牵伸比和热处理程序等处理条件生产具有优化性能的纤维。通过牵伸,可以增加纤维的强度和模量,但通常以断裂伸长率降低为代价。这些具有不同性质的纤维通常以"标准"、"高模"和"高强"的形式销售。单丝的直径和单丝数目也可以变化。除生产纤维和纱线外,这些公司还生产用于防弹应用的许多织造和非织造织物(包括织物处理)。

### 6.2.3 蚕丝纤维

从6世纪和7世纪开发出衬垫式蚕丝铠甲(图6.8)到17世纪英国引入的丝绸衍缝盔甲,装甲技术人员一直倾向于利用具有优美光泽、穿着舒适和环境稳定这些优良特性的蚕丝。在20世纪50年代(Laible,1980),美国研究人员证明,蚕丝织物可以有效防护1.1g的FSP,优于尼龙织物。更令人感兴趣的是,这些研究人员还发现,蚕丝纤维的强度和模量都随着应变速率提高而显著增加。然而,也发现了蚕丝纤维易受生物攻击和湿态时拉伸强度低。尽管许多人已经研究了蜘蛛丝等替代品种(Cunniff等,1994),但是从养殖蚕中制造的纤维还没有得到现代主流装甲材料的广泛应用。

丝是各种动物产生的蛋白质纤维,最常见的丝来自桑蚕幼虫的茧。在其中原始状态,家蚕丝由两种蛋白质组成,即丝胶蛋白,一种在加工过程中被去除的黏性物质,包围核心结构蛋白、丝素蛋白。丝素蛋白由通过酰胺键连接在一起的各种氨基酸组成。丝(丝心蛋白)纤维的90%摩尔分数由甘氨酸(49%)、丙氨酸(30%)和丝氨酸(11%)构成。它是一种大的、复杂的聚合物(图6.9),由这些氨基酸的再循环序列组成,具有空间构象,允许存在分子内和分子间氢键,并以反平行 β 折叠片层形成的多层结构存在。纤维横截面为带有圆角的三角形,赋予其丝绸得到光泽。

与合成防弹纤维相比,由于蚕丝舒适性和吸湿性较好,可以用于内衣,为腹股沟和股动脉提供防护简易爆炸装置产生的破片。

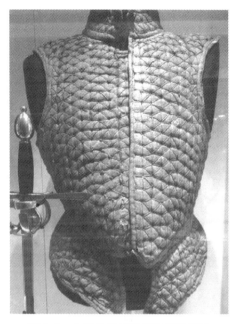

图 6.8 大约 7 世纪的绗缝蚕丝铠甲

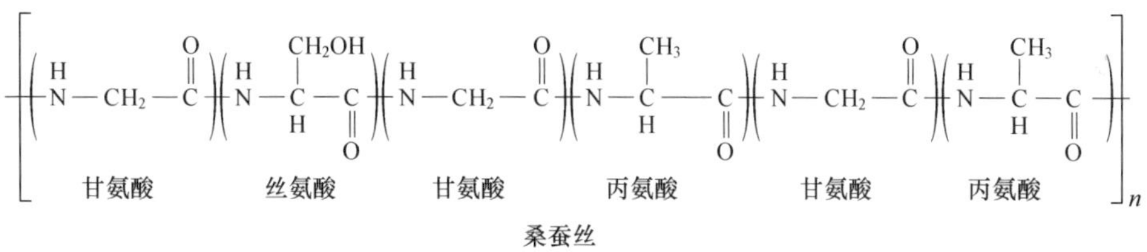

图 6.9 桑蚕丝的主要结构单元

## 6.2.4 聚酰胺(尼龙)纤维

尼龙的发明归功于 Carothers,20 世纪 30 年代早期他在杜邦工作。那时商业化相当迅速,到第二次世界大战时,机组人员穿着防弹衣以防止弹片伤害。这种软质铠甲的重量为 15.2kg/m$^2$,约为今天同类材料重量的 3 倍!然而,尼龙 66,通常被称为"防弹尼龙",在整个 20 世纪 40 年代和 50 年代仍然是首选材料。

Vanderbie(1957)报道了在朝鲜战争期间尼龙防弹衣的有效性,美国士兵的胸部受伤减少了高达60%。到这时,这些背心的典型面密度降至约 6 kg/m²。第一个军用规范[MIL-C-12369F(GL)]于1974年颁布,自那以后经过多次修改。

尼龙或聚酰胺纤维是相当简单的直链聚合物(图6.10),其重复单元通过酰胺键连接。丝和羊毛是天然聚酰胺纤维的实例,而合成聚酰胺纤维的实例包括尼龙和芳族聚酰胺。尼龙是通过二胺和二羧酸的缩合反应形成的热塑性聚酰胺。在描述尼龙(纤维)时更具体,数字后缀用于表示每个单体中的碳原子数,二胺在前二羧酸在后,例如,尼龙66是最常见的尼龙形式[也称为聚(己二酰己二胺)]。尼龙6则是通过己内酰胺(氮杂环庚烷-2-酮;环中的6个碳原子)开环聚合合成的。

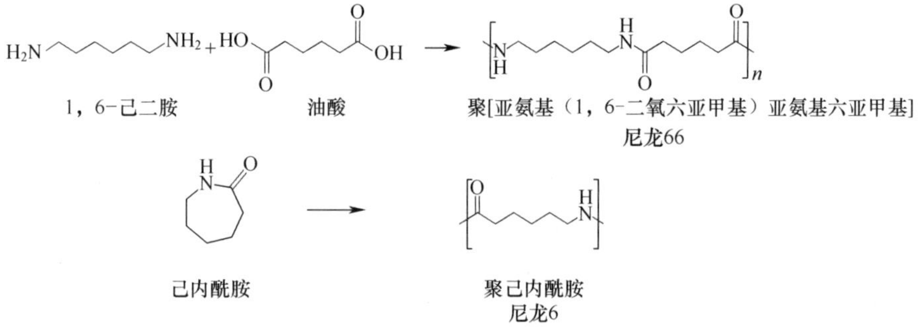

图 6.10 尼龙66和尼龙6的化学结构

## 6.2.5 聚(对苯二甲酰对苯二胺)(PPTA)纤维

PPTA(俗称对位芳纶)纤维是苯-1,4-二胺[也称为对苯二胺(PPD)]和对苯二甲酰二氯(TCL)通过缩合反应聚合,并消除盐酸副产品而得到的。溶液中的聚合物具有液晶行为,并且通过机械牵伸,聚合物链在纤维方向上取向并结晶。PPTA的常见商品名是 Kevlar(杜邦公司)、Twaron(Tejin 公司)和 Heracron(Kolon 公司)。表6.2给出了PPTA纤维的实例及其性能。

表 6.2 PPTA纤维类型和性质的实例

| 纤维类型 | 抗拉强度/MPa | 拉伸模量/GPa | 断裂伸长率/% | 典型应用 |
| --- | --- | --- | --- | --- |
| Kevlar 29[①] | 3000 | 74 | 3.5 | 早期软质装甲 |
| Kevlar 49 | 2900 | 105 | 2.5 | 硬质装甲 |
| Kevlar 129 | 3400 | 95 | 3.4 | 最软的甲 |
| Kevlar-KM2 | 3429 | 64 | 4.3 | 美国的软质装甲插件 |

续表

| 纤维类型 | 抗拉强度/MPa | 拉伸模量/GPa | 断裂伸长率/% | 典型应用 |
| --- | --- | --- | --- | --- |
| Twaron 标准② | 2400~2500 | 60~80 | 3.0~4.4 | 软质装甲 |
| Twaron 高模量 | 3000~3600 | 100~120 | 2.2~3.0 | 硬质装甲 |
| Twaron 高强度 | 3400~3600 | 85~95 | 3.3-4.0 | 软质装甲 |
| Twaron 2640 超细 | 3700 | 100 | 3.5 | 研发等级 |
| Tecnora 1.39g/cm$^3$ | 3400 | 74 | 4.5 | 软质装甲 |
| AuTx-WE③ | 3600 | 100~140 | 2.6~3 | 非常先进的软质装甲插件 |
| AuTx-DWE | 4300 | 100~140 | 2.6~3 | 非常先进的软质装甲插件 |

①http://www.dupont.com/Kevlar/en_US/assets/downloads/KEVLAR_Technical_Guide.pdf

② http://www.teijinaramid.com/wp - content/uploads/2012/02/1090308 _ Twaron - productbrochurefinal _051.pdf

③http://alchemie-group.com/core-materials-technology/autx-aramid-fibre/compliance/

通用术语“芳纶”用于描述其组分是长链合成聚酰胺,其中至少 85%的酰胺键直接连接到两个芳环上纤维(图 6.11)。

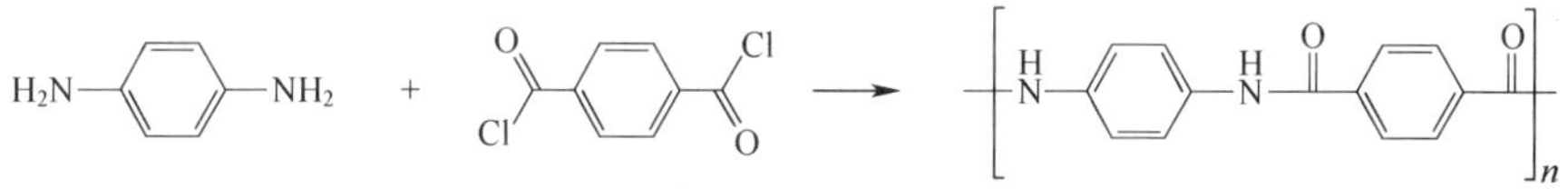

1，4对苯二胺 PPD　　对苯二甲酰氯 TCL　　聚（对苯二甲酸对苯二酰胺）PPTA

图 6.11　PPTA 的反应方程式和结构

基于 PPTA 的三元共聚物纤维(由 3 种单体合成)也已经获得商业化。例如,Technora(Teijin 公司)和俄罗斯以 Rusar 和 Armos 为商品名制造的纤维。这种聚合物不是用 TCL 与 100%PPD 聚合,而是用部分其他二胺替代了 PPD。Technora 用的是 3-(4-氨基苯氧基)苯胺,一些俄罗斯生产的纤维(Allen 和 Newton,2013)用的是 2-(4-氨基苯基)-1H-苯并[d]咪唑-5-胺。

根据 Kamenskvolokno 和 Alchemi 之间的联合研究计划,纤维 AuTx 是基于 Rusar 纤维(来自 Kamenskvolokno)开发的。据称该纤维与 PPTA 相比韧性提高,并且可以染色和印刷。

PPTA 纤维具有高结晶度和强分子间相互作用,为纤维提供良好的有机化学抗性,但当纤维暴露于酸性或碱性条件下时会发生水解降解。PPTA 纤维不燃烧或熔化,但当加热到 450℃ 以上时会开始分解。长时间暴露于高于 150℃ 的温度会导致机械性能(强度、模量和伸长率)降低。PPTA 的机械性能因暴露于紫外线下而显著降低,这取决于波长、照射强度和照射时间。新鲜纱线在暴露于普通室内光线下会变色,但这是正常的,并不表示会劣化(Anon,2015)。在暴露于紫外线下时,纱线或织物中的外部纤维将遮挡(屏蔽)内部纤维免于劣化,因此更高支数的纱线可更高水平地保持其原始强度。在柔性防弹铠甲应用中,PPTA 织物通常包裹防水和抗紫外线的材料。

### 6.2.6 聚乙烯(UHMWPE)纤维

这些纤维在 20 世纪 80 年代后期开发,在 20 世纪 90 年代开始在装甲材料领域中脱颖而出,并且可以从 DSM(UHMWPE 纤维的原始发明者/供应商,商品名为 Dyneema)或霍尼韦尔(Spectra 纤维)获得。卡文迪什实验室的早期研究著作于 1991 年出版,揭示了这些纤维的先进性。Pervorsek 等(1991)在 Kraton D1107 基体中使用 Spectra 1000 纤维,展示了这些纤维的耐损伤性,特别是在弹道冲击下。

UHMWPE 是由长分子链形成的热塑性聚烯烃聚合物,其单体单元超过100000个。它们是非常简单的直链聚合物链,通常被称为"刚性棒状分子",反映了它们的针状特征。乙烯在茂金属催化下的聚合可以实现高分子量。

在纤维形成期间,通过牵伸使分子链取向一致,使它们获得高结晶度(>80%)。链段间的相互作用对高强纤维也很重要。尽管氢键在 PPTA 纤维中支配链段间相互作用,但这些在(非极性)UHMWPE 中是不可能的,其中链间键合通过更弱的色散力。但是,由于分子链很长,可以获得分子间强度总体上很高,纤维能够通过剪切力在分子之间分配拉伸载荷,因而强度很高。对于高强度 PPTA 纤维,由于其链段间作用力较强,因此其分子链相对较短是可能的。Dyneema(来自 DSM)和 Spectra(来自 Honeywell)是 UHMWPE 纤维的常见商品名,表 6.3 是其性能示例。

表 6.3 UHMWPE 纤维类型和性质的实例

| 纤维类型 | 抗拉强度/MPa | 拉伸模量/GPa | 断裂伸长率/% | 单丝线密度/dpf |
| --- | --- | --- | --- | --- |
| Dyneema SK60[①] | 2800 | 88 | 3.5 | 1~3 |
| Dyneema SK76 | 3700 | 116 | 3.8 | n/a |
| Spectra S-900-5600 | 2180 | 66 | 3.5 | 11.7 |
| Spectra S-9001200 | 2570 | 73 | 3.9 | 10.0 |
| Spectra S-1000-2600 | 2910 | 97 | 3.5 | 5.4 |
| Spectra S-1000275 | 3080 | 113 | 3.1 | 4.6 |
| Spectra S-100075 | 3680 | 133 | 2.9 | 1.9 |
| Spectra2000 | 3300 | 120 | 2.9 | 3.5 |

①Hearle(2001)

值得注意的是,UHMWPE 链中不存在芳族或其他官能团,因此赋予优异的耐水性和耐化学性。将该分子链(图6.13)的简单性与 PPTA 分子等三元共聚物分子的简单性进行比较(图6.12)。然而,虽然 UHMWPE 纤维在长时间暴露于紫外线下会降解,但降解速率却是明显低于 PPTA 纤维。UHMWPE 的熔化温度相对较低,约为 145~155℃,工作温度只能在 60~80℃。作为热塑性纤维,当暴露于火焰时,UHMWPE 在分解之前熔化,并且分解产生的气体开始燃烧。也就是说,纤维是可燃的。

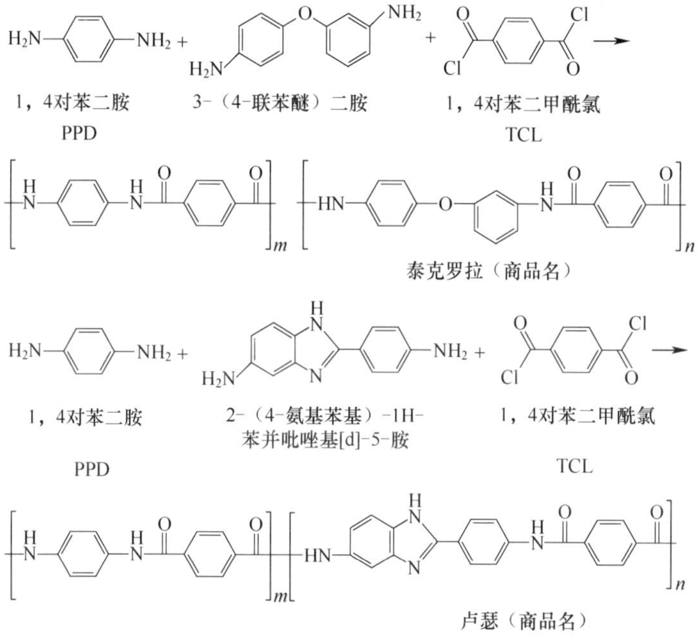

图 6.12 基于 PPTA 的三元共聚物的反应方程与结构

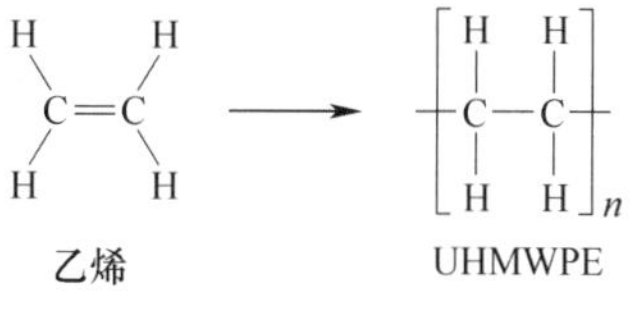

图 6.13 乙烯和 UHMWPE 的反应方程与结构

20 世纪 90 年代末以来,Honeywell 和 DSM 都致力于开发出越来越好的纤维,并使其性能得到了显著提高。这主要是通过生产越来越细的纤维的能力来实现的。如图 6.14 和图 6.15 所示,这些 UHMWPE 纤维的极限拉伸强度(UTS)和弹性模量与纤维直径密切相关。然而,随着这些改进转化为优异的弹道性能,织物的市场价格不断上涨。例如,2014 年,第四代 Honeywell 材料 SA5143 的价格约为第三代材料 SA3118 的两倍。

251

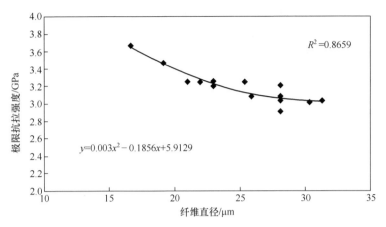

图 6.14　UHMWPE 纤维的极限拉伸强度与纤维直径的关系曲线

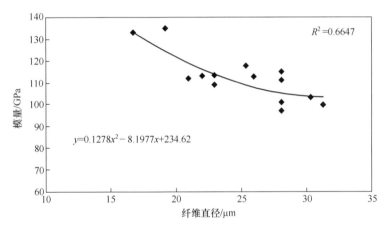

图 6.15　UHMWPE 纤维的弹性模量随纤维直径的变化曲线

## 6.2.7　研究级纤维

### 6.2.7.1　聚苯并二噁唑纤维(PBO,PBT)

这种类型中最常见的两种纤维缩写为 PBO 和 PBZT。后者有时缩写为 PBT,并且经常与聚(对苯二甲酸丁二醇酯)混淆。这些纤维通过二氢氯化物与苯(1,4-二羧酸)(聚对苯二甲酸)在聚(磷酸)中的反应合成,聚(磷酸)充当溶剂、催化剂和脱水剂。使用二氢氯化物,2,5-二氨基-1-3-苯二酚,形成的聚合物是聚[(苯并 1,2-二:5,4-d′双噁唑-2,6-二基)-1,4-亚苯基(PBO:聚(苯并二噁唑))。使用1,4-二氨基-2,5-二硫代苯,形成的聚合物是聚[(苯并[1,2-d:4,5-d'双噻唑-2,6-联)-1,4-亚苯基](PBZT:聚(苯并二噻唑))(图6.16)。两者都是非常复杂的大直径聚合物链。

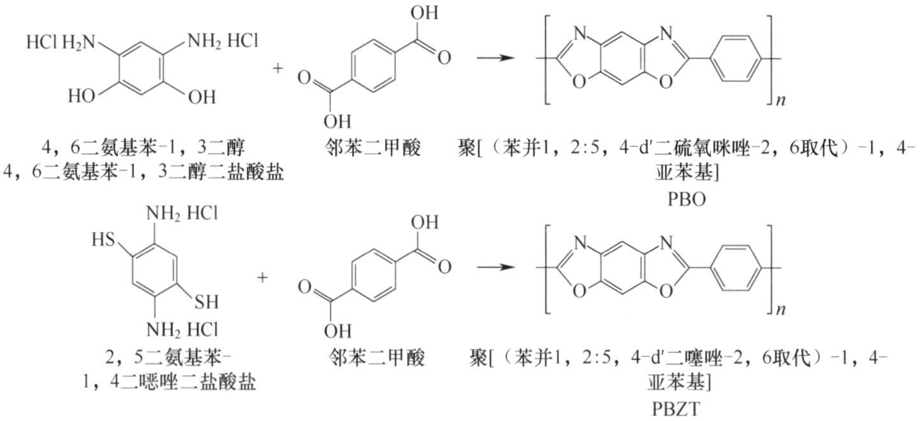

图6.16 PBO和PBZT的反应方程与结构

Toyobo公司目前生产的PBO商品名为Zylon。在20世纪90年代末期,这种纤维最初被用于制造美国警察的防弹衣,后来由于有两名警官穿着该纤维制造的背心却不幸中弹牺牲而停止使用。随后的研究表明,纤维的水解导致噁唑环的破坏和纤维的快速降解。PBO和PBZT的机械性能见表6.4。PBO不会熔化,但在650℃下空气中分解。它对紫外线和可见光的抵抗力很差。PBZT纤维与PBO性质相似,但更差。但是,由于生产成本较低,PBO占主导地位,尽管商业消耗量很小。

表6.4 各种PBO和PBZT纤维的性质

| 属性 | PBO[①](Zylon)常规 | PBO(Zylon)高模量 | PBZT |
| --- | --- | --- | --- |
| 密度/(kg/m$^3$) | 1540 | 1560 | 1580 |
| 拉伸强度/MPa | 5800 | 5800 | 4100 |
| 模量/GPa | 180 | 270 | 325 |
| 断裂伸长率/% | 3.5 | 2.5 | 1~2 |
| 纤维直径/mm | 12 | 12 | NK |

① http://www.toyobo-global.com/seihin/kc/pbo/.

#### 6.2.7.2 聚{二咪唑并吡啶(二羟基)亚苯基}(PIPD)

由2,5-二羟基对苯二甲酸和2,3,5,6-四氨基吡啶的反应可以制备一种聚合物,其缩写为PIPD。由它可以制备成一种纤维,商品名为M5。该纤维的化学名称为聚[2,6-二咪唑-(4,5-b:4'5'-e)吡啶-1,4-(2,5-二羟基)亚苯基。它是一种非常复杂的大直径聚合物链(图6.17),这就是纤维具有良好抗压强度的原因。

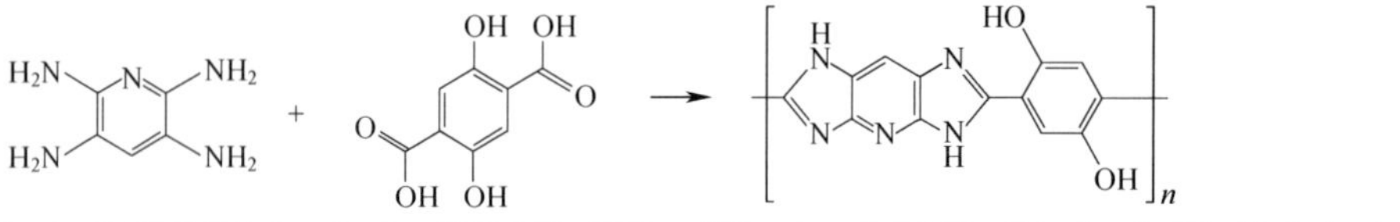

2,3,5,6四联氨基吡啶    2,5-二羟基对苯二甲酸    聚[2,6-咪唑基[4',5'-b:4',5'-e]并亚吡啶-1,4 PIPD

图6.17 PIPD的反应方程与结构

这种纤维已经开发了很长一段时间,并且由美国Magellan Systems International与杜邦合作在美国生产。基于其理想结构和性质的早期理论模型以及实验数据,它被认为具有巨大潜力。到2000年,与目标值相比,其性能仍然较低(表6.5)。在Cunniff和Auerbach的经典著作中报道了高达7200MPa的拉伸强度和340GPa的拉伸模量值(Cunniff等,2002),并评估了这些纤维的潜力。后来,中国人对研究这种有良好性能的纤维表现出了浓厚的兴趣(Zhang,2010)。然而,迄今为止,这种高性能纤维尚未完全商业化。

表6.5 M5纤维的性质

| 属性 | M5(2000年) | M5的目标 |
| --- | --- | --- |
| 抗拉强度/MPa | 3960 | 9500 |
| 拉伸模量/GPa | 271 | 450 |
| 断裂伸长率/% | 1.4 | 2.0~2.5 |
| 密度/(g/cm$^3$) | 1.7 | 1.7 |

## 6.3 防弹织物和纺织品技术

高强度纺织品被设计用来抵御各种威胁,包括高速弹道冲击、爆炸碎片[例如,来自简易爆炸装置(IED)]、刀具和钉子,甚至是皮下注射针头。最初考虑的是几乎无限种类的单层织物,可以设计用于降低特定威胁的有效性。单层的性质也可以通过表面处理和通过浸渍或涂覆来改性。本节考虑单层织物的结构和弹道性质,但对于真正的防弹衣系统,最终解决方案将涉及6.5节中讨论的这些层的组合。

### 6.3.1 编织织物

对于机织织物,与冲击弹体头部直接接触的纱线成为"主要纱线"。这些是由相对于弹丸大小和形状的织物结构(经线和纬线的根/cm)来定义。这些参数的重要性可以通过表6.6中商业DuPont 363型Kevlar织物来评估。其经纬密度为11根/cm(方形结构),经纱纬纱的线密度均为94 tex。如果高速弹体的直径为8mm,则每个方向上只有7或8根纱线可能会作为潜在"主要纱线"与弹体发生相互作用。如果被弹体锥形头部的穿透强行地横向排开,"主要纱线"的数量还会减少。

表6.6 杜邦系列纯Kevlar织物的典型织物参数

| 纯Kevlar | 单位 | D770, S745 | D310 | A363 | S704 |
|---|---|---|---|---|---|
| 纱线密度 | tex | 331.1 | 45.4 | 94.1 | 97.4 |
| 织构-纬纱密度 | 根/cm | 6.4 | 14.1 | 11.1 | 11.9 |
| 织构-经纱密度 | 根/cm | 6.5 | 14.0 | 11.0 | 11.9 |
| 织物面密度 | g/m$^2$ | 426 | 128 | 219 | 232 |

构成每根纱线的纤维,无论是连续长丝(例如挤出合成纤维)还是定长短切纤维(例如,天然羊毛或从连续长丝上切下),都是出于各种原因而选择的,而不一定只是因为它们的强度。其他选择依据包括纤维延展性、线密度、表面摩擦、水分控制能力、紫外线耐受性、弯曲刚度和脆性、纱线横截面、可染性、可燃性和熔融性能。因此为了获得所需的纱线性能,可以选择长丝或纤维,并且可能混合。表6.7列出了一些重要参数,这些参数可能决定不同纱线在不同防弹织物设计中的适用性。

纱线的内部结构及其最终线密度也决定了其性能和最终织物单位面积质量。单个织物层吸收的能量由其中纱线的拉伸和断裂决定。这些拉伸和断裂是通过内部纤维之间相互摩擦的作用以及它们在织物结构内的相互作用(例如,在纱线交叉处)引起的。

表6.7 100%高强度纤维纱的声速、断裂能和强度

| 纤维 | 纱支数/dtex | 声速/(km/s) | 断裂能/(kJ/kg) | 拉断力/N | 断裂伸长率/% | 强度/(N/tex) |
|---|---|---|---|---|---|---|
| Kevlar | 220 | 8.03 | 33.4 | 55.1 | 2.8 | 2.50 |
|  | 440 | 8.18 | 27.8 | 87.1 | 2.8 | 1.98 |
| Twaron | 550 | 7.54 | 28.2 | 111 | 2.9 | 2.01 |
|  | 930 | 7.57 | 25.4 | 174 | 2.8 | 1.87 |
|  | 1100 | 7.76 | 26.1 | 225 | 2.8 | 2.05 |
| Spectra | 240 | 9.07 | 42.6 | 71.7 | 2.7 | 2.99 |
|  | 480 | 9.33 | 46.6 | 148 | 2.9 | 3.09 |
|  | 720 | 9.04 | 40.3 | 182 | 3.0 | 2.53 |

续表

| 纤维 | 纱支数/dtex | 声速/(km/s) | 断裂能/(kJ/kg) | 拉断力/N | 断裂伸长率/% | 强度/(N/tex) |
|---|---|---|---|---|---|---|
| Dyneema | 220 | 10.5 | 65.9 | 85.0 | 3.1 | 3.00 |
|  | 440 | 8.21 | 50.1 | 127 | 3.3 | 2.89 |
| HT 尼龙 | 350 | 2.51 | 79.7 | 32.8 | 19 | 0.94 |
|  | 470 | 2.47 | 63.0 | 42.8 | 16 | 0.91 |
|  | 700 | 2.52 | 73.3 | 52.4 | 18 | 0.75 |
| 蚕丝 | 230 | 2.03 | 17.4 | 8.3 | 11 | 0.36 |

选择构成每根纱线的纤维以提供特定的特性。纤维延展性是一个至关重要的参数,特别是在纱线的拉伸、能量吸收和冲击后的织物回复方面。组分纤维之间的表面摩擦也是一个重要特性,它不仅决定远离冲击点的纱线的拉伸破坏模式,也决定纱线的拉动机制。在纱线拉动机制中,主纱线被拉向冲击点并远离任何不受约束的边缘。

在设计织物以抵御特定威胁时,除了纱线强度和单位面积的织物质量之外,以下大多数要点也必须得到充分考虑。

织物本身一般具有对称或非对称结构。其击穿是由相互独立的经纬纱的失效产生,因而也取决于织物的结构。许多用于抵御高速冲击的织物采用的是方形(对称)织构,其中经纱和纬纱采用相同的纱线。非对称性织物可以通过调节经纱和纬纱的数目以及和经纬纱相对线密度不同来实现。为了防止在一个方向上不均匀的横向纱线分离而发生过早穿透,经纱和纬纱的强度应该大致相匹配。为了获得所需特性(例如,弯曲刚度、湿度控制或改善的舒适性)的织物,可以充分发挥纱线的可设计性,通过在织物中掺混或插入独立的具有不同性质的组分。在织物中引入不对称性确实可以解决一些问题(例如,悬垂性不良、湿度控制能力改善),但可能会降低抗弹性能(Cunniff,1992)。

织物在经向和纬向的伸长率主要取决于组分纤维,其次取决于织物结构中插入的纱线弯曲(波纹度)程度。织物结构类型(例如,平纹、斜纹)以及紧密程度(覆盖密度)和相邻纱线的横截面轮廓将在很大程度上决定纱线卷曲程度。在大多数防弹应用中,纱线应具有低延展性和高强度。由于相比防弹尼龙的18%~24%的断裂伸长率,Kevlar通常只有3%~4%,因此这可被视为优先选择的强丝。尽管Kevlar相比防弹尼龙在同样线密度下可能更强大(也许高30%~50%),它可能在几天内因遭受的紫外线降解而使强度快速损失,除非它可以被适当地屏蔽。

简单的加捻纱截面具有"圆形"(特别是高度加捻的)、"八字形"(如果是双折叠)或椭圆形状的横截面。短纤维必须捻合在一起,以使相邻纤维的表面之间具有足够的相互摩擦作用,从而赋予纱线必要的拉伸强度。对于相同的重量纤维,加捻的短纤维束弱于由无捻连续长丝组合而成的纱线。因此,大多数高强度防弹织物由连续的无捻长丝纱线(例如,防弹尼龙、芳族聚酰胺或UHMWPE)制成,并且这些纱线的横截面为透镜状。

尽管由于纱线弯曲、高经纬密度和横向织物拉伸引起的纱线之间相互压缩,导致经纬交叉处的加捻纱线的横截面形状可能变得稍微扁平,但是在每个交叉点处存在孔洞的可能性更高。必须尽量减小这些孔的尺寸,以便消除尖头弹丸的轻松进入点。在这种情况下,相邻的纱线可以被楔入而不是被迫通过拉伸破坏来吸收能量。因此,对于商业的Kevlar织物,例如363型或704型,将未加捻的长丝纱线织造成方形组织,并使其紧密地挤在一起,它们的横截面因此变成了透镜状,从而实现了交叉处的孔尺寸最小化。

对于大多数高速防弹应用,基于方平组织的平纹织物是优选的设计,因为其具有最大稳定性,并且当织物弯曲时孔打开的可能性最小。而斜纹织物因为其结构中一根纱线在横向与几根纱线上/下交织,结构较为柔软,剪切稳定性低,故在受到弯曲时增加了孔洞开口的可能性。

高强度织物与撞击威胁之间相互摩擦发挥的作用不容小觑。对于高速撞击,这些摩擦主要包括纤维材料内纤维表面之间、经纬交叉处纱线之间的摩擦,弹体内摩擦(由于其内部变形和压扁)以及弹体和织物之间的摩擦。这些都能吸收能量。如果纱线没有加捻,则其中纤维之间的界面摩擦就会显著减小。除非编织结构本身可以迫使纱线或纤维相互接触。Briscoe和Motamedi(1992)详细考察了这种相互作用。它们通过在组分纱线上是否添加润滑剂来改变其表面摩擦的方法,研究了具有不同编织结构的单层商用芳族聚酰胺织物的防弹性能。他们在准静态穿透和高达200m/s速度弹道冲击下测试了这些材料。他们发现,当纱线摩擦力较高时防弹性能提高,并且发现编织结构和织物内的纱线预拉伸也是重要因素。纱线的预拉伸,它们的经纬密度和编织结构都会影响交叉处相互交织纱线之间的相互压缩。已经证明,在纱线上加入水分,可使纱线表面润滑,从而显著降低织物的防弹性能(Kaharan等,2008)。

通过主要纱线的简单拉伸破坏能量吸收是很好理解的,并且Erlich(2003)、Cheeseman和Bogetti(2003)等已经很好地解释了这一点。起初,织物在冲击方向上延伸成的金字塔形状,仅打开了网状结构中的孔,而在经纬交叉处的交叉纱线并没有相对滑动。然而,随着弹体在织物中的继续侵彻,一些未破损的主要纱线和紧密靠近的次要纱线可能会被强行横向排开,并在其交叉处产生相应的摩擦耗散(图6.18)。弹体会在这些纱线之间滑动,而纱线破裂,从而降低了能量耗散的潜力,并留下了比原始弹体直径更小的残余孔洞。因此需要设计一种能够最大限度地减少横向位移并通过拉伸断裂优化能量耗散的织物。

图 6.18　编织分型的数值示例(见第 9 章)

纱线和织物的摩擦特性的已经引起重视,特别是在表面和交叉纱线可以润滑的潮湿条件下。需要提高纱线和织物结构内的摩擦作用,以减少纱线拖入,并限制主要纱线的横向位移。

研究人员已经进行了试验测试,并建立了借助纱线拖入机制的能量耗散模型。其中 Bazhenov 等(1997)在各种条件下进行了防弹织物纱线抽出试验,并且揭示了在织物潮湿时的有害效应。Kirkwood 等(2004b)进行了从横向预张紧织物中准静态提取纱线的测试,并提出了一个解释模型。他们对弹道冲击的观察(Kirkwood 等,2004a)获得了一些成功。

作为一种能量吸收机制,纱线拖入是两阶段过程。在交织纱线达到其断裂应变之前,它必须被拉伸、拉直以消除编织结构中的卷曲,只有这样纱线才能被拉向冲击点。除了长丝本身,织物内的卷曲也赋予其一些额外延展性。因此,当一片大的织物样品中心处受到冲击时,经纱和纬纱都会发生纱线拖入。这取决于织物结构和经纬密度、经纱和纬纱中的纱线类型、它们的摩擦性能和样品尺寸。如果冲击发生在样品织物不稳定边缘处,则纱线更容易从该边缘被拖入。然后它们不会拉伸破坏,而只会发生织物散开,从而显著降低能量耗散(Kirkwood 等,2004a)。通过缝合、胶合或接缝密封来稳定织物边缘,可以显著改善与织物边缘紧密靠近处的抗弹性能。

在对单层织物或多层板进行抗弹性能测试时,无论层的边缘是自由移动的还是是否受到张力约束,边界条件均对其抗冲击性能有显著影响。Cork 和 Foster (2007)表明,与较宽的样品相比,具有镶边的窄织物的抗弹性能可以得到提高,但也对织物结构和所施加的边界条件更加敏感。

对单层织物防弹特性及性能的兴趣不仅仅是出于了解层状结构基本属性的(参见6.5节)需要,而且还因为对常规战斗制服和轻质覆盖织物对四肢提供的保护感兴趣(Sakaguchi 等,2012)。这些研究人员测试了单层芳纶织物的 $V_{50}$ 在 105m/s 和 145m/s 之间。

战斗士兵的高强度服装一般采用具有适当伪装性的单层织物,特别是在需要降低爆炸装置产生的碎片冲击引起的伤害方面。在考虑一系列织物属性的条件下,其舒适性将更重要,但可能以牺牲防弹性能为代价。近期以来主要研究目标是开发一系列编织混纺结构(Pierlot,2012),旨在解决战士的伪装外衣的碎片防护性能和舒适性的平衡问题。表6.8给出了这些织物选择的基本特征。在这个DMTC研究计划中规定,高速冲击防护是首要考虑因素,但舒适性(机械、热和湿度管理)也是一个重要的考虑因素。

段等(2005)建立了摩擦影响的模型,并且特别考虑了一种平纹织物在不同的边界条件下防护球形弹体时纱线交叉处摩擦相互作用的强化问题。他们的模型清楚地再现了纱线本身和弹体之间因各种边界条件而摩擦系数降低时,于接近冲击点处发生并观察到的横向纱线分离现象。Rao 等(2009)在开发一种织物的冲击模型时也使用球形弹体对这种效应进行了建模。

为解决织物纱线拖入和结构稳定问题,Sinnappoo 等(2009)采用了一种非常规方法,将羊毛引入高强度纱线(例如 Kevlar 或弹道尼龙)的方平组织织物设计,并评估了其效果。强度较弱的羊毛并不是要取代高强度纱线作为主要的能量吸收纤维,而是用来提高长丝和纱线之间的相互摩擦。这样,在冲击点附近的主要纱线的横向分离可以减少,从而迫使更多的纱线破裂。从织物边界拖入的纱线可以受到限制,因为织物更好地稳定并且有效防止了边缘松散。由于其高回潮率,如果织物变湿,羊毛还能够吸收高达其自身干重的36%的水分,从而吸收了可能用于润滑高强度长丝的多余水分。在吸收这种水分时,羊毛纤维的直径也扩大了16%,因此进一步稳定和拉紧了织物。

图6.19给出了这两种织物纱线样品拉伸试验的对比照片,例证了这种天然纤维稳定化作用。左侧样品由防弹尼龙织造而成,而右侧则是由弹道尼龙和羊毛混合物织造而成,并具有相同织构。通过引入羊毛明显减小了顶部边缘的散开程度,从而实现了稳定性的提高。图6.20还显示了由于加入了羊毛组分,显著提高了纱线拉伸试验中能量吸收。然而,这并未使抗弹性能得到总体提升。

虽然过去对混纺防弹织物的大部分研究都集中在评估它们对高速爆炸碎片冲击的效能,但Duong等最近(2010)研究了一系列芳纶/包芯纱纬编织物的防刺(刺穿和刀切)效能。他们的结果证实,织物密度显著影响防刺性,并且可以确定密度的最佳值。

表 6.8 用于抗碎片织物的混纺纱线结构的实例

| 经纱 | 经纱线密度/tex | 经纱号#单丝 | 纬纱 1 | 纬纱 1 线密度/tex | 纬纱号#单丝 | 纬纱 2 | 纬纱 2 线密度/tex | 经纱密度/(e/cm) | 纬纱密度/(p/cm) | 织构 | 织物面密度/(g/m²) |
|---|---|---|---|---|---|---|---|---|---|---|---|
| BN | 94 | 140 | BN | 94 | 140 | OEC | 84 | 17.3 | 14.2 | 2×1 | 328 |
| BN | 94 | 140 | BN | 94 | 140 | OEC | 84 | 17.3 | 14.2 | 2×2 | 329 |
| BN | 94 | 140 | BN | 94 | 140 | OEC | 84 | 17.3 | 15.0 | 1×1 | 343 |
| BN | 94 | 140 | BN | 94 | 140 | OEC | 84 | 14.2 | 16.5 | 2×1 | 325 |
| BN | 94 | 140 | BN | 94 | 140 | OEC | 84 | 14.2 | 13.8 | 1×1 | 319 |
| BN | 47 | 140 | BN | 47 | 140 | OEC | 42 | 14.2 | 17.3 | 2×2 | 311 |
| BN | 47 | 140 | BN | 47 | 140 | MOD ACR | 2/20 | 26.8 | 22.0 | 2×2 | 256 |
| HTPOLY | 42 | 96 | HTPOLY | 42 | 96 | 羊毛 FR/VIS | 2/25 | 26.8 | 22.0 | 2×2 | 259 |
| HTPOLY | 42 | 96 | ATY | 45 | 128 | 羊毛 FR/VIS | 2/25 | 32.3 | 22.0 | 2×2 | 266 |
| HTPOLY | 42 | 96 | ATY | 45 | 128 | MOD ACR | 2/20 | 32.3 | 27.6 | 2×2 | 247 |
| HTPOLY | 42 | 96 | DTY | 50 | 192 | MOD ACR | 2/20 | 32.3 | 27.6 | 2×2 | 256 |
| SPECTRA | 24 | 68 | 羊毛 FR/VIS | 2/25 | — | 羊毛 FR/VIS | 2/25 | 26.8 | 27.6 | 2×2 | 246 |
| SPECTRA | 24 | 68 | 羊毛 FR/VIS | 2/25 | — | — | — | 26.8 | 27.6 | 2×2 | 267 |
| SPECTRA | 24 | 68 | 羊毛 FR/VIS | 2/25 | — | — | — | 26.8 | 27.6 | 1×4 | 215 |
| PC | 32 | — | PC | 54 | — | — | — | 38.6 | 26.8 | 2×3 | 205 |
| BN | 94 | 140 | BN | 94 | 140 | — | — | 17.3 | 27.6 | 2×3/1×2 | 210 |
| BN | 94 | 140 | BN | 94 | 140 | — | — | 17.3 | 17.7 | 3×1 | 235 |
| BN | 94 | 140 | BN | 94 | 140 | — | — | 17.3 | 13.4 | 2×1 | 310 |
| BN | 94 | 140 | BN | 94 | 140 | — | — | 17.3 | 12.2 | 1×1 | 299 |
| BN | 94 | 140 | BN | 94 | 140 | — | — | 17.3 | 13.8 | 2×2 | 312 |

ATP—空气织构聚酯纤维；BN—防弹尼龙纤维；DTP—拉伸织构聚酯；FR/VIS—阻燃黏胶纤维；HTP—高韧性聚酯纤维；MOD ACR—军用丙烯酸纤维；OEC—开放式棉纤维；PC—涤棉。资料来源：DMTC(2014)。

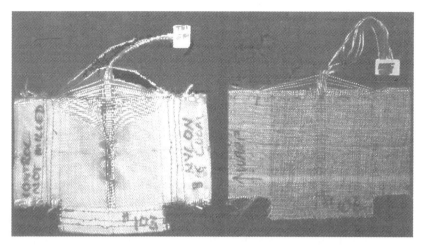

图 6.19 平面纱线拉出试验,纯弹道尼龙(左)编织样品的结构稳定性低于等效的羊毛/弹道尼龙(右)样品

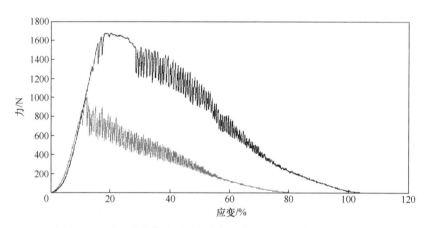

图 6.20 平面纱线拉出试验,从编织羊毛/防弹尼龙织物(蓝色)中抽出 8 根相邻纱线所吸收的能量明显大于同等纯防弹尼龙织物(红色)(彩图)

### 6.3.2 非织造和非织物织物

机织织物的开发目的是满足提高平面外性能、抗冲击性,降低制造成本和易于处理的需要。然而,尽管织物中纱线提高了损伤容限,但也同时降低了面内特性,导致纤维容易发生诸如纤维扭折这种低能量吸收的失效。为了克服这一障碍,提高织物面内特性,已开发出无皱褶织物(NCF)复合材料。NCF 织物是通过在厚度

方向缝合堆叠单向纱线而获得的。

Nilakantan等以及Sanborn和Weerasooriya(2014)发表的文章(2011)让人们意识到使用非织造高强度织物的好处。当高强度纱线承受编织和整理应力并且因此被锁定在卷曲的轮廓中时,它们可能被充分损坏,从而损害其防弹性能。Sanborn和Weerasooriya(2014)在很宽的应变速率($0.001\sim 1000 s^{-1}$)范围内,研究对比了取自充分整理的平纹Kevlar织物经纱纬纱中的各种长丝和没有受到这种应力的原始长丝的强度和延展性。他们报道,在所有加载速率下,相比原始状态未经过织造的非织造长丝强度,从这种织物纬纱中取出的长丝降低了3%~8%,从经纱中取出的长丝降低了20%。

Nilakantan等(2011)也报道了使用纱线而不是单根长丝的类似的削弱效果,但与未经纺织的纱线相比,强度下降更为明显——对于坯布经纱而言,强度下降16%,对于经过洗涤的经纱则下降多达30%。观察到的纱线弱化和经纱与纬纱的差异归因于织机中的经纱预拉伸、弯曲或扭转、相互摩擦作用以及整理或表面处理的影响。

虽然他们没有说明,但是还存在另一个重要的弱化因素。这种弱化因素产自沿着单丝的聚合缺陷和织造过程中棕片间的相互摩擦。其中沿着单丝的聚合缺陷还可能会因为受到高速循环和经纱张力的释放而被放大。尽管取决于所使用的织机,但编织的首要经验法则要求经纱理想情况下拉伸10%,这样可以使梭口充分打开以允许每根纬纱的插入。用于防弹的Kevlar纱线通常没有捻度,并且它们组成的长丝天然伸长率仅为4%。因此,编织这种织物是困难的,并且将对经纱施加高的循环应变。尽管纬纱在编织过程中也会受到施加在收边处的限制张力,但这种张力总是低于经纱中的张力。一旦织物从织机上取下,这些张力的释放将导致随着固有织造应力的稳定、经纱纬纱之间的非对称而发生卷曲状态交换,即使对于方平织构的织物也是如此。

高性能软质铠甲背心/插件通常由多层NCF构成。杜邦最近推出了Kevlar XP。当用作软质背心材料时,它具有优异的防弹性能(图6.21)。如图6.27所示(Coman,2009),在NCF材料中,纤维束非常平顺,除了少量的缝合,几乎形成连续的UD纤维层。

Kevlar XP织物避免了编织结构中卷曲所带来的一些问题。这是因为,两层平行的Kevlar长丝正交排布,通过层间的树脂相互黏合形成一个片状结构。因为树脂仅浸透了每个薄片的一些表面长丝而不是整个厚度,所以整个纤维阵列在通过相隔5mm的平行缝线组装时是稳定的。这些基本上确定了"弯曲"方向,相互垂直的前后两个长丝层均与该方向成45°夹角。树脂并不提供防弹效能,其作用仅是缝纫完成前将那些长丝紧紧地固定在原位。最终的织物相当硬。没有卷曲,织物受到冲击时长丝立即充分承载,因此消除了通常拉直弯曲纱线所需的额外拉伸。

图 6.21 来自杜邦的芳纶 NCF 织物板(XP500)阻挡住了一发 9mm 手枪子弹

因此,织物的延展性仅由长丝本身决定。NCF 具有以下一般品质:
(1) 拉伸和恢复非常有限;
(2) 对结构的扭曲往往是永久性的;
(3) 可以制成厚的吸能垫;
(4) 形状保持性很差;
(5) 难以黏合-形成接缝是一个突出问题——接缝强度非常有限;
(6) 悬垂性非常差,特别是当很厚时;
(7) 像织物一样,只能在一个方向弯曲而不会形成折痕。

在一些冲击条件下,相当大量缝合的存在起到了束缚作用。霍尼韦尔为克服上述 NCF 结构中的这种轻微缺陷,开发了不含任何缝线的 0°/90°或 0°/90°/+45°/-45°的 NCF 材料(例如 Spectra Shield)。每个单独的层(UD 纤维层)都采用热塑性基体(如 Kraton D1107,苯乙烯-丁二烯嵌段聚合物)固定,并且将这些层黏合在一起以形成稳定的多层 NCF 材料。这使每层纤维的数量实现了最大化,完全消除了缝合的需要。采用这些材料制造的层压板使纤维的体积分数得到最大化,从而使参与冲击事件的纤维数量得到最大化。这些结构已广泛应用于许多先进的人体装甲系统,特别是警用系统。

### 6.3.3 涂层织物

前面基于主要纱线断裂和纱线拖入两种机制讨论了弹道能量耗散。注意力主要集中在通过提高纱线之间以及纱线内部长丝之间的摩擦力来使纱线断裂最大化作为能量耗散的主要手段。由于弹丸形状引起织物中的主要纱线被强制横向分离,使得被破坏主要纱线数量更少,织物则更容易被穿透。正如 Lee 等(2003)所述,一种将主要纱线保持在适当位置并减少其横向分离的方法就是通过在织物上加入少量树脂形成单层复合材料。Zeinstra等(2009)扩展这一想法,在Twaron平纹织物的两侧复合了半固态的乙酸醋酸乙烯酯箔。正如画框式剪切试验测量结果所示,主要纱线的横向移动得到了限制、面内剪切力也得到了提高。它还通过增加从织物中抽出和移除纱线所需的摩擦力限制了纱线抽出机制,这与纱线拉伸试验的测量结果一致。虽然一旦箔和纱线之间的黏合被破坏,纱线抽出将持续进行,而薄膜几乎没有影响。这与将羊毛添加到织物中、整个纱线抽取过程中摩擦力的增加形成了对比(图6.19和图6.20)。然而,已充分证明了这种浸渍或层压在防弹性能方面的优势。这些涂层或层压产品(例如,来自加拿大Barrday的Argus)目前是防刀、防钉子背心的主流织物(参见6.5.4.2节)。

添加树脂或箔以形成单层半浸渍织物复合材料会导致其弯曲刚度和剪切刚性增加,因而降低了其悬垂和形成折叠的倾向,从而使织物的舒适性受损。这是一个重要的问题,其中单层复合织物必须适合于需要不透气性或不透液性的服装,如作战服在爆炸中暴露于气溶胶或气体化学冲击的情况。

### 6.3.4 针织织物

对于最简单的纬编单面针织物,一根纱线通过环回自身而形成的一系列相互连接的连续路径(图6.22)将整个结构保持在一起。要想获得所需的性能(例如,高强度、拉伸后良好的回复性、改善的舒适性),该单根纱线应该包含几个要素。为了使最终织物提高或得到所需的性能,可以在针织结构内改变环的布置和交织,即允许设计复杂的三维结构。

与纬编针织相比,经编针织提供了另一种结构形式。在其最简单的形式中,经编针织物是基于多束平行纱线之间相互连接组装而成,而这种相互连接是按照在纵行线圈方向上限定肋状结构的方式。每根纱线形成连续的一系列环状缝合,在纵行线圈方向上来回摆动,并与来自两侧相邻纱线的等效线圈相互连接。如此形成的稳定结构能够抵御耐受冲击时的孔洞形成,并具有不对称的拉伸和延展性能。人们可以通过控制每个环形相连结构的顺序和定位来形成适合三维形状的复杂结构设计。由于经编针织物特殊的结构性能和生产速度,它可用于生产可能具有差的弯曲性能的高强度纱线(例如碳纤维)的工业织物。经编针织物也可以设计成由多种不同性质的材料制成的多层结合结构,这种形式的材料层压称为缝合。这种经编针织物已经在Miao等(2012)和Naebe等(2013)发表的防刺应用中提及。

与机织织物不同,纬编织物可以很容易地在没有折痕的情况下成型为三维形状(在相当宽的范围内),并且这种柔韧性在单层织物条件下使穿着者感觉舒适。然而,这种织物在三维形状上过度拉伸或被佩戴者扭曲时,其组织结构内的孔打开,留下更大的穿透空档。

Dwivedi 等使用 0.22 英寸玻璃球的研究工作明显表明(2013),针织结构在高能破片的防护性能上表现不佳。但另一方面,毡制织物却表现非常好(见 6.3.5 节)。

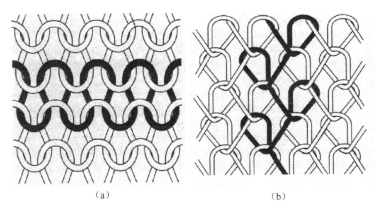

图 6.22 (a)平纹纬编针织结构—背面,(b)经编针织半针织物—正面

## 6.3.5 毡

这里的毡是指由诸如尼龙、UHMWPE 和芳纶的短纤维(约 50mm)针刺而成的非纺织织物。它们的结构性能差,悬垂特性非常低,并且单位重量条件下比较厚。由于它们是开放结构的,因此非常容易吸收水和其他液体。然而,它们在吸收小的高速碎片和爆炸破片的冲击能量方面非常出色。Thomas(2003)将这些优点界定为限制向身体方向的弯曲,减少背面形变,因而减轻了穿着者的钝伤。

Dyneema 公司一种名为"Fraglight"的产品面密度仅为 $1.2kg/m^2$,但声称能够有效防护 450m/s1.1g 的碎片模拟弹。在最近的一次评估材料中,Chocron 等(2008)将这些毛毡的特性描述为"非常特殊":他们发现因为该材料使用 5cm 长的纤维,因此具有很强的各向异性,且性能不依赖于应变速率,并随测试样品尺寸而变化。这种类型的毡通常作为混合软装甲层的一部分用在其他二维织物层之间。

2011 年,在巴黎举行的 Milipol 展览会上,杜邦推出了自己的一种名为 FF520 (图 6.23)全芳纶产品,并将其描述为一种由防弹织物增强的创新性毡制品,能够提供固有的防弹性能,使用户的防弹背心具有轻质特点的同时仍然可以有效防护碎片、子弹和钝器撞击。采用一种新的制毡技术制造的 Kevlar FF520 兼具优良的防弹性能和柔软性,可以制备舒适灵活的防弹装备(图 6.24)。它可以单独用作轻型防弹结构或与其他防弹层一起提高防护能力,为解决威胁防护问题提供了一种多样化且经济高效的方案。实际上,弹道织物结合到结构中,使其与传统的织物毡解决方案区别开来。Kevlar FF520 背心可与 Kevlar XP 材料结合使用,形成能够抵御特定威胁的总体解决方案。由于兼具优良的低可燃性和防破片性能,Kevlar FF520 也可用于装甲车辆的座椅。美国专利申请中涵盖了可能的混合组合,并且美国军队显然使用了这种毡进行肢体保护。苏格兰警察部队还穿上了采用这种毡的多种威胁防护背心[Anon(2015)。杜邦网站,www.dupont.com]。

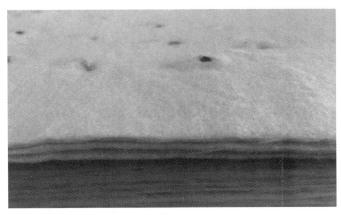

图 6.23 通常用于四肢保护的一种 FF520 三层软质装甲插件的边缘视图

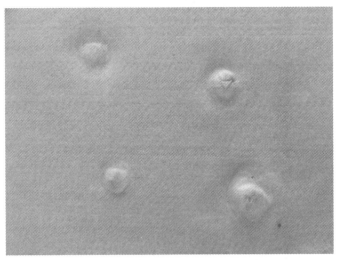

图 6.24 三层 FF520 软质铠甲的后视图,表明在撞击点之外毡织物的有限参与
(与织物在冲击条件下从撞击部位外部拉入纤维长度不同)

### 6.3.6 涂有剪切增稠液的织物

一些研究者认为,通过用添加剂浸渍织物可以提高其防弹性能。剪切增稠流体(STF)正是这样一种材料,人们预期它在穿着者正常运动时的应变率下黏度较低,但在弹道冲击的高应变率下迅速变硬。

剪切增稠流体也称为膨胀性流体。这种流体的性质已经被很好地表征了一段时间了。通常,这种流体的行为可以用剪切应力 s 和剪切速率 g 表示,这些参数可以通过黏度计测试。它们通常可以用幂函数关系来描述:

$$\tau = k\,|\dot{\gamma}|^{n-1}\,\dot{\gamma} \tag{6.4}$$

其中:指数 $n$ 大于 1。最初由 Reynolds(1885)描述了这种膨胀性流体。所提出的机制是在一种浓缩悬浮液中,其中的流体刚好填满悬浮物之间空隙。如果悬浮液剪切缓慢,流体则能够充分润滑运动,从而 $\tau$ 值较低。然而,剪切速率较高时可能扰乱了结构的堆砌,并且没有足够的液体使新结构流动和润滑,从而导致更高的 $\tau$ 值。

在接下来的几年中,"膨胀"术语的含义已经扩展到包括随着剪切速率增加而表现出黏度增加的所有流体(包括不具有上述机理的流体)中。应该注意的是,经典膨胀流体被认为是与时间无关的流变流体。这意味着流体中任何点的剪切应力仅取决于剪切速率。这在式(6.4)中是很明显的,并且这个方程式也意味着对剪切历史和剪切作用时间的依赖性的缺失。由于这些原因,它很可能仅代表了一种接近实际的理想化情况。当然,以触变性为例,在颗粒流体悬浮液中时间的依赖性(Barnes,1997)非常常见。

从实际的观点来看,通过测量增加和减少 $Y$ 值均可以表征出纯粹的膨胀行为。通过增加 $Y$ 获得的流动曲线应与减小 $Y$ 获得的流动曲线一致,以致于不出现滞后现象。应该注意的是,除非试验者非常仔细,否则膨胀效应可能与被研究材料的热效应混淆。另一个实际问题是弹道事件通常与高 $Y$ 值相关。在传统的黏度计中可能无法实现这种应变速率,这可能导致试验者采用在黏度计中相对低的剪切速率获得结果推断材料行为,并解释其在弹道事件中的行为。可能需要考虑的另一个问题是许多黏度计测量纯剪切下的行为,而弹道事件也可能需要考虑其他类型的应变,例如压缩。

织物的防弹性能可以通过浸渍剪切增稠流体来提高,剪切增稠流体在低应变速率下(如在正常穿着期间)具有低黏度,但是当这些织物受到高应变速率弹道冲击时可迅速变硬。然而,弹道事件通常与非常高的 $Y$ 值相关联,而且通常相比发生剪切增稠效应来说太高了。在防刺等较低的冲击速度下,可能有时发生剪切增稠。

为了发生剪切增稠,其中的粒子必须是电中性的,或者通过静电力,空间位阻或熵相互作用(Raghavan和Khan,1997)而相互排斥。当相体积约为60%时,临界剪切速率趋于零(无法流动)。这表示颗粒已经彼此接触,达到最大堆砌分数。100nm和5μm之间的颗粒会发生剪切增稠,在此区间内随着颗粒尺寸减小,临界剪切速率增加。对于适中浓度的悬浮液,剪切增稠开始的临界剪切速率非常高,并且随着颗粒浓度的增加而降低。对于稳定的分散体来说,粒度分布较宽可以显著降低黏度,剪切增稠开始时所需的剪切速率更高,因此黏度增加可能不大。此外,在粒径、粒子形状和粒度分布一定的情况下,临界参数为$\Phi_m$,这表明$\Phi_m$的任何变化都会改变剪切增稠的形式(包括形状和粒子相互作用的影响)。粒径的混合可导致不太严重的剪切增稠过渡(Maranzano和Wagner,2001)。剪切增稠的严重程度取决于颗粒浓度与最大填充率的比例(Zupancic等,1997)。Lee和Wagner(2003)为确定剪切增稠的下限,研究了32nm直径带电稳定的二氧化硅纳米粒子在乙二醇中的黏性行为。他们观察到可逆剪切增稠,尽管这种现象只出现在非常高的剪切速率下。

人们已将几组冲击增稠结果用于冲击防护。英国公司d3o lab(2008)开发了一种这样的剪切增稠材料d3o。这种轻质材料对于穿着者来说受到钝器突然冲击之前具有良好的柔韧和变形适应性,使其非常适合用于防护服。在运动、摩托车和工业中d3o用于隐蔽灵活的冲击保护。足球护腿、摩托车手套、无檐头盔甚至芭蕾舞鞋等产品都应用了这项技术,以提高对穿着者的保护能力。

采用道康宁开发的一种4.5mm厚的三维间隔织物浸渍STF(可以称为主动保护系统),形成了一种具有轻质、透气、柔韧且可清洗的冲击保护材料,并可直接缝合到服装中去(Budden,2006)。硅树脂可以通过在力的方向上间隔纱线很容易地吸收冲击力。硅氧烷聚合物可以与交联组分发生瞬时键合。在长周期变形力下,交联打开,材料可以流动。当力被移除时,黏合剂重新形成并且硅树脂恢复其原始状态。当硅树脂突然受到冲击时,交联层没有足够的时间打开,因此材料抵抗力便显示为固体。在力消散后,硅树脂恢复柔软。

Lee和Wagner(2003)、Lee等(2003)、Wetzel等(2004)、Gadow和Von Niessen(2006)以及Kordani和Vanini(2014)等已经研究了将剪切增稠流体(例如二氧化硅颗粒)引入织物中,形成具有较高弹道冲击能量吸收性能的复合材料。各种研究小组也考虑这种材料防刀钉穿刺的影响(Decker等,2007)。在低应变速率下,浸渍的织物通常比较柔软,但是当因冲击而产生高剪切应力时,纳米尺寸的胶体颗粒(例如,乙二醇中的二氧化硅)锁定在一起以使剪切黏度显著增加,使得织物结构变硬。一旦冲击应力得到缓解,剪切增稠就会停止,织物预应力会松弛到柔性状态。"液体装甲"可防止尖头武器穿透织物中的纱线而不会显著增加织物厚度,降低其柔韧性(Burton等,2007)。STF对织物性能的提高可能归因于在STF转变到其刚性状态时纱线的拉出力增加。

他们在相应的专利中指出可以通过稀释剪切增稠液实现其在织物上涂覆和浸渍。他们使用乙醇作为稀释溶剂,并于涂覆剪切增稠液后在80℃下挥发。用乙二醇和聚乙二醇均观察到了剪切增稠现象,但乙二醇获得的结果更好(表6.9)。他们还发现30nm与450nm二氧化硅颗粒的表现相似。由在乙二醇中分别分散椭球形碳酸钙颗粒和球形二氧化硅颗粒,均可获得相当高的防弹性能(Wagner等,2005)。

表6.9 浸渍的Kevlar织物的性能

| 四层Kevlar的浸渍料 | 样品质量/g | 冲击速度/(m/s) | 侵彻深度/cm |
| --- | --- | --- | --- |
| 没有 | 1.9 | 247 | 2.12 |
| 2mm STF(450nm球形二氧化硅/乙二醇) | 4.8 | 243 | 1.23 |
| 2mm STF(450nm聚合物稳定的球形二氧化硅/乙二醇) | 4.9 | 259 | 0.74 |
| 2mm STF(450nm球形二氧化硅/聚乙二醇) | 4.9 | 246 | 1.80 |
| 2mm STF(30nm球形二氧化硅/聚乙二醇) | 5.3 | 331 | 1.57 |
| 1.6mm STF(各向异性$COCO_3$颗粒(译者注,此处可能为$CaCO_3$)/乙二醇) | 4.8 | 244 | 0.48 |

他们从Nissan Chemicals Japan得到了二氧化硅水悬浮液。通过胶体离心作用使二氧化硅重新悬浮而获得二氧化硅。另一种报道的方法是将二氧化硅连续转移到正丙醇中,然后通过共沸蒸馏转移到1,2-二氯乙烷中,从而得到稳定的有机溶胶(Kasseh和Keh,1998)。

已经有人对比评估一系列未处理的防弹织物和剪切增稠液处理防弹织物的透气性。表征透气性采用的方法是测量水蒸气通过织物样品的传输速率。结果表明,无涂层防弹织物具有良好的透气性,仅略低于常规军用外衣。与未涂布的织物相比,用剪切增稠液处理的防弹织物的透气性略有下降。然而,具有连续聚合物涂层的防弹织物表现出非常低的水蒸气传输速率。与传统的无涂层防弹织物相比,用剪切增稠液处理的织物在透气性方面没有显著的降低(Chin和Wetzel,2008)。

这个研发小组还研究了在聚乙二醇中使用较软的聚甲基丙烯酸甲酯(PMMA)颗粒的剪切增稠液的应用效果,以观察颗粒的硬度是否会带来剪切增稠效应的差异(Kalman等,2007)。他们观察到在损伤区域(弹体撞击织物的地方)二氧化硅颗粒显著磨损了Kevlar纤维。他们认为这可能是剪切增稠液和织物之间应力转移的一种促进机制。PMMA颗粒剪切增稠液中PMMA只能以较低的含量加入,相对于二氧化硅颗粒剪切增稠液来说其防弹性能较差(对于14%PMMA,$V_{50}$为145m/s,对于20%二氧化硅,$V_{50}$为248m/s)。与二氧化硅STF相比,观察到PMMA

STF 在高剪切速率下在后加厚区域中存在剪切变稀现象。这很可能源于颗粒的柔软性。

Park 等的一篇论文(2014)报道,在下述试验条件下软质装甲插件(SAI)重量减轻了 35%;在 KM2 的软质装甲插件(SAI)叠层上浸渍以聚乙二醇/甲醇为载液的纳米二氧化硅颗粒剪切增稠液,弹道测试速度不低于 1000m/s,使用 120mm$^2$ 的多层织物。靶板在冲击位置处交叉图案相比纯织物靶板来说十分不明显,这表明能量耗散明显提高,穿透孔的尺寸也较小。应该鼓励更多这种性质的工作。

## 6.4 叠层织物结构

### 6.4.1 缝合结构

将缝合结构引入到织物装甲板或许会对提高弹道防护起作用,有些作用已经被一些研究所证实。起作用的机理可能包括纱线运动时相互之间摩擦阻力增加和由弹体冲击引起织构排开的减少。Ahmad 等(2008)研究了缝合对多层 Kevlar 29/天然橡胶涂覆 Kevlar 29 织物系统的影响。使用四层 Kevlar 纱线以每英寸 5 针的密度进行缝合,样品缝合结构为 1 英寸斜方格方案,2 英寸斜方格方案,对角线缝合方案或周边适合方案。其防弹性能测试采用了 9mm 全金属背甲,圆头(FMJ RN)弹丸。他们报道,某些模式可能会提高防弹性能,并指出 2 英寸斜方格缝合方案,对角线和周边缝合织物提供了更高的防弹性能,而 1 英寸斜方格缝合方案的弹道极限低于未缝合系统。但是,Ahmad 等也承认他们对结果不很确定,并建议进一步测试。他们认为某些系统改进的弹道极限背后的机制尚不完全清楚,但认为缝合消除了层间的间隙,从而产生更好的层间相互作用,使冲击能量比未缝合系统更快地传递到每个织物层。另一方面,他们认为 1 英寸野外钻石系统的缝合线距离太近,产生的刚度提升使系统的表现趋向为整体结构,而不是多层结构。

kaharan 等(2008)研究了不同针迹图案对 Twaron CT 710 的影响。他们使用了 3 种拼接类型:

(1) A 型:仅从面板边缘缝制 2.5cm,平行于边缘;
(2) B 型:从面板边缘缝制 2.5cm,并在面板上以大菱形图案缝制;
(3) C 型:从面板边缘缝制 2.5cm,然后以偏置类型间隔 5cm。

他们使用 9mm 弹体进行测试,他们的主要发现是:

(1) 将层数从 20 增加到 32,创伤深度减少 35.40%,创伤直径减少 12.7%;
(2) 拼接类型对弹道性能有显著影响。与 A 型(具有相同的帘布层编号)相比,C 型缝合减少了 6.7%的创伤深度;

(3) 约束板对创伤深度 $e$ 的影响有限,干燥和湿板之间仅观察到 3.6% 的差异;

(4) 随着层数的增加,能量吸收增加;

(5) 缝合类型显著影响传递到面板背面的能量。在 A 型和 C 型之间观察到最大的差异(11.5%)。然而,在吸收的能量方面没有观察到显著差异;

(6) 约束对传递到面板背面能量的影响有限,对吸收的能量没有显著影响。

Bilisik 和 Turhan(2009)研究了弹道织物多向拼接的效果。他们针对 5 种类型的弹道威胁(包括 NIJ 级别Ⅰ~Ⅲ)测试了缝合和未缝合的织物。他们发现缝合和未缝合结构之间没有明显的能量吸收差异。而且,他们还发现,与未缝合结构相比,缝合结构具有低背鼓特征。

Bilisik 和 Korkmaz(2010)试图通过纱线拉出试验来了解缝合结构的能量吸收和失效模式。他们发现,与未缝合结构相比,缝合结构中的比能量吸收略好,并且证实缝合结构与未缝合结构相比具有低锥形凹陷深度。他们得出结论,缝合在每层上产生摩擦力。他们对多层防弹结构和多重穿刺缝合防弹结构对弯曲刚度的影响进行了评估(Bilisik,2011)。这样做是为了测量对穿着者舒适度的潜在影响。他们发现弯曲刚度取决于织物层数和缝合方向。虽然多重缝合结构锥形凹陷深度与未缝合结构相比较低,但是它们难以形成,并且可能降低佩戴者的舒适度。常用的缝合和绗缝图案如图 6.25 所示。

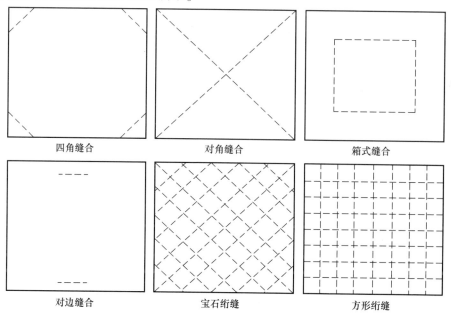

图 6.25 软质防弹插件采用的不同穿刺和绗缝模式

### 6.4.2 绗缝结构

Carr 等(2012)研究了绗缝结构对人体装甲的影响。有人指出,早期工人提供的证据表明,绗缝可以改善装甲对碎片的防护效能。Carr 研究了采用宝石形和方形绗缝结构的多个织物层防护结构对 5.5mm 直径碎片模拟弹(FSP)防弹性能的影响。其目的是为了降低质量代价并提高原始装甲结构的防弹性能,并开展工作以找出从其他来源获得的防弹性能提高的证据。结果发现,宝石形绗缝装甲所吸收的能量比非绗缝结构高约 14%~22%。还发现一种与冲击速度成函数关系的能量吸收存在差异,快速冲击导致能量吸收比慢速冲击多 45%。Carr 将此归因于高速冲击时失效机制的变化。Carr 还表示,纱线拉出可能有助于提高绗缝织物的性能。图 6.26 是宝石形绗缝的一个示例。

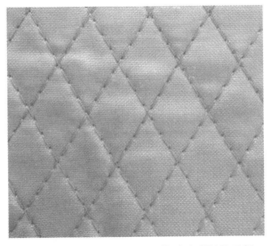

图 6.26　宝石形绗缝模式的软质防弹插件示例

### 6.4.3 混合结构

许多制造商销售由两种或更多种不同类型的织物组合而成的防弹产品。这种做法的动机包括降低成本或提高防弹性能。虽然这种方法确实可以提高装甲系统性能,但有必要了解潜在的威胁、影响和失效机制,以便提供最佳解决方案。Cunniff(1992)研究了混合装甲系统产生的系统效应以及与纱线和单层冲击动力学的关系。Cunniff 指出,作用在冲击弹体上的力是弹丸速度方向上的两个张力分量。然后该力通过主要纱线和所有织物层传递。

其他层也影响横向应力。如果这些应力足够大,那么添加更多的层将对性能产生不利影响。Cun-niff 还给出了一个双层系统的例子,该系统由一层 Kevlar 29 和一层 Spectra 1000 组成。发现当 Kevlar 首先受到冲击时,系统的弹道极限速度是 269 m/s,但是当 Spectra 首先受到冲击时,该值只有 114m/s。Cunniff 把这一结果解释为 Spectra 层首先受到冲击时其横向弯曲受到了限制。这是由于两种材料之间材料特性的差异。然而,结论 Kevlar 29 和 Kevlar 49 层的类似试验结果却难以得出这个结论(Cunniff,1992)。

### 6.4.4 三维结构

在三维织物的开发上人们投入了相当多精力。单层二维织物的基本问题是它们太薄了,无法有效防护高速冲击或刀刺,因此必须将多层织物组合成为一体。这种一体结构缺乏柔性和悬垂性,并且由于导热性能较差,穿着很不舒服。而且,作为保护上身重要器官的背心,由多层薄织物组合起来的结构是可接受的方案。正如 Naik 等(2006)和 Zeinstra 等(2009)所讨论的,单层的性能可以通过在织物结构中引入其他材料以形成复合材料或层压材料来改善。但在这种情况下的代价是织物柔性丧失和分层可能性,导致材料丧失抗多次打击的能力。Ha-Minh 等(2012)介绍了最近三维织物的一些开发工作,目的是增加单层织物厚度,从而提高弹道性能,特别强调提高组成纱线之间的内部摩擦作用。这种织物的抗弹性能进行建模的一个主要困难是编织结构的复杂性。

为了完整起见,此处涵盖了三维结构的主题(图 6.27)。通常认为它们不适于软背心应用,因为它们太硬并且限制了层间滑动。然而,一些研究人员已经研究了

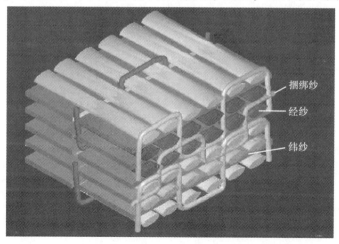

图 6.27 典型三维编织结构的计算机图形(Coman 之后,2009)(彩图)

$z$ 向穿刺对复合装甲层压板的各种影响。结果表明,大多数形式的 $z$ 向穿刺减少了分层的程度,但是,$z$ 向穿刺中针脚的存在确实限制了面内纤维最大体积分数的获得,这反过来又降低了层合板(与普通的二维层压板相比)的抗弹性能。

Ko 和 Hartman(1986)以及 James 和 Howlett(1997)的工作恰恰说明,尽管三维复合材料确实有效降低了附带损伤的程度(即减少了分层的数量),但它们在吸收能量方面的效能往往较差。三维织物的较差性能可归因于其较高的树脂含量和/或对分层过程的抑制。

## 6.5 软质装甲插件

### 6.5.1 介绍和通用途径

正如 6.4 节所述,软质装甲插件由多层织物组成,并缝合或纫缝成与人体符合的形状。躯体装甲系统有各种形状和大小,人类也是如此! 当然,覆盖范围、防护能力、重量和机动性之间的取舍是至关重要的(参见 6.7.2 节),并且这些标准在选择上已经有很好的指南。对于警务人员,特别是在美国,NIJ 标准 100-01(2001 年 11 月)涵盖了威胁以及结构方案和防弹标准。但是,对于军事人员来说,这些软质装甲的设计和构造需要满足最终用户(例如澳大利亚国防军)的特殊要求。

对于可接受产品来说,其形状、合身性和功能是关键属性。因此大多数软质装甲插件都是量身定制的,以满足客户非常具体的要求(图 6.28)。最大限度地减少磨损也非常重要,因此大多数软质装甲插件都包覆在密封或缝合的尼龙袋内,以防止水进入和/或最大限度地减少紫外线辐射。

图 6.28 精选的软质装甲插件

### 6.5.2 一般属性:边缘效应;抗多次击打效果

目标受到弹道冲击时一个重要因素是,在接近前一个撞击点发生新的冲击或在制品边缘受到冲击时对侵彻过程的影响。几个众所周知的防弹标准给出了这些情况下的最小值。前一次冲击会对随后发生的冲击产生影响。这是因为与冲击弹体(主要纱线)直接接触的纱线或纤维可能在第一次冲击后受损或移位。除主要纱线外,还对其他纱线有影响。但是,这种影响通常不如对主要纱线的影响重要。另一个因素是先后冲击之间的距离,而且随着这个距离的增加,第一次冲击对后续冲击的影响逐渐减小。

通常,前序冲击会导致抗弹性能的下降。这是因为织物结构中纱线或纤维发生损坏或位移,导致在随后的冲击过程中织物吸收冲击能量的能力降低。这些考虑构成了众所周知的测试要求基础,即保持冲击之间或冲击与目标边缘之间的适当距离。一个很好的例子是 NIJ(规范,2008)规定两发有效命中弹着点之间的最小距离为 51mm。该标准还允许制造商定义更小的着弹点与边缘的距离,但将上限设置为 51mm(重量较轻的威胁)或 76mm(重量较重的威胁)。

从实际的观点来看,通常通过目视就可以检查受先前冲击造成的损害程度。然而必须考虑这样的事实,在受影响的靶板中观察到的是其剩余变形,这比其在冲击过程期间织物的瞬时实际变形数值要低。还应该记得,纱线的变形将延伸到容易被观察到的横向变形区域之外,使得没有明显横向变形的靶板区域可能卷入由于纵波的作用而横向移位的纱线(在纱线中的横波之前)。

一个相关的问题是在目标边缘附近发生的冲击。对于受冲击的织物,很容易解释为什么靠近边缘的冲击会导致较低的弹道性能。当织物阻止弹体冲击时,在其冲击过程的每一个时间点上,一些弹丸的动能转化为织物纱线的动能(Cunniff,1999a)。对于远离边缘的冲击,该能量可以在弹体周围的所有方向上横向传播。但是,如果撞击发生在边缘附近,则可能不再是这种情况。然而,冲击弹体传递的能量速率取决于织物纱线或纤维的纵波速度,而这种纵波速度是纱线材料的基本特性,在撞击过程中通常不会发生显著变化(Noori,1999)。因此,这两个事实的组合意味着弹体冲击发生在接近边缘位置时,单位时间冲击弹体传递的能量少于不接近边缘的情况。这反而导致织物的抗弹性能较差。这种较差的性能可以表现为边缘附近的 $V_{50}$ 值较低。它也可能表现为背面变形更大。事实上,众所周知,边缘附近的冲击会产生一种称为"铅笔"的现象。这种铅笔现象是指在冲击未造成靶板穿孔时靶板背面发生深而尖锐的变形。即使弹体没有穿透装甲,这种变形也会导致穿着者的肌肉撕裂。Lewis 等(2004)通过对猪肌肉组织影响的研究给出了铅笔现象发生的证据。他们还提供了一个研究案例,未被击穿的防弹衣导致肌肉撕裂并且防弹衣突入受害者的身体组织。

最近Crouch判定在确定一种软质装甲插件的特定性能方面,其尺寸和形状,尤其是总表面积,起着重要作用。例如,图6.29显示随着软质装甲插件面积的增加,其背面背鼓值减少:有人认为这是因为对于某些织物(特别是无纺布的一些款式),大量的纤维会被拉向冲击地点。

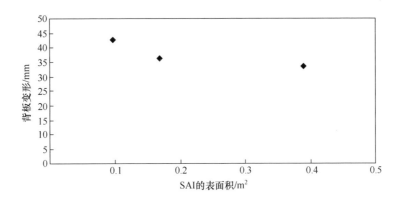

图6.29 由12层XP S102无皱褶织物构成的软质装甲插件的表面积对其背面变形的影响
[每个背心的背面变形值是至少6次冲击的平均值,ADA(2012)]

此外,正如将在第7章中详细描述的那样,软质装甲插件的尺寸对硬质装甲板的弹道性能有深远的影响,尤其是重量较轻的款式。图6.30阐明了基于XP500(现在指定为来自杜邦的S102)的软质装甲插件的表面积是如何影响系统的整体性能和实际上背鼓高度结果离散的。

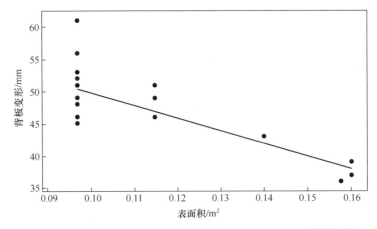

图6.30 轻硬质装甲板中基于XP500的软质装甲插件的表面积对其背鼓特征的影响
[所有数据对应于一个特定的拍摄位置,ADA(2012)]

背鼓高度值也非常依赖于冲击位置。例如,2008年7月的最新弹道测试标准NIJ0101.06(详见第11章)非常准确地描述了与软质装甲插件边缘相关的射击位置。图6.31给出了特定的射点图示方案。第4发弹和第5发弹的射击倾角分别为30°或45°。值得注意的是,位于软质装甲插件中间位置的第6发弹的背鼓值明显小于在其边缘附近的第1、2和3发弹的背鼓值。图6.32非常清楚地显示了这一点。

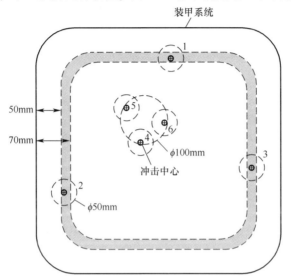

图6.31 手枪射击的图示方案

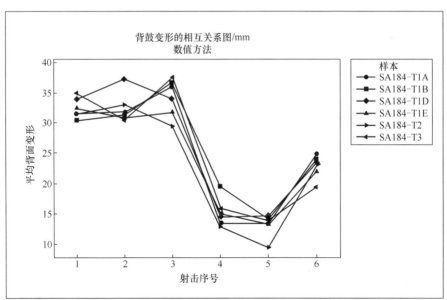

图6.32 9mm子弹射击基于UHMWPE的软质装甲插件时
6个弹着点位置背鼓平均值的变化图(彩图)

### 6.5.3 用于防护手枪子弹的软质装甲插件

用于防护手枪子弹的软质装甲插件(SAI)通常采用具有防水涂层的 Kevlar A802 或 Kevlar A363F 等织物制成(图 6.33)。例如,满足 NIJ ⅢA 标准防护要求的软质装甲插件要求采用 36 层 K129 芳纶纤维织成(纱线的具体细节见表 6.10)的 A363 织物。该标准要求这块板能够在给定射击方案下承受(在干燥和潮湿条件下)6 次 9mm FMJ RN(436m/s)和 44 Magnum SJHP(436m/s)的射击。

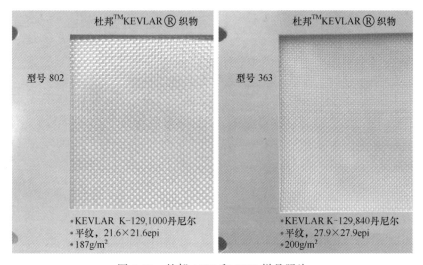

图 6.33 杜邦 A802 和 A363 样品照片

表 6.10 Kevlar 织物 A363 中使用的纱线细节

| 性质 | 单位 | 数值 |
| --- | --- | --- |
| Kevlar 类型 | — | T964C Kevlar 129 |
| 纱线重量 | Tex | 93 |
| 断裂载荷 | N | 141 |
| 断裂伸长 | % | 2.6 |
| 拉伸强度 | cN/tex | 152 |
| 纤维横截面形状 | — | 圆 |
| 每束纱横截面中的单丝数量 | — | 570 |
| 织物的标称重量 | gsm | 200 |
| 静摩擦系数 | — | 0.30 |
| 动摩擦系数 | — | 0.28 |

然而,现在这种软质装甲插件流行的替代解决方案包括杜邦公司于2008年推出(表6.11)的 Kevlar XP S102(一种面密度为500g/m²的4层无皱褶织物)以及霍尼韦尔公司基于UHMWPE纤维的Spectra SA3118(一种面密度为180g/m²的4层无皱褶织物)。

表6.11 各种商业SAI的弹道性能

| 软质装甲插件 | 威胁 | 面密度/(kg/m²) | 典型$V_{50}$值/(m/s) | 典型背鼓值/mm |
|---|---|---|---|---|
| 10层XP S102(无穿刺)+一层3mm的泡沫 | 0.44Mag | 5.10 | 513 | 35 |
| 10层XP S102(无拼接)+一层3mm的泡沫 | 9mm | 5.10 | 517 | 24 |
| 11层XP S102,四角缝合 | 0.44Mag | 5.50 | 526 | 35 |
| 11层XP S102,四角缝合 | 9mm | 5.50 | 524 | 22 |
| 5层XP S102×7层XP 307(绗缝)+3层XP S102,四角缝合 | 0.44Mag | 5.13 | 518 | 35 |
| 26层SA3118(霍尼韦尔数据表,2009年5月) | 9mm | 4.59 | 560 | n/a |
| 26层SA3118(霍尼韦尔数据表,2009年5月) | 9mm | 3.71 | 530 | n/a |

杜邦和霍尼韦尔数据表

这种基于最新的UHMWPE织物的最后一组结构是可用于手枪弹药防护最轻的软质装甲插件的代表。第四代织物如Spectra SA5128或SA5143(从2014年开始商业化)的使用可以更大限度地减轻重量。据称,使用商业化的AuTx芳纶纤维甚至可以进一步减轻重量。

总之,软质装甲插件的抗弹性能是通过非常严格的程序评估的,通常由NIJ 0101.06等测试标准管理。即使测试标准非常严格,获得的实际$V_{50}$值仍将取决于以下非详尽的变量列表:

(1)插件面积重量,不论结构如何;
(2)插件的构造,包括交错、缝合等;
(3)织物层的质量和均匀性,特别是在数量很少的情况下;
(4)背心的尺寸,特别是涉及的纤维总长度;
(5)背心的形状,特别是如果软质装甲插件上有与上述效果相关的两翼(基本上是较小的面板);
(6)相对于织物边缘的冲击位置(参见测试标准);

(7) 相对于缝合线的冲击位置；

(8) 弹着点间距(见测试标准)；

(9) 先前损坏的影响(即如果涉及相同行的纤维)；

(10) 包装的平整度/光滑度；

(11) 背衬黏土的精确温度及其可塑性——见第 11 章；

(12) 黏土的均匀性(即是否已正确地再次填充)——见第 11 章；

(13) 子弹的行为,非典型的弹体变形应被归类为非正常的冲击。

### 6.5.4 用于防刺的软质装甲插件

#### 6.5.4.1 非常精细的织物

尽管机织芳纶织物已经证明能够对大部分手枪的武器弹药提供出色的防护性能,但传统的织物对穿刺几乎没有抵抗力。然而,人们已经开发了一系列极细的织物以克服这种局限性,这是一种用来防御尖刀或尖钉的成功方法。

这种商业产品倾向于仅对尖钉提供防护性。一个例子是由 DuPont 提供的名为 Kevlar Correctional 的商品。该织物由超细纱线制成,可以编织得非常紧密,堆砌密度很高。当尖钉或刀具等尖锐器械穿透织物时,纤维容易吸收并分散穿刺的能量。这些织物非常细密,使得尖钉的尖端难以刺穿织物,而是通过与紧密编织的纱线直接接触之初被俘获。由于刀具威胁而造成的织物典型破坏模式与纱线移动性有关,并且取决于纱线之间和纱线之间的摩擦。此处纤维单丝之间的分离引起了"窗口打开"。另一方面,通常由刀具威胁(Gong,2013)引起的纱线断裂失效与纱线强度有关。

另一个"致密化"织物的类似例子是 Teijin 的芳纶 Microflex。使用这种织物制备的软质防弹衣具有更好的透气性、柔性和隐蔽性,并且与其他产品相比其身体轮廓相配性更好,可以提高穿着者机动性和舒适度,从而增强他们在反击时的信心和生存能力。然而,由于织物的编织结构紧密,造成其价格昂贵,难以制造。而且因其防弹性能不足,需要与防弹装甲一起配合才能对多种威胁形成有效防护,这样又增加被保护人员的负担。虽然这些结构重量较轻,但无法提供有效的刀具保护,因此需要进一步研制开发。

这种织物应用的另一个方面是缝合图案的选择。不同的针脚密度和位置可能影响性能。这需要达成两个方面的平衡:一方面需要织物结构坚硬、通过弯曲提供更大的能量吸收;另一方面,织物结构松散,使得层间滑移最大化。而后者一直是传统上的首选方案。

#### 6.5.4.2 层合织物

已经证明,层合织物特别是热塑性塑料浸渍的芳纶织物显著提高防穿刺性能。分析其原因主要是减少了纤维的开窗,降低了纱线拉伸和滑动。

目前基于织造芳纶织物或无纺布以及单向 UHMWPE 织物的已有商业产品通常是通过聚合物树脂层压而成。防弹织物的大多数主要供应商都有许多此类产品,如用于软质防弹铠甲的 DSM 公司单向正交叠层织物(Larsen) Dyneema 以及霍尼韦尔公司含有树脂涂层的系列芳纶织物 Gold Shield。然而,尽管这些产品在市场宣传时包括防刺功能,但其设计主要针对弹道威胁,故其防刺性能是不合格的。一种具备防刺性能的主流层压产品是 Barrday 公司提供的,商品名 Argus。它是一种预浸渍有热固性树脂的芳纶织物,以片材形式提供。单个防刺片往往具有坚硬的手感,但已经证明该产品对刀砍和穿刺攻击具有出色的防护能力(Crouch, 2013)。DMTC 通过仪器测试了一系列由 15 层 Argus 材料制成的面密度为 $4.8kg/m^2$ 的标准防刺升级套件的性能。在穿透目标过程中,记录了 P1 刀片位移与时间的函数。这些数据用于绘制吸收的能量与位移关系图,以便更好地理解穿刺事件中涉及的能量吸收机制。

我们可以从图 6.34 的关系中确定这种侵彻事件中的 3 个阶段:

(1) 在刀尖前方的防刺层压缩(0~20mm);

(2) 当刀开始刺入防刺层时(约 20~25mm)的中间俘获;

(3) 刀对织物的切割及最终抵御(约 25~55mm)。

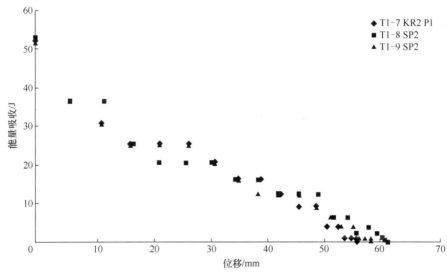

图 6.34 穿过一套 Argus 织物的刀和锥能量吸收与位移间的函数关系
T1-7 是 P1 KR2 数据;T1-8 和 T1-9 是 SP2 数据。

杜邦公司开发了他们的"AS"(防刺,antistab)系列Kevlar织物。它们是薄膜层合Kevlar织物,并提供单面和双面树脂涂层选项。DSM Dyneema也通过将SB21和SB31这两种SB防弹复合材料层合板进行组合引入防刺能力。这两种产品均由相互正交成90°的单层单向片材组成,并与橡胶基体和保护膜层合而成。SB21是四层结构、SB31是两层结构,因此具有较低的面密度。天然橡胶乳胶涂层的织物也显示出提高的抗穿刺性、能量吸收和弹性(Hassim等,2012)。

Kang等(2010)研制开发了用于防刺材料的气相二氧化硅/kevlar复合织物,并研究了它们的机械和防刺性能。气相二氧化硅悬浮液用作剪切增稠液,Kevlar KM2织物用作研究中的基体。剪切增稠液在一定的剪切速率下显示出可逆的液体固体转变,显著提高了Kevlar织物防刺性能。

Li等(2013)采用回收的Kevlar、尼龙6和双组分聚酯纤维的混合物,通过开松、混合、梳理、叠合针刺以及热压工艺制备高模量防刺无纺布。对该织物的静态刺穿抗力、拉伸强度和破裂强度制定了标准,并研究了纤维含量、针刺密度和热压温度对上述性能的影响。观察结果表明,拉伸强度很大程度上取决于针刺密度和热压温度。然而,破裂强度和静态穿刺抗力取决于所有3个参数。随着相关参数的增加,观察到拉伸强度、破裂强度和静态抗穿刺性呈现先增后降趋势。此外,观察到静态穿刺抗力与破裂强度之间存在线性依赖关系。

Gadow和Von Niessen(2006)观察到在准静态穿刺试验中热喷涂硬质陶瓷涂层的芳纶织物的能量吸收增加。然而织物重量也显著增加。高性能硬质材料和高强度纤维织物涂层的结合可以提高防刺和防砍性能。由于阻尼和消散冲击波速度,实现了高韧度纤维的抗冲击性。陶瓷涂层的使用增大了纤维间的摩擦力,从而在刺穿过程中抑制了波浪形扭曲变形和分层。硬质材料的涂层通过研磨作用钝化了锋利刀片,抑制了刀具的切割作用。不仅如此,陶瓷涂层和金属刀片之间的高摩擦也使得刀具刺穿能力显著降低或弱化。

Mayo等(2009)研究了在动态和准静态试验方法下浸渍热塑性材料的芳纶织物的防刺性能。将芳纶纤维织物与聚乙烯、Surlyn和不同厚度的共挤出聚乙烯-Surlyn薄膜进行层压。将层压织物的防刺性能与具有相同面密度和层数的纯织物进行对比。结果表明,由于切割阻力增加和开窗效应减少的综合效果,织物的防刺性能随着热塑性层压而增加。尽管Surlyn性能最佳,但所有其他薄膜也是有效的。为了实现性能的协同改进,热塑性薄膜需要整体黏合到织物。

Hosur等(2008)制备了更薄更柔软、防刺性能更好的热塑性-Kevlar(TP-Kevlar)复合材料。他们将Kevlar织物和热塑性薄膜(聚乙烯,Surlyn和共挤出-Surlyn)通过热压工艺复合在一起。并采用NIJ标准0115.00测试方法研究TP-Kevlar复合材料的静态和动态防刺性能。TP膜对Kevlar织物的浸渍显著提高了其准静态和动态防刺性能。

一种来自霍尼韦尔基于 UHMWPE 纤维、如 Spectra SA3118 的四轴 NCF,重 180gsm。

#### 6.5.4.3 锁子甲

在肉类加工时经常使用防护刀割的锁子甲或金属环网也经常被引入防刺背心(图6.35)。由于其开放式结构,锁子甲不具有很强的抗穿刺性。锁子甲一般由环状材料焊接而成(Atkins,2009)。其材料机械性能如强度(抗拉伸、压缩或剪切力)、硬度(耐磨损变形或磨痕)和韧性(抗开裂性,通常用于冲击载荷的情况下)等十分优良。钛和不锈钢是制作锁子甲的关键材料。另一种材料,钛箔也可用于防刺防割。但是,它们的防弹性能相对较差,也较重。

锁子甲环的结构性能取决于其尺寸和相应金属材料的性能(例如屈服强度、延展性和韧性)。刀尖穿入锁子甲时一个或多个交织的环破裂,刀就更容易穿得更深。环破裂或最终破裂的实际机制将取决于环的结构因素,例如环如何制造(铆接或焊接或冲压出固体)。对问题的系统分析有助于优化锁子甲的设计。

使用金属环网、热塑性塑料涂层织物、陶瓷元件或柔性金属阵列均可防刺。同样,使用多层常规编织防弹织物或具有硬化金属丝的特殊针织织物均可防砍。已经有在防刺服中使用诸如陶瓷、金属或复合材料板的硬质材料的报道了。虽然这些硬质材料可以提供优异的防刺性,但它们不易弯曲,笨拙且不易穿着。解决防刺问题的首选材料是软质防弹衣,它可以使身体自由移动,并提供一定的舒适度。

图 6.35　锁子甲示例

#### 6.5.4.4 甲鱼皮专利产品

这是来自美国 Warwick Mills 公司的商业产品(图6.36),当与防弹装甲板一起使用时,可实现对长钉、刀和肌肉注射器的充分保护。该产品包括封装在聚合物基织物增强基体中的一层或多层钛或不锈钢三角形金属冲压件。这种制品相当薄且柔软,每种尺寸和款式的背心都是单独设计的。该产品可以提供防御各种威胁所需的多种等级产品。

图 6.36　定制的 Turtleskin 示例

## 6.6　防护服

### 6.6.1　典型的人体装甲系统

几代人以来,无论是作为澳洲内陆传说中的不法之徒还是专业设计师,装甲技术人员在保护武装战斗人员方面始终具有创造性和前沿性(Crouch,2009)。图 6.37 是 2008—2011 年间供应给澳大利亚国防军,并已用于伊拉克进行地面作

NED 1880　　　MCBAS 2008　　　FFW 2032

图 6.37　人体装甲系统:过去、现在和将来

战期间街道巡逻的模块化作战防弹衣系统照片。为了这些作战行动,人体装甲系统(BAS)需要提供包括四肢和软质装甲插件包裹下的躯干的全面保护。

以封装片状结构形式存在的软质装甲插件(SAI)是所有人体装甲系统的核心,可提供基本的弹道防护能力。当然,软质装甲插件在与硬质装甲板(HAP)一起穿戴使用时,也成了它的支撑结构。正如我们将在第 7 章中知道的那样,软质装甲插件对硬质装甲发挥效能也有重要影响。软质装甲插件还可以通过额外插件来增强。这些插件可以提供额外防刺功能,并且像硬质装甲板一样,与软质装甲插件一起使用。2012 年,ADF(澳大利亚国防部)发现在阿富汗冲突期间,人体装甲系统并不适于其高机动的战斗部队。MCBAS 系统已经不适用,因此需要开发一种层叠式人体装甲系统(TBAS)。它不仅需要保留 MCBAS 模块化概念,而且还需要开发具有不同覆盖面积和保护水平等级更广泛的产品要素。图 6.38 给出了两个并列的系统,可以进行权衡取舍。

MCBAS (2008)　　　　　　　　　　TBAS (2012)

图 6.38　由澳大利亚国防部提供给澳大利亚国防军的 MCBAS 和 TBAS 系统

### 6.6.2　重量、机动性与防护的权衡

现代战争中的战术往往需要士兵的机动性。这与为士兵提供尽可能强的防护形成尖锐矛盾。这是因为这种防护通常以质量或体积增加为代价。此外,这些装甲解决方案可能会对士兵增加热负担。

士兵装甲体积或质量与防护和作战要求之间尖锐的平衡问题并不新鲜。Laible 和 Barron(1980)指出,这些因素总是或多或少地在装甲选择中发挥作用。古人经常使用诸如缝合小鳞片以相互连接成一体的灵活的选择。罗马人、韩国人和中国人经常使用较轻的材料,如薄金属鳞片、皮革或布料。诺曼人使用的是由铁、青铜、皮革和牛角制成的鳞甲,一些中世纪的盔甲含有通过毡连接起来的金属零件。他们认为,直到第一次世界大战和第二次世界大战之前,似乎只有相对零星地使用装甲来对付火器的报道。首次大规模使用防弹衣源于第二次世界大战期间空中机组的保护。

这种保护的第一次尝试是使用钢板。然而,很快发现玻璃纤维/聚酯树脂层合板(例如,Doron)在相同的重量下可以提供更好的防护性能,从而对士兵提供更高防护效能。然而,空军的这种发展对步兵来说并不完全令人满意。这主要是因为装甲重量大和缺乏柔性。这导致了尼龙背心的开发。对于地面部队来说,允许背心的最大面密度为 $6kg/m^2$,总质量为 $4kg$。Doron 和尼龙背心最初用于朝鲜战争(20 世纪 50 年代)。尼龙背心的生理学研究表明,尽管它的保护能力有限,它可以被士兵使用而没有过度的热应激(Laible 和 Barron,1980)。

Larsen 等(2011)批判性地评论了防弹衣对执行军事任务人员的影响。结果发现,军事任务的成功执行和防范危险往往是相互矛盾的要求。还有证据表明,跑步机行走和高强度最大努力障碍训练受到不利影响。一个完整战斗负荷的增加也可能会加剧这些性能下降。然而,人们承认,在某些领域仍然缺乏知识,例如间歇性或重复性的高强度任务,以及增加保护和降低性能之间的紧张关系仍有待解决。

对穿着装甲背心和/或四肢盔甲的影响研究表明,防弹衣对执行标准物理任务有重大影响。特别发现,穿戴四肢盔甲与完全没有盔甲或只穿着防弹背心相比,最大努力任务的表现更差(Hasselquist 等,2008)。Adams(2010)证实了这一发现。他发现代谢代价增加了,并且对步态运动学产生了影响。

Horn 等(2011)进行了一项减轻防弹衣重量的研究。结论是,由于目前还没有简单的材料解决方案,重量减轻 10% 似乎是可行的,但不容易实现,而减少 20% 则是不现实的。该研究还指出了材料、非材料和模块化概念之间的协同作用,并建议采用系统方法(即将硬质和软质装甲一起考虑为一个项目)。

如 6.6.1 节所述,最近这种困境——这种权衡取舍的例子已经传入澳大利亚国防军的 BAS。如图 6.38 所示,与 MCBAS 相比 TBAS 要轻得多。这不仅是通过使用改进的装甲材料和产品,而且还是通过更现实的规范要求和降低的覆盖率来实现的。它使地面部队以更高的机动性来应对 2013—2015 年间阿富汗境内发生的实践。

本章相关彩图,请扫码查看

# 参考文献

Adams, A., 2010. Effects of Extremity Armor on Metabolic Cost and Gait Biomechanics (M. Sc. thesis). Worcester Polytechnic Institute.

Ahmad, M., Ahmad, W., Salleh, J., Samsuri, A., 2008. Effect of fabric stitching on ballistic impact resistance of natural rubber coated fabric systems. Materials and Design 29, 1353–1358.

Allen, S. R., Newton, C. W., 2013. EP 2663679 A1, Production of, and Drying of, Polymer Fibres. Fibres, textiles and protective apparel 325

Anon, 2015. DuPont Website:www. dupont. com.

Atkins, A., 2009. The deformation and fracture of chain mail. In: Paper Presented at the Next Generation Body Armour, London, September 2009.

Barnes, H., 1997. Thixotropy-a review. Journal of Non-Newtonian Fluid Mechanics 70, 1–33.

Bazhenov, S., 1997. Dissipation of energy by bulletproof aramid fabric. Journal of Materials Science 32, 4167–4173.

Bhatnagar, A., 2006. Lightweight Ballistic Composites. Woodhead Publishing, Cambridge, England

Bilisik, A., Turhan, Y., 2009. Multidirectional stitched layered aramid woven fabric structures and their experimental characterization of ballistic performance. Textile Research Journal 79 (14), 1331–1343.

Bilisik, K., 2011. Bending behavior of multilayered and multidirectional stitched aramid woven fabric structures. Textile Research Journal 81 (17), 1748–1761.

Bilisik, K., Korkmaz, M., 2010. Multilayered and multidirectionally-stitched aramid woven fabric structures: experimental characterization of ballistic performance by considering the yarn pull-out test. Textile Research Journal 80 (16), 1697–1720.

Bolduc, M., Lazaris, A., 2002. Spider Silk-based Advanced Performance Fiber for Improved Personnel Ballistic Protection Systems. DRDC Valcartier Technical Memorandum TM2002-222.

Briscoe, B. J., Motamedi, F., 1992. The ballistic impact characteristics of aramid fabrics: the influence of interface friction. Wear 158, 229–247.

Budden, G., 2006. Defense and Comfort: New Advancement in Impact-Protection Textiles. Technical Textile Technology. Retrieved from: http://www. activeprotectionsystem. com/ DowCorning3. pdf.

Burton, C., University of Delaware, 2007. Shear Thickening Fluid (STF) Fabric Home. Retrieved from:http://www. ccm. udel. edu/STF/index. html.

Carr, D., Lankester, C., Peare, A., Fabri, N., Gridley, N., 2012. Does quilting improve the fragment protective performance of body armour? Textile Research Journal 82 (9), 883-888.

Cheeseman, B. A., Bogetti, T. A., 2003. Ballistic impact into fabric and compliant composite laminates. Composite Structures 61, 161-173.

Chin, W. K., Wetzel, E. D., 2008. Breathability Characterization of Ballistic Fabrics, Including Shear Thickening Fluid-treated Fabrics.

Chocron, S., et al., 2008. Lightweight polyethylene, non-woven felts for ballistic impact applications: material characterisation. Composites Part B: Engineering 39 (2008), 1240-1246.

Coman, F., April 2009. Personnel Communication. Cork, C. R., Foster, P. W., 2007. The ballistic performance of narrow fabrics. International Journal of Impact Engineering 34, 495-508.

Crouch, I. G., 2009. Threat defeating mechanisms in body armour systems. In: Paper Presented at the Next Generation Body Armour, London, September 2009.

Crouch, I. G., 2014. Private Communication.

Cunniff, P., 1992. An analysis of the system effects in woven fabrics under ballistic impact. Textile Research Journal 62 (9), 495-509.

Cunniff, P., 1999a. Decoupled response of textile body armor. In: Paper Presented at the 18th International Symposium on Ballistics, pp. 814-821.

Cunniff, P., Fossey, S., Auerbach, M., Song, J., Kaplan, D., Adams, W., Eby, R., Mahoney, D., Vezie, D., 1994. Mechanical and thermal properties of dragline silk from the spider Nephila

Clavipes. Polymers for Advanced Technologies 5, 401e410. 326 The Science of Armour Materials

Cunniff, P. M., 1999b. Dimensionless parameters for optimisation of textile-based body armor systems. In: Paper Presented at the 18th International Symposium on Ballistics, San Antonio, Texas.

Cunniff, P. M., 2014. Keynote address: overview of impact on composites. In: Paper Presented at the 28th International Symposium on Ballistics, Atlanta, GE, September 2014.

Cunniff, P. M., Auerbach, M. A., Vetter, E., Sikkema, D. J., 2002. High performance M5 fibre for ballistics/structural composites. In: Paper Presented at the 23rd Army Science Conference, Orlando, 2002.

d3o lab, 2008. d3o. Retrieved from: www.d3o.com.

Decker, M., Halbach, C., Nam, C., Wagner, N., Wetzel, E., 2007. Stab resistance of shear thickening fluid (STF)-treated fabrics. Composites Science and Technology 67 (3), 565-578.

Dekker, P., 2009. Practically invulnerable. Hand Papermaking 24 (2), 10e13.

Du, J., Bai, J., Cheng, H., 2007. The present status and key problems of carbon nanotube based polymer composites. Express Polymer Letters 1 (5), 253-273.

Duan, Y., Keefe, M., Bogetti, T. A., Cheeseman, B. A., 2005. Modeling frictioneffects on the ballistic impact behavior of a single-ply high-strength fabric. International Journal of Impact Engineering 31, 996-1012.

Duong, T. T., Jong, S. K., You, H., 2010. Stab-resistant property of the fabrics woven with the aramid/cotton core-spun yarns. Fibers and Polymers 11 (3), 500–506.

Dwivedi, A., Dalzell, M. W., Long, L. R., Slusarski, K. A., Fossey, S. A., Perry, J., Wetzel, E. D., September 2013. Continuous filament knit aramids for ballistic protection. In: Paper Presented at the 28th Technical Conference of the American Society for Composites. Pennsylvania State University.

Erlich, D. C., Shockey, D. A., Simons, J. W., 2003. Slow penetration of ballistic fabrics. Textile Research Journal 73 (2), 179–184.

Gadow, R., Von Niessen, K., 2006. Lightweight ballistic with additional stab protection made of thermally sprayed ceramic and cermet coatings on aramide fabrics. International Journal of Applied Ceramic Technology 3 (4), 284–292.

Gong, X., 2013. Study of knife stab and puncture-resistant performance for shear-thickening fluid enhanced fabric. Journal of Composite Materials 48, 641.

Ha-Minh, C., Boussu, F., Kanit, T., Crépin, D., Imad, A., 2012. Effect of frictions on the ballistic performance of a 3D warp interlock fabric: numerical analysis. Applied Composite Materials 19 (3), 333–347.

Hasselquist, L., Bensel, C., Corner, B., Gregorczyk, J., 2008. Understanding the physiological, biomechanical, and performance effects of body armor use. In: Paper Presented at the 26th Army Science Conference, Orlando. Florida.

Hassim, N., et al., 2012. Puncture resistance of natural rubber latex unidirectional coated fabrics. Journal of Industrial Textiles 42 (2), 118–131.

Hearle, J. W. S., 2001. High Performance Fibres. Woodhead Publishing, Cambridge, UK.

Horn, K., Biever, K., Burkman, K., DeLuca, P., Jamison, L., Kolb, M., Sheikh, A., 2011. Lightening Body Armor. Rand Arroyo Center Technical Report. U. S. Army Contract, W74V8H-06-C-0001.

Hosur, M., et al., 2008. Studeis on the fabrication and stab resistance characterisation of novel thermoplastic-Kevlar composites. Solid State Phenomona 136, 83–92.

James, B. J., Howlett, S. A., May 1997. Enhancement of post impact structural integrity of GFRP composites by through thickness reinforcement. In: Paper Presented at the Second European Armoured Fighting Vehicle Symposium, Shivenham, UK.

Fibres, textiles and protective apparel 327

Kaharan, M., Kus, A., Eren, R., 2008. An investigations into ballistic performance and energy absorption capabilities of woven aramid fabrics. International Journal of Impact Engineering35, 499–510.

Kalman, D. P., Schein, J. B., Houghton, J. M., Laufer, C. H. N., Wetzel, E. D., Wagner, N. J., 2007. Polymer dispersion based shear thickening fluid-fabrics for protective applications. In: Paper Presented at the SAMPE, Baltimore, MD.

Kang, T. J., Hong, K. H., Yoo, M. R., 2010. Preparation and properties of fumed silica/Kevlar composite fabrics for application of stab resistant materials. Fibres and Polymers 11 (5), 719–724.

Kasseh, A., Keh, E., 1998. Transfers of colloidal silica from water into organic solvents of intermediate polarities. Journal of Colloid and Interface Science 197 (2), 360–369.

Kirkwood, J.E., Kirkwood, K.M., Lee, Y.S., Egres, R.G., Wagner, N.J., 2004a. Yarn pull-out as a mechanism for dissipating ballistic impact energy in Kevlar® KM-2 fabric. Part 2: predicting ballistic performance. Textile Research Journal 74 (11), 939–948.

Kirkwood, K.M., Kirkwood, J.E., Lee, Y.S., Egres, R.G., Wagner, N.J., 2004b. Yarn pull-out as a mechanism for dissipating ballistic impact energy in Kevlar® KM-2 fabric. Part 1: quasistatic characterisation of yarn pull-out. Textile Research Journal 74 (10), 920–928.

Kitigawa, T., Ishitobi, M., Yabuki, K., 2000. Journal of Polymer Science, Part B: Polymer Physics 38, 1605.

Ko, F.K., Hartman, D., 1986. Impact behavior of 2D and 3D glass/epoxy composites. SAMPE Journal 11.

Kordani, N., Vanini, A.S., 2014. Optimising the ethanol content of shear thickening fluid/fabric composites under impact loading. Journal of Mechanical Science and Technology 28 (2), 663–667.

Laible, R., 1980. Ballistic Materials and Penetration Mechanics, Chapter 4(Fibrous Armor). Elsevier.

Laible, R., Barron, E., 1980. Ballistic Materials and Penetration Mechanics, Chapter 2, History of Armor.

Larsen, B., Netto, K., Aisbett, B., 2011. The effect of body armor on performance, thermal stress, and exertion: a critical review. Military Medicine 176, 1265–1273.

Lee, Y.S., Wagner, N.J., 2003. Dynamic properties of shear thickening colloidal suspensions. Rheologica Acta 42 (3), 199–208. http://dx.doi.org/10.1007/s00397-002-0290-7.

Lee, Y.S., Wetzel, E.D., Wagner, N.J., 2003. The ballistic impact characteristics of Kevlar® woven fabrics impregnated with a colloidal shear thickening fluid. Journal of Materials Science 38 (13), 2825–2833. Retrieved from ISI:000183835300006.

Lewis, E., Johnson, P., Bleetman, A., Bir, C., Horsfall, I., Watson, C., Wilhelm, M., Sherman, D., Eck, J., Waliłko, T., 2004. An investigation to confirm the existence of 'pencilling' as a nonpenetrating behind armour injury. In: Paper Presented at the PASS 2004, pp. 151–159.

Li, T.T., et al., 2013. Evaluation of high modulus, puncture-resistant composite non-woven fabrics by response surface methodology. Journal of Industrial Textiles 43 (2), 247–263.

Maranzano, B.J., Wagner, N.J., 2001. The effects of particle-size on reversible shear thickening of concentrated colloidal dispersions. Journal of Chemical Physics 114 (23), 10514–10527.

Mayo, J., et al., 2009. Stab and puncture characterisation of thermoplastic-impregnated aramidfabrics. International Journal of Impact Engineering 36 (9), 1095–1105.

Miao, X., Kong, X., Jiang, G., October 2012. The experimental research on the stab resistancea warp-knitted spacer fabric. Journal of Industrial Textiles43. http://dx.doi.org/10.1177/

1528083712464256.

Mylvaganam, K., Zhang, L., 2007. Ballistic resistance capacity of carbon nanotubes. Nanotechnology 18, 475701. 328 The Science of Armour Materials

Naebe, M., Lutz, V., McGregor, B. A., Tester, D., Wang, X., 2013. Effect of surface treatment and knit structure on comfort properties of wool fabrics. Journal of The Textile Institute 104(6, Special Edition: Wool Research),600–605.

Naik, N. K., Shrirao, P., Reddy, B. C. K., 2006. Ballistic impact behaviour of woven fabric composites: Formulation. International Journal of Impact Engineering 32, 1521e1552.

National Institute of Justice, 2008. NIJ 0101.06, Ballistic Resistance of Body Armor.

Nilakantan, G., Obaid, A. A., Keefe, M., Gillespie, J. W., 2011. Experimental evaluation and statistical characterization of the strength and strain energy density distribution of Kevlar KM2 yarns: exploring length-scale and weaving effects. Journal of Composite Materials45 (17), 1749–1769.

Noori, A., 1999. A Numerical Investigation of Ballistic Impact on Textile Structures (M. Sc. thesis). University of British Columbia.

Park, Y., Kim, Y., Baluch, A. H., Kim, C.-G., 2014. Empirical study of the high velocity impact energy absorption characteristics of shear thickening fluid (STF) impregnated Kevlar. International Journal of Impact Engineering 72 (2014), 67–74.

Pervorsek, D. C., Chin, H. B., Kwon, Y. D., Field, J. E., 1991. Strain rate effects in ultrastrong polyethylene fibres and composites. Journal of Applied Polymer Science 47, 45–66.

Pierlot, A., 2012. DMTC First Milestone Report for Project 7.3.1.

Pramanik, P., Chakraborty, R., July 2004. The unique story of a high-tech polymer. Resonance 39–50.

Raghavan, S. R., Khan, S. A., 1997. Shear-thickening response of fumed silica suspensions under steady and oscillatory shear. Journal of Colloid and Interface Science 185 (1), 57–67.

Rao, M. P., Duan, Y., Keefe, M., Powers, B. M., Bogetti, T. A., 2009. Modeling the effects of yarn material properties and friction on the ballistic impact of a plain-weave fabric. Composite Structures 89, 556–566.

Reynolds, O., 1885. On the dilatancy of media composed of rigid particles in contact with experimental illustrations. Philosophical Magazine, Series 5 20 (127), 469–481.

Sakaguchi, S., Carr, D., Horsfall, I., Girvan, L., 2012. Protecting the extremities of military personnel fragment protective performance of one-and two-layer ensembles. Textile Research Journal 82 (12), 1295–1303.

Sanborn, B., Weerasooriya, T., 2014. Quantifying damage at multiple loading rates to Kevlar KM2 fibers due to weaving, finishing, and pre-twist. International Journal of Impact Engineering 71, 50–59.

Sinnappoo, K., Arnold, L., Padhye, R., 2009. PCT/AU2010/000157, Ballistic Fabric.

Song, Y., Li, G., Kluener, J., Conroy, G., Simmons, K., Jones, J., Koenig, R., Shanov, V., Li, W., Cho, W., Jayasinghe, C., Abot, J., Dandino, C., Schulz, M., 2011. Carbon nanotube materials for smart composites. Polymer Preprints 52 (2), 115-116

Specification, 2008. NIJ 0101.06, Ballistic Resistance of Body Armor. National Institute of Justice.

Thomas, H. L., July 2003. Needle-punched, non-woven fabric for fragmentation protection. In: Paper Presented at the 14th International Conference of Composite Materials SME.

Tokareva, O., Lacerda, V., Rech, E., Kaplan, D., 2013. Recombinant DNA production of spider silk proteins. Microbial Biotechnology 6, 651-663.

Vanderbie, J. H., 1957. Clothing Series Report No. 2: Headquarters Quartermaster Research and Engineering Command, Natick, MA.

Wagner, N., Wetzel, E. D., Wagner, N. J., 2005. WO2004103231eA1; US2005266748-A1; EP1633293-A1; US2006234577-A1; US7226878-B2.

Fibres, textiles and protective apparel 329 Wetzel, E. D., Lee, Y., Egres, R., Kirkwood, K., Kirkwood, J., Wagner, N., 2004. The effect ofrheological parameters on the ballistic properties of shear thickening fluid (STF)-Kevlar composites. In: Paper Presented at the AIP Conference Proceedings.

Zeinstra, M., Thije, R. H. W., Warnet, L., 2009. Low velocity impact on a single-ply aramid semipreg. International Journal of Material Forming 2 (Suppl. 1), 193-196.

Zhang, T., 2010. Preparation and Properties of novel PIPD fibers. Chinese Science Bulletin 55, 4203-4407.

Zupancic, A., Lapasin, R., Zumer, M., 1997. Rheological characterisation of shear thickening $TiO_2$ suspensions in low molecular polymer solution. Progress in OrganicCoatings 30 (1-2), 67-78.

# 第7章
# 玻璃和陶瓷

伊恩·G.克劳奇(I.G.Crouch)[1]，G.V.弗兰克斯(G.V.Franks)[2]，C.塔隆(C.Tallon)[3]，
S.托马斯(S.Thomas)[4]，M.纳易贝(M.Naebe)[5]

[1]澳大利亚维多利亚特伦特姆装甲防护方案有限公司；
[2]澳大利亚维多利亚墨尔本大学；
[3]美国弗吉尼亚州布莱克斯堡弗吉尼亚理工大学；
[4]澳大利亚维多利亚州南丹东Defendtex武器研发公司；
[5]澳大利亚维多利亚州奥姆池塘迪肯大学

## 7.1 概述

玻璃和陶瓷是装甲材料中最重要的一类。无论是氧化物还是非氧化物不透明陶瓷，都是目前最先进和适用的装甲材料。正如第4章所强调的，对于装甲技术专家来说，玻璃与陶瓷类材料可以提供高效防护。在过去的几年中，透明陶瓷材料（如蓝宝石）取得了长足进步。不同于金属和复合装甲，陶瓷材料通常是各向同性的，这对抗弹是有利的。然而，此类材料易碎且存在制造缺陷，这就产生了一些有趣的体积特性，正如第1章所描述的那样。

典型的轻型陶瓷复合装甲由抗弹陶瓷面板与延性韧性背板组成，如图7.1所示，二者间通过粘结复合。陶瓷面板的作用是使来袭弹丸被侵蚀、破碎。背板的作用有两点：增加了陶瓷的刚度，延缓拉伸断裂的发生；通过变形来吸收冲击弹丸的动能。

20世纪60年代末和70年代，Mark Wilkins(Cline和Wilkins，1969；Wilkins，1978)进一步研究了陶瓷复合装甲的抗弹机理。他的工作有助于确定陶瓷面板和背板在弹靶作用过程中各自发挥的作用，此外其工作对于确定穿甲过程中的面背板发挥作用的时间顺序也是至关重要的。Wilkins指出，对于铝背板陶瓷复合结构，铝背板的刚度对于失效机制是非常重要的（随着背板刚性增加，防护性能增

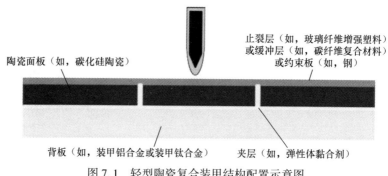

图 7.1　轻型陶瓷复合装甲结构配置示意图

加),这是因为铝板刚度越高,可以为陶瓷面板提供更多的支撑,从而延缓了陶瓷的最终破裂。另一方面,相比铝背板而言,纤维增强复合材料背板虽然提供的支撑较弱,但比铝板承受更大的挠度,这是该类型的装甲结构采用的最主要的失效机制。

剑桥卡文迪什实验室 John Field 团队(Field 等,2004)的一系列报道表明:装甲陶瓷韧性的增加不太可能有利于弹道性能的提高,应优选具有高硬度/高密度比的陶瓷,并保证其硬度大于弹丸的硬度。

低密度的陶瓷面板能够减轻装甲结构的重量。此外,施加到支撑背板上的载荷分布取决于弹丸冲击后产生的断裂陶瓷锥的基底面积,且该面积随着陶瓷厚度的增加而增加。在面密度相同的情况下进行装甲结构设计时,选择密度较低的陶瓷,意味着可以增加陶瓷面板的厚度。

假设钢制弹丸以 1000m/s 的速度撞击氧化铝陶瓷板,产生的冲击压力约为 19.4GPa,这远远超过了陶瓷材料的压缩强度($\sigma_c = 2 \sim 7$GPa)。

该压力峰值仅能维持最多 2μs,此后陶瓷自由表面的起伏波,把这个压力降到一个准稳态值,大约为峰值的 1/10,即 2GPa。在很短的高三轴压缩应力期间,弹丸作用处的部分陶瓷在压缩过程中直接失效(同时侵蚀弹丸)。然而,由于该准稳态值小于陶瓷的抗压强度,陶瓷材料不会发生进一步的压缩破坏。在弹丸作用下,陶瓷面板产生陶瓷断裂锥(图 7.2)。同时,后表面的起伏波开始在陶瓷背面产生拉伸应力场,拉伸应力高达 300~500MPa,并且向陶瓷中移动。

弹靶作用过程中产生的拉伸应力场通常远大于陶瓷的断裂强度,即使在纯静水条件下,后表面的陶瓷中也会产生轴向裂纹。

Wilkins 等(1969)指出轴向裂纹随着背板的移动而开始萌生,降低陶瓷面板的性能,可以通过选用更高模量的背板或者提高陶瓷面板的拉伸性能来延缓轴向裂纹的萌生。Wilkins 等认为陶瓷面板每增加 0.2% 应变公差,陶瓷中轴向裂纹的萌

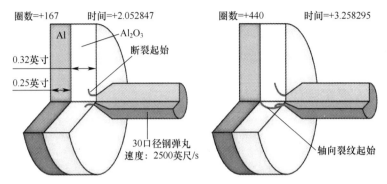

图 7.2 陶瓷复合装甲弹靶作用过程的数值模拟,图中显示了陶瓷断裂锥的形成和随后轴向拉伸裂纹的萌生

生时间将延迟 17ms,弹道极限将提高 80m/s。他们建议最佳陶瓷应在高弹性阻抗(即不可压缩性)、高压缩屈服强度(即屈服前的压缩量)、低密度和承受断裂前的拉伸应力等几方面之间保持平衡。

研究者试图揭示陶瓷面板、背板的机械性能与抗弹性能的关系。

鉴于弹靶作用过程中产生的极端压力和复杂应力状态,很难确定准静态力学性能与弹道性能之间的相关性。例如,Medvedovski(2006B)近期的工作也没有进一步明确二者之间的关系。

Rosenberg 和 Yeshurin(1988)确定了弹道效率与归一化有效强度之间的经验关系,其中有效强度为陶瓷的静态和动态压缩屈服强度的平均值除以陶瓷密度。陶瓷的动态强度是单轴应变条件下测量的抗压强度,即雨贡纽弹性极限(HEL),该参数必须采用专业设备测量(见第 10 章)。一般来说,衡量陶瓷能否提供合理弹道性能的指标是高硬度(大于来袭弹丸的硬度),低密度以及拉伸、压缩的高强度。选择最合适等级的陶瓷始终是成本、质量和体积之间的平衡。终端用户总是希望 3 个最小化:低成本、低质量及低体积!

一般来说,具有高硬度值(>10GPa)、高弹性模量(>300GPa)和良好的抗弯强度值(>350MPa)的陶瓷能够制造出优异的不透明装甲材料(Crouch 等,2015b)。然而,这些陶瓷通常非常昂贵(超过 10 美元/kg),且难以成型。因此,在军用车辆的先进装甲系统中,通常使用相对简单的几何形状(通常为正方形或六边形)的陶瓷片。然而,对于防弹衣应用,有必要将陶瓷制成一体的双曲面,甚至是多曲面,以便更好地贴合人体曲线。澳大利亚的防护材料技术中心报道了用于人体装甲构件成型技术(Leo 等,2014),尽管诸如黏塑性加工(VPP)等其他技术已经较为成熟,但胸甲陶瓷板也是最可行的(也是最商业化的),工艺仍然是单轴冲压技术。反应烧结或反应黏合是干压工艺的一种特殊变体,其中预压的干燥粉末在高温下与液态金属渗透。然而,该工艺容易形成一系列制造缺陷,其中一些缺陷会降低产品的冲击性能和弹道性能(Crouch 等,2015b)。这些特殊的工艺会在以后的章节中进行介绍(例如 7.6 节),防护材料技术中心研发的基于 VPP 的新工艺会重点进行介绍,2012 年该工艺已实现完全商业化。

### 7.1.1 关键性能与驱动力

表 7.1 总结了一系列玻璃和陶瓷防护材料的典型机械性能。首先,表中给出的硬度值范围是非常重要的。因为硬度这种内在属性将决定这些材料的使用方式和排布位置,以及它们对特定威胁的有效性。

很明显,在侵彻初始阶段,随着硬度增加,侵彻阻力增加,就像所有金属一样。此外,这些材料都是易碎的,玻璃类材料的断裂韧度小于 $1MPa·m^{1/2}$,所有陶瓷类材料的断裂韧度也是很低的,范围在 $3\sim7MPa·m^{1/2}$ 之间。相比之下,高硬度、装甲等级的钢韧性值大于 $20MPa·m^{1/2}$,大多数结构装甲韧性值大于 $40MPa·m^{1/2}$。玻璃/陶瓷类防护材料的体积密度不到钢的 50%,但其比模量和强度值比装甲钢高 7 倍以上。因此,尽管玻璃陶瓷类材料的断裂韧性有所下降,但在计算整体面密度时,这些陶瓷装甲系统在重量上始终优于传统的装甲钢和轻合金系统,参考图 2.6 中的重量对比。然而,陶瓷类材料加工制造较为困难,制造成本较高。低成本生产制造工艺已成为近期陶瓷发展计划的最大推动力。

表 7.1 主要抗弹陶瓷性能一览表

| 材料种类 | 来源,等级<br>(文献) | 密度<br>/(kg/m³) | 硬度<br>/GPa | 弹性模量<br>/GPa | 抗弯强度<br>/MPa | 断裂韧性<br>/(MPa·m^{1/2}) |
| --- | --- | --- | --- | --- | --- | --- |
| 浮法玻璃 | Schott,Borofloat[①] | 2230 | 1.6 | 62 | 25 | <1 |
| 玻璃陶瓷 | Silceram[②] | 2900 | 7.0 | 122 | 180 | NR |
| 氧化铝陶瓷 | CoorsTek,AD85[③] | 3420 | 9.4 | 221 | 296 | 3~4 |
| | CoorsTek,AD998[③] | 3920 | 14.1 | 370 | 375 | 4~5 |
| AlON | Surmet[④] | 3695 | 18.5 | 323 | 380 | 约 2 |
| TiB$_2$ | CoorsTek,PAD[③] | 4480 | 26.4 | 555 | 275 | 约 7 |
| SiC | CoorsTek,SiN,PAD[③] | 3200 | 23.5 | 460 | 570 | 约 5 |
| SiC | MCC,RSSC[⑤] | 3106 | 24.5 | 399 | 504 | NR |
| B$_4$C | CoorsTek,PAD[③] | 2500 | 25.5 | 460 | 410 | 4 |

Asenov 等(2013)和 Karandikar 等最近发表了关于装甲级陶瓷的文章,Karandikar 给出了除硬度外,次要相、粒度和非晶化等其他影响因素(Karandikar 等,2010)。Krell 和 Strassburger 在 2008 年报道了影响不透明和透明装甲弹道强度的关键影响等级,重点研究了微结构效应(Krell 和 Strassburger,2008)。

近几十年来,陶瓷发展的驱动因素一直是提高性能(抑制过早失效机制)、降低成本和降低成型难度。迄今为止,最大的推动因素是降低陶瓷类材料的成本。根据 Crouch(2005)的数据,氧化铝陶瓷的市场价格约为 50 美元/kg,热压碳化硅为 150 美元/kg,热压碳化硼为 400 美元/kg。在此期间,ARL 与 BAE 合作,试图降低热压陶瓷的高成本(Campbell 等,2008),而 Crouch 和 Klintworth 正在开发一种低成本反应烧结碳化硅(RSSC)(Crouch 和 Klintworth,2003)。在 2005 年至 2012 年期间,澳大利亚国防部采用低成本反应烧结碳化硅工艺制造生产防弹衣。与此同时,Crouch 在澳大利亚率先开发了一种低成本的碳化硼。图 7.3 列出了 2005—2015 年间为成功降低这些装甲级陶瓷的制造成本所做的努力。

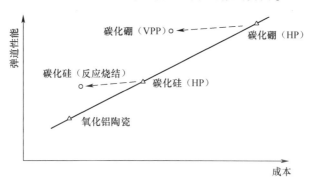

图 7.3　2005—2015 年期间成本与弹道性能的关系,指示向量代表价格点的方向

### 7.1.2　能量吸收机制与失效模式

玻璃/陶瓷类装甲在穿甲过程中的失效机制如图 7.4 所示,详情见第 1 章。Legallic 等观测到在弹丸侵彻之前的陶瓷材料的粉碎(Legallic 等,1996),以及所有其他形式的断裂。然而,并非所有模式都能吸收能量。例如,任何类型断裂吸收的能量都不到总冲击能量的 1%(Woodward 等,1989)。在同一项工作中,Woodward 等推测弹着点处陶瓷的飞溅会带走很大一部分的冲击能量(正面剥落喷射的陶瓷碎片)。

图 7.4 给出了广为人知的典型陶瓷复合装甲的抗穿甲机理。陶瓷复合装甲主要由两层组成:作为迎弹面面板的陶瓷层,以及为陶瓷层提供支撑的背板。铝合金、钢以及纤维增强复合材料都是典型的背板材料。来袭弹丸在界面驻留阶段被部分侵蚀,随后陶瓷表面形成 Hertzian 裂纹,最终通过锥形断裂失效。陶瓷锥的形成增大了与背板的作用面积,背板通过膜拉伸膨胀吸收能量。这种局部失效伴随着径向裂纹的形成(图 7.5),径向裂纹在弹着点处产生,随后陶瓷面板各部分产生环状压缩裂纹。

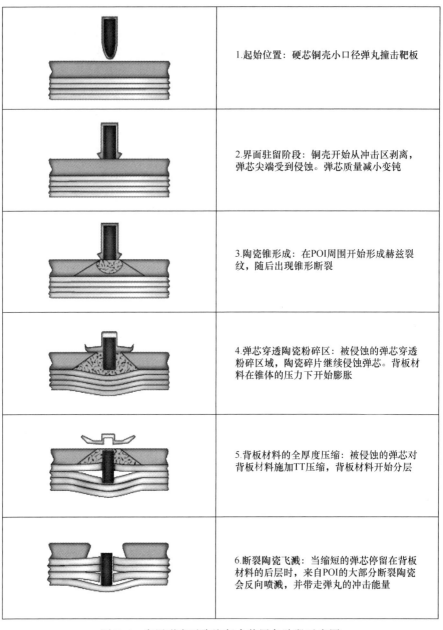

图 7.4 穿甲弹穿透陶瓷复合装甲各阶段示意图

为了保持高水平的弹道性能,装甲级陶瓷必须以这种特殊方式失效。因此,识别可能影响这种失效模式的任何材料缺陷都是至关重要的。在弹丸撞击前,最重要的影响因素是材料的动态性能、贯穿厚度以及压缩模量。陶瓷材料圆柱体区域

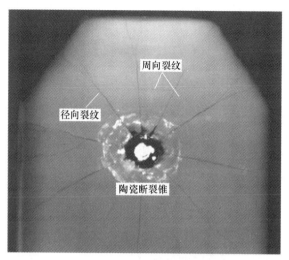

图 7.5　7.62mm APM2 子弹冲击硬装甲板的 X 射线照片
注意中央陶瓷断裂锥以及径向裂纹,延伸至陶瓷边缘,以及周向弯曲开裂(Crouch,2014)

的尺寸与弹芯直径(约 6~8mm)相似,必须硬度足够高,以抵抗初始冲击。因此,在该圆柱形区域中存在孔隙、质量较差的材料,或存在穿过或靠近圆柱形区域的裂纹,并可能会降低其压缩模量,从而降低其穿透阻力。例如 Crouch 等(2015b)报道了弹丸冲击裂纹相邻区域,裂纹张开位移(COD)高达 1 mm,弹道性能降低高达 9%。另一方面,在该圆柱形区域中,局部孔隙或加工不良材料的影响难以量化。然而,研究这些缺陷可能产生的影响,涉及常识、材料科学与工程相关的知识。一系列制造缺陷对弹道性能造成的不良影响在其他文章中进行了介绍(Crouch 等,2015b)。

Crouch 在 2009 年研发了一种硬质装甲板(HAPS),它是一种精密的工程部件,由已知体密度的陶瓷砖组成($\pm 10 kg/m^3$),厚度均匀,误差范围在 $\pm 0.2mm$。硬质装甲板的弹道性能是面密度的函数,面密度($kg/m^2$)定义为体积密度($kg/m^3$)与厚度(m)的乘积。陶瓷砖的形状决定了成品 HAP 的形状。一块硬质装甲板的不同部位必须具有一致的弹道性能水平,因此陶瓷的微观结构、体积密度和厚度都是至关重要的,并且必须尽可能保持一致。

## 7.2　传统玻璃

传统玻璃是非常易碎的材料(表 7.1),在破裂时会产生大量碎片。因此,在制造装甲时,必须采用层压方式,如第 4 章所述。传统玻璃也是非常柔软的材料,对穿甲弹几乎没有穿透阻力。当用于地面车辆防弹窗时,叠层玻璃系统是非常厚的

(图7.6)。因此,系统设计者面临的主要挑战就是在厚截面中保持透明度。Patel 和 Gilde 对用户需求、应用以及研发方向进行了极好的概述(Patel 和 Gilde,2002; Patel 等,2006)。

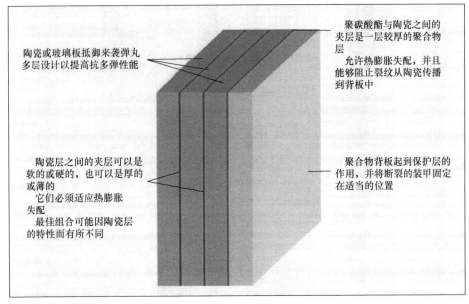

图7.6 典型的层压玻璃装甲结构

当然,选择最合适的组分对决定叠层玻璃系统的整体性能是非常重要的。尽管性能有限,钠钙玻璃和硼硅酸盐玻璃仍很常见。Kim 等(2003)研究了冲击加载条件下,背板材料对钠钙玻璃完美锥体形成的影响,并比较了不同背板材料:聚氨酯、PMMA 以及铝合金。Forde 等(2009年)采用低碳钢棒侵彻 Pyrex(耐热玻璃),研究了硼硅酸盐玻璃的弹道性能,并通过高速摄影研究了断裂模式。

透明装甲非常受实验物理学家的欢迎,其断裂过程非常直观(Field 等,1988)。最近,西南研究所的 Charles Anderson 及其团队(Anderson 等,2014)采用穿甲模拟弹侵彻两种简单的硼硅酸盐玻璃(硼浮法33),背板为聚碳酸酯。他们发现 $V_{50}$ 随着撞击次数的增加、弹着点间距的减少而减少。有趣的是,他们还发现有一个临界速度,低于此速度,弹丸会发生烧蚀,但高于此速度,弹丸不会发生烧蚀。这为设计师提供了启发,可以将玻璃元件放置在层压系统中的特定位置。

Ramsay 在2015年研发了一种防护手枪弹药(根据 G2 规范)的典型防弹玻璃,面密度为 $23kg/m^2$。按以下方式组成:使用聚乙烯丁烯(PVB)夹层将两层或三层浮法玻璃黏合在一起,由于 PVB 和 PC 的结合不是很好,因此需使用聚氨酯(PU)黏合剂将叠层玻璃黏合到聚碳酸酯(PC)背板上(起到防剥落的作用)。这涉及高压釜中的两个或三个步骤。这种装甲系统虽然面密度较高,但透明度好。

选择最有效的夹层材料对玻璃基透明装甲的设计至关重要。Najim 等报道了不同的径向裂纹行为(Najim,2007)。杜邦公司发布了一种称为 Sentryglas 的新型弹性夹层材料(杜邦公司,2015),与传统的 PVB 夹层材料相比,其动态性能要优越得多,尤其是弹性模量和剪切模量值大幅增加。表 7.2 给出了 Kuraray(2014)提供的实用装甲解决方案典型示例。该结构非常具有指导意义:两种解决方案背板层之后都有相同薄的 Sentryglas 材料层,层压板发生平面外弯曲时,该 Sentryglas 材料层是非常有效的。相比之下,BR6 解决方案的前部层压板由传统材料构成,包括使用 PVB 夹层。这些解决方案比由浮法玻璃、PVB 和 PU 组成的传统防弹玻璃轻 20%(Ramsay,2015),而且可能更便宜,因为它们是通过高压釜工艺一步层压而成的。

表 7.2 符合欧洲标准 EN1063 的防弹玻璃解决方案

| 威胁等级 | 弹种 | 速度范围 /(m/s) | 全厚度组成 | 厚度/mm | 面密度 /(kg/m²) |
|---|---|---|---|---|---|
| BR4 | 0.44mm 手枪弹 | 430~450 | 6mm 退火玻璃<br>1mm StyyGLas<br>6mm 退火玻璃<br>5mm StyyGLas<br>2.5mm 退火玻璃<br>1.7 mm 间隔屏蔽 | 21.3 | 41.7 |
| BR6 | 7.62mm×51mm M80 | 820~840 | 8mm 退火玻璃<br>0.76mm Butacite<br>8mm 退火玻璃<br>0.76mm Butacite<br>8mm 退火玻璃<br>0.76mm Butacite<br>6mm 退火玻璃<br>5mm StyyGLas<br>2.5mm 退火玻璃<br>1.7mm 间隔屏蔽 | 39.5 | 85.9 |

注:StyyGLas、Butacite 均为杜邦公司的中间层胶片。

## 7.3 玻璃陶瓷

玻璃陶瓷是一类结晶有机材料,与其他装甲级陶瓷相比,其机械性能相对较差(表 7.1)。然而,它们是一种玻璃状的低密度材料,可以在相对较低的温度下形成,然后进行结晶热处理。可以制造复杂形状的玻璃陶瓷,因此其在防弹衣中的应用受到青睐。

20世纪80年代初,Richard Shepherd在科尔切斯特防弹衣研发机构开展了早期的开创性工作,Tracey和Crouch(1989)对获得专利的锂基玻璃陶瓷进行了初步评估(Jones,1987),该玻璃陶瓷由陶瓷开发公司(Midlands)的Richard Jones提供。他们发现这种玻璃陶瓷不适合用于防护7.62mmAPM2弹药。从那时起,这些晶体材料仅适用于防护7.62mmM80子弹及以下的软芯弹丸。

2001年,针对同一种锂硅酸锌材料,Horsfall发表了自己的研究结果(图7.7),命名为LZ1,由CDM提供(Horsfall,2001)。在一系列精心设计的试验中,他证明了弹道性能与材料微观结构密切相关。在这一热处理过程中,材料压缩强度从733MPa增加到1535MPa,弹性模量从63GPa增加到77GPa。与标准的95.5%氧化铝相比,在材料强度相当的情况下,玻璃陶瓷的模量仅为氧化铝的22%。GC的密度为2780kg/m³,厚度为9mm。GC陶瓷背面为9.5mm的玻璃纤维增强塑料(GFRP)。在2.5h时,性能的提高与整个材料中晶相的形成相对应。研究证实,这种材料抵御穿甲弹效果不佳。

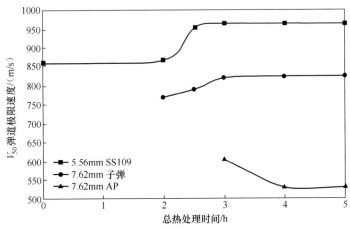

图7.7 热处理循环对LZ1弹道性能的影响

2010年,英国使用了由Crouch(当时在Ada)设计的HAP装甲,该装甲重量约为1.7kg,基于6mm的HCl2087(表7.3)以及一种芳纶增强聚乙烯专利背板。

表7.3 汉森陶瓷有限公司的数据

| 等级 | 类型 | 体密度/(kg/m³) | 弹性模量/GPa | 断裂模量/MPa |
|---|---|---|---|---|
| HCL2087 | 硅酸铝锂 | 2400 | 83 | 350 |
| HCL2088 | 硅酸锌铝 | 3100 | 84 | 170 |

续表

| 等级 | 类型 | 体密度/(kg/m³) | 弹性模量/GPa | 断裂模量/MPa |
|---|---|---|---|---|
| HCL2090 | 锂铝硅 | 3100 | 84 | n/a |

## 7.4 透明陶瓷

透明装甲由多种材料组合而成,在发生爆炸或多重打击弹道威胁时提供防护,同时确保整个过程的可视性和光学透明性(Grujicic 等,2012)。透明装甲的传统应用领域包括用于装甲车辆、飞机的观察窗和挡风玻璃,以及面罩和护目镜等(Wang 等,2013)。在极端环境中使用的多模武器系统也需要透明装甲。

良好的抗爆轰性能、抗单发/多发弹弹道性能以及可见光谱和红外光谱的透明度是对透明装甲的基本要求。但在材料选择中的关键环节,却受到设计和应用的强烈制约。对透明装甲最重要的要求如下(Grujicic 等,2012;Wang 等,2013):

(1) 无失真表面;

(2) 当暴露在高磨损、低速冲击(如扬沙、岩石冲击)等极端条件下时,应具有耐刮擦、耐损坏及耐用性;

(3) 重量轻,面密度低,不影响车辆和个人的机动性和稳定性;

(4) 能够以最小厚度大批量生产,便于在装甲车辆及其他个体防护系统内的装配;

(5) 在与成像和通信设备有关的红外、紫外和可见光谱中无相互作用;

(6) 高效费比。

透明装甲通常由 3 个不同的光学透明层组成,每一层都具有其特殊的功能(Grujicic 等,2012):

(1) 第一层为坚硬的迎弹面材料,如玻璃、玻璃陶瓷或透明陶瓷,用于钝化、侵蚀和击碎弹丸;

(2) 中间层,如玻璃或聚甲基丙烯酸甲酯(PMMA),能够吸收冲击或爆炸的能量,抵抗多次打击的临界裂纹扩展,并提供高弯曲刚度,为第一层迎弹面材料提供支撑;

(3) 最后一层为能够捕捉破片或装甲碎片的剥落层/背衬层,如聚碳酸酯(PC)。

为了抵御特定威胁,透明装甲每层都需要具有一定的的厚度,这会导致装甲组件较重,从而显著影响车辆或个人装甲装置的功能,并导致整个组件的透明度和可视性严重降低(Jones 等,2006a)。与上述传统透明材料相比,透明陶瓷面板具有若干优势(Grujicic 等,2012;Jones 等,2006a;Wang 等,2013)。

透明陶瓷具有极高的硬度和抗压强度,与相同防护力的玻璃或玻璃陶瓷基系统相比,透明陶瓷的厚度更薄。同时,透明陶瓷在可见光和红外光谱中具有高透明度,这对于避免与成像和通信系统的相互作用至关重要。此外,它们在热稳定性和化学稳定性、抗紫外线(UV)和抗腐蚀性方面都超过了传统透明材料,从而将更换这些零部件的相关成本降至最低。

最适合用于透明装甲面板的透明陶瓷是单晶蓝宝石、氮化铝和铝酸镁尖晶石(Grujicic 等,2012;Johnson 等,2012;Kleement 等,2008;Wang 等,2013)。这 3 种透明陶瓷材料是强度、硬度、抗冲击性(与优良弹道性能和爆炸防护相关的机械性能)和低密度的完美结合,与防弹玻璃等其他材料相比,优势明显。表 7.4 列出了这 3 种陶瓷的主要性能,并与透明装甲中应用的其他材料进行了比较。Grujicic 和 Wang 等认为尖晶石是最好的透明陶瓷面板,其透明度高达 5mm 波长,尖晶石材料是极端环境下多模防御系统红外(IR)传感器整流罩的首选材料(Grujicic 等,2012;Wang 等,2013)。科研人员对亚微米多晶氧化铝开展了深入的研究(Johnson 等,2012 年;Krell 等,2009b;Stuer 等,2010;Wang 等,2013)。同时,研究人员针对其他透明陶瓷,如 ZnS(Johnson 等,2012)、钇石榴石 YAG(Y3Al5O12)、铅铌酸锌-丁酸铅(PZN-PT)(Wang 等,2013)也开展了广泛的研究,但如果要成为真正的候选材料,其加工和性能需要进一步优化。

表 7.4 一些透明陶瓷的重要材料性能列举(Grujicic 等, 2012; Johnson 等, 2012; Klement 等, 2008)

| 性能 | 单位 | 熔硅玻璃 | 石英 | 玻璃陶瓷 | 浮法玻璃 | 蓝宝石 | AlON | 尖晶石 | 亚微米级多晶体 |
|---|---|---|---|---|---|---|---|---|---|
| 密度 | $kg/m^3$ | 2210 | 2650 | 2400 | 2500 | 3970 | 3690 | 3590 | 3986 |
| 面密度(厚度1英寸) | $kg/m^2$ | 55.85 | 67.31 | 60.96 | 63.5 | 100.97 | 93.89 | 90.86 | 101.24 |
| 弹性模量 | GPa | 70 | 76.5G | 65 | 72 | 344~386 | 315~334 | 260~277 | 390 |
| 平均抗弯强度 | MPa | 48 | 50 | 35 | 50 | 350~742 | 228~380 | 184~241 | 600 |
| 断裂韧性 | $MPa \cdot m^{1/2}$ | 0.78 | 0.7 | 0.71 | 0.6~0.7 | 3~3.5 | 2.4 | 1.7 | 3.5 |
| 努氏硬度 | GPa | 4.5 | 756Pa | 633Pa | 572Pa | 16~19 | 14~18 | 12~15 | 20~23 |
| 折射率 | — | 1.4585 | 1.4586 | 1.5263 | 1.5204 | 1.7681 | 1.7983 | 1.7162 | 1.7682 |
| 紫外透射率 | % | 1~90 | 53~91 | 1~29 | 1~87 | 1~75 | 1~82 | 50~87 | 60~85 |
| 可见光透射率 | % | 80~90 | 91~92 | 29~88 | 82~92 | 75~82 | 82~85 | 76~82 | 40~70 |

续表

| 性能 | 单位 | 熔硅玻璃 | 石英 | 玻璃陶瓷 | 浮法玻璃 | 蓝宝石 | AlON | 尖晶石 | 亚微米级多晶体 |
|---|---|---|---|---|---|---|---|---|---|
| 红外透射率 | % | 40~90 | 83~93 | 70~88 | 72~82 | 82~85 | 85~87 | 84 | — |
| 熔点 | ℃ | 1710 | 1670~1713 | 500~1650 | 1040 | 2040 | 2150 | 2135 | 2072 |

本节将主要关注用于透明装甲面板的蓝宝石、AlON 和尖晶石等 3 种陶瓷材料,重点介绍影响控制粒度、机械性能、弹道试验和抗弹性能的加工工艺、微观结构组成等方面的最新技术,以及未来的发展趋势和建议。

### 7.4.1 微观结构和加工方面

如前所述,用于装甲迎弹面的透明陶瓷需要表现出卓越的机械性能。为了实现这一点,确保无缺陷的细晶粒微观结构至关重要,因此需对透明陶瓷加工过程中的每个阶段进行精确控制。透明度是材料的物理性质,它允许光通过而不被散射(Krell 等,2009a;Wang 等,2013),这被称为同轴传输(ILT)。用于透明装甲时,要求材料要为"高度透明材料",这表示 ILT 值应高于 75%(ILT 值介于 50% 和 75% 之间的材料被归类为"透明",而 ILT 值介于 20% 和 50% 之间的材料被归类为"半透明";Goldstein,2012)。因此,在透明陶瓷加工和制造过程中,必须避免材料中产生光散射的任何微观结构、成分或表面特征。这些影响因素将在下文中阐述。

#### 7.4.1.1 晶体结构

如果陶瓷的晶体结构是光学各向异性的,则会在晶界发生光散射。Krell 等及 Wang 等建议使用具有立方晶格结构(各向同性)的透明陶瓷,例如尖晶石结构(Krell 等,2009a;Wang 等,2013)。

此外,Johnson 等建议带隙大于 3.1eV 的陶瓷材料最适合透明装甲的应用,因为这样可以将入射光子的能量吸收降至最低(Johnson 等,2012)。

#### 7.4.1.2 杂质

杂质和/或第二相在晶粒内部或晶界上的存在,以及材料中成分的差异是导致不透明性的主要原因之一。晶粒和晶界的光学行为必须尽可能相似。为了达到这一目的,需要使用高纯度的前驱体、原材料并控制加工制备的全过程,尽量减少和避免研磨介质、烧结设备和烧结气氛的污染,以实现成分的精确控制。

#### 7.4.1.3 孔隙度

微观结构中的孔隙(无论是在晶粒内部还是晶界上)是光散射的主要原因之

一,会导致透射和透明度的损失(Krell 等,2009a)。必须尽可能地消除残余孔隙,任何残余孔隙都占据一个非常窄的尺寸分布,中心在波长以下的透明度是必需的。据报道,为了保证透明度,陶瓷材料的最大孔隙应控制在 100 ppm 左右(作为参考,义肢或高耐磨零件通常允许 0.1%~1.5%的孔隙率,Goldstein,2012)。为了达到如此低的气孔率值(或完全致密化),可以使用压力辅助烧结技术,例如热压(Karthikeyan 等,2013)、热等静压、火花等离子烧结(SPS)(Wang 等,2013)或上述技术的组合。

### 7.4.1.4 晶粒尺寸控制

细晶组织是确保任何陶瓷具有优异的机械和热性能的必要条件。即使在无压条件下,极高的颗粒堆积和素坯密度也会提高烧结后的致密化程度,使晶粒尺寸分布变窄。此外,为了提高致密化水平,达到最小孔隙水平,应首选粒度较小的原始粉末。因此,为了保证最终粒径符合要求,透明陶瓷的加工制备主要集中在纳米粉末和纳米复合材料的使用上(Goldstein,2012;Wang 等,2013)。

### 7.4.1.5 加工与烧结

素坯中存在松散堆积的团簇会影响其密度,从而影响透明陶瓷的加工,最终的烧结密度导致透射度的明显下降,透明陶瓷产品中的缺陷导致其机械、热性能受损(Goldstein,2012;Wang 等,2013)。谨慎选择合成、成型和烧结技术是成功制造透明陶瓷的关键。

### 7.4.1.6 表面处理

样品表面处理必须尽可能光滑,以避免因表面粗糙而产生漫射散射(Wang 等,2013)。

### 7.4.1.7 厚度

增加透明陶瓷的厚度通常会导致透明度降低。理想情况下,至少在给定面密度情况下的实际厚度限制内,材料的透明度应达到与厚度无关的水平。只有当材料达到理论最大同轴透射时,这才可能发生(Wang 等,2013)。

在蓝宝石、AlON 和尖晶石面板制造过程中遵循上述策略。在下一节中,将讨论上述每种材料的一般特性、性能和制造发展趋势。

## 7.4.2 氮氧化铝

氮氧化铝(AlON)的研究始于 20 世纪 60 年代至 70 年代,在这期间首次完成

了 $Al_2O_3$-AlN 的平衡相图,材料经反应烧结处理至接近全密度,从而制备出半透明的氮化铝尖晶石陶瓷(McCauley,1978;McCauley 和 Corbin,1979;McCauley 等,2009;Yamaguchi 和 Yanagida,1959)。从那时起,氮氧化铝作为透明陶瓷被广泛应用,包括用于透明装甲中。

AlON 具有立方尖晶石晶体结构,通过在各种成分中添加少量氮来稳定该结构(Johnson 等,2012;Wang 等,2013)。由于元件的弹道性能差异,以及用于电磁窗、整流罩所必须的热机械稳定性,许多学者仍在对 AlON 进行重要研究,以完善相图和立方相的精确组成范围(McCauley 等,2009;Surmet)。例如,据报告,Surmet 市售 AlON 的组成为 30.98mol% AlN 和 69.01mol% $Al_2O_3$(即,40.68% Al,51.59% O,7.72% N,平均组成由 EDS 测定)(McCauley 等,2009)。AlON 在 2050℃下都是稳定的,在 2050℃时开始融化。

AlON 各向同性的光学特性(从近紫外到可见光和近红外波长,高达 80%的透明度)加上其显著的硬度(表 7.4),使 AlON 成为此类应用的最佳候选材料(Johnson 等,2012;Wang 等,2013)。据报道,亚微米粒度的 AlON 性能优于蓝宝石(Grujicic 等,2012)。通常情况下,AlON 材料制备始于前驱体粉末的合成,通过等离子弧合成、碳热还原或自蔓延高温合成(SHS),从 AlN 和 $Al_2O_3$ 粉末之间的简单反应开始。然后将合成粉末成型为素坯,在高温(>1850℃)氮气气氛下长时间烧结(通过无压烧结、热压、热等静压或反应烧结;Wang 等,2013)。7.6 节详细介绍了各种制备方法(使用瞬态液相烧结制备透明陶瓷也进行了研究,将材料从液相/固相区转移到固溶区,因为液相与固溶区发生反应,并在致密化过程中与 AlON 相结合)。

Raytheon 公司是第一家生产商用高透明度 AlON 的公司(McCauley 等,2009)。该技术随后被转让给 Surmet 公司,该公司目前是 AlON 材料的主要制造商(Surmet)。图 7.8 给出了 Surmet 公司 AlON 商业产品照片及其典型微观结构。AlON 材料的晶粒尺度在 150~200μm 范围内。目前的研究趋势集中在纳米尺度上,以进一步提高 AlON 性能。由于 AlON 材料硬度较高,其产品的最终加工和抛光成本很高,尤其是尺寸较大的构件,这就要求进一步发展近净成型控制技术。

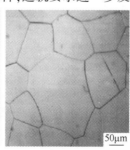

图 7.8 Surmet 公司制造的 AlON 组件示例,以及这种材料的典型微观结构

### 7.4.3 镁铝尖晶石

镁铝尖晶石($MgAl_2O_3$),通常(但不准确)简称为"尖晶石",是一种非常引人注目的透明装甲材料,主要有两个原因:

(1)生产成本远低于AlON和蓝宝石,因为有高质量、高纯度的商用粉末可供批量采购,以及加工温度明显较低(1000~1900℃)(Goldstein,2012;Grujicic等,2012;Wang等,2013)。然而,大型透明尖晶石面板大多仅用于研究(Grujicic等,2012)。

(2)镁铝尖晶石材料除了具有优异的机械性能、耐磨抗冲击性能和弹道性能外,与其他两种材料相比,还具有更好的化学和热稳定性,使其在极端服役环境下具有更广泛的应用前景(Johnson等,2012)。

镁铝尖晶石具有优良的光学性能,具有从中频红外到紫外波段的宽带透明度(在0.2~5.5mm范围内的透射率为87%)。这种透明度范围超过了AlON和蓝宝石。经过适当工艺处理后,具有良好的机械性能、耐磨性和抗冲击性,因此镁铝尖晶石材料不仅可以用于透明装甲部件,还可以用于透镜、红外窗口和导弹整流罩(Goldstein,2012;Grujicic等,2012;Johnson等,2012;Wang等,2013)。

镁铝尖晶石材料的研发始于20世纪60年代末,当时生产了中等透明的尖晶石样品。在短短的20年内,全世界范围内都在研究生产高透射率部件(Goldstein,2012)。尖晶石具有立方晶体结构,其中镁和氧原子是四面体配位的,而铝和氧原子是八面体配位的(Johnson等,2012),并且是光学各向同性的(Wang等,2013)。MgO和$Al_2O_3$相图显示尖晶石($MgO \cdot nAl_2O_3$)是唯一的化合物。该相以固溶体形式存在,其组成范围为$n=0.8$(富镁)至$n=3.5$(富$Al_2O_3$),稳定范围随温度变化,不发生多晶型转变。尽管理论上所有固体成分都有可能制备成透明的单相陶瓷,但富$Al_2O_3$的非化学计量多晶尖晶石被认为是高光学透明度和高断裂韧性的最佳候选材料(Wang等,2013)。

在加工方面,制备透明尖晶石材料通常需要压力辅助致密化(即热压、热等静压或火花等离子烧结),以消除松散粉末团聚体和团聚体之间的截留孔隙,获得具有良好微观结构的高透明材料,以满足机械加工的需要。最常见的制备方法为两阶段烧结,最初粉末通过压制成型和无压烧结致密化到约95%~99%的密度,仅具有闭合气孔和无开放气孔,之后样品热等静压至全密度(Goldstein,2012;Goldstein等,2009;Wang等,2013)。LiF和$B_2O_3$被用作烧结助剂,以促进完全致密化和去除气孔(Goldstein,2012)。研究发现,晶体结构中的晶格缺陷和空位会导致烧结阶段产生的杂质扩散到材料结构中,从而影响整体的透明度和颜色。例如,科学家研究发现,热压和SPS中残余的CO气氛和石墨炉中的碳杂质会影响透射率,并使材料呈现灰色/橙色/黄色(Goldstein,2012;Wang 等,2013)。

尽管有商业上可买到的粉末,但合成粉末前驱体的研究仍十分重要,在制备过程中需去除晶界中的任何杂质,这些杂质可能导致产生斑点,影响材料的透明度。研究者已深入研究了常见的陶瓷粉末制备方法,例如金属离子交换法(Reimanis 等,2004)、火焰喷涂热解(Goldstein 等,2008)、自蔓延高温合成法(Ping 等,2001)或化学混合法(Mitchell,1972)。在所有合成路线中,均需要克服的主要障碍仍然是存在难以分解的团聚物,并成为最终化合物中不透明的来源(Goldstein,2012; Wang 等,2013)。

尺寸约为 25cm 的大型板材已研发成功,该板材具有亚微米尺寸的晶粒,维氏硬度为 15GPa,光学传输接近理论极限。然而,当制备尺寸较大的板或圆顶形零件(>0.5m)时,虽然此类零件仍然具有高度均匀的光学特性(Goldstein,2012),但其显微结构较粗糙(因此硬度较低)。最大尺寸达 240mm、厚度达 20mm 的部件均采用亚微米和纳米粉末制造(Wang 等,2013)。已经开始使用这样的粉末进行大规模生产(Goldstein,2012)。

尖晶石结构独特的性能使其在其他行业得到广泛应用,例如条形码阅读器窗口、压力容器、激光火花塞、可调谐激光主机、紫外线微光刻用高折射率光学器件、高压弧光灯、手表外壳和光学热交换器(Goldstein,2012)。

### 7.4.4 单晶氧化铝(蓝宝石)

单晶氧化铝(或蓝宝石)具有优异的机械性能(弯曲强度、断裂韧性、弹性模量、硬度)以及优异的光学性能,是最常见的用于防护面板的透明陶瓷材料(它将紫外线通过可见光传输到中红外区域;Grujicic 等,2012;Harris,2004;Johnson 等,2012;Jones 等,2006a)。尽管制造技术已经成熟,但在大尺寸蓝宝石单晶的制造、大尺寸部件的加工、抛光和表面处理等方面成本高昂,时间周期长(Grujicic 等,2012;Johnson 等,2012;Jones 等,2006a)。

在保持相同机械性能的同时,使用多晶氧化铝是解决制造成本高、时间周期长等问题的一种可能方法。尽管可以采用非常细的亚微米级晶粒微观结构,通过多种成型和烧结技术,将多晶氧化铝加工成几乎完全致密化(Krell 等,2009a;Stuer 等,2010;Wang 等,2013),但其非立方晶体结构会导致光散射损失,并且随着厚度的增加,透明度显著降低(较厚的部分变得半透明)。即使只有 1mm 厚的部件(不足以进行弹道防护),透明度也会仅余 70%~75%(Johnson 等,2012)。

蓝宝石还可以抵抗磨损、高温和化学腐蚀。它也被称为刚玉,是氧化铝的天然晶体。蓝宝石的熔化温度为 2050℃。天然蓝宝石有多种颜色,但纯刚玉是透明和无色的(Harris,2004)。可以通过一系列晶体生长方法加工制造蓝宝石元件。常

用的工业技术总结如下(图7.9):

(1) 提拉法。自20世纪60年代初以来,这种方法一直用于制备蓝宝石(Jones等,2006a)。氧化铝置于铱坩埚中在受控气氛下熔化(98%$N_2$和2%$O_2$)。将籽晶浸入熔融的液体中,以6~25mm/h的速度抽出,同时缓慢旋转。在这一阶段,来自熔池的氧化铝结晶到籽晶上。合成蓝宝石(合成单晶)的大小由籽晶的提拉速率控制(Harris,2004)。泡生法与之相似,但晶体是在熔融熔池的表面下很深的地方形成,并随着逐渐凝固而呈现出坩埚的形状。

(2) 热交换法(Chen)。这种技术最初是在20世纪60年代后期发展起来的(Jones等,2006a)。将装有原料的坩埚放在热交换器中心,籽晶置于坩埚底部中心处并固定于热交换器一端,抽真空并加热坩埚内的原料至完全融化(真空和加热有助于去除氧化铝中的蒸发杂质)。同时通过坩埚中心下方的热交换器循环氦气使籽晶保持在熔点以下。籽晶部分熔化,氦流增加以冷却籽晶,氧化铝结晶到籽晶上,并且保持恒定温度直到晶体达到所需尺寸。然后,温度降低,梨型晶体在原位缓慢退火,以消除缺陷,提高透明度(Harris,2004)。

(3) 边缘限定薄膜供料提拉生长技术——导模法(EFG)。相比其他制备方法,导模法可以用于制备大尺寸(制备的蓝宝石表面积约为其他方法的两倍)的蓝宝石(Jones等,2006a)。美国科学家发明了导模法,这种制备方法与20世纪60年代末苏联研发的Stepanov法有一定相关性(Jones等,2006a)。导模法原理如下:氧化铝在坩埚中熔化,熔体会润湿模具(管、杆或带)的表面,并通过毛细吸引作用进入模具顶端,在模具顶部液面上接籽晶提拉熔体。熔体将按照模具的形状凝固成蓝宝石。这种方法能够根据模具形状,从熔体中拉制出各种特殊形状的晶体。

Stepanov法使用可润性和非可润性助剂组合来生长晶体(Harris,2004)。

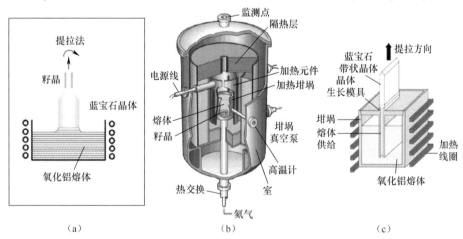

图7.9 生产蓝宝石装甲组件主要技术的示意图
(a)提拉法;(b)热交换法;(c)导模法。

透明装甲的应用还包括制造红外制导导弹整流罩。采用捞球磨削制造高弯曲部件,即蓝宝石沿一个方向旋转,而刀具则沿相反的方向旋转(Harris,2004)。也可以使用 Rotem 开发的梯度凝固法生产整流罩毛胚,这种方法与热交换法(HEM)相似,但需从熔体顶部到底部创建梯度温度。

圣戈班(Saint-Gobain)集团是首先生产透明装甲用蓝宝石部件的公司。该集团通过导模法(EFG)(图7.10)生产了 SAFirE 透明装甲,该装甲系统与传统玻璃组件相比,在相同弹道防护性能的条件下,重量和厚度减少50%,并且可以针对更广泛的弹道威胁提供防护,且耐磨性和耐化学性较好(Safire 透明装甲解决方案)。与玻璃组件相比,该系统的夜视透过率提高了20%,这种材料目前正在地面车辆和直升机平台上使用。

图7.10　Saint-Gobain 集团生产的 SAFirE 组件

采用该技术,已经制造了1000多个大尺寸蓝宝石组件,尺寸分别为305mm 宽、775mm 长和11mm 厚。针对大尺寸部件的需求,预计采用该技术还可以生产更大的组件(Jones 等,2006a)。蓝宝石除了用于透明装甲中,还可以用于其他领域,如条形码扫描仪、手表和手机的防刮镜面、蓝光发光二极管和二极管激光器的基板(Harris,2004)。根据本节所述,可根据潜在加工性和抗弹性能将透明陶瓷的应用划分为4个主要系列,如表7.5 所列。

表7.5　用于装甲防护的4种主要透明陶瓷面板材料的潜在加工性能和抗弹性能(评估介于1(最小)和10(最大)之间)

| 标准 | 蓝宝石 | AlON | 尖晶石 | 亚微米级多晶氧化铝 |
|---|---|---|---|---|
| 机械性能 | 9 | 9 | 9 | 8 |

续表

| 标准 | 蓝宝石 | AlON | 尖晶石 | 亚微米级多晶氧化铝 |
|---|---|---|---|---|
| 光学性能 | 9 | 9 | 9 | 6 |
| 弹道防护性能 | 9 | 9 | 9 | 7 |
| 商业可用性 | 是;SAFilRE Saint-Gobain 集团 | 是;SURMET 集团 | 处于实验室阶段 | 处于实验室阶段 |
| 制造方法 | 晶体生长 | 粉末加工和两段烧结 | 粉末加工和两段烧结 | 粉末加工和两段烧结 |
| 产品成本 | 10① | 9② | 9③ | 7 |
| 高纯度原料的可用性 | 8 | 8 | 6③ | 8 |
| 技术成熟度 | 成熟 | 已知相图与显微组织性能的关系。处于逐渐成熟过程阶段 | 已知相图与显微组织性能的关系。加工工艺广为人知,正在不断进步 | 已知相图与显微组织性能的关系。加工工艺广为人知,正在不断进步 |
| 制备复杂形状和大尺寸样品的可能性 | 8 | 10④ | 10④ | 10④ |

①使用设备、高温加工和表面处理;
②烧结和表面处理所需的高烧结温度和压力;
③粉末合成所需的高纯度粉末;
④无压烧结和 HIP 相结合,可提供多种成形技术。

研究者分析了在伊拉克 4 个月期间收集的数据(约 2007 年),发现挡风玻璃的损坏约 56% 发生在战斗中,约 36% 发生在岩石打击中;分层与沙尘暴没有造成损坏。在 2010 年的成本效益研究中(Franks,2010),Lisa Franks 发现了改进透明装甲系统的真正需求,并建议采用纳米结构尖晶石(与正常商业等级相比)。图 7.11 显示了当今侦察车辆使用装甲玻璃的情况,采用更高防护力的解决方案可以减轻车辆重量。

### 7.4.5 弹道性能比较

Patel 等在 2000 年发表了透明装甲系统概述,其中包括一些透明装甲系统抗 1.1g 破片模拟弹(FSP)的 $V_{50}$ 试验报告。他们认为陶瓷面板减少了系统 65% 的面密度。表 7.6 给出了具体的数据。

Jone 等(2006b)报道了圣戈班公司生产的尺寸为 150mm$^2$ 蓝宝石样品弹道性

图 7.11 安装装甲的高机动多功能轮式车

能的详细试验结果,在该试验中背板为 PC 板。他们的研究表明面密度为 $52kg/m^2$ 的透明装甲能够抵抗速度为 850m/s 的 7.62mm M80 球形弹丸,以及速度为 750m/s 的 7.62mm×39mm API-BZ 弹丸。然而,针对 M61 穿甲弹,在该面密度下未能实现完全防护。

表 7.6 不同等级透明陶瓷的弹道性能,采用 1.1g FSP 测试

| 层压系统 | 总面密度/(kg/m²) | $V_{50}$/(m/s) |
| --- | --- | --- |
| AlON/玻璃 PC | 80 | 915 |
| 尖晶石/PC | 58 | 890 |
| AlON/PC | 51 | 850 |
| 蓝宝石/PC | 51 | 810 |
| $Al_2O_3$/PC | 51 | 780 |

2009 年德国恩斯特马赫研究所(Ernst Mach Institute)的 Elmer Strassburger 发表了一篇关于透明装甲材料(Strassburger,2009)抗弹性能的优秀论文,文中介绍了一系列透明装甲材料抗速度 835~865m/s 的 7.62mm×51mm、P80 穿燃弹试验(详见第 1 章)。文中提到的所有透明装甲系统都由陶瓷面板、浮法玻璃/聚碳酸酯背衬层压而成。图 7.12 给出了不同透明装甲系统残余速度曲线,包括陶瓷厚度范围在 1.5~4.5mm 之间。与标准玻璃/PC 系统(虚线)相比,所有的透明陶瓷在重量方面优势明显,并且随着陶瓷厚度的增加,系统的性能提高(正如人们所期望的那样)。同样抵御 P80 弹丸,玻璃/PC 系统所需面密度为 $170kg/m^2$,透明陶瓷系统仅需 $60kg/m^2$。有意思的是,陶瓷厚度增加超过 4mm 反而不能提高弹道性能(图 7.13)。

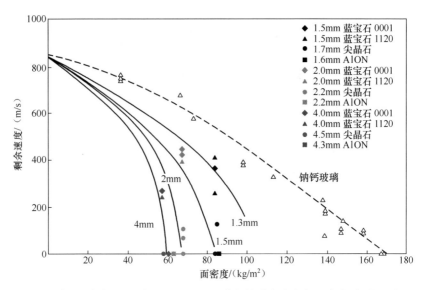

图 7.12　陶瓷/玻璃/PC 靶抗 7.62mm P80 弹丸的剩余速度与面密度关系图(彩图)

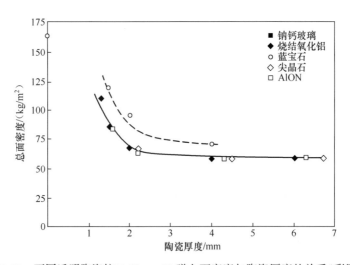

图 7.13　不同透明陶瓷抗 7.62mmp80 弹丸面密度与陶瓷厚度的关系(彩图)

迄今为止的所有试验证据均表明,将透明陶瓷用于层叠玻璃系统中会极大地减轻系统重量。装甲技术专家面临的挑战依然是降低透明陶瓷的成本、制备更大尺寸的透明陶瓷。此外,可成型数量仍然是装甲最有价值的挑战之一。

## 7.5 块体陶瓷

### 7.5.1 氧化铝陶瓷

40多年来,氧化铝系列陶瓷一直是陶瓷装甲系统的良好基础,Sintox FA(粉红色)和Hylox H(棕色)是众多等级氧化铝陶瓷的佼佼者。AD85中的氧化铝含量为85%,它是20世纪80年代直升机和装甲板使用的标准材料。时至今日,coorstek公司(匿名,2015b)可提供从AD85(密度为3420kg/m$^3$)至AD998(密度为3920kg/m$^3$)的全系列的氧化铝陶瓷。针对小型武器弹药,科学家们很早就清楚弹道防护性能随着成分纯度的提高而提高,这可以简单地通过提高基础性能,特别是硬度来解释(表7.1)。

直到20世纪90年代,法国和英国的国际研究团队开始研究调控氧化铝陶瓷性能,此前几乎没有进行过研究,他们研究了成分、粒度和气孔的影响,确定了雨贡纽弹性极限和层裂强度值(见第10章)。Bourne等在1994年发表了该领域的第一项研究,涵盖了7种不同的成分和结构,玻璃含量在2.5%~4.5%,孔隙率3.3%~5.9%,粒度2~8mm。他们发现雨贡纽弹性极限与晶粒尺寸和孔隙率水平有关。在后续研究中,James(1995)还发现,这些材料表现出热膨胀各向异性(Allain等,2004),与此相关的断裂能可以用晶粒尺寸的函数来表征,并与弹道性能具有良好的相关性。这项工作有两项创新点:一是申请了小颗粒可控氧化铝的欧洲专利;二是有史以来首次对弹靶作用过程中陶瓷的粉碎进行了视觉演示(Legallic等,1996)。

在2005年Madhu等(2005)使用RDOP试验比较了AD95和AD995抗12.7mm和7.62mm AP的弹道性能,在该试验中弹丸直径与靶板厚度之比在0.8~1.0之间。试验中的装甲结构由陶瓷面板和7017铝合金支撑背板组成,这也代表了当时典型的陶瓷复合装甲系统。通过试验,他们确认AD995有较好的弹道效能(正如所预期的那样),且弹道效能随冲击速度和威胁等级的变化而变化。随着陶瓷厚度从10mm增加到14mm,AD995的弹道效能降低,但AD95的弹道效能提高。

近年来(2010—2015年),研究者试图通过添加10%氧化锆(Zhang和Li,2010),甚至碳纳米管(CNT)(Bolduc等,2014)来改变氧化铝陶瓷的组成。在提高对氧化铝这类陶瓷的基本认识方面还有许多工作要做。

### 7.5.2 碳化硅陶瓷

碳化硅陶瓷是世界上许多陶瓷装甲系统的首选材料,尤其是使用Coorstek压力辅助致密化(Johnson 等,2012)(Anon,2015b)制备的 SiC-N 陶瓷。

碳化硅陶瓷的抗弹性能高于氧化铝陶瓷,主要是因为硬度更高,而且针对全系列小口径武器弹药性能一致。表 7.1 给出了两个等级碳化硅陶瓷的基本特性:热压型(SiC-N)和反应烧结型(RSSC)。

碳化硅是一种具有较强共价键的固体,以低温 β-SiC 和高温 α-SiC 形式存在。大约 2100℃,β 相向 α 相的转化,这也与杂质、气体气氛和压力有关(Somiya 和 Inomata,1991)。β-SiC 具有立方晶体结构(c),α-SiC 具有六方(h)晶体结构。人们发现一些 SiC 晶体结构是多型体,例如,六角形 4H-SiC、六角形 6H-SiC 和菱形(R)15R-SiC。在 1400℃和 1600℃分别形成 2H-SiC 和 3C-SiC。2000℃以上形成 4H-SiC、6H-SiC 以及其他 SiC。在 2200~2600℃范围内,6H-SiC 是最稳定的晶体结构。

通常,采用化学气相沉积(CVD)工艺获得 β-SiC。艾奇逊工艺技术主要用于生产 α-SiC,它涉及石英砂和焦炭在 2000~2300℃之间的反应。同样的原材料被用来从碳化硅颗粒制备陶瓷体。长期以来,人们认为只有热压才能使具有强共价键的固体致密化,即使在这种情况下,也必须添加少量的金属烧结助剂。Prochazka(1976)通过使用大比表面积的粉末,采用硼和碳作为烧结添加剂,成功地将 β-SiC 无压烧结到高密度。1978 年,Coppola 和 McMurtry(Coppola,1978)证明了该工艺不仅限于制备 β-SiC,对于 α-SiC 粉末同样适用,只要粉末的比表面积在 $10\sim18m^2/g$ 范围内,就可以用于生产致密的 SiC。同一时期,Bourne、Millet 和 Pickup 的研究指出加工工艺路线影响 SiC 陶瓷的雨贡纽弹性极限和剪切强度损失量(伯恩等,1997)。与氧化铝陶瓷一样,较小的晶粒尺寸可能有利于弹道性能,如图 7.14 所示,不同产品的最终硬度值也是如此。

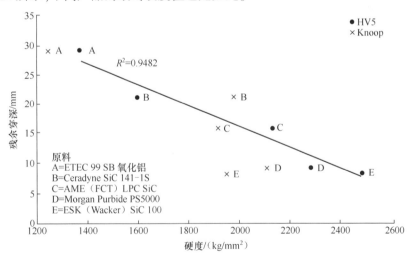

图 7.14 与氧化铝陶瓷相比,不同工艺制备的
一系列 SiC 陶瓷的 DOP 和硬度之间存在明显的相关性

从那时起,许多研究人员使用不同的添加剂、烧结助剂以及不同的工艺控制(如气氛、粉末床组成和粉末预处理)来生产碳化硅。虽然 PAD-SiC-N 代表了最高性能等级的碳化硅,但它的价格非常昂贵。2002 年,James Campbell(来自 ARL)和 Richard Palicka(来自 BAE Systems)认识到了这一缺点,并试图降低热压工艺的高成本。当时,一块 SiC-N 陶瓷砖的价格为 60 美元/kg。他们的目标是降低成本至 16 美元/kg,即反应烧结 SiC-N 的预估成本(c.2006)。研究者尝试使用干压粉末,结合计算机控制加工和半连续炉操作,但最终结果仍未见诸报道。

另一方面,具有很高成本效益的装甲级 RSSC 广受欢迎。最近 Crouch 等的文章(2015b)中指出,RSSC 材料最早是在 20 世纪 50 年代开发的,在 20 世纪 60 年代中期到 70 年代中期,美国专利相继出现(Taylor,1965;Taylor 和 Palicka,1973)。俄罗斯的技术专家也在努力开发类似的工艺(Popov,2003),但直到 20 世纪 90 年代末,美国(Aghajanian 等,2001)和澳大利亚才开始全面生产。有关更多详细信息,请参阅 MCC 于 2009 年发布的专有技术备忘录,该备忘录由 1998 年 RSSC 工艺的创始人 Evgeniy Popov、澳大利亚悉尼大学的 Andrew Ruys 和澳大利亚 Armour Solutions 私人有限公司的总经理 Ian Crouch 撰写。文章题目为《反应烧结碳化硅产品的质量》(Popov 等,2007)。有关 RSSC 工艺的更多详细信息,请参见第 7.6 节。

### 7.5.3 碳化硼陶瓷

碳化硼是已知最硬的陶瓷材料之一(表 7.1),其硬度仅次于金刚石和立方氮化硼。碳化硼陶瓷的密度很低(约 $2520kg/m^3$),是防弹衣系统的首选材料(Crouch,2009)。最近 domnich 等在一篇论文中对其结构、性能和应力下的稳定性进行了综述(2011)。

作为参考,图 7.15 给出了 $B_4C$ 相图的富硼角。碳化硼是一种共价键合固体,具有高熔点(2427℃)、高硬度(维氏:$3770kg/mm^2$)、低密度($2.52g/cm^2$)和良好的力学性能等特点,非常适合用于轻型装甲。碳化硼的化学式为 $B_4C$,但其相化学计量范围很广,从 $B_4C$ 到 B10.5C 不等。在商业上主要采用以下两种方法生产碳化硼粉末:①碳热还原法,采用碳黑(吸热)还原硼酸酐($B_2O_3$);②镁热还原法,镁粉、碳粉(放热)和硼酸酐发生反应。采用碳热还原法制备过程中,在电炉中心区形成较大的团聚体,作为烧结原料还需要大量的破碎工艺,以达到适合其最终用途的粒径;采用镁热还原法可以直接获得低粒度(0.1~5μm)碳化硼粉末,但含有高达 2% 石墨杂质。作为通过共价键结合的无机物,不同时施加热量和压力,碳化硼很难烧结。因此,需在真空或惰性气氛以及高温(2100~2200℃)条件下,使用细粉和纯粉(<2μm)将碳化硼粉末热压致密。碳化硼也可以在接近其熔点(2300~2400℃)的高温下采用无压烧结法生产。通过在粉末混合物中添加氧化铝、铬、

钴、镍等烧结助剂以降低致密化所需的温度。DMTC公司采用无压烧结,结合VPP工艺路线,开发出一种独特的成型工艺,详情见第7.6节。

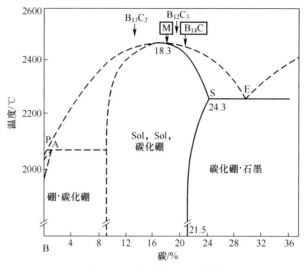

图7.15 硼-碳(B-C)相图

众所周知,与SiC和$Al_2O_3$陶瓷相比,碳化硼陶瓷面板在受到高速弹丸冲击时的损伤行为与玻璃材料相似。然而,这并不影响碳化硼陶瓷优异的弹道性能,除非在某些特定的干扰下才会表现欠佳。这种不良表现可能是由于材料在冲击载荷下发生剪切局部化所致。据Volger等报道(2004),在冲击载荷作用下碳化硼的抗剪强度在雨贡纽弹性极限以上时迅速降低,这表明当冲击应力达到约20GPa的阈值(图7.16)时,材料过早失效,但这是为什么?材料中发生了什么?

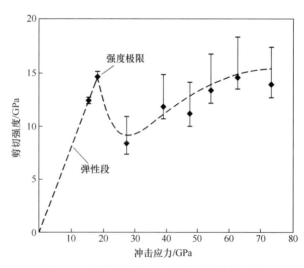

图7.16 冲击应力作用下碳化硼的剪切强度

目前对这种过早失效机制的理解有利于研究相变,尽管与微裂纹快速扩展有关的观点仍在讨论中。在 2003 年 Chen 等(2003)报道了冲击载荷导致碳化硼局部非晶化,这可能是由于材料中存在一种特殊的多类型碳化硼。最近,Taylor 等(2011)发现碳化硼含有多种类型。简单地说,碳化硼单位晶胞中含有 15 个原子,12 个原子构成了二十面体。准确地来讲,C-C-C 链连接构成 $B_{12}$ 二十面体,C-B-C 或 B-C-C 链连接构成 $B_{11}$C(两级或赤道位)。Murray(2011)认为,B-C-C 链比 B-C-B 链弱,导致材料的雨贡纽弹性极限降低,B-C-B 链在冲击下更容易倒塌,对这一有趣现象的深入研究仍在继续。

碳化硼陶瓷在装甲高防护、轻量化应用方面前景巨大,但它确实有许多固有的缺点:比如制造成本和可成型性。这些缺点可以通过采用液相烧结、无压烧结(见第 7.6 节)或使用反应键合(或烧结)工艺(如 Chhillar,2008 和 Karandikar,2010)加以解决。近年来最令人兴奋的发展是将成型工艺与无压烧结工艺结合起来。

由 Robert Speyer 领导的乔治亚理工学院研究团队报道了(Speyer,2005)他们成功地将预制干粉锻造成最终形状,再进行无压烧结的相关研究,以色列 Haifa 的研究人员于 2005 年提交了一项专利(Bar Ziv 等,2012),该专利采用类似技术。随后,Charles Wiley 在 2011 年发表了一篇题为《生产高强度和低成本碳化硼的协同方法》(Wiley,2011)的博士论文。然而,这一领域最成功的进展之一是由 DMTC 领导开发和全面商业化的独特成型工艺,尤其是针对薄碳化硼和装甲级碳化硼陶瓷(见第 7.6.1.5 节)。

## 7.6 制备方法和成型工艺

陶瓷部件的制备通常分为两个步骤:①将粉末成形为生坯;②将生坯致密化为最终部件(图 7.17)。下面将讨论两个步骤结合在一起的几个实例。

在陶瓷的制备过程中也可能需要进行精加工或机加工。因此,近净成型技术更为可取,因为采用该技术可以最大限度地减少加工陶瓷所需的昂贵金刚石研磨料(Leo 等,2014)。此外,在较低的温度下进行致密化,且无需对粉末压块施加压力,是为了将致密化成本降至最低。生坯的特性(特别是粒径、堆积密度和均匀性)影响材料致密化的难易程度(以及成本)。首先讨论了生坯成型的各种方法(图 7.17 右侧图);然后总结了致密化技术,讨论了不同成型方法与致密化工艺相结合的优点和局限性。如第 1 章所述,为了生产高质量的陶瓷,在这两个步骤中要尽量减少将缺陷引入陶瓷。

由于商业和国防敏感性,很难确定实际装甲产品生产中使用的精确方法及其相对产量。装甲陶瓷成型最常用的技术包括干压、粉浆浇注、VPP、凝胶注模成型、

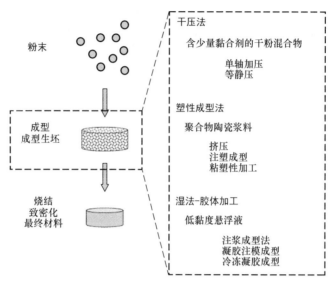

图7.17 陶瓷加工的步骤和最常用的成型技术(如干压法、塑性成型和湿法成型)

注射成型和冷冻铸造(图7.18)。每种工艺在产品质量、成本、生产复杂形状能力和生产率等方面各有优缺点。

### 7.6.1 成型工艺

#### 7.6.1.1 干压法

干压法(图7.18(a))是将陶瓷粉末填充到模具中,并单向挤压成厚度均匀的陶瓷块体的过程。微米大小的粉末通常需要造粒成大约100μm大小的颗粒,以产生自由流动的粉体。干压法一般用于制作平板陶瓷部件,但也可用于制作微弯部件(如胸板),虽然在均匀充型中实现曲率存在困难。即使在平板陶瓷部件中,干压也容易受到不均匀生坯密度的影响,这(将在下一节中讨论)会导致致密化问题。此外,干压法是一种简单、常用且价格低廉的生产简单形状陶瓷生坯的方法。干压法的主要缺点是由于范德瓦耳斯引力引起的颗粒间的黏附摩擦会导致压坯密度不均匀。典型的压坯理论密度为45%~50%。在去除原料(即进料陶瓷粉)中或加工过程中引入的杂质、结块(例如金属零件的磨损)等方面,干压法也存在缺陷。因此,相比其他工艺路线,采用干压法制备的陶瓷通常可靠性较低(威布尔模数较低(见第1章))(Lange,1989;Pujari等,1995)。

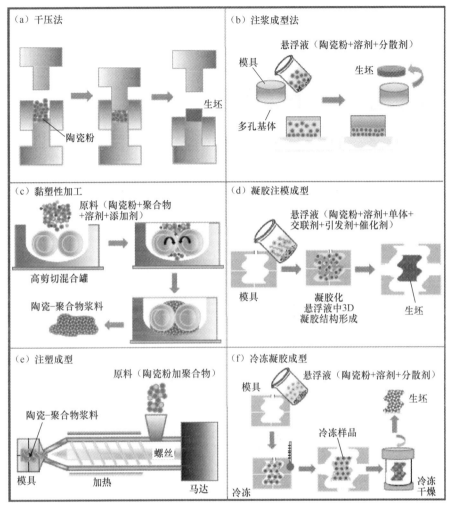

图7.18 用于生产装甲面板的主要陶瓷成型技术示意图(彩图)

## 7.6.1.2 湿法成型

湿法成型是干压法的一种替代方法,采用该方法可以生产更致密、更均匀的颗粒填料(Lange,1989)。通过将颗粒浸入液体中,降低了范德瓦耳斯力,可以在颗粒之间产生排斥力(即分散),从而减少了颗粒之间的摩擦,使生坯中的颗粒堆积更均匀。这会使陶瓷在烧结过程中更容易致密化,下文将进行详细阐述。此外,湿法成型可以破碎、分散团聚体以及过滤、沉淀大的夹杂物,这对去除陶瓷中的缺陷是非常有利的。如第1章所述,减小缺陷的尺寸和数量将提高陶瓷的可靠性(Pujari等,1995)。

7.6.1.3 注浆成型法

注浆成型法是一种需要分散性好的或弱絮凝悬浮液的成型方法,如图7.18(b)所示,固体体积分数通常约为30%~50%。具有良好分散性的悬浮液是首选,制成的生坯密度高、均匀性好,但弱絮凝悬浮液可提高成型速度。将悬浮液倒入石膏或多孔聚合物模具中。模具中微米级孔隙的毛细吸力将液体(通常是水)吸入模具,留下一层固结的颗粒。模具上的强化层厚度随着时间的增加而增加。需要足够的时间,以使坯体达到所需的厚度。采用该方法制备生坯的压坯密度较高且均匀性较好(当使用分散良好的浆料时)。该方法通常仅限于制备厚度均匀的生坯。成型厚度几毫米的坯体需要几小时,因此成本较高。通过该工艺制得的典型素坯理论密度范围为55%~65%。

7.6.1.4 反应键合或反应烧结

Crouch等最近对这一工艺进行了回顾(2015B)。一般来说,该工艺是通过对SiC粉和碳颗粒混合物的压实坯体进行液态渗硅反应。液态硅与碳反应生成新的SiC。当所有的碳都发生反应时,仍然存在残留的硅。因此,反应烧结制备的SiC陶瓷孔隙率很低(原则上,在原始SiC和新SiC的基体中,只有游离硅,没有气孔。然而,该工艺需采用均匀压实及分散均匀的预制体,其中预制体中包含有SiC粉、碳粉和适当的黏合剂,通常是酚醛树脂)。在预热解过程中,树脂被烧掉或转化为碳。然后,多孔预制件被液硅渗透,这就产生了另一组可能的缺陷。由于渗透过程液硅流经预制件,因此可能存在许多缺陷,例如空气截留、冷隔和不完全填充(冷隔是两个熔融表面接触的地方,但不是冶金结合或熔合,会形成平面裂纹状缺陷)。Crouch及其工业合作伙伴制定了一套严格的验收标准(Crouch等,2015b),2000年该工艺被用于向澳大利亚国防军提供硬装甲板。

7.6.1.5 黏塑性成型

塑性成型介于干压和胶态成型之间。在这些工艺中(图7.17),陶瓷浆料通常保持略不饱和,以使其具有塑性"黏土状"机械流动特性。VPP法(图7.18(c))使用的塑性浆料在流变(流动)性能方面与黏土基产品挤压成型、冲压成型以及旋坯成型中使用的浆料相似。该浆料是用生产挤塑成型浆料所需的最少液体制成的(图7.19)。将塑性浆料挤压成小方坯,然后进一步加工成瓷砖或胸板等物体的形状。含水量较低以确保生坯密度。VPP工艺的优点是提供了二次加工的机会,以生产具有高曲率和可变截面的形状。类似锻造(金属)或冲压(陶瓷)的工艺可用于制备三角肌、膝盖或胫骨等部位的防护部件。此外,采用该工艺还可以在瓷砖上压花或压入图案形状。研究发现,特定的几何结构对于冲击过程中应力波的衰减是有用的(Martin 等,2010)。

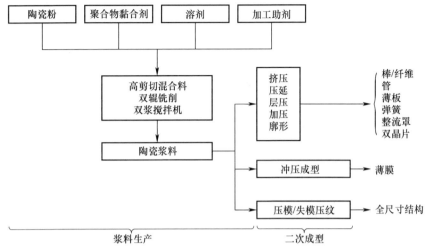

图 7.19 通用的陶瓷 VPP 路径示意图

国防材料技术中心通过 5 年的研发,将这种工艺商业化。澳大利亚防务服装公司采用该工艺制造了许多胸甲护板,并于 2012 年以全成品硬甲板(见第 7.10 节)的形式供应给澳大利亚国防军。如图 7.20 所示,DMTC 继续开发该工艺,并通过生产大量概念产品来展示其应用潜力。在许多文献报道中可以看到更多细节(Leo 等,2014;Crouch 等,2016)。

#### 7.6.1.6 注凝成型及相关技术

注凝成型、注射成型和冷冻成型[图 7.18(d)~(f)]也被用于生产一些陶瓷护板组件。这些技术的优点是可以制备复杂的形状,变截面、曲面以及其他复杂细节。这些技术可以进一步优化以生产致密度高、均匀性好的生坯。降低该工艺的成本是有挑战的研究课题。相比普通的装甲件(通常相对平整,横截面均匀),采用这些技术可以制造形状更复杂的部件(Leo 等,2014)。在其他研究中,Zhang 等(2015)以糊精为碳源,发现完全致密化所需碳含量大于 1%。

经过胶态(湿法)成型后,湿坯体必须进行干燥。为了防止空气—水界面穿透生坯表面,必须以足够慢的速度去除液体,直到干燥收缩几乎完成,以避免干燥应力和开裂。

### 7.6.2 致密化

坯体致密化是陶瓷加工的第二阶段。如图 7.21 所示,在压力/电流辅助下或

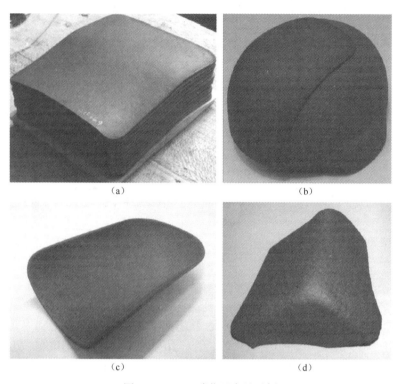

图7.20 VPP碳化硼产品示例
(a)用于HAPS的多曲面陶瓷胸板;(b)用于战斗头盔的装甲陶瓷;(c)和(d)陶瓷形状演示。

无辅助下,可能发生致密化。将干粉压块加热至其绝对熔化温度的2/3~3/4,以烧结致密化。在烧结过程中,由表面积减少(降低表面能量)驱动的质量传递使颗粒首先结合在一起,然后消除气孔。固体烧结的传质机理主要有本体传质、表面和晶界扩散传质、蒸发/冷凝传质和塑性流动传质。烧结过程几乎可以完全致密化(理论密度>95%),存在微小闭气孔,由于弹道性能随着致密度的增加而提高,因此最好可以做到完全致密化。为了获得最佳的力学性能,陶瓷材料应具有微米级的粒度。生坯的素坯密度越高,均匀性越好,烧结过程中的气孔就越容易消除。在致密化过程中坯体收缩,粉末压块的密度从生坯密度值(通常为45%~65%TD)增加到几乎完全致密化。收缩率越大,就越难控制最终物体的尺寸公差。如果素坯密度不均匀,会出现严重的问题,如变形、翘曲和开裂。在这种情况下,收缩会因位置而异,不同的收缩率会导致应力损失,造成变形和开裂。

#### 7.6.2.1 无压烧结

理论上无压烧结(图7.21(a))是最简单和成本最低的致密化工艺。生坯只需

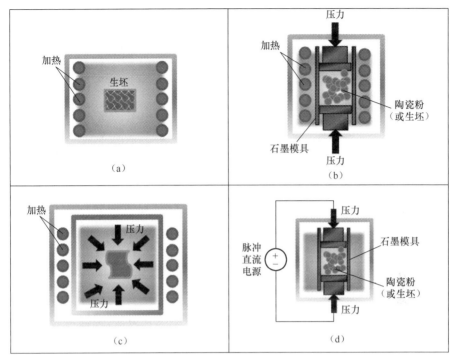

图 7.21 用于装甲陶瓷部件的致密化烧结技术
(a)无压烧结；(b)热压；(c)热等静压；(d)火花等离子烧结。

在一个适合于陶瓷致密化的窑炉中进行加热：气氛为空气、氢气、氩气和氮气(氧化物陶瓷的烧结气氛为空气；非氧化物陶瓷的烧结气氛为氩气或氮气)。这项技术可用于复杂形状生坯的致密化，因为坯体不受炉内模具的约束。这项技术的难点在于保持足够低的温度以防止晶粒长大，同时要达到足够高的密度。精确控制炉内温度、升温速度、炉内气氛以及压力是很重要的。此外，致密性和均匀性好的生坯是生产高密度细晶粒陶瓷的关键因素。

#### 7.6.2.2 热压烧结

装甲中使用的大多数陶瓷是通过热压生产的(图 7.21(b))。在这种致密化技术中，在石墨模具或其他材料的模具中填充粉末，插入压力泵(通常是顶部和底部)。填充的模具放置在一个窑炉(通常是感应炉)中，并加热到足够的温度进行致密化。向泵体中施加单轴压力(通常为 10~40MPa)，以实现致密化过程。相比无压烧结，热压烧结的主要优点是能够在较低的温度下制备致密度很高的陶瓷。热压烧结的另一个优点是通常不需要生坯。陶瓷粉可以简单地倒入模具，用石墨垫片覆盖，然后在顶部加压。但是，粉末必须均匀填充进模具，以避免整个热压过程密度变化。微米大小的颗粒通过造粒形成100mm大小的晶粒,有助于均匀的模具填充。热压成型的缺点是不利于成型厚度均匀的形状,以及缺乏生产复杂形状的能力。用于防弹的陶瓷块和胸甲护板通常具有均匀的横截面,因此可以采用热压烧结进行制备。其主要问题在于加工成本较高。

### 7.6.2.3 热等静压

热等静压(图7.21(c))是利用压力进一步持续致密化的技术,同时具备制备复杂形状的能力。在热等静压过程中,通过高温和各向均衡的高压气体的共同作用,使陶瓷粉末、坯体或预烧体达到烧结致密化。如第7.6.1节所述,采用热等静压技术可生产形状复杂的坯体,然后将其封装在熔融玻璃(致密化温度下的黏性液体)中,该包套将压力传递给陶瓷部件。或者,用陶瓷粉填充复杂形状的金属罐,然后抽空并密封。该技术成本高昂,但在生产复杂几何形状陶瓷方面优势明显。

### 7.6.2.4 放电等离子烧结

放电等离子烧结(SPS)(图7.21(d))是一种致密化方法,陶瓷粉末置于单轴负载导电模具(通常由石墨制成)内,通过施加电流(通常为脉冲电流),可以产生等离子体及快速加热,能使粉末快速烧结致密。电流产生快速加热和烧结致密化,温度通常低于无压烧结所需的温度。此外,放电等离子烧结的致密化速度非常快,烧结时间通常以分钟而不是小时为单位,在总循环时间方面优势明显,并且可以将晶粒生长降至最低。放电等离子烧结的主要优点是能够保持常规烧结过程中不会出现细晶组织和亚稳态,同时也增强了致密化程度。(但是,由于模具的要求,SPS制备的形状受到与热压相同的约束。)此外,在制品横截面积较大的情况下,电流成本较高。Paris报道了使用SPS制备SiC和$B_4C$材料的工作(Paris等,2010),Hallam等(2015)报道了针对AP威胁,一系列采用SPS制备的陶瓷装甲的弹道性能。

## 7.7 聚合物陶瓷

陶瓷材料的高强度使其成为优秀的装甲材料,尤其是作为复合装甲中的迎弹面面板材料被广泛使用。然而,在装甲中使用的单片陶瓷有许多缺点,包括成型性有限和抗多次打击能力差等。

聚合物陶瓷是一种新型的复合装甲面板材料,其力学性能和冲击能量耗散能力均较强。为了改进现有的抗弹陶瓷,科学家研究了纤维、晶须和颗粒增强的各种陶瓷基复合材料,以用于硬质装甲(Arias等,2003;Colombo等,2006)。此外,研究者还制备了聚合物渗透泡沫陶瓷并对其进行了弹道应用研究。与基于单片陶瓷板的装甲系统相比,这种装甲系统显示出一些非常有前景的弹道性能。DMTC 研究团队开发的聚合物陶瓷具有成本和性能的双重优势,包括易成型性、低温加工和抗多次打击能力。从广义上讲,聚合物陶瓷是由刚性聚合物相原位结合硬质陶瓷颗粒相而形成的。硬陶瓷相在整个聚合物陶瓷中占比至少 40%(按重量计),剩余部分包括聚合物或聚合物与补强填料的混合物。高应变率压缩过程中动态屈服的增加,导致材料"锁定",并在弹道冲击的界面驻留阶段表现得像一块整体陶瓷(图 7.22)。

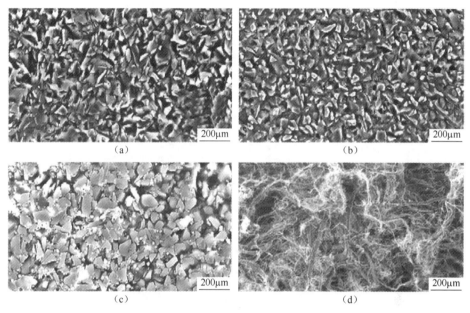

图 7.22 酚醛树脂与芳纶浆混合物的扫描电镜图
(a)$B_4C$ 和(b)cBN 和 $B_4C$,以及环氧树脂和芳纶浆;(c)$B_4C$ 的混合物;(d)芳纶浆。

聚合物陶瓷有望接近传统高温烧结陶瓷的性能水平。有许多陶瓷比常用的碳化硅要硬得多。聚合物陶瓷面板材料的强度取决于选择不同的硬质陶瓷。只有加入少量较硬的相才能抵消聚合物相硬度的降低。其他因素,如成本,可用于选择所用陶瓷的适当体积分数。

聚合物陶瓷复合材料可以使用传统的压模设备,通过粉末加工工艺进行加工。干树脂与陶瓷、加工助剂和其他添加剂混合后,经压模高度压实和固化。成型过程本身的循环时间非常短,与通常需要 1500℃ 以上才能烧结的陶瓷不同,聚合物陶瓷所需温度在 100~400℃ 之间。因此,聚合物陶瓷在节约时间周期和能源成本方面具有很大的优势。另一个优点是压缩成型具有高度重复性,因此废品率很低

(通常不存在)。新型陶瓷/聚合物复合板的优良韧性还将减少常规陶瓷加工中常见的破损,同时提高能量吸收能力。

### 7.7.1 成分效应和弹道性能

除了低温可成型性和加工成本相对较低外,还有另一个特点使这种新型材料成为非常有潜力的装甲材料,这种装甲复合板具备抗多次打击能力(Naebe 等,2013),这对于坦克装甲车辆是非常重要的性能特征(Naebe 等,2009)。图 7.23(a)显示了 $B_4C$/酚醛树脂聚合物陶瓷在遭受 1.1g 破片模拟弹冲击后的 X 射线图像。如图所示,在着弹位置较近的情况下,仅有少量的径向和周向裂纹。比较而言,相同条件下的整体烧结 $B_4C$ 陶瓷显示出较多的径向裂纹和严重的周向裂纹,尤其是在中央上部着弹点处发生开裂。我们已经注意到,聚合陶瓷装甲往往会承受 2~3 倍弹丸直径的损伤,偶尔会在弹着点之间出现径向裂纹(Naebe 等,2009)。与传统烧结陶瓷材料相比,这种新型聚合物陶瓷的优点是具有更高的抗损伤能力(Medvedovski,2010)。

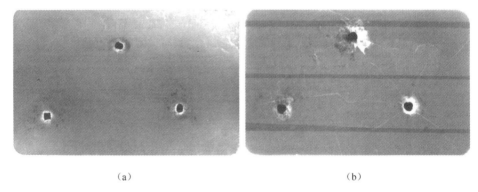

(a) (b)

图 7.23 (a) $B_4C$ 基聚合物陶瓷(203mm×123mm)的 X 射线图片,如图所示有限的周向和径向开裂;(b)同等 AD 和尺寸的整体烧结 $B_4C$ 陶瓷显示出更多的径向和周向开裂

注:(b)中的水平线是由用来固定陶瓷碎片的胶带所产生的 X 射线伪影

一系列验证和优化试验证明了早期的聚合物陶瓷复合材料(陶瓷质量分数为 70%~75%,增强材料质量分数为约 2%)集成在复合装甲(由面板和背板组成)中时,该装甲的弹道极限($V_{50}$)仅为 SiC 陶瓷复合装甲的 15%。图 7.24 显示了不同聚合物陶瓷的 $V_{50}$ 和硬度值。在所研究的材料中,硬度是衡量弹道性能的重要指标,$V_{50}$ 值与测量的硬度值相关。

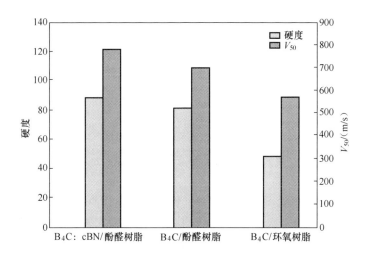

图7.24 各种聚合物陶瓷 $V_{50}$ 与硬度值的关系

## 7.8 透明装甲在车辆平台上的应用

军用车辆的所有车窗,无论是后勤车、侦察车还是前线车辆都存在防弹防爆的需求(图7.25)。然而,在重量、厚度、透明度和防护水平之间往往存在不平衡。然而,对于装甲研发工程师,确保安装在军事平台上的完整解决方案更具挑战性。本书不涉及专有或敏感的工程解决方案,只针对非专业读者,提供一些工程方面的建议。

图7.25 bushmaster的防弹挡风玻璃(具有大尺寸和透明度高的特点)

首先，必须充分认识到夹层防弹玻璃既厚又重。支撑结构需要坚固。平板窗比曲面窗更容易集成到平台中。由于观察窗是由不同物理和化学性质的材料分层压制成的，所以装甲研发工程师需要了解不同界面的情况。研发过程中，需注意不同材料层膨胀系数的差异，对界面进行良好的设计。通常优先使用柔性衬垫，而不是使用专有密封剂，如Sikaflex，因为这些材料会侵蚀聚氨酯黏合剂并导致分层问题。

## 7.9 不透明陶瓷在车辆平台上的应用

1998年，美国陆军意识到发展被动、动能、装甲应用材料设计能力的时机已经到来，在毛伊岛举行的一次会议上，聚集了许多世界专家，许多具有里程碑意义的论文得以呈现和讨论（McCauley等，2002）。其中包括Bill Gooch的一篇论文，在文章中他概述了美国30年来在陶瓷复合装甲应用方面的重大发展（1970—2000）（Gooch，2001）。本书强烈推荐读者阅读此次会议的相关资料。

### 7.9.1 系统变量

陶瓷是一种易碎的材料，一旦发生裂纹，就会扩展到自由表面。因此，陶瓷复合装甲的坚固性至关重要，而坚固的设计是陶瓷复合装甲在长期服役的军事平台上应用的必要条件。陶瓷复合装甲抗多次打击能力是一项有挑战性的工作，需要由最终用户明确定义。装甲技术专家还需要能够用易碎材料进行设计——这与设计传统的抗裂结构不同，在装甲中，断裂韧性和应力强度因素可能起到一定作用。在顶层设计方面，首先要确定是否将陶瓷添加到现有结构中（例如，简单地将陶瓷粘在装甲钢板的前部）或者是否需要一个平衡、优化的陶瓷基装甲系统作为一个独立系统。例如，在过去，美国通过将二硼化钛陶瓷与装甲铝合金复合，为布拉德利装甲运兵车提供装甲（Gooch，2001）。在同一个时代，研究者对hook-and-loop"钩环"结构进行了试验。虽然方法很简单，但它在弹道和功能上都起作用，而且很容易更换陶瓷。

陶瓷作为一种面板材料，其形状非常重要：陶瓷的形状、表面粗糙度和厚度都会影响整体性能。通常采用方形或六边形的小块陶瓷，通过拼接实现完全覆盖，并尽量减少附带损伤。拼砌图案可能会有所不同，典型标准的拼接方式如图7.26所示，采用这种方式节点数量从四点减少到三点。陶瓷砖尺寸是最重要的，多年来的行业准则是陶瓷砖长度应为来袭弹丸弹芯直径的10倍。这本质上是反应了抗弹陶瓷的边缘效应：即陶瓷的性能从边缘到中心到相对边缘的一致性。Hazell等在2008年发表了量化抗弹陶瓷边缘效应的研究结果，针对5.2mm弹药，陶瓷片尺寸需大于50mm(10倍弹芯直径),才可以保证在距离边缘超过约25mm的距离内具有一致的抗弹性能水平。在早期的研究中,James(2001)报道了边缘几何效应(例如,45°斜面)可以显著影响抗弹性能,并且减重高达30%。最关键的是陶瓷砖之间间隙宽度 $x$ 以及夹层材料特性影响靶板的附带损伤,因为任何阻抗失配都会导致界面处产生剪切应力(见第1章)。科学家们尝试使用环氧树脂、聚砜胶黏剂、PVB橡胶和金属填充物,均各有优缺点,但尚未确定一致的解决方案。通常以实际工程考虑为准。参考图7.1,独立式Appliqu装甲系统的弹道性能取决于许多系统变量,主要是陶瓷面板厚度 $t_1$ 与背板厚度 $t_2$ 的比值。这通常可以表示为整个系统面密度的一部分。

$$陶瓷含量(\%) = t_1 \cdot \rho_1 \cdot 100/(t_1 \cdot \rho_1) + (t_2 \cdot \rho_2)$$

式中: $\rho_1$、$\rho_2$ 分别为陶瓷和背板材料的密度。尽管其他因素如制造工艺和材料成本会影响装甲设计,但就弹道性能而言,陶瓷含量在65%~75%之间似乎是最佳的。Hetherington(1995)的早期研究表明,氧化铝/铝合金复合结构的最佳厚度比($t_1/t_2$)为1.5,倾角为30°时变为1.0。James(2001)还指出,这一最佳厚度比随着弹丸速度 $V(m/s)$ 和倾角 $\theta$ 的变化而变化,并提出了一个更有用的求解最佳厚度比的方程。

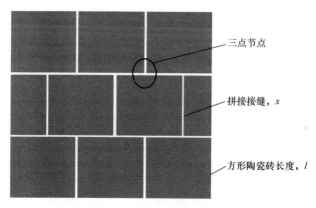

图7.26 方形陶瓷典型拼接示意图

$$t_1/t_2 = V \cdot (90 - \theta)/60000$$

可以通过使用约束技术,来提高陶瓷复合装甲的抗弹性能,例如,在复合结构外施加钢框约束。或者通过在复合结构前放置约束面板,从而使陶瓷固定在约束面板和背板之间。约束面板可以防止穿甲过程中陶瓷碎片的喷溅,保持已粉碎陶瓷的固有抗压强度,从而增加对弹丸的侵蚀时间。然而,这些约束板可能会带来重量方面的问题,因此需研究最佳厚度。

Crouch等(2015a)还指出,放置在陶瓷前面的约束面板可能有利于弹壳的剥离,使弹芯撞击未受损的陶瓷,从而提高抗弹性能。

关于系统变量的最后一个想法是：提高抗多发弹性能的另一个方法是隔离单块陶瓷。例如，球体、圆柱体甚至小块陶瓷都可以嵌入韧性基体中，从而完全限制了附带损伤。正如标准拼接方式那样，通过设计，这样的系统没有连续的陶瓷材料阵列，但其在大倾角条件下，可能是有利的。这些独特系统的专有性质尚未公开。

### 7.9.2 材料变量

如何选择不同等级的陶瓷在很大程度上取决于设计驱动因素、预算和用户需求。陶瓷的硬度决定着复合装甲的抗弹性能：英国团队（由 Bryn James 领导）的最新研究（c.2015）也得出了这一结论，该团队使用先进制造工艺对先进装甲等级进行了研究（Hallam 等，2015）。一般来说，穿透阻力，即抗弹性能随硬度增加而增加（表7.1）。因此，除了少数例外情况（见第7.5.3节），碳化硼的抗弹性能高于碳化硅，碳化硅高于氧化铝。因此，图7.3一般适用。这个规律也适用于各种复相陶瓷，如 $B_4C$-SiC 复相陶瓷：中间成分（在 $B_4C$ 和 SiC 之间）将导致中间硬度值，进而导致弹道性能介于二者之间。当然，成本是重要的权衡因素之一。

图7.27显示了7.62mmAPM2穿透陶瓷复合装甲全过程的X射线图像。穿甲过程中的各个阶段应与图7.4中的早期示意图进行比较。可以参考 Savio 等（2011）和 Sherman（2000）等的论文。装甲研发工程师需要了解这一复杂的穿甲过程以及影响穿甲过程的系统变量，以便为特定车辆选择最合适的陶瓷复合装甲。

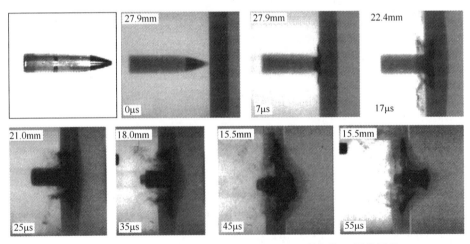

图7.27 弹靶作用不同时间点7.62mm APM2弹丸的X射线图像
（注意弹芯长度变化，以及大部分侵蚀发生的位置）

下面将讨论表面粗糙度、表面纹理和表面几何形状对抗弹性能的影响。虽然这些更像是几何效应,与单元材料无关,但读者应该了解 Shukla 的研究工作(Shukla 等,2003)以及各种专利资料,如 Roger Medwell 的专利(2008)。图 7.28 中给出了一些可能的表面几何结构,虽然最初的原理非常吸引人和发人深省,但表面粗糙度对抗弹性能的影响仍在很大程度上缺乏研究。当然,得益于 3D 打印技术,现在可以制造更有趣和更高效的表面几何形状。

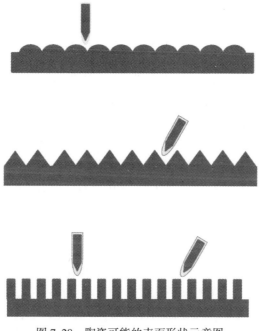

图 7.28 陶瓷可能的表面形状示意图

## 7.10 不透明陶瓷在防弹衣系统中的应用

### 7.10.1 历史背景

在最近的一篇评论(Crouch,2010b)中,基于 10 年来防弹衣系统设计和市场替代品评估,Crouch 概述了基于抗弹陶瓷的不同防护等级的 HAPS 的历史演变。从 20 世纪 70 年代的氧化铝复合板到 2000 年精密、优化设计的碳化硼复合板,过去 40 年来,HAP 面密度降低的总体趋势十分明显。在 2000 年左右,由于当时的作战冲突,威胁等级不断提高,与之相匹配的防护产品实际重量急剧增加。然而,在 2009 年,美国国防部评估了 ESAPI 板与 XSAPI 板,由于 XSAPI 板必须进一步增加重量,美国国会推迟了XSAPI板的装备。即使只额外增加0.5磅,对于一个已经负担过重的步兵来说也不堪重负。

在2010年2月公布这些数据时,Crouch预测大多数研发应集中在减轻复合板的重量上。冲突的性质正在改变,徒步的士兵需要更加灵活。防弹衣系统的总重量终于降下来了!

### 7.10.2 设计准则

在设计陶瓷硬质护板(图7.29)时,用户提出的具体要求决定着产品最终重量,尤其是以下关键要求:
(1) 抗多发弹次数。
(2) 弹着点之间的最小间距。
(3) 射击模式,现在由军方客户决定。
(4) 边缘性能:离边缘有多近可以保证"完全防护"?
(5) 环境适应性试验,模拟服役环境的"最差"条件。

其中最重要的是产品抗多发弹次数,这决定着是否需要增加产品的必要重量。2000年,随着新的军事要求,抗多发弹次数继续上升。制造商们吹嘘他们的产品能防护多少发子弹!他们没有考虑给这些系统增加了多少重量!相反,人们认识到通过简单地减少抗多发弹次数实际上可能减少产品的重量。2009年,John Caligari中将在访问ADA时,对承受多次打击的HAP提出了质疑,因为当时战场上大多数事件只涉及一次或最多两次攻击。

下面描述影响重量和弹道性能的主要设计特点。其中,正确选择产品的单元材料是最重要的。

### 7.10.3 材料选择

Crouch(2009)首先报道了陶瓷硬质装甲板每种单元材料的选材原则,依次介绍了每种单元材料。

#### 7.10.3.1 迎弹面材料

目前,迎弹面材料已经使用了从高硬度钢(HHS)到玻璃陶瓷等各种硬质表面材料。选择迎弹面材料通常基于成本,受可用性影响,并由规定的抗弹性能要求决定。HHS部件很重,加工制造简单,而且成本低,同时它们也很薄(重量相同),因此对低端市场很有吸引力。另一方面,大多数陶瓷都很昂贵,但抗弹性能很好。需要详细研究和计算陶瓷厚度以及陶瓷/背板厚度比。使用了式(7.1)和式(7.2),

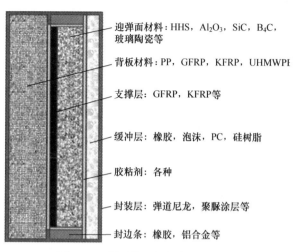

图 7.29 硬质装甲板的截面示意图

以及如图 7.30 所示的基本信息(Crouch 等,2015a)。一些相关反弹道试验数据清楚地表明,弹芯开始变形或侵蚀所需的陶瓷最小厚度为 3mm。

装甲研发工程师已经选择使用小块陶瓷用于军事平台,来减少附带损伤,从而提高抗多发弹性能。由于陶瓷之间存在拼接缝,无法保证整个产品弹道性能水平一致,而且生产中的质量要求非常高,不利于这种方法的推广。当前大多数 HAP 是双曲面,或者多曲面,这给陶瓷拼接设计带来了更多的挑战。

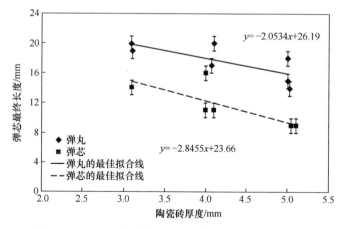

图 7.30 使用 AK47 弹丸(钢制被甲和无钢制被甲)对不同厚度的碳化硼陶瓷
进行了反向弹道试验。低碳钢芯的初始长度为 20mm

#### 7.10.3.2 背板材料

理想情况下,背板材料需要尽可能坚硬,因此金属基系统是有吸引力的。但是,它们不易成型。因此,纤维增强复合材料是很好的选择。在功能上,背板材料还需要能高效抵御钝头弹,因为陶瓷面板会使任何子弹的弹芯变钝。正如在第5章和第6章中所提到的,FRP 非常擅长以这种方式吸收能量;因此,纤维增强聚合物层压板是理想的背板材料。一般来说对 FSP 具有最高弹道效率的背板材料最有效。目前超高分子量聚乙烯纤维是很好的选择,这就是为什么许多 HAP 都是迪尼玛产品制造的。但是它们价格高昂,因此许多装甲中仍然在使用芳纶增强纤维复合材料,甚至玻璃纤维增强热固性材料。

#### 7.10.3.3 基板支撑

参考图7.29,一些制造商在陶瓷后使用刚性层(如 CFRP),试图为陶瓷提供更多的支撑,增加驻留时间,从而提高性能。然而值得注意的是,目前尚无法客观地评估这种方法。另一方面,研究发现在陶瓷前后表面进行包覆是提高抗弹性能的有效手段。Crouch 报道了这种包覆层的优点(Crouch,2014)(图7.31)。使用 BFS 测量三次打击中每一次的弹道阻力,评估了许多不同的纤维增强聚合物包覆层对抗弹性能的影响。每轮 BFS 的增加对于所有系统来说都是显而易见的。然而,事实证明,使用芳纶纤维增强环氧树脂在提高抗多发弹性能方面是最有利的。在另一项研究中,Jaitle(2013)提出通过对包覆层施加张力,这些益处可能会进一步得到增强。在早期的研究中,Sarva 等(2007)和 Nunn 等(2008)通过聚合物层对陶瓷板进行包覆,发现抗单次打击的效率有所提高。这些影响因素的机理研究仍在进行中(Crouch 等,2015a)。

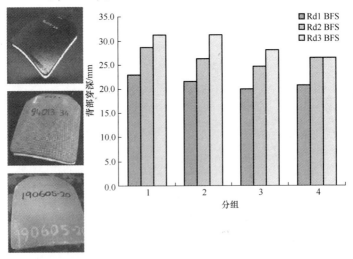

图7.31 使用三种不同的包覆层材料制造的 HAP 承受三次打击背部穿深情况

### 7.10.3.4 其他要素

适用于其他元件(盖板、封边条和缓冲装置)的最合适材料受除弹道性能之外的因素、总体要求、坚固性以及环保性的工程要求控制。例如,封边条用于保护最终产品不受边缘和侧面冲击,通常在军事需求声明中有明确要求。

### 7.10.4 工艺方法

需要选择合适的工艺方法将陶瓷与背板材料黏合在一起,并且要为产品提供合适的表面处理以避免磨损。由于这两种方法都涉及资本投资,因此决策通常在公司层面进行。表7.7比较了两种方法:高压釜/液压釜或压塑,并列出了各自的优缺点。总之,由于更高的压实压力(见第5章),采用压塑工艺可能会略微提高产品的性能,但从保证质量的角度来看,采用高压釜或液压釜优势明显,因为使用标准直径为1.5 m的高压釜,一次最多可生产200个HAP,只需一个加工步骤(图7.32)。对于高性能的HAP,最基本的要求是背板要与陶瓷紧密黏合,并且黏合间隙尽可能小,最好小于0.5mm。强烈建议使用坚硬的热塑性黏合剂。

表7.7 HAP不同制造方法的比较

| | HAP 制造方法 | |
|---|---|---|
| | 高压釜/液压釜 | 压塑法 |
| 优点 | ·背衬像手套一样合适,可以为陶瓷提供足够的支撑<br>·采用真空包装技术,只需一个加工步骤<br>·施加静水压力,不会造成陶瓷破裂的危险 | ·使施加的压力最大化,并利用任何可能增加的弹道性能<br>·生产步骤灵活 |
| 缺点 | ·压力最大值有限<br>·轻微降低了背衬材料的弹道性能<br>·仅单轴压力 | ·仅单轴压力<br>·每个HAP需单独粘合<br>·装配不良<br>·存在瓷砖(薄)破裂的可能性 |

### 7.10.5 弹道性能

#### 7.10.5.1 $V_{50}$ 测试

弹道相关测试方法在本书第11章中有介绍。然而,陶瓷复合装甲的弹道试验在试验方法和数据分析等方面很容易产生错误,因此,在本节专门进行阐述。作为

图 7.32　ADA 的 HAP 生产设备(约 2009 年)

一个单独的装甲部件,陶瓷硬质装甲板可以通过多种不同的方式进行弹道测试。在产品开发和首件产品的最终验证过程中,针对规定的威胁,测试非常简单:HAP 与软装甲插件(如有规定)结合可进行验证测试。然而,作为 HAP 产品检查的一部分,为了质量保证的目的,应该采用什么方法?直到 20 世纪中期,防弹衣行业通用的标准是评估标准尺寸(如 400$mm^2$)的一组具有代表性的 HAP 和标准 SAI 的 $V_{50}$。然而,整个防弹衣系统包含多种单元材料,$V_{50}$ 结果会有很大的标准偏差。为了减少变量,HAP 可以作为独立的项目进行测试,$V_{50}$ 试验中每块靶板最多遭受 4 发弹丸射击。在实际试验过程中,Crouch 发现 $V_{50}$ 与初始速度有关(图 7.33)。

大量 $V_{50}$ 试验是在不同情况下以不同初始速度进行的。从工程角度来看,这是不妥的:任何测量都需要独立于测试方法。还可以采用另一种方法,举例说明,使用标准设计模式,逐发测试一组 12 个 HAP。简单的方法是测试 12 个 HAP 中的每一块靶板,所有的"第一发子弹"都射击全新靶板。然后,在 12 块靶板上继续进行"第二轮"测试,独立地确定第二轮的 $V_{50}$ 值。在这种情况下,可以为所有第一轮射击和随后的射击确定 $V_{50}$ 值,Crouch(2009、2014)在报告中提到的,如图 7.34 所示。这种方法不仅提供了更精确的 $V_{50}$ 值,减少了标准偏差,而且还记录了靶板每次受弹后抗弹性能的下降程度。

如图 7.34 所示,随着每次受弹,靶板弹道性能降低,这表明开裂存在确实降低了 HAP 的平均穿透阻力。HAP 中出现开裂是不可避免的,但并不像最初想象的那样令人担忧。荷兰(Broos 和 Gunters,2007)和英国(Watson 等,2007)都对这种

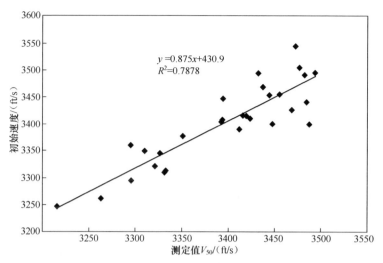

图 7.33 一系列 HAPS 的 $V_{50}$ 测定值与初始速度之间的关系

弹道性能下降进行了研究：Watson 等(2007)实际报道了"开裂"板 $V_{50}$ 值下降了 4%~10%。最近,Crouch(2012)指出,$V_{50}$ 值下降幅度高达 9%,这取决于 POI 与预先存在的裂纹之间的距离(图 7.35)。关于开裂靶板最后要强调的是:这不是一个非常严重的问题。

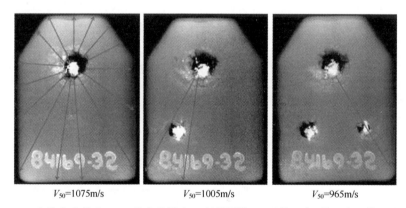

图 7.34　三次撞击中单个 HAP 的高分辨率 X 射线图像,以及第一次、第二次和第三次撞击的 $V_{50}$ 值(Crouch,2009)

蓝线强调了径向裂纹和第二次、第三次撞击相对于附近径向裂纹的位置。

根据定义,抗多次打击 HAP 是用于防护多发弹的打击。所有证据均表明,在第一次受弹后,靶板产生许多径向和周向裂纹。因此,承受第二次和随后弹丸打击的靶板在受弹前已含有损伤,但受损靶板仍然具有抵抗穿透的能力。如图 7.34 所示,一

系列第三次打击的 $V_{50}$ 远远超过标准 7.62mm APM 子弹的炮口速度。因此,未使用的抗多发弹靶板中(图 7.34)存在裂纹,预计不会提供低于全水平的保护。

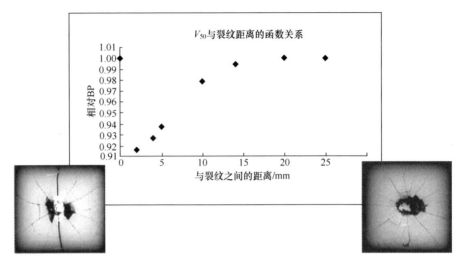

图 7.35　HAP 试样的相对弹道性能与预裂纹距离的关系

#### 7.10.5.2　边缘性能

对于任何独立的装甲系统,无论是一块铝装甲板、夹层装甲玻璃,甚至是一件软装甲背心(如第 6 章所述),该产品边缘的弹道性能都会稍低。硬装甲板也是如此。

Crouch 团队(Sandlin 和 Crouch,2010)发现,HAPS 的弹道性能也受支撑软装甲嵌件的尺寸控制,特别是,靶板边缘和柔软背心边缘之间的重叠长度(OL)(图 7.36)。

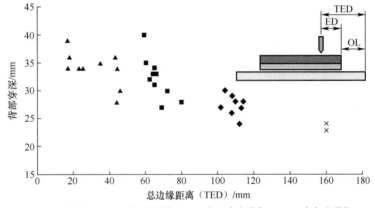

图 7.36　BFS 值与标准 7.62mm APM2 弹撞击靶板总边缘距离(TED)的关系

这一趋势在所有类型的靶板上都很明显,但当试图通过优化 HAP 的弹道性能和减小 SAI 的尺寸来降低整体重量时,重量较轻的防弹衣系统变得非常具有挑战性。

### 7.10.6 成本

关于成本,硬质装甲板的重量不仅会随着威胁等级的增加而增加,一般来说,最终产品的成本也会增加,因为这需要使用更多的材料(例如,较厚的陶瓷面板)。图 7.37 是一些商业 HAP 的面密度散点图,它是以澳元表示的估计销售成本的函数(c.2015)。

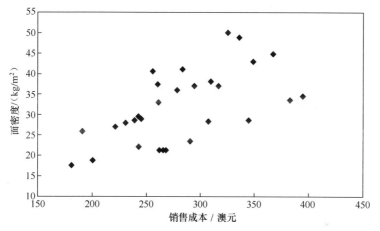

图 7.37 一系列 HAPS 的面密度与预估销售成本之间的关系

例如,最终成本将受到所需抗打击次数的影响。一般来说,抗多次打击靶板更昂贵。提高边缘性能和/或减小炮孔间距也可能间接增加额外成本。因此,建议根据可能的成本进行详细规范。

本章相关彩图,请扫码查看

## 参考文献

Aghajanian, M.K., et al., 2001. A new family of reaction bonded ceramics for armor applications.

In: Paper Presented at the Pac Rim IV, Maui, Hawaii, November 2001.

Allain, S., Chateau, J. P., Dahmounb, D., Bouaziz, O., 2004. Modeling of mechanical twinning in a high manganese content austenitic steel. Materials Science and Engineering A387–389, 272–276.

Anderson, C. E., et al., 2014. Investigation of impact performance of transparent armor. In: Paper Presented at the 28th International Symposium on Ballistics, Atlanta, GA, September 2014.

Anon, 2015a. Australian Defence Force Photo Library.

Anon, 2015b. Ceramic Properties Standard. CoorsTek. www.coorstek.com.

Arias, A., Zaera, R., Lopez-Puente, J., Navarro, C., 2003. Composite Structures 61, 151.

Asenov, S., Lakov, L., Toncheva, K., 2013. Promising ceramic materials for ballistic protection. Journal of Chemical Technology and Metallurgy 48 (2), 190–195.

Bar-Ziv, S., et al., 2012. In: U. P. Office (Ed.), US 8 110 165 B2, Process for Manufacturing High Density Boron Carbide. Rafael - Armament Development, Haifa, Israel.

Bolduc, M., et al., 2014. Towards better personal ballistic protection. In: Paper Presented at the Personal Armour Systems Symposium, Cambridge, UK, September 2014.

Bourne, N., Rosenberg, Z., Crouch, I. G., Field, J. E., 1994. The effect of microstructural variations upon the dynamic compressive and tensile strengths of aluminas. Proceedings of the Royal Society of London A 446, 309–318.

Bourne, N., Millet, J., Pickup, I., 1997. Delayed failure in shocked silicon carbide. Journal of Applied Physics 81 (9), 6019–6023.

Broos, J. P. F., Gunters, R., 2007. Study of the ballistic performance of monolithic ceramic plates. In: Paper Presented at the 23rd International Symposium on Ballistics, Tarragona, Spain, April 2007.

Campbell, J., et al., 2008. New low-cost manufacturing methods to produce SiC for lightweight armor systems. In: Paper Presented at the 26th Army Science Conference Orlando, FL, December 2008.

Carter, S., Ponton, C. B., Rawlings, R. D., Rogers, P. S., 1988. Microstructure, chemistry, elastic properties and internal-friction of Silceram glass-ceramics. Journal of Materials Science 23 (1988), 2622–2630.

Chen, M., McCauley, J. W., Hemker, K. J., 2003. Shock induced localized amorphization in boron carbide. Science 299 (5612), 1563–1566.

Chhillar, P., et al., 2008. The effect of Si content on the properties of B4C-SiC-Si composites. Advances in Ceramic Armor III, Ceramic Engineering and Science Proceedings 20 (5), 161–167.

Cline, C. F., Wilkins, M. L., 1969. The Importance of Material Properties in Ceramic Armor. DCCIC Report, Part 1 (Ceramic Armor), pp. 13–18.

Colombo, P., Zordan, F., Medvedovski, E., 2006. Advances in Applied Ceramics 105, 78. Coppola, A., 1978. US Patent 4124667.

Crouch, I. G., Klintworth, W., 2003. Cost-effective lightweight armour systems. In: Paper Presented at the Land Warfare Conference, Adelaide, Australia, October 2003.

Crouch, I. G., Appleby-Thomas, G., Hazell, P., 2015a. A study of the penetration behaviour of mild-steel-cored ammunition against boron carbide ceramic armours. International Journal of Impact Engineering 80, 203–211.

Crouch, I. G., Kesharaju, M., Nagarajah, R., 2015b. Characterisation, significance and detection of defects in Reaction Sintered Silicon Carbide armour materials. Ceramics International 41, 11581–11591.

Crouch, I. G., Sandlin, J., Thomas, S., Seeber, A., 2016. Material Science behind the development of a new, shapeable, boron carbide, armour material. In: Paper Presented at the 29$^{th}$ International Symposium on Ballistics, Edinburgh, May 2016.

Crouch, I. G., 2005. Private Communication.

Crouch, I. G., 2009. Threat-defeating mechanisms in body armour systems. In: Paper Presented at the Next Generation Bosy Armour Conference, London, UK, September 2009.

Crouch, I. G., 2010a. A Comparative Study of Ceramic Coating Techniques, as a Means of Conferring Multi-hit Resistance on SAPI Ballistic Plates. Internal DMTC Report, May 2010.

Crouch, I. G., 2010b. Recent trends in personnel survivability. In: Paper Presented at the DMTC Annual Conference, Melbourne, Australia, February 2010.

Crouch, I. G., 2012. Advanced body armour systems. In: Paper Presented at the DMTC Annual Conference, Melbourne, Australia, March 2012.

Crouch, I. G., 2014. Effects of cladding ceramic and its influence on ballistic performance. In: Paper Presented at the International Symposium on Ballistics, Atlanta, GA, USA, September 2014.

Domnich, V., et al., 2011. Boron carbide: structure, properties andstability under stress. Journal of the American Ceramic Society 94 (11), 3605–3628.

DuPont, 2015. www.sentryglas.com.

Field, J. E., Townsend, D., Sun, Q., 1988. High speed photographic studies of the ballistic impact of ceramics. Proceedings of SPIE 1988 (1032), 672–679.

Field, J. E., Walley, S. M., Proud, W. G., Goldrein, H. T., Siviour, C. R., 2004. Review of experimental techniques for high rate deformation and shock studies. International Journal of Impact Engineering 30 (7), 725–775. http://dx.doi.org/10.1016/j.ijimpeng.2004.03.005.

Forde, L. C., et al., 2009. Ballistic impact studies of a borosilicate glass. International Journal of Impact Engineering 2009, 1–11.

Forrest, M., Li, Y., Sandlin, J., 2007. Lightweight Composite Armour for Personnel Protection. Stage 3 Report: Final Technology Review.

Franks, L., 2010. Transparent Materials for Armor - A Cost Study. US Army RDECOM 20473RC, January 2010.

Fukuyama, H., Nakao, W., Susa, M., Nagata, K., 1999. New synthetic method of forming aluminum oxynitride by plasma arc melting. Journal of the American Ceramic Society 82 (6), 1381–1387.

Goldstein, A., Goldenberg, A., Yeshurun, Y., Hefetz, M., 2008. Transparent $MgAl_2O_4$ spinel from a powder prepared by flame spray pyrolysis. Journal of the American Ceramic Society 91 (12), 4141–4144.

Goldstein, A., Goldenberg, A., Hefetz, M., 2009. Transparent polycrystalline $MgAl_2O_4$ spinel with submicron grains, by low temperature sintering. Journal of the Ceramic Society of Japan 117 (1371), 1281–1283.

Goldstein, A., 2012. Correlation between $MgAl_2O_4$-spinel structure, processing factors and functional properties of transparent parts (progress review). Journal of the European Ceramic Society 32, 2869–2886.

Gooch, W. A., Burkins, M. S., 2002. Dynamic X-ray imaging of tungsten carbide projectiles penetrating boron carbid. In: Paper Presented at the 13th Annual Ground Vehicle Survivability Symposium, Monterey, CA, USA, April 2002.

Gooch, W. A., 2001. An overview of ceramic armor applications. In: Paper Presented at the PacRim IV International Conference on Advanced Ceramics and Glasses, Wailea, Maiu, Hawaii, November 2001.

Grujicic, M., Bell, W. C., Pandurangan, B., 2012. Design and material selection guidelines and strategies for transparent armor systems. Materials and Design 34, 808–819.

Hallam, D., Heaton, A., James, B., Smith, P., Yeomans, J., 2015. The correlation of indentation behaviour with ballistic performance for spark plasma sintered armour ceramics. Journal of the European Ceramic Society 35 (2015), 2243–2252.

Harris, D. C., May 2004. A century of sapphire crystal growth. In: Paper Presented at the Proceedings of the 10th DoD Electromagnetic Windows Symposium, Norfolk, Virginia.

Hazell, P. J., Roberson, C. J., Moutinho, M., 2008. The design of mosaic armour: the influence of tile size on ballistic performance. Materials and Design 29 (2008), 1497–1503.

Hetherington, J. G., 1995. Two component composite armours. In: Paper Presented at the Light Armour Systems Symposium (LASS), Shrivenham, UK.

Horsfall, I., 2001. Glass ceramic armour systems for light armour applications. In: Paper Presented at the 19th International Symposium on Ballistics, Interlaken, Switzerland, May 2001.

Jaitlee, R., 2013. Physical Protection: Inter-dependence between Hard and Soft Armours (Ph. D). RMIT University, Australia.

James, B. J., 1995. The influence of the material properties of alumina on ballistic performance. In: Paper Presented at the 15th International Symposium on Ballistics, Jerusalem, May 1995.

James, B. J., 2001. Practical issues in ceramic amrour design. In: Paper Presented at the PacRim IV International Conference on Advanced Ceramics and Glasses, November 2001, Wailea, Maui, Hawaii.

Johnson, R., Biswas, P., Ramavath, P., Kumar, R. S., Padmanabham, G., 2012. Transparent polycrystalline ceramics: an overview. Transactions of the Indian Ceramic Society 71 (2), 73–85.

Jones, C. D., et al., March 2006a. Large-area sapphire for transparent armor. American Ceramic Society Bulletin 83 (3), 24–28.

Jones, C. D., Rioux, J. B., Locher, J. W., Bates, H. E., Zanella, S. A., Pluen, V., Mandeiartz, M., 2006b. Large-area sapphire for transparent armor. American Ceramic Society Bulletin 85 (3).

Jones, R. W., 1987. Patent application, PCT/GB87/00801, " Armour Materials ", dated November 1987.

Karandikar, P., et al., 2010. Optimization of reaction bonded B4C for personnel armor. In: Paper Presented at the Personal Armour Systems Symposium, Quebec, Canada, September 2010.

Karthikeyan, K., Russell, B. P., Fleck, N. A., Wadley, H. N. G., Deshpande, V. S., 2013. The effect of shear strength on the ballistic response of laminated composite plates. European Journal of Mechanics A/Solids 42 (2013), 35-53.

Kim, M. -S., Shin, H. -S., Lee, H. -C., 2003. The effects of back plate materials on the perfect cone formation in impact-loaded soda-lime glass. International Journal of Impact Engineering 28 (2003), 281-290.

Klement, R., Rolc, S., Mikulikova, R., Krestan, J., 2008. Transparent armour materials. Journal of the European Ceramic Society 28, 1091-1095.

Krell, A., Strassburger, E., 2008. Hierarchy of key influences on the ballistic strength of opaque and transparent armor. Ceramic Engineering and Science Proceedings 20 (5), 45-55.

Krell, A., Hutzler, T., Klimke, J., 2009a. Transmission physics and consequences for materials selection, manufacturing, and applications. Journal of the European Ceramic Society 29, 207-221.

Krell, A., Klimke, J., Hutzler, T., 2009b. Advanced spinel and sub-mm $Al_2O_3$ for transparent armour applications. Journal of the European Ceramic Society 29, 275-281.

Kuraray, 2014. Kuraray Europe GmbH.

Lange, F. F., 1989. Powder processing science and technology for increased reliability. Journal of the American Ceramic Society 72 (1), 3-15.

LeGallic, C., et al., 1996. A consideration of damage in the interaction between tungsten rod penetrators and ceramic materials. In: Paper Presented at the International Symposium on Ballistics, San Francisco, CA, September 1996.

Leo, S., Tallon, C., Stone, N., Franks, G. V., 2014. Near-net-shaping methods for ceramic elements of (body) armor systems. Journal of the American Ceramic Society 97 (10), 3013-3033.

Madhu, V., et al., 2005. An experimental study of penetration resistance of ceramic armour subjected to projectile impact. International Journal of Impact Engineering 32 (1-4), 337-350.

Martin, et al., 2010. US patent 7685922, 30 March, 2010.

McCauley, J. W., Corbin, N. D., 1979. Phase-relations and reaction sintering of transparent cubic aluminum oxynitride spinel (ALON). Journal of the American Ceramic Society 62 (9-10), 476-479.

McCauley, J. W., Crowson, A., Gooch, W. A., Rajendran, A. M., Bless, S. J., Logan, K. V.,

Normandia, M., Wax, S. (Eds.), 2002. Ceramic Armor Materials by Design, from Proceedings of the PacRim IV Conference on Advanced Ceramics and Glasses, November 2001, The American Ceramic Society, Maui, Hawaii Ohio.

McCauley, J. W., Patel, P., Chen, M., Gilde, G., Strassburger, E., Paliwal, B., Dandekar, D. P., 2009. ALON: a brief history of its emergence and evolution. Journal of the European Ceramic Society 29, 223–236.

McCauley, J. W., 1978. A simple model for aluminum oxynitride spinels. Journal of the American Ceramic Society 61 (7–8), 372–373.

Medvedovski, E., 2006a. Advances in Applied Ceramics 105, 241.

Medvedovski, E., 2006b. Lightweight ceramic composite armour systems. Advances in Applied Ceramics 105 (5), 241–245.

Medvedovski, E., 2010. Ceramics International 36, 2103.

Medwell, R. T., 2008. EP 1 878 993 A2 Ceramic or Metal Tile Armour. European Patent Office.

Mitchell, P. W., 1972. Chemical method for preparing $MgAl_2O_4$ spinnel. Journal of the American Ceramic Society 55 (9), 484.

Murray, P., 2011. Low Temperature Synthesis of Boron Carbide Using a Polymer Precursor Powder Route (M. Sc. thesis). University of Birmongham, UK.

Naebe, M., Sandlin, J., Crouch, I., 2009. Next Generation Armour Technologies. Program Technical Report.

Naebe, M., Sandlin, J., Crouch, I. G., Fox, B., 2011. Novel lightweight polymer ceramic composites for ballistic protection. In: Paper Presented at the ICCS 16, Porto, Portugal, 2011.

Naebe, M., Sandlin, J., Crouch, I., Fox, B., 2013. Polymer Composites 180.

Najim, F., Tawfique, H., Abbud, L., 2007. Behaviour forms of glass and other transparent material targets under high speed impact loading. Mecanica Experimental 14 (2007), 99–104.

Nunn, S., et al., 2008. Improved ballistic performance by usingpolymer matrix composite facing on boron carbide armor tiles. In: Paper Presented at the 29th International Conference on Advanced Ceramics and Composites, Ceramic Engineering and Science Proceedings, Volume 26, Number 7, pp. 287–292, Cocoa Beach, Florida.

Paris, V., et al., 2010. The spall strength of silicon carbide and boron carbide ceramics processed by Spark Plasma Sintering. International Journal of Impact Engineering 37 (2010), 1092–1099.

Patel, P. J., Gilde, G. A., 2002. Transparent armor materials: needs and requirements. Ceramic Transactions 134, 573–586.

Patel, P. J., et al., 2000. Transparent armor. AMPTIAC Newsletter 4 (3). Fall 2000.

Patel, P. J., Gilde, G., McCauley, J. W., 2003. The role of gas pressure in transient liquid phase sintering of aluminum oxynitride (AlON). Ceramic Engineering and Science Proceedings 24 (3), 425–431.

Patel, P. J., Hsieh, A. J., Gilde, G. A., 2006. Improved Low-cost Multi-hit Transparent Armor. ARL Technical Report, ADM002075, November 2006.

Ping, L. R., Azad, A. M., Dung, T. W., 2001. Magnesium aluminate ($MgAl_2O_4$) spinel produced via self-heat-sustained (SHS) technique. Materials Research Bulletin 36 (7–8), 1417–1430.

Popov, E., Ruys, A., Crouch, I. G., 2007. Quality of reaction sintered silicon carbide products.

In: MCC Technical Memorandum, October 2007.

Volger, T. J., Reinhart, W. D., Chhabildas, L. C., 2004. Dynamic behaviour of boron carbide. Journal of Applied Physics 95 (8), 4173-4183.

Wang, S. F., Zhang, J., Luo, D. W., Gua, F., Tang, D. Y., Dong, Z. L., Kong, L. B., 2013. Transparent ceramics: processing, materials and applications. Progress in Solid State Chemistry 41, 20-54.

Watson, C., et al., 2007. The effect of cracks on the ballistic performance of controlled protective body armour plates. In: Paper Presented at the 23rd International Symposium on Ballistics, Tarragona, Spain, April 2007.

Wiley, C. S., 2011. Synergistic Methods for the Production of High Strength and Low-cost Boron Carbide (Ph. D.). Georgia Institute of Technology.

Wilkins, M. L., Cline, C. F., Honodel, C. A., 1969. UCRL report#50694. In: 4th Progress Report of Light Armor Program. Lawrence Livermore Laboratory, UCLA.

Wilkins, M. L., 1978. Mechanics of penetration and perforation. International Journal of Engineering Science 16, 793e808. Special Edition (Penetration Mechanics).

Woodward, R. L., O'Donnell, R. G., Baxter, B. J., Nicol, B., Pattie, S. D., 1989. Energy absorption in the failure of ceramic composite armours. Materials Forum 13, 174-181.

Yamaguchi, G., Yanagida, H., 1959. Study on the reductive spinelda new spinel formula $AlN\text{-}Al_2O_3$ instead of the previous one $Al_3O_4$. Bulletin of the Chemical Society of Japan 32 (11), 1264-1265.

Zhang, X. F., Li, Y. C., 2010. On the comparison of the ballistic performance of 10% zirconia toughened alumina and 95% alumina ceramic targets. Materials and Design 31 (4), 1945-1952.

Zhang, J., et al., January 2015. Properties of silicon carbide ceramics from gel-casting and pressureless sintering. Materials and Design 65, 12-16.

Zientara, D., Bucko, M. M., Lis, J., 2007. ALON-based materials prepared by SHS technique. Journal of the European Ceramic Society 27 (2-3), 775-779.

# 第8章
# 解析方法和数学模型

S. 里安(S. Ryan)
澳大利亚维多利亚州渔人湾国防科技集团

## 8.1 引言

评价弹丸或破片对装甲侵彻效应的预测方法可用于支撑试验设计、不同装甲解决方案初步对比研究、攻击环境下装甲平台易损性评估等。尽管有不少数值模拟程序能对侵彻问题给出足够精确的定量解,但数值方法耗时耗财,受分析人员主观性影响明显,且强烈依赖于先前试验数据。而且,数值方法不适用于易损性评估模型,其一般需要内置解析算法或者列表形式的解。解析模型能提供最严格的精确解并能增加对装甲侵彻过程以及相关破坏机制的理解,而这些是数值方法无法实现的。正如 Walker 所评论的那样:若对装甲系统进行充分完整的评估,解析模型、数值方法和试验研究缺一不可(Walker 等,2013)。

关于侵彻解析模型的文献很多,其中也包括一些全面系统的综述性文献(Backman 和 Goldsmith, 1978;Ben-Dor 等, 2013;Teland, 1999)。任何专著无法在一章内容中囊括所有相关研究工作,因此我们在此介绍一些关键模型,以及那些由澳大利亚国防科技集团(DST Group)开发或要求采用的模型。

## 8.2 半无限金属靶侵彻解析模型

当靶厚度和横向膨胀效应使自由边界对侵彻过程结果不受影响时,可视为半无限厚靶。当不考虑自由面边界效应且侵彻弹丸为轴对称时,半无限厚靶的侵彻过程可以简化为一维问题。

### 8.2.1 流体动力学射流侵彻

1948年,Birkhoff等假定冲击压力足够高材料表现为流体动力学行为(即类似于流体),从而采用流体动力学理论建立了射流对半无限厚靶侵彻深度方程。通过定义固定在弹-靶接触面上的动坐标系(图8.1),并假定瞬时达到稳定态,可采用伯努利理论确定流动变量(即与弹丸运动相关变量)。

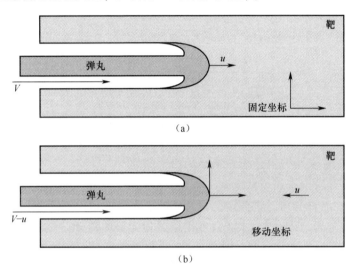

图 8.1 理想射流侵彻
(a)静坐标系;(b)动坐标系,定义驻点在弹-靶接触处。

对不可压缩流体,弹的驻点压力由下式计算:

$$p_s = \frac{1}{2}\rho_p (V - u)^2 \tag{8.1}$$

式中:$p_s$ 为驻点压力(Pa);$\rho_p$ 为弹丸密度(kg/m³);$V$ 和 $u$ 分别为弹丸和弹-靶接触面速度(m/s)。

类似地,对靶而言:

$$p_s = \frac{1}{2}\rho_t u^2 \tag{8.2}$$

式中:$\rho_t$ 为靶材料的密度(kg/m³)。

利用式(8.1)和式(8.2),接触面的速度 $u$ 可通过下式确定:

$$\frac{u}{V-u} = \sqrt{\frac{\rho_p}{\rho_t}} \tag{8.3}$$

或

$$u = \frac{V}{1 + (\rho_t/\rho_p)^2} \tag{8.4}$$

如果假定侵彻过程从弹丸的前端面与靶接触开始,到弹尾部到达弹-靶接触面结束,则撞击持续时间 $t$ 由下式确定:

$$t = \frac{L}{V - u} \tag{8.5}$$

式中:$L$ 为弹的长度(m)。

根据流体动力学假设,侵彻深度 $P_\infty$ 可简化为弹-靶接触面时间 $t$ 内在靶内的移动距离:

$$P_\infty = ut = L\left(\frac{u}{V - u}\right) = L\sqrt{\frac{\rho_p}{\rho_t}} \tag{8.6}$$

式(8.6)的一个值得注意之处是其侵彻深度取决于弹丸长度和密度而与速度无关,因此,流体动力学方法一般给出半无限厚靶理论上限侵彻深度,尽管试验结果(Hohler 和 Stilp,1977)认为这一结论值得商榷。

Birkhoff 等理论采用了两个基本假定:流体动力学流动假定,以及弹-靶接触面稳定态的瞬时性和可延性假定。只有当撞击所产生的压力量级上比材料强度高时,流体动力学理论才有效,才能假定侵彻过程为流体流动。然而,即便对这样的侵彻过程,在其后阶段由于压力明显下降,材料强度仍对损伤扩展起重要影响。当考虑起始瞬时冲击阶段(发生在侵彻初始并会导致非常高冲击压力的阶段)时,弹-靶接触面稳定态瞬时性假定也不成立,由于该阶段持续时间非常短,因此在解析模型中往往被忽略。

### 8.2.2 "4 阶段"侵彻模型

通用汽车国防研究实验室开展了系列杆撞击铝靶的试验研究,结果表明,在弹质量相同时,弹坑深度随撞击速度和弹的长径比而增加(Christman 等,1964),而且,对所有长细比($L/D$)的弹而言,弹速 5km/s 的弹坑深度试验值均超过 Birkhoff 等理论的预测值。为证明这一偏差,Christman 和 Gehring 提出了高速侵彻模型,该模型侵彻过程如图 8.2 所示的 4 个阶段:瞬态阶段、第一侵彻阶段、第二侵彻阶段(成穴阶段)和恢复阶段。

侵彻过程的第一阶段(瞬态阶段)持续几微秒时间,经历弹-靶接触界面冲击波的产生和消失。第一侵彻阶段(稳定态侵彻阶段)中,由于压力传播滞后于冲击波阵面,弹-靶接触面速度保持恒定。在该阶段,随侵彻进行弹丸会发生磨蚀,因此对长杆弹而言,该阶段持续时间相对较长且占据总体侵彻深度的大部分;而对低

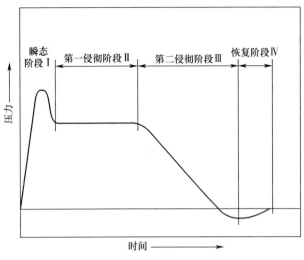

图 8.2 4-阶段侵彻模型

长径比弹(比如薄碟状弹丸)而言,该阶段持续时间较短且对总体侵彻深度贡献较少。第二侵彻阶段(成穴阶段)开始于弹丸已经完全变形或者已经从弹-靶系统中脱离而不再为其提供能量来源(Christman 和 Gehring, 1966),在该阶段,仍然膨胀的冲击波驱动弹坑增长,直至波的强度衰减到低于材料强度。既然冲击波与弹丸的直径而非长度有关,他们对式(8.6)进行了修正,使其可以适用于所有的 L/D 弹丸:

$$P_\infty = L\sqrt{\frac{\rho_p}{\rho_t}} + \frac{D_c}{2} \tag{8.7}$$

式中:$D_c$ 为靶表面的弹坑直径(m)。

对大长径比的弹(比如长杆弹)而言,其成穴阶段往往与第一侵彻阶段同时发生,因为磨蚀弹丸会被径向膨胀弹坑所包围,该现象即为成穴阶段(Christman 等,1964)。需要注意的是,Birkhoff 等定义的撞击残余弹坑是针对"相对软的靶标"材料(Birkhoff 等,1948),其所定义的"第二侵彻阶段"是由于弹丸的残余动量效应而非冲击波驱动的成穴效应。

恢复阶段是指弹坑发生收缩的阶段,但往往也包括弹坑表面的脆性断裂,以及弹坑表面以下的再结晶和退火等现象(Christman 和 Gehring, 1966)。该阶段结束时,最终的弹坑尺寸会比成穴阶段弹坑最大值小。

长径比 $L/D = 1$ 的弹丸对岩石靶标超高速撞击试验结果表明,弹坑一般都为半球形,即 $P_\infty = D_c/2$,在这种条件下,式(8.7)过高估计了侵彻深度(即 $L\sqrt{\rho_p/\rho_t} \neq 0$)。类似地,Christman 等提出了一种修正方法:对长径比 $L/D = 1$ 弹的侵彻深度

和弹长为 $(L-D)$ 弹丸侵彻深度进行求和：

$$P_\infty = (L-D)\sqrt{\frac{\rho_p}{\rho_t}} + P_c \tag{8.8}$$

式中：$P_c$ 为长径比 $L/D = 1$ 弹的侵彻深度。

### 8.2.3 开坑经验方程

Christman 和 Gehring 也通过在式(8.8)中引入 $P_c$ 以考虑靶标强度的影响，其假定当应力波从撞击位置向前传播时幅值迅速衰减，导致在成穴阶段应力/压力幅值接近于材料强度（Christman 和 Gehring，1965）：

$$P_c = 0.13\left(\frac{\rho_p}{\rho_t}\right)^{1/3}\left(\frac{m_p V^2}{2B_{max}}\right)^{1/3} \tag{8.9}$$

式中：$m_p$ 为弹丸质量(kg)；$B_{max}$ 为靶标最大硬度(HB)。

最大硬度项 $B_{max}$ 皆在说明靶标材料的应变硬化效应，并能通过测量靶内弹坑底部下方位置的切片而获取。一些材料的最大硬度见表8.1。

表8.1 用于成穴阶段侵彻计算的靶标硬度

| 靶标材料 | 撞击前靶标硬度 $B_t$/HB | 撞击后靶标最大硬度 $B_{max}$/HB | 硬度增加率/% |
|---|---|---|---|
| Al 1100-0 | 25 | 45 | 80 |
| Al 2024-T3 | 125 | 155 | 24 |
| C1015 | 110 | 156 | 50 |
| AZ31B-F | 57 | 72 | 26 |

尽管上述方法对纯流体动力学理论做了改进，但其需进行冲击后靶标的测量，这对预测模型显然不够理想；式(8.9)中强度项仅仅包含了靶标材料；而且该方法也无法确定侵彻过程中弹丸所承受的过载大小，试验中所观测到的过载规律与式(8.5)相矛盾。

### 8.2.4 改进的流体动力学理论

为考虑靶标强度的影响，Eichelberger（Eichelberger，1956）和 Allen 等（Allen 和 Rogers，1961）也提出了改进的流体动力学方法，其通过 Bernoulli 方程修正靶标材料的滞止压力 $p_s$：

$$p_s = \frac{1}{2}\rho_t u^2 + \phi \tag{8.10}$$

式中：$\phi$ 为达到侵彻所需塑性变形时靶和弹抗力之差。

联立式(8.10)和式(8.1)求出弹-靶接触面速度，则侵彻深度(式(8.6))可表达为

$$P_\infty = L \frac{-\rho_p V + \left[\rho_p^2 V^2 - 2(\rho_p - \rho_t)\left(\frac{1}{2}\rho_p V^2 - \phi\right)\right]^{1/2}}{-\rho_t V + \left[\rho_t^2 V^2 - 2(\rho_p - \rho_t)\left(\frac{1}{2}\rho_p V^2 - \phi\right)\right]^{1/2}} \quad (8.11)$$

式(8.11)表明，随冲击速度 $V$ 的增加，材料强度的影响越来越弱。而且如图 8.3 所示，随速度增加式(8.11)趋向于式(8.6)所给出的流体动力学解。改进的伯努利方程存在的问题是抗力参数 $\phi$ 的确定，Allen 等给出了如下经验解(Allen 和 Rogers，1961)：

$$\phi = \phi_0 + bu + cu^2 \quad (8.12)$$

式中：$\phi_0$ 为临界滞止压力，由 $\phi_0 = \frac{1}{2}\rho_p V_0^2$ 确定；$b$ 为常数($kg/m^2s$)，$b = -\rho_p V_0(1 - 1/a)$；$c$ 为常数($kg/m^3$)，$c = \frac{1}{2}[\rho_p(1 - 1/a)^2 - \rho_t]$；$V_0$ 为达到稳定态侵彻的速度阈值(m/s)；$a$ 为由试验确定的待定参数(无量纲)。

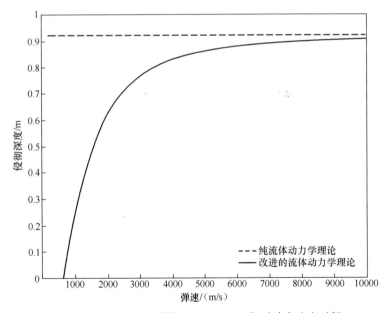

图 8.3　0.465m 长铅弹侵彻 Al7075-T6 靶时冲击速度对侵彻深度的影响，假定 $\phi$ 为恒定值 2.22GPa。

Allen 等提供了几种金属材料的速度阈值 $V_0$ 和待定参数 $a$（表 8-2）。

表 8.2 用于计算 $\phi$ 的几种金属材料待定参数

| 材料种类 | 门槛速度 $V_0$/(m/s) | 参数 $a$ |
| --- | --- | --- |
| 金（Au） | 479 | 0.90052 |
| 铅（Pb） | 583 | 0.81389 |
| 铜（Cu） | 672 | 0.81705 |
| 锡（Sn） | 675 | 0.76894 |
| 铝（Al） | 1170 | 0.68072 |
| 镁（Mg） | 1481 | 0.64308 |

确定稳定态侵彻速度阈值 $V_0$ 的常用方法是通过经验调整动态强度参数 $\phi$ 将式（8.11）确定的侵彻深度曲线外延到等于零的点。

表 8.2 为 6 种金属材料形成射流对铝靶侵彻的试验结果，据此，Allen 等对所有金属定义其平均动态强度参数 $\phi$ 为 0.0222Mbar。尽管计算侵彻速度 $u$ 的精度较式（8.12）稍低，但其大大降低了计算复杂性（Allen 和 Rogers，1961）。

Alekseevskii（1966）和 Tate（1966）分别进一步发展了强度对流体动力学理论的影响，其所采用的假定主要有：

（1）初始的瞬态阶段后；

（2）图 8.2，弹-靶接触面以速度 $u$ 运动；

（3）对发生磨蚀的弹丸，其刚体部分的尾部以速度 $v$ 运动，其大小等于相对速度（$u-v$）的磨蚀率；

（4）弹丸强度 $Y_p$ 等于弹丸材料从刚体向流体转变时的压力，因此，当压力超过 $Y_p$ 时，弹丸材料体现为流体动力特性；

（5）类似地，靶内压力若能导致靶板材料从刚体向流体转变，则需克服直接撞击点靶标材料的刚性和周围材料的惯性。尽管 Tate 认为该压力可能随侵彻深度、冲击速度等因素而改变，而分析中一般简化认为侵彻过程中其保持不变。

上述假定可以表达为下面耦合微分方程，它们对 Tate 和 Alekseevskii 方程都具有相同的形式：

$$\frac{dP}{dt} = u \tag{8.13}$$

$$\frac{dl}{dt} = -(v-u) \tag{8.14}$$

$$l\rho_p \frac{dv}{dt} = -Y_p \tag{8.15}$$

式中：$l$ 为时刻 $t$(s) 时弹丸的瞬时长度(m)；$P$ 为瞬时侵彻深度(m)。

在上面的微分方程组中共有 4 个未知参数($P$,$u$,$v$,$l$),因此,还需要另外一个方程才能求解式(8.13)~(8.15)。Alekseevskii 定义了接触面两侧的力(或压力)平衡方程:

$$k_p\rho_p(v-u)^2 + \sigma_{SD} = k_t\rho_t u^2 + H_t \tag{8.16}$$

式中:$\sigma_{SD}$ 为弹丸的动态屈服强度(Pa);$H_t$ 为靶标材料的动态硬度(Pa)。而 Tate 则使用改进的伯努利滞止压力方程:

$$\frac{1}{2}\rho_p(v-u)^2 + Y_p = \frac{1}{2}\rho_t u^2 + R_t \tag{8.17}$$

式中:$Y_p$ 为弹丸强度(Pa);$R_t$ 为靶标强度(Pa)。

本质上 Tate 模型中的参数 $Y_p$ 和 $R_t$ 分别等于 Alekseevskii 模型的 $\sigma_{SD}$ 和 $H_t$,因此,当流动几何学变量 $k_p$ 和 $k_t$ 等于 1/2 时,式(8.16)和式(8.17)是相同的(虽然它们具有不同的物理背景)(Alekseevskii,1966)。同样地,这种方法一般被称为"Alekseevskii-Tate"模型。两种方法在计算弹-靶接触面速度 $u$ 时都采用相同的方法:

$$u = \frac{1}{1-\mu^2}(v - \mu\sqrt{v^2+A}) \tag{8.18}$$

其中
$$\mu = \sqrt{\rho_t/\rho_p} \tag{8.19}$$

$$A = 2\frac{(R_t - Y_p)(1-\mu^2)}{\rho_t} \tag{8.20}$$

侵彻深度通过对界面速度 $u$ 进行积分得到

$$P_\infty = \int_0^t u\mathrm{d}t \tag{8.21}$$

Tate 将式(8.21)的解分成 3 种情况:① $R_t > Y_p$;② $R_t < Y_p$ 和③ $R_t = Y_p$。

(1) $R_t > Y_p$。

当靶标强度大于弹时,射流一直以流体状态侵彻,因此式(8.21)在整个侵彻过程中都有效,直至满足下式时侵彻停止:

$$v = \sqrt{2(R_t - Y_p)/\rho_p} \tag{8.22}$$

将式(8.15)代入式(8.21)可得以弹丸尾部速度 $v$ 表示的侵彻深度:

$$P_\infty = \frac{\rho_p}{Y_p}\int_v^V u\mathrm{d}v \tag{8.23}$$

式中:$V$ 为弹丸的撞击速度(m/s)。

弹丸的瞬时长度 $l$ 由下式确定:

$$\frac{l}{L} = \left[\frac{v+\sqrt{v^2+A}}{V+\sqrt{V^2+A}}\right]^{\left(\frac{R_t-Y_p}{\mu Y_p}\right)} \exp\left[\frac{\mu\rho_p}{2(1-\mu^2)Y_p}((v\sqrt{v^2+A}-\mu v^2)-(V\sqrt{V^2+A}-\mu V^2))\right]$$
$$\tag{8.24}$$

(2) $R_t < Y_p$。

如果满足 $R_t < Y_p$，即弹丸材料比靶标更强。当式(8.23)有效时，弹丸侵彻过程中会被消耗，直至速度 $v = \sqrt{2(Y_p - R_t)/\rho_t}$。在此范围之外，弹丸都表现为刚性。刚性侵彻过程所产生的额外侵彻深度为

$$P_e = \frac{l_s}{\mu^2}\ln\left(\frac{Y_p}{R_t}\right) \tag{8.25}$$

式中：$l_s$ 为刚性侵彻过程中弹丸的长度，由下式得到

$$\frac{l_s}{L} = \left[\frac{\sqrt{A(\mu+1)/(\mu-1)}}{V + \sqrt{V^2 + A}}\right]^{\left(\frac{R_t - Y_p}{\mu Y_p}\right)} \exp\left[\frac{-\mu\rho_p}{2(1-\mu^2)Y_p}(V\sqrt{V^2+A} - \mu V^2)\right] \tag{8.26}$$

总侵彻深度为

$$P_\infty = \frac{\rho_p}{Y_p}\int_{v_c}^{V} u l \mathrm{d}v + \frac{l_s}{\mu^2}\ln\left(\frac{Y_p}{R_t}\right) \tag{8.27}$$

其中 $v_c = \sqrt{2(Y_p - R_t)/\rho_t}$。

(3) $R_t = Y_p$。

当弹的强度与靶相同时，即 $R_t = Y_p$，在整个侵彻过程中弹丸都体现流体动力学特性，直至 $v$ 和 $u$ 都为零时为止。在该条件下，式(8.23)可以显式积分：

$$\frac{P_\infty}{l} = \frac{1}{\mu}\left[1 - \exp(-B(V^2 - v^2))\right] \tag{8.28}$$

其中

$$B = \frac{\mu\rho_p}{2(1+\mu)Y_p} \tag{8.29}$$

修正的流体动力学理论的 Alekseevskii‐Tate 扩展效应如图 8.4 和图 8.5 所示。

当 $R_t < Y_p$ 时，预测侵彻深度并非随音击速度增加而单调增加，其侵彻深度趋向于高于流体动力学极限解。当 $R_t = Y_p$ 时，预测值更接近于修正的流体动力学理论，在高速侵彻情况下趋近于流体动力学极限。

尽管被广泛采用，Alekseevskii‐Tate 方程仍存在不少的缺点。与 Eichelberger (1956) 和 Allen, Rogers (1961) 等所采用的强度项 $\phi$ 类似(式(8.11))，Tate 方程的弹丸和靶标的强度项 $Y_p$ 和 $R_t$ 也被详细广泛研究过。对金属材料，Tate (1967) 建议采用弹丸材料的雨果尼奥弹性极限(HEL)，靶标采用 3.5 倍的 HEL(适用于弹丸和靶标由同种材料组成的情况)。对陶瓷靶，Sternberg(1989)建议 HEL 的放大系数取接近于 1.0。Tate (1986) 在对初始模型的修正中，定义强度参数项为动态压缩强度 $\sigma_{yp}$ 的函数：

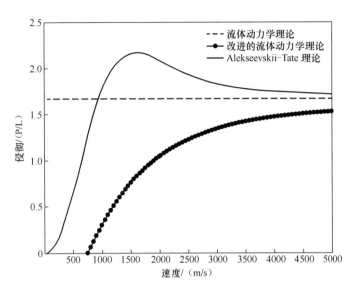

图 8-4　$R_t < Y_p$ 时 Alekseevskii-Tate 预测侵彻深度与流体动力学理论的对比

$$Y_p = 1.7\sigma_{yp} \tag{8.30}$$

$$R_t = \sigma_{yt}\left[\frac{2}{3} + \ln\left(\frac{0.57E_t}{\sigma_{yt}}\right)\right] \tag{8.31}$$

式中：$\sigma_{yp}$ 和 $\sigma_{yt}$ 分别为弹丸和靶标材料的动态压缩屈服强度，可由 B 氏硬度估算 $\sigma_y = 3.92 \times \text{HB}(\text{N/mm}^2)$（Recht，1978）；$E_t$ 为靶标材料的杨氏模量。

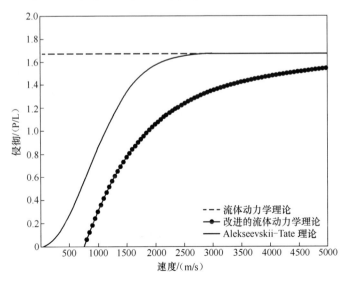

图 8-5　$R_t = Y_p$ 时 Alekseevskii-Tate 预测侵彻深度与流体动力学理论的对比

考虑到离开弹-靶接触面区域(即非塑性变形区域)的载荷状态事实上为轴向拉伸状态,另一个确定弹丸强度项的通用方法是采用拉伸强度参数。对于靶而言,其应力状态更为复杂,与常用的试验测试参数都不一致。而且,材料强度都具有应变相关性,表明 $Y_p$ 和 $R_t$ 不仅仅随撞击速度而变化,同时还随侵彻进程而变化。

Alekseevskii-Tate 模型(式(8.21))一般可获得数值解,或者采用 Walters 和 Segletes(1991)的方法获取精确解,然而这些方法只能给出侵彻过程的时间隐式解。Walters 等(2006)提出一种虽然近似但能给出显示解的求解方法,其给出了以时间为自变量的侵彻深度、贯穿速度和子弹剩余速度等函数形式。

研究人员们对 Alekseevskii-Tate 模型做了更进一步的修正。Tate(1969)评价了钢弹对铝靶和铅靶侵彻预测算法的精度,如前所述,当 $R_t < Y_p$ 且 $[2(Y_p-R_t)/\rho_t]^{1/2}$ 时,弹丸表现为刚体特性,这种条件会导致侵彻深度随弹丸速度增加而减小的预测结果,这种现象在铝子弹对铅靶撞击的试验中被观测到(图 8.6(a))。然而,当子弹密度远高于靶标密度时,比如钢子弹撞击铝靶,却没有观测到这种现象(图 8.6(b))。Tate(1969)假设该现象可能是由于该模型无法捕获在第 8.2.2 节

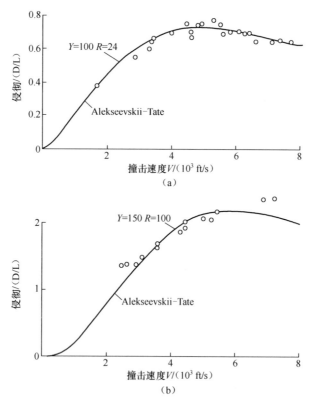

图 8.6 Alekseevskii-Tate 模型预测结果与试验值对比
(a)铝合金子弹撞击铅靶;(b)维布拉克钢撞击铝合金靶。

中所提到的"残余"侵彻阶段(也叫"第二"侵彻阶段)。Christman 等(1964)提出了一种类似的修正手段,其通过在侵彻过程中考虑了成坑阶段以提高预测精度。

不同于强度高、轻质弹丸侵彻强度低、密度高的靶标试验所观测的结果,当子弹密度远大于靶标材料密度时,试验结果没有任何证据表明会出现随弹丸速度增加而侵彻深度降低的现象。Alekseevskii-Tate 模型无法预测此种弹-靶材料类别侵彻深度持续增加的原因是其无法捕获侵彻过程的"残余"侵彻阶段(又叫"第二"侵彻阶段)(见第 8.2.2 节)。

Frank 和 Zook 等(1987)基于侵彻过程的分离现象,对 Alekseevskii-Tate 模型提出了另一种修正方法(图 8.2):

$$P_\infty = m_1 DS_{D1}(Z_0, Z_1) + (L - m_2 D)S_{L2}(Z_1, Z_2) + mDS_{D3}(Z_2, Z) \quad (8.32)$$

式中:$Z_0 > Z_1 > Z_2 > Z \geq 0$ 为各侵彻阶段的归一化速度;$S_{D1}$、$S_{L2}$ 和 $S_{D3}$ 为特征函数;$D$ 为弹丸直径;$m$、$m_1$ 和 $m_2$ 为可调参数。

式(8.32)的第一项描述了瞬时侵彻阶段,其中参数 $m_1$ 反应了弹丸直径的磨蚀;第二项与侵彻的准静态阶段有关(即刚体侵彻阶段);第三项描述了恒质量弹丸剩余侵彻阶段(即冲击波驱动的空腔膨胀阶段)。

式(8.32)的简化形式为

$$P = (L - mD)S_i + mDS_D \quad (8.33)$$

系数 $m$ 一般介于 1~2 之间(无量纲)。

直径函数 $S_D$ 用于恒定质量、刚性弹丸侵彻过程,且能用于解释 Christman-Gehring 曲线的阶段 1 和 3(图 8.2 中的瞬时和第二侵彻阶段)。函数 $S_D$ 定义如下:

$$S_D(Z_0, Z) = \left(\frac{\rho_p}{\rho_t} + \frac{1}{3m}\right) \ln\left[\frac{1 + Z_0^2}{1 + Z^2}\right] \quad (8.34)$$

为说明侵彻过程的第二阶段(即主要侵彻阶段,此阶段内弹丸发生磨蚀),Frank 和 Zook (1987)定义了若干个条件函数 $S_i$,其可对应于 Alekseevskii-Tate 磨蚀的特殊条件:$S_1$ 对应于 $R_t > Y_p$;$S_2$ 对应于 $R_t = Y_p$ 而 $S_3$ 对应于 $Y_p = R_t/(2+\mu)$:

$$S_1(Z_0) = \begin{cases} (Z_0(Z_0^2 + 1 - \mu^2)^{1/2} - \mu)/(\mu(1 + Z_0^2)) & (Z_c < Z_0 \leq \infty) \\ 0 & (0 < Z_0 \leq Z_c = \mu) \end{cases}$$
(8.35)

式中:$Z_0^2 = \dfrac{\rho_t V^2}{2R_t}$;$V$ 为撞击速度;$Z_c^2 = \dfrac{\rho_t v_c^2}{2R_t}$;$v_c$ 为速度阈值,低于其时无贯穿发生;$\mu^2 = \rho_t/\rho_p$。

$$S_2(Z_0, Z) = (1 - e^{[(Z^2 - Z_0^2)/(\mu(1+\mu))]})/\mu$$

其中 $Z^2 = \dfrac{\rho_t V^2}{2R_t}$

$$S_3(Z_0,0) = \begin{cases} [1-(1+\mu)/a + 1/a\exp(\mu-a)]/\mu & (a_c \leq a \leq \infty) \\ 0 & (0 \leq a \leq a_c) \end{cases}$$
(8.36)

其中 $a = Z^2(2+\mu)/(\mu(1+\mu))$；$a_c = \mu$。

第四个条件函数 $S_4$ 尝试定义弹/靶组合位于极限情况 $S_2$（即 $R_t = Y_p$）和 $S_D$（弹丸无磨蚀，$Y_p/R_t \to \infty$）之间的主要侵彻阶段。为实现此目的，Frank 和 Zook 假定侵彻过程中弹丸磨蚀速率恒定：

$$-r\frac{dP}{dt} = \frac{dl}{dt} \quad 或者 \quad \frac{v}{t} = \text{constant}$$
(8.37)

式中：$l$ 为弹丸的初始长度(m)；$r$ 为无量纲常数，用于定义弹丸质量损失与侵彻深度之间的比例因子（$r = \frac{v}{u} - 1$）。

以上假定，被作者定义为"如果不是奇幻的，也是激进的"，其可信度很值得商榷，然而，其却定义了条件函数 $S_4$，至少有助于 $S_D$ 和 $S_2$ 之间的参数研究：

$$S_4(Z_0,Z) = \frac{1+d}{r}\left(1 - \left(\frac{1+c^2Z^2}{1+c^2Z_0^2}\right)^b\right)$$
(8.38)

其中

$$b = \frac{r(1+r)}{\mu^2 - r^2} > 0$$
(8.39)

$$c^2 = \frac{\mu^2 - r^2}{\mu(1+r^2)} \quad 0 \leq c^2 < 1$$
(8.40)

$$d = e/(1+r)$$
(8.41)

$$e = \mu^2/(3(f-m))$$
(8.42)

式中：$f$ 为弹丸长细比，$f = \frac{L}{D}$；当 $r \to \mu$ 时，$S_4 \to S_2$；类似地，$r \to 0$ 时，$S_4 \to S_D$。不同条件所对应的状态描述见图 8.7。

Frank-Zook 侵彻模型广泛应用于弹道领域，特别是美国陆军（比如：MUVES 易损性评估程序）。比如，通过在 Frank-Zook 框架中采用 Walkere-Anderson 动量平衡方程（Segletes，2000），Frank-Zook 模型已经被修正以可用于有限装甲包。Frank-Zook 模型较原始 Alekseevskii-Tate 模型的优点是其通过修正靶标的等效强度项 $R_t$（在 Frank 和 Zook 等 1991 年论文中以 $H$ 的形式出现），可用于多层薄装甲包。

Galanov 等（2001）提出了一个修正的 Alekseevskii-Tate 模型，使其可用于塑性材料、脆性材料（比如陶瓷等）以及金属材料等。Galanov 模型与 Alekseevskii-Tate 模型的主要差别在于其用两个微分方程组成的方程组取代伯努利等效方程（式(8.17)），用于描述侵彻过程中弹-靶接触面速度和靶标中空穴动力学等信息：

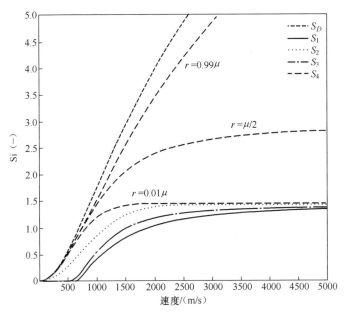

图 8.7 Frank-Zook 特征函数"$S$"与侵彻弹丸长度($S_1 - S_4$)和直径 $S_D$ 的关系
(比例因子 $r$ 对 $S_4$ 的影响也绘于图中)

$$\frac{\rho_t}{2}\frac{\mathrm{d}(au^*)}{\mathrm{d}t} + \rho_t\frac{u^2}{2} + R_t = \frac{\rho_p(v-u)^2}{2} + Y_p \equiv p_c \tag{8.43}$$

$$\rho_t a\frac{\mathrm{d}^2 a}{\mathrm{d}t^2} + \frac{3}{2}\rho_t\left(\frac{\mathrm{d}a}{\mathrm{d}t}\right)^2 + R_t = \frac{\rho_p(v-u)^2}{2} + Y_p \tag{8.44}$$

式中:$u^* = u - \mathrm{d}a/\mathrm{d}t$;$p_c$ 为接触面压力(Pa);$a$ 为空腔半径(m)。

式(8.43)中的 $\dfrac{\mathrm{d}(au^*)}{\mathrm{d}t}$ 考虑了侵彻过程中空腔半径变化,当 $\dfrac{\mathrm{d}(au^*)}{\mathrm{d}t} = 0$ 时,该方程即为 Alekseevskii-Tate 模型。式(8.44)建立了金属靶内球形空腔膨胀动力学与侵彻弹丸所受压力 $p_c$ 之间关系。Galanov 方程将侵彻过程分成两个阶段:弹性侵彻阶段和弹-塑性侵彻阶段。对金属靶标的侵彻,这些阶段的区分通过靶标强度项 $R_t$ 而实现:

$$R_t = \begin{cases} \dfrac{4E}{9}\left(1 - \dfrac{a_0^3}{a^3}\right) = a_0\left(1 + \dfrac{3}{2}\dfrac{Y_p}{E}\right)^{1/3} & (a_0 \leqslant a \leqslant a_1, 0 \leqslant t \leqslant t_1) \\ \dfrac{2}{3}Y_p\left(1 + \log\left(\dfrac{2E}{3Y_p}\right)\right) + \dfrac{2}{3}Y_p\left(1 - \dfrac{a_0^3}{a^3}\right) & (a \geqslant a_1, t > t_1) \end{cases} \tag{8.45}$$

式中:$a \in [a_0, a_1]$ 对应弹性侵彻阶段;$a > a_1$ 对应弹-塑性侵彻阶段。

对弹-脆性靶标,侵彻阶段被区分为弹性阶段和断裂阶段,阶段的划分通过另一组控制方程和强度项 $R_t$ 而实现。式(8.44)中 $R_t$ 变成与时间相关,可通过求解下面的积分方程给出

$$\rho_t a \frac{d^2 a}{dt^2} + \frac{3}{2}\rho_t \left(\frac{da}{dt}\right)^2 + R_t = \frac{\rho_p (v-u)^2}{2} + Y_p \quad (0 \leqslant t \leqslant t_1) \quad (8.46)$$

$$\frac{\rho_t \gamma_1}{1-2\alpha} a \frac{d^2 a}{dt^2} + \left(\frac{2\rho_t \gamma_1}{1-2\alpha} - \frac{\rho_t \gamma_2}{2-\alpha}\right)\left(\frac{da}{dt}\right)^2 + R_t = \frac{\rho_p (v-u)}{2} + Y_p \quad (t > t_1)$$

$$(8.47)$$

其中

$$\gamma_1 = 1 - \left(\frac{b}{a}\right)^{2\alpha-1}; \quad \gamma_2 = 1 - \left(\frac{b}{a}\right)^{2\alpha-4}; \quad a = \frac{6m}{3+4m}; \quad m = \frac{3\mu}{3-4\mu};$$

$$R_t = \begin{cases} \dfrac{4E}{9}\left(1 - \dfrac{a_0^3}{a^3}\right) & (a_0 \leqslant a \leqslant a_1) \\ \dfrac{2}{3}Y_p \left(\dfrac{b}{a}\right)^{2\alpha} & (a \geqslant a_1) \end{cases}$$

比例因子 $b/a$ ($a \geqslant a_1$, $t \geqslant t_1$)与时间相关,通过式(8.48)得到

$$\frac{1}{3}\left(\frac{a}{b}\right)^3 = \frac{(1+v)}{\sqrt{2}E}\sqrt{\sigma_f Y} \exp\left(-\frac{C_c(t-t_1)}{b}\right) - \frac{Y}{E}\left[\exp\left(-\frac{C_c(t-t_1)}{b}\right) - 1\right] (a \geqslant a_1)$$

$$(8.48)$$

式中:$\sigma_f$ 为靶标材料的静态拉伸强度(Pa);$C_c$ 为裂纹区纵波波速;$Y$ 为屈服强度(弹-塑性靶标)或准静态轴向压缩强度(弹-脆性靶标)(Pa);$b$ 为粉碎区半径(m);$t_1$ 为从弹性侵彻向塑性侵彻或介质断裂转换的时刻(s);$v$ 为侵彻弹丸固体部分的速度(m/s)。

### 8.2.5 中线动量平衡

Walker 和 Anderson(1995)比较了钨合金弹对装甲钢靶标侵彻过程 Tate 模型和数值方法的预测结果。尽管 Tate 模型可提供定性且定量的尚可结果,但与数值结果仍存在不少的差别:其无法解释侵彻过程初始瞬时阶段(即冲击波的初始形成与脱离过程,见第8.2.2节);同时在侵彻过程后半阶段也过低估计了弹丸尾部的减速度而过高估计了弹丸磨蚀。在意识到确定弹丸和靶标强度项(即 $R_t$ 和 $Y_p$)的难度之后,Walker 和 Anderson 基于图8.8所定义的坐标系中沿撞击中线的动量平衡原理提出了一种替代方法。

轴对称条件下欧拉坐标系沿 $z$ 轴动量平衡方程可表达为

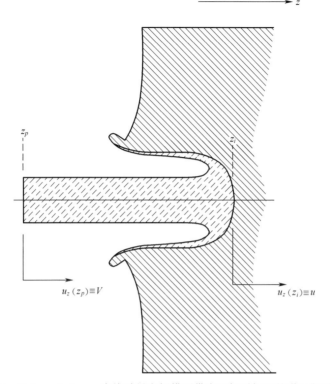

图8.8 Walker-Anderson 中线动量守恒模型带有坐标系标识的弹和靶示意图

$$\rho \frac{\partial u_z}{\partial t} + \frac{1}{2}\rho \frac{\partial (u_z)^2}{\partial z} - \frac{\partial \sigma_{zz}}{\partial z} - 2\frac{\partial \sigma_{xz}}{\partial x} = 0 \quad (8.49)$$

式中：$\rho$ 为相对密度，与坐标系所在的位置(弹或靶)以及应力张量 $\boldsymbol{\sigma}_{ij}$ 方向分量有关。

基于流体动力学模拟，Walker 和 Anderson 定义了3个基本假设，使得式(8.49)的轴向动量可以被积分，并可确定接触面位置的运动学方程，以及弹丸尾部的减速度方程。这3个假定如下：

(1) 指定弹和靶沿中线的速度分布；

(2) 弹丸尾部通过弹性波(卸载)进行减速，弹性波的幅值与弹丸的流动应力成比例；

(3) 指定沿靶中线(就速度场梯度而言)的剪应力分布。

关于此假定的深入讨论见文献：Walker 和 Anderson (1995)。采用假定的中线速度分布以及靶标的应力行为表达式后，式(8.49)可写为

$$\rho_p \dot{v}(L-s) + \dot{u}\left(\rho_p s + \rho_t R \frac{\alpha-1}{\alpha+1}\right) + \rho_p\left(\frac{v-u}{s}\right)\frac{s^2}{2} + \rho_t \dot{\alpha}\frac{2Ru}{(\alpha+1)^2}$$
$$= \frac{1}{2}\rho_p(v-u)^2 - \left[\frac{1}{2}\rho_t u^2 + \frac{7}{3}\log(\alpha)Y_t\right] \tag{8.50}$$

式中：$s$ 为弹丸内塑性流动区的长度(m)，超过该区域速度以恒定斜率变化；$\alpha$ 为靶标内沿中线塑性流动区的无量纲长度；$R$ 为靶标内成坑半径(m)；$\dot{v}$ 为弹丸尾部减速度(m/s)；$\dot{u}$ 为接触面速度对时间的一阶导数(m/s²)。

弹丸尾部减速度 $\dot{v}$ 由下式得到

$$\dot{v} = -\frac{\sigma_p}{\rho_p(L-s)}\left(1 + \frac{v-u}{c} + \frac{\dot{s}}{c}\right) \tag{8.51}$$

式中：$\sigma_p$ 为弹丸内应力波幅值(Pa)(压缩为负)；$c=\sqrt{E/\rho}$ 为弹性杆波波速；$\dot{s}$ 为塑性区沿轴线长度对时间的导数(m/s)，超过该区域速度随时间而发生变化；弹丸长度变化率 $\dot{L}$ 是侵彻速度 $u$ 与弹丸尾部速度 $v$ 之差：

$$\dot{L} = -(v-u) \tag{8.52}$$

如果两个空间长度 $s$ 和 $R$ 设为零且杨氏模量 $E$ 设置为非常大，因此 $c\to\infty$。式(8.50)~式(8.52)则转化为

$$-\rho_p \dot{v}L + \frac{1}{2}\rho_p(v-u)^2 = \frac{1}{2}\rho_t u^2 + \frac{7}{3}\log(\alpha)Y_t \tag{8.53}$$

$$\dot{v} = -\sigma_p/\rho_p L \tag{8.54}$$

$$\dot{L} = -(v-u) \tag{8.55}$$

对应于初始 Tate 模型的下列条件：

$$Y_p = \sigma_p,\text{ 即弹丸的流动应力} \tag{8.56}$$

$$R_t = \frac{7}{3}\log(\alpha)Y_t \tag{8.57}$$

因此，Walker-Anderson 模型定义了靶标抗力 $R_t$，其随靶标的塑性流动区长度和流动应力 $Y_t$ 的改变而改变，另外，式(8.50)的第二、三和四项以及 $\frac{7}{3}\log(\alpha)Y_t$ 项一起定义了如 Anderson 等(1992)建议的随时间变化的 $R_t$ 项。该模型的初始条件包括初始接触面速度(Rankine-Hugoniot 关系中的质点速度)以及成坑半径与撞击速度之间的关系等。

Walker-Anderson 模型(1995)的预测结果与刚性钢子弹对铝靶的侵彻、磨蚀钨子弹对钢靶侵彻，以及钨合金弹和钢弹对钢靶侵彻等吻合较好。初始预测结果的偏差可通过在定义靶内塑性流动区尺寸 $\alpha$ 时考虑速度依赖性进行修正：

$$\left(1+\frac{\rho_t u^2}{Y_t}\right)\sqrt{K_t-\rho_t\alpha^2 u^2}=\left(1+\frac{\rho_t\alpha^2 u^2}{2G_t}\right)\sqrt{K_t-\rho_t u^2} \tag{8.58}$$

式中：$G_t$ 为靶标材料剪切模量；$K_t$ 为体模量。

以 $L/D$ = 10 钨合金弹以 1.5km/s 速度撞击装甲钢靶板为例，Walker-Anderson 模型、Alekseevskii-Tate 模型和数值模拟结果对比见图 8.9，尽管两个模型都再现了合理的数值结果，但 Walker-Anderson 模型更准确模拟了弹丸头部的初始侵彻阶段和尾部最终减速阶段。对预测弹丸剩余长度模型的进一步改进与 Alekseevskii-Tate 模型对比见文献（Walker 和 Anderson，1995）。

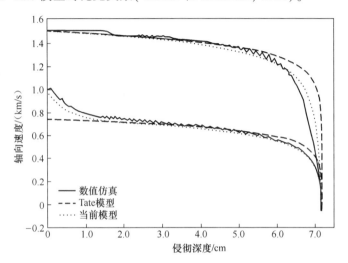

图 8.9 $L/D$ = 10 钨合金弹以 1.5 km/s 速度撞击装甲钢靶，
Walker-Anderson 中线动量平衡模型与 Alekseevskii-Tate 预测结果与数值模拟对比
（下部的曲线为弹头部，上部的曲线为弹尾部）

### 8.2.6 一维有限差分离散

Woodward（1982）提出了一个模型，将弹和靶视为相互碰撞的圆柱体，撞击在圆柱体周围产生蘑菇头，靶的侧向碰撞通过约束力来限制，用以表征周围材料的作用。进入靶标的弹丸部分也承受侧向约束。在 Woodward 模型中，相互撞击的圆柱体被离散成多个单元（图 8.10 和图 8.11），其运动方程如下：

$$N_{i+1,j}-N_{i,j}-T_{i,j}-m_i\ddot{u}_{i,j}=0 \quad \text{（弹丸单元）} \tag{8.59}$$

$$N_{i,j}-N_{i-1,j}-T_{i,j}-m_i\ddot{u}_{i,j}=0 \quad \text{（靶标单元）} \tag{8.60}$$

式中：$m_i$ 为单元 $i$ 在时刻 $j$ 时的质量；$N_{i,j}$、$N_{i+1,j}$、$N_{i-1,j}$ 分布为单元 $i$、单元 $i+1$

和单元 $i-1$ 在时刻 $j$ 时的受力;$T_{i,j}$ 为单元 $i$ 在时刻 $j$ 时的剪力;$\ddot{u}_{i,j}$ 为单元 $i$ 在时刻 $j$ 时的加速度。

每个独立单元的加速度 $\ddot{u}_{i,j}$、位置 $u_i$ 通过中心差分方程获得

$$u_{i,j+1} = \ddot{u}_{i,j}(\delta t)^2 + 2u_{i,j} - u_{i,j-1} \tag{8.61}$$

式中:$\delta t$ 为时间间隔,$\delta t = t_{j+1} - t_j$。

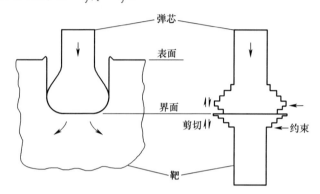

图 8.10 侵彻图形(左)与撞击圆柱体模型示意图对比

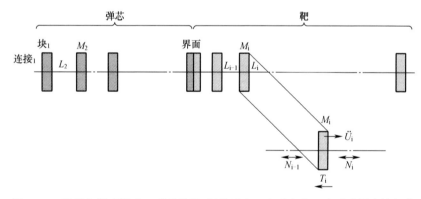

图 8.11 子弹和靶离散成一系列单元,每单元由一个质点和一个无质量连接组成

作用在单元材料上的剪力 $T_{i,j}$ 幅值由下式确定:

$$|T_{i,j}| = \frac{\pi}{\sqrt{3}} D_{i,j} h_{i,j} \sigma_0^* \quad (弹丸单元) \tag{8.62}$$

$$|T_{i,j}| = \frac{\pi}{\sqrt{3}} D_{20,j} h_{i,j} \sigma_{0t} \quad [靶标单元(假定20个弹丸单元)] \tag{8.63}$$

式中:$D_i$ 为单元 $i$ 的直径($D_{20,j}$ 用于所有靶标单元,因为所有靶标单元被设定为与弹丸界面相同的直径)(m);$h_i$ 为单元高度(m);$\sigma_{0p}$ 为弹丸材料应力常数(Pa);

$\sigma_{0t}$为靶标材料应力常数(Pa);$\sigma_0^*$为$\sigma_{0p}$和$\sigma_{0t}$中较小者(Pa);$\sigma_0$为拟合轴向真应力-应变曲线(如$\sigma = \sigma_0\varepsilon^n$)而获得的应力常数。

剪力的正负取决于变形单元运动方向,剪力阻止单元运动。作用在单元$i$上的法向力$N_i$由下式确定:

$$N_i = (\sigma_i + \sigma_{ri})(A_i + A_{i-1})/2 \quad \text{弹丸单元} \quad (8.64)$$

$$N_i = (\sigma_i + \sigma_{ri})(A_i + A_{i+1})/2 \quad \text{靶标单元} \quad (8.65)$$

式中:$\sigma_i$为材料的压缩流动应力(Pa);$A_i$为单元$i$的面积(假定单元体积不变)($m^2$);$\sigma_{ri}$为由于径向惯性效应而引起的应力增量,由下式计算:

$$\sigma_{ri} = \frac{3}{64}\rho_p \left(\frac{D_i}{h_i}\right)^2 (\dot{u}_i - \dot{u}_{i-1})^2 \quad \text{弹丸单元} \quad (8.66)$$

$$\sigma_{ri} = \frac{3}{64}\rho_t \left(\frac{D_i}{h_i}\right)^2 (\dot{u}_{i+1} - \dot{u}_i)^2 \quad \text{靶标单元} \quad (8.67)$$

Woodward模型无法描述冲击波形成和传播,因为假设这些过程发生在撞击后的几微秒内,相对而言那些变形过程发生在一个数量级或者更长的时间后。

## 8.3 有限厚金属靶贯穿解析模型

由于弹和装甲靶标后壁间应力状态的复杂性,建立有限厚装甲靶贯穿的解析模型比半无限厚靶侵彻要困难得多。根据弹和靶的几何形状、弹和靶的材料、撞击条件(速度和入射角等)的不同,靶标的侵彻机制可包括多种。典型地,依据单穿孔模式(例如:延性扩孔)可以建立并应用解析模型。

### 8.3.1 空腔膨胀理论

刚性弹以延性扩孔模式对装甲板的贯穿,是最简单的弹道条件之一,因此很容易通过分析方法进行建模。假设平面应力条件,在塑性薄板中由初始半径为零扩展出圆柱孔洞所需做的功由下式确定:

$$W_{DHF} = \pi r^2 h_0 CY \quad (8.68)$$

式中:$r$为开孔的最终半径,等于弹丸口径;$h_0$为靶板初始厚度;$Y$为靶板材料屈服应力;$C$为可变常数,比如可取2.0(Bethe,1941)、1.33(Taylor,1948)或者1.92(Hill,1949)。

弹道极限$V_{bl}$所对应的弹丸动能等于空腔膨胀所做的功(注意在下面的讨论中,代表速度中位数的统计参数$V_{50}$会同$V_{bl}$交互使用)。

$$\frac{1}{2}m_p V_{bl}^2 = \pi r^2 h_0 CY \quad (8.69)$$

式中：$m_p$ 为弹丸质量，因此

$$V_{\mathrm{bl}} = \sqrt{\frac{2\pi r^2 h_0 CY}{m_p}} \qquad (8.70)$$

Woodward（1978）采用 Hill's 取值 $C = 1.92$ 对式（8.69）的空腔膨胀模型进行了评估，结果表明，对大多数条件，所做的功以及由此推导所得弹道极限都被过低估计，特别是对加工硬化较高的金属而言。因此，式（8.68）中屈服强度建议采用真应变为 1.0 的流动应力。

Forrestal 等（1990）和 Piekutowski 等（1996）提出了空腔膨胀理论的一种相似应用，用于预测塑性穿孔变形模式所引起靶板贯穿的弹道极限，他们没采用 Taylor（1948）建议的屈服应力 $Y$ 或 Woodward（1978）提出的流动应力，而是定义了圆柱形空腔扩展所需的应力 $\sigma_s$：

$$\sigma_s = \frac{Y}{\sqrt{3}}\left(1 + \left(\frac{E}{\sqrt{3}Y}\right)^n \int_0^b f(x)\,\mathrm{d}x\right) \qquad (8.71)$$

其中

$$f(x) = \frac{(-\ln(x))^n}{1-x} \quad (0 < n < 1) \qquad (8.72)$$

$$b = 1 - \frac{2(1+v)Y}{\sqrt{3}E} \qquad (8.73)$$

式中：$Y$ 为靶标材料屈服强度；$E$ 为靶标材料弹性模量；$n$ 为拟合应力-应变曲线所采用的应变硬化指数：

$$\sigma = \begin{cases} E\varepsilon & (\sigma < Y) \\ Y(E\varepsilon/Y)^n & (\sigma \geq Y) \end{cases} \qquad (8.74)$$

对给定的弹丸而言，Forrestal 及其合作者根据文献（Forrestal 等，2013）对式（8.70）进行了简化：

$$V_{\mathrm{bl}} = K\sqrt{\sigma_s h_0} \qquad (8.75)$$

式中：$K$ 为通过弹道试验数据拟合得到的常数。

在图 8.12 中，7.62mm APM2 弹丸对铝合金靶的侵彻试验结果按照缩比量 $V_{\mathrm{bl}}^2/2h_0$ 的形式与 Woodward 解析模型和 Forrestal 等模型进行对比，很明显，在这种弹丸和该靶标材料范围内，这两种方法差别最小。然而，Woodward 模型在所有情况下都给出更高的 $V_{50}$。有趣的是：若子弹直径固定，Woodward 模型能通过质量解释不同弹丸侵彻能力的差异，而 Forrestal 模型考虑的则是显式几何形状的影响（比如弹丸头部形状、弹体和头部长度等）。

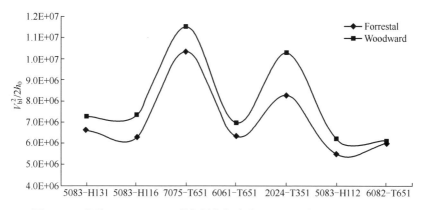

图 8.12　系列 7.62mmAPM2 弹丸侵彻铝合金 Forrestal 和 Warren（2009）
与 Woodward（1978）空腔膨胀模型对比

## 8.3.2　塑性理论

Woodward 和 Cimpoeru（1998）以及 Cimpoeru（2002）分别定义了一种两阶段模型用于预测刚性、理想塑性各向同性和层压金属板的弹道极限。该模型将侵彻过程分为两个阶段：第一阶段为弹丸侵入目标装甲的过程；第二阶段对应导致靶标背面剪切、凹陷或塑性成孔变形的过程。假定采用图 8.13 简化的弹-靶力平衡，当侵入靶标所需的力小于将靶标冲塞向前推动的剪切抗力时，就会发生对靶标材料的侵入和压缩。

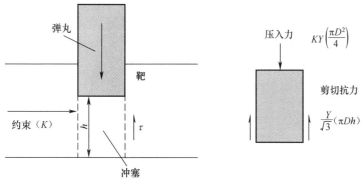

图 8.13　Woodward 和 Cimpoeru（1998）所采用的简化力平衡
如果压入力大于冲塞块的剪切抗力，靶标材料会首先被侵入和压缩。

压入力 $F_1$ 等于弹丸横截面积乘以流动应力以及常数因子 $K$，该因子用于说明周围靶标材料对冲塞块侧限效应的影响：

$$F_I = KY\left(\frac{\pi D^2}{4}\right) \tag{8.76}$$

式中：$Y$ 为靶标材料流动应力（Pa）；$K$ 为约束因子（无量纲），Woodward 和 Cimpoeru（1998）建议取 2.7；$D$ 为弹体直径（m）。

弹丸前部的靶标冲塞块向前移动时所产生的剪切抗力 $F_S$ 等于冲塞块横截面积与剪切流动应力之积：

$$F_S = \frac{Y}{\sqrt{3}}(\pi D h) \tag{8.77}$$

式中：$h$ 为弹丸前部的靶标厚度（m）。

根据式（8.76）和式（8.77），当靶标剩余厚度为 $\sqrt{3}/4K$ 倍弹丸直径时，推动剪切冲塞块向前运动的力会小于对靶标压入力，在该点冲塞块推出靶标就更容易了（图 8.14）。

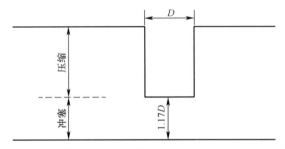

图 8.14　Woodward 塑性模型中弹体压入并刚刚使靶标出现冲塞时靶标和弹坑极限几何形状示意图

当靶标厚度小于 $\sqrt{3}/4K$ 倍弹丸直径时，模型第一阶段可忽略，当凹陷发生（适用于 $h < D/2$）或者延性扩孔时（适用于 $D/2 < h$）靶标即破坏，凹陷破坏机制包括拉伸和弯曲变形。Woodward 和 Cimpoeru（1998）改进了 Taylor（1948）和 Thompson（1995）模型，在其基础上考虑了板的径向和切向弯曲。

对凹陷模式，所做的功（J）可由下式得到

$$W_D = \pi D Y h_0 (D + 2\pi h_0)/8 \tag{8.78}$$

式中：$h_0$ 为靶标初始厚度（m）。

式（8.78）第一项为拉伸功，第二项为弯曲功。

塑性扩孔所需的功（Woodward，1978 以后）：

$$W_{DHF} = \pi D^2 h_0 Y / 2 \tag{8.79}$$

当靶标厚度大于弹丸直径 $\sqrt{3}/4K$ 倍时，可假定靶标破坏为延性剪切穿孔所引起，此时贯穿靶标所做的功为压入靶标功 $W_I$ 和冲塞块剪切功 $W_S$ 之和：

$$W_{I,S} = W_I + W_S \tag{8.80}$$

其中

$$W_I = \pi D^2 KY(h_0 - 1.17D)/4 \tag{8.81}$$

$$W_S = \pi h^2 DY/2\sqrt{3} \tag{8.82}$$

对圆锥形弹丸，还需要额外的功以在靶标冲塞块撞击侧形成圆锥形压痕：

$$W_C = \frac{\pi}{24}D^3 KY\cot\frac{\Phi}{2} \tag{8.83}$$

式中：$\Phi$ 为弹丸头部锥角。

根据功能守恒，假定弹丸余速为零，即可得到弹道极限速度：

$$W = \frac{1}{2}mV_{bl}^2 \tag{8.84}$$

式中：$W$ 为贯穿靶标所做的功，其形式可以是凹陷（式（8.78）中的 $W_D$）、延性扩孔（式（8.79）中的 $W_{DHF}$）、压入和剪切冲塞（式（8.80）中的 $W_{LS}$）或其他相近破坏机制；$m$ 为弹体质量（kg）。

Woodward 塑性模型（Woodward, Cimpoeru（1998）; Cimpoeru（2002））尽管非常简单，但其对多种各向同性金属层压板都可给出可靠精度的弹道极限预测结果。而对那些弹丸明显变形、磨蚀或断裂的侵彻情况而言，以简单塑性理论为基础的模型（比如 Woodward 塑性模型）就无效了。

### 8.3.3 Ravid-Bodner 多阶段模型

Ravid 和 Bodner(1983) 发展了一种用于刚性弹对黏弹性靶动态贯穿的 2D 解析模型，后来经 Ravid 等发展，该模型可考虑弹体磨蚀的影响（Ravid 等，1994）。在该模型中，侵彻过程被分为前后 5 个阶段，即：①动态塑性侵彻；②凸出形成；③凸出发展；④冲塞块形成和推出；⑤弹丸推出。

在侵彻过程的第一阶段，弹丸周围会先后形成如图 8.15 中矩形区域所示的简化塑性流场（从区域 I 到区域 III）。

在矩形塑性流动区域内，区域边界法向速度满足连续性要求，而边界切向速度的不连续导致了剪切能的耗散。材料从流动区的前表面流出形成了弹坑唇部，该过程中体积不变。弹丸前部塑性区发展，延伸距离 $\alpha R$ 入靶标，对应半径 $\eta R$，其中 $\alpha$ 和 $\eta$ 可通过最小化每一个侵彻深度 $\Delta x$ 内靶标内无量纲功率函数 $\dot{W}'_T$ 获取：

$$\dot{W}'_T = \dot{W}'_V + \dot{W}'_s + \dot{W}'_f + \dot{W}'_k \tag{8.85}$$

式中：$\dot{W}'_V$ 为体积 $V$ 内无量纲塑性功率；$\dot{W}'_s$ 为无量纲剪切应变能率；$\dot{W}'_f$ 为无量纲摩擦能率；$\dot{W}'_k$ 为无量纲对流惯性能率。

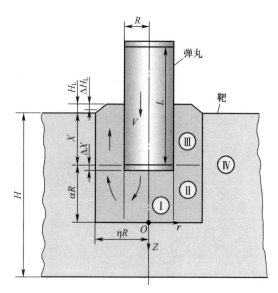

图 8.15 阶段 1 的塑性流场

在阶段 2,阶段 1 中所描述的塑性区前沿到达靶标后表面,导致如图 8.16 所示的球形凸出,弹坑唇部停止增长,凸出部分增长由弹丸头部与靶标后表面之间圆锥形界面驱动而产生,满足下式:

$$\pi\eta_b^3 R^3 \frac{(1-\cos\beta)^2(2+\cos\beta)}{3\sin^3\beta} = \pi R^2(x-x_0) \tag{8.86}$$

式中: $\eta_b R$ 为凸出的径向范围;$x-x_0$ 为从第一阶段结束时起计算子弹位移;$\beta$ 为驱动凸出增长的锥形截面的半锥角。

侵彻过程的阶段 2 中,Ⅰ 区材料以弹丸速度 $V$ 匀速移动,导致了区域 Ⅰ 和区域 Ⅱ 之间截面的切向速度不连续。区域 Ⅱ 的流场包括图 8.16 中以点"O"为坐标原点的极坐标系中径向应变率 $\dot{\varepsilon}_{rr}$ 和角向应变率 $\dot{\varepsilon}_{\theta\theta}$ 以及切向应变率 $\dot{\varepsilon}_{r\theta}$:

$$\dot{\varepsilon}_{rr} = -2v\left(\frac{r_1^2}{r^3}\right)\cos\theta \tag{8.87}$$

$$\dot{\varepsilon}_{\theta\theta} = \dot{\varepsilon}_{\phi\phi} = v\left(\frac{r_1^2}{r^3}\right)\cos\theta \tag{8.88}$$

$$\dot{\varepsilon}_{r\theta} = -\frac{1}{2}v\left(\frac{r_1^2}{r^3}\right)\sin\theta \tag{8.89}$$

由于区域 Ⅱ 边界的材料具有速度而与区域 Ⅳ 的接触面静止使其承受剪切变形,其主要作为过渡区而存在。区域 Ⅲ 的速度流场近似来源于与区域 Ⅱ 的接触面速度 $v_{23}$,而剪切功和惯性功项是根据假设的塑性功率和积分平均值而近似得到。

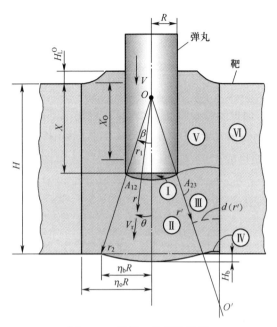

图 8.16 阶段 2 的塑性流场

阶段 2 一直持续到凸出的宽度 $\eta_b R$ 等于最大值 $\eta_b^0 R$ 为止。

在阶段 3,由于靶标材料被子弹所替代(假定其具有不可压缩性),导致凸出部分的后表面持续增加,如图 8.17 所示。

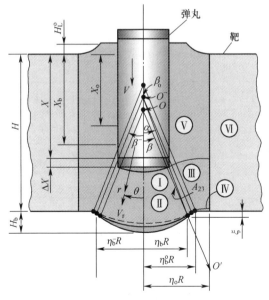

图 8.17 阶段 3 的塑性流场

弹丸前进距离 $\Delta x$ 时，凸出变形的几何尺寸按下式更新：

$$\frac{(1-\cos\beta)^2(2+\cos\beta)}{\sin^3\beta} - \frac{(1-\cos\alpha)^2(2+\cos\alpha)}{\sin^3\alpha} - \frac{3\Delta x}{\eta_b^3 R} = 0 \quad (8.90)$$

式中：$\alpha$ 为径向角，其大小为从先前位置 $O^-$ 为原点，指向到新边界极限 $\eta_b R$，新边界对应的凸出高度 $H_b = \xi + (\eta_b R/\sin\beta)(1-\cos\beta)$。

Ravid 和 Bodner 根据靶标破坏模式，将抵抗弹道冲击的能量划分为3个级别。可能发生在侵彻过程的第2和第3阶段的绝热剪切和脆性断裂对应冲塞破坏的"低能量"模式。就绝热剪切情况而言，沿图 8.18 的表面 $A_{23}$ 形成的剪切带可能会导致滑移界面，从而导致区域Ⅲ从区域Ⅰ和区域Ⅱ材料中正在形成的冲塞块中分离出来。当满足下列条件时，会出现绝热剪切失效：

$$\gamma = \sqrt{3\varepsilon} \quad (8.91)$$

贯穿模型的阶段4为贯穿的最终阶段，在该阶段靶标被贯穿，靶标材料喷出。对冲塞失效模式而言，会发生阶段3的向前延伸，其中区域Ⅰ的材料假定以弹丸速度 $v$ 移动并受区域Ⅱ的剪应力约束影响。

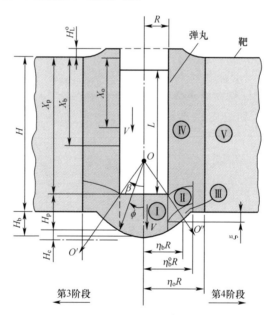

图 8.18　阶段 4 的塑性流场

凸出变形会持续至区域Ⅱ达到剪切应变极限值，此时区域Ⅰ的圆柱形冲塞块会从靶标母体中分离，冲塞块长度 $H_p$ 可由下式计算：

$$H_p = R(\cot\phi - \cot\beta_p) \quad (8.92)$$

式中：$\phi$ 为径向角，从起始点 $O$ 指向在突出部分表面所能测量到分离材料的极限位置;$\beta_p$为在阶段2或者阶段3的塑性流场冲塞形成处($x = x_p$)的扇形角。

若在区域Ⅱ剪切应变没有超过极限值,凸出变形会继续增长直至靶标发生延性断裂,在这种情况下,会在弹头前部形成一个半径比弹丸大的球冠,其材料组成来自区域Ⅰ和区域Ⅱ。

在阶段2和阶段3中发生绝热剪切和脆性破坏的概率可参考文献(Ravid 和 Bodner,1983)。冲塞破坏的"低能量"模式区域Ⅱ以及可能的区域Ⅰ从靶标材料中喷出,喷出的速度可近似材料动量守恒进行计算。

### 8.3.4 Breakout(崩落)(Walker-Anderson)

Walker-Anderson 的动量守恒模型(Walker 和 Anderson,1995))适用于靶标厚度会影响侵彻过程时的侵彻深度预测,否则就需要对靶板侵彻模型进行修正。

Walker(1999)将 Walker-Anderson 模型的流场扩展到包括有限靶标背面凸起部分。速度场将初始深侵彻场和纯剪切变形场通过经验混合参数 $\lambda$ 加权而建立。另外,塑性区域的外边界不再如初始模型那样为零,而是与径向偏移 $r$ 开方值成反比。Chocron 等(1999)基于目标后表面的等效塑性应变,以简单的失效准则补充 Walker 模型延伸。然而,对通常会发生脆性剪切破坏的靶板(例如高硬度材料薄板),Chocron 等的模型会过度预测贯穿极限。由西南研究所(Southwest Research Institute)研发用于终点弹道的"Breakout(崩落)"程序是在 Walker-Anderson 模型基础上融合上述两种扩展后的可视化软件。软件截屏见图 8.19。

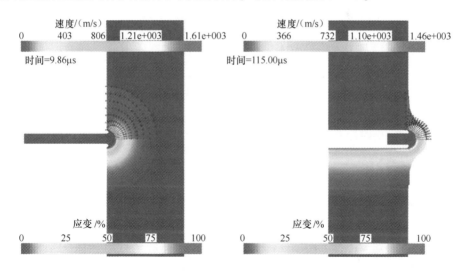

图 8.19 "Breakout"程序预测 Walker-Anderson-Chocron 模型侵彻过程可视化截屏

Ravid 等(1998)提出了一个统一的 Walker-Anderson 模型及其破坏模式。在这个统一的模型中,动量守恒方程被用于确定弹丸的侵彻深度和塑性边界的扩展。一旦塑性流场到达靶标后表面,凸出的形成、发展以及靶标破坏模式会适应 Ravid 和 Bodner(1983)提出的破坏模式。

Chocron 等(2003)扩展了 Ravid 等(1998)提出的统一模型,使其可用于多层组合靶标。Chocron 等的模型假定靶板破坏时弹丸不再受到任何侵彻阻力,直至撞击到后继的装甲板为止。该模型考虑了受塑性区残余应力影响而引起弹丸贯穿靶标后仍会继续磨蚀的现象,并将其和速度一起作为撞击后背装甲板初始条件。Ravid-Bodner 模型定义了 7 种靶标破坏模式:延性穿透、早期脆性剪切破坏(两种模式)、脆性剪切破坏(3 种模式)和破碎等。尽管这些破坏模式中多个都定义了"冲塞"破坏,即截锥形截面的靶标材料以接近弹丸的速度从靶标中被弹射出,但在 Chocron 等的模型中却没有考虑任何靶标材料对后背装甲靶板的撞击效应。尽管如此,Chocron 等(2003)的模型仍能提供与试验和数值仿真相当吻合的预测结果,比如长杆钨合金弹对多种硬钢靶标的侵彻预测结果与试验结果的对比(图 8.20)。

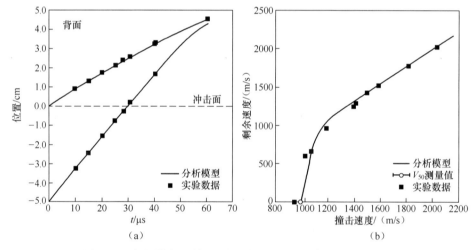

图 8.20　长杆钨合金弹对硬钢靶标(HB=415)侵彻的预测结果
(a)弹丸位置对比(弹头和弹尾位置);(b)弹丸剩余速度。

### 8.3.5　层压材料/靶标的侵彻/贯穿

Woodward 和 Crouch(1988)负责开发一个早期的分析模型,用于估算钝头弹丸撞击多层结构黏合金属层压靶板(比如:黏合铝层压板(ABAL),见第 4 章)临界贯穿速度。分析模型 LAMP 是一个简单的 FORTRAN 程序,其将贯穿过程分成两个阶段:冲塞块形成和加速阶段,然后是靶板背面部分出现凹陷阶段。该模型还考虑了层间剪切的影响。更重要的是,该模型每阶段的输入参数都可以通过简单的模拟力学试验,特别是约束压缩试验 CCT(见第 10 章)获得。LAMP 程序成功用于预测钝头弹丸对多种层压金属靶的侵彻抗力(Woodward 和 Crouch,1988)。

考虑到对一些聚合物层压材料,可以观察到前层在剪切之前就先发生拉伸变形的现象,Scott(2011)通过修正阶段 1 的细节,加入膜拉伸组件从而扩展了该方法。Scott 也利用 CCT 说明了这种分析方法对高性能超高分子量聚乙烯(UHMWPE)层压板(见第 5 章)的适用性。

最近 Moriniere 等(2014)对纤维金属层压板(FML)建模方法进行了综述,概括了 Reid 和 Wen(2000),Abdullah 和 Cantwell(2006)以及 Hoo Fatt(2003)等提出的,针对包括 GLARE 在内多种纤维金属层压板高速撞击多个不同分析模型的检验结果。装甲模型的关键要素包括铝层变形、刚度退化、弹丸头部形状、目标尺寸、应变率以及合金等级、纤维预处理、附着质量和层间抗力等材料特性。他们的结论是,由于其通用性,将经典层压理论集成到能量平衡模型中似乎是最有希望的方法。当然,由于材料和目标参数的多样性,对多种材料、多层组合的装甲系统而言,这项任务并非无足轻重。此外,在曲面(而不是平面)或使用多次撞击侵彻的研究非常少,因此分析建模仍需要花费数十年的时间。

案例研究 1:预测铝合金抗侵彻弹的性能

Forrestal 的缩比模型(式(8.75))需要确定与弹丸材料和几何相关的经验常数 $K$。对一种确定的弹丸,一旦确定了其经验常数 $K$,即可为其他种类以延性穿孔方式贯穿的靶标提供 $V_{50}$ 弹道极限预测值。

利用表 8.3 中所列出的弹道数据和表 8.4 中多种铝合金材料力学性能等数据,图 8.21 给出了弹道数据与靶板厚度和式(8.75)中 $(\sigma_s h_0)^{1/2}$ 之间的关系。利用最小二乘法可轻易得到拟合常数 $K$。

表 8.3　7.42mm 口径 APM2 弹丸对铝合金板冲击弹道极限数据汇编

| 合金 | 厚度/mm | $V_{50}/(m/s)$ | 来源 |
| --- | --- | --- | --- |
| 2024-T351 | 26 | 651.7 | Ryan 等(2015a) |
| 2024-T351 | 30 | 715.4 | |
| 2024-T351 | 34 | 773.9 | |
| 2024-T351 | 38 | 830.6 | |
| 5083-H112 | 20 | 474.3 | |
| 5083-H112 | 30 | 588.6 | |
| 5083-H112 | 40 | 697.7 | |

续表

| 合金 | 厚度/mm | $V_{50}$/(m/s) | 来源 |
|---|---|---|---|
| 5083-H116 | 20 | 492 | Borvik 等(2010) |
| 5083-H116 | 40* | 722 | |
| 5083-H116 | 60** | 912 | |
| 5083-H131 | 26 | 588 | Forrestal 等(2014) |
| 5083-H131 | 37.8 | 712 | |
| 5083-H131 | 38 | 738.5 | Ryan 等(2015a) |
| 5083-H131 | 50.9 | 876 | Forrestal 等(2014) |
| 5083-H131 | 54.7 | 890 | |
| 5083-H131 | 57.2 | 927 | |
| 6061-T651 | 25 | 578.3 | Ryan 等(2015a) |
| 6061-T651 | 25.7 | 596 | Gooch 等(2007a) |
| 6061-T651 | 26 | 583 | |
| 6061-T651 | 38.8 | 754 | |
| 6061-T651 | 50 | 896.2 | Ryan 等(2015a) |
| 6061-T651 | 51.2 | 883 | Gooch 等(2007a) |
| 7075-T651 | 20 | 501.0 | Forrestal 等(2014) |
| 7075-T651 | 20 | 628 | Forrestal 等(2010) |
| 7075-T651 | 26 | 718.4 | Ryan 等(2015a) |
| 7075-T651 | 30 | 784.3 | |
| 7075-T651 | 32 | 817.5 | |
| 7075-T651 | 38 | 909.5 | |
| 7075-T651 | 40* | 909 | Forrestal 等(2010) |

*:2mm×20mm 厚板

**:3mm×20mm 厚板

表8.4 多种铝合金应力-应变关系力学性能和幂拟合汇编

| 合金 | $E$/GPa | $Y$/MPa | $n(-)$ | 来源 |
|---|---|---|---|---|
| 2024-T351 | 73.1 | 290 | 0.170 | Ryan 等(2015a) |
| 5083-H112 | 70.3 | 225 | 0.110 | |
| 5083-H116 | 70.3 | 240 | 0.108 | Borvik 等(2010) |
| 5083-H131 | 70.3 | 276 | 0.100 | Ryan 等(2015a) |
| 6061-T651 | 69 | 262 | 0.085 | Piekutowski 等(1996) |
| 6082-T651 | 69 | 265 | 0.060 | Forrestal 等(2014) |
| 7075-T651 | 71.1 | 520 | 0.060 | Forrestal 等(2010) |

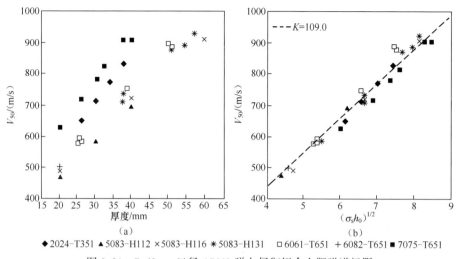

◆2024-T351 ▲5083-H112 ×5083-H116 ＊5083-H131 □6061-T651 ＋6082-T651 ■7075-T651

图 8.21　7.62mm 口径 APM2 弹丸侵彻铝合金靶弹道极限

(a)与靶标厚度关系；(b)与 Forrestal 缩比率关系。

现在考虑 Al2139-T8 铝合金,开发该材料以用于满足高强度、高断裂韧性用于耐损伤应用场合 2×××系列合金的要求,该材料在力学试验(Cho 和 Bes,2006)和弹道试验(Cheeseman 等,2008)中体现了良好的性能。为利用 Forrestal 缩比率提供弹道性能预测结果,需要知道该材料的应力-应变行为。Casem 和 Dandekar(2012)开展了 2139-T8 材料广泛的试验,包括准静态压缩试验以拟合确定如图 8.22 所示的参数：$E = 73.1\text{GPa}$；$Y = 430\text{MPa}$；$n = 0.085$。

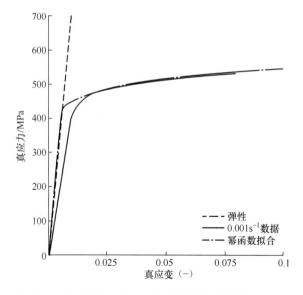

图 8.22　Al2139-T8 铝合金准静态压缩应力-应变曲线即幂函数拟合(Casem 和 Dandekar,2012)

Forrestal 缩比率与 Cheeseman 等(2008)弹道试验数据对比见图 8.23,其预测精度见表 8.5。对 4 种不同厚度靶板所有试验数据,Forrestal 缩比率所预测的 $V_{50}$ 都过高预测了试验结果,方差小于 5%。

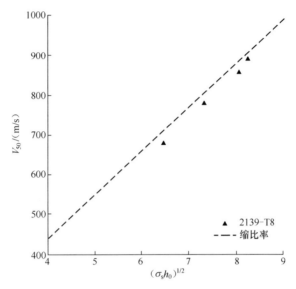

图 8.23 Al2139-T8 铝合金靶弹道试验数据与 Forrestal 缩比率预测结果对比

表 8.5 7.62mmAPM2 弹丸撞击 Al2139-T8 板弹道极限试验结果与 Forrestal 缩比率延性开孔预测值对比

| 弹丸 | 靶标 | 厚度/mm | $V_{50}$/(m/s) | | 偏差 | |
|---|---|---|---|---|---|---|
| | | | 预测值 | 试验值 | (m/s) | % |
| 7.62mmAPM2 | 2139-T8 | 25.2 | 705.0 | 682.1 | 30.5 | 4.5 |
| 7.62mmAPM2 | 2139-T8 | 32.3 | 798.4 | 782.7 | 24.4 | 3.1 |
| 7.62mmAPM2 | 2139-T8 | 39.0 | 877.1 | 860.1 | 26.5 | 3.1 |
| 7.62mmAPM2 | 2139-T8 | 40.9 | 898.3 | 892.5 | 15.6 | 1.8 |

## 8.4 非金属靶侵彻/贯穿解析模型

最常用的非金属装甲为陶瓷和复合材料,这些材料可以提供高效的装甲性能,但它们在弹道载荷作用下的响应又十分复杂。因此,其分析模型通常更复杂,或者包含更多的经验成分或更广泛的简化假设。

### 8.4.1 织物装甲的侵彻/贯穿

经典的束理论(Smith 等,1958)描述了单根束在横向冲击载荷作用下的响应,即冲击引起的横波在纤维束中传播的速度 $U$,以及临界速度 $V_{crit}$:以临界速度冲击时,纤维中产生的应变将超过破坏应变。横波波速由下式得到:

$$U = c(\sqrt{\varepsilon(1+\varepsilon)} - \varepsilon) \qquad (8.93)$$

式中:$c$ 为纤维束中的声速,$c = \sqrt{\dfrac{E}{\rho'}}$,等于纵波传播的速度;$\varepsilon$ 为纤维束中的应变。束中的应变 $\varepsilon$ 与冲击速度 $V$ 有关:

$$V = c\sqrt{\varepsilon(2\sqrt{\varepsilon(1+\varepsilon)} - \varepsilon)} \qquad (8.94)$$

为确定临界冲击速度 $V_{crit}$,式(8.94)中的应变简化为束的破坏应变 $\varepsilon_f$:

$$V_{crit} = c\sqrt{\varepsilon_f(2\sqrt{\varepsilon_f(1+\varepsilon_f)} - \varepsilon_f)} \qquad (8.95)$$

许多研究已经通过试验观察到多种纤维束的断裂速度较低,包括凯夫拉(Bazhenov 等,2001)、尼龙(Wilde 等,1970)以及 UHMW 聚乙烯(Walker 和 Chocron,2011)等。Walke 和 Chocron 等(2011)证明了当平头弹丸冲击时,束会从弹丸反弹开,这种反弹会对束产生更高的加速度载荷,反过来导致在低于式(8.95)预测速度的条件下破坏。考虑到这种效应,修正的临界冲击速度受下列两个表达式的限制:

$$V_{crit} = 1.19\varepsilon_f^{3/4} \qquad (8.96)$$

$$V_{crit} = 2^{-3/4}c\varepsilon_f^{3/4}\sqrt{2 - \sqrt{\varepsilon_f/2}} \qquad (8.97)$$

式(8.96)定义了束不会从弹丸反弹的条件,式(8.97)则定义了最坏的情况,即束加速到冲击速度的两倍。针对平头弹撞击的情况,经典理论(式(8.97))与 Walker 和 Chocron (2011)提出的修正模型,所预测的临界速度对比见图 8.24。

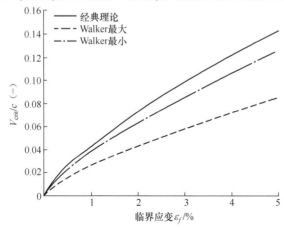

图 8.24 经典束理论和结合束从弹丸头部反弹的 Walker-Chocron 模型所预测的临界应变对比

Cunniff(1999)定义了一组无量纲参数,用于表征织物装甲系统抗长细比约为1的钢或钨弹丸侵彻能力的参数。对这样的系统,无量纲比(即 Pi 组)定义如下:

$$\Phi\left(\frac{V_{50}}{(U^*)^{1/3}}, \frac{AD_tA_p}{m_p}\right) = 0 \tag{8.98}$$

式中: $AD_t$ 为靶标系统的面密度; $A_p$ 为弹丸的瞄准面积; $m_p$ 为弹丸质量; $U^*$ 为纤维比韧度和应变波速的乘积:

$$U^* = \frac{\sigma\varepsilon}{2\rho}\sqrt{\frac{E}{\rho}} \tag{8.99}$$

式中: $\sigma$ 为纤维轴向拉伸强度极限值; $\varepsilon$ 为纤维轴向拉伸应变极限值; $E$ 为纤维的弹性模量; $\rho$ 为纤维密度。

根据式(8.98),织物装甲系统的弹道极限与 $(U^*)^{1/3}$ 成正比,这一特性为织物装甲系统之间的对比分析提供了有用的工具,也可用于推动织物装甲开发的性能改进。Cunniff 提出了一个经验关系,用于定义织物装甲的 $V_{50}$ 为式(8.98)中面密度 Pi 组的函数,即

$$V_{50} = f\left(\frac{AD_tA_p}{m_p}\right) \tag{8.100}$$

Phoenix 和 Porwal(2003)建立了一个解析模型,用以提供一整套用于取代 Cunniff 所采用式(8.100)中的经验拟合方法的解析方法。Phoenix 和 Porwal 假定:

$$\frac{V_{50}}{(U^*)^{1/3}} = 2^{1/3}\varepsilon_{y\,\text{max}}^{1/12}\frac{(1+\theta^2\Gamma_0)}{K_{\text{max}}^{3/4}} \tag{8.101}$$

式中: $\Gamma_0$ 为 Cunniff 无量纲 Pi 组, $\Gamma_0 = \frac{AD_tA_p}{m_p}$; $\varepsilon_{y\,\text{max}}$ 为束破坏应变; $\theta$ 为定义有效撞击直径的可调参数,一般取 1.25~1.35,其代表了靶标材料的响应面积,由于冲击能量的环绕和扩散,该响应面积比弹丸直径(或瞄准面积)大; $K_{\text{max}}$ 为弹丸撞击边缘膜中应变放大系数的最大值,

$$K_{\text{max}} \approx \exp\left\{-\frac{4\theta^2\Gamma_0}{3(1+\theta^2\Gamma_0)}(\psi_{\text{max}}^2 - 1)\right\} \times$$

$$\psi_{\text{max}}^{1/3}\left[\frac{\sqrt{\psi_{\text{max}}/\varepsilon_{\text{max}}}(\psi_{\text{max}} - 1)}{\ln\{1 + \sqrt{\psi_{\text{max}}/\varepsilon_{\text{max}}}(\psi_{\text{max}} - 1)\}}\right]^{2/3}$$

$$\psi_{\text{max}} \approx \sqrt{(1+\theta^2\Gamma_0)/(2\theta^2\Gamma_0)}$$

对非常厚的靶或者短的、大口径的破片, $\Gamma_0 \geq 1$, $K_{\text{max}} = 1$。由于无量纲面密度项减小,放大 $K_{\text{max}}$ 以说明弹丸边缘应变集中的较大影响。

Billon 和 Robinson(2001)提出了另一种评估包含多种织物材料层的织物装甲

性能的方法。单层织物装甲弹道极限由下式确定：

$$V_{\mathrm{bl}} = \left(\frac{2}{m_p \rho}\right)^{1/2} \left[\int_0^A f(a)\,\mathrm{d}a\right]^{1/2} \tag{8.102}$$

式中：$a$ 为侵彻层面密度，$a = \rho x$，$x$ 为侵彻深度；$A$ 为织物层面密度：

$$\int_0^{AD_t} f(a)\,\mathrm{d}a = \alpha A \tag{8.103}$$

式中：$\alpha$ 为经验常数。

经验常数 $\alpha$ 可通过将式(8.103)代入式(8.102)得到

$$\alpha = \frac{V_{\mathrm{bl}}^2 m_p \rho}{2A} \tag{8.104}$$

并且需要建立织物层弹道极限 $V_{\mathrm{bl}}$ 的幂函数拟合形式：

$$V_{\mathrm{bl}} = a\,(A)^b \tag{8.105}$$

式中：$a$ 和 $b$ 为拟合试验数据而得到的经验常数。

Billon 和 Robinson 对尼龙、UHMWPE 和 25.4mm 直径的圆形边界芳纶面料等定义 $b = 0.5$。Lee 等(1994)根据式(8.105)用 200mm 直径的圆孔表征了方夹式 UHMWPE 复合材料的弹道性能，其中 $b = 0.65$；Song 和 Egglestone(1987)针对芳纶和 S-2 玻璃织物也采用了类似数据，其中 $b$ 分别取 0.56 和 0.64。需要注意的是，弹道冲击载荷作用下的织物性能高度依赖于其跨度和边界约束条件。Billon 和 Robinson(2001)报道的 25.4mm 直径圆形截面的试验结果与 203mm×203mm 正方形截面试验结果不同。

一旦利用式(8.105)确定了单层织物的特性，假定弹丸动能随侵彻深度按恒定速率变化，织物装甲(含混合层)弹道极限即可用下式确定：

$$V_{\mathrm{bl}} = \left(\frac{2}{m_p}\right)^{1/2} \left[\sum_{i=1}^N \frac{\alpha_i A_i}{\rho_i}\right]^{1/2} \tag{8.106}$$

式中：$N$ 为装甲系统的织物总层数。

需要注意的是，式(8.106)仅适用于一些织物层间的干扰效应不明显或者可以忽略的特殊情况，即其弹丸对每层的侵彻为独立过程。Billon 和 Robinson (2001)的正交试验设计为被撞击的层其声速逐次增加，以最小化干扰效应的影响。对未经过阻抗优化设计的混杂织物装甲，其性能会由于惯性效应而显著降低 (Cunniff, 1992)，在这种情况下，式(8.106)则会过高预测装甲的性能。

### 8.4.2 复合物装甲的侵彻/贯穿

Gellert 等(2000)研究了玻璃纤维增强塑料(GFRP)抗钝头和锥形头部弹丸侵彻性能。对薄靶，侵彻以凹陷机制发生，有部分锥形截面的靶标材料沿弹丸运动方向发生分层和弯曲变形并与靶标分离(图8.25)。凹陷产生与靶标弯曲抗力有关。对于薄靶,其抗力不足以避免分层、层间剥离和随后的凹陷变形发生。对足够厚的靶而言,其弯曲抗力足以避免侵彻初始阶段凹陷的发生,因此,厚靶侵彻过程可认为包括两个阶段:初始的压入阶段和随后的凹陷阶段。

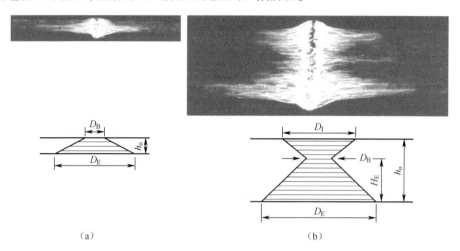

图 8.25  GFRP 层压板受钝头或锥形头部弹丸弹道冲击的损伤或分层模式
(a)薄靶以单相凹陷模式失效;(b)厚靶以压入和凹陷两相模式失效。弹丸从顶部向底部运动。

图 8.26 显示了薄靶(凹陷)和厚靶(压入和凹陷)试验数据差别,两者可用双线性函数较好拟合。

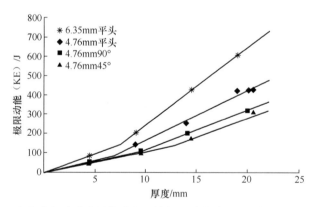

图 8.26  多种弹丸对玻璃纤维增强塑料侵彻时弹道极限动能与靶标厚度关系
双线性拟合与两阶段侵彻过程一致,即先为初始压入然后是凹陷。

$$KE = \frac{1}{2}m_p V_{50}^2 = \begin{cases} W_D & (薄靶) \\ W_I + W_D & (厚靶) \end{cases} \qquad (8.107)$$

式中：$W_D$ 为凹陷功；$W_I$ 为压入功。

凹陷功由下式确定：
$$W_D \approx W_T + W_F = L^2 h_0 (C_1 \sigma_m^2 / E + C_2 G_C) \tag{8.108}$$

式中：$W_D$ 为凹陷功；$W_T$ 为材料拉伸所做的功；$W_F$ 为材料基体断裂阶段所做的功（比如分层）；$L$ 为靶标背面分层锥形凹陷区域直径；$h_0$ 为靶标厚度；$\sigma_m$ 为复合材料平均拉伸强度；$E$ 为复合材料杨氏模量；$G_C$ 为复合材料断裂韧性，$C_1$ 和 $C_2$ 为经验常数。

压入阶段所做的功：
$$W_I = C_4 D^2 \sigma_C (h_0 - \phi) \tag{8.109}$$

式中：$C_4$ 为表征侧限效应对材料流动应力影响的经常系数；$D$ 为弹丸直径；$\sigma_C$ 为垂直厚度方向的压缩强度；$\phi$ 为靶标凹陷部分的厚度。

尽管式(8.108)和式(8.109)能为双线性侵彻模型提供力学上的依据，Gellert 等(2000)并未采用其确定弹道极限关系，而是手动用双线性函数去拟合试验数据。类似地，在模型中所采用的靶标凹陷部分厚度 $\phi$ 也不同于回收靶标样品所测量厚度，而是根据功的计算值，手工通过拟合试验数据得到。

Nguyen 等(2015a)在破片模拟弹丸对高性能超高分子量聚乙烯(UHMWPE)靶侵彻过程中观察到两相贯穿现象，即由剪切产生的冲塞破坏(先是压入，随后是凸起阶段，过程中板像膜一样发生拉伸破坏)。典型的纤维断裂形态见图 8.27：在初始阶段主要表现为纤维切割或剪切破坏(可能是弹丸锋利边缘的效果)，而在靠近板的后部，破坏形态转变为拉伸破坏为主。与剪切破坏纤维所表现的光洁干净断裂面不同，拉伸断裂纤维发生显著的延展和直径减小。

根据 Gellert 等的观点，Nguyen 等(2015a)依据能量和动量规律提出两阶段侵彻模型，其中弹道极限假定对应侵彻过程中所吸收的所有能量(或是 Gellert 等(2000)命名的专门术语中所定义的功)：
$$KE = \frac{1}{2} m_p V_{50}^2 = E_S + E_B \tag{8.110}$$

式中：$m_p$ 为弹丸质量；$E_S$ 为剪切冲塞阶段所吸收能量；$E_B$ 为凸出变形阶段所吸收能量。

剪切冲塞阶段所吸收能量 $E_S$ 等于形成冲塞块所做的功，其中剪切面积为弹丸的圆周长与剪切冲塞厚度乘积：
$$E_B = \int_0^{t_S} \tau_{max}(2\pi r_p) t \, dt = \tau_{max} \pi r_p t_S^2 \tag{8.111}$$

式中：$t$ 为复合板厚度；$t_S$ 为板剪切冲塞厚度；$\tau_{max}$ 为层压板沿厚度方向等效剪切强度；$r_p$ 为弹丸直径。

凸出阶段所吸收能量 $E_B$ 可由弹丸相应的动量转换得到

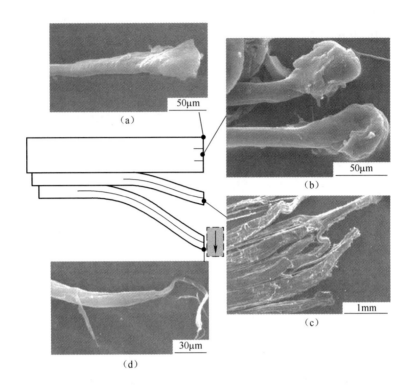

图 8.27　35mm 厚 Dyneema HB26 层压板受 12.7mm 破片模拟弹丸以 1346m/s 速度撞击时纤维的断裂形态
(a)复合层压板顶部;(b)剪切冲塞相;(c)凸出相;(d)背面。

$$E_B = \frac{1}{2}m_p V_B^2 \qquad (8.112)$$

式中:$V_B$ 为凸出阶段开始时弹丸的速度,由下式确定

$$m_p V_B = (m_p + m_B) V_{pB} \qquad (8.113)$$

式中:$m_B$ 为凸出初始阶段参与动量转换部分的靶标质量;$V_{pB}$ 为凸出出现时靶标和弹丸结合部位的质量。

根据 Phoenix 和 Porwal(2003)等的研究,凸出阶段出现时弹丸速度 $V_B$ 可与弹丸冲击织物的膜响应之间建立联系。假定在弹丸周围没有出现因变形而导致的应变集中现象,而且破坏应变由下式确定:

$$V_B = \left(1 + \beta^2 \frac{t_B \rho A_p}{m_p}\right)\sqrt{\frac{E_f}{\rho}}\sqrt{\frac{v_f}{2}}\sqrt{2\varepsilon_{max}\sqrt{\varepsilon_{max} + \varepsilon_{max}^2} - \varepsilon_{max}^2} \qquad (8.114)$$

式中:$t_B$ 为靶凸出阶段的失效厚度;$A_p$ 为弹丸瞄准面积;$\rho$ 为织物密度;$E_f$ 为织物拉伸弹性模量;$v_f$ 为纤维体积含量;根据 Phoenix 和 Porwal (2003) 以及 Walker

(1999)研究,可给出无量纲系数 $\beta$ ,用于说明凸出部位面积大于弹丸横截面积的效应(图8.28)。

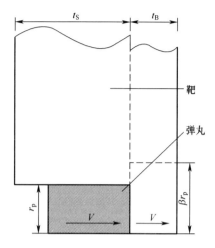

图8.28 分层板中的动量交换过程,用于说明靶标的响应面积大于弹丸的瞄准面积

把式(8.114)代入到式(8.112)中可得下式:

$$E_B = \frac{1}{2}m_p V_B^2 = \frac{1}{2}m_p \left(1 + \beta^2 \frac{t_B \rho A_p}{m_p}\right)^2 \frac{E_f}{\rho} \frac{v_f}{2}\left(2\varepsilon_{max}\sqrt{\varepsilon_{max} + \varepsilon_{max}^2} - \varepsilon_{max}^2\right)$$

(8.115)

由于剪切冲塞而失效的靶标厚度对膜厚度之比 $k$ 可通过回收靶标厚度测量而经验性确定。板间分离在复合区域形成,在此区域之外,板开始出现凸出变形而且破坏机制会由剪切冲塞向膜张拉破坏转变。图8.29给出靶标由于剪切冲塞而破坏的厚度与靶标总厚度之比 $k = t_s/t$ ,并给出 $k$ 的Cunniff无量纲参数幂函数拟合:

$$k = \frac{t_s}{t} = C_1\left(\frac{AD_t A_p}{m_p}\right)^{C_2} + C_3\frac{AD_t A_p}{m_p} \geqslant C_T \quad (8.116)$$

式中: $C_1$、$C_2$ 和 $C_3$ 为曲线拟合参数,分别等于 $-0.0013$、$-2.5$ 和 $0.74$; $C_T$ 为Cunniff无量纲参数,用于定义从薄靶向厚靶的转变,取值为0.08。

最终,弹道极限 $V_{50}$ 由下式计算:

$$V_{50} = \sqrt{\frac{2}{m_p \rho^2}\tau_{max}\pi r_p k^2 A D_t^2 + \left(1 + \beta^2(1-k)\frac{AD_t A_p}{m_p}\right)^2 \frac{E_f}{\rho}\frac{v_f}{2}\left(2\varepsilon_{max}\sqrt{\varepsilon_{max} + \varepsilon_{max}^2} - \varepsilon_{max}^2\right)}$$

(8.117)

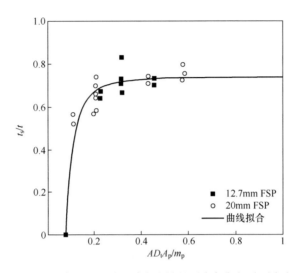

图 8.29 复合板发生剪切冲塞失效的厚度与靶板总厚度之比

根据 Cunniff 无量纲面积密度参数。试验数据与靶标弹道极限 $V_{50}$ 偏差在 ±5% 之内。

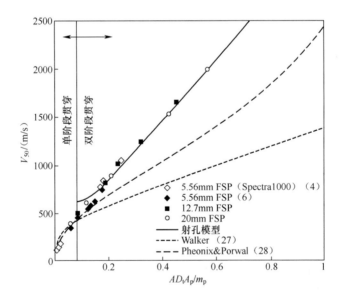

图 8.30 Walker（1999）的两阶段侵彻模型与 Phoenix 和 Porwal（2003）一阶段膜拉伸模型与 UHMWPE 靶标抗不同口径仿弹丸破片弹道极限数据对比

图 8.30 对比了式(8.117)给出的 UHMWPE 复合板抗 3 种不同口径的模拟弹丸破片(FSPS)弹道极限预测结果。在无量纲面积密度超过 0.175 范围内,两阶段侵彻模型预测结果与试验吻合较好,对口径 20mm 和 12.7mm 的 MIL-STD-662F 破片模拟弹丸,对应的靶标厚度约为 30mm 和 20mm。对更薄的靶标,或者无量纲面积密度值更低的情况,认为贯穿是通过膜拉伸过程而发生,其中并无初始的剪切冲塞阶段。对无量纲面积密度小于 0.08 的情况,Phoenix 和 Porwal (2003)或者 Walker (1999)等基于膜拉伸形式而提出的织物模型能给出与试验数据吻合度较高的预测结果。在 $0.08 < AD_tA_p/m_p < 0.175$ 范围,其中靶标响应仍然由凸出的膜行为起主要作用,侵彻模式很可能向两阶段模式转变。转变区域的弹丸变形程度增加会降低应变集中效应的影响,该效应在 Walker 模型以及 Phoenix 和 Porwal 的模型中有体现但在式(8.115)中却没提及。在图 8.31 中给出了撞击速度在 365~1966m/s 范围内回收的 FSP 弹丸变形程度照片,对应着 UHMWPE 靶标材料应变集中松弛现象的增加。

图 8.31 UHMWPE 靶标部分贯穿的 FSP 弹道极限试验中破片变形
冲击速度从左向右分别为 365,615,911,1410 和 1966m/s。

### 8.4.3 陶瓷装甲的侵彻/贯穿

陶瓷可提供满足重量和空间需求的弹道威胁高效防护。一般而言,研发装甲陶瓷的目的是为了防护侵彻弹。装甲陶瓷性能具有高度可变性,依赖于装甲的几何特性、装甲系统构成(比如装甲背板、面板等)、撞击过程中陶瓷应力状态以及典型的材料变量,如纯度和孔隙率等。另外,根据装甲系统设计和应用需求,装甲陶瓷还可被设计成用于承受特别的毁伤机制,比如压溃或者界面失效,在这样的侵彻过程中,侵彻弹体在装甲陶瓷表面就被完全磨蚀。

Carlucci 和 Jacobson 等(2007)定义了弹道冲击时陶瓷的损伤发展过程。最初,陶瓷撞击表面出现拉伸裂纹,形成圆环并沿主应力平面方向传播(一般与面法线成 25°~75°角),一旦裂纹传播到陶瓷背面,即会以圆锥形的形式合并。如果陶瓷板带有背衬(一般装甲陶瓷都带有背衬),应力会重新分配并在板撞击表面形成径向裂纹。带有背衬的装甲陶瓷损伤发展见图 8.32。

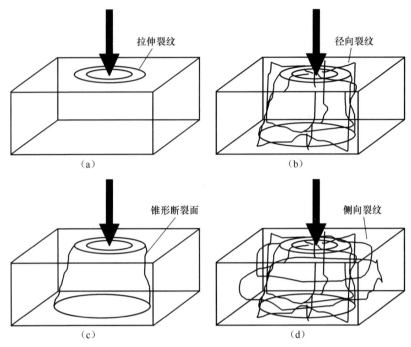

图 8.32 带有背衬的装甲陶瓷损伤发展
(a)撞击侧出现圆环形拉伸裂纹；(b)径向裂纹沿厚度方向发展；
(c)径向和拉伸裂纹在圆锥形断裂区内合并；(d)撞击表面出现侧向裂纹。

Woodward (1989)提出一个用于描述带有薄背板装甲陶瓷的抗力模型,该模型考虑了陶瓷惯性、圆锥形裂纹的背部约束效应以及背板凹陷变形等因素影响。基于简单系统的准静态观察结论,图 8.33 给出了一个装甲内部假定 68°锥角范围的简化速度场分布模型,在确定装甲的初始抗力时,该模型可以简化为集中质量模型。

考虑了两种失效模型:一是背板韧性失稳导致装甲系统的破坏,其中陶瓷依然能隔离弹丸和背板,侵彻过程中弹丸发生破碎;二是延性孔洞形成并导致后背板贯穿。侵彻初始,失效阈值通过计算背板凹陷所做的功 $W_D$ 而确定,假定背板产生如图 8.33 所示的理想塑性铰:

$$W_D = \pi bhY\left(\frac{2}{3}b + \frac{1}{2}h\right) \tag{8.118}$$

式中: $b$ 为背板的厚度; $h$ 为背板位移; $Y$ 为背板材料的流动应力。

背板通过延性孔洞形成而导致的贯穿形成了陶瓷靶侵彻的完整过程可通过下式评价:

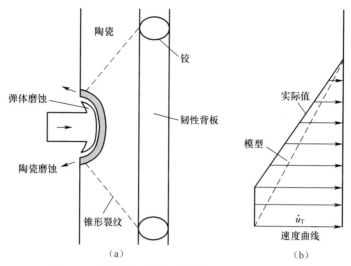

图 8.33 弹道冲击条件下带有背板的装甲陶瓷简化
(a)定义一个68°锥角的锥形截面提供弹丸侵彻的抗力;(b)速度场的简化。

$$\frac{1}{2}m_{p,\text{II}}(V_{b,\text{II}} - V_{p,\text{II}})^2 = \frac{\pi}{2}D_p^2 bY \tag{8.119}$$

式中:$V_b$ 和 $V_p$ 分别为背板和弹丸速度;下标 II 表示系统状态为阶段 II 开始状态(即在陶瓷完整侵彻发生之后)。式(8.119)可由 Woodward 模型的延性扩孔所做功的表达式中推导得到(见第 8.3.1 节)。

当弹和靶接触面压力超过弹或者靶强度时(一般为其轴向流动应力或者硬度参数的某种度量),会发生磨蚀。陶瓷侵彻过程中靶标背板的加速度和弹丸的减速度近似遵从集中质量模型的基本运动方程。采用 Woodward(1989)弹靶结合模型而得到的陶瓷材料侵彻过程(阶段 I)中弹丸的模型和减速度以及靶标背板加速度计算示例见图 8.34。

为说明厚背板的效应,Woodward 对陶瓷模型进行了扩展。在这种情况下,若能满足如下假定,可将两种薄背板破坏模型简化为一个模型:

(1)陶瓷靶侵彻过程中背板不存在加速度;

(2)背板凹陷失效模式被冲塞模式所取代,其中冲塞块通过侵彻第一阶段结束时剩余弹丸质量进行定义[即式(8.119)的 $m_{p,\text{II}}$]。

根据 Woodward 和 Cimpoeru(1998)研究,厚背板材料的冲塞块可通过第 8.3.2 节中的塑性理论进行计算。

陶瓷装甲应用的一个关键机制是压溃,即弹丸在陶瓷前表面发生磨蚀而最小化侵彻效应的过程(更多讨论见第 7 章)。在弹丸磨蚀的整个过程中维持压溃的现象称为界面失效。

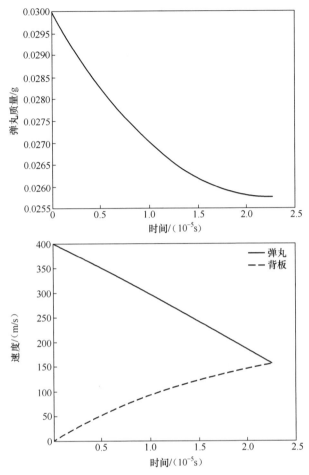

图 8.34　陶瓷侵彻过程中弹丸磨蚀和减速度计算示例

以 30g 平头圆柱弹丸对 8.8GPa 硬陶瓷靶标侵彻为例,采用 Woodward 模型(1989)。

因此,陶瓷装甲解析模型根据条件可以区分为两种不同理想情况:初始阶段的压溃过程以及随后的由残余弹丸完成的侵彻过程;或者通过界面失效而发生的整个压溃过程(图 8.35)。前文所提及的 Woodward 模型考虑了陶瓷侵彻过程中弹丸磨蚀但并没有考虑压溃过程。因此,对扩展到压溃阶段情况而言,Woodward 模型会低估装甲的抗侵彻性能。

现有很多解析模型可用于分析界面失效,尽管还没哪个模型可提供完整的分析手段。泰勒关于圆柱形平头弹撞击的零散研究工作可被认为与简化的压溃条件类似:在假定静态界面和陶瓷理想响应的条件下,一旦界面应力超过弹丸材料弹性极限,弹丸就会沿刚性界面发生径向塑性流动,减小弹丸长度(Anderson 和

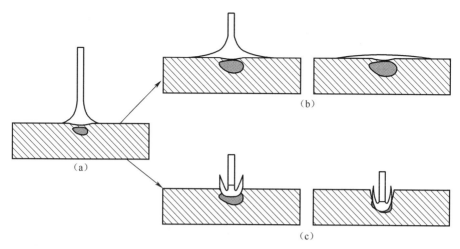

图 8.35 (a)跟随初始撞击压溃过程开始;(b)整个弹丸可能在陶瓷表面完全磨蚀,即界面失效;(c)或者在压溃过程中不能维持的条件下转变为侵彻过程

Walker,2005)。根据泰勒理论,可近似确定压溃时间 $t_D$:

$$t_D = \frac{L}{V_0}\frac{\varepsilon_1}{\sqrt{1-\varepsilon}}\int_{\varepsilon}^{\varepsilon_1}\frac{x}{L}\frac{\left(1-\frac{\varepsilon}{2}\right)}{(1-\varepsilon)^{3/2}}d\varepsilon \qquad (8.120)$$

式中:$L$ 为弹丸初始长度;$V_0$ 为冲击速度;$\varepsilon$ 为弹丸沿长度方向压缩应变;$\varepsilon_1$ 为弹丸的最终应变;$x$ 为由下式确定的没发生塑性变形时弹丸长度,即

$$\ln\left(\frac{x}{L}\right)^2 = \frac{1}{1-\varepsilon} - \ln(1-\varepsilon) - \frac{1}{1-\varepsilon_1} + \ln(1-\varepsilon_1) \qquad (8.121)$$

Elder 等(2010)发展了泰勒的理论以说明压溃阶段结束时非零速度的现象。图 8.36 为直径 $D_0$ 弹丸以初速 $V_0$ 撞击装甲陶瓷时变形过程:在初始压溃阶段,子弹变形且陶瓷断裂成圆锥形截面;根据动量守恒,压溃阶段结束时弹丸末速、断裂的陶瓷以及背板材料的速度 $V_1$ 可由下式确定:

$$V_1 = \frac{V_0 m_p}{m_p + m_c + m_b} \qquad (8.122)$$

其中:$m_p$ 为弹丸初始质量;$m_c$ 为断裂陶瓷的质量;$m_b$ 为背板质量。

加速陶瓷断裂锥形部分和背板材料所需的力可由下式得到

$$F = (m_c + m_b) \times a_{c,b} \qquad (8.123)$$

其中:$a_{c,b}$ 为陶瓷断裂锥形部分和背板加速度,由下式确定

$$V_1 = a_{c,b} \times t_D \qquad (8.124)$$

重新排列式(8.123)可得

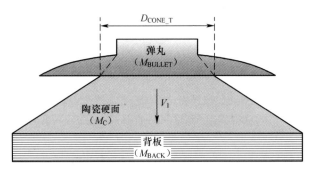

图 8.36 弹丸对带有背板的装甲陶瓷的冲击

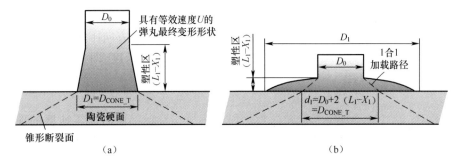

图 8.37 确定陶瓷靶标锥形断裂区
(a)小变形情况;(b)大变形情况。

$$F = \frac{(m_c + m_b)V_1}{t_D} \quad (8.125)$$

图 8.37 展示了大变形和小变形两种情况下陶瓷靶锥形断裂区,锥形断裂面由其界面直径确定:小变形由 $D_1$ 确定;大变形由 $d_1$ 确定。

弹丸相对于陶瓷的等效速度 $U$ 由下式确定:

$$U = V_0 - V_1 \quad (8.126)$$

弹丸动态屈服强度 $S$ 通过 Johnson-Cook 本构强度模型确定((Johnson 和

Cook,1983):

$$S = [A + B\varepsilon^n]\left[1 + C\ \ln\left(\frac{\dot{\varepsilon}}{\dot{\varepsilon}_0}\right)\right]\left[1 - \left(\frac{(T - T_{\text{ref}})}{(T_m - T_{\text{ref}})}\right)^m\right] \quad (8.127)$$

式中:$A$ 为静态屈服强度;$\varepsilon$ 为应变,在这种情况下由泰勒分析确定

$$\varepsilon = \varepsilon_1/2 \quad (8.128)$$

$\dot{\varepsilon}$ 为应变率,由泰勒分析确定:

$$\dot{\varepsilon} = U/(2(L_0 - X_1)) \quad (8.129)$$

式中:$U$ 为式(8.126)中弹丸的等效速度;$\dot{\varepsilon}_0$ 为参考应变率;$T$ 为材料温度(K);$T_m$ 为材料融化温度(K);$T_{\text{ref}}$ 为参考温度,一般取293K;$B$、$n$ 和 $c$ 为拟合试验数据而得到的经验常数。

图 8.38 为 Elder 提出的利用迭代法计算压溃时间和平均接触力的算法流程。

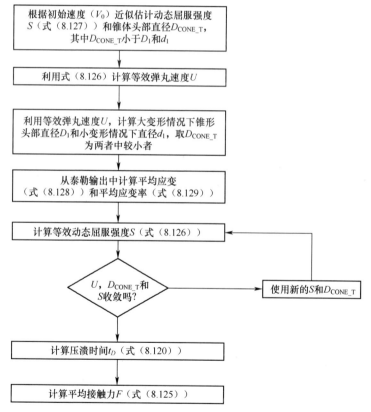

图 8.38 弹丸撞击带有背板的非刚性陶瓷装甲流程图

Anderson 和 Walker(2005)提出一种基于中心线动量守恒(如前所提的改进

的 A-T 流体动力学理论,见第 8.2.4 节)简单解析模型:

$$\frac{1}{2}\rho_p (u-v)^2 + Y_p = \frac{1}{2}\rho_t u^2 + R_t \tag{8.130}$$

$$\rho_p l \frac{dv}{dt} = -Y_p \tag{8.131}$$

$$\frac{dl}{dt} = -(v-u) \tag{8.132}$$

在压溃过程中,界面速度 $u$ 为零。在这种情况下,式(8.132)可被简化且式(8.130)不再有效,此时式(8.131)和式(8.132)可同时求解,且 $dv/dt = vdv/dx$ 可显式积分:

$$\frac{1}{2}\rho_p(v^2 - v_0^2) = Y_p \ln\left(\frac{l}{l_0}\right) \tag{8.133}$$

式中:$l$ 为弹丸剩余长度;$l_0$ 为弹丸初始长度;$v$ 为弹丸剩余速度;$v_0$ 为初始速度。

Anderson 和 Walker(2005)的研究表明,在最少输入参数时(即仅输入弹丸长度、密度和靶标流动应力),该模型对侵彻弹和长杆弹侵彻陶瓷装甲能给出与试验结果较一致的预测结果。很明显,该模型的局限之处在于只有当接触界面速度 $u$ 接近为零时(即压溃过程能持续)才有效。该模型无法提供确定何时这些条件不再满足而由压溃转换为侵彻过程的方法。

Lundberg 等(2000)提出了一个确定界面失效条件而非预测压溃过程中弹丸响应的模型,他们认为在撞击的高应变率和应力状态下,确定界面处弹丸行为的主要因素是惯性效应而非强度和可压缩性。因此,可认为压溃阶段射弹经历径向流体动力学流动,其穿过刚性且无摩擦的表面。假定压溃阶段为定常阶段(即,忽略瞬态冲击效应),表面沿中心线压力 $p_0$ 定义如下:

$$p_0 \approx q_p\left(1 + \frac{1}{2\alpha} + 3.27\beta\right) \tag{8.134}$$

式中:$\alpha = \frac{K_p}{q_p}$;$\beta = \frac{\sigma_{yp}}{q_p}$;$q_p = \frac{1}{2}\rho_p v_p^2$;$K_p$ 为弹体材料体积模量;$q_p$ 为密度 $\rho_p$ 速度 $v_p$ 理想流体的滞止压力;$\sigma_{yp}$ 为弹体材料屈服强度;$\alpha$ 和 $\beta$ 分别为关联材料弹性和塑性效应与惯性效应的无量纲参数($\alpha \gg 1, \beta \ll 1$)。

从界面失效向正常侵彻转变的临界条件取决于两个与陶瓷剪切失效相关的极限值,一个是由表面压力(式(8.135))而导致的剪切失效,另一个则是通过凹陷方式而发生的剪切失效。

$$p_0^{\text{lower}} = (2.601 + 2.056\nu)\tau_y \tag{8.135}$$

$$p_0^{\text{upper}} = 5.70\tau_y \tag{8.136}$$

式中:$\nu$ 为陶瓷材料泊松比;$\tau_y$ 为其剪切强度,其与陶瓷屈服强度 $\sigma_y$ 之间满足

Tresca 准则 $\sigma_y = 2\tau_y$。

因此,转换速度介于如下区间之内:

$$v_t^{\text{lower}} = \sqrt{\left(\frac{2K_p}{\rho_p}\right)\left[-1 + \sqrt{1 + 2\left(\frac{(1.30 + 1.03v)\sigma_y - 3.27\sigma_{yp}}{K_p}\right)}\right]} \quad (8.137)$$

$$v_t^{\text{upper}} = \sqrt{\left(\frac{2K_p}{\rho_p}\right)\left[-1 + \sqrt{1 + 2\left(\frac{2.85\sigma_y - 3.27\sigma_{yp}}{K_p}\right)}\right]} \quad (8.138)$$

Lundberg 等(2000)给出多种弹-靶组合的试验结果(图 8.39)。

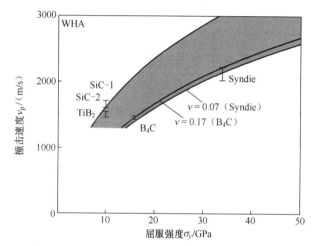

图 8.39 界面失效转换速度区间与弹丸撞击速度 $v_p$ 和靶标屈服强度 $\sigma_y$ 之间关系(Lundberg 等(2000))
试验所测转换速度近似位于解析解的上下边界。

假定在界面失效或侵彻开始之前陶瓷靶标承受准静态加载,将会忽略撞击冲击波反射所产生的损伤(Zukas 等,1982),也会忽略陶瓷屈服强度的应变率效应(Nemat-Nasser 和 Deng,1994)。为最小化初始撞击冲击波影响,Lundberg 等(2000)在试验样品中增加了一个钢质缓冲层以降低初始冲击波幅值,从而对陶瓷样品产生更平缓的加载波。Hauver 等(2005)曾提出消除反射冲击波并因此延迟其与界面处假定的稳定应力状态相互作用的试验技术,但该技术并未得到应用。

尽管 Lundberg 等所提出的模型采用了多个潜在有重要影响的假定,图 8.39 中结果仍表明该模型具有定量层次的优势,多种材料试验结果所确定的转换速度要么位于上边界要么位于下边界,这种现象表明该模型再现了精确确定侵彻的物理现象和破坏机制,尽管它无法解释何种材料会位于哪个边界上。

LaSalvia 等(2000)认为 Lundberg 等(2000)的模型中所采用的用于确定临界

压力(式(8.137))下边界的屈服准则并不为他们试验结果所支持,他们认为诱发侵彻的因素并非极端剪切变形所引起的材料体积屈服,而是靶标材料的压碎区域超过自由面并不再受约束,或者是由于冲击所诱发的损伤区域由表面扩展到材料内部。导致压碎区域扩展到界面的临界压力 $p_0^*$ 由下式确定:

$$\left(\frac{p_0}{\tau_y}\right)^* = \frac{2\sqrt{2}\pi\Delta\sqrt{\frac{l_t}{c}}}{1 - 2v - (3 + 2v)\mu - \sqrt{2}\pi(1 + 2v)\left(\frac{l_t}{c}\right)} \quad (8.139)$$

式中:$l_t$ 为脆性材料典型拉伸"翼形"裂纹长度(比如 $c$ 为陶瓷典型微裂纹长度,其中 $2c$ 为晶粒平均尺寸);$\mu$ 为裂纹边缘相对运动方向相反的摩擦系数;$\Delta$ 为确定翼状裂纹主要行为的延性参数(基于 Horii 和 Nemat-Nasser(1986)所提出的模型):

$$\Delta = \frac{K_{IC}}{\tau_y\sqrt{\pi c}} \quad (8.140)$$

式中:$K_{IC}$ 为 I 型断裂韧度。

若 $\Delta$ 取值在临界值以上,裂纹行为受裂纹尖端塑性松弛影响,会抑制裂纹传播。当 $\Delta$ 减小时,材料表现为更多脆性,因此,塑性松弛发生的可能性会降低。这导致了更多裂纹的形成和更早(更低的撞击速度)侵彻的发生。式(8.139)所确定的临界速度:

$$v_t^{lower} = \sqrt{\left(\frac{2K_p}{\rho_p}\right)\left[-1 + \sqrt{1 + 2\left(\frac{p_0^* - 3.27\sigma_{yp}}{K_p}\right)}\right]} \quad (8.141)$$

LaSalvia 等(2000)研究结果表明,式(8.141)计算所得的转换速度边界对 $\tau_y$、$\Delta$、$\mu$、$v$ 和 $l_t/c$ 等参数高度敏感,其中 $\Delta$ 和 $l_t/c$ 为非独立变量,摩擦系数 $\mu$ 很难确定,以 Horii 和 Nemat-Nasser 的最初工作为基础,作者建议取 $\mu = 0.4$,但并没给出选择此值的推导条件和理由。

Bruchey 和 Horwath(1998)提出了一种能实现界面失效的装甲陶瓷设计系统,在评估被包裹着陶瓷的性能时,他们认为是弹丸压缩或者陶瓷背面弯曲拉伸而导致陶瓷的失效。

陶瓷背面产生拉伸破坏所需的最大挠度 $\delta_{cer}$ 可通过三点弯曲试验确定:

$$\delta_{cer} = \frac{P}{8KL_e^2} \quad (8.142)$$

式中:

$$L_e^2 = \frac{E_c t_c^3}{(12K(1-v^2))^{0.25}}$$

$$P = \frac{2\sigma_{rup}\pi t_c^2}{3(1+v)\left[\ln\left(\frac{L_e}{r_{pen}}\right) + 0.6159\right]}$$

$$K = \frac{(w/A_1)}{\delta} \quad w = \frac{\delta E_b t_b^3}{0.1267 b^2}$$

其中：$K$ 为整个系统的模量，用于关联所施加的载荷与线性变形；$w$ 为在后板背面产生挠度 $\delta$ 所需要的载荷；$A_1$ 为压溃过程中弹丸对陶瓷的迎风横截面积；$t_c$ 和 $t_b$ 分别为陶瓷厚度和背板厚度；$E_c$ 和 $E_b$ 分别为陶瓷和背板材料杨氏模量；$b$ 为弹丸蘑菇头半径；$\delta$ 为在载荷 $w$ 作用下的背板挠度；$P$ 为在陶瓷背面产生断裂的面载荷；$\sigma_{\mathrm{rup}}$ 为三点弯曲试验中所测得的陶瓷断裂应力；$r_{\mathrm{pen}}$ 为弹丸初始半径。

因此，如果载荷 $P$ 能产生超过最大挠度的变形，陶瓷背面将会发生破坏，无法实现界面失效。载荷 $P$ 可通过下式计算：

$$P = P_1 A_1 \qquad (8.143)$$

式中：$P_1$ 为通过 Rankine-Hugoniot 冲击波阶跃条件计算得到的界面压力：

$$P_1 = \rho_p C_p (V_0 - u_{p,c}) + \rho_p S_p (V_0 - u_{p,c})^2 \qquad (8.144)$$

其中，$u_{p,c}$ 为陶瓷质点速度，由下式确定：

$$u_{p,c}^2 (\rho_c S_c - \rho_p S_p) + u_{p,c} (\rho_c c_c + \rho_p c_p + 2\rho_p S_p V_0) - \rho_p (c_p V_0 + S_p V_0^2) = 0$$

$$(8.145)$$

$\rho_p$ 和 $\rho_c$ 分别为弹丸和陶瓷材料密度；$c_p$ 和 $c_c$ 分别为弹丸和陶瓷体积声速；$S_p$ 和 $S_c$ 分别为弹丸和陶瓷的 $u_p - U_S Q$ 曲线斜率；$u_{p,p}$ 和 $u_{p,c}$ 分别为弹丸和陶瓷质点速度；$V_0$ 为弹丸速度。

对体积压缩失效，Bruchey 和 Horwath 简单对比了式（8.143）所得到的压力与材料动态强度的估计值，他们采用 Tate 估计值，其中动态强度为 Hugoniot 弹性极限 HEL 和泊松比 $\nu$ 的函数：

$$R_t = \mathrm{HEL} \left( \frac{1 - 2\nu}{1 - \nu} \right) \qquad (8.146)$$

关于 Bruchey-Horwath 模型，有趣之处是它在效果上是模态方法，同样地，破坏准则可按照 LaSalvia 等（2000）和 Lundberg 等（2000）的形式容易升级。该方法首先检查界面失效条件的有效性，即陶瓷不会以压缩或者弯曲拉伸而破坏，然后根据陶瓷的质量效率而缩放其性能，即

$$e_{mf} = e_m \left( \frac{R_t}{P_1} \right) \left( \frac{\delta_{\mathrm{cer}}}{\Delta_{\mathrm{cer}}} \right) P_1 \geqslant R_t \text{ 或者 } \Delta_{\mathrm{cer}} \geqslant \delta_{\mathrm{cer}} \qquad (8.147)$$

式中：$\Delta_{\mathrm{cer}}$ 为靶标在冲击载荷 $P_1$ 作用下的挠度；$e_m$ 为未损伤的靶标（弹道测量）初始质量效率；$e_{mf}$ 为断裂陶瓷的质量效率。

因此，对那些不会以体积压缩或背板拉伸断裂而失效的冲击状态，质量效率等于无损伤靶标。对该条件之外的，质量效率都会降低。

Bruchey 和 Horwath（1998）所提出的方法在预测质量效率上与多种等静压陶

瓷、多种弹丸材料和靶标配置等效的轧制均质装甲钢(RHA)试验结果吻合较好,偏差小于10%。虽然它不直接计算转换速度,但可以通过从最终效率值反推来估计下限。

### 8.4.4 陶瓷装甲附带损伤预测

如前面章节所述,许多模型研究者已经开发出数学处理方法以描述高速撞击条件下复杂的、沿厚度方向的损伤和穿透机制。然而,能够预测附带损伤程度,尤其是以撞击点为中心而形成的径向裂缝同样重要。对脆性陶瓷基系统,比如第7章中所介绍的硬装甲板,其径向裂纹会沿靶标的所有方向传播并对严重影响靶标抗重复打击的性能。因此在设计硬装甲板(见第7章)时,预测其抗第二次以及后继撞击的性能至关重要。在2009—2012期间,防护材料和技术中心(DMTC)在Crouch和Elder领导下开始研发一套基于知识、基于工程的二维分析模型,该模型考虑了陶瓷性能随着距靶标边缘距离以及距裂缝距离而弱化的规律(图8.40)。在迭代算法中嵌入经验方程,用以确定第一次打击后的损伤指数,输出以撞击位置为基础(图8.41)。DMTC正开展可推进这项工作的活动。

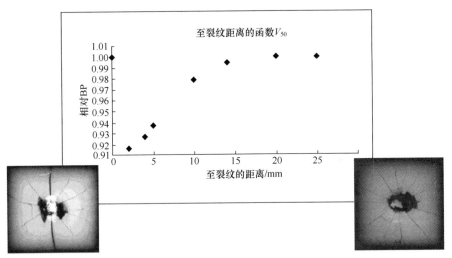

图8.40 有裂纹碳化硅基装甲系统弹道性能,表明随距主裂纹距离变化其性能的变化

近期的论文(Crouch,2014)指出包层对径向裂纹的影响规律,并提及了如下论点:当HAP靶受到撞击时,会产生多条径向裂缝,但当靶弯曲时只会存在有限数量的裂缝沿靶标背面产生的环向拉伸应力方向传播,裂缝的数量似乎与环向应力场的大小有关,裂缝以灾难性的方式传播以减轻环向应力。见第7章以获取更详细的信息。

#### 8.4.4.1 案例研究2：预测复合装甲抗破片性能

Nguyen 等（2015b）发现，典型弹道复合物和织物的 $V_{50}$ 随式（8.98）的第二无量纲参数而线性缩放（图 8.42），而且，使用无量纲参数已经成功地将不同口径弹丸的弹道极限数据整合到同一曲线上，因此，这些关系既可用于定义复合材料和织物装甲抵抗钝头弹的弹道效率，也可用于设计装甲系统以抵御特定威胁。

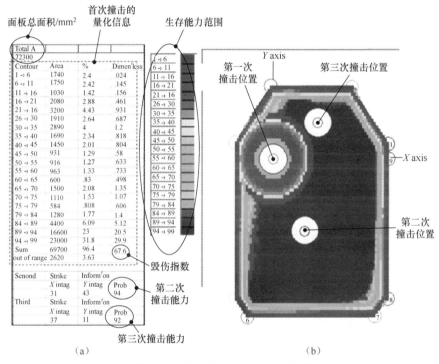

图 8.41 摘自 Elder 和 Crouch 的工作

在图 8.42 中，UHMWPE，Kevlar 和 GFRP 装甲都可设计为抵御特定破片。装甲系统的效率定义为防御特定威胁所需的质量和空间与基准装甲提供相同级别保护所需的质量和空间之比，其中 RHA 被定义为基准装甲。装甲的质量效率 $E_m$ 和空间效率 $E_s$ 分别由下式确定：

$$E_m = \frac{t_{\text{ref}} \times \rho_{\text{ref}}}{t \times \rho} \tag{8.148}$$

$$E_s = \frac{t_{\text{ref}}}{t} \tag{8.149}$$

式中：$t$ 为防御威胁所需装甲厚度；$\rho$ 为装甲材料密度；下标 ref 指参照条件（如：RHA）。

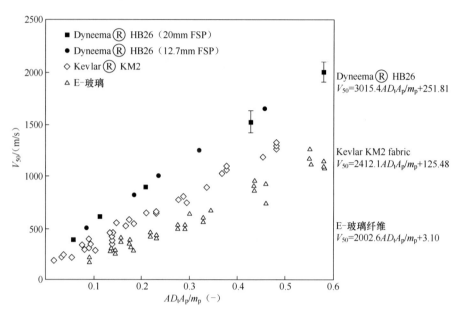

图 8.42 不同复合材料和织物材料抗长径比约 1.0 钝头钢弹和钨弹的性能，抗弹性能与 Cunniff 无量纲参数（Cunniff，1999）绘于图中

两个效率因子的乘积称为品质因子 $q^2$，$q^2$ 的值代表装甲或者材料比基准装甲更薄或更轻，因此其防护性能更优越（Gooch 等，2004）。

计算所得的空间效率和质量效率值见图 8.43，与基准 RHE 替代材料相比，所展示的全部 3 种复合装甲材料在以节省空间为代价的条件下，都显示了更好的空

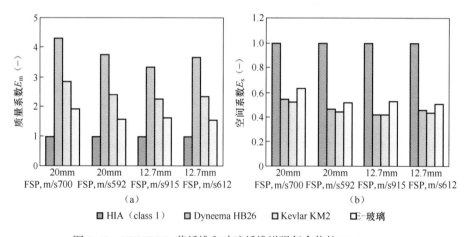

图 8.43 UHMWPE、芳纤维和玻璃纤维增强复合物抗 12.7mm、20mm 破片模拟弹丸的质量效率(a)和空间效率(b)

间效率。换而言之,在提供相应的防护水平下,复合物装甲比基准钢材料质量更轻但需要更大的空间。表 8.6 的品质因子值表明,Dyneema 材料对所提供的威胁都可以提供最好防护,而凯夫拉和 E-玻璃防护能力与基准钢材相当。尽管品质因子 $q^2$ 作为直接比较方法的指标较为有用,但由于质量和空间要求很少相等,因此在实践中很少使用装甲品质因子。

表 8.6 抗破片模拟 12.7mm 和 20mm 口径弹丸典型复合物装甲和织物装甲设计计算实例

| 弹丸 | 材料 | 速率/(m/s) | 要求的厚度/mm | AD/(g/cm²) | $E_m$(-) | $E_m$(-) | $E_m$(-) |
|---|---|---|---|---|---|---|---|
| 20mm FSP | RHA* | 595 | 10.3 | 80.8 | 1.0 | 1.0 | 1.0 |
| | Dyneema HB26 | 595 | 21.9 | 21.5 | 3.8 | 0.5 | 1.8 |
| | 凯夫拉 KM2 | 595 | 23.2 | 33.4 | 2.4 | 0.4 | 1.1 |
| | E-玻璃 | 595 | 19.9 | 50.8 | 1.6 | 0.5 | 0.8 |
| 20mm FSP | RHA* | 700 | 15.0 | 117.0 | 1.0 | 1.0 | 1.0 |
| | Dyneema HB26 | 700 | 27.6 | 27.1 | 4.3 | 0.5 | 2.3 |
| | 凯夫拉 KM2 | 700 | 28.6 | 41.1 | 2.8 | 0.5 | 1.5 |
| | E-玻璃 | 700 | 23.6 | 60.1 | 2.0 | 0.6 | 1.2 |
| 12.7mm FSP | RHA* | 610 | 6.6 | 51.6 | 1.0 | 1.0 | 1.0 |
| | Dyneema HB26 | 610 | 14.4 | 14.1 | 3.7 | 0.5 | 1.7 |
| | 凯夫拉 KM2 | 610 | 15.1 | 21.8 | 2.4 | 0.4 | 1.0 |
| | E-玻璃 | 610 | 12.9 | 32.9 | 1.6 | 0.5 | 0.8 |
| 12.7mm FSP | RHA* | 915 | 10.2 | 80.1 | 1.0 | 1.0 | 1.0 |
| | Dyneema HB26 | 915 | 24.4 | 23.9 | 3.3 | 0.5 | 1.4 |
| | 凯夫拉 KM2 | 915 | 24.6 | 35.4 | 2.3 | 0.4 | 0.9 |
| | E-玻璃 | 915 | 19.3 | 49.2 | 1.6 | 0.5 | 0.9 |

## 8.5 有限厚金属装甲贯穿计算程序

尽管所讨论的许多分析模型能够提供高水平的精度,但其仅能应用于某些特定类别的弹丸或靶标之间的冲击事件,或者弹靶两者组合能在装甲中产生一致的失效机制(例如,延性扩孔)等情况。已经开发了多种计算软件包,用以提供装甲车辆易损性评估的宽范围应用,其或者通过包括应用于更大范围的靶和弹的手段(一般为采用增加经验方法的途径);或者通过决策树的概念,其首先将冲击事件进行分类,然后再确定选择合适的算法。

这些计算包通常具有一定的分类,或者分布有限。而且它们提供各种不同的自动化功能,比如:早期计算包如 ConWep 能提供可用于识别分类过程并询问在何种情况下采用何种侵彻算法的文档,而更新更复杂的计算包,比如 FATEPEN,作为事实上的黑匣子在运作,提供何种情况下使用何种侵彻算法的有限信息,而且对不适用于特定算法有效性范围的弹靶相互作用而言,这些软件包可在模型之间进行某种程度的插值或外推计算,但该过程无法清晰追踪。

因此,这些软件包对于防护领域来说是一种非常宝贵的工具,但是要正确地使用,需要具备有关底层算法的知识水平。

### 8.5.1 THOR

THOR 工程是美国在 20 世纪 50 年代完成的中程弹道导弹计划的一部分,其通过大量试验研究,采用长径比($L/D$)接近 1 的短圆柱体和圆柱形立方体碎片去评估金属和非金属靶标侵彻抗力(Anon,1961,1963)。

基于这些试验数据建立了两套经验公式,两者同时使用时,可给出导致弹丸未能贯穿而破碎的冲击条件等相关信息,方程组建立碎片剩余速度和重量与冲击参数、靶标几何形状以及材料属性等参量间联系。THOR 方程的破片残余速度 $V_r$ 定义如下:

$$V_r = V_s - 10^C (TA)^\alpha W_f^\beta (\sec\theta)^\gamma V_s^\lambda \tag{8.150}$$

式中:$V_s$ 为破片撞击速度(ft/s);$T$ 为靶标厚度(in);$A$ 为破片平均撞击面积($in^2$);$W_f$ 为破片重量(格令,1 格令 = 0.0648g);$\theta$ 为垂直于目标表面测量的撞击倾角(°);$C$、$\alpha$、$\beta$、$\gamma$ 和 $\lambda$ 为经验常数。

或者,式(8.150)可以重排以求解 $V_s$,当 $V_r = 0$ 时,$V_s$ 可用来估算防护速度(用 $V_0$ 而非 $V_s$ 表示):

$$V_0 = 10^{C_1} (TA)^{\alpha_1} W_f^{\beta_1} (\sec\theta)^{\gamma_1} \tag{8.151}$$

式中:$C_1 = C/(1-\lambda)\alpha_1 = \alpha/(1-\lambda)\beta_1 = \beta/(1-\lambda)\gamma_1 = \gamma/(1-\lambda)$

需要注意的是,防护速度 $V_0$ 与弹道极限速度 $V_{50}$ 不同,因为它定义了预测不会发生贯穿的极限速度,而非射弹具有 50% 概率贯穿靶标的速度。当发生贯穿时,破片剩余重量 $W_r$ 可通过下式计算:

$$W_f - W_r = 10^C (TA)^\alpha W_f^\beta (\sec\theta)^\gamma V_s^\lambda \tag{8.152}$$

对长径比约为 1.0 的破片,由于其平均瞄准面积近似正比于质量的 2/3 次方,Anon(1961)给出了式(8.150)~式(8.152)的简化形式,并采用修正的经验常数 $C^*$ 和 $\beta^*$:

$$V_r = V_s - 10^{C^*} T^\alpha W_f^{\beta^*} (\sec\theta)^\gamma V_s^\lambda \tag{8.153}$$

$$V_0 = 10^{C_1^*} T^{\alpha_1} W_f^{\beta_1^*} (\sec\theta)^{\gamma_1} \tag{8.154}$$

$$W_f - W_r = 10^{C^*} T^{\alpha} W_f^{\beta^*} (\sec\theta)^{\gamma} V_s^{\lambda} \tag{8.155}$$

对长径比大于3的破片,常规形式THOR方程(式(8.150)~式(8.152))的解值得商榷。

THOR47号报告(Anon,1961)中给出镁合金、Al2024-T3、钛合金(未知型号)、铸铁、面硬化钢、均质低碳钢、硬均质钢、铜、铅和贫化铀(简称Tuballoy)等材料的经验常数。THOR53号报告(Anon,1963)对经验常数进行了补充,将THOR方程推广应用于非金属靶,包括黏合和非黏合尼龙、Lexan(聚碳酸酯)、有机玻璃(铸造和拉伸)、Doron板(玻璃纤维/塑料复合材料)和防弹玻璃等材料。若将THOR方程应用于其他非指定的靶标材料,标准方法是选择最接近的THOR材料,并通过两种材料的密度比来修改厚度。

式(8.150)~式(8.155)中的经验常数通过压制钢破片试验获得,破片在试验过程中不会发生变形或破裂,因此,尽管这些方程可用于其他材料(比如贫铀),但预测精度尚未经过验证,应谨慎使用(特别是对那些期望在侵彻过程中破碎的弹丸材料)。对长径比$L/D$增加至3的情况,THOR方程均可以给出与试验一致的结果,然后,如果外推到更大的长径比$L/D$,其精度未知,应持怀疑态度使用。

应用THOR方程的首要问题涉及弹丸材料低碳钢SAE 1020的使用。FSP标准,比如STANAG 2920或MIL-P-46593B,需要钢材标号为4337H/4340H,其硬度和强度要明显高于SAE 1020(比如286对比134 HB硬度)。

### 8.5.2　JTCG/ME侵彻手册

弹药效能联合技术协调小组(JTCG/ME)在他们的手册中以THOR公布的工作为基础建立了弹丸和破片的侵彻方程(Anon,1985)。

对于弹丸进行了区分,以区别通过延性孔洞形成贯穿(比如侵彻弹和尖头弹攻击)还是通过冲塞而形成贯穿(比如钝头弹攻击)(图8.44)。

根据JTCG/ME方程的假定,尖头弹侵彻过程包括两个阶段:首先,弹头导致靶标明显变形,并产生开口;然后,随弹体侵入,会扩展此开口并撕裂靶标材料。这种描述与空腔膨胀理论(见第8.3.1节)一致,然而JTCG/ME方程更多的采用经验方法。

对钝头弹和破片冲击,可采用Anon(1961)提出的无量纲形式方程。采用依据钢质破片对钢板的冲击以及冲击压力等效性得出的断裂阈值经验值(Yatteau等,2005),可将JTCG/ME方程用于弹丸发生断裂的冲击事件中,而不像THOR方程那样(不能用于弹丸发生断裂的情况)。

Anon(1985)提供了JTCG/ME侵彻方程所需的,用于航空航天和国防应用领

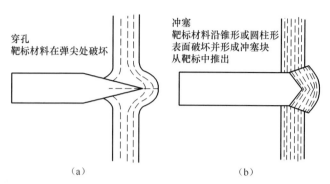

图 8.44 JTCG/ME 侵彻手册中尖头弹(a)和钝头弹(b)对靶板侵彻的失效机制

域的一系列常见材料常数。对于未提供常数的金属和合金材料,其提供了基于材料强度和延性的缩放方程。

### 8.5.3 ConWep

ConWep 程序集成了 Hyde(1986)所提供的方程计算所得的常规武器效应,其以试验数据的经验表征为基础,可计算破片冲击、弹丸冲击、火焰、燃烧剂、化学试剂以及爆炸对结构的作用等。

以装弹药的弹药筒(低碳钢)爆炸所产生的套筒破片为基础,ConWep 程序定义了标准破片形状,尽管被认为不如尖锐边缘破片那么重要,但标准破片(图 8.45)仍被认为具有统计学意义。

ConWep 程序的基础方程,不论是用于破片还是用于小孔径弹丸的,都是高度经验性的方程。方程由低碳钢靶标的冲击确定,其中采用了缩比关系。对破片冲击,这些缩比率仅仅依赖于靶标材料的硬度,因此只能使用于非常有限的靶标种类。

ConWep 方程假定破片的正入射(即垂直于靶标表面)是最严重的情况,应该用于设计条件,因此,方程无法用于斜撞击的情况。

### 8.5.4 FATEPEN

快速空中目标遭遇侵彻(FATEPEN)软件包是由代表美国海军水面作战中心(Dahlgren 部)的应用研究协会开发维护的程序,是 THOR 和 JTCG/ME 经验弹道侵彻方程的更新扩展((Yatteau 等,2005)。该程序使用了一系列的经验模型(弹道侵彻、破片云形成等)以预测武器对轻质装甲和多层靶标的毁伤效应。FATEPEN 允许定义多种弹体形状,包括球体、平行六面体和圆柱体(有圆形、锥形

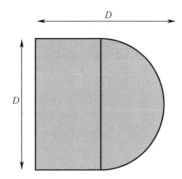

图 8.45 CONWEP 主破片形状和描述

或截头的头部)。然而,仅仅在区分断裂性质和瞄准面积的差别时,才会考虑到弹丸形状。在计算的大部分步骤中,弹丸都用等质量的右圆柱体代替。

FATEPEN 程序集成了多种计算靶标弹道极限 $V_{50}$ 的方法,弹道极限依赖于靶标和破片的材料。FATEPEN 中的弹道极限方程是解析技术和超过 2000 个侵彻试验数据(主要为圆柱形钢模拟弹丸破片试验数据)拟合的经验曲线的合成结果(Yatteau 等,2005)。对存在弹道极限数据(比如钨合金弹对钢靶)的靶标/射弹组合,程序提供了具体的经验公式,而其他弹丸则用重量等效的钢模拟弹丸破片替代。靶标材料分为金属(或硬材料)和非金属(或软材料)两大类,分别采用不同弹道极限关系。对靶标的弯曲响应非常重要的情况,靶标厚度与有效的弹丸直径之比会被用于冲击几何形状的分类,同时也会考虑其他失效模型(比如剪切冲塞、弹丸无变形的贯穿或板的弯曲响应)的影响。

### 8.5.5 未来技术

诸如 THOR/ConWep/JTCG 等模型,试图通过不同程度的经验方法简化高度复杂的弹靶相互作用过程,一般情况下它们仍通过诸如靶标和弹丸材料参数等方式保留了一定程度的分析基础。对此类方法,增加经验方法的程度,尽管能降低算法的复杂性,并可能会提高特定问题的精确性,但却限制了该技术的适用范围:超出建立经验算法试验数据范围之外,其精度将会显著降低。

机器学习技术非常适合解决分类、回归和异常点检测等问题,特别是在动态冲击事件等高维问题空间中。这种完全依赖经验技术的方法使得能够在不需对问题的维度(即,输入变量的数量)进行任何限制的条件下表征冲击事件,而不像诸如 THOR 之类的技术中所采用的部分限制。

Ryan 和 Thaler (2013)以及 Ryan 等(2015b),在预测间隔铝装甲超高速撞击结果时,分析了机器学习技术,特别是人工神经网络(ANN)和支持向量机的能力,发现这些技术在对冲击事件(穿孔/未穿孔)结果进行分类时能提供可信的或改进水平的准确度。此外,与传统的半经验方法相比,这些技术的定性输出结果在预测与弹丸断裂、熔化、汽化有关行为上的灵敏度更高(图8.46)。

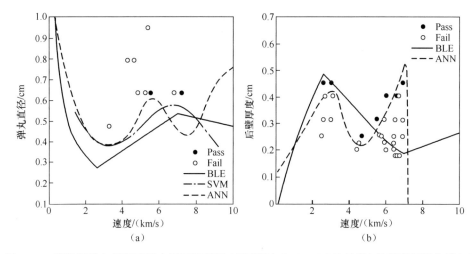

图8.46 球形铝弹丸超高速撞击间隔铝装甲(即惠普尔(Whipple)防护罩)的弹道极限曲线(a)根据临界弹丸直径与撞击速度的关系绘制,曲线定义了装甲后面的元素将被贯穿所对应的阈值;(b)根据临界后壁厚度与冲击速度的关系绘制,曲线定义了直径0.3175cm的Al2017-T4球形弹体击中装甲后部元件所需的装甲后壁厚度

纯经验的机器学习方法存在如下3个主要缺点:
(1) 需要大型试验数据库;
(2) 该数据库应该是自洽的,并能提供参数空间的全面和均匀的样本;
(3) 它们是一种"黑箱"方法,能产生有关生成输出所经历的计算步骤等有限信息。

尽管存在大型弹道测试数据库,但数据通常集中在关注的弹丸和装甲材料、代表现场系统的几何形状以及可能遇到的冲击条件(例如,基于枪口速度的着靶速度和典型着靶范围)。此外,考虑到弹道试验的成本,通常生成的数据为作为遵从标准的证据(即,以特定速度重复测试),或用于确定弹道极限。最佳情况是,用于机器学习的训练数据库应该包括如下内容:
(1) 宽范围的装甲材料和几何形状;
(2) 宽范围的弹丸类型、弹径和冲击条件(如角度和速度等);
(3) 均匀分布的试验结果,不仅仅包括弹道极限,而是应该包括从低于弹道极限到远高于弹道极限的范围内的试验数据。

虽然与不同的问题空间相关,但Ryan和Thaler(2013)编制的数据库仍代表了应用机器学习工具来表征弹道性能的困难。图 8.47 根据冲击速度、无量纲几何参数以及由现有技术经验表达定义的弹丸直径与临界弹丸直径之比对数据库进行了评估。

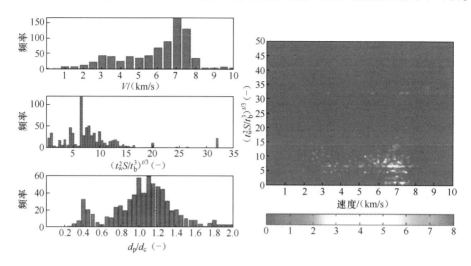

图 8.47　Ryan 和 Thaler（2013）所编译数据库的统计评估

数据集中在撞击速度 7km/s 以及无量纲几何参数 $t_w^2 S/t_b^3$ 为 6.5 的范围，而且，试验数据的大部分发生在弹道极限临近，以 JSCWhipple 防护结构弹道极限方程预测的弹丸直径与临界弹丸直径之比的形式显示。

很明显该数据库并未能在问题空间中提供各向同性样本，相反地，试验数据聚集在感兴趣的几何形状（例如，对应于飞行器硬件）、试验感兴趣条件（例如 7km/s），以及尽可能接近贯穿阈值等。在图 8.47 中，$t_b$ 为前装甲元件（即缓冲层）厚度，$t_w$ 为后装甲元件厚度，$d_c$ 为贯穿装甲的弹丸直径，$d_p$ 为弹丸直径。

通常，对于参数空间非均匀采样的问题，机器学习方法难以在图 8.48 所示的稀疏样本区域（如数据簇）之间进行插值运算，因此为了产生图 8.47 所示的弹道极限曲线，训练数据应尽可能在速度极限（即小于 2km/s 和大于 7km/s）处稀疏，并且在 2～7km/s 之间的速度范围内样本密度更高。

Ryan 等（2016）提出一种方法，用于通过最少量额外试验数据来补救采样不良的参数空间的影响，使用自联想神经网络异联想多层感知器（称为创意机器）相结合的方法，可以进行优化程序，例如，设计优化的装甲以抵抗给定的冲击条件。

当应用于稀疏数据集时，该优化过程可以提供与参数空间中的不良采样区域相关联的错误设计，这通常是由人工神经网络 ANN 识别的错误相关性的结果。通过构造这样的错误设计，对它们进行测试以及对双网机进行再训练，可以在由训练数据定义的问题空间内调节这些有问题的区域。图 8.49 所示被称为"引导"的过

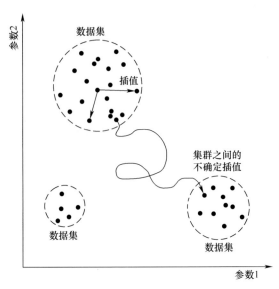

图 8.48 诸如人工神经网络(ANN)可以对问题参数空间的统一样本进行理想化的训练
弹道试验以及超高速撞击试验的数据一般是集中于感兴趣的区间范围(比如与现场系统对应的几何形状)、试验可获得的条件以及尽可能接近贯穿阈值。受参数空间样本非均匀一致性的影响,机器学习方法在通过参数空间的稀疏填充区域(右侧)进行插值方面存在困难。在高采样率的区域中可以预期获取高预测准确度,而在这些区域之外,神经网络的结果可能是不准确的。

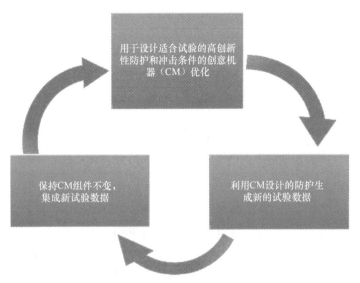

图 8.49 一种用于改进对数据进行训练的人工神经网络预测迭代过程("引导")
正如许多工程应用,特别是那些需要高成本或难以试验的应用中通常预期的那样,该数据不需提供参数空间的完整采样。

程,这个迭代过程显示了在机器学习技术应用于终端弹道学问题方面的巨大希望,而终端弹道学问题由于试验的成本和难度而不可避免地存在采样不良的现象。

### 8.5.6 案例研究3

目前已有多种侵彻算法用于预测有限厚钢靶防护普通弹丸和破片威胁的弹道极限,这些算法集成了一系列的分析基础、假定以及经验修正等,因此,就会导致下面的问题:应该采用哪个算法?以及,何时应该采用这个算法。

图 8.50 给出了 7.62mm APM2 弹丸对 RHA 钢靶侵彻不同模型的计算结果,Forrestal、Woodward、Walker-Anderson(加突出模型)、Conwep 以及 JTCG/ME 等模型,与 MIL-A-12560 所要求的 RHA 性能进行了对比,MIL 规范中列出的所需的性能参数一般情况要求与两 $\sigma$ 速度 $V_{05}$ 相关,即低于 $V_{50}$ 的两个标准差。

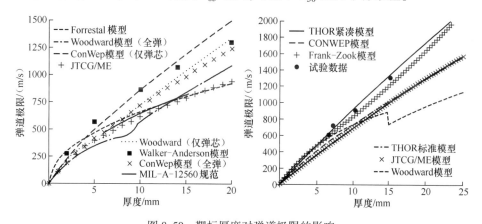

图 8.50 靶标厚度对弹道极限的影响

正入射条件下轧制各向同性装甲钢(350HB)防 7.62mm APM2 弹丸(a)和 12.7mm FSP(b)。

JTCG/ME 模型和 Forrestal 模型预测结果与 RHA 吻合较好,Walker-Anderson/(带突出)模型过高估计了装甲防护性能,可能是由于其使用了半球形头部弹丸,而其侵彻效率较侵彻弹中普遍采用的尖头带风帽型弹更低。ConWep 模型同样也过高估计了装甲防护性能,究其原因,可能是由于使用了基于与 MIL 规范要求软 RHA 钢(290~390HB)相比硬度更大的各向同性装甲钢(360~440HB)的常数,特别是对于比较厚的部分。Woodward 模型则过低估计了薄靶(以凹陷或延性开孔破坏)的防护性能,但对较厚的部分,其预测结果变得偏于不保守,弹丸直径与厚度之比对 Woodward 模型影响,导致了采用不同失效机制时更易于识别。

在图 8.50 中,共 5 种不同模型用于 RHA 抗 12.7mm 口径 FSP 正入射性能预测,其中 THOR 模型根据不同破片形状假定而包括两种不同形式(见第 8.5.1

节),JTCG/ME 模型、ConWep 模型,以及非特殊形状破片(即 THOR 标准破片)THOR 模型的预测结果都相当一致,但都低估了装甲的性能。Frank-Zook 破片和 THOR 压紧型破片与试验结果最为一致。Woodward 模型的预测结果最为保守,特别是对那些比较厚的靶板(即以压入和剪切冲塞模式破坏的靶板)。Woodward 模型以简单的塑性理论为基础,且假定侵彻过程中弹丸为刚性响应,以 FSP 对 RHA 靶的冲击为例,可能会出现明显的弹体变形,增加弹体瞄准面积并因此增加压入靶板过程中所做的功,因此在这种情况下 Woodward 模型会低估了装甲的性能是显而易见。

表 8.7 给出 FSP 的试验数据、解析/经验模型的预测值,以及两者之间的偏差。

表 8.7 一系列厚度装甲 FSP 试验数据与多种分析模型预测结果对比

| 厚度 /mm | Exp. $V_{50}$/(m/s) | THOR comp. | | THOR stan. | | ConWep | | JTCG/ME | | Woodward | | Frank-Zook | |
|---|---|---|---|---|---|---|---|---|---|---|---|---|---|
| | | $V_{50}$/(m/s) | Error/% | $V_{50}$/(m/s) | Error/% | $V_{50}$/(m/s) | Error/% | $V_{50}$/(m/s) | Error/% | $V_{50}$/(m/s) | Error/% | $V_{50}$/(m/s) | Error/% |
| 6.57 | 612 | 633 | -3.4 | 468 | 23.6 | 521 | 14.9 | 469 | 23.4 | 591 | 3.5 | 595 | 2.8 |
| 7.11 | 718 | 677 | 5.7 | 500 | 30.3 | 554 | 22.9 | 501 | 30.2 | 627 | 12.7 | 618 | 14.0 |
| 10.2 | 913 | 935 | -2.4 | 691 | 24.3 | 742 | 18.8 | 692 | 24.2 | 845 | 7.5 | 738 | 19.1 |
| 15.07 | 1320 | 1350 | -2.3 | 998 | 24.4 | 1034 | 21.7 | 1000 | 24.2 | 1225 | 7.2 | 750 | 43.2 |

Rapacki 等(1995)研究表明,钢的硬度越高,其弹道性能就越好。Gooch 等(2007b)发现,随钢硬度增加,其防护 7.62 mm AP M2 弹丸性能也随之增加,但硬度 400 HB 以上,其抗弹性能停滞不前。在另一方面,Rapacki 等(1995)在钨合金弹丸侵彻深度试验中并没有发现存在这一平台的现象,在布氏硬度 600 之前,抗弹性能一直随硬度的增加而增加。在图 8.50 中,Gooch 等(2007b)开展了 600HB 钢靶的补充试验,其结果与 Rapacki 的相同:认为随着钢质装甲硬度的提高,侵彻防护(AP)性能也不断提高。需要注意的是,布氏硬度在 400~500 之间的钢芯侵彻弹正侵彻性能受破碎边缘组织影响明显。600HB 钢试验没有明显的弹丸边缘破碎的情况,或者是这种材料的所有试验都导致了弹丸核心的破碎(扩展至冲击速度远低于弹道极限的 300m/s)。

考虑到不同的应用范围,难以根据硬度直接评估模型预测结果。比如,JTCG/ME 模型仅仅提供了钢硬度在 100~350HB 之间的常数,ConWep 模型弹丸方程仅仅在硬度 360~440HB 之间有效,Forrestal 模型可以用于延性开孔破坏的任何硬度靶标材料,但其需要知道靶标材料的应力-应变行为。Walker-Anderson 模型尽管理论上可用于任何硬度的靶标,但其只能适用于半球形弹丸,而且在侵彻过程中弹丸不能发生破坏。Woodward 则只能用于刚性、不变形弹丸。因此,几乎任何侵彻分析模型应用上都存在一定的局限性和复杂性。图 8.51 中所采用的方法,Woodward 模型(只考虑弹芯)与试验数据的吻合程度最高,JTCG/ME 模型和 ConWep 模型(整弹丸)、Woodward(整弹丸)和 Forrestal 模型与大部分试验数据都吻合较好。Walker-Anderson 模型明显过高估计了弹道极限,然而,如前面所讨论的那样,部分是由于采用的侵彻能力较弱的弹头形状的原因。而且,Walker-Anderson 模型通过密度、直径和长度等参数来定义弹丸,即弹丸重量不是一个直接输入的参量,因此,分析过程中只考虑了弹芯部分的参数。然而 7.62mm APM2 弹丸的填充用铅和铜质管套对其侵彻性能影响仍不明确。7.62mm APM2 弹丸对铝合金靶侵彻性能研究表明,射弹整体与仅弹芯之间所测量的弹道极限变化约为 10%(Borvik 等,2010)。

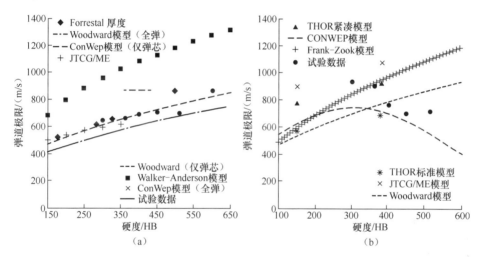

图 8.51 名义 10mm 厚钢靶被 7.62mm APM2 弹丸(a)和 12.7mm 口径 FSP 弹丸 (b)冲击时硬度对弹道性能的影响(彩图)

表 8.8 一系列目标硬度 FSP 试验数据与多种分析模型预测结果对比

| 硬度/HB | Exp. $V_{50}$/(m/s) | THOR $V_{50}$/(m/s) | THOR Error/% | THOR stan. $V_{50}$/(m/s) | THOR stan. Error/% | JTCG/ME $V_{50}$/(m/s) | JTCG/ME Error/% | Frank-Zook $V_{50}$/(m/s) | Frank-Zook Error/% | Woodward $V_{50}$/(m/s) | Woodward Error/% |
|---|---|---|---|---|---|---|---|---|---|---|---|
| 300 | 945 | — | n/a | 751 | −20.6 | — | n/a | 848 | −10.2 | 700 | −26.1 |
| 363 | 913 | 935* | 2.4* | 736 | −19.3 | 1084* | 18.8* | 929 | 1.8 | 758 | −17.3 |
| 400 | 774 | 935* | 20.8* | 707 | −8.7 | 1084* | 40.1* | 980 | 26.6 | 789 | 1.7 |
| 450 | 708 | — | n/a | 650 | −8.2 | — | n/a | 1039 | 46.7 | 829 | 17.1 |
| 512 | 726 | — | n/a | 560 | −22.8 | — | n/a | 1106 | 52.4 | 877 | 20.6 |

Gooch 等(2007b)也研究了 12.7 mm FSP 弹丸冲击钢靶时,钢靶硬度对弹道性

能的影响,结果表明随硬度增加其弹道性能降低,究其原因为硬度高于 400 HB 时,对绝热剪切冲塞的敏感性会有所增加。有趣的是,所考虑的模型表现出与硬度的不同定性关系(图 8.51)。THOR、Woodward、Frank-Zook 以及 JTCG/ME 模型都表明随靶标硬度增加,其弹道性能增加,然而,ConWep 模型在硬度约 300HB 处,弹道性能随靶标硬度的初始增加出现峰值,然后会随硬度进一步增加而出现降低的现象。尽管没有模型可以提供一个定量的高度吻合的结果,ConWep 模型与试验数据的定性吻合是所有模型中最好的。

本章相关彩图,请扫码查看

# 参考文献

Abdullah, M. R., Cantwell, W. J., 2006. The impact resistance of polypropylene-based fibremetal-laminates. Composite Science and Technology 66 (1112), 1682-1693.

Alekseevskii, V. P., 1966. Penetration of a rod into a target at high velocity. Combustion, Explosion, and Shock Waves 2 (2), 63e66. Retrieved from: http://dx.doi.org/10.1007/BF00749237.

Allen, W. A., Rogers, J. W., 1961. Penetration of a rod into a semi-infinite target. Journal of the Franklin Institute 272 (4), 275-284. http://dx.doi.org/10.1016/0016-0032(61)90559-2.

Anderson Jr., C. E., Walker, J. D., 2005. An analytical model for dwell and interface defeat. International Journal of Impact Engineering 31 (9), 1119e1132. Retrieved from: http://www.sciencedirect.com/science/article/B6V3K-4DHXDGB-1/2/a1a08db698d24efb83a1a6139a468604.

Anderson Jr., C. E., Walker, J. D., Hauver, G. E., 1992. Target resistance for long-rod penetrationinto semi-infinite targets. Nuclear Engineering and Design 138 (1), 93-104. http://dx.doi.org/10.1016/0029-5493(92)90281-y.

Anon, 1961. The Resistance of Various Metallic Materials to Perforation by Steel Fragments, Empirical Relationships for Fragment Residual Velocity and Residual Weight(AD322781). Retrieved from: Aberdeen.

Anon, 1963. The Resistance of Various Non-Metallic Materials to Perforation by Steel Fragments; Empirical Relationships for Fragment Residual Velocity and Residual Weight(AD336461). Retrieved from Aberdeen.

Anon, 1985. Penetration Equations Handbook for Kinetic-Energy Penetrators (61 JTCG/ME-77-16 (revision 1)). Retrieved from: Aberdeen.

Backman, M. E., Goldsmith, W., 1978. The mechanics of penetration of projectiles into targets. International Journal of Engineering Science 16 (1), 1e99. http://dx.doi.org/10.1016/0020-7225(78)90002-2.

Bazhenov, S. L., Dukhovskii, I. A., Kovalev, P. I., Rozhkov, A. N., 2001. The fracture of SVM Aramide fibers upon a high-velocity transverse impact. Polymer Science Series A 1, 61-71.

Ben-Dor, G., Dubinsky, A., Elperin, T., 2013. High-Speed Penetration Dynamics. World Scientific, Singapore.

Bethe, H. A., 1941. An Attempt at a Theory of Armor Penetration (R-492). Retrieved from: Frankford Arsenal.

Billon, H. H., Robinson, D. J., 2001. Models for the ballistic impact of fabric armour. International Journal of Impact Engineering 25 (4), 411-422. http://dx.doi.org/10.1016/S0734-743X(00)00049-X.

Birkhoff, G., MacDougall, D. P., Pugh, E. M., Taylor, G., 1948. Explosives with lined cavities. Journal of Applied Physics 19 (6), 563-582.

Borvik, T., Forrestal, M. J., Warren, T. L., 2010. Perforation of 5083-H116 aluminum armor plates with ogive-nose rods and 7.62 mm APM2 bullets. Experimental Mechanics 50, 969-978.

Bruchey, W. J., Horwath, E. J., 1998. System considerations concerning the development of higheffi-ciencyceramic armors. In: Paper Presented at the 17th International Symposium on Ballistics, Midrand, South Africa.

Carlucci, D. E., Jacobson, S. S., 2007. Penetration Theories Ballistics: Theory and Design of Guns and Ammunition. CRC Press.

Casem, D. T., Dandekar, D. P., 2012. Shock and mechanical response of 2139-T8 aluminum. Journal of Applied Physics 111.

Chang, A. L., Bodt, B. A., 1997. JTCG/AS Interlaboratory Ballistic Test Program e Final Report (ARL-tr-1577). Retrieved from: Aberdeen Proving Ground.

Cheeseman, B., Gooch Jr., W. A., Burkins, M. S., 2008. Ballistic evaluation of aluminum 2139-T8. In: Paper Presented at the 24th International Symposium on Ballistics, New Orleans.

Cho, A., Bes, B., 2006. Damage tolerance capability of an Al-Cu-Mg-Ag alloy (2139). Materials-Science Forum 519-521, 269-301.

Chocron, S., Anderson, C. E., Walker, J. D., Ravid, M., 2003. A unified model for long-rodpene-tration in multiple metallic plates. International Journal of Impact Engineering 28 (4), 391-411. Retrieved from: http://www.sciencedirect.com/science/article/B6V3K-473FV4K-1/2/f684ae5a3baeadd3369e036ca2a87d85.

Chocron, S., Anderson Jr., C. E., Walker, J., 1999. A consistent plastic flow approach to model penetration and failure of finite-thickness metallic targets. In: Paper Presented at the 18th International Symposium on Ballistics, San Antonio.

Christman, D. R., Gehring, J. W., 1965. Penetration Mechanisms of High Velocity Projectiles (TR 65-50).

Christman, D. R., Gehring, J. W., 1966. Analysis of high-velocity projectile penetration mechanics. Journal of Applied Physics 37 (4), 1579-1587.

Christman, D. R., Wenzel, A. B., Gehring, J. W., 1964. Penetration mechanisms of highvelocity-rods. In: Paper Presented at the Seventh Hypervelocity Impact Symposium, Tampa.

Cimpoeru, S. J., 2002. Analytical modelling of the perforation of multi-layer metallic targets by fragment simulating projectiles. In: Paper Presented at the 20th International Symposium on Ballistics, Orlando.

Crouch, I. G., 2014. Effects of cladding and its influence on ballistic performance. In: Paper Presented at the 28th International Symposium on Ballistics, Atlanta.

Cunniff, P. M., 1992. An analysis of the system effects in woven fabrics under ballistic impact. Textile Research Journal 62 (9), 495-509.

Cunniff, P. M., 1999. Dimensionless parameters for optimization of textile-based body armor systems. In: Paper Presented at the 19th International Symposium on Ballistics, San Antonio.

Eichelberger, R. J., 1956. Experimental test of the theory of penetration by metallic jets. Journal of Applied Physics 27 (1), 63-68. Retrieved from: http://www.scopus.com/inward/record.url?eid¼2-s2.0-0009412051&partnerID 1/4 40&md5 1/4 c6d0679654e0f73efd7f8f99865d1529.

Elder, D., 2010. DMTC KBE Tool Extension——Revision B. Retrieved from: Hawthorn.

Forrestal, M. J., Borvik, T., Warren, T. L., 2010. Perforation of 7075-T651 aluminum armor plates with 7.62 mm APM2 bullets. Experimental Mechanics 50, 1245-1251.

Forrestal, M. J., Borvik, T., Warren, T. L., Chen, W., 2014. Perforation of 6082-T651 aluminum plates with 7.62 mm APM2 bullets at normal and obliqueimpacts. Experimental Mechanics 54, 471-481.

Forrestal, M. J., Luk, V. K., Brar, N. S., 1990. Perforation of aluminum armor plates with conical-nose projectiles. Mechanics of Materials 10 (1-2), 97-105. http://dx.doi.org/10.1016/0167-6636(90)90020-G.

Forrestal, M. J., Warren, T. L., 2009. Perforation equations for conical and ogival nose rigid projectiles into aluminum target plates. International Journal of Impact Engineering 36 (2), 220-225. http://dx.doi.org/10.1016/j.ijimpeng.2008.04.005.

Forrestal, M. J., Warren, T. L., Borvik, T., 2013. A scaling law for APM2 bullets and aluminum armor. In: Paper Presented at the Annual Conference on Experimental and Applied Mechanics, Lombard.

Frank, K., Zook, J., 1987. Energy-efficient penetration and perforation of targets in the hypervelocity regime. International Journal of Impact Engineering 5 (1e4), 277-284. http://dx.doi.org/10.1016/0734-743x(87)90045-5.

Frank, K., Zook, J., 1991. Energy-Efficient Penetration of Targets (BRL-MR-3885). Retrievedfrom: Aberdeen.

Galanov, B. A., Ivanov, S. M., Kartuzov, V. V., 2001. On one new modification of Alekseevskii-Tate model for nonstationary penetration of long rods into targets. International Journal of Impact Engineering 26 (1-10), 201-210. Retrieved from: http://www.sciencedirect.com/science/article/B6V3K-46K5SKJ-S/2/5fc47e71c487cda7483fddec02408382.

Gellert, E. P., Cimpoeru, S. J., Woodward, R. L., 2000. A study of the effect of target thickness on the ballistic perforation of glass-fibre-reinforced plastic composites. International Journal of Impact Engineering 24 (5), 445-456. http://dx.doi.org/10.1016/S0734-743X(99)00175-X.

Gooch Jr., W. A., Burkins, M. S., Palicka, R., 2004. Ballistic development of U. S. High density tungsten carbide ceramics. In: Society, T. A. C. (Ed.), Progress in Ceramic Armor. JohnWiley & Sons.

Gooch Jr., W. A., Burkins, M. S., Squillacioti, R., 2007a. Ballistic testing of commercial aluminum alloys and alternate processing techniques to increase the availability of aluminum armor. In: Paper Presented at the 23rd International Symposium on Ballistics, Tarragona.

Gooch Jr., W. A., Showalter, D. D., Burkins, M. S., Thorn, V., Cimpoeru, S. J., Barnett, R., 2007b. Ballistic testing of Australian Bisalloy steel for armour applications. In: Paper Presented at the 23rd International Symposium on Ballistics, Tarragona.

Hauver, G. E., Rapacki Jr., E. J., Netherwood, P. H., Benck, R. F., 2005. InterfaceDefeat of Long-rod Projectiles by Ceramic Armor (ARL-TR-3590). Retrieved from: Aberdeen Proving Ground.

Hill, R., 1949. Plastic distortion of non-uniform sheets. Philosophical Magazine 40 (309), 971-983.

Hohler, V., Stilp, A. J., 1977. Penetration of steel and high density rods in semi-infinite steel targets. In: Paper Presented at the Third International Symposium on Ballistics, Karlsruhe.

Hoo Fatt, M. S., Lin, C., Revilock Jr., D. M., Hopkins, D. A., 2003. Ballistic impact of GLARE fibre-metal-laminates. Composite Structures 61 (1e2), 73-88.

Horii, H., Nemat-Nasser, S., 1986. Brittle failure in compression: splitting, faulting and brittleductile transition. Philosophical Transactions A 319, 337-374.

Hyde, D. W., 1986. Fundamentals of Protective Design for ConventionalWeapons (TM 5-855-1). Retrieved from: Washington, DC.

Johnson, G. R., Cook, W. H., 1983. A constitutive model and data for metals subject to large strains, high strain rates and high temperatures. In: Paper Presented at the 7th International Symposium on Ballistics, the Hague.

LaSalvia, J. C., Horwath, E. J., Rapacki, E. J., Shih, C. J., Meyers, M. A., 2000. Microstructural and micromechanical aspects of ceramic/long-rod projectile interactions: dwell/penetration transitions. In: Paper Presented at the Explomet, Albuquerque.

Lee, B. L., Song, J. W., Ward, J. E., 1994. Failure of spectra polyethylene fiber-reinforced composites under ballistic impact loading. Journal of Composite Materials 28 (13), 1202-1226.

Lundberg, P., Renström, R., Lundberg, B., 2000. Impact of metallic projectiles on ceramic targets: transition between interface defeat and penetration. International Journal of Impact Engineering 24 (3), 259-275. http://dx.doi.org/10.1016/S0734-743X(99)00152-9.

Moriniere, F. D., Alderliesten, R. C., Benedictus, R., 2014. Modelling of impact damage and dynamics in fibre-metal-laminates——a review. International Journal of Impact Engineering 67 (2014), 27-38.

Nemat-Nasser, S., Deng, H., 1994. Strain-rate effect on brittle failure in compression. Acta Metallurgica et Materialia 42 (3), 1013-1024.

Nguyen, L. H., Ryan, S., Cimpoeru, S. J., Mouritz, A. P., Orifici, A. C., 2015a. The effect of target thickness on the ballistic performance of ultra high molecular weight polyethylene composite. International Journal of Impact Engineering 75, 174 - 183. http://dx.doi.org/10.1016/j.ijimpeng.2014.07.008.

Nguyen, L. H., Ryan, S., Cimpoeru, S. J., Mouritz, A. P., Orifici, A. C., 2015b. The efficiency of ultra-high molecular weight polyethylene composite against fragment impact. Experimental Mechanics. http://dx.doi.org/10.1007/s11340-015-0051-z.

Phoenix, L. S., Porwal, P. K., 2003. A new membrane model for the ballistic impact response and $V_{50}$ performance of multi-ply fibrous systems. International Journal of Solids and Structures40 (24), 6723-6765. http://dx.doi.org/10.1016/S0020-7683(03)00329-9.

Piekutowski, A. J., Forrestal, M. J., Poormon, K. L., Warren, T. L., 1996. Perforation of aluminum plates with ogive-nose steel rods at normal and oblique impacts. International Journal of Impact Engineering 18 (7e8), 877-887. http://dx.doi.org/10.1016/S0734-743X(96)00011-5.

Rapacki Jr., E. J., Frank, K., Leavy, B., Keele, M., Prifti, J., 1995. Armor steel hardness influence on kinetic energy penetration. In: Paper Presented at the 15th International Symposium on Ballistics, Jerusalem.

Ravid, M., Bodner, S. R., 1983. Dynamic perforation of viscoplastic plates by rigid projectiles. International Journal of Engineering Science 21 (6), 577-591. http://dx.doi.org/10.1016/0020-7225(83)90105-2.

Ravid, M., Bodner, S. R., Holcman, I., 1994. A two-dimensional analysis of penetration by an eroding projectile. International Journal of Impact Engineering 15 (5), 587-603. http://dx.doi.org/10.1016/0734-743x(94)90111-w.

Ravid, M., Bodner, S. R., Walker, J., Chocron, S., Anderson Jr., C. E., Riegel, P. J., 1998. Modification of the Walker-Anderson penetration model to includeexit failure modes and fragmentation. In: Paper Presented at the 17th International Symposium on Ballistics, Midrand.

Recht, R. F., 1978. Taylor ballistic impact modelling applied to deformation and mass loss determinations. International Journal of Engineering Science 16 (11), 809 - 827. http://dx.doi.org/10.1016/0020-7225(78)90067-8.

Reid, S. R., Wen, H. M., 2000. Perforation of FRP laminates and sandwich panels subjected to missile impact. In: Reid, S. R., Zhou, G. (Eds.), Impact Behaviour of Fibre-Reinforced Composite Materials and Structures. Woodhead Publishers, Loughborough, UK,pp. 239-279.

Ryan, S., Cimpoeru, S. J., 2015a. An evaluation of scaling laws for predicting the performance of targets perforated in ductile hole formation. In: 3rd International Conference on Protective Structures. Newcastle.

Ryan, S., Kandanaarachchi, S., Smith-Miles, K., 2015b. Support vector machines for characterizingwhipple shield performance. Procedia Engineering 56, 61-70.

Ryan, S., Thaler, S. L., 2013. Artificial neural networks for characterising Whipple shield performance. International Journal of Impact Engineering 56, 61-70.

Ryan, S., Thaler, S., Kandanaarachchi, S., 2016. Machine learning methods for predicting the outcome of hypervelocity impact events. Expert Systems with Applications 45, 23-39. Retrieved from: http://dx. doi. org/10. 1016/j. eswa. 2015. 09. 038.

Scott, B. R., 2011. Unusual transverse compression response of non-woven laminates. In: 26th International Symposium on Ballistics, Miami.

Segletes, S. B., 2000. An Adaptation of Walker-Anderson Model Elements into the Frank-Zook Penetration Model for Use in MUVES (ARL-TR-2336). Retrieved from: Aberdeen.

Shearn, M., 2000. Breakout Ballistic Simulation Program V1. 1.

Smith, J. C., McCrackin, F. L., Schiefer, H. F., 1958. Stress-strain relationships in yarns subjected to rapid impact loading e Part V: wave propagation in long textile yarns impacted transversely. Textile Research Journal 28 (4), 288-302.

Song, B. L., Egglestone, G. T., 1987. Investigation of the PVB/PF ratios on the crosslinking and ballistic properties in glass and aramid fiber laminate systems. In: 19th SAMPE International Technical Conference, Crystal City.

Sternberg, J., 1989. Material properties determining the resistance of ceramics to high velocity penetration. Journal of Applied Physics 65 (9), 3417-3424. http://dx. doi. org/10. 1063/1. 342659.

Tate, A., 1967. A theory for the deceleration of long rods after impact. Journal of the Mechanics and Physics of Solids 15 (6), 387-399. Retrieved from: http://www. sciencedirect. com/science/article/B6TXB-46G4YJ3-6V/2/4096e3a29c50f69f4df1e60147f75b54.

Tate, A., 1969. Further results in the theory of long rod penetration. Journal of the Mechanics and Physics of Solids 17 (3), 141-150. Retrieved from: http://www. sciencedirect. com/science/article/B6TXB-46G2J79-5B/2/4e3a5422f14314720216082f36f73101.

Tate, A., 1986. Long rod penetration modelsePart II. Extensions to the hydrodynamic theory of penetration. International Journal of Mechanical Sciences 28 (9), 599-612. Retrieved from: http://www. sciencedirect. com/science/article/B6V49-47YSCPK-PS/2/4a2579b4a9aacc40d19963e8587e32e1.

Taylor, G., 1948. The formation and enlargement of a circular hole in a thin plastic sheet. The Quarterly Journal of Mechanics and Applied Mathematics 1 (1), 103-124.

Teland, J. A., 1999. A Review of Analytical Penetration Mechanics (FFI/RAPPORT-99/01264). Retrieved from: Kjeller.

Thompson, W. T., 1995. An approximate theory of armor penetration. Journal of Applied Physics 26, 80-82.

Walker, J. D., 1999. Constitutive model for fabrics with explicit static solution and ballistic limit. In: 18th International Symposium on Ballistics, San Antonio.

Walker, J. D. , Anderson, C. E. , 1995. A time-dependent model for long-rod penetration. International Journal of Impact Engineering 16 (1), 19e48. Retrieved from: http://www.sciencedirect.com/science/article/B6V3K-3Y5FP72-1F/2/ff023a977ec6a5e3f443e2cae2d1cb56.

Walker, J. D. , Chocron, I. S. , Anderson Jr. , C. E. , Riegel, J. P. , Riha, D. S. , McFarland, J. M. , Abbott, B. , 2013. Survivability modeling in DARPA's Adaptive Vehicle Make (AVM) program. In: Paper Presented at the 27th International Symposium on Ballistics, Freiburg.

Walker, J. D. , Chocron, S. , 2011. Why impacted yarns break at lower speed than classical theorypredicts. Journal of Applied Mechanics 78 (5), 051021. http://dx.doi.org/10.1115/1.4004328.

Walters, W. , Williams, C. , Normandia, M. , 2006. An explicit solution of the Alekseevski-Tate penetration equations. International Journal of Impact Engineering 33 (1-12), 837-846. http://dx.doi.org/10.1016/j.ijimpeng.2006.09.057.

Walters, W. P. , Segletes, S. B. , 1991. An exact solution of the long rod penetration equations. International Journal of Impact Engineering 11 (2), 225-231. http://dx.doi.org/10.1016/0734-743x(91)90008-4.

Wilde, A. E. , Ricca, J. J. , Cole, L. M. , Rogers, J. M. , 1970. Dynamic Response of a Constrained-Fibrous System Subject to Transverse Impact Part I——Tranisent Responses and Breaking Energies of Nylon Yarns (AMMRC TR 70-32). Retrieved from: Watertown.

Woodward, R. , 1981. Modelling Penetration by Slender High Kinetic Energy Projectiles (MRLR-811). Retrieved from: Ascot Vale.

Woodward, R. , Crouch, I. G. , 1988. Analysis of the Perforation of Monolithic and Simple Laminate Aluminium Targets as a Test of Analytical Deformation Models (MRL-R-1111). Retrieved from: Ascot Vale.

Woodward, R. L. , 1978. The penetration of metal targets by conical projectiles. International Journal of Mechanical Sciences 20 (6), 349-359. http://dx.doi.org/10.1016/0020-7403(78)90038-3.

Woodward, R. L. , 1982. Penetration of semi-infinite metal targets by deforming projectiles. Retrieved from: International Journal of Mechanical Sciences 24 (2), 73-87 http://www.sciencedirect.com/science/article/B6V49-4814GFC-FF/2/2eb250ea8472921029ab1b73516729d0.

Woodward, R. L. , 1989. A Basis for Modelling Ceramic Composite Armour Defeat. DSTO Materials Research Laboratory, Maribyrnong, Vic.

Woodward, R. L. , Cimpoeru, S. J. , 1998. A study of the perforation of aluminium laminate targets. International Journal of Impact Engineering 21 (3), 117-131. http://dx.doi.org/10.1016/s0734-743x(97)00034-1.

Yatteau, J. , Zernow, R. , Recht, G. , Edquist, K. , 2005. FATEPEN Volume 1-Analyst's Manual (Version 3.0.0)(Retrieved from: Littleton).

Zukas, J. , Nicholas, T. , Swift, H. , Greszczuk, L. , Curran, D. , 1982. Impact Dynamics. John Wiley & Sons, Inc, New York.

# 第9章
# 数值建模和计算机仿真

M. 萨利赫(M. Saleh)[1],L. 爱德华兹(L. Edwards)[1],伊恩·G. 克劳奇(I. G. Crouch)[2]
[1]澳大利亚新南威尔士州卢卡斯高地澳大利亚核科学技术组织;
[2]澳大利亚维多利亚特伦特姆装甲防护方案有限公司

开发装甲材料和系统是一项耗资巨大的业务,尤其是当涉及漫长的弹道试验时就显得更为突出。装甲侵彻和贯穿的情况同样也比较复杂,涉及各种失效机制之间的竞争。冲击区域内的物理条件也随位置、温度、应变速率、应变、应力状态和压力而变化。所有的挑战均是如此——不过,在本章,我们将只关注小型武器弹药之间的相互作用,以及爆炸载荷对轻型装甲材料和结构的影响。

为了满足更好地理解和建模这些复杂的、有时还是不可预测的动态事件的需要,数值建模在装甲和反装甲领域发展迅速,其好处是降低了研发成本,加快了项目进程和对细节的关注。在数值模型中,通过材料的本构方程,材料响应可以以迭代的、渐进的方式来计算应力随应变单元的增量的变化。但哪个方程最优?建模工程师可以选择使用2D或者3D模型,有限元或有限差分方法,以及线性或非线性材料性能。

表9.1概述了本章的结构和内容,涵盖了当前可用的计算机程序,所用处理方法的类型,以及屈服强度模型和损伤准则的广度,这些被用来描述装甲材料如何流动、破裂和失效。在本章的最后,用4个工作实例来说明建模装甲/反装甲相互作用时该如何选择。

表 9.1 数值模型的关键组成部分

|  | 举 例 | 详细信息 |
| --- | --- | --- |
| 软件系统 | Autodyn,LS-Dyna | ANSYS集成(通过澳大利亚LEAP工程软件供应商) |
| 求解器 | 拉格朗日,欧拉,ALE,SPH | 根据需要选择 |

续表

|  | 举 例 | 详细信息 |
|---|---|---|
| 状态方程 | 线性,体积,冲击等 | 能量和动量守恒 |
| 本构方程(强度模型) | ·修正 Zerelli-Armstrong<br>·Johnson-Holmquist<br>·Cowper-Symonds | ·众多模型<br>·需要确定常数<br>·需要高应变率材料表征数据<br>·如果可用,请使用各向异性值 |
| 失效准则 | Johnson-Cook 参数 | 需要另一组输入数据 |
| 接触算法 | 库仑摩擦 | 如何处理界面 |
| 单元冲蚀 | 临界应变 | 当单元变得太扭曲时如何归属能量的变化 |

## 9.1 数值建模简介

本章的主要目的是强调计算材料科学在冲击现象分析中的应用,特别是参考了该领域最近的工作,涵盖了所讨论的大多数弹道情况(Anderson 1987;Anderson 和 Bodner,1988;Børvik 等,2001,2009;Deshpande 和 Fleck,2000a;Holmquist 和 Johnson,2008;Nilakantan 和 Gillespie 2012;Nilakantan 等,2010b;Tabiei 和 Nilakantan,2008;Zukas,2004;Zukas 和 Scheffler,2000;Johnson 和 Anderson,1987)。大量的在线资源涵盖了各种冲击情况;相反,这里的目的是强调数值建模在捕捉冲击和爆炸事件的物理属性方面的特殊作用。

随着更快计算速度和更稳健的软件的出现,数值仿真和试验结果之间的差距在过去 30 年中正在明显变小,这些软件通常包括新的接触算法、单元公式、连续体处理和材料模型。为了衡量影响数值计算程序(Hydrocode)的问题,Zukas(Zukas,1993,2004;Scheffler 和 Zukas,2000)试图根据这些高度瞬态问题的固有非线性行为来识别试验和数值结果之间出现的差异。

有限元(FE)从业者最终需要解决两个基本概念:波在撞击体中的传播和材料响应的应变率依赖性(Zukas,1993)。通常情况下,结合使用试验和计算结果,尤其是对于高应变率材料,可以有效缩减开发成本和时间,与单独的使用试验或计算相比,增加了相关信息,这就是数值计算程序的作用。这一类型的波传播数值计算程序,在 20 世纪 50 年代被首次开发出来,通过类似流体动力学的方法来仿真武器的效果(Orphal,2006)。对这些早期发展的全面总结可以在 Johnson and Anderson(1987)一书中找到。所有的这些程序代码都基于能量、动量和质量的守恒方程,这些方程将在后面的章节中讨论。Benson(1992),Zukas(2004),Anderson(1987)以及 Anderson 和 Bodner(1988)对数值计算程序的公式和用途做了非常好的介绍。图 9.1 显示了数值计算程序中使用的典型集成方案,图 9.2 说明了小型武器弹药,如常用的 7.62mm 口径 M80 子弹(见第 1 章)在计算空间内是如何描述的。

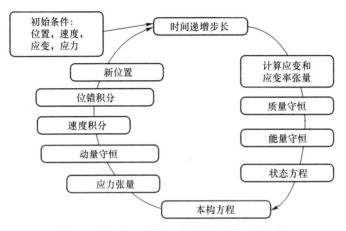

图 9.1 数值计算程序中使用的典型集成方案

大多数弹道和爆炸事件的工程评估远远超出了大多数大学生对弹性材料性能的假设范围,可以说计算科学家和工程师也必须精通使用当前的各种塑性模型(Dunne 和 Petrinic,2005;Meyers,1994;Meyers 和 Murr,1981;Johnson,2011)。数值计算程序开发的主要成就是美国洛斯-阿拉莫斯(LANL)和劳伦斯-利弗莫尔国家实验室(LLNL)的早期工作,这些工作几乎影响了目前可用的所有商用数值计算程序。他们最初研究的问题是钢和铝靶的超高速撞击的流体动力学行为,目前描述的偏应力的材料强度模型在早期的仿真中并不存在;相反,静水压强是材料变形的主要原因。伴随着爆轰和冲击引起的冲击波仿真的应用范围扩大,识别偏应力分量变得越来越重要。在过去的几十年中,更多的物理现象和材料模型已经在数值计算程序中得到应用。例如,Johnson-Cook(JC),Zerilli-Armstrong(ZA)和力学阈值应力(MTS)模型在用于描述金属塑性的众多模型中尤其显著。随着最初 LANL 将 AUTODYN 和 LS-DYNA 软件实现商业化,数值计算程序的数量也已经增加了许多倍。比较有名的程序套装包括 CTH、ABAQUS 和 Altair 公司的 RADIOSS 解决方案,它们具有广泛的军事和商业用途。始终相关的问题是,什么才是一个成功仿真的必要条件?是准确的几何和边界条件,还是适用于最终控制装甲性能的本构模型?本章最终将使计算工程师具备评估弹道和爆炸事件成功模拟中出现的基本问题的能力。

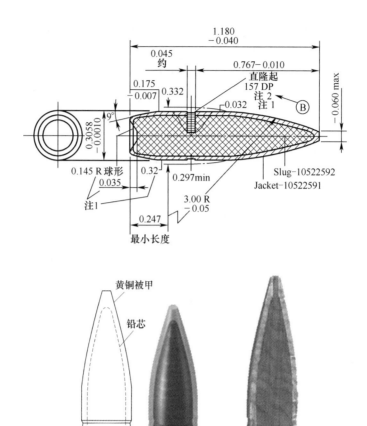

图 9.2 简化的 7.62mm NATO 子弹和离散化的计算域

最后,请注意 JeanLemaître 和 Rodrigue Desmorat(2005)下面的话,并在各个阶段关注你的解决方案的独特性以及数值模型在表示正确物理学中的敏感性。

非常精确的计算经常是在材料参数非常不精确的情况下计算出来的。

Lemaître 和 Desmorat(2005)

## 9.2 软件包的简短回顾

所有用于装甲穿透力学分析的数值计算软件的通用的底层计算是求解能量、质量和动量守恒方程。这是通过空间和时间离散化来完成的。前者是通过有限元、有限差分、有限体积或无网格方法实现的。大多数数值计算程序利用显式和隐式方案来解决基本守恒方程的时间依赖性响应。隐式方法和显式方法都适用于结构接触建模,隐式方法能够以与显式方法相同或更高的精度实现更大的时间步长。在实践中,终端弹道学和爆炸建模中的大多数动态过程使用显式积分方案来更好地解决微秒或纳秒级别上的波传播效应,并更好地仿真这些问题的非线性。此外,大多数代码使用非线性状态方程的公式来表述冲击波的形成和传播。例如,人工体积黏度通常是通过观察多个单元之间的压力来捕捉冲击波的不连续性质。

应力张量的解耦合处理比较常见,材料性能是根据静水压力和偏应力分量来计算:前者由状态方程(EOS)描述,后者由流体应力的本构方程描述行为:弹性和非弹性应变,率型材料性能,包括损坏、失效和失效后的行为。接下来重点介绍一些最广泛使用的程序,表 9.2 中详细列出了每个程序的功能以及联系方式。

表 9.2  数值计算机程序及其相关公式解析

| 可用软件 | 处理方法 | 状态方程 | 强度模型 | 损伤准则 | 联系方式 |
|---|---|---|---|---|---|
| ANSYS AutoDyn | Lagrangian ALE Eulerian SPH CFD | 多项式 冲击 两相液体蒸汽 理想气体 Jones-Wilkins-Lee 多孔 SESAME 表格式多相 | 分段 Johnson-Cook Johnson-Cook Zerilli-Armstrong Steinberg-Guinan 高爆(HE) Mooney-Rivlin 陶瓷/玻璃 (Johnson-Holmquist) | 最大应力/应变 有效应力/应变 剪切损伤 正交异性损伤 Johnson-Holmquist Johnson-Cook 正交各向异性应力/应变 Tsai-Wu, Tsai-Hil 裂纹软化 随机 | LEAP 澳大利亚 http://www.leapaust.com.au |
| LSTC/ ANSYS LS-DY-NA | Lagrangian ALE Eulerian SPH CFD | Mie-Grueneisen JWL 理想气体 多项式 | Steinberg Johnson-Cook Zerilli-Armstrong Johnson-Holmquist 陶瓷 Gurson 改良的分段线性塑性 应变率敏感复合纤维 可压泡沫聚合物半解析模型(SAMP) | Johnson-Cook 各种失效引起的复合材料损伤 Tsai-Wu 失效引起的复合材料损伤 脆性损伤 Johnson-Holmquist Gurson | LEAP 澳大利亚 http://www.leapaust.com.au LSTC http://www.lstc.com/ |

续表

| 可用软件 | 处理方法 | 状态方程 | 强度模型 | 损伤准则 | 联系方式 |
| --- | --- | --- | --- | --- | --- |
| Dassault Systemes ABAQUS | Lagrangian ALE Eulerian SPH CFD | 理想气体 Jones-Wilkins-Lee 线性 $U_s-U_p$ | Johnson-Cook Crushable-Foam 应变率相关弹性—塑性 | 延性 剪切 Johnson-Cook FR 复合材料 Hashin 损伤 | 达索系统 (Dassault systemes) www.simuserv.com |
| Altair RADIOSS | Lagrangian Eulerian SPH CFD | JWL Lee-Tarver Mie-Grueneisen 非压缩性流体 多相+爆炸物 理想气体 | Johnson-Cook, Zerilli-Armstrong 多孔材料的延性损伤 Gurson 闭孔泡沫 Steinberg-Guinan Johnson-Holmquist | Johnson-Cook 层裂 牵引(应变失效) Hashin 模型 Bao-Xue-Wierzbicki 延性失效 Chang-Chang 复合材料失效 | Altair Hyperworks http://www.hyperworks-anz.com/ |

LS-DYNA 是一种通用的、矢量化有限元程序,常被用于分析结构的非线性响应,特别是使用显式积分方案来分析大的变形。软件 DYNA3D(Whirley 和 Engelmann,1993)是 LS-DYNA 的前身,130 多种材料模型中的许多都源于此。接触冲击算法利用约束和基于罚函数的方法来满足多种接触条件,这允许分析难以接触的问题,例如,用于弹道冲击的元件冲蚀,用于薄板屈曲的单面接触,跨界面的热传递以及对严重变形单元的自适应重新网格化。预处理很大程度上取决于其关键字接口使用 LS-PRESPOST 软件或文本编辑器,用户需要了解其各种仿真所需的对应的输入卡。

LS-DYNA 包含一个内含 1D、2D 和 3D 类型的大型单元库。这些单元可以与集总质量和离散单元(例如弹簧和阻尼器)一起使用,以简化模型。对于大多数材料模型,拉格朗日、欧拉、光滑粒子流体动力学(SPH)和任意拉格朗日欧拉(ALE)方法都可以进行连续处理。由于其矢量化代码结构,求解器主要针对大规模并行处理器(MPP)计算进行了优化。最新版本的 LS-DYNA,版本 980 R8.0,包括一个计算流体动力学(CFD)模块,可用于基于单元/方案守恒的可压缩流体求解器,和一个与固体力学求解器完全耦合的不可压缩流体求解器。

AUTODYN 程序明确适用于固体、液体和气体的非线性动力学仿真,和 LS-DYNA 具有类似的功能,该程序还与 ANSYS 工作台环境集成,内含材料库。在混合域中,通过调用不同类型的求解器,可以进行多物理场建模:

(1) 结构动力学的有限元求解器；
(2) 瞬态 CFD(欧拉,ALE)的有限体积求解器；
(3) 无网格粒子求解器,适用于高速、大变形和碎片(SPH)；
(4) 共享和分布式内存的 SMP / MPP 求解器。

早期开发的代码源于 Lawrence Livermore 实验室物理学家的成果,他们开发了 AUTODYN 的前身 PISCES。Naury Birnbaum 来自 PISCES 团队；Malcolm Cowler 来自英国原子管理局；他们于 1985 年发布了代码 AUTODYN 1.0,它是第一个完全集成的耦合 Euler-Lagrange 程序。在 2005 年之前,随着 AUTODYN 成为 ANSYS 工作环境的一部分,AUTODYN 由 Century Dynamics Inc. 公司开发。ANSYS-AUTODYN 具有非常友好的用户界面,仅需有限的用户输入,而且内含大量的材料库。对于大多数建模从业者而言,这是一个非常有吸引力的软件。

ABAQUS 基于有限元方法,被认为是一个通用数值计算程序,同时适用于线性分析和单相或多相问题的非线性仿真。材料模型适用于金属、复合材料、橡胶、聚合物、钢筋混凝土、可压碎泡沫和土壤/岩石。ABAQUS 中也可以进行力学、力-热耦合和 CFD 仿真。在线性和非线性仿真中,有限的用户输入数据是必要的,ABAQUS 主要通过用户输入的工程数据(几何结构、材料性能、边界条件和应用负载),自动选择适当的负载增量以保持解决方案的易处理性,从而确保各个标准解决方案的融合和显式仿真的稳定性。ABAQUS 可以在各种桌面工作站和计算机群上运行,并通过 ABAQUS/CAE 提供友好的用户界面。

RADIOSS 是一种瞬态显式和隐式有限元求解器技术,可以仿真力学、结构、流体和流固耦合(FSI)现象,同时考虑非线性材料,用于准静态和动态加载事件。RADIOSS 允许仿真撞击事件、汽车安全评估、金属冲压和成型、结构波传播、刚体运动和 FSI。RADIOSS 是 Altair HyperWorks 软件包的一部分,可以解决线性、非线性、流体和 FSI 等问题。

## 9.3 各种求解器的概述

### 9.3.1 拉格朗日方法

该方法的基本理论依赖于将连续体的离散化解决在弹道和爆炸仿真中一直存在的动态应力波传播(Benson,1992)。固体被分为 $N$ 个单元,网格化过程通常使用图形用户界面的预处理器来完成。尤其是对于复杂的几何形状。在拉格朗日计算中,材料被嵌入网格中。因此,材料的运动可以由网格本身的变形、旋转和位移来表示。目标的边界由网格的外边界单元表示,如图 9.3 所示。网格分辨率将控制解决方案的准确性,因为粗糙的网格会滤除动态波的高频分量。使用精细网格将以牺牲计算效率为代价来提高解决方案的准确性,其计算时间会急剧上升(Zukas,1993)。运动方程的详细推导过程可以在 Zienkiewicz 等(2005)中找到。

图 9.4 显示了 5.56 mm NATO 子弹撞击 Weldox 500E 装甲钢的拉格朗日仿真示例(见第 2 章),发现各个单元有严重的变形和扭曲。其结果导致计算时间步长的明显减少并造成局部应力集中。与 SPH 仿真结果比较显示有类似的变形特征,尽管 SPH 仿真结果没有单元失真或缺失。该方法将在后面的章节中进一步讨论。

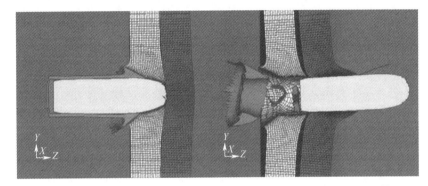

图 9.3　APM2 的拉格朗日仿真,7.62mm 口径子弹撞击 ARMOX 560T 装甲

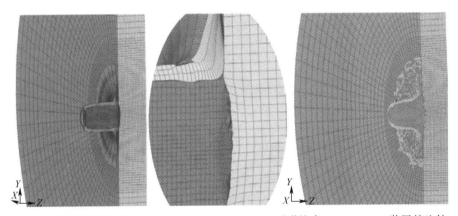

图 9.4　拉格朗日和 SPH 方法在分析 5.56mm NATO 子弹撞击 Weldox 500E 装甲的比较
该图展示了弹丸响应,严重单元扭曲和伸长在拉格朗日公式中显而易见。

### 9.3.2　欧拉和任意拉格朗日欧拉(ALE)方法

在传统的基于拉格朗日的分析中,空间和材料域一致地变形,因此不允许有任何跨越离散单元的材料流动。相反,欧拉描述基于固定的网格点和占据空间域的单元。它们的位置和体积在时间上都是不变的,因此允许材料流动跨越单元边界。ALE 公式引入了第三个域(Hughes 等,1981),参考域的任意位移。ALE 公式同时使用拉格朗日和欧拉公式,可以用来分析 FSI。该方法增加了额外复杂度,但同时也获得了使用对流步计算移动边界、自由表面和大型变形等功能的好处(Alia 和 Souli,2006;Souli 等,2000)。ALE 公式的固有强度适合对大型单元的扭曲变形事件进行建模,否则容易产生错误结果。拉格朗日公式中的误差通常会导致高扭曲单元精度降低,时间步长的严重减少。因为显式 FEA 使用 Courante-Friedriche-Levy 条件,该条件基于单元长度和波通过目标介质的速度。ALE 的主要应用是爆炸仿真、超高速撞击和 FSI,例如:燃料晃动,相同趋势的流体在高压梯度压力驱动下在短时间内(微秒至毫秒)快速对流。

ALE 公式可以处理多材料和 FSI,使用两步法来解决流体流动的 Navier-Stokes 方程。拉格朗日步长计算通过其中网格随着流体移动,可以计算速度和内部能量的变化。接下来是跨单元边界上质量、动量和能量的变化对流步计算。欧拉方法实际上是 ALE 方法的一个子集,其中空间坐标系是固定的。与 ALE 方法相比,欧拉方法中对流的材料量更大。ALE 和欧拉方法的基本守恒方程的公式如表 9.3 所列,其中 $\rho$ 为密度,$v$ 为材料速度,$w$ 为坐标速度,$\sigma$ 为柯西(Cauchy)应力张量,$b$ 为特定体受力,$E$ 为内部能量。

表 9.3 ALE 和欧拉方法的守恒方程

| 属性 | ALE | 欧拉方法($w=0$) |
| --- | --- | --- |
| 质量 | $\left.\dfrac{\partial \rho}{\partial t}\right\|_x + (v-w)\cdot\nabla\rho = -\rho\nabla\cdot v$ | $\left.\dfrac{\partial \rho}{\partial t}\right\|_x + v\cdot\nabla\rho = -\rho\nabla\cdot v$ |
| 动量 | $\rho\left(\left.\dfrac{\partial v}{\partial t}\right\|_x + ((v-w)\cdot\nabla)v\right) = \nabla\cdot\sigma + \rho b$ | $\rho\left(\left.\dfrac{\partial v}{\partial t}\right\|_x + (v\cdot\nabla)v\right) = \nabla\cdot\sigma + \rho b$ |
| 能量 | $\rho\left(\left.\dfrac{\partial E}{\partial t}\right\|_x + ((v-w)\cdot\nabla)E\right)$ $= \nabla\cdot(\sigma\cdot v) + v\cdot\rho b$ | $\rho\left(\left.\dfrac{\partial E}{\partial t}\right\|_x + (v\cdot\nabla)E\right)$ $= \nabla\cdot(\sigma\cdot v) + v\cdot\rho b$ |

欧拉方法由于使用大量罚函数处理对流和耦合,因而存在一些缺点。由于 ALE 方法不能完全解决 Navier-Stokes 方程,不能处理边界层效应,如阻力。该方法同时也有失真、网格偏置和一些不合理的接触界面处理,如在一些 FSI 仿真中显示的"泄漏"现象(Chafi 等,2009;Zhu 等,2009;Saleh 和 Edwards,2015)。

ALE 中的对流处理是耗散的,并且会在一阶对流方案中低估能量;虽然这可以通过使用二阶对流方案和网格的改进,以减少每个时间步长内的对流量。但这些补救措施会显著提高计算成本,使用中需牢记在心。

图 9.5 和图 9.6 展示了 ALE 方法在内部爆炸分析中的应用。在这个实例中,

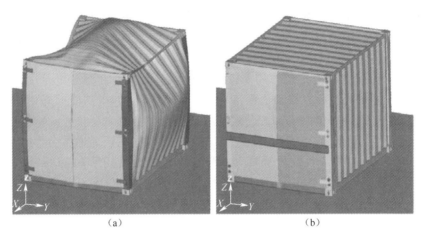

图 9.5 使用 ALE 分析方法评估内部爆炸(彩图)
(a)标准集装箱;(b)带装甲集装箱。

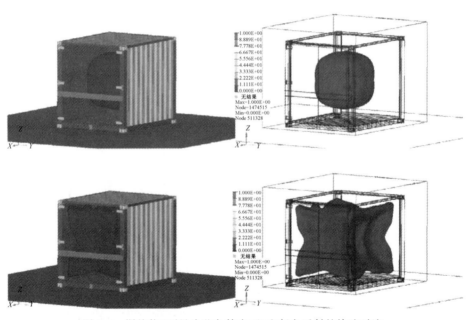

图 9.6 爆炸物(可见为蓝色等表面)和复杂反射的快速对流,
分别发生在 0.9ms 和 2ms,需要使用 ALE 方法来分析,不然严重的单元扭曲将最终导致错误。
材料流的自动化处理和材料界面的创建方便可视化研究(彩图)

拉格朗日集装箱被放置在一个模拟周围流体的大型欧拉域内。在结构内部放置一个小的球形释放物。爆炸物是流体状的,因此,对于释放物的拉格朗日公式的传统选择将导致大的单元扭曲,时间步骤的严重减少,以及由于存在内凹单元而产生负雅可比矩阵的可能性。最终,这些会使仿真不稳定并导致提前终止。相反,ALE方法考虑了平流流体从而无任何单元变形,并解决了复杂的波相互作用和入射冲击波的反射,并引起容器角落的流体相互挤压。爆炸物和运输容器之间的耦合通过类似于广泛使用的基于罚函数的接触算法和方法来实现。该方法首先计算ALE材料穿过拉格朗日部分的穿透距离。当发现有穿透发生时,在对应方向上施加与穿透深度成比例的力,这将会抵抗穿透力并最终消除穿透。如图9.6所示,爆炸性气体的等表面图代表爆炸产物的体积分数,展示了爆炸产物和由容器边缘反射回来的冲击波的相互作用而产生的挤压效应。

### 9.3.3 无网格方法:光滑粒子流体动力学

无网格方法有三大类(Liu等,2004):

(1) 基于强公式的方法:这些方法计算效率高,但通常不稳定且不太准确;

(2) 基于弱公式的方法(无单元Galerkin,无网格局部Petrove Galerkin,点插值法),其准确但缓慢,特别适用于断裂力学和制造仿真;

(3) 粒子方法(分子动力学(MD),蒙特卡罗,SPH),它们基于弱公式但对于任意分布的节点都是有效稳定的并且可以应对大的变形。这些也更适合冲击/穿透事件。

SPH方法是弹道仿真中使用最广泛的方法,它的大部分内容由天体物理学界发展而来,基于Lucy(1977)、Gingold和Monaghan(1977)的工作,以解决大型气体动力学问题。因此,SPH方法的大多数发展自成立以来就在这一研究领域内进行。越来越多的研究人员试图将SPH方法应用于其他领域,如流体动力学、高速冲击和金属切削。SPH方法有许多优点使其满足于弹道分析,即

(1) 由于没有像欧拉或ALE公式中出现的跨单元材料移动,对材料对流处理的很好。

(2) 不需要明确地跟踪接触界面,如拉格朗日公式的情况。

(3) 离散化的粒子域提供了大的结构变形的解决方案,而不会有严重单元变形的相关问题,减少了代码中的时间步骤,以及需要在拉格朗日公式中重新分区和重新网格化。

(4) SPH还可以处理复杂的几何形状,从而降低了分区的要求。

(5) 尽管体积可能无法保存,但SPH方法的质量守恒特性确保了仿真的能量和动量都得到了保留。

SPH公式的离散性质有助于快速缩放,这在建模小特征或几何形状时是一个优势。SPH方法基于颗粒以与流体类似的方式集体运动,并且可以被认为是具有相关守恒方程的牛顿流体。Liu等(2004)对此有一个非常卓越的处理方法。SPH方法由两个重要组成部分:①场函数的内核近似;②粒子近似。内核近似给出了场

函数的积分表示,其可以是任何相关的历史变量,例如压力或密度。

相邻粒子搜索(图9.7)是使用SPH技术时要考虑的重要方面。定义半径为$2h$的球体为每个粒子周围的影响范围,其中$h$是光滑长度。搜索的目的是计算每个时间步的每个粒子之间的相互作用。对$M$个随机相邻粒子集的搜索将导致$M(M-1)$个相邻搜索。这通常是网格划分时要考虑的限制因素,因为大量单元会很快超出数值计算能力。大多数数值计算程序中的SPH搜索算法使用一个类似于桶排序算法的系统来找到相邻的粒子。分析域被离散化为许多方盒子,每个方盒包含一定数量的SPH单元。这些方盒的尺寸小于球的影响范围,因此相邻粒子搜索仅查找直接框内的相邻粒子,然后查找落在$2h$半径内的相邻盒子内的粒子。该方法有助于缓解与无界搜索相关的问题,其中距离计算的数量显著减少。

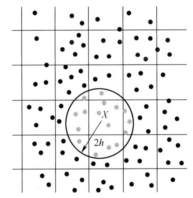

图9.7 SPH的相邻粒子搜索方案

使用恒定的光滑长度,对于大的压力和张力,Benz(1990)已经注意到是有问题的。在压缩情况下,相邻粒子的数量以及相邻搜索的数量将迅速增加,球体$2h$内增加的大量粒子将使任何大的仿真失效。在拉伸应力较大的情况下,距离变得太大,减少了相邻粒子的数量,也会使仿真更容易出现不稳定性和不准确性。因此,通过使用可变光滑长度来保持相对一致的相邻粒子数量是有利的,如Benz(1990)使用的时间导数所给出的例子。

$$\frac{dh}{dt} = -\frac{h}{3\rho}\frac{d\rho}{dt}$$

式中:$t$为时间;$\rho$为密度。

这个公式对密度连续变化的处理效果很好。SPH方法的缺点是需要大量计算成本来处理大量的粒子以及相邻粒子的搜索算法。Swegle等(1994)的工作强调了SPH方法在拉伸状态下表现出不稳定性的倾向。他们观察到张力下的粒子表现出不稳定的运动,这种数值不稳定性可能会导致SPH仿真中不切实际的断裂和粒子聚集。另一个公认的SPH技术的弱点是边界单元的处理以及在这些边界处从SPH粒子近似方法中产生的不正确结果。在涉及不同材料之间的接触和默认接口情况下尤其如此。Randles和Libersky(1996)的研究工作旨在通过使用重整化方案来解决边界粒子的问题。实例4证明了SPH方法在软核射弹的弹道仿真中的成功应用。

在传统的基于网格的弹道仿真中,高度扭曲的拉格朗日单元将减少计算时间步长或导致仿真中的不准确性。单元冲蚀被用来从计算中去除这些单元,同时为用户提供保留新释放节点的选项,这样可以节省仿真的运算量。该方法的一个大的缺点是在基于分段的公式中接触点的快速丢失。虽然单元冲蚀被广泛使用,但图9.8中所示的混合公式允许将缺失的固体单元转化为SPH单元,这些新形成的单元能够进一步保持接触,从而可以分析剥落和碎片化以及碎片云的可视化分析。这些方法不保存体积,但保存了动量。

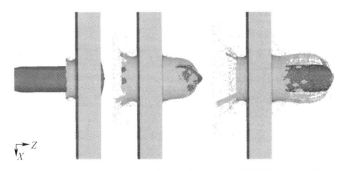

图9.8 混合拉格朗日-SPH公式,删除的单元被转化为SPH粒子,并在随后的节点到表面接触中进一步与结构相互作用

## 9.4 状态方程

### 9.4.1 Mie-Grueneisen 状态方程

动态分析中材料内的静水应力(压力)通常用密度/体积和温度(能量)表示。Mie-Grueneisen状态方程起源于统计力学,其中原子被认为是量子谐振子。Mie-Grueneisen状态方程分析了欧拉方程中质量、动量和能量的转换,基于Rankine-Hugoniot对固体冲击波行为的描述建立。状态方程的重要性通常取决于要分析的性质。对于弹道或爆炸仿真的典型应变率,线性状态方程通常是足够的(Zukas,1982)。因此,压力项计算为体积应变和体积模量的函数。通过利用Hugoniot冲击数据、绝热曲线或0K等温线,Mie-Grueneisen关系可用于外推不同热力学状态

下材料的压力和温度。其关系的代数形式如下：

$$\gamma(v) = v\left(\frac{\partial p}{\partial e}\right)_v, \quad \gamma(v) = \frac{\gamma_0 + a\mu}{1+\mu}$$

式中：$\gamma$ = Grueneisen 参数；$p$ 为压力；$\gamma_0$ 为初始 Grueneisen 参数；$e$ 为内部能量；$v$ 为特定体积；$\mu=\rho/\rho_0-1$，是相对体积变化（$\rho$ 为电流密度，$\rho_0$ 为初始密度）；$a$ 为 $\gamma_0$ 的一阶体积校正。

因此，压力可以用 Hugoniot 压力和 Grunesien 参数表示：

$$P = f(\rho,e) = P_h\left(1 - \frac{\gamma}{2}\mu\right) + \rho\gamma e$$

式中：$P_h$ 为 Hugoniot 压力。

在许多数值计算程序中，Mie-Grueneisen 状态方程定义压力、冲击速度（$U_s$）和粒子速度（$U_p$）关系的三次函数，如下：

$$p = \frac{\rho_0 C_{sp}^2\mu\left[1 + \left(1 - \frac{\gamma_0}{2}\right)\mu - \frac{a}{2}\mu^2\right]}{\left[1 - (S_1-1)\mu - S_2\frac{\mu^2}{\mu+1} - S_3\frac{\mu^3}{(\mu+1)^2}\right]} + (\gamma_0 + a\mu)e$$

式中：$S_1, S_2, S_3$ 为 $U_s$ 比 $U_p$ 的斜率的系数；$C_{sp}$ 为体积声速，其大小从纵轴截距来评估。

这种关系式适用于压缩材料。对于发泡材料，其关系如下：

$$p = \rho_0 C_{sp}^2\mu + (\gamma_0 + a\mu)e$$

值得注意的是，由于钢的 $\alpha$ 相到 $\sigma$ 相的相变过程（Franz 和 Robitaille，1979；Kerley，1993），钢的 Hugoniots 冲击在它们的关系中是非线性的。钢从 $\alpha$ 相到 $\sigma$ 相的转变发生在 13GPa 的压力范围内，立方函数虽然在通常情况下可以成功近似于斜率，但未能准确地解释与相变相关的波速的快速下降。立方函数同样也不能解释之前观察到的先导弹性阶段。在此阶段，随着粒子速度的增加，冲击速度保持静止。为了更准确地对该转变过程建模，可能需要专用的用户子程序来处理多相位状态方程。或者用一个状态方程组也可以满足合理的准确度。

Mie-Grueneisen 状态方程（EOS）的最大缺点在于它没有考虑任何相变和由此产生的超高速撞击中的压力响应的过度计算，例如，聚能炸药在这个应变率区域中的状态方程将该材料视为过热固体。其他有用形式的状态方程允许处理相变，如 GRAY 对金属用三相方程（Royce，1971），还有使用表格输入的 SESAME 状态方程库，将在下一节中讨论。

### 9.4.2 SESAME 状态方程

SESAME 状态方程是由大量热力学属性材料（约 170 种）构成的库，并以表格形式呈现（Lyon 和 Johnson，1992；Holian，1984）。状态方程参数用于简单单元、化合物、金属、矿物、聚合物和混合物。数据库中存储的热力学数据包括压力 $P$ 和内能 $E$（另外，还包括许多材料的亥姆霍兹自由能）。这些因变量分别表示为密度 $\rho$ 和温度 $T$ 的函数，其范围分别为 $0 \sim 10^5 \, \mathrm{g/cm^3}$ 和 $0 \sim 10^9 \, \mathrm{K}$（Johnson，1994）。SESAME 状态方程的常见形式可表示为

$$P(\rho, T) = P_c(\rho) + P_N(\rho, T) + P_e(\rho, T)$$

式中：$P_c(\rho)$ 为冷曲线（定义在 $T=0$ 时内聚力和排斥力的贡献）；$P_N(\rho, T)$ 为核运动贡献；$P_e(\rho, T)$ 为热电子相。状态方程的不同组成部分通过如下方式获得：试验测试、经验观察、高密度材料的 Thomas–Fermi–Dirac 统计定理、符合 Mie–Grueneisen 冲击固体假设的 Hugoniot 冲击、金属伪和熔化的 MD 仿真、Einstein，Debye，Cowan，Chart-D 和固体中晶格振动的广义 Chart-D 模型，以及用于相变的多种其他理论模型，例如用于一阶相变的麦克斯韦结构。SESAME 状态方程涵盖的材料数据范围不包含对任何理论基础的详细讨论，但读者应参考上述 LANL 报告以获得进一步的细节内容。

SESAME 库的一个明显优势是能够计算多相介质的属性。因此可以用来描述材料的所有状态，包括固体、液体、气体、等离子体及其它们的转化。SESAME 状态方程表格以 CTH 码格式提供，并通过 AUTODYN 代码进行有限访问。图 9.9 中给出的例子显示了材料 3541（碳化钨）的代表性 $P(\rho, T)$ 数据集（Holian，1984）。

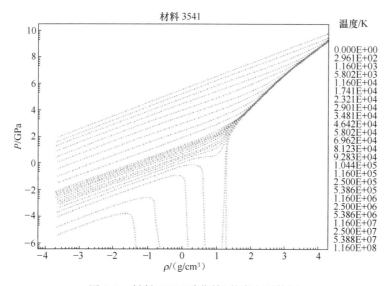

图 9.9　材料 3541（碳化钨）状态方程数据

## 9.5 金属强度模型和失效准则

在对材料对外力响应的简单数学处理中,固体可以被描述为完全刚性(其中所有运动受限)、线弹性(不需要任何屈服值)、线性理想弹塑性(具有明确定义的屈服强度奇值)或线弹性加工硬化(其中要求屈服强度值和加工硬化指数)。在一些建模案例中,仍然使用这些简单的固体力学关系。然而,在过去四十年左右的时间里,数学建模工程师希望更详细地描述材料的流动,以便涵盖动态穿透事件中所经历的无限的条件范围。以下小节描述了一些最流行的强度模型和损伤准则。请注意,Johnson-Cook,Zerilli-Armstrong 和其他模型的命名法详见附录9A。

### 9.5.1 Johnson-Cook 强度模型

Johnson-Cook 强度模型(Johnson 和 Cook,1983)是一种在冲击问题中普遍存在的现象模型,首次出现在第7届国际弹道学研讨会上,常用于计算高应变率变形下材料的强度特性。该模型并非源于力学第一原理,而是源于对金属在冲击和穿透下的流动应力关系的试验观察。因此,该模型的范围主要围绕3个著名的参数:

(1) 等效塑性应变和相关的应变硬化;
(2) 应变率和相关的位错敏感性导致应变率硬化;
(3) 温度和由绝热升温引起的热软化效应。

这些原始材料参数来自3个测试程序:

(1) 应变率的扭力试验范围从准静态到 $400\text{s}^{-1}$;
(2) 不同温度下的分离式霍普金森杆(SHPB)拉伸试验;
(3) 准静态拉伸试验。

模型发布后,作者通过确定关键需求,在能够保证嵌入到数值仿真程序中的通用模型的准确性的情况下,修正了该模型的简洁性。Johnson-Cook 模型的3个参数是乘积组合关系,没有额外的权重标准:

$$\sigma_{eq} = [A + B\varepsilon^n][1 + C\ln\dot{\varepsilon}^*][1 - (T^*)^m]$$

第一个括号内的参数代表了由应变硬化引起的屈服应力增加。在金属内产生连续滑移所需的剪切应力随着剪切应变的增加而不断增加。应变硬化是材料位错中每个单元的相互作用以及晶界势垒作用的材料响应,阻止单元移动。晶界上的位错堆积或者晶体内的平面滑移是材料应变硬化的更好理解机制之一。由此积累产生的背应力抵抗了滑移平面上施加的应力,因此需要额外的应力以引起进一步的滑动。第二个括号里的内容模拟了屈服应力随着应变率的增加而增加。这在许多应变率敏感性研究中都出现过,如:Last 等,1996;Lee 和 Yeh,1997;Boyce 和 Dilmore,2009;Meyers,1994;Meyers 和 Murr,1981;Zukas,1980;Johnson 和 Cook,1983。作者(Boyce 和 Dilmore,2009)研究了许多高强度钢的应变率敏感性,如基于 AISI 4340 钢的 AerMet 100,基于 AISI-4340 钢的 4340M(类似于原始 JC 论文中评估的钢),HP9-4-20M 和 ES-1c。在评估这些高强度钢的应变率敏感性过程中,他们观察到屈服强度和拉伸强度随着应变率的增加而增加(图 9.10)。

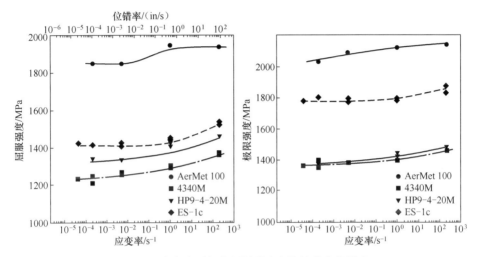

图 9.10 应变率对钢的屈服强度和抗拉强度的影响

JC 模型中的最后一项参数是比温度 $T^*$。这种与温度相关的表达解释了由于热塑性不稳定导致的材料热软化。最后一项基本上是热软化部分,可以用来评估高温下的流动应力与室温下的流动应力的比率。由于测试程序的高度瞬态性,温度升高可以假定是绝热的。温度增量增加和加热的关系为

$$\Delta T = \int_0^\varepsilon x \frac{\sigma_{eq} d\varepsilon}{\rho C_p}$$

根据 Børvik 等(2009)对穿甲弹冲击 Armox 和 Weldox 钢的调查研究,Taylor-Quinney 系数 $x$ 通常取 0.9。需要重点注意的是,在高应变率下,大部分塑性变形转化为绝热升温;因此,将绝热升温评估到尽可能高的温度以提高指数预测的准确性尤为重要。

除了位错堆积的应变硬化效应之外,Boyce 和 Dilmore(2009)以及 Kapoor 和 Nemat-Nasser(2000)的作者概述了附加的位错现象,并且认为需要仔细识别流动应力方案。其中的区别在于错位所遇到的障碍的性质。根据位错是否可以借助热能克服这些障碍,障碍被分类为热(短程)或无热(远程)。无热障碍取决于样品的微观结构特性,这些特性可能会也可能不会随着样品的变形而发展。例如,沉淀物

或溶质的量不随变形而演变,而位错密度和晶粒尺寸将随材料变形而演变。类似地,热障碍是一种与时间有关的扩散限制机制;因此,它们与应变速率和温度相关联。热障碍的一个例子是位错的爬升机制,其中位错将"感知"障碍物周围的应力场的增加并转移到相邻平面以继续其扩散。

抗变形性可以根据无热、热和黏性剪切阻力来评估(Kapoor 和 Nemat-Nasser,2000):

$$\tau = \tau_a + \tau^* + \tau_d$$

根据无热、热和黏性阻力应力,这个关系式也可以扩展到流动应力的评估:

$$\sigma = \sigma_{a1}(\rho) + \sigma_{a2} + \hat{\sigma}^* \left[1 - \left(\frac{kT}{F_0}\ln\frac{\dot{\varepsilon}_0}{\dot{\varepsilon}}\right)^{1/q}\right]^{1/p} + \sigma_{\text{drag}}$$

Boyce 和 Dilmore(2009),Kapoor 和 Nemat-Nasser(2000),Campbell 和 Ferguson(1970)以及 Meyers(1994)的作者能够概述低温和高应变率材料的变形机制。随着应变率的增加,该机制和热诱发的短距离障碍相关,因为短距离障碍通常很弱,并且这些障碍成为高度瞬态事件中的控制机制。试验中观察到强度的相应增加是扩散限制的位错机制减少的直接结果。

在较低的应变率和较高的温度下,控制机制是无热的远程障碍。可以想象,这些都伴随着更高的能量需求,因此被归类为无热,因为机械功是更大的驱动因素。远程障碍物在很大程度上对应变率不敏感,因此在晶界或滑移面处可能存在位错扩散时更为明显。JC 模型不承认这种双重机制(热和无热),这在其他组成模型中很明显,例如 Rusinek-Klepaczko(Klepaczko 等,2009)模型,Zerelli-Armstrong 模型(Zerilli 和 Armstrong,1987;Armstrong 和 Zerilli,1994),后者将在第 9.5.4 节中讨论。

有必要强调温度软化具有微观结构基础,并与非热障耦合。此外,黏性阻力组分在较高温度下起作用更大。Maweja 和 Stumpf(2006)指出,黏性阻力会随着应变的增加而增加流动应力。虽然在一定的应变速率下它不再增加,但此后将保持不变。JC 模型不考虑任何黏性阻力效应。伴随位错密度的减少,热软化的主要机制是位错运动中减少的路径障碍、间隙原子的扩散、相变和伴随的新晶粒的形成,以及动态再结晶(Andrade 等,1994)。

**Johnson-Cook 强度模型的局限性:**

Johnson-Cook 模型是最广泛使用的强度模型,受到大量用户群的严格审查,因此比大多数其他模型更受欢迎。该模型通过乘积过程来耦合上节所述的 3 个参数。Meyers(1994)发现这是不合适的,因为某些机制的离散耦合以及应变和温度的历史影响并没有被发现。其次,由于 JC 关系的现象学性质,没有考虑上述的无热、热和黏性阻力分量是不完整的,这些都是 Zerilli-Armstrong 模型的基本组成部分。此外,应变硬化组分($n$)被认为是常数,这与 Klepaczko 等(2009)所述的许多研究结果相反。

在原始 JC 论文中,参考应变($\dot{\varepsilon}_0$)被定义为 $1.0 \text{s}^{-1}$。许多其他研究也复制了这一点,但没有清楚地了解其作用。一些论文假设包含该参考应变验证了第二项参数无量纲的中间步骤,因此也使用 $1.0 \text{s}^{-1}$ 作为应变率。参考应变的作用确实用于此目的,但所采用的塑性应变率必须是在测试中用于确定 JC 关系的第一项中的($A$)、($B$)和($n$)常数的准静态应变率。如果使用 $1\text{s}^{-1}$ 的应变率并且这高于实际参考应变率,则 JC 模型将会低估低应变率响应。Schwer(2007)的工作包含对该主题的额外讨论。

JC 关系的第三项,即标准比温度项,如果实际温度低于室温或参考温度则变得多余。因此,在实际温度范围内评估温度软化是有用的。Gray 等(1994)的报告使用了更严格的对比定义,其关系为当前温度和绝对熔化温度之间的直接比率, $T^* = \dfrac{T}{T_{\text{melt}}}$。采用这种方法,对于低于参考温度的温度,或在极端温度下,Gray 等(1994)进一步得出结论,JC 关系未能充分描述材料性能,这可能是由于模型的简单性所导致。

在最初的 JC 论文中,应变的评估范围从准静态到 $400\text{s}^{-1}$。许多作者(Meyers,1994;Klepaczko 等,2009;Gray 等,1994;Sasso 等,2008)确定了 JC 模型在高应变率下的不准确性。他们得出结论,JC 模型并不完全适用于大于 $10^2\text{s}^{-1}$ 的应变率,高于此数量级的应变率可能需要对模型进行修改或使用其他本构模型。JC 强度模型的各种变体通常被作为用户自定义的材料子程序来实现,因此可以考虑添加额外的处理机制。

JC 关系不适用于加工硬化保持不变或随应变率增加而降低的金属(例如钽)(Liang 和 Khan,1999)。尽管 JC 强度模型的现象学性质忽略了其他力学模型的细微差别,但由于其对于变化应变率方案的一致且准确的结果,在许多弹道和爆炸应用中已被广泛使用。观察不同机制的处理结果,获得了模型的普遍性行为。虽然从材料科学的角度来看,特定机制的物理基础提出了一个相关的问题,但对于弹道学家或仿真工程师来说,相对保守的结果相关性,定量和定性最重要。JC 强度模型成功捕获了这些响应中最明显的组成部分。读者可以参考附录 9B 获取 JC 强度模型的材料参数列表以及相关参考。

## 9.5.2 Johnson-Cook 损伤准则

类似于 JC 强度模型,Johnson 和 Cook(1985)开发了一种基于 Mackenzie 等

(1977)工作的断裂模型。Mackenzie 研究中确定的主要变量是由应力三轴度敏感性导致的延展性材料的断裂。增加的静水压强不可避免地导致成核和空隙增长;这与材料延展性的降低和断裂应变的降低成正比。Johnson 和 Cook 通过现象观察确定了温度、应变率和应变路径依赖性对损伤的额外影响,由此产生的 JC 断裂模型可以写成

$$D = \sum \frac{\Delta \bar{\varepsilon}_p}{\varepsilon_f}$$

累积增量应变的总和用于定义在 $D = 1$ 时为完全断裂。因此当 $\Sigma \Delta \bar{\varepsilon}_p = \varepsilon_f$ 时材料将失效。失效应变由表示应力三轴度、应变率依赖性和比温度的乘法关系计算:

$$\varepsilon_f = (D_1 + D_2 \exp(D_3 \sigma^*))(1 + D_4 \ln(\dot{\varepsilon}^*))(1 + D_5 T^*)$$

第一个括号内的参数,应力三轴度已经被很多作者(Bonora 等,2005;Bru 等,2008;Bao 和 Wierzbicki,2005;Mirone,2007;Hopperstad 等,2003)研究过,最常用的量化应力三轴度的方法是通过测试不同缺口几何形状的缺口试样。第二个括号内的参数代表了应变率对断裂应变的影响。该模型计算了随着应变率的增加而导致的断裂应变的减小。这是由于随着应变率的增加,导致延展性略有下降(Johnson 和 Cook,1985)。最后一个参数解释了随温度升高而导致的断裂应变的增加。据观察,升高温度会增加延展性。Dey 等(2006)观察到随着温度的升高,Weldox 460E 的屈服强度有降低,流动应力在 200~300℃ 的温度下达到最大值,这符合 Dieter(1984)定义的蓝色脆性区域。在此温度下,钢具有最小的应变率灵敏度和最大的应变老化。值得注意的是,由于新释放的二级溶质抑制了位错,因此材料在该区域的延展性降低。

我们现在将考虑以下场景,对两块 ARMOX 500T 板进行多射击仿真,如图 9.11所示,以说明材料属性和几何变化之间的相互作用。通过简化的开火速率,每个 APM2 弹的初始速度以及每个子弹之间的空间和时间间隔完全一致。从定性的角度来分析,顶部配置的两个平行板能够被两个动能(KE)威胁穿透。两枚子弹之间的间距随着它们穿过板而大大减小。这可能是因为板中复杂波相互作用的产物,由第一个 KE 撞击器引起的前期破坏导致第一子弹的停留时间比第二子弹更长。更多的多层板配置的定量研究可以参考 Flores-Johnson 等(2011)的工作,使用不同金属材料的多层目标可以改善装甲的弹道特性,同时相应地减小面密度。

观察第一板倾斜且有间隔的模型,第二个子弹已经部分穿透后板但仍保留在其中。倾斜度影响了子弹需要穿透的有效厚度,同时由于对子弹的非对称约束(对应板的非对称应力场)也减少对目标板的旋转损伤。这种翻轮行为可以大大

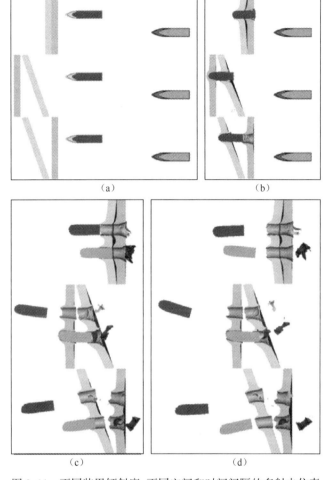

图 9.11 不同装甲倾斜度、不同空间和时间间隔的多射击仿真

降低穿甲弹的效果(Zukas,1990)。

### 9.5.3 Cockcroft-Latham 损伤准则

Cockcroft 和 Latham(1968)描述的 Cockcroft-Latham(CL)断裂标准是基于对金属材料内应力和应变的评估。其模型的基础理论是,断裂点每单位体积的塑性功可以通过以下关系计算:

$$W = \int_0^{\varepsilon_f} \sigma \mathrm{d}\varepsilon_p$$

一个更适合的符号描述是根据峰值应力或最大主应力以及有效塑性应变:

$$W = \int_0^{\bar{\varepsilon}_f} \langle \sigma \rangle \, d\bar{\varepsilon}_p$$

〈〉确保应力对于张力为正,即当 $\sigma_1 > 0$ 时 $\langle \sigma \rangle = \sigma_1$,当 $\sigma_1 \leqslant 0$ 时为 $\langle \sigma \rangle = 0$。因此,可以得出结论,材料的断裂只发生在有拉伸应力的地方。损伤指标被认为具有能量密度的特性。如 Teng 和 Wierzbicki(2006)所述,Cockcroft-Latham 断裂标准已广泛用于整体成型和金属切削仿真,但在穿孔分析中的应用程度较少。Dey 等(2006 年)对 Cockcroft-Latham 模型与 Johnson-Cook 模型进行了比较。在对 Weldox 460E,Weldox 700E 和 Weldox 900E 的试验测试中,每个模型的准确度都被认为在试验性断裂应变值范围内。

CL 损伤准则虽然未明确说明三轴性在材料断裂中起作用,但通过对适用应力的限制,隐含地解释了这一点,即仅拉伸应力导致失效。该模型没有明确说明任何温度或应变率效应,但在描述观察到的一般行为时仍然准确,即

(1)随着温度的升高,延展性增加,强度降低;

(2)随着应变率的增加,强度增加,延展性降低。

CL 损伤准则预测金属的延性破坏是应力和应变的函数。因此,损伤参数可以通过下面的公式计算:

$$D = \frac{W}{W_{cr}} = \frac{1}{W_{cr}} \int_0^{\bar{\varepsilon}_f} \langle \sigma \rangle \, d\bar{\varepsilon}_p$$

Cockcroft-Latham 临界塑性功项 $W_{cr}$ 的计算包含应变的测量一直到断裂点(即,$\varepsilon_{eq} = \varepsilon_f$)。"塑性功"被评估为真应力-真应变曲线下面积。该模型的简单性使其具有很大吸引力,因为只需要一个准静态拉伸测试来校准。但是,该标准可能无法成功捕获所有弹道仿真中的复杂物理载荷。与 Johnson-Cook 断裂模型类似,当标量损伤参数 $D = 1$ 时,模型计算结果为完全断裂。

如果重新考虑图 9.3 中的问题,其结果如图 9.12 所示,我们可以看到 Johnson-Cook 强度模型的实现以及 CL 损伤模型。侵蚀标准在该仿真中是双管齐下的。单元删除基于 CL 的损伤过程,并由大的绝热加热到熔化温度阈值的 90%。图 9.12 显示了这两个标准的包络图,即整个仿真过程中所有单元所经历的最大值。每个图中的红色单元对应于最终达到上述阈值并已被删除的单元。由于两种失效模式的叠加,第三组单元也已被删除。例如,射弹的尖端除了一些塑性变形之外还经历大的绝热升温而两者都没有达到阈值。很明显,第一块板中相对薄的单元层受绝热升温的影响更大,因此也导致了热软化和更明显的延性孔生长[图 9.12(a)],有限的塑性应变和更多的径向位移。相反,根据 Cockcroft-Latham 损伤模型,由于累积的损坏,第二块板具有严重的单元冲蚀(图 9.12(b))。对于读者来说应该显而易见的是,虽然所形成的穿透事件的特征在于延性孔生长,但是导致材料流动,塑性和失效的机制在两个板上各不相同。大的弯曲应力会在后板的自由

表面上造成损坏。这些弯曲应力很大程度上由后板支撑在前板上,因此类似的损坏并不明显。

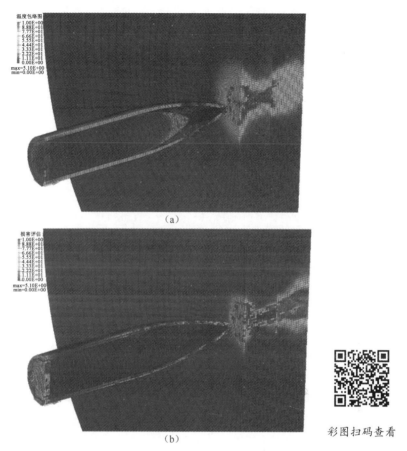

图 9.12　7.62mm APM2 与两个间隔 6mm 厚 Armox 500T 板的弹道冲击包络图(a)、(b)热损伤响应(有关进一步的讨论,请参阅工作示例#1)

## 9.5.4　Zerilli-Armstrong(ZA)强度模型

ZA 模型(Zerilli 和 Armstrong,1987;Armstrong 和 Zerilli,1994)本质上不是现象学的模型,而是一个以位错分析为物理基础的更具力学性的模型。这种关系受 Arrhenius 对激活状态定义的支配,是一个介于产品和反应物之间的中间状态。因此,反应速率可以被认为是常数,以下的形式控制反应:

$$k' = A \times e^{\left(\frac{-\Delta E_e}{kT}\right)}$$

类似地,位错运动可以通过热能方式以过渡或激活状态和运动联系起来,正如前面 Johnson-Cook 本构模型部分中所述一样。这种关系与统计力学有关,特别是关于能量分布的玻尔兹曼定律,Meyers 等(2002)对此有所讨论。ZA 关系来源于体心立方(BCC)和面心立方(FCC)金属。与 JC 模型不同,ZA 模型是一种叠加关系,不容易解耦。此外,ZA 关系区分了面的立方和体的立方金属变形的速率控制机制。结果发现,面的立方金属的控制机制是位错的相互交叉,而体的立方金属的控制步骤是克服 Peierls-Nabarro 势垒。这些控制机制是材料响应的观察结果。据观察,与面的立方相比,体的立方金属中的塑性屈服应力对温度和应变率更敏感。

对于面的立方金属,ZA 关系可表示为

$$\sigma = \Delta\sigma' + c_2\varepsilon^{\frac{1}{2}}\exp(-c_3T + c_4T\ln\dot{\varepsilon}) + kl^{-\frac{1}{2}}$$

对于体的立方金属:

$$\sigma = \Delta\sigma' + c_1\exp(-c_3T + c_4T\ln\dot{\varepsilon}) + c_5\varepsilon^n + kl^{-\frac{1}{2}}$$

正如之前在 Johnson-Cook 模型讨论中所提到的,Zerilli-Armstrong 模型考虑了热和非热成分。因此,上述关系可以写成

$$\sigma = \sigma_{\text{thermal}} + \sigma_{\text{athermal}} + kl^{-\frac{1}{2}}$$

最后一项 $kl^{-\frac{1}{2}}$ 说明了在多晶体之间传输流动所需的滑移带应力集中。它是微观结构应力强度($k$)和平均晶粒直径的平方根的乘积。即使在低温下,这也逐渐增加了流动应力。($\Delta\sigma'$)项是无热应力,它与溶质的初始存在和初始位错密度有关。当与滑移带应力集中参数结合,得到的流动应力公式是 Hall-Petch(Tresvyatskii,1971)关系,它描述屈服应力对晶粒直径的平方根的线性相关性。

$$\sigma_{\text{HP}} = \sigma_{\text{athermal}} + kl^{-\frac{1}{2}}$$

ZA 关系的热部分是

$$\sigma_{\text{thermal-fcc}} = c_2\varepsilon^{\frac{1}{2}}\exp(-c_3T + c_4T\ln\dot{\varepsilon})$$

$$\sigma_{\text{thermal-bcc}} = c_1\exp(-c_3T + c_4T\ln\dot{\varepsilon})$$

ZA 关系的热部分被认为是基于温度、应变率和应变的许多常数的幂律拟合。从应变率硬化和热软化可以看出面的立方金属更依赖于应变硬化因子。反之,和体的立方金属相比,应变率硬化和热软化对应变有较小的依赖性。因此,在体的立方金属中的应变硬化参数可以从应变率硬化和热软化分量解耦和。在演示了构成 ZA 关系的不同分量之后,读者可以看到 ZA 结合了一个幂函数与 Hall-Petch 关系,这与乘法 JC 关系非常相似。因此,类似的现象学考虑支撑着两种模型。这些理论是基于位错分析的基础,但在大多数情况下很难量化,更不用说准确或原样测量。ZA 模型通过次级宏观物理属性将这些物理原理联系起来,使得这些物理属性

对于当前应用是可测量和可用的。

原始 ZA 模型最明显的缺点是对体的立方和面的立方金属使用同一个应用而没有考虑六角密排结构(HCP)材料,例如 Ti-6Al-4V(Meyer,2006)。后来 ZA 模型序列包括 HCP 材料的处理(Zerilli 和 Armstrong,1996)。许多作者发现 ZA 模型的不变常数不能反映试验结果,因而考虑使用温度、应变率和变形过程的时间积分影响(Lin 和 Chen,2011)。对该模型的普遍质疑是关于其在高温下的一致性,如 He 等(2014)、Abed 和 Voyiadjis(2005)所述,ZA 模型的假设是热应力一直会存在直到 $T\to\infty$,这个假设在临界温度下是不真实的,其中塑性流动应力完全依赖于无热分量。

### 9.5.5 力学阈值应力(MTS)强度模型

MTS 模型由 Follansbee 和 Gray(1989)以及 Follansbee 和 Kocks(1988)开发,是一个基于物理的模型,可用于仿真高温和高应变率下的材料响应。该模型采用与 ZA 模型相同的热激活位错运动方法,同时排除了溶质扩散效应。这个方法通过一个内部状态变量将位错运动考虑在内,称为力学阈值应力(MTS)。下面显示的是模型的缩写细分。屈服应力由下式给出:

$$\sigma_y(\varepsilon_p,\dot{\varepsilon}_p,T) = \sigma_a + (S_i\sigma_i + S_e\sigma_e)\frac{\mu(p,T)}{\mu_0}$$

式中:$\sigma_a$ 为力学阈值应力的无热分量;$\sigma_i$ 为由热激活位错运动以及位错-位错相互作用的内部屏障引起的流动应力分量;$\sigma_e$ 为由于微观结构演变和变形增加(应变硬化)引起的流动应力分量;$S_i$ 和 $S_e$ 为温度和应变速相关的比例因子;$\mu_0$ 为 0K 和环境压力下的剪切模量。缩放因子的 Arrhenius 形式表示为(Banerjee,2005):

$$S_i = \left[1 - \left(\frac{k_bT}{g_{0i}b^3\mu(p,T)}\ln\frac{\dot{\varepsilon}_{p0i}}{\dot{\varepsilon}_p}\right)^{\frac{1}{q_i}}\right]^{\frac{1}{p_i}}$$

$$S_e = \left[1 - \left(\frac{k_bT}{g_{0e}b^3\mu(p,T)}\ln\frac{\dot{\varepsilon}_{p0e}}{\dot{\varepsilon}_p}\right)^{\frac{1}{q_e}}\right]^{\frac{1}{p_e}}$$

式中:$k_b$ 为玻尔兹曼常数;$b$ 为柏氏(Burgers)向量幅度;$g_{0i}$,$g_{0e}$ 为归一化激活能量;$\dot{\varepsilon}_{p0i}$,$\dot{\varepsilon}_{p0e}$ 为常数参考应变率;$(q_i,p_i,q_e,p_e)$ 为材料常数,$0 \leq p \leq 1$ 和 $1 \leq q \leq 2$。$\sigma_e$ 描述了力学阈值应力的应变硬化分量,并由修改过的 Voce 强化定律给出:

$$\frac{d\sigma_e}{d\varepsilon_p} = \theta(\sigma_e)$$

其中

$$\theta(\sigma_e) = \theta_0[1 - F(\sigma_e)] + \theta_{IV} F(\sigma_e)$$

$$\theta_0 = a_0 + a_1 \ln \dot{\varepsilon}_p + a_2 \sqrt{\dot{\varepsilon}_p} - a_3 T$$

$$F(\sigma_e) = \frac{\tanh\left(\alpha \dfrac{\sigma_e}{\sigma_{es}}\right)}{\tanh(\alpha)}$$

$$\ln\left(\frac{\sigma_{es}}{\sigma_{0es}}\right) = \left(\frac{kT}{g_{0es} b^3 \mu(p,T)}\right) \ln\left(\frac{\dot{\varepsilon}_p}{\dot{\varepsilon}_{p0es}}\right)$$

式中:$\theta_0$为由于位错累积引起的硬化;$\theta_{IV}$为由于IV阶段的硬化引起的结果;($a_0$,$a_1$,$a_2$,$a_3$,$\alpha$)为常数;$\sigma_{es}$为零应变硬化率下的应力;$\sigma_{0es}$为0K下变形的饱和阈值应力;$g_{0es}$为常数;$\dot{\varepsilon}_{p0es}$为最大应变率。适用于该模型最大应变率应限制在约$10^7/s$以内。

MTS模型中的一个重大缺点是需要大量的常数,和对固定应变进行重复测试的困难,以及模型所需的极低温度(Meyers,1994)。Banerjee和Bhawalkar(2008)发现原始MTS模型没有考虑高应变率下黏性阻力的影响。随着应变速率增加$1 \leqslant q \leqslant 2$,MTS模型也会捕获流动应力的小幅增加,这对具有强应变率依赖性材料可能是错误的。

### 9.5.6　Steinberg-Cochran-Guinan-Lund(SCGL)强度模型

SCGL模型是一个半经验模型,最初由Steinberg等(1980)开发。对于高应变率情况,后来扩展到低应变率方案和体的立方晶体结构(Steinberg和Lund,1989)。原始模型假设在临界应变率($10^5/s$)以上,应变率效应达到饱和点,材料强度变得与应变率无关。应变率依赖效应随着动态应力的增加而迅速下降,这可以通过随着应力增加而导致的温度的升高来解释。这适用于面的立方材料,而对于体的立方材料是不准确的(Scapin等,2011)。SCGL模型中的流动应力由下式给出:

$$\sigma_y(\varepsilon_p, \dot{\varepsilon}_p, T) = [\sigma_a f(\varepsilon_p) + \sigma_t(\dot{\varepsilon}_p, T)] \frac{G(p,T)}{G_0}$$

式中:$\sigma_a f(\varepsilon_p) \leqslant \sigma_{max}$,$\sigma_a$为无热应力分量的乘积,$\varepsilon_p$为塑性应变;$\dot{\varepsilon}_p$为塑性应变率;$T$为温度;$G_0$为参考状态下的剪切模量和应变硬化函数;$f(\varepsilon_p)$不能超过无热应力的饱和值$\sigma_{max}$。热激活应力不能超过Peierls-Nabarro应力,$\sigma_t \leqslant \sigma_p$。剪切模量$G(p,T)$的压力和温度依赖性通过以下关系解释:

$$G(p,T) = G_0\left[1 + \left(\frac{G'_p}{G_0}\right)\frac{P}{\eta^{1/3}} + \left(\frac{G'_T}{G_0}\right)(T-300)\right]$$

式中:$\eta=v_0/v=\rho/\rho_0$ 被压缩定义为初始特定体积在参考状态($T_{m0}=300\text{K}, P=1, \varepsilon=0$)下除以特定体积的分数。硬化函数表示为

$$f(\varepsilon_p) = [1 + \beta(\varepsilon_p + \varepsilon_{pi})]^n$$

式中:$\beta$ 和 $n$ 为加工硬化参数;$\varepsilon_{pi}$ 为初始等效塑性应变,通常取为零。Steinberg 等认识到对于体的立方材料,热分量 $\sigma_t$ 大并且高度依赖于塑性应变率 $\dot{\varepsilon}_p$,他们使用 Hoge 和 Mukherjee(1977)的工作来更好地表达由此产生的结果:

$$\dot{\varepsilon}_p = \left\{\frac{1}{C_1}\exp\left[\frac{2U_k}{kT}\left(1-\frac{\sigma_T}{\sigma_P}\right)^2\right] + \frac{C_2}{\sigma_T}\right\}$$

式中:$2U_k$ 是在长度为 $L$ 的位错段中形成一对扭结的能量;$k$ 为玻尔兹曼常数。常数 $C_1$ 和 $C_2$ 由下列式子给出:

$$C_1 = \frac{\rho L a b^2 v}{2w^2}$$

$$C_2 = \frac{D}{\rho_d b^2}$$

式中:$\rho_d$ 为位错密度;$a$ 为 Peierls-Nabarro 谷之间的距离;$b$ 为柏氏向量;$v$ 为 Debye 频率;$w$ 为扭结环的宽度;$D$ 为阻力系数。SCGL 模型中的温度演变是根据总能量 ($E$) 和沿 0K 等温线的能量 $E_c(\eta)$ 之差,再除以特定热量($C_m$)来表示:

$$T = \frac{E - E_c(\eta)}{C_m}$$

其中

$$E_c(\eta) = \int_1^\eta P(\eta)\frac{\mathrm{d}n}{\eta^2} - C_m T_{m0}\exp\left[a\left(1-\frac{1}{\eta}\right)\right]\eta^{\gamma_0-a}$$

式中:$C_m = 3R\rho_0/A$,$R$ 为气体常数,$\rho_0$ 为初始密度;$A$ 为原子量;$T_{m0}$ 为 $h=1$ 时的熔化温度;$\gamma_0$ 为具有校正因子 $a$ 的 Grueneisen 伽玛参数。

最初的 1980 模型中的一个主要缺点是流动应力的处理与应变率无关。原始 SG 模型仅适用于高应变率,但后来通过 SCGL 模型考虑了应变率依赖性进行校正。Zocher 和 Maudlin(2000)的研究表明,SCGL 模型在预测泰勒圆柱冲击试验变形的准确性方面落后于 MTS 模型,但产生的结果比 JC 模型更好。

## 9.6 非金属强度模型

### 9.6.1 Johnson-Holmquist 陶瓷模型

陶瓷的本构行为和用于分析这些陶瓷装甲系统的计算框架没有对应的金属物

那么发达。Johnson 和 Holmquist(1992)的工作建立了原始的 JH1 现象学模型,用于分析高应变率下的脆性材料。该模型捕获了完好陶瓷装甲材料和失效后材料的压力依赖性强度、损伤引起的扩张以及应变率依赖性强度。他们又根据早期工作迭代产生了 JH2 模型(Johnson 和 Holmquist,1994)。该模型包括了附加参数,用于描述陶瓷从"完整"到"失效"的逐渐软化过程以及膨胀压力逐渐增加直至完全损坏。JH2 公式显示了和静态阻力、断裂强度、应变、应变率、压力以及标量损伤变量($0 \leq D \leq 1$)的函数的等效应力。该模型的第三次迭代 JHB,(Johnson 等,2003)试图使用分析来更好地描述陶瓷强度和失效。该模型还包括在一些陶瓷中看到的高压相变的影响,如图9.13所示。

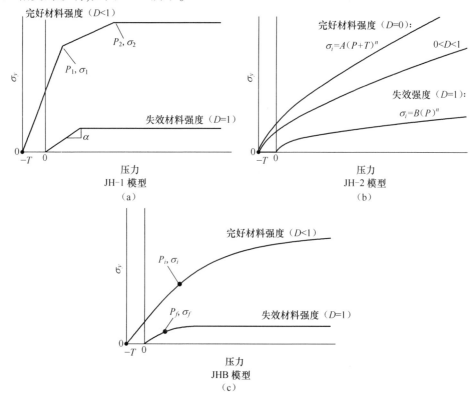

图 9.13 各种 Johnson-Holmquist 模型描述

JH2 模型等效应力的项,由下式给出:
$$\sigma^* = \sigma_i^* - D(\sigma_i^* - \sigma_f^*)$$
式中:$\sigma_i^*$ 和 $\sigma_f^*$ 分别为未受损和受损的强度,由下式给出:
$$\sigma_i^* = A(P^* + T^*)^n(1 + C\ln\dot{\varepsilon}^*)$$
$$\sigma_f^* = B(P^*)^m(1 + C\ln\dot{\varepsilon}^*) \leq \text{SFMAX}$$

式中:$P^* = P/P_{HEL}$为 Hugoniot 弹性极限下的归一化压力项。压力 $P_{HEL}$ 和 $T^* = T/P_{HEL}$ 为归一化的拉伸断裂强度;$\dot{\varepsilon}^* = \dfrac{\dot{\varepsilon}}{\dot{\varepsilon}_0}$ 为归一化的应变率;SFMAX 为归一化的断裂强度的最大值。$A, B, C, m$ 和 $n$ 都是材料常数。积累的标量损伤变量表示为增量塑性应变 $\Delta\varepsilon^p$ 的累积,类似于 Johnson 和 Cook(1985)的模型,其中

$$D = \sum \dfrac{\Delta\varepsilon^p}{\varepsilon_f^p}$$

$$\varepsilon_f^p = D_1(P^* + T^*)^{D_2}$$

式中:$D_1$ 和 $D_2$ 为材料常数。

未损坏的陶瓷压缩和张力的静水压力行为由 EOS 描述为

$$P_{com} = K_1\mu + K_2\mu^2 + K_3\mu^3 + \Delta P$$
$$P_{ten} = K_1\mu$$

式中:$K_1$ 为体积模量;$K_2, K_3$ 为常数;$\mu = \rho/\rho_0 - 1$,$\rho_0$ 为初始密度,$\rho$ 为当前密度。当损坏开始累积时添加了 $\Delta P$,表示由于材料软化和偏应力分量的减少而引起的势能的增加。

### 9.6.2 Kayenta 陶瓷模型

Kayenta 模型(Brannon 等,2009)是广义可塑性模型,用于描述宏观连续水平下的陶瓷材料。该模型并没有在任何商业数值计算程序中得到应用,而是在一些受限制访问的研究代码中被实施,例如 ALEGRA。该模型很好地在第一原理微观力学与现象学、同质化以及半经验建模策略之间取得平衡(Leavy 等,2010)。而且该模型允许受压陶瓷损伤从低压下的主应力主导失效,中间压力下的 Drucker-Prager 行为,和极高压下的帽塑性的平稳过渡。光滑的屈服面由以下函数定义:

$$f(\sigma, \alpha, \kappa) = \Gamma^2(\Theta)J_2 - [F_f(I_1) - N]F_c^2(I_1, \kappa)$$

式中:$I_1, J_2$ 和 $\Theta$ 为应力张量 $\sigma$ 及其偏差 $s$ 的 3 个不变量:

$$I_1 = \text{tr}\,\sigma, \quad J_2 = \dfrac{1}{2}\text{tr}\,s^2, \quad J_3 = \dfrac{1}{3}\text{tr}\,s^3, \quad \sin3\Theta = -\dfrac{J_3}{2}\left(\dfrac{3}{J_2}\right)^{3/2}$$

假设材料响应对于 $f<0$ 是弹性的,当 $f = 0$ 时认为材料为屈服响应。函数 $F_f$ 控制剪切主导加载中由于微裂纹而使材料软化的行为。参数 $N$ 定义了由于运动硬化引起的屈服面的移动以及由此产生的位移应力张量,$\xi = S - \alpha$,其中 $S$ 为应力偏差,$\alpha$ 为背应力,如图 9.14 所示。

函数 $F_c$ 控制在静水压力主导的负载下多孔材料的强度降低。函数 $\Gamma(\Theta)$ 控制三轴延伸和压缩之间的材料强度差异,用于具有 Lode 角度($\Theta$)的位移应力。内

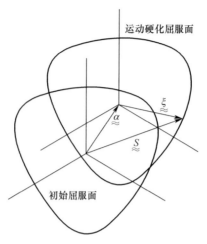

图 9.14 背应力和位移应力

部状态变量 $k$ 控制静水压力的弹性极限。与具有固定失效应变的 JH 模型不同，Kayenta 允许与尺度相关的失效时间，从而调节失效的能量。Kayenta 使用空间变量概率函数和威布尔分布，其中包含宏观上和大孔均匀介质方向的不确定性。通过内部缩放，在模糊失效边界理论中捕获非弹性和失效行为，该理论包含长度尺度，同时减轻网格依赖性(图 9.15)。无论单元尺寸如何，都允许损坏以相同的速度传播。

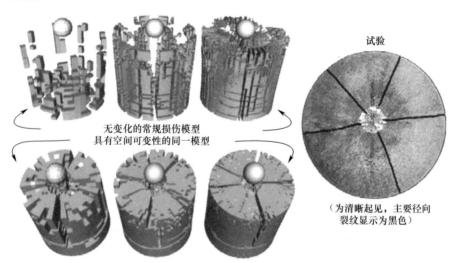

图 9.15 降低 Kayenta 失效模型的网格依赖性

Kayenta 模型非常强大，但是对于需要彻底了解模型细微差别的参数的试验和

450

非线性回归非常复杂。根据用户输入和仿真的意图,模型可能会被用于(Fuller 等,2013):

(1) 线性和非线性热弹性;
(2) Von Mises 和 Tresca 热塑性;
(3) 线性和非线性,关联和非关联 Drucker-Prager、Mohr-Coulomb 和 Willam-Warnke 可塑性;
(4) 应变率无关或应变率敏感的屈服;
(5) 失去刚度和强度造成的损坏;
(6) 孔隙率演变;
(7) 压力和剪切相关的压实。

### 9.6.3 聚合物材料的强度模型

几十年来,关于黏合剂和黏合剂层的动态特性的研究很少。然而,随着20世纪90年代黏合铝层压板(ABAL)系列的发展(见第4章),对于轻型装甲材料和安全壳系统,Crouch(1994)认识到需要开发适用于黏合剂层的强度方程。他们正确认识到黏合剂的应变率灵敏度,如图9.16所示的数据集,用于增韧环氧体系 Hysol 9309.3(NA)。这种黏合剂已被批准用于航空航天工业,以进行二次黏合程序,并已用于许多陶瓷基防弹系统(Crouch,2009)以及层压装甲。

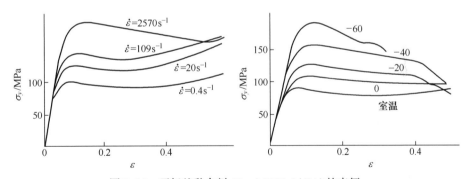

图9.16 环氧基黏合剂,Hysol 9309.3(NA)的表征,
显示了应变速率对20℃下流动性能的影响(左)和温度对应变速率为 $10^{-3}$ 的影响

这项工作使得环氧黏合剂的完整表征被重新认识,并根据 Cowper-Symonds 方程(Jones,1989),开发了新强度模型:

$$O'_y = [\sigma_o + C_1 \cdot \varepsilon_p^x] \cdot [1 + (C_2 \cdot \dot{\varepsilon}_p)^n \cdot [\alpha + \beta T + \gamma T^2]$$

第一项描述了应变依赖性,第二项描述了应变率依赖性,第三项描述了温度依

赖性。$\varepsilon_p$ 和 $\varepsilon_p'$ 分别为塑性应变和应变速率,$T$ 为绝对温度。对于聚合物体系,假设 $\chi = 1$。

对于 Hysol 9309.3,以下参数值被确定为 $\sigma_o$ = 55MPa,$C_1$ = 7.96MPa,$C_2$ = 0.00286,$n$ = 0.182,$\alpha$ = 9.89,$\beta$ = 0.0554,并且 $\gamma$ = 0.0000841(Crouch,1994)。

### 9.6.4 橡胶和弹性体的强度模型

使用基于超弹性理论来捕获大的变形行为的本构关系非常适合用来描述诸如橡胶之类的材料。与使用小应变计算来推导应力的其他本构应力流模型不同,超弹性材料应力来自使用应变能势函数 $W$ 的虚功的概念。这主要由变量 $I_1$,$I_2$ 和 $I_3$ 表示,Cauchy-Green 变形张量,$W = W(I_1, I_2, I_3)$,其中:

$$I_1 = \lambda_1^2 + \lambda_2^2 + \lambda_3^2$$
$$I_2 = (\lambda_1\lambda_2)^2 + (\lambda_2\lambda_3)^2 + (\lambda_3\lambda_1)^2$$
$$I_3 = (\lambda_1\lambda_2\lambda_3)^2$$

对于各向同性材料使用拉伸比 $\lambda_i$,不可压缩材料 $I_3 = 1$。不可压缩材料最常用的能量势是多项式和简化的多项式形式,表示为

$$W = \sum_{i,j=0}^{N} C_{ij} (I_1 - 3)^i (I_2 - 3)^j + \sum_{k=1}^{q} D_k (I_3 - 1)^{2k}$$

式中:$C_{ij}$ 为控制失真响应的材料常数;$N$ 为多项式秩;$D_k$ 为与体积响应相关的材料常数。如前所述,最后一个术语对于不可压缩材料是无效的。最常用的应变能模型(图9.17)都基于这个概念:

Neo-Hookean:$W = C_{10}(I_1 - 3)$

Mooney-Rivlin(Rivlin,1948;Mooney,1940)($N = 1$,first-order polynomial):

$W = C_{10}(I_1 - 3) + C_{01}(I_2 - 3)$

Mooney-Rivlin($N = 2$,second-order polynomial):$W = C_{10}(I_1 - 3) + C_{01}(I_2 - 3) + C_{11}(I_1 - 3)(I_2 - 3) + C_{20}(I_1 - 3)^2 + C_{02}(I_2 - 3)^2$

Varga:$W = 2\mu(\lambda_1 + \lambda_2 + \lambda_3 - 3)$

Ogden(1972):$2\mu \dfrac{\lambda_1^\alpha + \lambda_2^\alpha + \lambda_3^\alpha - 3}{\alpha}$

其中:$m$,$C_{ij}$,$\alpha$ 为具有上述不可压缩性约束的正常数。

最近,Mohotti 等(2014)已经开发出一种应变率依赖的本构材料模型来预测聚脲材料的高应变率行为。使用九参数 Mooney-Rivlin 本构模型,他们推导出了一个额外的应变率相关项,并使用高应变材料数据进行了验证。发现原始的 Mooney-

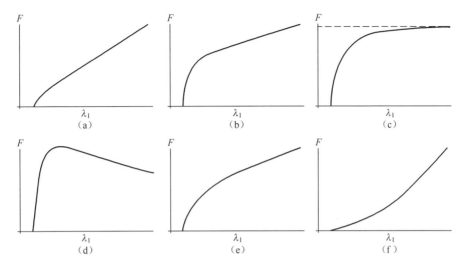

图 9.17 使用应变能密度概念描述的材料的典型力-应变图
(a) neo-Hookean;(b) MooneyeRivlin;(c) Varga;
(d) Ogden ($a<1$);(e) Ogden($1<a<2$);(f) Ogden ($a>2$)。

Rivlin 模型可以预测不同应变率下聚脲的行为,尽管每种应变率对应唯一的材料常数。而修改过的模型允许将应变率依赖性结合到模型中,从而提供了与试验数据更好的相关性。

## 9.6.5 纺织品和纤维增强聚合物的本构方程

在装甲系统中,纺织面料可以以两种形式使用:作为干叠的编织层(参见第 6 章),或者使用热固性树脂或热塑性基质层压在一起的层状产品(参见第 5 章)。在任何一种形式中,它们都为数值建模工程师提出了一系列非常具体的挑战。到目前为止,其中最大的挑战与选择单位材料的尺度相关。选择对纤维织物本身建模?单独一束纤维?或者对最终产品来建模?

织物和柔顺复合层压材料的层次性质以及这些材料建模尺度被 Grujicic 等(2011)细分为 8 个子类别。这些子类别如图 9.18 所示。

由于这些材料的复杂性,所应用的模型必须首先解决所需的材料响应,然后评估所需的建模尺度以观察所需的物理现象。模型尺度通常决定了执行分析的计算效率,因为力学的复杂性随着建模尺度的减小而增加。例如,高分辨率层内机制和损坏/失效成核所需的小长度尺度在计算上非常昂贵,因此可能不太适合大型结构或分量级仿真。然而,较大尺度模型虽然提供了更高的计算效率,但随着复杂损伤机制的分辨率降低以及由于过度简化的假设导致的材料间响应,有可能导致不准

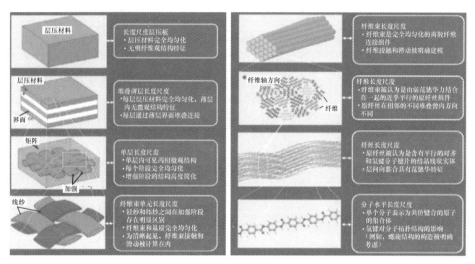

图 9.18 基于长度尺度的纤维增强聚合物复合装甲的层次顺序，
从宏观到介观，再到微观以及原子尺度

确，如(Grujicic 等，2010；Nilakantan 等，2010b)所述。

纤维束内的纤维不做介观模型单独建模。将纤维捆在一起并产生实心体积以表示纤维的边界。这种近似的原因在于一束纤维的行为可以轻松地从试验结果计算并适配到标准材料模型。其次，用于分析单根纤维级别的纺织品性能的计算代价将会令人望而却步。图 9.19 显示了 2D 和 3D 织物的 FE 模型的实例。

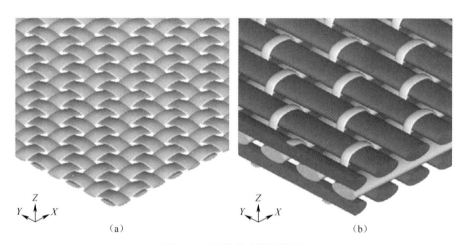

图 9.19 织物的有限元模型
(a)平纹织物；(b)3D 交叉缝合纤维束。

Grujicic 等(2008a,b)提出了最简单的复合材料进行建模的方法,使用均匀结构,有效提高计算效率。单纱的变形和破坏以及织物与动能(KE)威胁在冲击区域之间的局部相互作用只能通过使用介观仿真来研究,以捕获较窄的冲击区域中的正交各向异性或者各向异性行为。许多作者(Chocron 等,2010;Grujicic 等,2009b;Hou 等,2013;Nilakantan 和 Gillespie,2012;Tabiei 和 Ivanov,2001;Tabiei 和 Nilakantan,2008)采用黏弹性本构模型为基础的介观方法来建模以下情况:①黏结断裂,②局部纤维束断裂,③远程纤维束失效,④纤维束拉出,⑤纤维化,⑥弯曲。更复杂的方法涉及使用恒定厚度的编织壳单元对纤维束进行建模,这些编织壳单元与冲击区域中的实体单元相关联,使用运动学约束来建模平移和旋转自由度。这提供了更加强大的建模方法,可以使用计算上廉价的壳单元来分析更大的域。波速的评估是织物消散所承受的动能的关键因素,使用 3D 单元对接触和摩擦进行离散处理,使得评估被更充分地处理,因此用户必须解决好两种单元公式中阻抗不匹配问题。

在过去 40 年中,不同的研究小组使用连续性方法对纤维和树脂的建模开发了大量的各种各样的失效模型。Orifici 等(2008)的研究提供了一个相对较新的适用于弹道仿真的失效模型的概述。更广泛的数值分析框架在胡克定律的弹性行为的广义框架内,通过各向异性材料定义建模特定纤维方向上的载荷响应。在一般的 3D 情况下,剪切应力有 6 个分量:$\sigma_x, \sigma_y, \sigma_z, \tau_{xy}, \tau_{yz}, \tau_{zx}$。除此之外还有 6 个相应的应变分量:$\varepsilon_x, \varepsilon_y, \varepsilon_z, \gamma_{xy}, \gamma_{yz}, \gamma_{zx}$。一般各向异性形式由下面的 6 个方程式给出:

$$\begin{Bmatrix} \varepsilon_x \\ \varepsilon_y \\ \varepsilon_z \\ \gamma_{xy} \\ \gamma_{yz} \\ \gamma_{zx} \end{Bmatrix} = \begin{bmatrix} S_{11} & S_{12} & S_{13} & S_{14} & S_{15} & S_{16} \\ S_{21} & S_{22} & S_{23} & S_{24} & S_{25} & S_{26} \\ S_{31} & S_{32} & S_{33} & S_{34} & S_{35} & S_{36} \\ S_{41} & S_{42} & S_{43} & S_{44} & S_{45} & S_{46} \\ S_{51} & S_{52} & S_{53} & S_{54} & S_{55} & S_{56} \\ S_{61} & S_{62} & S_{63} & S_{64} & S_{65} & S_{66} \end{bmatrix} \begin{Bmatrix} \sigma_x \\ \sigma_y \\ \sigma_z \\ \tau_{xy} \\ \tau_{yz} \\ \tau_{zx} \end{Bmatrix}$$

式中:$S_{ij}$ 为柔性矩阵。正交各向异性材料具有关于 3 个正交平面的对称性。因此,可以构造一个稀疏矩阵,通过 9 个弹性常数建立应力和应变之间的线性关系:

$$\begin{Bmatrix} \varepsilon_x \\ \varepsilon_y \\ \varepsilon_z \\ \gamma_{xy} \\ \gamma_{yz} \\ \gamma_{zx} \end{Bmatrix} = \begin{bmatrix} \dfrac{1}{E_{xx}} & \dfrac{-v_{yx}}{E_{yy}} & \dfrac{-v_{zx}}{E_{zz}} & 0 & 0 & 0 \\ \dfrac{-v_{xy}}{E_{xx}} & \dfrac{1}{E_{yy}} & \dfrac{-v_{zy}}{E_{zz}} & 0 & 0 & 0 \\ \dfrac{-v_{xz}}{E_{xx}} & \dfrac{-v_{yz}}{E_{yy}} & \dfrac{1}{E_{zz}} & 0 & 0 & 0 \\ 0 & 0 & 0 & \dfrac{1}{G_{yz}} & 0 & 0 \\ 0 & 0 & 0 & 0 & \dfrac{1}{G_{xz}} & 0 \\ 0 & 0 & 0 & 0 & 0 & \dfrac{1}{G_{xy}} \end{bmatrix} \begin{Bmatrix} \sigma_x \\ \sigma_y \\ \sigma_z \\ \tau_{xy} \\ \tau_{yz} \\ \tau_{zx} \end{Bmatrix}$$

式中:$E$、$G$ 和 $v$ 分别为弹性模量、剪切模量和泊松比。在 Wicklein 等(2008)的著作中使用了 Chen 等(1997)提出的二次屈服函数来评估复合材料的塑性响应。其中流动应力由 9 个塑性系数 $a_{ij}$ 和各向同性硬化参数 $k$ 描述,$k$ 定义形状和尺寸,其表示为

$$f(\sigma_{ij}) = a_{11}\sigma_{xx}^2 + a_{22}\sigma_{yy}^2 + a_{33}\sigma_{zz}^2 + 2a_{12}\sigma_{xx}\sigma_{yy} + 2a_{23}\sigma_{yy}\sigma_{zz} + 2a_{13}\sigma_{xx}\sigma_{zz} + 2a_{44}\sigma_{yz}^2 \\ + 2a_{55}\sigma_{zx}^2 + 2a_{66}\sigma_{xy}^2 \\ = k$$

Nguyen 等(2016)和 Lässig 等(2015)在 AUTODYN 数值计算程序上实现了上述模型,用于分析超高分子量聚乙烯,并发现其建模结果与弹道试验之间具有良好的相关性。他们的研究利用 Mie-Gruneisen 状态方程来描述冲击响应并根据修改的 Hasin 失效准则描述被调用材料的失效,通过另外两个参数用于解释平面内和平面外剪切,其中 $e_{ii}$ 定义了对应于 3 个方向平面的 3 个失效表面:

$$e_{iif}^2 = \left(\frac{\sigma_{ii}}{SF_{ii}(1-D_{ii})}\right)^2 + \left(\frac{\sigma_{ij}}{SF_{ij}(1-D_{ij})}\right)^2 + \left(\frac{\sigma_{ki}}{SF_{ki}(1-D_{ki})}\right)^2$$

式中:$SF$ 为失效应力;$D$ 为损伤参数,影响材料的有效强度。当 $e_{ii}$ 的值达到一致时,该材料被认为已经软化。他们的结果证明了该模型适用于超高速情景下的真实射孔预测,但是,模型输入所需的相关力学测试非常严格,需要高度专业化的设备来确定。

### 9.6.6 金属层压板建模

金属层压板的建模相比于纤维增强聚合物层压板或工业织物的冲击行为的建

模要简单得多,因为可以使用传统的材料强度模型来模拟其本构材料。最简单的形式是一种非常基本的无纤维 ABAL,它由两种类型的材料组成:高强度铝合金薄板(厚度在 0.5~2.5mm 之间)和黏合剂层(厚度在 0.2~0.8mm 之间)。这是图 9.18 中所示的"堆叠薄层,长度尺度"方法的示例。在下面的例子中,Crouch 和 Greaves(Crouch 等,1994)对许多具有不同黏合剂黏合层厚度的 ABAL 进行了许多早期 DRA-DYNA 仿真,以研究层合装甲中的关键失效机理:外部薄层的独立剪切(见第 4 章)。如第 9.6.3 节中所述,源自黏合剂中间层材料 Hysol 9309.3(NA)详细表征的强度模型被用于这些计算机仿真。图 9.20 显示了钝射弹在 3 个不同时间步长(3ms,10ms,20ms)的冲击,并将最终输出与 ABAL 的金相部分进行比较,显示了第一层的局部剪切。这是计算机分析如何最好地用于装甲材料和系统设计的极好的例证。

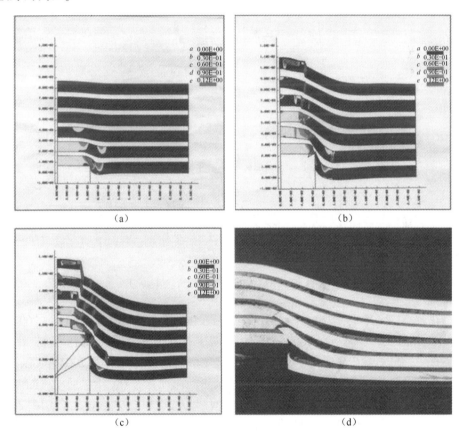

图 9.20 使用 DRA-DYNA 来建模钝射弹对 ABAL 的冲击,c.1992,
由图可见(a)3 ms,(b)10 ms 和(c)20 ms 后的仿真穿透,与通过同一 ABAL 试验获得的参数对比。
注意在(c)和(d)中,第一层是如何被剪切掉的,这是 ABAL 中一个重要的失败机制

### 9.6.7 多孔材料建模

泡沫金属系列是一个很好的多孔材料的例子。它们的力学性能可以通过3个主要现象来表征：①一小段弹性变形区域；②来自开孔或闭孔材料孔壁坍塌、塑性屈服和破碎而引起的较长的应力-应变平台；③泡沫的致密化和峰值应力的快速上升，以及相称的应变的小幅增加，如图9.21所示。在 Lefebvre 等(2008)，Gibson 和 Ashby(1999)，Gibson 等(2000)，Ashby 等(2000) 和 Ashby(2006)的文献著作中可以找到更全面的关于多孔材料和泡沫金属的处理方法。

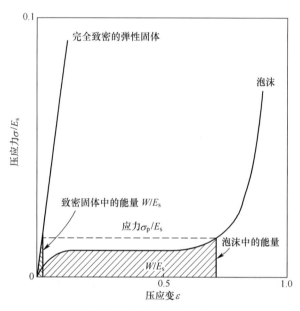

图9.21 固体材料和泡沫样品在压缩载荷下的弹性比较(Gibson, L. J., Ashby, M. F., 1999)

在较高应变率下，敏感材料的屈服点在平台区之前会增大。Hall 等(2000)，以及 Deshpande 和 Fleck (2000a) 等的早期工作指出，一些铝泡沫材料，例如 Alulight 和 Duocel，在高应变率下几乎没有应变率硬化，而 Zhao 等(2005)的工作强调了4个主要的相关点来描述观察到的 IFAM 泡沫硬化特性，其中最相关的是连续折叠过程中的微惯性效应，其导致 IFAM 泡沫强度增加15%。Xu 等(2014)的研究强调了在动态平面外压缩期间，多孔材料结构中夹带的空气的应力增加而导致的显著的应变硬化。此外，他们的研究试图将压缩引起的局部致密区域，应变硬化和应变率硬化与孔壁堆叠联系起来。他们还观察到在动态载荷下的横向惯性效应，其中变形带提供额外硬化，和体积名义应变率相比，具有更高的名义应变率。

Liu 等(2009)的工作(表 9.4)进一步描述了多孔泡沫的应变率敏感性的研究状况,包括材料复杂性、样品密度变化和测试过程,所有这些都证明了多孔泡沫材料的所有物理属性研究中明确存在的问题。在 Liu 的研究中值得注意的是非均匀变形和观察到在临界速度时冲击表面上的应力平台的快速增加,即从均匀模式到过渡模式的过渡速度。他们得出结论是,名义应力-应变曲线失去了它的物理意义,尺寸效应成为变形响应的更大驱动因素。

表 9.4 闭孔泡沫应变率敏感性的回顾

| 品牌 | 材料 | 相对密度 | 处理方法 | 应变率效果 | 参考文献 |
| --- | --- | --- | --- | --- | --- |
| ALPORAS | Al(Ca,Ti,Fe) | 0.08~0.1 | 间歇式铸造 | 敏感 | Paul 和 Ranmamutry(2000) |
| ALPORAS | Al(Ca,Ti,Fe) | 0.106/0.155 | 间歇式铸造 | 敏感 | Mukai(2006) |
| ALPORAS | Al(Ca,Ti,Fe) | 0.074/0.15 | 间歇式铸造 | 敏感 | Dannemann 和 Lankford(2000) |
| ALULIGHT | Al(Mn,Si) | 0.16~0.31 | 粉末冶金 | 不敏感 | Deshpande 和 Fleck(2000) |
| SCHUNK | Al(CaO$_2$) | 0.07~0.28 | 粉末冶金 | 不敏感 | Montanini(2000) |
| IFAM | 6061 Al(Ti) | 0.23 | 粉末冶金 | 不敏感 | Zhao 等(2005) |
| — | 6061 Al(Ti) | 0.1~0.3 | 粉末冶金 | 不敏感 | Hall 等(2000) |
| CYMAT | Al-SiC | 0.09 | 熔体注气 | 不敏感 | Zhao 等(2005) |
| CYMAT | Al-SiC | 0.1~0.24 | 熔体注气 | 不敏感 | Montanini(2005) |

### 9.6.7.1 多孔材料的连续模型

诸如金属泡沫之类的多孔材料通常使用 Deshpande 和 Fleck(2000a)的"自相似屈服面模型"作为其本构模型的理论基础,其中泡沫的屈服强度由屈服函数 $\Phi$ 定义:

$$\Phi = \hat{\sigma} - \sigma_c \leqslant 0$$

式中:$\sigma_c$ 为核心的屈服强度,等效应力 $\hat{\sigma}$ 由下式给出:

$$\hat{\sigma}^2 = \frac{[\sigma_e^2 + \alpha^2 \sigma_m^2]}{1 + (\alpha/3)^2}$$

式中:$\sigma_e$ 为 von-Mises 应力,$\sigma_e \equiv \sqrt{3/2 \sigma'_{ij} \sigma'_{ij}}$;$\sigma_m$ 为平均应力。静水压力屈服强度由下式给出:

$$|\sigma_m| = \sqrt{\frac{1 + (\alpha/3)^2}{\alpha^2}} \sigma_c$$

式中:参数 $\alpha$ 来定义($\sigma_m, \sigma_e$)空间中绘制的静水压力和米塞斯有效应力之间的比率。如果得到的椭圆屈服面则代表试验测试选择了恰当的 $\alpha$ 值(Deshpande 和 Fleck,2000b)。等效塑性应变率 $\dot{\varepsilon}^p_{ij}$ 表示为

$$\dot{\varepsilon}_{ij}^{p} = \frac{\dot{\hat{\sigma}}}{H}\left[\frac{\partial \Phi}{\partial \sigma_{ij}}\right]$$

其中 $H$ 是硬化模量。可以看出，Deshpande 和 Fleck 模型不包含通过核心剪切表征泡沫破坏的破坏标准。目前大多数的数值计算软件中都实现了该材料模型。

下面的例子（Saleh 等，2015）是关于 ALULIGHT 和 ALPORAS 的夹层板，AA 3104-H19 为面板，通过 ABAQUS 软件建模，基于以塑性应变率函数作为屈服比的硬化率规则，其中 $\dot{\varepsilon}^{pl} = \sqrt{\frac{2}{3}}\dot{\varepsilon}_{\text{axial}}^{pl}$。

如果考虑图 9.22 所示的结果，表明无论泡沫成分如何，两种模型都低估了 250 N 附近的峰值载荷，但随后预计的表面失效与试验的推断值非常接近。图 9.23 所示的结果表明，ALPORAS 板中的峰值塑性应变位于压头下方，而 ALULIGHT 板在压头外围表现出较大的塑性应变。前者在挤压区中具有更严重塑性变形的特征，孔壁有更明显的脆性撕裂。相反，由于 ALULIGHT 板具有较高孔壁屈服应力，因此减少了在压痕期间孔壁撕裂事件的发生。这可归因于 ALULIGHT 泡沫具有明显的更高的密度，它支持这样的观点：在更高的应变下，位错滑移是面的立方结构中比较明显的变形模式。结果表明，对于夹层板，结合使用成形极限曲线和 Deshpande 和 Fleck 模型可以获得与试验相符的切实可行的结果。依靠单轴压缩试验来测量铝泡沫的强度可能低估了一些泡沫在静水压力压缩下更多更快的

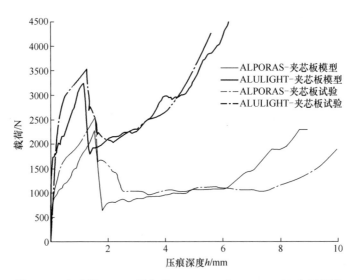

图 9.22　由直径 20 mm 压头对 ALPORAS 和 ALULIGHT 夹层板所造成的局部损坏的试验和仿真载荷-压痕深度曲线

硬化倾向（Ashby 等，2000）。试验观察到的峰值载荷被认为是由两种样品上使用的纤维浸渍黏合剂轻微的影响，在高应变率模型中通常忽略这个影响以简化仿真。黏合剂虽然易碎，但确实表现出较小的承载能力，这可能部分地解释了除了峰值载荷之外，在弹性塑性过渡区中对负荷的轻微低估。Burton 和 Noor(1997)的研究还表明，黏合剂的适度抗剪切强度在其研究中贡献了大约11%的应变能增加。另一个非常重要的问题是 Chen 和 Fleck(2002)概述的金属泡沫中经常出现的尺寸效应，其中屈服强度随着泡沫厚度的减小而逐渐增加。这归因于面板在夹层结构中的过度约束效应。

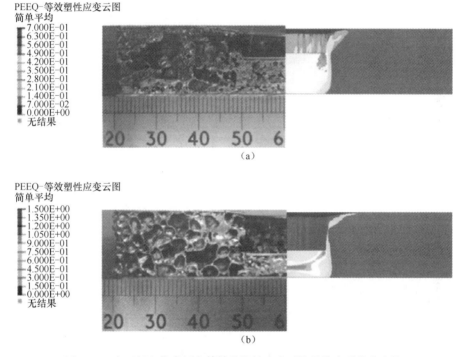

图 9.23　实面板和仿真板在等效的塑性应变下的最终变形状态比较
(a)ALULIGHT；(b)ALPORAS。

Hanssen 等(2002)综合研究了9个本构模型，其中5个在 ABAQUS 和 LS-DYNA 软件包中有实现。他们的研究包括：①泡沫材料校准测试；②泡沫材料验证测试；③泡沫材料与铝挤压件之间的结构相互作用测试。他们比较了 Deshpande 和 Fleck 模型，Miller 模型(Miller，2000)和 Schreyer 模型(Schreyer 等，1994)，相比其他参数，强调了这些模型无法用令人信服的准确度来表示所有的负载配置。所引用的不足之处源于对泡沫破裂的处理，其中局部效应未在方案中考虑，并且全局失效机理以及全局和局部失效之间的相互作用尚未被完全阐明。

### 9.6.7.2 多孔材料的微观力学模型

为了克服连续模型的缺点,一些研究人员选择根据图9.24所示的Fleck和Deshpande(2004)的工作,利用重复模式来建模多孔材料的确切几何形状。具有金字塔芯、金刚石晶格材料、金属泡沫、六边形蜂窝和方形蜂窝的夹层板是常见的几何形状,并且可以简化为具有von-Mises型关系的弹性、完美均质塑性材料,以模拟流动应力和屈服。一些模型使用随动硬化,但可以想象,任何相关的本构模型都可用于模拟材料的流动应力区域以及局部破坏准则。在Khoshravan和Najafi Pour (2014),Li等(2014年)和Zhu等(2009)的著作中,已经明确成功仿真了关于夹层板的爆破和压缩性能评估的重复模式形态。这些方案的计算成本可能取决于不同应用,需要大量的单元来研究孔壁屈曲。孔结构的孔壁通常使用对面板具有束缚约束的壳面单元构造,以近似两个部分的黏附。

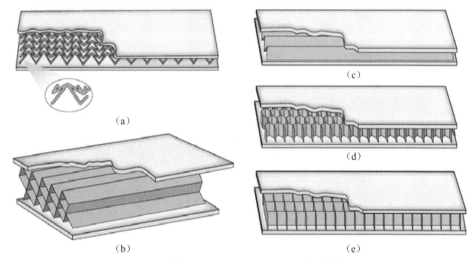

图9.24 根据Fleck和Deshpande的多孔复合板

另一种越来越多人使用的方法是Voronoi和Laguerree Voronoi镶嵌技术(Redenbach等,2012;Siegkas等,2014;Wejrzanowski等,2013),它创建了一个随机泡沫多孔结构,如图9.25所示。通过使用仿真域中随机分布的一组种子,用户可以开发2D或3D Voronoi图。该图的构成基本上是一个气泡增长模型,具有以下假设(Sotomayor和Tippur,2014):①气泡同时成核;②气泡位置在生长阶段固定;③假设所有方向的增长率恒定;④当气泡接触相邻气泡时生长停止。镶嵌结构完全由种子的初始位置确定,因此可以使用规则定位的种子产生具有重复结构的规则Voronoi图。这些模型通常利用弹塑性关系来描述具有各向同性硬化响应的双线性关系的孔壁行为。

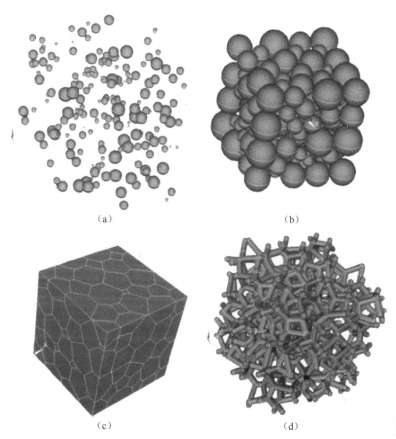

图 9.25 使用 Laguerre-Voronoi 镶嵌技术生成的泡沫结构的算法示意图

最后一种方法,也许是最几何精确的方法,是使用 X 射线层析成像和微型计算机断层扫描提取孔结构的形态(图 9.26)。Bart-Smith 等(1998)的早期工作研究了金属泡沫的表面应变,评估了孔变形模式以及控制屈服开始的单元形态。在过去几年中,许多作者(Youssef 等,2005;Maire 等,2003;Jeon 等,2010)利用该方法研究变形过程的各个方面。Jeon 等(2010)的研究结果表明,在孔壁中形成局部塑性应变带导致泡沫材料的塑性塌陷。单元壁塌陷的起始是借助于在这些塑性应变带中形成的塑性铰链实现的。但他们计算的应力—应变曲线的有限元结果与他们的试验结果非常不同。这归因于有限元模型中的体积误差,以及用于仿真中的材料特性和泡沫构成金属的实际材料性能有较大偏差。虽然这种方法在捕获泡沫的微小细节方面非常有效,但由于与所需的大量单元相关的显著计算损失,它对放大到较大的结构的能力有限。另外,随着计算域的规模减小,需要评估从微观结构中析出的各向异性行为,特别是:晶粒取向,合金单元在析出硬化中的作用,孔洞聚结和裂缝扩展等,所有这些都对准确协同建模构成了重大障碍。

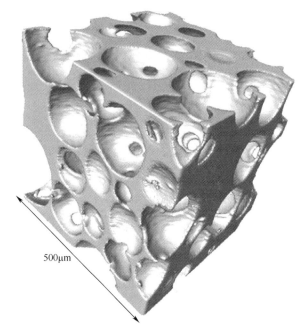

图 9.26　聚氨酯泡沫的 3D 层析成像结果
(Youssef,S.,Maire,E.,Gaertner,R.,2005)

## 9.7　目标防御

规定特定威胁的几何形状来进行分析可能会适得其反,因为这些几何形状在不同国家之间和不同战场之间可能存在很大差异。尽管如此,各种标准都提出了许多威胁,并广泛应用于鉴定轻型装甲平台中的不同装甲材料。此外,美国司法部还提出了一种广泛使用的防弹衣质量标准,例如 Doj(2008)。

第 1 章详细描述了装甲技术人员感兴趣的大部分小型武器弹药。以下部分描述了建模工程师如何着手建模这些不同的威胁。

### 9.7.1　KE 撞击器建模

在建模各种弹道威胁时,FE 工程师/科学家必须注意实现数值平衡以重现精确的仿真。终端弹道问题的复杂性或简单性完全依赖于模型的保真度,包括材料质量、子弹速度、弹头形状、整体尺寸、接触公式和材料性能。图 9.27 所示的几何形状展示了捕获弹道威胁的外部和内部细节的重要性。子弹中各组件的相互作用,如具有被甲的低碳钢芯子弹,会影响试验测试结果(Crouch,2015)。在试验中,被甲具有3个功能:①开火的时候和枪管的膛线接触;②遇到硬核的情况保护枪管;③通过使用被甲改善飞行性能,而这些作用都没有在终端弹道学中明确建模。况且被甲在撞击时作为铅芯和钢芯的密封壳,有助于保持子弹惯性,并在与摩擦控制的接触算法结合使用时提供润滑作用。

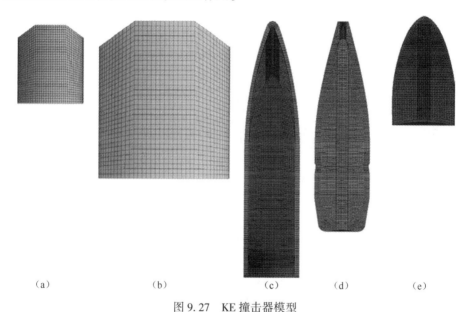

(a)　　　　(b)　　　　　　　(c)　　　(d)　　　(e)

图 9.27　KE 撞击器模型

(a)1.1 g FSP;(b)20mm FSP;(c)7.62mm APM2;(d)7.62mm NATO ball;(e)HG 9mm。

小的功能特征在常规处理中经常被舍弃,例如子弹滚花、小的圆角或倒角边缘以及子弹被甲上的驱动带。诸如此类的特征在试验测试中有利于在空气动力学上稳定射弹,但在对撞击现象进行建模时不太重要。初始条件为特定的偏航、旋转或倾斜特性被实现,并且这些特征根据所产生的相互作用通过时间步长被自动传播。拉格朗日(Lagrangian)模型的网格化技术差异很大,但大多数模型采用基于 CAD 的布尔运算来划分不同的组件(图 9.27),并在网格化步骤中要小心对待,以避免初始穿透发生。初始穿透将导致射弹内部的人为应力。大多数数值计算软件试图通过将从节点移动到主组件的表面来解决初始穿透问题,而这些方法在初始化期间易于产生大的应力振荡和扭曲的网格几何形状。

对于欧拉型仿真的情况,填充单元的体积分数通常使用壳体容器来定义,或用分段法指示填充方向。也可以使用各种数值计算程序的自然几何形状,例如,圆柱体、立方体等初始化容器形状并填充几何体内的单元。在 ALE 和欧拉(Eulerian)仿真中,需要一个较密的网格来减少前面讨论的平流误差。

足够高的网格分辨率对于接触和穿甲弹中的应力评估是必不可少的,网格偏斜度和网格的纵横比也是需要重要考虑的因素。非常小或高度扭曲的单元会显著减少时间步长。具有单点集成和沙漏控制的六面体单元在弹道评估中被广泛接受。四面体单元在 AUTODYN 中也被广泛用作默认单元公式,而完全集成的六面体单元需要大的计算成本反而没有在弹道仿真中被广泛使用。

主从接触的明确划分通常计算成本太高,并且可能在自我接触或在新形成的表面侵蚀接触情况下失败。因此在指定时需要特别注意。大多数的穿甲弹的材料设置包括 3 种主要材料:黄铜被甲、铅填充物和钢芯(表 9.5)。

大量研究人员假设穿甲弹为刚性,因为这样提供了一个保守的解决方案。在材料强度起辅助作用并且惯性效应更为重要的情况下,如仅用于描述静水压力应力状态,用户可以使用 EOS 来限制材料强度。射弹的失效,如对陶瓷装甲的情况,是我们主要关心的相互作用情况,需要对射弹强度进行更细微的评估,将会在工作示例#3 中进行讨论。

表 9.5　7.62mm APM2 的 JC 参数

| 材料 | A/MPa | B/MPa | $n$ | $C$ | $m$ | $\dot{\varepsilon}_0/\mathrm{s}^{-1}$ |
| --- | --- | --- | --- | --- | --- | --- |
| 子弹核心 | 1200 | 50,000 | 1.0 | 0.0 | 1.0 | $5 \times 10^{-4}$ |
| 铅制弹帽 | 24 | 300 | 1.0 | 0.1 | 1.0 | $5 \times 10^{-4}$ |
| 黄铜被甲 | 206 | 505 | 0.42 | 1.68 | 1.0 | $5 \times 10^{-4}$ |

### 9.7.2　高爆(HE)事件建模

爆炸威胁会给装甲材料带来重大风险,因此有必要简要介绍爆炸威胁。爆炸中快速膨胀的气体会对周围介质产生冲击波威胁,冲击波本质是一种不连续峰在介质中的传播,这个高压峰值会导致介质的压强、温度、密度等物理性质跳跃式改变,冲击压缩会导致冲击波峰面后的周围流体温度升高。Rankine-Hugoniot 跳跃方程描述了冲击波(经过)前后质量、动量和能量的守恒方程。冲击波的典型特征是明显的压力尖峰,超过正常大气压若干倍的超压以及指数衰减(图 9.28)。

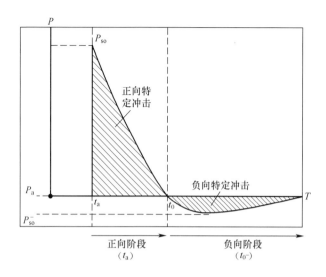

图 9.28 理想爆炸冲击波的压强-时间历史记录

Friedlander 公式通常用于描述简化的爆炸波压强-时间历史记录：

$$P_s(t) = P_{so}\left(1 - \frac{t - t_a}{t_0}\right) \cdot e^{\left(-B\frac{t-t_a}{t_0}\right)}$$

式中：$P_{so}$ 为峰值入射压力；$t_0$ 为正相持续时间；$t_a$ 为到达时间；$B$ 为衰减系数。

这个脉冲可以用如下公式计算：

$$I_{max} = \frac{(t - t_a)P_{so}}{B^2}[B + e^{-B} - 1] = \int_{t_a}^{t_a+t_o} P_s(t)\mathrm{d}t$$

该模型的参数根据 Kingery 和 Bulmash 公布的数据以及美国陆军标准 Tm-5-855-1(US Army,1986,Kingery 等,1984)计算得出。Friedlander 公式对距离小于 10 个装药半径的情况通常不能精确表示静态超压，因此，它对于爆炸或近场爆炸方案的应用是有限的。入射压力在遇到固定或可变形结构时，将经历冲击波速度和粒子速度的突然降低。这将导致反射压力波的发展，著名教授(Smith 和 Hetherington,1994)推动了撞击目标对爆炸和弹道载荷的响应的研究。

$$P_r = C_R P_{so} \quad 2 \leqslant C_R \leqslant 8$$

如图 9.29 所示，这个关系式显示了对空气爆炸有效，而且可以延伸到更高的 $P_r/P_{so}$ 比率。

这种应用爆炸载荷的方法已经在大多数的数值计算程序中实现，例如 CONWEP 方法(见第 8 章)。由 Randers-Pehrson 和 Bannister(1997)在 LS-DYNA 中实现的 CONWEP 空气爆炸模型为球形或半球形爆炸。Saleh 和 Edwards(2011,2015)研究发现，对于地雷爆炸的情况，CONWEP 模型无法解释装药形状、遮蔽、土

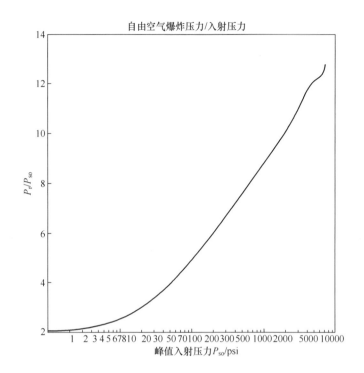

图 9.29 $P_r/P_{so}$ 比率作为 $P_{so}$ 的函数
(国防部,2008 年,抵抗意外爆炸影响的结构)

壤成分已经约束效应。

该模型在很大程度上也无法准确预测近场爆炸方案的峰值压力和脉冲。

土壤中的爆炸是一种常见的分析场景,通常不能简单用与空气爆炸相同的方式来表示,而是通常认为的 3 个不同的阶段:

(1) 爆炸将固体炸药储存的化学能转化为气态产物。在非常小的间隔距离处,土壤被包络的冲击波压碎。该过程很大程度上与土壤的物理性质无关。在该初始破裂区域之外,第二区域的特征在于通过破碎和孔隙坍塌造成的不可逆的塑性变形。土壤的最后一个重要反应是在第三个区域,该区域由冲击波弹性加载,该过程基本上是可逆的。

(2) 随着气体膨胀,土壤的结构约束迫使气体向上朝地面膨胀。此时的土壤盖以半球形方式喷出,这与装药在地表下的深度相关。当压缩波穿过土壤向地面传播时,会部分作为冲击波传播到空气中,但很大部分会作为张力波反射回土壤中。这是由于土壤和空气之间的阻抗差异很大所导致。

(3) 最后阶段看到土壤被喷射并呈倒锥形状,形成围绕爆炸产物的喷射环。通常,土壤喷射的角度在 60°~90°之间,这主要取决于装药的埋藏深度和土壤的含水量。在此阶段,土壤会影响相邻结构,导致局部的材料变形并可能破坏这些结构。爆炸性气体的膨胀以及夹带的土壤和碎片的影响为近体结构提供了额外的负荷,这些都必须明确建模,以确定它们在战斗场所遇到的短距离的影响。

如前所述,ALE 仿真可以解释约束效应、装药形状和装药方向、遮蔽和流体膨胀,但需要使用状态方程(EOS)来描述爆炸物。John Wilkins 和 Lee(JWL)状态方程被广泛用于 ALE 或 Eulerian 方法,以明确建模装药以及周围的流体。关于这个有许多资源(Souers 等,1996;Dobratz,1981;Lee 等,1973),对于 JWL 数据,最广泛使用的版本是 Dobratz(Zukas 和 Walters,2013)。值得注意的是 3 个不同来源的 EOS 数据的可变性,这主要源于所采用的测试方法,读者应该对每个数据集所适用的问题有所了解。

爆炸产生的压力项由下式给出:

$$P = A\left(1 - \frac{\omega}{R_1 V}\right)e^{-R_1 V} + B\left(1 - \frac{\omega}{R_2 V}\right)e^{-R_2 V} + \frac{\omega E}{V}$$

式中:$A, B, R_1, R_2, \omega$ 为材料常数,通常来源于圆柱形爆炸物试验或者热化学动力学仿真;$V$ 为相对体积;$E$ 为每个初始单位体积的能量。JWL 状态方程的第一项是相对体积接近 1 的高压项。当 $V$ 接近 2 时,适用于第二个中间压力项。随着 $V$ 在膨胀状态下变大,EOS 减少到最后一项,$\omega E/V$(Zukas 和 Walters,1998)。下面的例子(Saleh 等,2014)在 LS-DYNA 程序中结合了多物理场爆炸有限元仿真,来研究土壤爆炸与简化的 V-hull 型车辆的相互作用。作者使用了 Hybrid III 拟人测试设备模型,可变形 V-hull 车体的 JC 材料模型,一个爆炸物的 JWL 状态方程和一个经过修改的莫尔-库仑土壤材料模型。作者评估了动态响应指数和头部损伤准则以及车辆底部受到的加速度和力。例如,为了更好地理解爆炸与装甲材料的相互作用,图 9.30~图 9.32 通过耦合不同建模策略和不同材料模型展示了更为复杂的相互作用。

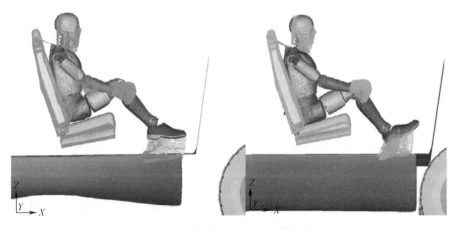

图 9.30　仿真中的 H-III 虚拟位移

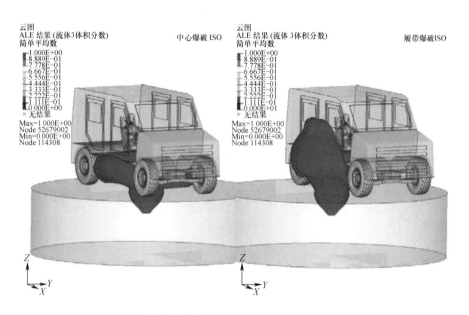

图 9.31 爆炸物和车辆之间的 FSI 显示了爆炸物的膨胀

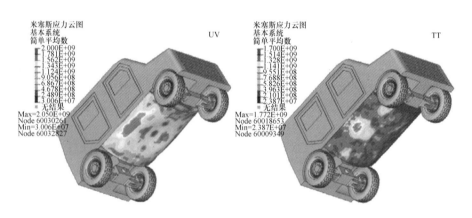

图 9.32 不同爆炸情景下的米塞斯应力云图

### 9.7.2.1 样例#1：多层装甲建模

样例#1 以 Børvik 等（2009）的工作为标杆研究，他们研究了双层装甲钢板对抗 7.62mm APM2 钢芯子弹的弹道性能，钢板由瑞典钢铁制造商 SSAB 提供，达到 ARMOX 560T 级别。采用双层钢板这样的分层结构有时是令人期待的，因为它允许给防护钢板提供额外的装甲；与单一整体板结构相比，我们可以研究不同的叠层结构并确定可能存在的更高的弹道极限。

该模型使用 LS-DYNA 程序实现，具有以下广泛特征：基于罚函数的侵蚀接触,基于分段的主从设定,以及应用自接触。但由于多组件子弹的性质,为高度失真的单元指定主从节点是有问题的,并且可能导致不稳定性。相反,分段接触在这里被使用,由于它对于具有不同刚度的材料和不同的网格密度都是稳定的。其次由于子弹被甲具有翻滚的倾向,因此可以发现该模型更加稳健。Børvik 等(2009)实现了一个经过修正的 Johnson-Cook 模型来描述流动应力,Cockcroft-Latham 破坏准则作为单个参数被使用。虽然单元冲蚀不是真实的物理现象,但当用户采用基于破裂/损伤的侵蚀标准时,可以用单元冲蚀"模仿"材料破裂。由于材料失效不会发生在相邻单元的接缝处,因此由被删除单元而释放的顶点可以自由地充当点质量。

未集成的单点、实心、六面体单元,在基于刚度的沙漏控制中被用到。它的主要缺点是恒定应力单元(即单个集成点)作为零能量模式出现,它可能无限制地指数增长并最终导致单元的严重扭曲。对沙漏控制的研究表明,在现有 FEA 分析中,沙漏能量与装甲的弹道行为之间存在直接关联,当使用默认值校准时,单元会变得过于僵硬(Saleh 和 Edwards,2010)。

为了捕获侵彻事件中的主要物理属性,建立了一个半对称 3D 模型。该模型针对 920m/s 的初始弹速度进行校准。选择这个速度的原因主要为了方便比较,因为在已发表的研究中提供了对冲击和冲击后行为的全面描述,允许进行更好的比较。ARMOX 560T 钢经过修改的 Johnson-Cook 材料参数和 Cockcroft-Latham 断裂标准,见表 9.6。

表 9.6 ARMOX 560T 的材料数据

| 性能参数名称 | 标志符/单位 | 性能值 |
| --- | --- | --- |
| 应变硬化参数 | $A/\text{MPa}$ | 2030 |
|  | $B/\text{MPa}$ | 568 |
|  | $n$ | 1 |
| 应变率硬化 | $C$ | 0.001 |
| 参考应变率 | $\dot{\varepsilon}_0/\text{s}^{-1}$ | $5.00\times10^{-4}$ |
| 热软化参数 | $M$ | 1 |
| 熔化温度 | $T_m/\text{K}$ | 1800 |
| 特定升温 | $C_p/(\text{J}/(\text{kg}\cdot\text{K}))$ | 452 |
| 膨胀系数 | $\alpha/\text{K}^{-1}$ | $1.20\times10^{-5}$ |
| Taylor-Quinney 系数 | $\chi$ | 0.9 |
| 参考温度 | $T_0/\text{K}$ | 298 |
| 单元温度阈值 | $T_{\text{del}}$ | $0.9T_{\text{melt}}$ |
| Cockcroft-Latham 破裂准则 | $W_{\text{cr}}/\text{MPa}$ | 2310 |

图9.33显示了伴随着子弹黄铜被甲被剥离的侵彻过程。钢芯顶部的铅填充物由于塑性变形引起的绝热升温在很大程度上被侵蚀,关于塑性变形引起的绝热升温在图9.12中已经讨论过。破裂的黄铜被甲破坏了铅填充物并留在子弹的后部。这种损伤是由复杂接触引起,同时也造成子弹各组件之间的速度差异。第一块板的穿透通常以穿孔和延性孔生长为特征,即孔的径向膨胀。这可以通过钢芯周边的网格密度增加来证明。大部分子弹头侵蚀发生在与第一块板的冲击过程

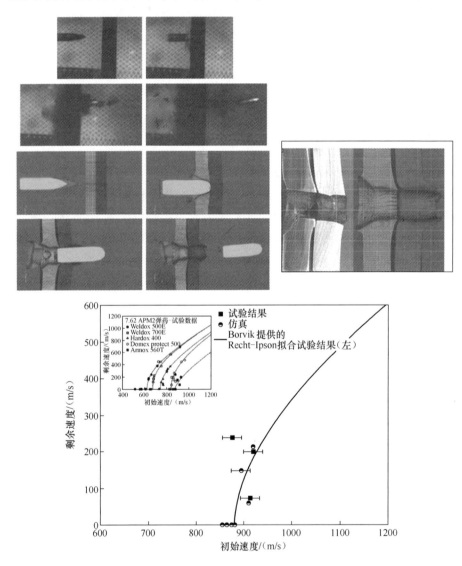

图9.33 弹道响应的定量和定性测量显示出良好的一致性

中,并且由金属的绝热升温引起,温度升高超过了规定的热阈值,$T_{threshold} = 0.9T_{melt}$。由于该模型不计算不同部件之间的传热速率,因此每个部件的温度升高完全归因于塑性变形和绝热升温。

冲击第一块板之后子弹速度的降低确保了子弹头的后续加热低于热阈值,并且没有明显的额外侵蚀。由此产生的第二块板膨胀是由子弹通过引起的弯曲应力增加的证据。扁平形状的子弹核心头改变了冲击问题的性质;当子弹进入第二块板时,会产生更钝类型的冲击,与第二块板相关联的接触力产生了高应变率区。值得注意的是子弹的旋转,它最初被认为是数值仿真的副产品,但后来被认为是不对称约束的结果,由微小的不对称板变形所造成。

对装甲弹道响应的评估通常通过入射速度与剩余速度的比较进行,$V_i$-$V_r$,然后根据 Recht-Ipson 拟合(Recht 和 Ipson,1963)绘制图。应该注意的是,仿真和试验结果之间存在一些明显的差异。因此,有必要使用一些常见的回归分析工具比如方差分析(ANOVA),来评估数据点之间的相关性,以验证仿真的准确性。在第一个实例中,对所有 7 个试验和仿真数据点进行相关分析。对于两组数据的线性回归分析,相关系数的平方($R^2$)的值,表明它们的相关性较差,$R^2$ 值为 0.304(图 9.34)。进一步分析,可以确定 95% 的置信区间。分析表明,如果单个试验点落在 95% 的置信区间之外,可以被认为是一个异常值,很有可能已经超出了高斯数据集,如图 9.35 所示,如果忽略异常值,$R^2$ 值可以提高到 0.994。

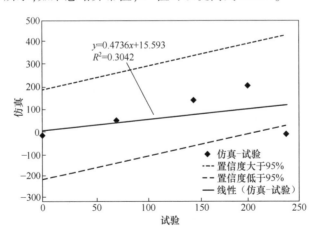

图 9.34　带异常值的剩余速度 ANOVA 分析

#### 9.7.2.2　样例#2:7.62mm APM2 冲击的承压和非承压 SiC 板的失效机制

在这个工作实例中,评估了由 7.62mmAPM2 子弹撞击的未承压 SiC 板的弹道性能,并研究了损伤的演变。数值仿真程序使用 LS-DYNA,采用 JH2 强度模型。

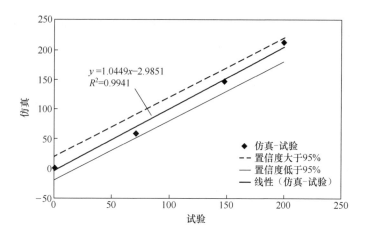

图 9.35 不带异常值的剩余速度 ANOVA 分析

使用基于分段接触和基于罚函数的侵蚀接触。材料数据来自 Cronin 等(2003)并被重现,如表 9.7 所列。

表 9.7 SiC 的材料数据

| 密度 $\rho_0$ /(kg/m³) | 3163 | $\dot{\varepsilon}_0$ | 1.0 | $D_1$ | 0.48 |
|---|---|---|---|---|---|
| 剪切模量 $G$/GPa | 183 | $T$/GPa | 0.37 | $D_2$ | 0.48 |
| A | 0.96 | SFMAX | 0.8 | $K_1$/GPa | 204.785 |
| B | 0.35 | HEL/GPa | 14.567 | $K_1$/GPa | 0 |
| C | 0.0 | HEL 压强/GPa | 5.9 | $K_1$/GPa | 0 |
| M | 1.0 | HEL vol. 应变 | | $\beta$ | 1.0 |
| N | 0.65 | HEL 强度/GPa | 13.0 | $F_s$ | 3.0 |

根据前面的案例研究,使用半对称 3D 模型,来仿真 APM2 子弹以初始速度 900m/s 对 12mm 厚的 SiC 板的撞击。如图 9.36 所示,观察结果发现 SiC 板碎裂很明显,而且由于前述粉碎区的存在,子弹也开始被侵蚀。同时黄铜被甲和铅填充物大部分被钢芯侵蚀掉,形成钝面形状。仿真结果中比较明显的是陶瓷板中径向和周向裂缝的快速传播。撞击形成的圆锥形区域局部失效,在陶瓷背面形成大的凸起。材料侵蚀与射弹速度的线性减小相关,并且由于侵蚀导致陶瓷有相应 2% 的质量损失。与之前案例研究对比显示子弹对装甲的反应有较大的变化,在当前案例中显示出更大的侵蚀。

通过现有数据建立了陶瓷的广泛定性性能,第二次迭代基于 Moynihan 等(2000)的工作,通过 DOP(穿透深度)仿真来评估陶瓷板的性能,其中 3.75mm 陶

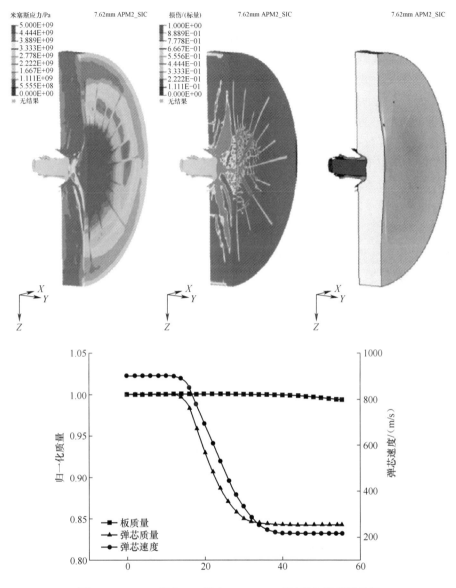

图9.36 APM2撞击SiC板在 $t = 50\mu s$ 时子弹和靶板质量损失随时间的变化以及子弹速度的影响(彩图)

瓷板被黏合在75mm AA5083-H131背板上,并用7.62mm APM2子弹以841m/s的速度撞击。分析DOP仿真所得到的结果和通过试验研究得到的结果之间的关系,评估装甲的效率。通过这个仿真期待能捕捉子弹-陶瓷-金属的相互作用并评估模型的准确性。

McIntosh(1998)先前的工作主要强调了DOP的试验结果和建模结果之间的

差异。他把这归因于材料从未损坏状态转变到受损状态的速率和材料强度的弱化。由于这些很难被直接测量,因此参数建立的精度不高,且仿真结果需要更高水平的校准以实现所需的试验相关性。而缺乏复杂单元的侵蚀标准对于 JH-2 模型也是它的不足之处。如 McIntosh(1998)所指出的,被广泛使用失败应变 $F_s$,它与其他材料变量之间的相互作用,特别是"$b$"值决定了受损材料的强度,需要更加细致入微的方法。为了追求 JH-2 模型的这种灵敏度,除了基线数据外,还运行了另外 3 个模型,具有不同的 $b$ 和 $F_s$,$D_1$ 和 $D_2$ 的组合:

(1) $b = 0.6, F_s = 3, D_1 = 0.4, D_2 = 0.48$;

(2) $b = 0.6, F_s = 3, D_1 = 0.2, D_2 = 0.48$;

(3) $b = 0.6, F_s = 3, D_1 = 0.2, D_2 = 0.2$。

表 9.7 中显示了 SiC 的基线材料模型数据,而 AA5083 使用 Johnson-Cook 强度和断裂模型根据 Clausen 等(2004)的研究建模。如图 9.37 所示,建立了四分之一模型,仿真结果如图 9.38 和图 9.39 所示。

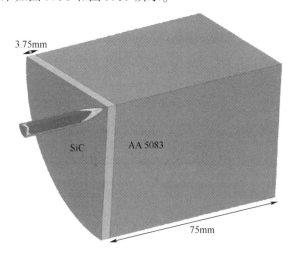

图 9.37　SiC-AA5083 目标靶上的 DOP 仿真

基础模型在 4 个模型中的剩余速度最高。通过将 $b$ 项增加到 $b = 0.6$,我们可以更大程度地降低 APM2 子弹核心的剩余速度并降低穿透深度(图 9.39)。与试验结果相比,所有这些模型都有较大的剩余穿透速度。这些差异可能源于陶瓷材料强度与文献资料里记载不一致,比如较大的未记录陶瓷结构约束、黏合剂对阻尼和约束的影响(未建模),或者弹道试验中使用的高应变率 AA5083 的性能和在文献中使用的来源于 JC 数据不一致。第三种组合在 22mm 情况下得到的 DOP 仿真结果最小,而试验中 6.7mm 情况的 DOP 最小。因此,模型需要更大的校准以实现更好的相关性。根据作者的经验,JH Ⅱ 模型随子弹速度的微小变化而改变,表明

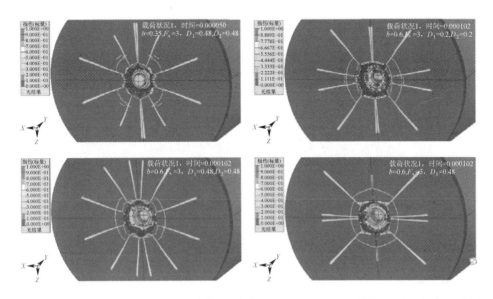

图9.38 4种情况的JH-2标量损伤参数(注意使用$x$-$y$和$y$-$z$平面反射以显示清晰度)(彩图)

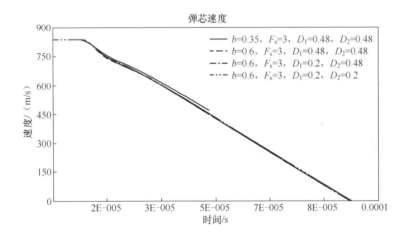

图9.39 4种模型的弹芯速度(彩图)

子弹的响应可能没有被正确捕获,而子弹强度的过度预测则会导致更大的穿透发生。

在检查子弹撞击后的变形特征过程中,Moynihan等注意到随着陶瓷板厚的增加,SiC-B板对子弹弹芯造成更严重损坏,侵蚀和断裂都很明显,导致穿透深度迅速下降。对于3.75mm厚的陶瓷板的情况,回收的子弹被认定为弹体破裂[图9.40(d)]。这在上述模型中没有被准确复制重现,因此作者选择使用案例(3)中的SiC参数和新的子弹核心数据集,如表9.8所列。

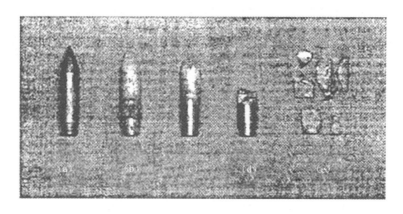

图9.40 撞击后子弹变形

表9.8 子弹弹芯的JC数据

| 应变硬化参数 | $A$/MPa | 2.79 |
|---|---|---|
| | $B$/MPa | 0.211 |
| | $n$ | 0.065 |
| 应变率硬化 | $C$ | 0.005 |
| 参考应变率 | $\dot{\varepsilon}_0/s^{-1}$ | $1.00\times10^{-4}$ |
| 热软化参数 | $M$ | 1.17 |
| 熔化温度 | $T_m$/K | 1800 |
| 特定升温 | $C_p$/(J/(kg·K)) | 452 |
| 单元温度阈值 | $D_1$ | 0.4 |
| JC破裂 | $D_2=D_3=D_4=D_5$ | 0 |

DOP的仿真结果显示子弹核心中的材料侵蚀(图9.41)远远大于图9.40中所见的试验观察结果。DOP测量显示,使用更新过的子弹核心数据,案例(3)的侵彻深度从22mm急剧减小到10.64mm。

本案例研究强调了识别模型敏感度和确定最大变化来源的重要性,尤其是分析陶瓷装甲,子弹的失效主要通过材料侵蚀,因此额外注重对威胁表征的准确描述。

### 9.7.2.3 样例#3:软织物装甲

这个数值案例研究旨在确定织物对7.62mm NATO弹(作为刚性体处理)和可变形9mm手枪子弹的不同响应。两个模型最初都使用具有单层平纹编织凯芙拉(Kevlar)纤维束,子弹速度150m/s。几何形状如图9.42所示。第二个模型设置包

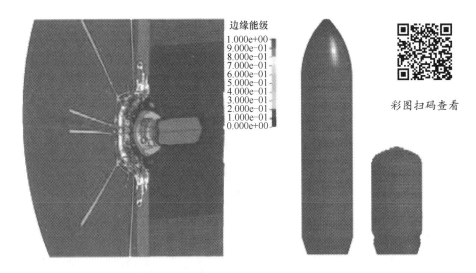

图 9.41 更新子弹核心数据后的仿真结果显示标量损伤和子弹侵蚀与仿真结果一致

括一个四层构造的较大编织,9mm 子弹速度为 250m/s 和 150m/s,以观察多层构造的响应。模型使用代表性的体积方法构建,然后将其复制到 KE 撞击器直径的 20 倍的尺寸。

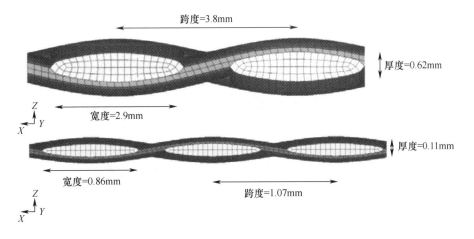

图 9.42 离散化单元的单层织物纤维的仿真尺寸

为了离散化表示纤维束,使用 3D 固体单元对织物进行建模。所选择的单元公式应理想地捕获纤维弯曲、解卷曲、侵蚀和接触以及摩擦滑动。此外,织物纤维束的各向异性可以使用各向异性材料模型来实现。Nilakantan 等(2010a)的工作,提供了 Kevlar 的正交各向异性材料数据(表 9.9),并在此用于 LS-DYNA 中正交各向异性的弹性材料模型,该研究同时还提供失效主要应力的侵蚀标准。

表 9.9　Kevlar 的材料数据

| 材料数据 | 经　纱 | 纬　纱 |
| --- | --- | --- |
| $E_{xx}$ | 62GPa | 620MPa |
| $E_{yy}$ | 620MPa | 62GPa |
| $E_{zz}$ | 620MPa | 620MPa |
| $G$ | 3.28GPa | 3.28GPa |
| $\sigma_{failure}$ | 3.4GPa | 3.4GPa |

分析第一个模型中滑动界面的能量,包括接触能和摩擦能,可以看出,与小平纹编织构造比较,大的 2D 编织模型表面积和长时间的接触,通过增加织物中摩擦耗散和应变能增益,能够明确减少剩余速度(图 9.43 和图 9.44)。

图 9.43　单层、平纹、干织物配置对应力发展的响应(彩图)

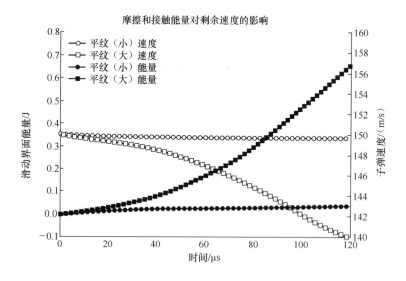

图 9.44　界面能量和剩余速度的 Kevlar 纤维仿真结果

多层结构的仿真显示,通过层间相互作用提供了更大的能量吸收能力。第二组仿真中的撞击事件(图9.45)可以细分为3个阶段。主要接触促使纵向压缩和

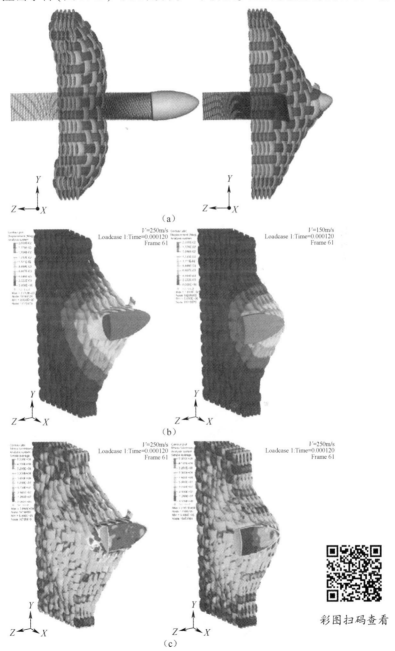

图 9.45　四层平纹 Kevlar 织物对两种撞击速度($L = 250m/s, R = 150m/s$)的响应
(a)仿真结束时的变形形状;(b)$t=120ms$ 处的位移;(c)$t=120ms$ 时的冯·米塞斯应力云图。

剪切应力波沿着厚度方向传播,纤维束在射弹下受到直接压缩。第二阶段的纤维伸长率在周围区域沿着面内方向产生张力。在第三阶段,由于产生的应变和应力超过相应的失效阈值,纤维束在张力下开始失效。在此阶段,经纱和纬纱之间存在面内摩擦。

多层仿真的特点是子弹核心和被甲不匹配的减速曲线、应力传播、子弹纤维接触的时间变化和纤维侵蚀,所有这些都会影响波动的云图。两种仿真都显示出金字塔形状的变形云图,并具有强烈的波纹出现在接触处和在层中传播。有证据表明在完全穿透层反冲导致的层空间分离,如案例1中速度为250m/s情况。第二种情况,子弹穿过更紧密堆积的纤维层,如图9.46中所示的速度曲线,得以有效停止。

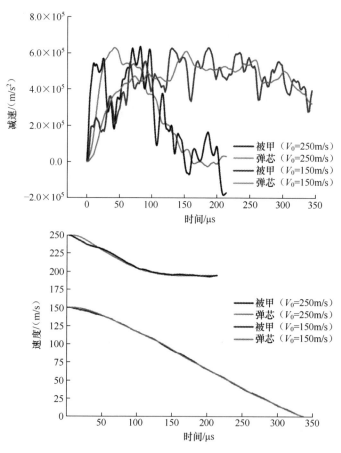

图 9.46 Kevlar 纤维对减速和剩余速度的仿真结果

Yang 等(2015a)最近类似的研究已经表明,对于多层织物,编织结构对防弹性能的影响较小。他们的单层结构研究观察了平纹、2/2 方平组织、2/2 斜纹和四束缎纹,发现平纹编织的能量吸收最大,斜纹编织最低(图9.47)。在五层研究中,由于纤维束之间的间隙缩小,它们的性能几乎没有差异。发现在使用多层织物时会抹去编织结构的各种特征,而夹层之间的行为特征变得更加明显。

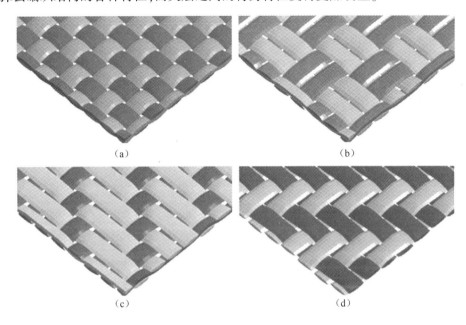

图9.47 编织模型的几何形状(Yang等,2015a)
(a)平纹;(b)2/2方平组织;(c)四束缎纹;(d)2/2斜纹。

Yang等(2015b)和Tran等(2013)的工作确定了两个主要常见的抗冲击机制:通过变形吸收能量和通过摩擦能量耗散消耗能量,他们同时还观察到横向剪切载荷引起的断纱过程,只能用固体单元的介观模型来准确捕捉,因此,在织物仿真中使用了大量的罚函数。Tran等(2013)关于2/2篮子编织的仿真表明,它和其他针织面料相比具有相似的防弹性能,而与更加坚硬的平纹织物相比,提供了更大的灵活性。令人惊讶的是,他们发现动能组件对能量耗散没有太大贡献,而应变和摩擦能量则提供了大部分的能量耗散。

在这个小的样例中,可以理解的是,在针对纤维装甲的弹道冲击事件中,冲击能量通过多种机制耗散:①织物的应变能;②面料纱线的动能;③滑动引起的摩擦耗散。然而,在这些仿真中最不明显的是9mm手枪子弹的变形,这主要归因于在实际冲击中大部分能量被吸收。为了在数值仿真中实现这一目标,将需要20~30层的织物(见第6章),而这种仿真超出了作者目前可用的计算能力。希望在5~10年的时间内,可以进行如此详细的仿真。

### 9.7.2.4 样例#4:金属附加装甲建模(Lagrangian 和 SPH)

在该样例中,根据 Børvik 等(2009)的工作,使用 LS-DYNA 程序的拉格朗日方法对 7.62mm NATO 子弹对抗高硬度钢板进行了初步分析。该模型随后被修改为对相同问题使用 SPH 方法来突出显示公式的强度。该研究基于对单个 6mm Weldox 500E 板(Børvik 等,2009)的分析,使用经过修改的 Johnson-Cook 强度模型(Børvik 等,2001),其状态方程 EOS 可以在用户没有明确输入情况下,默认用体积模量来描述,与原始 Johnson-Cook 模型形成对比,原模型 EOS 必须由用户来输入。经过修改的 Weldox 500E 钢的 Johnson-Cook 材料参数和 Cockcroft-Latham 断裂标准如表 9.10 所列。

表 9.10 WELDOX 500E 的 JC 强度模型参数

| | | |
|---|---|---|
| 应变硬化参数 | $A$/MPa | 605 |
| | $B$/MPa | 409 |
| | $n$ | 0.5 |
| 应变率硬化 | $C$ | 0.0166 |
| 参考应变率 | $\dot{\varepsilon}_0$/s$^{-1}$ | $5.00 \times 10^{-4}$ |
| 热软化参数 | $M$ | 1 |
| 熔化温度 | $T_m$/K | 1800 |
| 特定升温 | $C_p$/(J/(kg·K)) | 452 |
| 膨胀系数 | $\alpha$/K$^{-1}$ | $1.20 \times 10^{-5}$ |
| Taylor-Quinney 系数 | $\chi$ | 0.9 |
| 参考温度 | $T_R$/K | 298 |
| Cockcroft-Latham 破裂准则 | $W_{cr}$/MPa | 1516 |

7.62mm NATO 射弹的数值模型基于澳大利亚陆地系统公司 THALES 提供的几何结构。增加的细节,例如环状沟位置和子弹周围的圆角半径,确保了更高精度的射弹质量,并且有可能捕获可能出现的子弹失效的不稳定性的几何位置。这会产生相当大的计算成本,因此在适当的情况下可以丢弃这些细节。

该模型的主要属性集中在铅制弹芯上,以及基于分段接触的面-面侵蚀罚函数。铅弹撞击中遭遇较大变形会导致一些不正常分段接触行为;因此,在样例#1中,根据以前的仿真结果改变了接触算法,以更好地建模主接触表面和从接触表面。分段接触对于不同刚度和网格密度的材料都表现稳定,因此是有益的。

Børvik 等(2009)公布的铅锑数据是由 Børvik 推导出来的最佳估计值。由于子弹中铅的体积相对较小,因此这个强度估计并未显著影响 APM2 仿真结果。相反,7.62mm 射弹主要由铅锑组成,就需要特别引起关注。由于这个原因,特别为铅弹设置了 SPH 仿真,采用弹-塑性材料模型和冲击状态方程(EOS)。SPH 公式不包含侵蚀标准,但考虑了类似流体的材料性能,其中惯性效应更受关注。作为比较,SPH 默认公式和 IFORM = 2 均在 LS-DYNA 中实现。

作者评估了 7.62mm NATO 射弹针对单层 6mm 板的全 3D 模型。值得注意的是 7.62mm NATO 射弹和 7.62mm APM2 的射孔事件之间存在明显差异。在拉格朗日公式中,NATO 射弹的特征在于非独特的失效模式。如图 9.48(b)所示,因为节点质量继续参与仿真,虽然造成的严重侵蚀不太现实,但对剩余速度计算表现出适度效果。对低于弹道极限的速度,子弹核心的侵蚀非常严重,模型可以准确地计算非穿孔事件。在更高的速度下,子弹的侵蚀仍然很明显,通过合理预测剩余速度也能正确地仿真穿孔事件。作者想要强调的是,虽然单元被侵蚀,但节点继续参与仿真,以确保动能的守恒。

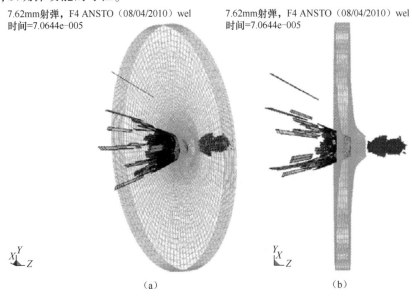

图 9.48　(a)7.62mm NATO 射弹对 Weldox 500 板的 Lagrangian 仿真结果,
(b)Lagrangian 仿真入射速度和剩余速度对照图 $V_i$-$V_r$

可以明显预见的是,在这些仿真中子弹被甲被剥离,但作者同时发现子弹被甲在碰撞时会向后传递大量的碎片。这些观察结果已经在文献中发表。

已发表的基准研究(Børvik 等,2009)试图对 2D 7.62mm NATO 射弹进行拉格朗日仿真。他们指出,由于发生完全侵蚀,结果不可行。而目前的完整 3D 模型虽然运行时间很长,但可以通过有限的侵蚀以合理的方式预测射孔事件。在穿孔的早期阶段能看到有延性孔生长,但很快就转变为钢的整体断裂弯曲。如图 9.48 所示,铅核心的行为不像尖头射弹一样持续侵蚀,而是高度变形的块状质量在穿孔后被弹出,表现出严重的碎裂和扩散。WELDOX 500 钢板具有很高的延展性,在失效前经历了较大的塑性变形,子弹的 $V_i$-$V_r$ 如图 9.48(b)所示。

LS-DYNA 中有一些 SPH 粒子近似理论,它们在动量方程中的应用如下所示:

$$\frac{Dv_i^\alpha}{Dt} = -\sum_{j=1}^{N} m_j \left( \frac{\sigma_i}{\rho_i^2} A_{ij} - \frac{\sigma_j}{\rho_j^2} A_{ij} \right) \quad \text{IFORM} = 0 \quad (默认公式)$$

$$\frac{Dv_i^\alpha}{Dt} = -\sum_{j=1}^{N} m_j \left( \frac{\sigma_i^{\alpha\beta}}{\rho_i^2} - \frac{\sigma_j^{\alpha\beta}}{\rho_j^2} \right) \nabla W_{ij} \quad \text{IFORM} = 2 \quad (对称公式)$$

第二种形式,即对称公式,被发现是最合适的,因为它在数学上易于被处理(Liu 等,2004),并且与默认公式 IFORM = 0 相比表现出较小的拉伸不稳定性。SPH 技术公认的弱点是对边界单元的处理和 SPH 粒子近似方法在边界处的处理中所产生的不正确结果。在涉及不同材料之间的接触和默认接口的情况下尤其如此。如前所述,LS-DYNA 中的 SPH 搜索算法使用类似于 LS-DYNA 接触卡中使用的桶排序算法。

用于生成 $V_i$-$V_r$ 图的方法是创建一个集合来表示装甲后面的子弹的集总质量。通过平均该集总质量内的节点速度,可以得到更精确的剩余速度。未冲蚀的拉格朗日部分与完整的 SPH 单元集之间的相似性(均在图 9.49 中突出显示),显示了子弹质量分布具有很好的一致性。图 9.50 中绘制了 SPH 仿真中经过校正的剩余速度,并与 Borvik 的试验值进行比较。

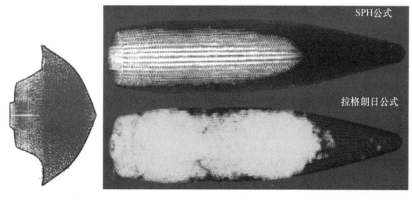

图 9.49 拉格朗日未冲蚀单元的评估以及与保持完整的 SPH 单元的比较

软弹头材料对抗钢装甲的分析不再依赖于子弹的材料强度,而是更多地依赖于射弹的惯性特性。与这些冲击相关的大变形需要使用更稳健的单元公式。SPH 公式的优点使得可以用它来对特定部件进行建模。SPH 公式没有展现出网格缠结或者拉格朗日网格中的严重变形特征。对于涉及铅心子弹的冲击,例如 M80 和 9mm 手枪子弹,SPH 是首选的算法。

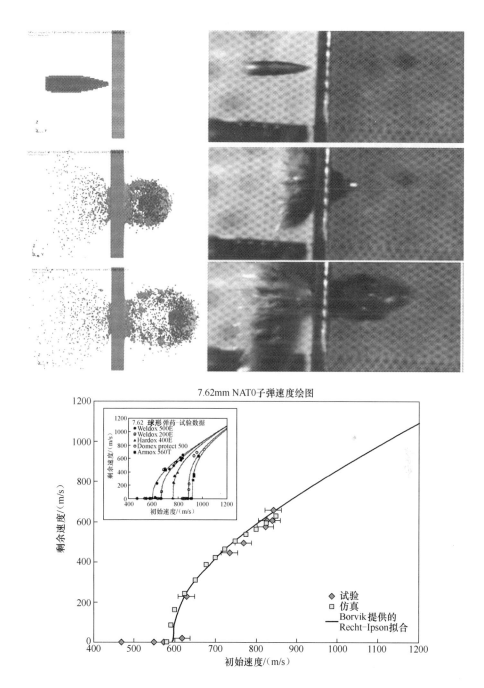

图9.50 使用 IFROM = 2 的 NATO 射弹 SPH 仿真的定性和定量基准测试

本章相关彩图,请扫码查看

# 参考文献

Abed, F. H., Voyiadjis, G. Z., 2005. A consistent modified Zerilli-Armstrong flow stress model for BCC and FCC metals for elevated temperatures. Acta Mechanica 175, 1-18.

Alia, A., Souli, M., 2006. High explosive simulation using multi-material formulations. Applied Thermal Engineering 26, 1032-1042.

Anderson Jr., C. E., Bodner, S. R., 1988. Ballistic impact: the status of analytical and numerical modeling. International Journal of Impact Engineering 7, 9-35.

Anderson Jr., C. E., 1987. An overview of the theory of hydrocodes. International Journal of Impact Engineering 5, 33-59.

Andrade, U., Meyers, M. A., Vecchio, K. S., Chokshi, A. H., 1994. Dynamic recrystallization in high-strain, high-strain-rate plastic deformation of copper. Acta Metallurgica et Materialia 42, 3183-3195.

Armstrong, R. W., Zerilli, F. J., 1994. Dislocation mechanics aspects of plastic instability and shear banding. Mechanics of Materials 17, 319-327.

Ashby, M. F., Evans, A. G., Fleck, N. A., Gibson, L. J., Hutchinson, J. W., Wadley, H. N. G., 2000. Metal Foams: A Design Guide. Butterworth-Heinemann, Boston, Oxford.

Ashby, M., 2006. The properties of foams and lattices. Philosophical Transactions of the Royal Society A 364, 15-30.

Banerjee, B., Bhawalkar, A., 2008. An extended mechanical threshold stress plasticity model: modeling 6061-T6 aluminum alloy. Journal of Mechanics of Materials and Structures 3, 391-424.

Banerjee, B., 2005. An Evaluation of Plastic Flow Stress Models for the Simulation of High-temperature and High-strain-rate Deformation of Metals.

Bao, Y., Wierzbicki, T., 2005. On the cut-off value of negative triaxiality for fracture. Engineering Fracture Mechanics 72, 1049-1069.

Bart-Smith, H., Bastawros, A. F., Mumm, D. R., Evans, A. G., Sypeck, D. J., Wadley, H. N. G., 1998. Compressive deformation and yielding mechanisms in cellular Al alloys determined using X-ray tomography and surface strain mapping. Acta Materialia 46, 3583-3592.

Benson, D. J., 1992. Computational methods in Lagrangian and Eulerian hydrocodes. Computer Methods in Applied Mechanics and Engineering 99, 235-394.

Benz, W., 1990. Smooth particle hydrodynamics: a review. In: Buchler, J. R. (Ed.), The Numerical Modelling of Nonlinear Stellar Pulsations. Springer, Netherlands.

Bonora, N., Gentile, D., Pirondi, A., Newaz, G., 2005. Ductile damage evolution under triaxial state of stress: theory and experiments. International Journal of Plasticity 21, 981-1007.

Børvik, T., Hopperstad, O. S., Berstad, T., Langseth, M., 2001. A computational model of viscoplasticity and ductile damage for impact and penetration. European Journal of Mechanics e A/Solids 20, 685-712.

Børvik, T., Hopperstad, O. S., Berstad, T., Langseth, M., 2002. Perforation of 12mm thick steel plates by 20mm diameter projectiles with flat, hemispherical and conical noses. Part II: numerical simulations. International Journal of Impact Engineering 27, 37-64.

Børvik, T., Dey, S., Clausen, A. H., 2009. Perforation resistance of five different high-strength steel plates subjected to small-arms projectiles. International Journal of Impact Engineering 36, 948-964.

Boyce, B. L., Dilmore, M. F., 2009. The dynamic tensile behavior of tough, ultrahigh-strength steels at strain-rates from 0.0002 to 200 s1. International Journal of Impact Engineering 36, 263-271.

Brannon, R., Fossum, A., Strack, E., 2009. Kayenta: Theory and User's Guide. Sandia National-Laboratories, Albuquerque, NM.

Brünig, M., Chyra, O., Albrecht, D., Driemeier, L., Alves, M., 2008. A ductile damage criterion at various stress triaxialities. International Journal of Plasticity 24, 1731-1755.

Buchar, J., Voldrich, J., Rold, S., Lisy, J., 2002. Ballistic performance of the dual hardness armour. In: 20th International Symposium on Ballistics Orlando, FL.

Burton, W. S., Noor, A. K., 1997. Structural analysis of the adhesive bond in a honeycomb core-sandwich panel. Finite Elements in Analysis and Design 26, 213-227.

Campbell, J. D., Ferguson, W. G., 1970. The temperature and strain-rate dependence of the shearstrength of mild steel. Philosophical Magazine 21, 63-82.

Chafi, M. S., Karami, G., Ziejewski, M., 2009. Numerical analysis of blast-induced wave propagation using FSI and ALEmulti-material formulations. International Journal of Impact Engineering 36, 1269-1275.

Chen, C., Fleck, N. A., 2002. Size effects in the constrained deformation of metallic foams. Journal of the Mechanics and Physics of Solids 50, 955-977.

Chen, S. R., Gray III, G. T., Bingert, S. R., 1996. Mechanical Properties and Constitutive Relations for Tantalum and Tantalum Alloys Under High-Rate Deformation. Material Science and Technology Division, Los Alamos National Laboratory.

Chen, J. K., Allahdadi, F. A., Sun, C. T., 1997. A quadratic yield function for fi ber-reinforced composites. Journal of Composite Materials 31, 788-811.

Chen, X. W., Chen, G., Zhang, F. J., 2008. Deformation and failure modes of soft steel projectiles impacting harder steel targets at increasing velocity. Experimental Mechanics 48, 335-354.

Chocron, S., Figueroa, E., King, N., Kirchdoerfer, T., Nicholls, A. E., Sagebiel, E., Weiss, C., Freitas, C. J., 2010. Modeling and validation of full fabric targets under ballistic impact. Composites Science and Technology 70, 2012-2022.

Clausen, A. H. , Børvik, T. , Hopperstad, O. S. , Benallal, A. , 2004. Flow and fracture characteristics of aluminium alloy AA5083-H116 as function of strain rate, temperature and triaxiality. Materials Science and Engineering: A 364, 260-272.

Cockcroft, Latham, D. J. , 1968. Ductility and workability of metals. Journal of the Institute of Metals 96, 33-39.

Cronin, D. S. , Bui, K. , Kaufmann, C. , Mcinntosh, G. , Berstad, T. , 2003. Implementation and validation of the JohnsoneHolmquist ceramic material model in LS-Dyna. In: 4th European LS-DYNA Users Conference, Ulm, Germany.

Crouch, I. G. , Greaves, L. J. , Ruiz, C. , Harding, J. , 1994. Dynamic compression of toughened epoxy interlayers in adhesively bonded alumunium laminates. Supplement to Journal de Physique III, Colloque C8 4, 201-206.

Crouch, I. G. , Appleby-Thomas, G. , Hazell, P. , 2015. A study of the penetration behaviour of mild-steel-cored ammunition against boron carbide ceramic armours. International Journal of Impact Engineering 80, 203-211.

Crouch, I. G. , 2009. Threat-defeating mechanisms in body armour systems. In: Next Generation Body Armour Conference, London, UK, September 2009.

Dabboussi, W. , Nemes, J. A. , 2005. Modeling of ductile fracture using the dynamic punch test. International Journal of Mechanical Sciences 47, 1282-1299.

Dannemann, K. A. , Lankford, J. , 2000. High strain rate compression of closed-cell aluminium foams Materials Science and Engineering A 293, 157-164.

Daridon, L. , Oussouaddi, O. , Ahzi, S. , 2004. Influence of the material constitutive models on the adiabatic shear band spacing: MTS, power law and JohnsoneCook models. International Journal of Solids and Structures 41, 3109-3124.

Depeartment of Defence, 2008. Structures to Resist the Effects of Accidental Explosions.

Deshpande, V. S. , Fleck, N. A. , 2000a. High strain rate compressive behaviour of aluminium alloy foams. International Journal of Impact Engineering 24, 277-298.

Deshpande, V. S. , Fleck, N. A. , 2000b. Isotropic constitutive models for metallic foams. Journal of the Mechanics and Physics of Solids 48, 1253-1283.

Dey, S. , Børvik, T. , Hopperstad, O. S. , Leinum, J. R. , Langseth,M. , 2004. The effect of target strength on the perforation of steel plates using three different projectile nose shapes. International Journal of Impact Engineering 30, 1005-1038.

Dey, S. , Børvik, T. , Hopperstad, O. S. , Langseth, M. , 2006. On the influence of fracture criterion in projectile impact of steel plates. Computational Materials Science 38, 176-191.

Dieter, G. E. , 1984. Mechanical Metallurgy. McGraw-Hill, Japan.

Dobratz, B. M. , 1981. LLNL Explosives Handbook: Properties of Chemical Explosives and Explosives and Explosive Simulants.

Doj, U. , 2008. Ballistic Resistance of Body Armor. NIJ Standard-0101.06. National Institute of Justice, USA.

Dunne, F., Petrinic, N., 2005. Introduction to Computational Plasticity. Oxford University Press, USA.

Fleck, N. A., Deshpande, V. S., 2004. The resistance of clamped sandwich beams to shockloading. Journal of Applied Mechanics 71, 386-401.

Flores-Johnson, E. A., Saleh, M., Edwards, L., 2011. Ballistic performance of multi-layered metallic plates impacted by a 7.62-mm APM2 projectile. International Journal of Impact Engineering 38, 1022-1032.

Follansbee, P. S., Gray, G. T., 1989. An analysis of the low temperature, low and high strain-rate deformation of Tie6Ale4V. Metallurgical Transactions A 20, 863-874.

Follansbee, P. S., Kocks, U. F., 1988. A constitutive description of the deformation of copper based on the use of the mechanical threshold stress as an internal state variable. Acta Metallurgica 36, 81-93.

Franz, R., Robitaille, J. L., 1979. The Hugoniot of 4340 Steel RC 54-55. US Army Armament Research And Development Command (Ballistic Research Laboratory).

Fuller, T. J., Dewers, T. A., Swan, M. S., 2013. Development and Deployment of Constitutive Softening Routines in Eulerian Hydrocodes.

Gibson, L. J., Ashby, M. F., 1999. Cellular Solids: Structure and Properties. Cambridge University Press.

Gibson, L. J., Kelly, A., Carl, Z., 2000. Properties and applications of metallic foams. In: Comprehensive Composite Materials. Pergamon, Oxford.

Gingold, R. A., Monaghan, J. J., 1977. Smoothed particle hydrodynamics: theory and application to non-spherical stars. Monthly Notices of the Royal Astronomical Society 181, 375.

Gray III, G. T., Chen, S. R., Wright, W., Lopez, M. F., 1994. Constitutive Equations for Annealed Metals Under Compression at High Strain Rates and High Temperatures. Los AlamosNational Laboratory.

Grujicic, M., Arakere, G., He, T., Bell, W. C., Cheeseman, B. A., Yen, C. F., Scott, B., 2008a. A ballistic material model for cross-plied unidirectional ultra-high molecular-weight polyethylene fiber-reinforced armor-grade composites. Materials Science and Engineering A 498, 231-241.

Grujicic, M., Bell, W. C., He, T., Cheeseman, B. A., 2008b. Development and verification of a meso-scale based dynamic material model for plain-woven single-ply ballistic fabric. Journal of Materials Science 43, 6301-6323.

Grujicic, M., Arakere, G., He, T., Bell, W. C., Glomski, P. S., Cheeseman, B. A., 2009a. Multi-scale ballistic material modeling of cross-plied compliant composites. Composites Part B: Engineering 40, 468-482.

Grujicic, M., Bell, W. C., Arakere, G., He, T., Cheeseman, B. A., 2009b. A meso-scale unit-cell based material model for the single-ply exible-fabric armor. Materials and Design 30, 3690-3704.

Grujicic, M., He, T., Marvi, H., Cheeseman, B. A., Yen, C. F., 2010. A comparative investigation of the use of laminate-level meso-scale and fracture-mechanics-enriched meso-scale composite-material models in ballistic-resistance analyses. Journal of Materials Science 45, 3136–3150.

Grujicic, M., Bell, W., Glomski, P., Pandurangan, B., Yen, C. F., Cheeseman, B., 2011. Filament-level modeling of aramid-based high-performance structural materials. Journal of Materials Engineering and Performance 20, 1401–1413.

Hall, I. W., Guden, M., Yu, C. J., 2000. Crushing of aluminum closed cell foams: density and-strain rate effects. Scripta Materialia 43, 515–521.

Hanssen, A. G., Hopperstad, O. S., Langseth, M., Ilstad, H., 2002. Validation of constitutive models applicable to aluminium foams. International Journal of Mechanical Sciences 44, 359–406.

He, A., Xie, G., Zhang, H., Wang, X., 2014. A modified ZerillieArmstrong constitutive model to predict hot deformation behavior of 20CrMo alloy steel. Materials and Design 56, 122–127.

Hoge, K. G., Mukherjee, A. K., 1977. The temperature and strain rate dependence of the flowstress of tantalum. Journal of Materials Science 12, 1666–1672.

Holian, K. S., 1984. T-4 Handbook of Material Properties Data Bases Vol. Ic: Equations of State. Los Alamos National Laboratory, USA.

Holmquist, T. J., Johnson, G., R., 1991. Determination of constants and comparison of results for various constitutive models. Journal of Physics IV France 01. C3-C853-C3-860.

Holmquist, T. J., Johnson, G. R., 2008. The failed strength of ceramics subjected to high-velocity impact. Journal of Applied Physics 104, 013533.

Hopperstad, O. S., Børvik, T., Langseth, M., Labibes, K., Albertini, C., 2003. On the influence of stress triaxiality and strain rate on the behaviour of a structural steel. Part I. Experiments. European Journal of Mechanics e A/Solids 22, 1–13.

Hou, Y., Jiang, L., Sun, B., Gu, B., 2013. Strain rate effects of tensile behaviors of 3-D orthogonal woven fabric: experimental and finite element analyses. Textile Research Journal 83, 337–354.

Howell, P., Kozyreff, G., Ockendon, J., 2009. Applied Solid Mechanics. Cambridge University Press.

Hughes, T. J. R., Liu, W. K., Zimmermann, T. K., 1981. Lagrangian-Eulerianfinite element formulation for incompressible viscous flows. Computer Methods in Applied Mechanics and Engineering 29, 329–349.

Jeon, I., Asahina, T., Kang, K.-J., Im, S., Lu, T. J., 2010. Finite element simulation of the plastic collapse of closed-cell aluminum foams with X-ray computed tomography. Mechanics of Materials 42, 227–236.

Johnson, W. E., Anderson Jr., C. E., 1987. History and application of hydrocodes in hypervelocity impact. International Journal of Impact Engineering 5, 423–439.

Johnson, G. R., Cook, W. H., 1983. A constitutive model and data for metals subjected to large strains, high strain rates and high temperatures. In: Proceedings of 7th International Symposium on Ballistics, The Netherlands, pp. 541–547.

Johnson, G. R., Cook, W. H., 1985. Fracture characteristics of three metals subjected to various strains, strain rates, temperatures and pressures. Engineering Fracture Mechanics 21, 31-48.

Johnson, G. R., Holmquist, T. J. A., 1992. Computational constitutive model for brittle materialssubjected to large strains, high strain rates, and high pressures. In: Meyers, M. A., Murr, L. E., Staudhammer, K. P. (Eds.), Shock Waves and High-Strain Rate Phenomena in Materials. Marcel Decker, pp. 1070-1077.

Johnson, G. R., Holmquist, T. J., 1994. An improved computational constitutive model for brittlematerials. AIP Conference Proceedings 309, 981-984.

Johnson, G. R., Holmquist, T. J., Beissel, S. R., 2003. Response of aluminum nitride (including a phase change) to large strains, high strain rates, and high pressures. Journal of Applied Physics 94, 1639-1646.

Johnson, J. D. E., 1994. The SESAME Database. Los Alamos National Laboratory.

Johnson, G. R., 2011. Numerical algorithms and material models for high-velocity impact computations. International Journal of Impact Engineering 38, 456-472.

Jones, N., 1989. Structural Impact. Cambridge University Press.

Kapoor, R., Nemat-Nasser, S., 2000. Comparison between high and low strain-rate deformation of tantalum. Metallurgical and Materials Transactions A 31, 815-823.

Kerley, G., 1993. Multiphase Equation of State for Iron. Sandia National Laboratories.

Khoshravan, M. R., Najafi Pour, M., 2014. Numerical and experimental analyses of the effect of different geometrical modelings on predicting compressive strength of honeycomb core. Thin-Walled Structures 84, 423-431.

Kingery, C. N., Bulmash, G., U. S. Army Ballistic Research Laboratory, 1984. Air Blast Parameters from TNT Spherical Air Burst and Hemispherical Surface Burst. Ballistic Research Laboratories, Aberdeen Proving Ground, MD.

Klepaczko, J. R., Rusinek, A., Rodríguez-Martínez, J. A., Pecherski, R. B., Arias, A., 2009. Modelling of thermo-viscoplastic behaviour of DH-36 and Weldox 460-E structural steels at wide ranges of strain rates and temperatures, comparison of constitutive relations for impact problems. Mechanics of Materials 41, 599-621.

Lamberts, A. P. T. M. J., 2007. Numerical Simulation of Ballistic Impacts on Ceramic Material(Masters thesis). Eindhoven University of Technology.

Lässig, T., Nguyen, L., May, M., Riedel, W., Heisserer, U., Van der Werff, H., Hiermaier, S., 2015. A non-linear orthotropic hydrocode model for ultra-high molecular weight poly-ethylene in impact simulations. International Journal of Impact Engineering 75, 110-122.

Last, H. R., Garrett, R. K., Rajendran, A. M., 1996. A comparative study of high strain rate behavior of three martensitic steels. AIP Conference Proceedings 370, 631-634.

Leavy, R. B., Brannon, R. M., Strack, O. E., 2010. The use ofsphere indentation experiments to characterize ceramic damage models. International Journal of Applied Ceramic Technology 7, 606-615.

Lee, W. -S., Yeh, G. -W., 1997. The plastic deformation behaviour of AISI 4340 alloy steel subjected to high temperature and high strain rate loading conditions. Journal of Materials Processing Technology 71, 224-234.

Lee, E., Finger, M., Collins, W., 1973. JWL Equation of State Coefficients for High Explosives. Lawrence Uvermore Laboratory.

Lefebvre, L. P., Banhart, J., Dunand, D. C., 2008. Porous metals and metallic foams: current status and recent developments. Advanced Engineering Materials 10, 775-787.

Lemaitre, J., Desmorat, R., 2005. Engineering Damage Mechanics: Ductile, Creep, Fatigue and Brittle Failures. Springer-Verlag, Netherlands.

Leuser, D., 1999. Experimental Investigations of Material Models for Ti-6Al-4V and 2024-T3. Lawrence Livermore National Laboratory.

Li, X., Zhang, P., Wang, Z., Wu, G., Zhao, L., 2014. Dynamic behavior of aluminum honeycomb sandwich panels under air blast: experiment and numerical analysis. Composite Structures 108, 1001-1008.

Liang, R., Khan, A. S., 1999. A critical review of experimental results and constitutive models for BCC and FCC metals over a wide range of strain rates and temperatures. International Journal of Plasticity 15, 963-980.

Lin, Y. C., Chen, X. -M., 2011. A critical review of experimentalresults and constitutive descriptions for metals and alloys in hot working. Materials & Design 32, 1733-1759.

Liu, G. R., Liu, M. B., Li, S., 2004. Smoothed particle hydrodynamics d a meshfree method. Computational Mechanics 33, 491.

Liu, Y. D., Yu, J. L., Zheng, Z. J., Li, J. R., 2009. A numerical study on the rate sensitivity of cellular metals. International Journal of Solids and Structures 46, 3988-3998.

Lucy, L. B., 1977. A numerical approach to the testing of thefission hypothesis. Astronomical Journal 82, 1013-1024.

Lyon, S. P., Johnson, J. D. E., 1992. SESAME: The Los Alamos National Laboratory Equation of State Database. Los Alamos National Laboratory.

Macdougall, D., Harding, J., 1997. Materials testing for constitutive relations. Journal of PhysicsIV France 07. C3-C103-C3-108.

Mackenzie, A. C., Hancock, J. W., Brown, D. K., 1977. On the influence of state of stress on ductile failure initiation in high strength steels. Engineering Fracture Mechanics 9, 167-188.

Maire, E., Fazekas, A., Salvo, L., Dendievel, R., Youssef, S., Cloetens, P., Letang, J. M., 2003. X-ray tomography applied to the characterization of cellular materials. Related finite element modeling problems. Composites Science and Technology 63, 2431-2443.

Marsh, S. P., 1980. LASL Shock Hugoniot Data (USA).

Maweja, K., Stumpf, W., 2006. Fracture and ballistic-induced phase transformation in tempered martensitic low-carbon armour steels. Materials Science and Engineering: A 432, 158-169.

Mcintosh, G., 1998. The Johnson-Holmquist Ceramic Model as Used in LS-DYNA2D. Defence Research Establishment Valcartier, QUEBEC.

Meyer Jr., H. W., Kleponis, D. S., 2001. Modeling the high strain rate behavior of titanium undergoing ballistic impact and penetration. International Journal of Impact Engineering 26, 509-521.

Meyer, J. H. W., 2006. A Modified Zerilli-Armstrong Constitutive Model Describing the Strength and Localizing Behavior of Ti-6Al-4V. Weapons and Materials Research Directorate, ARL.

Meyers, M. A., Murr, L. E., 1981. Shock Waves and High-Strain-Rate Phenomena in Metals: Concepts and Applications. Plenum Press, New York, USA.

Meyers, M. A., Benson, D. J., Vo€hringer, O., Kad, B. K., Xue, Q., Fu, H. H., 2002. Constitutivedescription of dynamic deformation: physically-based mechanisms. Materials Science and Engineering: A 322, 194-216.

Meyers, M. A., 1994. Dynamic Behaviour of Materials. John Wiley & Sons, Inc.

Miller, R. E., 2000. A continuum plasticity model for the constitutive and indentation behavior of foamed metals. International Journal of Mechanical Sciences 42, 729-754.

Mirone, G., 2007. Role of stress triaxiality in elastoplastic characterization and ductile failure prediction. Engineering Fracture Mechanics 74, 1203-1221.

Mohotti, D., Ali, M., Ngo, T., Lu, J., Mendis, P., 2014. Strain rate dependent constitutive model for predicting the material behaviour of polyurea under high strain rate tensile loading. Materials & Design 53, 830-837.

Montanini, R., 2005. Measurement of strain rate sensitivity of aluminium foams for energydissipation. International Journal of Mechanical Sciences 47, 26-42.

Mooney, M., 1940. A theory of large elastic deformation. Journal of Applied Physics 11, 582-592.

Moynihan, T. J., Chou, S. -C., Mihalcin, A. L., 2000. Application of the Depth-of-Penetration Test Methodology to Characterize Ceramics for Personnel Protection. Army Research Lab, Aberdeen Proving Ground, MD.

Mukai, T., Miyoshi, T., Nakano, S., Somekawa, K, H., 2006. Higashi Compressive response of a closed-cell aluminum foam at high strain rate Scripta Materialia 54, 533-537.

Nguyen, L. H., L€assig, T. R., Ryan, S., Riedel, W., Mouritz, A. P., Orifici, A. C., 2016. A methodology for hydrocode analysis of ultra-high molecular weight polyethylene composite under ballistic impact, Composites Part A: Applied Science ad Manufacturing, 84, 224-235.

Nilakantan, G., Gillespie Jr., J. W., 2012. Ballistic impact modeling of woven fabrics considering yarn strength, friction, projectile impact location, and fabric boundary condition effects. Composite Structures 94, 3624-3634.

Nilakantan, G., Keefe, M., Bogetti, T. A., Adkinson, R., Gillespie Jr., J. W., 2010a. On the finite element analysis of woven fabric impact using multiscale modeling techniques. International Journal of Solids and Structures 47, 2300-2315.

Nilakantan, G., Keefe, M., Bogetti, T. A., Gillespie Jr., J. W., 2010b. Multiscale modeling of the impact of textile fabrics based on hybrid element analysis. International Journal of Impact Engineering 37, 1056-1071.

Ogden, R., 1972. Large deformation isotropic elasticity-on the correlation of theory and experiment for incompressible rubberlike solids. Proceedings of the Royal Society of London A. Mathematical and Physical Sciences 326, 565-584.

Orifici, A. C., Herszberg, I., Thomson, R. S., 2008. Review of methodologies for composite material modelling incorporating failure. Composite Structures 86, 194-210.

Orphal, D. L., 2006. Explosions and impacts. International Journal of Impact Engineering 33, 496-545.

Ozel, T., Karpat, Y., 2007. Identification of constitutive material model parameters for high-strain rate metal cutting conditions using evolutionary computational algorithms. Materials and Manufacturing Processes 22, 659-667.

Paul, A., Ramamutry, U., 2000. Strain rate sensitivity of a closed-cell aluminum foam Materials-Science and Engineering A 281, 1-7.

Randers-Pehrson, G., Bannister, K. A., 1997. Airblast Loading Model for DYNA2D and DYNA3D. Army Research Laboratory.

Randles, P. W., Libersky, L. D., 1996. Smoothed particlehydrodynamics: some recent improvements and applications. Computer Methods in Applied Mechanics and Engineering 139, 375-408.

Recht, R. F., Ipson, T. W., 1963. Ballistic perforation dynamics. Journal of Applied Mechanics 30, 384-390.

Redenbach, C., Shklyar, I., Andr€a, H., 2012. Laguerre tessellations for elastic stiffness simulations of closed foams with strongly varying cell sizes. International Journal of Engineering Science 50, 70-78.

Rivlin, R. S., 1948. Large elastic deformations of isotropic materials. IV. Further developments of the general theory. Philosophical Transactions of the Royal Society of London A: Mathematical, Physical and Engineering Sciences 241, 379-397.

Royce, E. B., 1971. Gray, a Three-Phase Equation of Statefor Metals. Lawrence Livermore Laboratory.

SAFIRE™ Transparent Armor Solutions, S. -G. C., http://www.crystals.saint-gobain.com/SAFirE_Transparent_Armor.aspx.

Saleh, M., Edwards, L., 2010. Evaluation of a hydrocode inmodelling NATO threats against steel armour. In: 25th International Symposium on Ballistics, Beijing, China.

Saleh, M., Edwards, L., 2011. Application of a soil model in thenumerical analysis of landmine interaction with protective structures. In: 26th International Symposium. DEStech Publications, Inc., USA, pp. 265-276.

Saleh, M., Edwards, L., 2015. Evaluation of soil and fluid structure interaction in blast modelling of the flying plate test. Computers & Structures 151, 96-114.

Saleh, M., Smith, R., Shanmugam, D. K., Edwards, L., 2014. Numerical FE modelling of occupant injury in soil-vehicle blast interaction. In: 28th International Symposium on Ballistics, USA.

Saleh, M., Luzin, V., Toppler, K., Kabir, K., 2015. Response of thin-skinned sandwich panels to contact loading with flat-ended cylindrical punches: experiments, numerical simulations and neutron diffraction measurements. Composites Part B: Engineering 78, 415-430.

Sasso, M., Newaz, G., Amodio, D., 2008. Material characterization at high strain rate by Hopkinson bar tests and finite element optimization. Materials Science and Engineering: A 487, 289-300.

Scapin, M., Peroni, L., Dallocchio, A., Bertarelli, A., 2011. Shock Loads Induced on Metal Structures by LHC Proton Beams: Modelling of Thermo-Mechanical Effects. Applied Mechanics and Materials 82, 338-343.

Scheffler, D. R., Zukas, J. A., 2000. Practical aspects of numerical simulation of dynamic events: material interfaces. International Journal of Impact Engineering 24, 821-842.

Schreyer, H., Zuo, Q., Maji, A., 1994. Anisotropic plasticity model for foams and honeycombs. Journal of Engineering Mechanics 120, 1913-1930.

Schwer, L., 2007. Optional strain-rate forms of the Johnson Cook constitutive model and the roleof the parameter $\varepsilon 0$. In: 6th European LS-DYNA Users' Conference, Gothenburg.

Siegkas, P., Tagarielli, V., Petrinic, N., 2014. Modelling stochastic foam geometries for FEsimulations using 3D Voronoi cells. Procedia Materials Science 4, 221-226.

Smith, P. D., Hetherington, J. G., 1994. Blast and Ballistic Loading of Structures. Butterworth-Heinemann.

Sotomayor, O. E., Tippur, H. V., 2014. Role of cell regularity and relative density on elastoplastic compression response of 3-D open-cell foam core sandwich structure generated using Voronoi diagrams. Acta Materialia 78, 301-313.

Souers, P. C., Wu, B., Haselman, L. C. J., 1996. Detonation Equation of State at LLNL, 1995. Revision 3. Other Information: PBD: 1 Feb 1996.

Souli, M., Ouahsine, A., Lewin, L., 2000. ALE formulation forfluidestructure interaction problems. Computer Methods in Applied Mechanics and Engineering 190, 659-675.

Steinberg, D. J., Lund, C. M., 1989. A constitutive model for strain rates from 104 to 106 s1. Journal of Applied Physics 65, 1528-1533.

Steinberg, D. J., Cochran, S. G., Guinan, M. W., 1980. A constitutive model for metals applicableat high-strain rate. Journal of Applied Physics 51, 1498-1504.

Steinberg, D. J., 1996. Equation of State and Strength Properties of Selected Materials. LawrenceLivermore National Laboratory.

Swegle, J. W., Attaway, S. W., Heinstein, M. W., Mello, F. J., Hicks, D. L., 1994. An Analysis of Smoothed Particle Hydrodynamics (Sandia Report).

Tabiei, A., Ivanov, I., 2001. Computational micro-mechanical model of compositeflexible woven fabric with fiber reorientation. In: 2001 ASME International Mechanical Engineering Congress and Exposition, November 11, 2001eNovember 16, 2001. American Society of Mechanical Engineers, New York, NY, United States, pp. 333-350.

Tabiei, A., Nilakantan, G., 2008. Ballistic impact of dry woven fabric composites: a review. Applied Mechanics Reviews 61, 0108011-01080113.

Teng, X., Wierzbicki, T., 2006. Evaluation of six fracture models in high velocity perforation. Engineering Fracture Mechanics 73, 1653-1678.

Tran, P., Ngo, T., Yang, E., Mendis, P., Humphries, W., 2013. Effects of architecture on ballistic resistance of textile fabrics: numerical study. International Journal of Damage Mechanics 23 (3), 359-376.

Trana, E., Zecheru, T., Bugaru, M., Chereches, T., 2007. Johnson-Cook constitutive model for OL 37 steel. In: 6th WSEAS International Conference on System Science and Simulation in Engineering, Venice, Italy.

Tresvyatskii, S. G., 1971. Dependence of the yield stress of metals on grain size. Strength of Materials 11, 1320-1323.

US Army, 1986. Fundamentals of Protective Design for Conventional Weapons. US Army Waterways Experimental Station.

Wejrzanowski, T., Skibinski, J., Szumbarski, J., Kurzydlowski, K. J., 2013. Structure of foams modeled by LaguerreeVoronoi tessellations. Computational Materials Science 67, 216-221.

Whirley, R. G., Engelmann, B. E., 1993. DYNA3D: A Nonlinear, Explicit, Three-dimensional Finite Element Code for Solid and Structural Mechanics User Manual.

Wicklein, M., Ryan, S., White, D. M., Clegg, R. A., 2008. Hypervelocity impact on CFRP: testing, material modelling, and numerical simulation. International Journal of Impact Engineering 35, 1861-1869.

Xu, S., Ruan, D., Lu, G., 2014. Strength enhancement of aluminium foams and honeycombs by entrapped air under dynamic loadings. International Journal of Impact Engineering 74, 120-125.

Yang, C.-C., Ngo, T., Tran, P., 2015a. Influences of weaving architectures on the impactresistance of multi-layer fabrics. Materials & Design 85, 282-295.

Yang, E., Ngo, T., Ruan, D., Tran, P., 2015b. Impact resistance and failure analysis of plain woven curtains. International Journal of Protective Structures 6, 113-136.

Youssef, S., Maire, E., Gaertner, R., 2005. Finite element modelling ofthe actual structure of cellular materials determined by X-ray tomography. Acta Materialia 53, 719-730.

Zerilli, F. J., Armstrong, R. W., 1987. Dislocation-mechanics-based constitutive relations for material dynamics calculations. Journal of Applied Physics 61, 1816-1825.

Zerilli, F. J., Armstrong, R. W., 1990. Description of tantalum deformation behavior by dislocation mechanics based constitutive relations. Journal of Applied Physics 68, 1580-1591.

Zerilli, F. J., Armstrong, R. W., 1996. Constitutive relations for titanium and Ti-6Al-4V. AIPConference Proceedings 370, 315-318.

Zhao, H., Elnasri, I., Abdennadher, S., 2005. An experimental study on the behaviour under impact loading of metallic cellular materials. International Journal of Mechanical Sciences 47, 757-774.

Zhu, F., Zhao, L., Lu, G., Gad, E., 2009. A numerical simulation of the blast impact of square metallic sandwich panels. International Journal of Impact Engineering 36, 687-699.

Zienkiewicz, O. C., Taylor, R. L., Zgue, J. Z., 2005. The Finite Element Method Set, sixth ed.

Butterworth-Heinemann, Oxford.

Zocher, M. A., Maudlin, P. J., 2000. An Evaluation of Several Hardening Models Using Taylor Cylinder Impact Data.

Zukas, J. A., Scheffler, D. R., 2000. Practical aspects of numerical simulations of dynamic events: effects of meshing. International Journal of Impact Engineering 24, 925–945.

Zukas, J. A., Walters, W. P., 1998. Explosive Effects and Applications. Springer-Verlag, New York.

Zukas, J. A., Walters, W., 2013. Explosive Effects and Applications. Springer, New York.

Zukas, J. A., 1980. Impact Dynamics: Theory and Experiment. US Army Armament Research and Development Command Ballistic Research Laboratory, Aberdeen Proving Ground, MD.

Zukas, J. A., 1982. Impact Dynamics. Wiley.

Zukas, J. A., 1990. High Velocity Impact Dynamics. Wiley.

Zukas, J. A., 1993. Some common problems in the numerical modeling of impact phenomena. Computing Systems in Engineering 4, 43–58.

Zukas, J. A., 2004. Introduction to Hydrocodes. Elsevier.

# 附录

## 附录 9A

### 用于 JC、ZA 和 Cockcroft-Latham 模型的术语

| | |
|---|---|
| $A, B, n, m, C$ | Johnson-Cook 材料常数 |
| $\sigma_{eq}$ | JC 流动应力 |
| $\varepsilon$ | 等效塑性应变 |
| $\dot{\varepsilon}$ | 应变率 |
| $\dot{\varepsilon}_0$ | 参考应变率 |
| $\dot{\varepsilon}^* = \dot{\varepsilon}/\dot{\varepsilon}_0$ | JC 无量纲塑性应变率 |
| $T$ | 试样温度 |
| $T_{melt}$ | JC 模型熔化温度 |
| $T_0$ | JC 模型参考条件温度 |
| $T^* = \dfrac{T - T_0}{T_{melt} - T_0}$ | JC 比温度<br>注:当 $T<T_0$, $T^*=0$;当 $T>T_{melt}$, $T^*=1$ |
| $\tau$ | 剪切阻力 |
| $\tau_a$ | 无热剪切阻力 |
| $\tau^*$ | 热剪切阻力 |
| $\tau_d$ | 黏性剪切阻力 |
| $\sigma$ | 流动应力 |
| $\sigma_{a1}(\rho)$ | 无热应力(有变形) |
| $\sigma_{a2}$ | 无热应力(无变形) |
| $\hat{\sigma}^*$ | 热应力 |
| $\sigma_{drag}$ | 黏性应力 |
| $\sigma_{exp}$ | 试验推导应力 |
| $k$ | 玻尔兹曼常数 = $1.38 \times 10^{-23}$ J/K |
| $F_o$ | 克服障碍($\tau^*=0$)需要的自由能 |
| $p$ | 材料常数,$0<p \leqslant 1$ |
| $q$ | 材料常数,$0 \leqslant q \leqslant 2$ |
| $\chi$ | Taylor-Quinney 系数,通常取 0.9 |

续表

| | | |
|---|---|---|
| $C_P$ | | 试样特定升温 |
| $k'$ | | Arrhenius 速率常数 |
| $A^*$ | | Arrhenius 频率因子 |
| $\Delta E_e$ | | Arrhenius 活化能 |
| $T'$ | | Arrhenius 反应温度 |
| $E_{state}$ | | 任意状态下的系统能量 |
| $T_{state}$ | | 系统绝对温度 |
| $E_i$ | | 位错分布的能量级别 |
| $n_i$ | | 位错数量 |
| $\beta, J$ | | 位错的玻尔兹曼分布参数 |
| $S$ | | 熵 |
| $E_{internal}$ | | 内能 |
| $\Delta H$ | | 焓(热函) |
| $\Delta G$ | | 吉布斯(Gibbs)能(非严格热力学意义定义) |
| $\theta$ | | $\Delta S/k$ |
| $R$ | | 现象学常数 |
| $m'$ | | 现象学指数常数 |
| $b$ | | 柏氏(Burgers)向量 |
| $\rho'$ | | 单位体积(密度)的位错长度 |
| $\Delta l$ | | 位错势垒间距 |
| $M$ | | 方向参数 |
| $v_s$ | | 晶粒中的声速 |
| $\tau_{line}$ | | 位错滑移阻力 |
| $\hat{\tau}$ | | 最大滑移阻力 |
| $\dot{\gamma}$ | | 滑移面剪切应变率 |
| $\dot{\gamma}_0$ | | 现象学常数 |
| $V_0$ | | 位错振动频率 |
| $\gamma$ | | 位错滑移引起的剪切应变 |
| $C_0, C_1, C_2, C_3, C_4, C_5$ | | Zerilli-Armstrong (ZA) 材料常数 |
| $D$ | | 标量损伤变量 |
| $\delta S$ | | RVE 平面切断横截面积 |

续表

| | |
|---|---|
| $\delta S_D$ | RVE 平面上的空隙横截面积 |
| $\Delta \bar{\varepsilon}_p$ | 累积塑性应变增量 |
| $\bar{\varepsilon}_p$ | 塑性应变 |
| $\varepsilon_f$ | 断裂应变 |
| $D_1, D_2, D_3, D_4, D_5$ | JC 断裂应变模型常数 |
| $W$ | Cockcroft-Latham 塑性功项 |
| $W_{cr}$ | Cockcroft-Latham 材料失效临界塑性功项 |

## 附录 9B

以下装甲材料数据"按原样"提供,以帮助 FE 科学家/工程师找到并选择最适合其数值模型的输入数据。虽然作者已尽一切合理努力正确地获取数据,但他们不对表 9B1-9B8 中给出的数据中的遗漏或错误承担责任。

用户还应独立确定数据的准确性。

表 9B1 Johnson-Cook 材料数据

| 材料 | $A$/MPa | $B$/MPa | $n$ | $C$ | $m$ | $\dot{\varepsilon}_0/s^{-1}$ | 来源 |
|---|---|---|---|---|---|---|---|
| 6061-T6(Al) | 355 | 85 | 0.11 | 0.012 | 1.0 | 1 | Dabboussi 和 Nemes (2005) |
| Ti-6Al-4V | 1050 | 955 | 0.63 | 0.011 | 1.0 | 1 | |
| Nitronic33(SS) | 446 | 2075 | 0.84 | 0.05 | 1.0 | 1 | |
| Weldox 500E | 605 | 409 | 0.5 | 0.0166 | 1.0 | $5\times10^{-4}$ | Bϕrvik 等 (2009) |
| Weldox 700E | 819 | 308 | 0.64 | 0.0098 | 1.0 | $5\times10^{-4}$ | |
| Hardox 400 | 1350 | 362 | 1.0 | 0.0108 | 1.0 | $5\times10^{-4}$ | |
| Armox 560T | 2030 | 568 | 1.0 | 0.001 | 1.0 | $5\times10^{-4}$ | |
| 子弹芯 | 1200 | 50,000 | 1.0 | 0.0 | 1.0 | $5\times10^{-4}$ | |
| 铅弹帽 | 24 | 300 | 1.0 | 0.1 | 1.0 | $5\times10^{-4}$ | |
| 黄铜套 | 206 | 505 | 0.42 | 0.01 | 1.68 | $5\times10^{-4}$ | |
| Weldox 460E | 490 | 807 | 0.73 | 0.0114 | 0.94 | $5\times10^{-4}$ | |
| Ti-6Al-4V | 862.5 | 331.2 | 0.34 | 0.012 | 0.8 | 1.0 | |
| DH-36 钢 | 1020 | 1530 | 0.4 | 0.015 | 0.32 | 0.1 | |

续表

| 材料 | $A$/MPa | $B$/MPa | $n$ | $C$ | $m$ | $\dot{\varepsilon}_0/\text{s}^{-1}$ | 来源 |
|---|---|---|---|---|---|---|---|
| 4340回火马氏体 | 2100 | 1750 | 0.65 | 0.0028 | 0.75 | NA | Børvik 等（2002）<br>Meyer 和 Kleponis（2001）<br>Klepaczko 等（2009）<br>Gray 等（1994） |
| RHA 钢 | 1832 | 1685 | 0.754 | 0.00435 | 0.8 | NA | |
| RHA 钢 | 1400 | 1800 | 0.768 | 0.0049 | 1.17 | NA | |
| RHA 钢 | 1225 | 1575 | 0.768 | 0.049 | 1.09 | NA | |
| RHA 钢 | 900 | 1305 | 0.9 | 0.0575 | 1.075 | NA | |
| Al-7039 | 475 | 550 | 0.275 | 0.0125 | 1 | NA | |
| Al-7039 | 260 | 650 | 0.225 | 0.02875 | 1.17 | NA | |
| Al-7039 | 515 | 810 | 0.2775 | 0.01575 | 0.705 | NA | |
| AL-7039 | 180 | 510 | 0.22 | 0.0265 | 0.875 | NA | |
| Al-7039 | 390 | 945 | 0.235 | 0.0295 | 0.62 | NA | |
| Al-5083 | 210 | 620 | 0.375 | 0.0125 | 1.525 | NA | |
| Al-5083 | 200 | 600 | 0.38 | 0.02 | 1.5 | NA | |
| Al-5083 | 275 | 545 | 0.475 | 0.01225 | 1.65 | NA | |
| Al-5083 | 270 | 470 | 0.6 | 0.0105 | 1.2 | NA | |
| Al-5083 | 205 | 500 | 0.405 | 0.028 | 1.7 | NA | |
| Al-5083 | 170 | 425 | 0.42 | 0.0335 | 1.225 | NA | |
| OL 37 钢 | 220 | 620 | 0.12 | 0.01 | 1.0 | NA | |
| AISI 1018 CR 钢 | 520 | 269 | 0.282 | 0.0476 | 0.553 | NA | |
| Weldox 460E | 499 | 382 | 0.458 | 0.0079 | 0.893 | 1.0 | Trana 等（2007）<br>Sasso 等（2008）<br>Dey 等（2004） |
| Weldox 700E | 859 | 329 | 0.579 | 0.0115 | 1.071 | 1.0 | |
| Weldox 900E | 992 | 364 | 0.568 | 0.0087 | 1.131 | 1.0 | |
| OFHC 铜 | 65 | 356 | 0.37 | 0.013 | 1.05 | 0.002 | |
| ARMCO 铁 | 233 | 468 | 0.42 | 0.047 | 0.42 | 0.002 | |
| OFHC 铜 | 90 | 292 | 0.31 | 0.025 | 1.09 | 1.0 | Holmquist 和 Johnson（1991）<br>Johnson 和 Cook（1983） |
| 枪弹黄铜 | 112 | 505 | 0.42 | 0.009 | 1.68 | 1.0 | |
| ARMCO 铁 | 175 | 380 | 0.32 | 0.06 | 0.55 | 1.0 | |
| 1006 钢 | 350 | 275 | 0.36 | 0.022 | 1.0 | 1.0 | |
| 2024-T351 Al | 265 | 426 | 0.34 | 0.015 | 1.0 | 1.0 | |
| 7039 Al | 337 | 343 | 0.41 | 0.01 | 1.0 | 1.0 | |
| 4340 钢 | 792 | 510 | 0.26 | 0.014 | 1.03 | 1.0 | |
| S-7 工具钢 | 1539 | 477 | 0.18 | 0.012 | 1.0 | 1.0 | |
| 钨合金 | 1506 | 177 | 0.12 | 0.016 | 1.0 | 1.0 | |

续表

| 材料 | $A$/MPa | $B$/MPa | $n$ | $C$ | $m$ | $\dot{\varepsilon}_0/\mathrm{s}^{-1}$ | 来源 |
|---|---|---|---|---|---|---|---|
| TENAX 工具钢 | 1440 | 492 | 0.011 | 0.24 | 1.03 | NA | Buchar 等 |
| AREMA 铁 | 175 | 376 | 0.06 | 0.32 | 0.55 | NA | (2002) |
| 2P 盔甲 | 1210 | 773 | 0.014 | 0.26 | 1.03 | NA | Leuser(1999) |
| 钢弹 | 1650 | 807 | 0.008 | 0.1 | 1.0 | NA | |
| Ti-6Al-4V | 1098 | 1092 | 0.93 | 0.014 | 1.1 | $1\times10^{-4}$ | Chen 等 |
| 2024-T3 Al | 369 | 684 | 0.73 | 0.0083 | 1.7 | $1\times10^{-4}$ | (2008) |
| 45 钢 | 506 | 320 | 0.28 | 0.064 | 1.06 | NA | |
| A3 钢 | 410 | 20 | 0.08 | 0.1 | 0.55 | NA | |

表 9B2  Zerilli-Armstrong 材料数据

| 材料 | $C_0$/MPa | $C_1$/MPa | $C_2$/K$^{-1}$ | $C_3$/K$^{-1}$ | $C_4$/K$^{-1}$ | $C$/MPa | $n$ | 来源 |
|---|---|---|---|---|---|---|---|---|
| OFHC 铜 | 60 | — | 656 | 0.00198 | 0.000060 | — | 0.37 | Holmquist 和 Johnson(1991) Özel 和 Karpat(2007) |
| ARMCO 铁 | 65 | 3214 | — | 0.00973 | 0.000321 | 332 | 0.42 | |
| AISI 1045 钢 | 159.2 | 1533.7 | — | 0.00609 | 0.00018 | 742.6 | 0.171 | |
| AISI 4340 钢 | 89.8 | 2073.6 | — | 0.0015 | 0.0000485 | 1029.4 | 0.531 | |
| 6082-T6 Al | 0 | — | 3551.4 | 0.00341 | 0.000057 | — | — | |
| Ti6Al4V | 740 | — | 240 | 0.00240 | 0.00043 | 656 | 0.5 | |
| Ta | 25 | 1040 | — | 0.00525 | 0.0003 | 480 | 0.575 | Chen 等(1996) |
| Ta(large $\varepsilon$) | 5 | 1200 | — | 0.0065 | 0.00035 | 390 | 0.3 | |
| 4340 回火马氏体 | 89.8 | 2073.6 | — | 0.0015 | 0.0000485 | 1029.4 | 0.531 | Gray 等(1994) |
| RHA 钢 | 50 | 1800 | — | 0.0015 | 0.000045 | 1200 | 0.62 | |
| 钽 | 75 | 1000 | — | 0.005 | 0.00025 | 700 | 0.5 | |
| 铜 | 11 | — | 1350 | 0.0011 | 0.000025 | — | 0.7025 | Macdougall 和 Harding(1997) |
| Al-7039 | 17 | — | 1090 | 0.00155 | 0.000052 | — | 0.135 | |
| Al-5083 | 23 | — | 970 | 0.00185 | 0.00008 | — | 0.225 | Zerilli 和 Armstrong (1987) |
| Ti6Al4V | 778 | 1465 | — | 0.00864 | 0.000546 | 508 | 0.3529 | |
| OFHC 铜 | 65 | — | 890 | 0.0028 | 0.00015 | — | — | Zerilli 和 Armstrong (1990) |
| ARMCO 铁 | 65 | 1033 | — | 0.00698 | 0.000415 | 266 | 0.289 | |
| Ta | 30 | 1125 | — | 0.00535 | 0.000327 | 310 | 0.44 | |

表 9B3  Steinberg-Cochran-Guinan-Lund (SCGL)

| | AA(6061-T6) | Cu | Mg | Ni | SS 304 | Ti |
|---|---|---|---|---|---|---|
| $G_0$/GPa | 27.6 | 47.7 | 16.5 | 85.5 | 77 | 43.4 |
| $\sigma_a$/GPa | 0.29 | 0.12 | 0.19 | 0.14 | 0.34 | 0.71 |
| $\sigma_p$/GPa | 0.68 | 0.64 | 0.48 | 1.2 | 2.5 | 1.45 |
| $\beta$ | 125 | 36 | 1100 | 46 | 43 | 780 |
| $N$ | 0.1 | 0.45 | 0.12 | 0.53 | 0.35 | 0.065 |
| $\dfrac{G'_p}{G_0}$(TPa$^{-1}$)(kK$^{-1}$) | 65 | 28 | 103 | 16 | 26 | 11.5 |
| $\dfrac{G'_T}{G_0}$(TPa$^{-1}$)(kK$^{-1}$) | 0.62 | 0.38 | 0.51 | 0.33 | 0.45 | 0.62 |
| $T_{m0}$/K | 1220 | 1790 | 1150 | 2330 | 2380 | 2260 |
| $\gamma_0$ | 1.97 | 2.02 | 1.54 | 1.96 | 1.93 | 1.23 |
| $a$ | 1.5 | 1.5 | 1.2 | 1.5 | 1.4 | 1.0 |

表 9B4  MTS 模型

| 金属试样 | HY-100 | Ti-6Al-4V |
|---|---|---|
| 来源 | Daridon 等(2004) | |
| $\tau_a$/MPa | 23.55 | 58 |
| $\hat{\tau}_i$/MPa | 779.65 | 872 |
| $\mu_0$/GPa | 71.46 | 49.02 |
| $D$/MPa | 2910 | |
| $T_0$/K | 204 | |
| $k$/(J/K) | $1.38 \times 10^{-23}$ | |
| $b$/m | $2.48 \times 10^{-10}$ | $2.55 \times 10^{-10}$ |
| $\dot{\gamma}_{0i}$/s$^{-1}$ | $10^{13}$ | $10^{10}$ |
| $g_{0i}$ | 1.161 | 0.264 |
| $q_i$ | 1.5 | 2 |
| $p_i$ | 0.5 | 1 |
| $\dot{\gamma}_{0\varepsilon}$/s$^{-1}$ | $10^7$ | $10^7$ |
| $g_{0\varepsilon}$ | 1.6 | 1.6 |
| $q_\varepsilon$ | 1 | 1 |
| $p_\varepsilon$ | 2/3 | 2/3 |
| $g_{0\varepsilon s}$ | 0.112 | |

续表

| 金属试样 | HY-100 | Ti-6Al-4V |
|---|---|---|
| $g_{0s}$ | | 0.8 |
| $\hat{\tau}_{\varepsilon s}/MPa$ | | 310.62 |
| $\hat{\tau}_s/MPa$ | | 486.6 |
| $\dot{\gamma}_{0s}$ | | $10^{10}$ |
| $q_s$ | | 2 |
| $p_s$ | | 1 |
| $\theta_0/MPa$ | | |
| $\dot{\gamma}_{0\varepsilon s}$ | 1E7 | |

表 9B5 Johnson-Cook 损伤模型

| 材料 | $D_1$ | $D_2$ | $D_3$ | $D_4$ | $D_5$ | 来源 |
|---|---|---|---|---|---|---|
| Ti-6Al-4V | -0.09 | 0.25 | -0.50 | 0.014 | 3.87 | Leuser(1999) |
| 2024-T3 | 0.13 | 0.13 | -1.5 | 0.0011 | 0.0 | (Børvik 等 (2001) |
| Weldox 460E | 0.0705 | 1.732 | -0.54 | -0.015 | 0.0 | |
| OFHC 铜 | 0.54 | 4.89 | -3.03 | 0.014 | 1.12 | Johnson 和 Cook(1985) |
| ARMCO 铁 | -2.2 | 5.43 | -0.47 | 0.016 | 0.63 | |
| 4340 钢 | 0.05 | 3.44 | -2.12 | 0.002 | 0.61 | Özel 和 Karpat (2007) |
| 6061-T6 | -0.77 | 1.45 | -0.47 | 0.0 | 1.60 | |

表 9B6 Cockcroft-Latham 损伤模型

| 材料 | $\varepsilon_f$ | $W_{cr}/MPa$ |
|---|---|---|
| 来源 | Børvik 等(2009) | |
| Weldox 500E | 1.46 | 1516 |
| Weldox 700E | 1.31 | 1486 |
| Hardox 400 | 1.16 | 2013 |
| Domex Protect 500 | 0.67 | 1484 |
| Armox 560T | 0.92 | 2310 |
| 铅弹帽 | — | 175 |
| 黄铜套 | — | 914 |

表 9B7  EOS(Mie-Grueneisen)

| 金属试样 | $S_1$ | $\gamma_0$ | $\rho_0/(kg/m^3)$ | $C_{sp}$ | Hugoniot Relation | 来源 |
|---|---|---|---|---|---|---|
| 黄铜 | 1.43 | 1.78 | 8520 | 3740 | Linear($S_2=S_3=0$) | Marsh(1980) |
| 铅 | 1.47 | 2.8 | 10,660 | 2030 | Linear($S_2=S_3=0$) | Steinberg (1996) |
| 铜 | 1.489 | 2.02 | 8930 | 3940 | Linear($S_2=S_3=0$) | |
| 2024 铝合金 | 1.338 | 2.00 | 2785 | 5328 | Linear($S_2=S_3=0$) | |
| 6061 铝合金 | 1.4 | 1.97 | 2703 | 5240 | Linear($S_2=S_3=0$) | |
| 碳化钨 | 1.16 | 1.5 | 14,900 | 5190 | Linear($S_2=S_3=0$) | |
| 石墨 | 2.16 | 0.24 | 2200 | 3900 | ($S_2=1.54,S_3=-9.43$) | |
| Ti-6-4 合金 | 1.028 | 1.23 | 4419 | 5130 | Linear($S_2=S_3=0$) | |
| 聚碳酸酯 | 3.49 | 0.61 | 1196 | 1933 | ($S_2=-0.82,S_3=9.6$) | |
| 酚妥拉明 | 1.58 | 1.6 | 8129 | 3980 | Linear($S_2=S_3=0$) | |
| 4340 钢(RC38) 中间层和板 | 1.33 | 1.67 | 7810 | 4578 | Linear($S_2=S_3=0$) | |

表 9B8  Johnson-Holmquist JH-2 模型

| 变量 | $B_4C$ | SiC | AlN | $Al_2O_3$ | 硅石浮法玻璃 |
|---|---|---|---|---|---|
| 来源:Cronin 等(2003) | | | | | |
| $\rho_0/(kg/m^3)$ | 2510 | 3163 | 3226 | 3700 | 2530 |
| $G$ 剪切模量/GPa | 197 | 183 | 127 | 90.16 | 30.4 |
| $A$ | 0.927 | 0.96 | 0.85 | 0.93 | 0.93 |
| $B$ | 0.7 | 0.35 | 0.31 | 0.31 | 0.088 |
| $C$ | 0.005 | 0.0 | 0.013 | 0.0 | 0.003 |
| $M$ | 0.85 | 1.0 | 0.21 | 0.6 | 0.35 |
| $N$ | 0.67 | 0.65 | 0.29 | 0.6 | 0.77 |
| $\dot{\varepsilon}_0$ | 1.0 | 1.0 | 1.0 | 1.0 | 1.0 |
| $T$/GPa | 0.26 | 0.37 | 0.32 | 0.2 | 0.15 |
| SFMAX | 0.2 | 0.8 | | | 0.5 |
| HEL/GPa | 19 | 14.567 | 9 | 2.79 | 5.95 |
| HEL 压力/GPa | 8.71 | 5.9 | 5 | 1.46 | 2.92 |
| HEL 体积应变 | 0.0408 | | 0.0242 | 0.01117 | |
| HEL 强度/GPa | 15.4 | 13.0 | 6.0 | 2.0 | 4.5 |

续表

| 变量 | $B_4C$ | SiC | AlN | $Al_2O_3$ | 硅石浮法玻璃 |
| --- | --- | --- | --- | --- | --- |
| $D_1$ | 0.001 | 0.48 | 0.02 | 0.005 | 0.053 |
| $D_2$ | 0.5 | 0.48 | 1.85 | 1.0 | 0.85 |
| $K_1$/GPa | 233 | 204.785 | 201 | 130.95 | 45.4 |
| $K_2$/GPa | −593 | 0 | 260 | 0 | −138 |
| $K_3$/GPa | 2800 | 0 | 0 | 0 | 290 |
| $\beta$ | 1.0 | 1.0 | 1.0 | 1.0 | 1.0 |

# 第10章
# 高应变率及特殊试验

D. 鲁安(D. Ruan)[1],(M. A. Kariem)[2],伊恩·G. 克劳奇(I. G. Crouch)[3]
[1]澳大利亚维多利亚州霍索恩斯威本科技大学
[2]印度尼西亚西瓜哇万隆,万隆理工学院
[3]澳大利亚维多利亚特伦特姆装甲防护方案有限公司

## 10.1 引言

装甲材料和装甲结构需要承受从局部穿甲到整体爆炸加载等各种动态加载,了解冲击过程中结构响应是军事工程十分关注的问题。该领域专家已经出版了多部专著,具体可见文献(Zukas (1982), Meyers (1994), Stronge (2000), Field 等(2004) 和 Ramesh (2008)等)。然而,当需要研发新型装甲材料或者设计具体装甲系统实物时,装甲技术人员就需要开展有针对性的系统试验研究,包括直接观察真实构件落锤试验(以检验结构的完整性,包括检验焊接板能否承受指定爆炸载荷的爆炸膨胀试验等);确定材料对应力波或冲击波响应的复杂试验;以及那些涉及装甲材料的核心物理性能试验等[比如在10.5节中介绍平板撞击试验(PI)就是这样的一种试验手段]。然而到目前为止,最重要的材料性能试验技术是以获取材料的强度模型和断裂准则所需材料参数为目的的,如第9章中所述,这些参数可用于装甲或反装甲研究中数值模拟关键输入参数的确定。10.6节中将以分离式霍普金森杆(SHPB)为基础详细介绍试验技术。10.7节中将介绍应用实例和数据处理。

动态试验以系列的专门设计用于模拟和量化轻质装甲材料能量吸收机制研究的准静态试验方法为基础。尽管这些传统试验设备只能实现准静态速率加载,弹却能对装甲材料划分等级或者为第8章中解析模型提供输入参数。在20世纪80年代和90年代,DSTO(澳大利亚)的 Raymond Woodward 在利用简化、精选的力学试验测量解析模型所需的材料力学性能参数方面做了一些先驱性的工作,具体可参见 Crouch 等早期论文中所介绍的试验方法(Crouch 和 Woodward (1989))。

必须要注意到,在 ASTM 以及国际标准组织(ISO)中登记的标准材料性能试

验方法有超过10,000种之多,这些试验方法在本章中并没有提及,但在需要之处会随时引用。

### 10.1.1 专用准静态试验(QS)

当试图了解轻质装甲材料特性时,通常都需要模拟冲击过程的某一特定领域或者某一特征:或是尖头弹侵入韧性靶标时的初始凹陷,或是层叠装甲穿甲后阶段的分层现象。为实现该目标,形成了多种准静态加载试验方法(表10.1)。受准静态试验目的影响,许多可能存在的应变率效应都被忽略,因为这些数据通常用于相当粗糙的解析模型分析的输入数据;准静态试验结果与动态的差异(与材料种类有关),通常在解析模型估算误差之内。

表10.1 测量整体、层压或FRP材料吸能机制的专用试验技术列表

| 阶段 | 穿甲机制 | 微结构 | 专用试验技术 |
| --- | --- | --- | --- |
| I | 1. 沿厚度方向压缩 | 基体材料的弹性/准塑性响应;<br>低模量情况;<br>纤维增强聚合物(FRP)$V_f$的影响 | 圆柱体试件简单压缩;<br>侧限压缩试验(CCT) |
| II | 2. 横向剪切 | 纤维或层压板横向切削 | 侧限压缩试验;<br>不同冲头直径的压痕试验 |
| II | 3. 压溃和局部剪切试验 | 纤维、树脂的局部粉碎试验;<br>粉碎试件的流动性试验 | 不同锥角的圆锥压痕试验 |
| II | 4. 分层试验 | 层间和层内分离 | 短梁剪切试验;<br>中心穿孔分层试验(CPD) |
| II | 5. 膜弯曲试验 | 基体起裂;<br>板脱胶 | 2维4点弯曲试验;<br>3维中心加载平板试验(CLP) |
| II | 6. 面内拉伸失效试验 | 纤维拔出;<br>纤维或板的拉伸断裂 | 不同方位的面内拉伸试验(LT或者TL) |

注:LT:纵向横向;TL:横向纵向。

这些准静态试验技术将会在10.2节中详细介绍,例如在10.2.2节中将会介绍侧限压缩试验,该试验技术在研究具有破坏模式I的初期穿甲机制中得到良好应用(表10.1)。

### 10.1.2 高应变率试验

在前面的章节中,我们已经知道大部分材料的主要力学性能(强度、延性和断裂韧度等)会随应变、应变率和温度发生明显变化。比如,低碳钢的屈服强度在动态加载条件下可能比静态时高两倍。因此,测量装甲材料在一些类型动态载荷作用下的关键力学性能会更有用。

应变率 $\dot{\varepsilon}$ 是衡量加载速率的方法之一,其为应变增量 $d\varepsilon$ 对时间增量 $dt$ 之比(ASM International, 2003):

$$\dot{\varepsilon} = \frac{d\varepsilon}{dt}$$

如果采用工程应变,其中 $d\varepsilon = dL/L_0$,则

$$\dot{\varepsilon} = \frac{d\varepsilon}{dt} = \frac{dL/L_0}{dt} = \frac{dL}{dt}\frac{1}{L_0} = \frac{v}{L_0}$$

式中: $L_0$ 为试件的初始长度; $dL$ 为试件长度增量; $v$ 为加载速度。

Meyers 把应变率分为如下 5 个不同区域(Meyers (1994)):
(1) 蠕变和应力松弛区域(应变率小于 $10^{-5}\mathrm{s}^{-1}$);
(2) 准静态区域(应变率从 $10^{-5} \sim 5\mathrm{s}^{-1}$);
(3) 动态低应变率区域(应变率从 $5 \sim 10^3\mathrm{s}^{-1}$);
(4) 动态高应变率区域(应变率从 $10^3 \sim 10^5\mathrm{s}^{-1}$);
(5) 高速撞击区域(应变率从 $10^5 \sim 10^7\mathrm{s}^{-1}$)。

表 10.2 给出不同应变率的试验技术。尽管在同一应变率可以采用不同的试验方法,这些试验方法和对应的试验设备仍存在不同。比如高速液压机和落锤都可以用于应变率在 $1 \sim 10^2\mathrm{s}^{-1}$(低动态区域),采用高速液压机可获取恒应变率,而采用落锤试验时应变率从加载开始时的初始速度到试验结束时静止之间变化。类似地,在高动态区域(应变率约为 $10^3\mathrm{s}^{-1}$),采用霍普金森杆可以达到恒应变率,而如果采用简单泰勒试验(由一个平头圆柱形长杆撞击固定砧板),其应变率从试件

表 10.2 不同应变率试验技术

| 应变率/$\mathrm{s}^{-1}$ | 常用试验技术 | 动态关注事宜 |
|---|---|---|
| $10^7 \sim 10^5$ | 高速冲击<br>·爆炸<br>·平板正撞<br>·脉冲激光<br>·爆炸箔<br>·平板斜撞击(压剪) | 冲击波传播<br><br><br><br><br>剪切波传播 |

续表

| 应变率/s⁻¹ | 常用试验技术 | 动态关注事宜 |
| --- | --- | --- |
| $10^4 \sim 10^2$ | 动态高应变<br>· 泰勒砧板试验<br>· 霍普金森杆<br>· 膨胀环 | 塑性波传播 |
| $10^1 \sim 10^{-1}$ | 动态低应变率<br>· 高速液压机或气压机<br>· Cam 塑性仪<br>· 落锤试验 | 试验机和试件中的机械共振很重要 |
| $10^{-2} \sim 10^{-6}$ | 准静态<br>· 液压、伺服液压或螺杆驱动试验机 | 垂直端部恒定速度加载,沿试件长度方向应力一致 |
| $10^{-7} \sim 10^{-9}$ | 蠕变和应力松弛<br>· 通用试验机<br>· 蠕变试验机 | 材料的黏-塑性响应 |

末端的准静态到撞击端的动态冲击范围内变化。因此,根据待测量材料性能精度要求选择最合适的试验技术/设备非常重要。

10.3 节介绍了系列的冲击试验,10.4 节主要介绍了断裂试验技术,10.5 节和10.6 节则给出了材料高应变率性能试验最新研究成果报道。

## 10.2 专用试验技术

### 10.2.1 压痕试验

毫无疑问,压痕试验是目前了解装甲材料相关的穿甲力学的核心和前沿领域。压入硬度试验是一种模拟穿甲初期阶段非常优秀的试验技术,特别适用于刚性尖头弹对塑性变形金属的穿甲模拟。该方法是一种简单但非常有效且具有重要意义的试验技术。

硬度试验中必须要正确选择压头的形状和尺寸,举个例子,因为压头为球形,所以铸造装甲硬度测试时一般采用 Brinell 硬度试验。需注意,铸造表面一般都非常不规则且基底很可能本质上为各向异性。同样地,当测量陶瓷的微观硬度时,选择正确的压头直径/晶粒尺寸比非常重要。

压痕硬度科学开拓者 David Tabor 在 1951 年出版了经典著作( David Tabor

(1951)),他在该领域的杰出贡献可见 Ian Hutchings 等于 2009 年为其所撰悼文(Ian Hutchings (2009))。从 20 世纪 50 年代起,压痕试验开始被用于研究玻璃和陶瓷的 Hertzian 断裂问题(Lawn 和 Wilshaw,1975),以及玻璃纤维增强高聚物的动态"流动"问题(Reid 等(1995))。

图 10.1 展示了压痕试验主要原理:通过改变压头锥角,可分别测量面内抗力 $R_{IP}$ 和沿厚度方向的抗力 $R_{TT}$,而且也可研究复合装甲材料的各向异性效应。最近,Gama 等采用类似的准静态冲剪加载试验机研究了厚 S-2 玻璃纤维增强树脂终点毁伤机制,并进行了数值仿真(Gama 等,(2004a,b))。

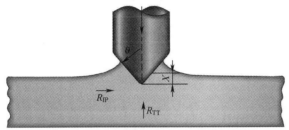

压入载荷=$f_1(\theta) R_{IP}$[接触面积]+$f_2(\theta) R_{TT}$[弹丸面积]

图 10.1 FRP 装甲材料锥形压头压痕试验原理,以及粉末材料沿厚度方向和面内"流动"抗力的分离解

### 10.2.2 沿厚度方向压缩试验

沿厚度方向压缩(TT)已经被认定为均质或者成层装甲材料能量吸收的主要机制之一,特别适用于抗钝头弹穿甲情形(见第 4 章和第 5 章)。当测量材料的缓冲吸能特性时,传统上最可行的方法是测量简单圆柱体试件的压缩抗力。然而装甲材料会同时承受沿厚度方向的穿甲和压缩,因此,侧限压缩试验(CCT)更合理也更具有代表性。如图 10.2 所示,侧限压缩试验是一种简单的试验技术,其通过一对反向、相互匹配,且被约束在自支撑刚性框架内的高强压头对平板试件进行厚度方向压缩。

图 10.3 为 2024-T351 铝合金侧限和轴向压缩试验的应力-应变曲线,其侧限效应非常明显。这样的数据如果做 $\sigma = K\sigma_0 \varepsilon^n$ 形式的曲线拟合,可确定侧限效应因子 $K$,对铝合金而言侧限效应因子 $K$ 约为 2.7。

该试验技术在 Woodward 等的早期研究中就有所介绍,其利用该试验技术获取简单的冲塞模型数据(Woodward 和 De Morton (1976))。1998 年 Woodward 等又扩展了该试验技术的应用,通过侧限压缩试验为穿甲预测模型 LAMP 提供输入参数。后来,Scott 对同一模型进行了改进,用于预测超高分子量聚乙烯

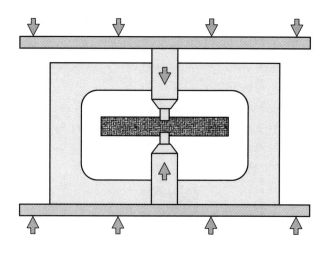

图 10.2　侧限压缩试验原理图

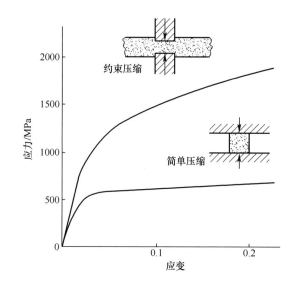

图 10.3　2024-T351 铝典型侧限压缩试验曲线与传统简单压缩试验曲线对比

(UHMWPE)靶的穿甲,并利用侧限压缩试验获取输入参数(Scott(2011))。最近,Thomas 等利用该试验技术比较了可能作为缓冲材料的性能(Thomas 和 Crouch(2015))。

图 10.4 给出了多种碳纤维增强高聚物(CFRP)、凯夫拉纤维增强高聚物(KFRP)以及超高分子量聚乙烯(UHMWPE)等材料的侧限压缩试验数据,据此估算了不同材料的等效沿厚度方向压缩弹性模量,并比较了它们的面内力学性能。

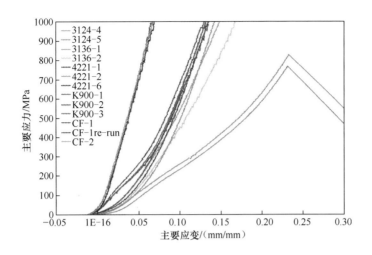

图 10.4 不同复合材料的系列侧限压缩试验曲线:碳纤维增强树脂(CF-1,CF-2)、芳纶纤维增强环氧树脂(K900)和不同等级超高分子量聚乙烯(Honeywell 提供的 SR3124,SR3136 和 SR4221)(彩图)

### 10.2.3 分层试验

对复合物装甲材料而言,不论是纤维增强金属层压板(FML)或是纤维增强高聚物(FRP),层压靶板的分层都是一种重要的破坏机制。分层过程本身包括层间剪切和层间断裂(产生新的断裂表面),以及剥离力(通常在 2D 中测量)和膜拉伸(由面外位移引起)等现象的复杂过程,如果要进行任何合理的开发或分析,这些单个过程需要被解耦且单独测量。

正如 Davies 等(1998)和 Sridharan (2008)所述那样,传统试验技术已经很成熟而且一直在发展中,特别是飞行器结构上所采用的先进复合材料(Wood 等,2007)。这里介绍的是一种测量黏合剥离强度的专门技术,该技术还可以用来估计分层过程中能量的吸收,特别是针对纤维增强层压板(见第 4 章)。

如 Simmons 等(1989)所述,中心穿孔分层试验(CPD)是一种黏合层的轴对称剥离试验:其中有一层(弯曲层),通过穿孔在静止层上栓塞而施加的中心力而被从其他层(静态层)中剥离(图 10.5)。中心穿孔分层试验包括两个主要的能量吸收过程:①弯曲层的弹性和塑性变形;②黏结处的分层。可以通过第二种试验以隔离这两个因素,即中心加载板试验(CLP),这是一个简单的凹陷试验:板在特定半径处被夹紧并通过柱塞在板的中心加载。中心穿孔分层试验和中心加载板试验的载荷-位移历史都可以被记录下来,并通过一个简单的减法过程计算得到 3D 剥离过程中所吸收的能量。采用这种方法,根据冲击条件的不同,估算有约 15%～75% 的冲击能量在分层过程中被吸收。

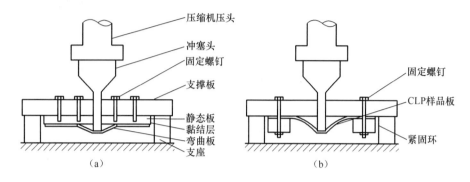

图 10.5　用于研究 FML 分层过程的专用试验技术
(a)中心穿孔分层试验(CFD);(b)中心加载板试验(CLP)。

## 10.3　冲击试验

### 10.3.1　落锤试验

由于落锤试验在研究结构冲击行为上的多功能性,其在机械工程实验室是一种十分常见的设备。Lu 和 Yu(2003)对此进行了综述,认为当研究材料和结构的能量吸收特性时,该试验方法非常必要。在最近几十年,在结构的能量吸收和耐撞性研究中,金属和复合物圆管端部落锤冲击应用非常普遍,这种系统也非常有用地应用于装甲工程,尤其是重型装甲系统。

图 10.6(a)为落锤装置及其配件的轮廓图,其包括一个支撑或者夹紧试件的夹具、放置在夹具下面的载荷传感器以及一个激光设备。在这样的动态试验中,一般也同时需要高速摄影机去捕获试件的变形。

落锤试验过程中,质量块会被举高到确定的高度然后自由下落冲击压溃试件,冲击力时程曲线可以通过载荷传感器记录,质量块或锤头的位移时程则由激光器记录,由此可以建立载荷-位移曲线并获取试件所吸收的总能量,其即为载荷-位移曲线下方的面积。在落锤试验中,总体输入能量为一常数 $mgh$,其中 $m$ 为锤头质量,$g$ 为重力加速度($9.8 \mathrm{m/s^2}$)、$h$ 为落高。质量块或锤头的速度在撞击过程中发生变化。

图 10.7(a)为澳大利亚斯威本科技大学的典型落锤试验装置,图 10.7(b)为支撑圆管试件而专门设计和加工的夹具。这样的试验装置还可以用于研究软装甲

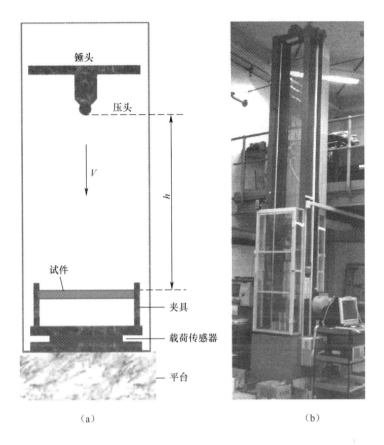

图 10.6 (a) 典型落锤装置及其附件示意图;(b)澳大利亚斯威本
科技大学的落锤设备,锤重 25~150kg,最大落高 3m

防护刺和长钉撞击的行为。

### 10.3.2 泰勒撞击试验

1946 年,Taylor 提出一种可以测量材料高应变率动态屈服强度的直接撞击试验技术(图 10.8)。试验过程中,圆柱试件被装置加速(通常为气炮)冲向刚性靶标,以确定的速度撞击刚性靶,试件的撞击端会产生塑性变形并向远端传播,撞击结束后试件撞击端的形状由于塑性变形而发生变化,远端形状保持原状(即没有塑性变形),试件的长度从 $L_0$(撞击前试件的初始长度)减小至 $L_f$(撞击结束后试件的最终长度),试件变形部分的长度假定为 $L_p$,通过测量 $L_0$、$L_f$ 和 $L_p$,可以计算得到材料的动态屈服强度:

517

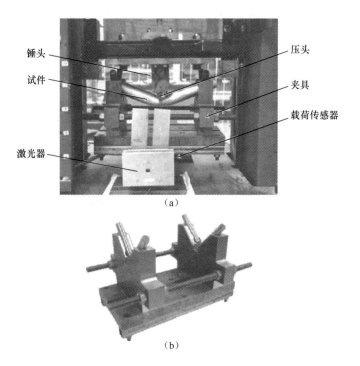

图 10.7 （a）落锤设备平台上的设备：载荷传感器、激光器、夹具、试件、锤头和质量块；（b）专门设计和加工的夹具

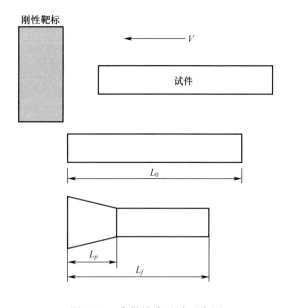

图 10.8 泰勒撞击试验示意图

$$\sigma_Y = \frac{(L_0 - L_p)\rho v^2}{2(L_0 - L_f)\ln(L_0/L_p)}$$

式中:$\rho$ 为试件材料的密度。

泰勒撞击试验比较容易实现,然而,要精确地确定弹性和塑性变形的边界(即 $L_p$ 的长度)并非易事,一般需通过硬度试验确定(Hiermaier,2008)。

### 10.3.3 气炮撞击试验

正如 Rosenberg 和 Dekel(2012)最近综述文章中所描述的那样,绝大多数终点弹道试验是在实验室内通过气炮完成的,其利用一级或者二级气炮沿炮管驱动弹丸撞击靶标样品完成试验。一般炮管直径在 5~50mm 范围,弹速可高达 10,000m/s。Stilp 和 Hohler(1990)介绍了不同类型气炮的工程细节,图 10.9(a)展示了一级气炮的典型试验配置(Hou 等,2010)。弹丸速度由炮膛内气体压力控制,穿甲之前的撞击速度由激光速度计测量,穿甲期间和/或之后的速度则由高速摄像机测量。样靶所吸收的全部能量可以通过两个速度之差而得到。弹丸可以自行设计加工(图 10.9(b)),也可通过商业渠道获得。

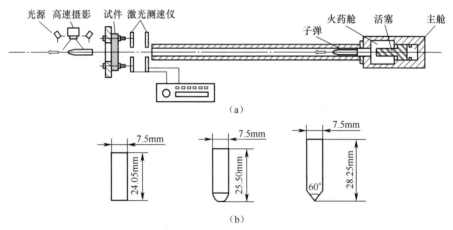

图 10.9 (a)弹道试验的设备;(b)所采用的 3 种类型弹丸:平头、半球形头部和锥形头部

关键结构可能会受到可变形物撞击,类似于 2003 年 Columbia 航天飞机所遭遇的那样,一片泡沫撞击到机翼面板并导致灾难性后果。在类似事件中,结构和撞击物都会发生变形,冲击能量会被结构和撞击物共同吸收掉;对刚性弹丸,只有被撞击结构才会发生变形,能量也只有结构才会吸收。很明显,前者更加复杂和难理解。在过去的 10 年左右,Fleck 及其合作者们首创了梁和板受可变形泡沫铝子弹撞击时的弹道抗力研究(Radford 等,2005,2006;Rathbun 等,2006;McShane 等,

2006；Tagarielli 等，2007，2010；Rubino 等，2009；Russell 等，2012）。图 10.10 为 Rathbun 等(2006)所采用的试验设备的示意图。

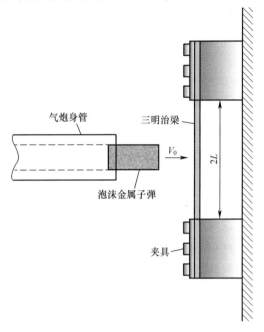

图 10.10　Rathbun 等(2006)的试验配置

图 10.11(Yahaya 等，2015)所示的气炮或类似试验装置，撞击后的泡沫铝子弹和三明治板的照片分别见图 10.12 和图 10.13。

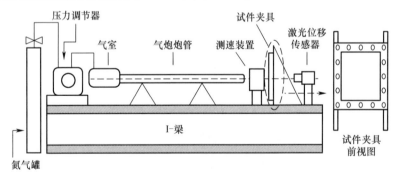

图 10.11　Yahaya 等 (2015)的试验装置示意图——气炮口径为 37mm

此项工作主要目的是研究不同泡沫铝夹芯的三明治板、中空三明治板(两个面板之间没有夹芯材料)以及相同质量的单层板，在承受泡沫铝子弹撞击时的抗力。三明治板有 1mm 厚的铝面板和 HEXCEL 泡沫铝芯构成，相对密度在 9% ~

图 10.12　泡沫铝弹丸照片
(a)初始形状;(b)189m/s 速度撞击三明治板后的形状;(c)333m/s 速度撞击后的形状。

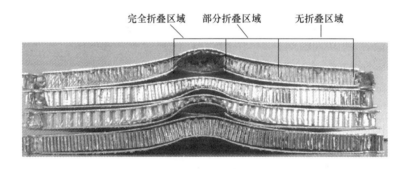

图 10.13　泡沫铝子弹撞击后三明治板变形情况对比,HEXCEL 蜂窝铝夹芯类型从上到下
分别为:3.1-1/8-0.0007, 6.1-1/8-0.0015, 4.4-3/16-0.0015 和 12-1/8-0.003

11%的圆柱形 ALPORAS 泡沫铝子弹,用气炮以几百米每秒的速度发射以撞击板的中心位置,靶标背面的挠度也是通过激光位移传感器测量。对三明治板,试验发现夹芯泡沫铝越强,面板变形就越小;试验也发现,在冲量范围 2.25~4.70kN·s·m$^{-2}$ 内时泡沫铝夹芯板优于中空夹芯板和单层板,超出这个范围,采用蜂窝夹层板防护泡沫铝弹丸撞击的优势减少。

## 10.4　动态断裂试验

动态和静态条件下裂纹的传播不同,主要区别如下:
(1) 对静态断裂,单个裂纹在单个位置成核,要么沿晶界传播(产生晶界断裂),要么穿过晶粒(产生穿晶断裂)。然而,对动态加载,在多个位置的多个裂纹成核并且各自独立传播(Meyers,1994)。

(2) 对动态断裂,裂纹的传播速度存在上限,一般为瑞利波速度,尽管试验所测裂纹速度总低于此上限(Meyers,1994)。瑞利波速依赖于其所传播的材料的性质,对金属材料而言,一般位移为 2~5km/s。

(3) 材料的准静态断裂韧性定义如下:

$$K_{IC} = k\sigma\sqrt{\pi a}$$

式中:$k$ 为参数;$\sigma$ 为材料应力;$a$ 为裂纹长度。韧性钢材的准静态断裂韧性值约 100MPa,脆性陶瓷约为 3MPa。然而尽管方法上可行,但测量动态断裂韧性 $K_{Id}$ 仍具有很大的挑战性。

### 10.4.1 夏比和悬臂梁冲击试验

Izod 和 Charpy 冲击试验是材料"韧性"标准的冶金试验技术,尽管它们相当粗略且只是一种比较性试验,但对规范装甲材料的关键组成部分却至关重要,特别是对经历韧性-脆性转变的钢材而言。出于该目的,通常要求在环境温度和-40℃下分别测量试件的能量吸收值。

Izod 和 Charpy 冲击试验都为动态试验,其通过 V 形或者 U 形切口试件测量吸收能量。图 10.14(a) 和 (b) 为 Izod 和 Charpy 冲击试验设备。Izod 和 Charpy 冲击试验采用相同的试验设备,只是固定试件的夹具不同。Izod 冲击试验(图 10.14(a))中,V 形缺口试件被紧固在试验台上;Charpy 冲击试验中 V 形缺口试件仅需两端简支。在任何一个试验中,摆锤从一个确定的高度 $h_1$ 释放撞击试件使其断裂成两段,撞击结束后摆锤会持续摆动到高度 $h_2$,通过测量 $h_1$ 和 $h_2$,确定断裂试件所吸收的能量为 $mg(h_1 - h_2)$。

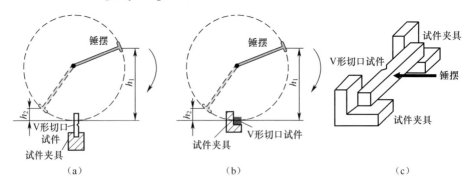

图 10.14 (a)Izod 冲击试验示意图;(b)Charpy 冲击试验示意图;
(c)Charpy 冲击试验中试件局部放大图

Izod 和 Charpy 冲击试验的 3 个主要不同之处为：

(1) Izod 冲击试验中，试件垂直放置，缺口面对摆锤(图 10.14(a))；而 Charpy 冲击试验中，试件水平放置且缺口背对摆锤(图 10.14(b)和(c))。

(2) Izod 冲击试验中，试件是按照悬臂梁方式固定；而 Charpy 冲击试验中，试件按三点弯曲试验配置固定。

(3) 一般而言，Izod 冲击试验用于测量塑料，而 Charpy 冲击试验一般用于测试金属，然而也可以用于诸如高聚物类的其他材料。Izod 和 Charpy 冲击试验的 ASTM 国际规范中，ASTM D256 和 ASTM E23 分别用于塑料和金属。

### 10.4.2 破碎试验

理解诸如铸铁之类脆性材料的破碎，不仅对手榴弹之类的破片弹药设计有重要意义，而且对抗高速破片穿甲的防护标准设计也至关重要，其中破片的尺寸、形状和个体速度对于确定武器杀伤力至关重要。

当一个金属环承受准静态载荷时，它可能会断成两部分。然而，当它承受动态荷载时，受环向应力波传播的影响，它可能会断成多个部分(图 10.15)(Meyers，1994；(Grady 和 Olsen，2003)。Mott (1947)首先开展了圆环破碎的研究，并提出一个基于统计理论的模型。Grady 和 Olsen (2003)将其试验结果与该模型进行了对比，其试验样品为 U6N 材料(铀-6%-铌)。圆环(直径 30mm)通过脉冲磁场加速到径向速度 50~300m/s，在膨胀到约 30%时发生破碎，圆环断裂成几块，碎片的数量和分布与 Mott 理论吻合较好(图 10.16)。

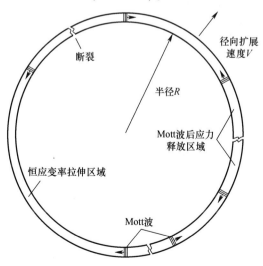

图 10.15 Mott 碎片环示意图

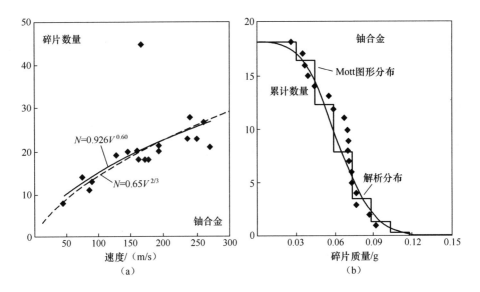

图 10.16 Mott 理论与试验结果的对比
(a)碎片数量;(b)碎片分布。

依据定义,破碎是指整体材料转化为许多小块材料。碎片的数量、尺寸和断裂模型高度依赖于冲击特性。第 1 章中介绍了这种类似的失效机制,同时第 7 章中描述了单片陶瓷板破碎成多个碎片的情况,碎片数量取决于靶标几何形状和支撑条件。然而,预测从撞击点发出的径向裂缝数量仍然知之甚少,但径向裂缝数量非常依赖于速度。

### 10.4.3 层裂试验

第 1 章中介绍了层裂的破坏机制,当应力波的相互作用导致局部应力超过材料层裂强度时,即会发生层裂破坏。层裂是防弹系统的一个严重问题,比如,当高能量的层裂碎块从陶瓷基硬装甲板撞击面喷射而出时,对其周围的人员和设备就会成为非常危险的弹片。第 3 章里所描述的背面层裂,也是铝合金装甲常见破坏机制之一。如第 5 章所述,由纤维增强塑料所制成的层裂衬垫可用来捕获层裂痂片。图 10.17 给出多种金属材料层裂强度。

可利用 SHPB 开展层裂试验以获取材料的动态拉伸强度(Govender 等,2011)(图 10.18)。在层裂试验中,试件的一端与入射杆接触而另一端为自由端,即不需要透射杆。当撞击杆撞击入射杆时,在入射杆中产生压缩波并透入试件中,由于试件的另一端为自由面,应力波反射成拉伸波沿与初始压缩波相反的方向传播。反射拉伸波与压缩波相互叠加成拉伸波且幅值超过试件材料拉伸强度时,即发生层裂破坏。

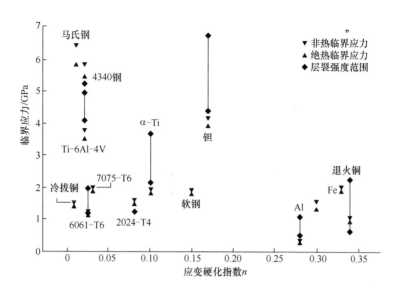

图 10.17 多种金属材料的层裂强度与应变硬化指数关系

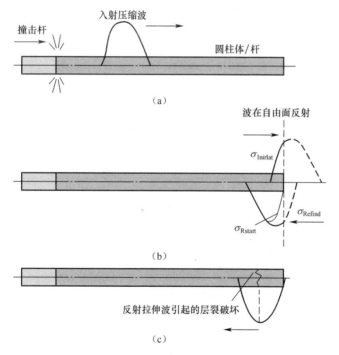

图 10.18 采用霍普金森杆进行层裂试验波传播示意图

对那些压缩强度远大于拉伸强度,且断裂前为线性响应的材料,比如陶瓷、混凝土和纤维增强高聚物等,可以开展层裂试验。然而,初始压缩波会破坏材料。系统的定量的层裂模型和细观结构效应可以参阅 Meyer 的书(Meyers,1994)。

### 10.4.4 爆炸膨胀试验

到目前为止,装甲车及其乘员所受主要威胁仍来自小型武器弹药和高速碎片。然而,随着简易爆炸装置以及更复杂的地雷等的出现,人们越来越需要了解装甲板,尤其是焊接钢腹板,在爆炸加载时的响应。此外,还必须限制军用车辆的弹塑性变形程度,以保护其内部乘员免受向上/向内的爆炸载荷,这类似于民用汽车的防撞区。开展爆炸膨胀试验(EBT)是根据测试船舶和潜艇结构的早期要求,帮助量化爆炸载荷的影响。试验用面板通常是装甲材料的代表性面板,其往往是两个半板的焊接件或包含焊缝的板。美国能源部(DoD)规范 MIL-STD-2149A(SH)(Specification,1990)给出更详细的相关介绍。

图 10.19 给出了 EBT 试验设置的示意图,它包括一个甜甜圈形模块,其上面放置试验面板。规定的标准爆心距为 320mm,通过一个像硬纸板箱的一次性部件作为炸药和试验样品的间隔,2.3kg 炸药放置在正对板中心位置。样品上布设有热电偶计以测量试件的正确温度,一般温度为零下(-40℃)。炸药爆炸后,需对试验面板进行物理检测,记录其塑性变形程度,并使用无损检测技术(NDI)检查焊缝,以检查是否存在裂纹。

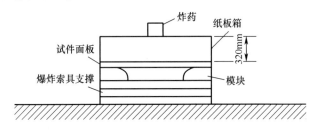

图 10.19 爆炸膨胀试验设备示意图

### 10.4.5 板(平板和曲板)和管的爆炸试验

轻型军用结构的需求持续增长,导致轻型复合板或管状结构日益普及,然而,低水平爆炸中这些轻质结构可能易受冲击而损坏。本节内容介绍了目前正在进行的对轻质结构防护爆炸能力的评估和改进等领域的研究。介绍了诸如三明治板(两块面板之间夹芯)或三明治管(管状夹芯加载两个薄壁管中间)的混合结构,其夹芯材料可以为蜂窝结构、泡沫、格阵结构甚至是 3D 打印阵列。

Jones(1989a,b)、Nurick 和 Martin(1989a,b) 以及更近期的 Zhu 和 Lu(2007)等对可记录爆炸载荷试验中试件变形和损伤模式以支持理论模型和数值仿真的试验设施和测试程序等进行了详细综述。通常采用冲击摆系统来测量空中爆炸传递给试件的冲量(Nurick 和 Martin,1989a,b;Hanssen 等,2002;Enstock 和 Smith,2007;Zhu 等,2008a,b),当试件前方的炸药爆轰时,其通常与冲击摆相接触,爆炸压力作用在试件上并引起摆的旋转或转动。通常采用激光位移测量设备测量摆中心的运动,即可获得所产生的冲量。图 10.20(a)和(b)分别为南非开普敦大学的 Nurick 研究团队(Enstock 和 Smith (2007))和 Zhu 等(2009a,b)研制的两种类型冲击摆系统照片。

图 10.21 为这种类型试验的典型配置,通过自由运动的冲击摆记录空中爆炸所产生的冲量。

(a)

(b)

图 10.20　(a)两索摆((Enstock 和 Smith, 2007);(b)四索摆

冲击摆系统也可用于三明治曲面板的空中爆炸试验(Shen 等,2010,2011),在这种情况下,曲面板运动通过放置在支撑板、位于被冲击面板后侧的激光传感器(Micro-Epsilon LD1625-200)测量,并通过数值示波器记录。图 10.22 为试验设备照片,其中曲面板的直径为 300mm(Shen 等,2011)。

空中爆炸试验也可通过带有泡沫铝夹芯的三明治圆管实现(Shen 等,2013),试验设备示意图见图 10.23,直径 20mm 的圆柱形 TNT 装药放置于一个 6m×10m

无顶爆炸罐中心。试验没有记录变形历史,试验结束后对试件的最终变形进行了测量和分析。

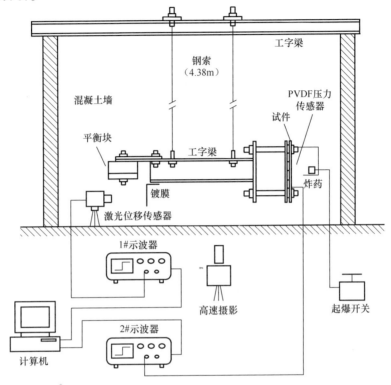

图 10.21　爆炸试验设备示意图(Zhu 等, 2009a)

图 10.22　带有三明治曲面板的摆($R=300$mm)

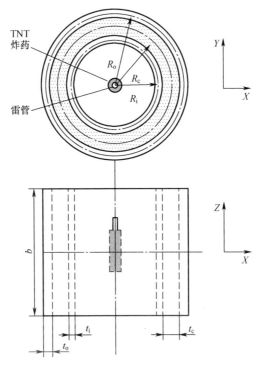

图 10.23 采用 TNT 炸药爆炸加载的三明治管示意图

## 10.5 平板撞击试验

了解应力波和冲击波的产生、发展和相互作用背后的物理机制是装甲研究的一个重要方面,特别是对重型装甲系统的超高速撞击情况而言更是如此。然而,虽然它们在轻型装甲系统穿甲中的作用非常小,但如果不可忽略,仍可通过跟踪应力波揭示材料的一些基本属性。弹道试验中,所产生的三轴应变状态位于一维应变和一维应力状态之间;一维应力试验,以 SHPB 试验为基础,将会在 10.6 节中详细讨论。在此会介绍一维应变试验,即平板撞击试验(PI)。平板撞击试验是一种独特的方法,不仅仅可以用来确定材料状态方程数据,还是测量 Hugoniot 弹性极限(HEL)、动态压缩强度和层裂强度的重要手段。

图 10.24 为平板撞击试验设备的示意图。剑桥大学卡文迪什实验室的 Field 及其合作者们的论文记录了 1993 年 UK 平板撞击设备的安装过程(Field 等,1994),并提供了相关试验技术的综合表格。Field 等 2004 年的一篇论文对高应变率试验的发展历史做了很好的综述,该文章在以后的十年内成为高引用评论性文章先导。

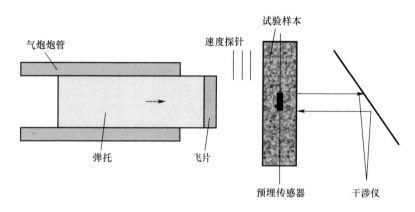

图 10.24　平板撞击试验示意图

撞击物(也叫飞片)固结在弹托前部,在炮膛内被驱动向试验样品(或叫靶板)运动,样品和飞片被很好地对齐以产生理想平面撞击。撞击速度由一组紧靠在样品前方的探针测量。撞击在样品内部产生了应力波(或冲击波),波的强度以及相关的传播时间,可通过预埋在样品内部的锰铜计或聚偏二氟乙烯(PVDF)传感器测量。样品背面的粒子速度一般通过干涉仪测量。对一定的飞片/靶标组合,随撞击速度增加,波的特性也在发生改变:从低速度时的弹性波,到中等速度的弹-塑性波,再到高速撞击的冲击波。

### 10.5.1　状态方程测量

质量、动量和能量三个守恒方程是冲击物理学核心的基础关系,也是冲击现象数值模拟的基础(见第9章)。状态方程 EOS 建立了被冲击材料的密度、内部压力和温度之间的联系。

Rosenberg 和 Dekel (2012)系统介绍了建立这些联系的方法,Ramesh (2008)则提供了更通用背景。如果飞片和靶标是同一种材料,那么粒子速度 $u_p$ 等于撞击速度 $V$ 的一半。确定冲击压力 $U_S$ 和粒子速度 $u_p$ 之间的联系即可建立任何固定材料 Hugoniot 曲线。该曲线可以表达为 $U_S = C_0 + S u_p$,其中 $C_0$ 接近材料的体波声速,$S$ 为坡度的梯度,对大多数固体介于 1~1.5 之间。然而,在第 9 章中,材料的 $C_0$ 和 $S$ 值都列于数值程序的数据库中。

### 10.5.2　HEL 测量

Hugoniot 弹性极限(HEL)是轴向应变条件下加载至其内部开始出现塑性屈服

的点(图 10.25),其可以通过很大的冲击速度范围内的平板撞击试验确定 Hugoniot 曲线的全部范围而获得,如图 10.26 所示。

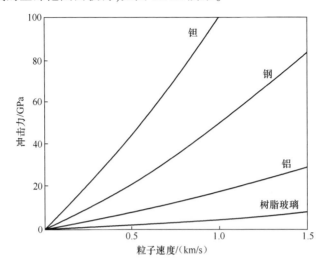

图 10.25　几种装甲材料的典型 Hugoniot 曲线

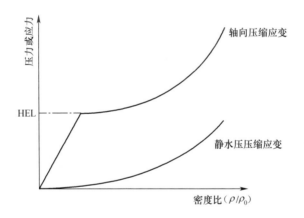

图 10.26　轴向应变和静水压作用下典型的强度曲线示意图

材料的动态屈服强度 $Y_d$ 可以通过下式确定:

$$Y_d = (\text{HEL}) \cdot (1 - 2\nu)/(1 - \nu)$$

式中:$\nu$ 为材料的泊松比。所选择的装甲材料的 HEL 测量值见表 10.3。

本节所介绍的方法可以在下面出版的文献中获取:Dandekar(1999)苏打石灰玻璃;Bourne 等 (1994)的氧化铝;Bourne 等(1997)的碳化硅;Paris 等(2010)的通过放电等离子烧结制成碳化硅和碳化硼等。

表 10.3 示例材料的 HEL 值(来自文献)

| 材　料 | HEL/GPa | 密度/(kg/m³) | 参考文献 |
|---|---|---|---|
| 镁合金 Elektron 675-T5 | 0.37±0.04 | 1903 | Hazell 等（2012） |
| 铝合金 5083-H131 | 0.57±0.04 | 2668 | Boteler 和 Dandekar（2006） |
| 铝合金 5083-H32 | 0.40±0.03 | 2668 | Boteler 和 Dandekar（2006） |
| 装甲钢(Mars 190) | 1.2~2.0 | 7840 | Nahme 和 Lach（1997） |
| 装甲钢(Mars 300) | 1.6~2.2 | 7840 | Nahme 和 Lach（1997） |
| 钠钙玻璃 | 6.0 | 2490 | Bourne 等(1998) |
| 氧化铝(95%) | 7.7 | 3800 | Bourne 等(1998) |
| 碳化硅(HP) | 13.5 | 3160 | Bourne 等(1998) |
| 碳化硼(HP) | 19.5 | 2500 | Zhang 等(2006) |

## 10.6　分离式霍普金森杆试验

分离式 Hopkinson 杆(SHPB)广泛应用于材料动态力学性能测试,霍普金森杆技术的背景可以参阅下面几篇综述文献(Gama 等, 2004a,b; Forde 等, 2008; Edwards, 2006; Gray, 2003; Nemat-Nasser 等, 1991; Field 等, 2004; Al-Mousawi 等, 1997; Chen 和 Song, 2011)。该技术得名于 Hopkinson 家族(John Hopkinson 和 Bertram Hopkinson)(Hopkinson, 1872, 1905, 1914),为纪念他们的创新和高应变率试验的主要贡献。

霍普金森杆技术已经发生了多项重大进展,主要包括:对霍普金森杆改进以开展动态拉伸试验(Harding 等, 1960; Lindholm 和 Yeakley, 1968);动态扭转试验(Baker 和 Yew, 1966);小型化直接冲击霍普金森杆(Gorham 等, 1992);用于混凝土材料和结构冲击的大直径霍普金森杆(Albertini 等, 1985)等。表 10.4 提供了到目前为止 Hopkinson 杆应用情况总结。该技术已经用于包括脆性材料(如陶瓷、混凝土和岩石)、韧性材料(金属等)、软材料(橡胶、甲基丙烯酸甲酯、PMMA 和生物组织)等宽范围多种材料。该技术也成功用于不同加载方向,包括压缩、拉伸、扭转、剪切和三轴试验等,还可以用于测量材料动态断裂韧性的冲击弯曲试验研究。

表 10.4　霍普金森杆试验的简要总结 (Kariem 等, 2012)

| 杆直径 D/mm | L/D 比 | 试验类型 | 应变率/($10^3 s^{-1}$) | 杆材料 | 试样材料 | 参考文献 |
|---|---|---|---|---|---|---|
| 1.5 | 117 | 直接冲击 | 250 | 钨 | 铜 | Kamler 等（1995） |

续表

| 杆直径 $D$/mm | $L/D$ 比 | 试验类型 | 应变率/($10^3 s^{-1}$) | 杆材料 | 试样材料 | 参考文献 |
|---|---|---|---|---|---|---|
| 3 | 50 | 直接冲击 | 10~100 | Ti-6Al-4V, 钨合金和碳化钨 | 钨, 钨合金 Ti-6Al-4V, 铜 | Gorham 等（1992） |
| 3.2 | 114 | 压缩 | 10~450 | 马氏体钢 | 6061-T651 Al | Jia 和 Ramesh（2004） |
| 5 | 80 | 剪切 | 26~29 | 高强钢 | Ti-6Al-4V | Guo 和 Li（2012） |
| 5.2 | 47 | 直接冲击 | 20~45 | 马氏体钢 | 34 GS 结构钢 | Malinowski 等（2007） |
| 6.4 | 40 | 拉伸 | 06~1.75 | 合金 | Mo, RR77 铝合金, 高纯锡 | Harding 等（1960） |
| 8 | | 拉伸 | 0.1 | PMMA | 林肯羊毛纤维 | Ruan 等（2009） |
| 8.1 | * | 直接冲击 | 4~120 | Ti-6Al-4V | 高纯铝 | Dharan 和 Hauser（1970） |
| 9.2 | 113 | 压缩 | 1.0~7.0 | 马氏体钢 | 黄铜, 无氧铜, Ir | Follansbee 和 Frantz（1983） |
| 12 | 83 | 压缩 | * | PMMA | 牙科复合材料（Filtek）: Z100, Z250, P60, 流动和最高级 | Tanimoto 等（2006） |
| 12.7 | 69 | 压缩 | 1.5~2.0 | 马氏体钢 | 6061-T6 Al, Cu, 黄铜 | Lifshitz 和 Leber（1994） |
| 12.7 | 240 | 三轴 | 0.150~0.35 | 马氏体钢 | 印第安纳石灰石 | Frew 等（2010） |
| 12.7 | 39 | 压缩 | 3.2 | AISI 4340 | 1045 铝 | Wulf 和 Richardson（1974） |
| 12.7 | 66 | 压缩 | 1.2~3.2 | PMMA | Duocel 泡沫 | Deshpande 和 Fleck（2000） |
| 12.7 | 66 | 压缩 | 1.9~3.6 | 马氏体钢 | Alulight 泡沫 | Deshpande 和 Fleck（2000） |
| 12.7 | 78 | 压缩 | 0.04~4 | 马氏体合金 | 硅橡胶和猪皮 | Shergold 等（2006） |
| 13 | 78 | 压缩 | 1.75 | AISI 4140 | AA 6060 T5 | Kariem 等（2010） |

续表

| 杆直径 $D$/mm | $L/D$ 比 | 试验类型 | 应变率/ $(10^3 s^{-1})$ | 杆材料 | 试样材料 | 参考文献 |
|---|---|---|---|---|---|---|
| 16.7 | 120 | 3点弯曲 | N.A. | 聚碳酸酯 | 玻璃纤维增强聚丙烯（CFPP） | Govender 等（2013） |
| 19 | 95 | 压缩[a] | 7.96 | 高强铝合金 | RTV630 硅橡胶 | Chen 等（1999） |
| 19 | 96 | 压缩 | 1.30 | 马氏体钢 | AISI 1046 | Chen 等（2003） |
| 19 | 193 | 压缩[a] | -3.0 | 7075-T6 Al | 肝脏组织 | Pervin 等（2010） |
| 19 | * | 压缩 | 1.0 | HSS 钻取 | Pb, Al, Cu | Lindholm（1964） |
| 20 | 151 | 拉伸 | 0.9 | 4140 合金钢 | TRIP780 钢 | Dunand 等（2013） |
| 22.2 | * | 扭转 | 64 | 7075-T6 Al | 1100 Al | Gilat 和 Cheng（2000） |
| 25 | 60 | 压缩 | 0.029~0.177 | 7075-T6 Al | 泡沫硅橡胶 | Chen 等（2009a） |
| 25 | 60 | 半圆弯曲 | N.A. | 马氏体钢 | Laurentian 花岗岩 | Chen 等（2009b） |
| 25 | * | 剪切 | 0.1~10 | 马氏体钢 | XES 钢 | Klepaczko 等（1999） |
| 25 | 144 | 拉伸 | 0.180~0.440 | 马氏体钢 | XES 低碳钢 2024-T3 Al | Haugou 等（2006） |
| 25.4 | 72 | 压缩 | * | 银钢 | 聚乙烯, 橡胶, PMMA, Cu 和 Pb | Kolsky（1949） |
| 25.4 | * | 扭转[a] | 0.80~9 | 7075-T6 Al（IB）, 6061-T6 Al（OB） | DuPont-20 LDPE | Hu 和 Feng（2004） |

续表

| 杆直径 $D$/mm | $L/D$ 比 | 试验类型 | 应变率/ $(10^3 s^{-1})$ | 杆材料 | 试样材料 | 参考文献 |
|---|---|---|---|---|---|---|
| 31.8 | 115 | 4点冲击弯曲 | N.A. | 7075-T6 Al | SiC-N | Weerasooriya 等（2006） |
| 37 | 48 | 压缩剪切 | 0.35~0.5 | 7075 Al | 聚合物黏合炸药（PBX） | Zhao 等（2012） |
| 40 | 75 | 压缩 | 0.025~0.250 | 尼龙 | 泡沫 | Zhao（1997） |
| 40 | 75 | 压缩 | N.A. | 尼龙 | 蜂窝铝 | Zhao 和 Gary（1998） |
| 76.2 | 40 | 压缩 | * | * | 混凝土 | Gong 等（1990） |
| 80 | 125 | 直接冲击 | N.A. | 钢 | 黄铜方管 | Zhao 等（2006） |
| 100 | * | 压缩 | 0.036~0.120 | 48CrMoA | 玄武岩纤维增强地质聚合物混凝土 | Li 和 Xu（2009） |

注：*：数据无法获取；a：输出杆为空心杆；N.A.：不可用。

图 10.27 为压缩型 SHPB 设备的标准配置图，圆柱形试件放置在入射杆和透射杆之间。根据 Gray（2003）的观点，压缩型霍普金森试验设备一般由 5 个部件组成：

（1）两根具有均匀横截面的轴对称压杆，而且一般由同种材料构成；
（2）轴承和定位夹具，允许杆自由移动，同时保持精确的轴向对齐；
（3）压缩气体发射器/枪管或替代推进装置（Silva 等，2009）；
（4）入射杆和透射杆上各一对应变计；
（5）用来控制、记录和分析应变波数据的相关仪器和数据采集系统（Gray，1999）。

杆通常由相同的材料构成（Gray，2003），比如马氏体钢（杨氏模量 190~210GPa）（Follansbee 和 Frantz，1983；Lifshitz 和 Leber，1994）；AISI-SAE 4140 钢（杨氏模量 190~210GPa）（Kariem 等，2010）；钛（110GPa）（Gorham 等，1992）；铝（70GPa）（Huh 等，2002；Yew 和 Chen，1978；Pervin 等，2010）；镁（45GPa）（Gray，2003；Gray 等，1998）以及聚合物材料（<20GPa）（Zhao 和 Gary，1995，1997）等。杆材料的选择依赖于所试验的样品材料，选择杆的一般规则是在整个

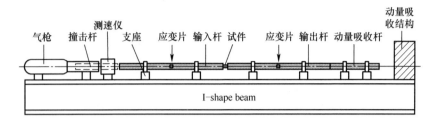

图 10.27 分离式霍普金森杆的典型配置

试验过程中杆一直保持为弹性,即杆的屈服强度要高于相应应变率下被测试材料的动态压缩强度。另一个需要考虑的因素是波阻抗条件,其会影响杆对应变测试的敏感性,由镁或 PMMA 制成的杆可能优选用于软质材料的动态测量。

最近,Brown 等(2016)利用 SHPB 压缩试验方法去观察撞击碳化硼陶瓷靶时,由 7.62mm AK47 子弹护套提供的径向侧限效应。下面的章节会介绍过去 20 年左右 SHPB 技术的变化。

### 10.6.1 SHPB 动态拉伸试验

拉伸 SHPB 试验基本原理与压缩 SHPB 类似,需要注意负号表示拉伸脉冲,反之亦然。这两种技术的主要差别是产生脉冲的方式、试件设计和连接试件的方法(Gray, 2003)。拉伸 SHPB 通常采用如下 3 种方法:

方法 1。该方法由 Lindholm 和 Yeakley (1968) 所研发,输入杆是实心的而输出杆为中空管,试件为复杂的"顶-帽"几何形状。试验过程中,试件通过 4 个类似几何形状的平行杆而承受拉伸荷载。试件复杂的几何形状是该试验技术的缺点。然而,这种方法可以类似的方式在压缩 SHPB 中实现,意味着他们使用相同的数据分析技术。而且,中空的输出杆允许与输入杆刚性匹配。

方法 2。该方法通过对输入杆直接施加拉伸载荷(Harding 等, 1960; Albertini 和 Montagnani, 1974)。通常采用几种不同的试件几何形状:螺纹轴对称圆形,哑铃形和扁平几何形状。可以使用压缩气体枪膛加速中空的撞击杆,或(在设备的垂直配置中)依靠落下的重量实现加速。

方法 3。第 3 种方法((Nicholas, 1980)同样使用螺纹圆形试样,但采用反射波进行拉伸加载。通过圆形套环以保护试样免受初始压缩波的影响,然而由于套环并没有与杆固结,故无法承受任何拉伸荷载。其基本原理与压缩型 SHPB 类似。当输入杆末端受撞击杆撞击而产生压缩应力波,沿着输入杆传播并穿过套环,就好像试件不存在一样(理想状态下)。应力波继续向前传播,直到到达输出杆自由端,然后反射成拉伸波并向回传播。输出杆起到输入杆的作用,对试件产生拉伸波

$\varepsilon_I$,部分拉伸波透入试件 $\varepsilon_T$,部分反射回输出杆 $\varepsilon_R$。

与任何轴向拉伸试验一样,试件中会发生颈缩,无法使用标准 SHPB 分析方程计算平均真实应力,因此需要采用特殊的数据分析方法。可以使用高速摄影以测量样本尺寸变化,特别是在颈缩区域,从而有效地分析应力和应变。

### 10.6.2 SHPB 动态扭转试验

Baker 和 Yew (1966)发明了扭转 Kolsky 杆。最初研发扭杆是为了消除压缩 Kolsky 杆试验中两个错误的效应:试件和杆中的径向惯性效应以及试件和杆之间的径向摩擦效应(如果摩擦无法消除)。扭转 Kolsky 杆被证明在应变率 $10^2 \sim 10^4 s^{-1}$ 范围内非常可靠(Hartley 等,1985),Gilat 和 Cheng (2000,2002)实现了更高应变率。在 20 世纪 70 年代初期,研究者发明了几种产生扭转脉冲的改进方法(Duffy 等,1972;Nicholas 和 Lawson,1972;Lewis 和 Campbell,1972)。

扭转波可通过释放存储在输入杆中的扭矩而产生(Nicholas 和 Lawson,1972;Lewis 和 Campbell,1972),或者通过炸药爆轰的方式而产生(Duffy 等,1972)。对存储扭矩的方法,夹持系统有两种设计方法,分别由 Duffy(Hartley 等,1985)和 Gilat (Gilat 和 Cheng,2000)提出。在这些情况下,通过使用环氧胶或通过机械方法将样品固定在输入和输出杆之间的适当位置。

### 10.6.3 SHPB 动态剪切试验

高速金属成型过程中会经历高应变率。因此,分离式霍普金森杆试验范围已经扩展到了如下领域(ISO/IEC 17025:2005):双切口剪切试验(Ferguson 等,1967;Campbell 和 Ferguson,1970;Gorham,1979;ISO/IEC 17025:2005)、冲塞试验(Dowling 等,1970)(ASTM E83)以及使用帽型试件的剪切试验(Hartmann 等,1981;Beatty 等,1992)。

在第一种试验技术中,使用中空圆管代替输出杆以匹配双切口剪切试件,试样有效标距长度为 0.84mm,可以达到 $40000 s^{-1}$ 的剪切应变率。

与第一种技术类似,SHPB 试验用中空圆管作为输出杆,用于冲塞试验。试件形状为一扁平固体圆环,在这样的设计中,等效标距长度由输入杆的外径和输入杆内径之间的间隙确定,Dowling 等(1970)采用的净空为 0.025mm,然而,实际有效标距长度要远大于该数值,报道中称剪切应变率达 $10^4 s^{-1}$。

第三种试验技术使用帽型试件,试件被夹在标准压缩型 SHPB 的输入杆与输出杆之间,使用直径为 $3 \sim 5$mm($0.12 \sim 0.20$in),厚度为 $0.25 \sim 0.5$mm($0.01 \sim 0.02$in)的铅或者铜圆片作为波形整形器以增加入射应力脉冲的上升沿,这会降低剪切试验中的圆环效应(Meyer 和 Schrodter,1999;Beatty 等,1992)。使用高速摄影机记录试件的变形。通过记录透射应变建立了载荷-试件(F-t)曲线,其中位移-试件信号(s-t)通过高速摄影机的相应记录而获取。

在剪切带变形研究中,需要在剪切位移达到确定阶段时停止变形,因此,需使用一个限位环在试件任意变形阶段停止位移(Andrade 等,1994),通过限制对应的限位环长度,可在试验前预先确定试件任何可能的剪切位移(DS)。帽型试件剪切试验的缺点是,受高加工精度要求,试件加工成本较高。

### 10.6.4 SHPB 动态三轴试验

诸如混凝土和陶瓷类脆性材料,欲研究其压缩特性和失效模式,可能需要三轴加载条件。这是因为其压缩特性和失效模式直接受应力三轴性影响明显。然而,改进的 SHPB 可以实现模拟对试件的轴向和径向加载。其侧限压缩可通过气动压力容器(Christensen 等(1972)、Lindholm 等(1974);Frew 等,2010)或动态加载元件实现(Rome 等,2004)。

早在 20 世纪 70 年代,Christensen 等(1972)和 Lindholm 等(1974)通过在常规 SHPB 试验段部分增加压力容器,开展了三轴 SHPB 试验。设备的限制压力分别为 207MPa 和 690MPa。三轴试验的最近进展是 Frew 等(2010)用两个压力舱而非一个,第一个压力舱用于对试件施加静水压力,该压力会分离(试件与压杆之间的)界面,因此,在输出杆的远端采用第二个压力舱以维持试件与输入杆、输出杆之间接触。

### 10.6.5 SHPB 动态断裂试验

SHPB 技术也可以用于确定切口试件的动态断裂韧性 $K_{Id}$。根据力施加在试件上的方式,可以分成 3 种类型:动态压缩加载、动态拉伸加载和动态楔入。对动态压缩加载,可以采用如下几种技术,包括单点弯曲(Homma 等,1991)、三点弯曲(Jiang 等,2004;Mines 和 Ruiz,1985;Tanaka 和 Kagatsume,1980;Yokoyama 和 Kishida,1989)、四点弯曲(Weerasooriya 等,2006)、紧凑压缩试件(Rittel 等,1992)和巴西圆盘等(Zhou 等,2006)。Stroppe 等(1992)和 Owen 等(1998)曾采用动态拉伸加载。Klepaczko(1982)则应用了动态楔入试验,他建议在传统的 SHPB 试验中采用楔形加载的紧凑压缩拉伸(WLCT)试件。

图 10.28 ~ 图 10.37 为 3 种不同 SHPB 试验设备的示意图。

图 10.28　Homma 等(1991)所采用的单点弯曲测量动态起裂韧性的拉伸 SHPB 示意图

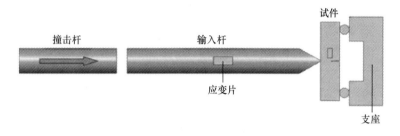

图 10.29　Mines 和 Ruiz (1985)研制的动态三点弯曲测量动态起裂韧性的 SHTB 示意图

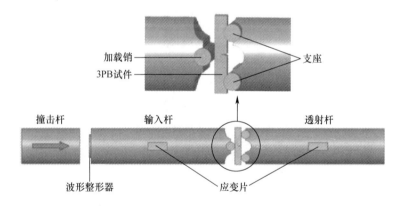

图 10.30　Jiang 等(2004)研制的动态三点弯曲测量动态起裂韧性的 SHTB 示意图

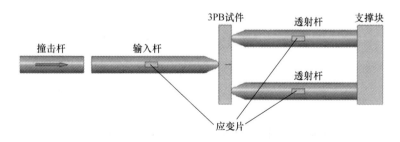

图 10.31　Yokoyama 和 Kishida (1989)研制的动态三点弯曲测量动态起裂韧性的 SHTB 示意图

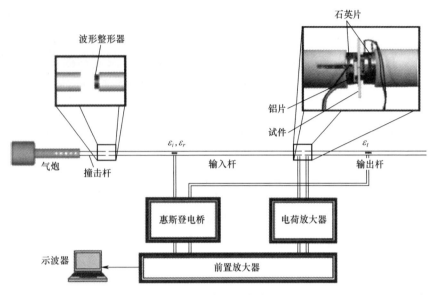

图 10.32 Weerasooriya 等(2006)研制的动态四点弯曲测量动态起裂韧性的 SHTB 示意图

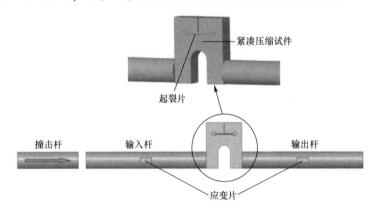

图 10.33 Rittel 等(1992)研制的紧凑压缩试件测量动态起裂韧性的 SHTB 示意图

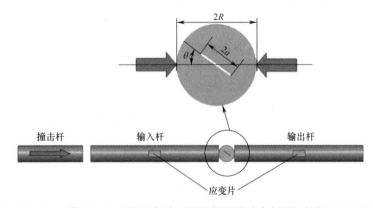

图 10.34 Zhou 等(2006)研制的紧凑压缩试件测量动态起裂韧性的 SHTB 示意图

图 10.35 Stroppe 等(1992)所研制的通过拉伸断裂试件测量动态起裂韧性 SHTB 设备示意图
撞击杆撞击入射杆产生压缩波沿入射杆传播并透入到预制裂纹试件,当压缩
波传播到试件自由面时,反射成拉伸波导致裂纹增长或试件完全断裂

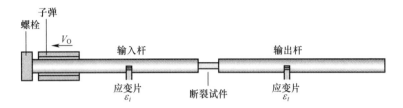

图 10.36 Owen 等(1998)研制的拉伸断裂试验测量动态起裂韧性的 SHTB 示意图

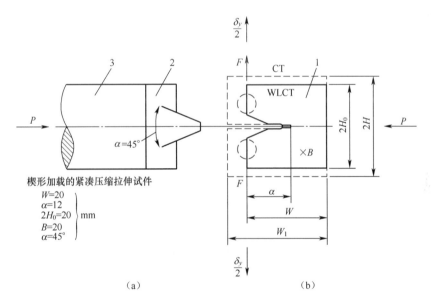

图 10.37 (a) WLCT 试件测量动态起裂韧性的 SHTB 示意图;
(b)采用 WLCT 使得拉力 $F$ 可以作用在裂纹边缘

每种试验技术都具有其优点和缺点,到目前为止仍没有用于动态断裂韧性测量的标准试验方法,甚至也没有公认的共同方法(Jiang 和 Vecchio,2009)。然而,所有上述技术中具有如下的普遍规律:

(1) 传统 SHPB 的基础假定应当保持,比如线弹性杆且不存在弥散效应,这些假定暗示了分析过程中可以采用一维应力波方法。

(2) 在大多数情况下(单次加载杆除外),需要通过对比"一波法"和"两波法"分析结果以检查应力平衡条件,对有效的试验,在裂纹起裂之前试件应能达到应力平衡状态。

(3) SHPB 断裂试验中强烈推荐使用波形整形器技术,该技术可以增加波的升时而且可过滤掉高频振荡。

(4) WLCT 配置中,楔与试件之间的摩擦是很重要的因素,在分析中应该被考虑进去。

## 10.7 SHPB 数据的应用

### 10.7.1 主要模型

上述的 SHPB 试验数据主要用于动态事件数值模型中所采用的强度方程优化。第9章中详细描述了可用的常见强度模型(比如 Zerilli-Armstrong 模型)。诸如 MatLab 的数学模型被用于将这些数据曲线拟合到各种强度模型中。

比如,Cowper-Symonds 强度模型(Lu 和 Yu,2003)是冲击问题中最常用的唯像模型之一,它使用下式显式表达了动态载荷下的强度增强:

$$\frac{\sigma_d}{\sigma_s} = 1 + \left(\frac{\dot{\varepsilon}}{B}\right)^{1/q}$$

式中:$\sigma_d$ 和 $\sigma_s$ 分别为动态和准静态屈服强度;$B$ 和 $q$ 为材料常数,一些常用工程材料的 $B$ 和 $q$ 值见表 10.5。

表 10.5 常用工程材料 Cowper-Symonds 模型典型 $B$ 和 $q$ 取值

| 材料 | $B/\text{s}^{-1}$ | $q$ | 参考文献 |
| --- | --- | --- | --- |
| 低碳钢 | 40 | 5 | Forrestal 和 Wesenberg (1977) |
| 不锈钢 | 100 | 10 | Forrestal 和 Wesenberg (1978) |
| 钛 | 120 | 9 | Stronge 和 Yu (1993) |
| 6061-T6 铝 | $1.7 \times 10^6$ | 4 | Symonds (1965) |
| 3003-H14 铝 | $0.27 \times 10^6$ | 8 | Bodner 和 Speirs (1963) |

Johnson-Cook 强度模型是另一个广泛应用的材料模型,其根据应变、应变率和温度来描述材料的流动应力(Johnson 和 Cook,1985),其方程如下:

$$\sigma = (A + B\varepsilon_p^n)(1 + C\ln\dot{\varepsilon}^*)(1 - T^{*m})$$

式中:$\sigma$ 为材料流动应力;$A$ 为屈服应力;$B$ 为硬化模量;$\varepsilon_p$ 为等效塑性应变;$n$ 为

硬化指数；$C$ 为应变率系数；$\dot{\varepsilon}^* = \dot{\varepsilon}/\dot{\varepsilon}_0$ 为无量纲塑性应变率，其中 $\dot{\varepsilon}_0 = 1.0\mathrm{s}^{-1}$；$m$ 为材料常数；$T^*$ 为相对温度：

$$T^* = \frac{T - T_0}{T_m - T_0}$$

式中：$T_0$ 为参考温度；$T_m$ 为金属材料的熔点温度。

第9章中还介绍了这些材料模型的其他细节，并提供了全部数学模型的输入材料参数的综合列表。下面的章节中仅提供各种材料族类的动态属性测量的示例。

### 10.7.2 装甲钢

ARMOX 500T 是一种具有优异弹道性能的高强钢，出于其在装甲中的应用，有必要了解其在高应变率和高温下的动态力学性能。举例来说，斯威本科技大学使用 14.5mm 直径的 SHPB 所测得的从室温到 600℃ 范围内 ARMOX 500T 高应变率下的动态屈服强度的试验结果见图 10.38~图 10.40 说明如下：

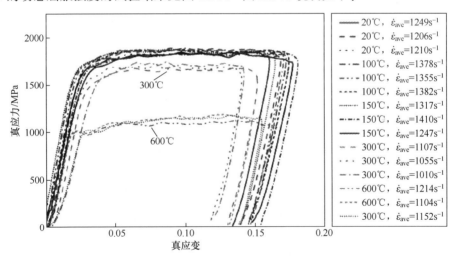

图 10.38 高强钢 ARMOX 500T 温度 20℃、100℃、150℃、300℃ 和 600℃ 下高应变率（约 1000s$^{-1}$）应力-应变曲线（彩图）

(1) 这种钢材的真应力-应变曲线没发现应变硬化现象；
(2) 应变率范围在 1000~3000s$^{-1}$ 之间流动应力不具有应变率敏感性；
(3) 温度低于 150℃ 时其流动应力几乎保持为常数，而温度在 3000℃ 左右时出现明显增加。

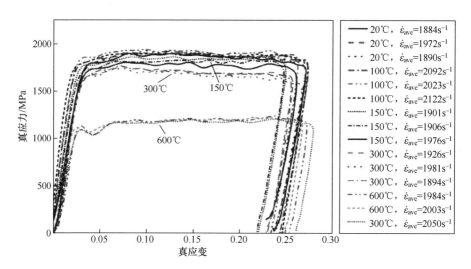

图 10.39 高强钢 ARMOX 500T 温度 20℃、100℃、150℃、300℃和 600℃下高应变率(约 2000s$^{-1}$)应力-应变曲线(彩图)

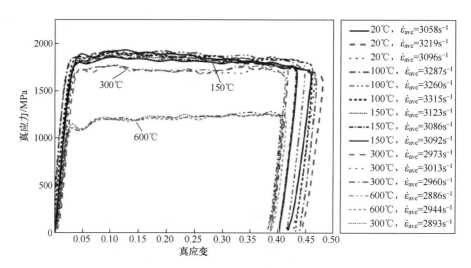

图 10.40 高强钢 ARMOX 500T 温度 20℃、100℃、150℃、300℃和 600℃下高应变率(约 3000s$^{-1}$)应力-应变曲线(彩图)

上述综合试验数据可用作计算模拟材料属性的输入参数,还可用于获取相关材料模型中的参数,例如 Johnson-Cook 模型。

## 10.7.3 蜂窝和泡沫金属

蜂窝铝和泡沫铝属于胞格材料,它们具有高的比强度(单位重量的强度)和优越的吸音隔音性能,能在几乎不变的载荷/应力作用下承受大变形,吸收大量能量。可利用传统的 MTS、Instron 试验机和高速 Instron 试验机以及 SHPB 等设备测试其力学性能,对应的应变率范围分别为低应变率($10^{-3}\mathrm{s}^{-1}$)、中应变率($10^{2}\mathrm{s}^{-1}$)和高应变率($10^{3}\mathrm{s}^{-1}$)。Zhao 等(2005)开展了泡沫铝和蜂窝铝准静态和动态试验,蜂窝芯的性能见表 10.6,金属泡沫的性能见表 10.7。如图 10.41 和图 10.42 所示,随加载速度提高,蜂窝铝和 IFAM 泡沫强度增加而 CYMAT 泡沫并没有发现此现象。

斯威本科技大学的 Shen 等(2010a)使用高速 Instron 试验机进行了 ALPORAS 泡沫铝压缩试验(图 10.43),相对密度 9%(相对固体铝),应变率为 $1.1\times10^{2}\mathrm{s}^{-1}$ 和 $2.2\times10^{2}\mathrm{s}^{-1}$(原文为 $1.1\times10^{2}\mathrm{s}^{-1}$ 和 $1.1\times10^{2}\mathrm{s}^{-1}$,有误),存在强度增加的现象,表示为

$$\frac{\sigma_\mathrm{d}}{\sigma_\mathrm{s}} = 1 + 0.14\dot{\varepsilon}^{0.17}$$

式中:$\sigma_\mathrm{d}$、$\sigma_\mathrm{s}$ 和 $\dot{\varepsilon}$ 分别为动态应力、静态应力和应变率。

表 10.6 蜂窝材料性能

| 材料 | h/S /(mm/mm) | 密度 /(kg/m³) | 静态 /MPa | 动态 /MPa | 差异 /% |
|---|---|---|---|---|---|
| 5052 | 0.076/4.76 | 130 | 5.1 | 5.7 | +12 |
| 5052 | 0.076/6.35 | 76 | 3 | 3.5 | +17 |
| 5052 | 0.076/9.52 | 49 | 1.7 | 2 | +15 |
| 5056 | 0.055/3 | 130 | 5.2 | 6 | +15 |
| 5056 | 0.058/6 | 69 | 2.5 | 3 | +20 |
| 5056 | 0.08/9.5 | 59 | 1.6 | 2 | +25 |
| 5056 | 0.05/7 | 37 | 0.65 | 0.8 | +12 |

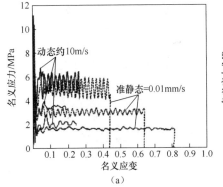
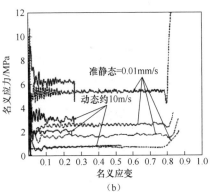

图 10.41 蜂窝铝超平面准静态和动态应力应变曲线
(a)5052;(b)5056。

表 10.7　IFAM 和 CYMAT 泡沫性能

| 泡沫 | 单元格大小/mm | 密度/(kg/m³) | 静态压力/MPa | 动态压力/MPa | 差异/% |
|---|---|---|---|---|---|
| 5052 | 5 | 600 | 13 | 15 | +18 |
| 5052 | 8 | 250 | 3 | 3 | 0 |

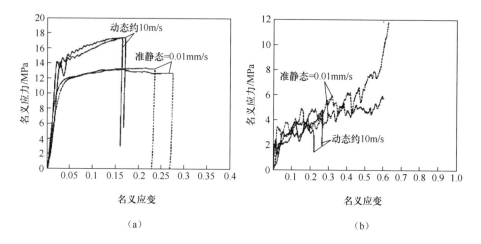

(a)　　　　　　　　　　　　(b)

图 10.42　泡沫铝超平面准静态和动态应力应变曲线
(a)IFAM 泡沫;(b)CYMAT 泡沫。

(a)

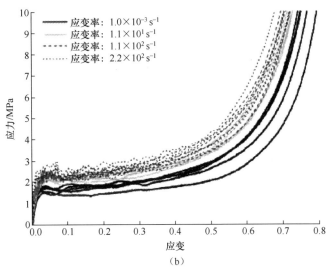

图 10.43 密度 2400kg/m³ ALPORAS 泡沫铝（彩图）
(a)细观结构照片；(b)不同应变率应力-应变曲线。

### 10.7.4 羊毛和芳纶纤维

从 20 世纪 20 年代以来，羊毛纤维由于其在加工制造过程中经受静态和动态载荷，其力学性能一直是广泛研究的主题。准静态下拉伸性能已经被通过试验和解析的手段系统研究过，但其冲击载荷下的响应只在很少几篇公开发表的文献里有所提及。Ruan 等(2009)研制了一种迷你分离式霍普金森杆(mSHTB)，如图 10.44 所示，用于获取 Lincoln 羊毛纤维在冲击载荷下的应力-应变曲线，应变率大约为 $10^2 s^{-1}$。

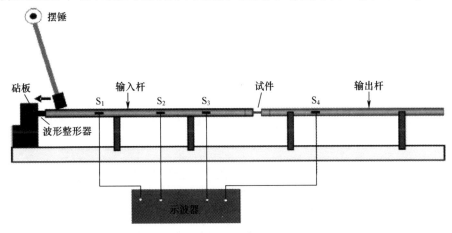

图 10.44 迷你分离式霍普金森杆(mSHPB)

利用 mSHTB 试验过的不同应变率下冲击应力-应变曲线,与准静态应力-应变曲线一起,绘制于图 10.45 中,屈服强度与应变率关系见图 10.46。

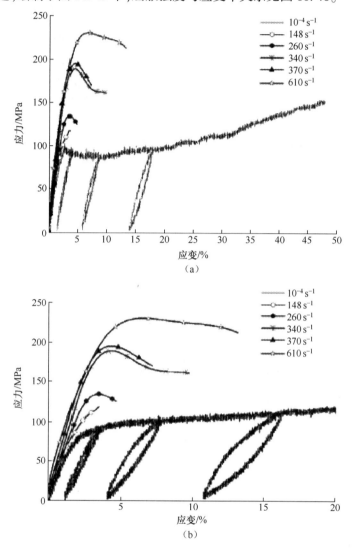

图 10.45　Lincoln 羊毛应力-应变曲线测量结果
(a)全局图;(b)应变 0%～20%范围放大视图。

与上述低强度羊毛纤维的研究工作相比,Tapie 等(2015)发表了诸如 Twaron 的芳纶纱线高应变率试验结果,该材料曾经用于轻质防弹背心和车辆装甲加固。T1040 Twaron 原始纱线和从 T717 Twaron 平织布中抽取纱线用拉伸 SHPB 试验结果见图 10.47,试验结果表明两种纤维的分离式霍普金森拉杆所得到的拉伸强度

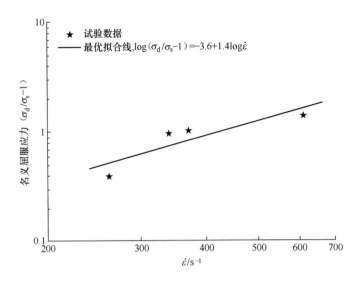

图 10.46 Lincoln 羊毛纤维屈服应力与应变率关系

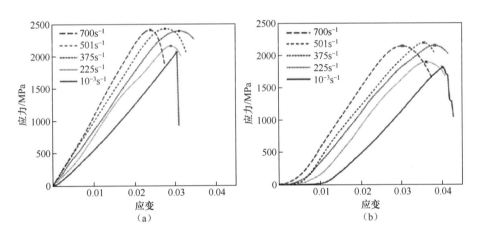

图 10.47 不同应变率下的拉伸应力-应变曲线(彩图)
(a)原始纱线;(b)编织纱线。

都随应变率增加而增加。读者可以参阅第 6 章以更详细了解用于防弹衣系统的高强/高模量纤维。

### 10.7.5 纤维增强高聚物复合物

如图 10.48 所示,玻璃/乙烯基酯和碳/环氧树脂层压板类的纤维增强聚合物(FRP)可用于复合装甲(Gama 等,2001)。Gama 等(2001)利用 SHPB 开展了平织

S-2玻璃/乙烯基酯复合材料应变率在200~1600s$^{-1}$范围内动态试验,结果表明,动态最大应力/极限应力在应变率低于675s$^{-1}$时随应变率增加而增加,但当应变率超过675s$^{-1}$时却保持不变(图10.49)。

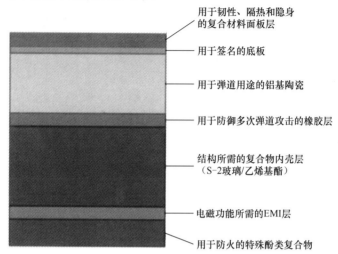

图10.48 多功能装甲系统中系列材料主元(Gama 等 2001)

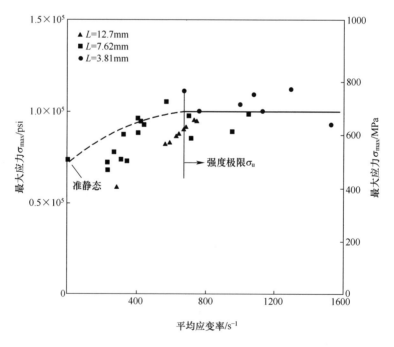

图10.49 S-2玻璃/乙烯基酯厚度方向上最大应力/极限应力的应变率效应,$L$为试件厚度

Vural 和 Ravichandran（2004）在 SHPB 试验中也发现 S2-玻璃/环氧纤维增强复合材料动态强度增长现象,其横向加载强度随应变率和围压增加而增加(图 10.50)。

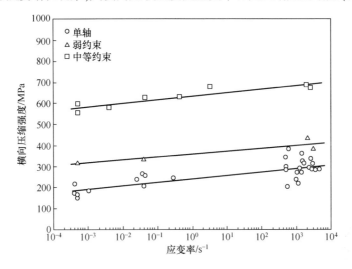

图 10.50　单向 S2-玻璃/环氧纤维增强复合材料横向压缩强度的应变率和围压效应

Govender 等（2011）利用 SHPB 研究了一种 FRP 材料（E-玻璃 24 盎司编织粗纱增强乙烯基酯,Derakane 8084 基体）沿厚度方向的动态强度,其压缩强度从准静态的 417MPa 增长至应变率 $510s^{-1}$ 的 462MPa(图 10.51)。

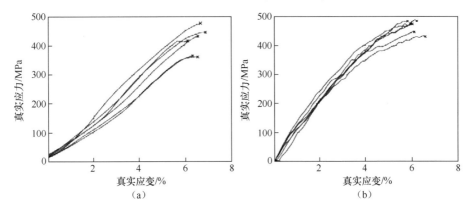

图 10.51　FRP 材料应力-应变曲线

(a)准静态;(b)应变率 $510s^{-1}$。

在 Woo 和 Kim（2014）近期工作中,编织芳纶复合材料具有非常明显的应变率依懒性（图 10.52）,这种高依赖性可能是由于聚合树脂的存在。最近的研究表明,弹道层压板的沿厚度方向压缩（译者注:沿厚度方向,through-thickness）性能越低,就强烈表明这些层压板越易于分层,尽管其沿厚度方向压缩性能在较高应变率下得到改善。有关应用于装甲的纤维增强聚合物更多详细信息,请参阅第 5 章。

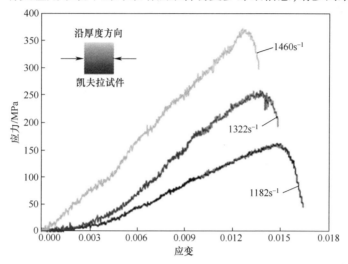

图 10.52　FRP 真应力-应变曲线

(a)准静态;(b)应变率 510s$^{-1}$。

译者注:图 10.52 的说明原文有误,根据上下文理解,应为:凯夫拉试件沿厚度方向压缩强度的应变效应。

本章相关彩图,请扫码查看

# 参考文献

Abbasi-Bani, A., Zarei-Hanzaki, A., Pishbin, M. H., Haghdadi, N., 2014. Mechanics of Materials 71, 52–61.

Al-Mousawi, M. M., Reid, S. R., Deans, W. F., 1997. Proceedings of the Institution of Mechanical Engineers e Part C e Journal of Mechanical Engineering Science 211, 273–292.

Albertini, C., Boone, P. M., Montagnani, M., 1985. Le Journal de Physique Colloques 46, 499–503.

Albertini, C., Montagnani, M., 1974. Testing Techniques Based on the Split Hopkinson Bar.

Anderson, S. P., 2006. Journal of Sound and Vibration 290, 290–308.

Andrade, U., Meyers, M. A., Vecchio, K. S., Chokshi, A. H., 1994. Acta Metallurgica et Materialia 42, 3183-3195.

ASM International, 2003. ASM Handbooks Online. ASM International, Materials Park, Ohio.

ASTM E83 Standard Practice for Verification and Classification of Extensometer Systems.

Baker, W. W., Yew, C. H., 1966. Journal of Applied Mechanics 33, 917-923.

Beatty, J. H., Meyer, L. W., Meyers, M. A., Nemat-Nasser, S., 1992. In: Meyers, M. A., Murr, L. E., Staudhammer, K. P. (Eds.), Shock Wave and High-Strain-Rate Phenomena in Materials. Marcel Dekker, New York, pp. 645-656.

Bodner, S. R., Speirs, W. G., 1963. Journal of the Mechanics and Physics of Solids 11, 65-77.

Boteler, J. M., Dandekar, D. P., 2006. Journal of Applied Physics 100.

Bourne, N., Millet, J., Pickup, I., 1997. Journal of Applied Physics 81.

Bourne, N., Millet, J., Rosenberg, Z., Murray, N., 1998. Journal of Mechanics and Physics of-Solids 46.

Bourne, N., Rosenberg, Z., Crouch, I. G., Field, J. E., 1994. Proceedings of the Royal Society of London A 446, 309-318.

Brown, L. B., Hazell, P. J., Crouch, I. G., Escobedo, J. P., Brown, A. D., Appleby-Thomas, G. J., 2016. Jacket effects during bullet penetration. In: International Symposium on Ballistics, Edinburgh, May 2016.

Campbell, J. D., Ferguson, W. G., 1970. Philosophical Magazine 21, 63-82.

Chen, R., Huang, S., Xia, K., Lu, F., 2009a. Review of Scientific Instruments 80, 076108-076113.

Chen, R., Xia, K., Dai, F., Lu, F., Luo, S. N., 2009b. Engineering Fracture Mechanics 76, 1268-1276.

Chen, W., Song, B., 2011. Split Hopkinson (Kolsky) Bar: Design, Testing, Applications. Springer, New York.

Chen, W., Song, B., Frew, D., Forrestal, M., 2003. Experimental Mechanics 43, 20-23.

Chen, W., Zhang, B., Forrestal, M., 1999. Experimental Mechanics 39, 81-85.

Christensen, R., Swanson, S., Brown, W., 1972. Experimental Mechanics 12, 508-513.

Crouch, I. G., March 1993. Penetration and Perforation Mechanisms in Composite Armour Materials, Euromech Colloquium 299. Oxford University.

Crouch, I. G., Woodward, R. L., 1989. International Conference on Mechanical Properties of Materials at High Rates of Strain, Oxford, UK.

Dandekar, D. P., 1998. Journal of Applied Physics 84, 6614-6622.

Davies, P., Blackman, B. R. K., Brunner, A. J., 1998. Applied Composite Materials 5, 345-364.

Deshpande, V. S., Fleck, N. A., 2000. International Journal of Impact Engineering 24, 277-298.

Dharan, C., Hauser, F., 1970. Experimental Mechanics 10, 370-376.

Dowling, A. R., Harding, J., Campbell, J. D., 1970. Journal Institute of Metals 98, 215-224.

Duffy, J., Campbell, J. D., Hawley, R. H., 1972. Journal of Applied Mechanics 38, 83-91.

Dunand, M., Gary, G., Mohr, D., 2013. Experimental Mechanics 53, 1177-1188.

Edwards, M., 2006. Journal of Materials Science and Technology 22, 453-462.

Enstock, L. K., Smith, P. D., 2007. International Journal of Impact Engineering 34, 487-494.

Ferguson, W. G., Hauser, J. E., Dorn, J. E., 1967. British Journal of Applied Physics 18, 411-417.

Field, J. E., Walley, S. M., Proud, W. G., Goldrein, H. T., Siviour, C. R., 2004. International Journal of Impact Engineering 30, 725-775.

Field, J. E., Walley, S. M., Bourne, N. K., Huntley, J. M., September 1994. Journal de Physique IV Colloque C8, supplement au Journal de Physique III 4.

Follansbee, P. S., Frantz, C., 1983. Journal of Engineering and Materials Technology 105, 61-66.

Forde, L. C., Proud, W. G., Walley, S. M., 2008. Symmetrical Taylor impact studies of copper. Proceedings of the Royal Society A: Mathematical. Physical and Engineering Sciences. Retrieved from citeulike-article-id:3717650. http://dx.doi.org/10.1098/rspa.2008.0205.

Forrestal, M. J., Wesenberg, D. L., 1977. ASME Journal of Applied Mechanics 44, 779-780.

Forrestal, M. J., Wesenberg, D. L., 1978. ASME Journal of Applied Mechanics 45, 685-687.

Frew, D. J., Akers, S. A., Chen, W., Green, M. L., 2010. Measurement Science and Technology 21, 105704.

Gama, B. A., Gillespie Jr., J. W., Mahfuz, H., Raines, R. P., Haque, A., Jeelani, S., Bogetti, T. A.,

Fink, B. K., 2001. Journal of Composite Materials 35, 1201-1228.

Gama, B. A., Lopatnikov, S. L., Gillespie Jr., J. W., 2004a. Applied Mechanics Reviews 57, 223-250.

Gama, B. A., Xiao, J.-R., Haque, J., Gillespie, J. W., February 2004b. Army Research Laboratory Report, ARL-cr-534.

Gilat, A., Cheng, C.-S., 2002. International Journal of Plasticity 18, 787-799.

Gilat, A., Cheng, C., 2000. Experimental Mechanics 40, 54-59.

Gong, J. C., Malvern, L. E., Jenkins, D. A., 1990. Journal of Engineering Materials and Technology 112, 309-314.

Gorham, D. A., 1979. In: Harding, J. (Ed.), Mechanical Properties at High Rates of Strain. TheInstitute of Physics, Bristol, pp. 16-24.

Gorham, D. A., Pope, P. H., Field, J. E., 1992. Proceedings of the Royal Society of London Series A: Mathematical and Physical Sciences 438, 153-170.

Govender, R. A., Langdon, G. S., Nurick, G. N., Cloete, T. J., 2013. Engineering FractureMechanics 101, 80-90.

Govender, R. A., Louca, L. A., Pullen, A., Fallah, A. S., Nurick, G. N., 2011. Journal of Composite Materials 46, 1219-1228.

Grady, D. E., Olsen, M. L., 2003. International Journal of Impact Engineering 29, 293-306.

Gray III, G. T., 2003. Classic split-Hopkinson pressure bar testing. In: Kuhn, H. (Ed.), Mechanical Testing and Evaluation, ASM Handbook, vol. 8. ASM International, MaterialsParks, Ohio.

Gray Ⅲ, G. T., 1999. In: Kaufmann, E. (Ed.), Methods in Materials Research. John Wiley Press.

Gray Ⅲ, G. T., Idar, D. J., Blumenthal, W. R., Cady, C. M., Peterson, P. D., 1998. In: 11th International Detonation Symposium, Snowmass Village, CO, pp. 1-9.

Guo, Y., Li, Y., 2012. Acta Mechanica Solida Sinica 25, 299-311.

Hanssen, A. G., Enstock, L., Langseth, M., 2002. International Journal of Impact Engineering 27, 593-618.

Harding, J., Wood, E. O., Campbell, J. D., 1960. Journal of Mechanical Engineering Science 2, 88-96.

Hartley, K. A., Duffy, J., Hawley, R. H., 1985. In: Newby, J. R. (Ed.), Mechanical Testing, MetalsHandbook, vol. 8. American Society for Metals, Metal Parks, Ohio, pp. 218-230.

Hartmann, K.-H., Kunze, H. D., Meyer, L. W., 1981. In: Meyers, M. A., Murr, L. E. (Eds.), ShockWave and High-strain-rate Phenomena in Metals. Plenum Press, New York, pp. 325-337.

Haugou, G., Markiewicz, E., Fabis, J., 2006. International Journal of Impact Engineering 32, 778-798.

Hazell, P. J., Appleby-Thomas, G. J., Wielewski, E., Stennett, C., Siviour, C., 2012. ActaMaterialia 60, 6042-6050.

Hiermaier, S., 2008. Structures Under Crash and Impact: Continuum Mechanics, Discretizationand Experimental Characterization. Springer, New York.

Homma, H., Kanto, Y., Tanaka, K., 1991. Journal de Physique IV 01, 589-596.

Hopkinson, B., 1905. Proceedings of the Royal Society 498-507.

Hopkinson, B., 1914. Philosophical Transactions of the Royal Society of London Series A, Containing Papers of a Mathematical or Physical Character 213, 437-456.

Hopkinson, J., 1872. Proceedings of the Manchester Literary and Philosophical Society 40-45.

Hou, W., Zhu, F., Lu, G., Fang, D.-N., 2010. International Journal of Impact Engineering 37, 1045-1055.

Hu, Y., Feng, R., 2004. Journal of Applied Mechanics 71, 441-449.

Huh, H., Kang, W., Han, S., 2002. Experimental Mechanics 42, 8-17.

Hutchings, I. M., 2009. Journal of Materials Research 24, 581-589.

ISO/IEC 17025: 2005, 2005. General Requirements for the Competence of Testing and Calibration-Laboratories. International Organization for Standardization (ISO), Switzerland, p. 34.

Jia, D., Ramesh, K. T., 2004. Experimental Mechanics 44, 445-454.

Jiang, F., Rohatgi, A., Vecchio, K., Cheney, J., 2004. International Journal of Fracture 127, 147-165.

Jiang, F., Vecchio, K. S., 2009. Applied Mechanics Reviews 62, 060802-060839.

Johnson, G. R., Cook, W. H., 1985. Engineering Fracture Mechanics 21, 34-48.

Jones, N., 1989a. Structural Impact. Cambridge University Press, UK.

Jones, N., 1989b. Applied Mechanics Review 42, 95-115.

Kamler, F. , Niessen, P. , Pick, R. J. , 1995. Canadian Journal of Physics 73, 295-303.

Kariem, M. A. , Beynon, J. H. , Ruan, D. , 2010. Numerical simulation of double specimens in splitHopkinson pressure bar testing. In: PRICM 7, vol. 654-656. Trans Tech Publications, Cairns, Australia, pp. 2483-2486.

Kariem, M. A. , Beynon, J. H. , Ruan, D. , 2012. International Journal of Impact Engineering 47, 60-70.

Kinoshita, S. , 2011. Thesis. Swinburne University of Technology, Melbourne, Australia.

Klepaczko, J. R. , 1982. Journal of Engineering Materials and Technology 104, 29-35.

Klepaczko, J. R. , Nguyen, H. V. , Nowacki, W. K. , 1999. European Journal of Mechanics——A/Solids 18, 271-289.

Kolsky, H. , 1949. Proceedings of the Physical Society Section B 62B, 676-700.

Lawn, B. , Wilshaw, R. , 1975. Journal of Materials Science 10, 1049-1081.

Lewis, J. , Campbell, J. , 1972. Experimental Mechanics 12, 520-524.

Li, W. , Xu, J. , 2009. Materials Science and Engineering: A 513-514, 145-153.

Lifshitz, J. M. , Leber, H. , 1994. International Journal of Impact Engineering 15, 723-733.

Lindholm, U. , Yeakley, L. , 1968. Experimental Mechanics 8, 1-9.

Lindholm, U. S. , 1964. Journal of the Mechanics and Physics of Solids 12, 317-335.

Lindholm, U. S. , Yeakley, L. M. , Nagy, A. , 1974. International Journal of Rock Mechanics and Mining Sciences and Geomechanics Abstracts 11, 181-191.

Lu, G. , Yu, T. X. , 2003. Energy Absorption of Structures and Materials. Woodhead PublishingLimited, Cambridge, UK.

Malinowski, J. , Klepaczko, J. , Kowalewski, Z. , 2007. Experimental Mechanics 47, 451-463.

McShane, G. J. , Radford, D. D. , Deshpande, V. S. , Fleck, N. A. , 2006. European Journal ofMechanics——A/Solids 25, 215-229.

Meyer, L. W. , Schrödter, A. , 1999. ACAM. Canberra.

Meyers, M. A. , 1994. Dynamic Behavior of Materials. John Wiley & Sons, Inc. , New York.

Mines, R. A. W. , Ruiz, C. , 1985. Journal de Physique 46, 187-196.

Mott, N. F. , 1947. Proceedings of the Royal Society 6, 300-308.

Nahme, H. , Lach, E. , 1997. Journal de Physique IV JP 7 (C3), 373-378.

Nemat-Nasser, S. , Isaacs, J. , Starrett, J. , 1991. Proceedings of the Royal Society of London Series A: Mathematical and Physical Sciences 435, 371-391.

Nicholas, T. , 1980. Experimental Mechanics 21, 177-185.

Nicholas, T. , Lawson, J. E. , 1972. Journal of the Mechanics and Physics of Solids 20, 57-64.

Nurick, G. N. , Martin, J. B. , 1989a. International Journal of Impact Engineering 8, 171-186.

Nurick, G. N. , Martin, J. B. , 1989b. International Journal of Impact Engineering 8, 159-170.

Owen, D. M. , Zhuang, S. , Rosakis, A. J. , Ravichandran, G. , 1998. InternationalJournal ofFracture 90, 153-174.

Paris, V. , Frage, N. , Dariel, M. P. , Zaretsky, E. , 2010. International Journal of

ImpactEngineering 37, 1092–1099.

Pervin, F., Chen, W. W., Weerasooriya, T., 2010. Journal of the Mechanical Behavior ofBiomedical Materials 4, 76–84.

Radford, D. D., Deshpande, V. S., Fleck, N. A., 2005. International Journal of Impact Engineering31, 1152–1171.

Radford, D. D., Fleck, N. A., Deshpande, V. S., 2006. International Journal of Impact Engineering32, 968–987.

Ramesh, K. T., 2008. In: Sharpe (Ed.), Handbook of Experimental Solid Mechanics. Springer.

Rathbun, H. J., Radford, D. D., Xue, Z., He, M. Y., Yang, J., Deshpande, V., Fleck, N. A., Hutchinson, J. W., Zok, F. W., Evans, A. G., 2006. International Journal of Solids and Structures 43, 1746–1763.

Rathnaweera, G., 2014. Thesis. Swinburne University of Technology, Melbourne, Australia.

Reid, S. R., Reddy, T. Y., Ho, H. M., Crouch, I. G., Greaves, L. J., 1995. Dynamic indentation ofthick fibre-reinforced composites. In: ASME Conference on High Strain Rate Behavior of Composites, San Francisco, November 1995.

Rittel, D., Maigre, H., Bui, H. D., 1992. Scripta Metallurgica et Materialia 26, 1593–1598.

Rome, J., Isaacs, J., Nemat-Nasser, S., 2004. In: Gdoutos, E. E. (Ed.), Recent Advances in Experimental Mechanics. Springer, Netherlands, pp. 3–12.

Rosenberg, Z., Dekel, E., 2012. Terminal Ballistics. Springer-Verlag, Berlin.

Ruan, D., Leung, M., Lu, G., Yu, T., Cao, J., Blicblau, A., 2009. Textile Research Journal 79,444–452.

Rubino, V., Deshpande, V. S., Fleck, N. A., 2009. European Journal of Mechanics ——A/Solids 28,14–24.

Russell, B. P., Liu, T., Fleck, N. A., Deshpande, V. S., 2012. International Journal of ImpactEngineering 48, 65–81.

Scott, B. R., 2011. In: 26th International Symposium on Ballistics, Miami, FL, USA, September2011.

Shen, J., Lu, G., Ruan, D., 2010a. Composites Part B: Engineering 41, 678–685.

Shen, J., Lu, G., Wang, Z., Zhao, L., 2010b. International Journal of ImpactEngineering 37, 960–970.

Shen, J., Lu, G., Zhao, L., Qu, Z., 2011. Journal of Performance of Constructed Facilities 25, 382–393.

Shen, J., Lu, G., Zhao, L., Zhang, Q., 2013. Engineering Structures 55, 56–65.

Shergold, O. A., Fleck, N. A., Radford, D., 2006. International Journal of Impact Engineering 32, 1384–1402.

Silva, C., Rosa, P., Martins, P., 2009. International Journal of Mechanics and Materials inDesign 5, 281–288.

Simmons, M. J., Smith, T. F., Crouch, I. G., 1989. Delamination of metallic composites subjectedto ballistic impact. In: 11th International Symposium on Ballistics, Brussels, Belgium, May1989.

Specification. MIL-STD-2149A (SH). Standard procedures for explosion testing ferrous and non-ferrous metallic materials and weldments, dated 2nd February 1990.

Sridharan, S. E., 2008. Delamination Behaviour of Composites. Woodhead Publishing, Cambridge, UK.

Stilp, A. J., Hohler, V., 1990. In: Zukas, J. A. (Ed.), Impact Dynamics. Wiley and Sons, New-York, pp. 515-592.

Stronge, W. J., 2000. In: Impact Mechanics. Cambridge University Press, Cambridge, UK.

Stronge, W. J., Yu, T. X., 1993. Dynamic Models for Structural Plasticity. Springer-Verlag, London, UK.

Stroppe, H., Clos, R., Schreppel, U., 1992. Nuclear Engineering and Design 137, 315-321.

Symonds, P. S., 1965. Behavior of Materials Under Dynamic Loading 106-124.

Tabor, D., 1951. The Hardness of Metals. Clarendon Press, Oxford, UK.

Tagarielli, V. L., Deshpande, V. S., Fleck, N. A., 2007. International Journal of Solids andStructures 44, 2442-2457.

Tagarielli, V. L., Deshpande, V. S., Fleck, N. A., 2010. International Journal of Impact Engineering 37, 854-864.

Tanaka, K., Kagatsume, T., 1980. Bulletin of the Japan Society Mechanical Engineering 23, 1736-1744.

Tanimoto, Y., Nishiwaki, T., Nemoto, K., 2006. Dental Materials Journal 25, 234-240.

Tapie, E., Shim, V. P. W., Guo, Y. B., 2015. International Journal of Impact Engineering 80, 1-12.

Taylor, G. I., 1946. Journal of the Institute of Civil Engineers 26, 486-518.

Thomas, S., Crouch, I. G., 2015. DMTC unpublished data.

Vural, M., Ravichandran, G., 2004. Journal of Composite Materials 38, 609-623.

Weerasooriya, T., Moy, P., Casem, D., Cheng, M., Chen, W., 2006. Journal of the American-Ceramic Society 89, 990-995.

Woo, S. -C., Kim, T. -W., 2014. Composites: Part B 60, 125-136.

Wood, M. D. K., et al., 2007. Journal of Composite Materials 41, 1743-1772.

Woodward, R., Crouch, I. G., 1988. Report MRL-r-1111. Materials Research Laboratory.

Woodward, R. L., De Morton, M. E., 1976. International Journal of Mechanical Sciences 18, 119-127.

Wu, X. Y., Ramesh, K. T., Wright, T. W., 2003. International Journal of Solids and Structures 40, 4461-4478.

Wulf, G. I., Richardson, G. T., 1974. Journal of Physics E: Scientific Instruments 7, 167-169.

Xu, S., Shen, J., Beynon, J. H., Ruan, D., Lu, G., 2011. In: Fragmeni, Venkatesan, Lam, Setunge(Eds.), pp. 727-732.

Yahaya, M. A., Ruan, D., Lu, G., Dargusch, M. S., 2015. International Journal of Impact Engineering 75, 100–109.

Yew, E. H., Chen, C. S., 1978. Journal of Applied Mechanics and Transactions of the ASME 45, 940–942.

Yokoyama, T., Kishida, K., 1989. Experimental Mechanics 29, 188–194.

Zhang, Y., et al., 2006. Journal of Applied Physics 100, 113536.

Zhao, H., 1997. Polymer Testing 16, 507–516.

Zhao, H., Abdennadher, S., Othman, R., 2006. International Journal of Impact Engineering 32, 1174–1189.

Zhao, H., Elnasri, I., Abdennadher, S., 2005. International Journal of Mechanical Sciences 47, 757–774.

Zhao, H., Gary, G., 1995. Journal of the Mechanics and Physics of Solids 43, 1335–1348.

Zhao, H., Gary, G., 1997. Journal of the Mechanics and Physics of Solids 45, 1185–1202.

Zhao, H., Gary, G., 1998. International Journal of Impact Engineering 21, 827–836.

Zhao, P. D., Lu, F. Y., Lin, Y. L., Chen, R., Li, J. L., Lu, L., 2012. Experimental Mechanics 52, 205–213.

Zhou, J., Wang, Y., Xia, Y., 2006. Journal of Materials Science 41, 8363–8366.

Zhu, F., Longmao, Z., Guoxing, L., Emad, G., 2009a. International Journal of Impact Engineering 36, 687–699.

Zhu, F., Lu, G., 2007. Electronic Journal of Structural Engineering 7, 92–101.

Zhu, F., Zhao, L., Lu, G., Wang, Z., 2008a. International Journal of Impact Engineering 35, 937–951.

Zhu, F., Zhao, L., Lu, G., Wang, Z., 2008b. Advances in Structural Engineering 11, 525–536.

Zhu, F., Zhihua, W., Guoxing, L., Dong, R., 2009b. International Materials Engineering Innovation 1, 133–153.

Zukas, J. A., 1982. Impact Dynamics. Wiley, NY.

# 第11章
# 弹道试验方法

伊恩·G. 克劳奇(I. G. Crouch)[1], B. Eu[2]

[1] 澳大利亚维多利亚特伦特姆装甲防护方案有限公司；[2] 澳大利亚维多利亚墨尔本港弹道和力学测试中心

## 11.1 简述

当试图研究装甲材料、装甲系统，或者研发新的防护组件时，最好的方法是通过实弹射击进行试验。首先，应了解当今战场的主要威胁，并得到最新评估标准，这是一个非常重要的步骤。然而，当今战场的混乱环境使得获取当前威胁的最新评价标准非常困难。然后制定一个防御指标，装甲技术人员及工程师针对该指标研发一个适当的装甲防护系统。确定防御指标是最困难且最关键的，相比之下，研发一个装甲防护系统来抵御那些特定的威胁是一项相对简单但具有挑战性的任务。然而，装甲设计师和工程师们已经开发出一套设计辅助工具和测试方法来简化这一过程——当然，最简单的就是弹道冲击测试本身。本章将致力于为读者提供不同的测试项目，其背后的科学问题以及在装甲材料科学中的作用，而不是在其他地方可找到的标准程序（请参阅参考资料）。如果读者需要了解从设计装甲防护系统到弹道测试的整个过程，可观看2014年7月播放的电视纪录片《生活科技大解密》，片名为《养蜂、三轮车和防弹衣》(Anon,2014)，主题是"两厘米的纯科学拯救一线生命"。这部短篇纪录片以作者为角色，展示了澳大利亚墨尔本的弹道与机械测试公司(BMT)的设备。

### 11.1.1 测试环境

弹道测试实验室所测试的产品是为了保护和拯救生命的，因此决不能马虎大意。

为了进行客观的测试，测试机构可以使用各层级的独立认证来证明合规性。在澳大利亚最高层，有国家测试机构协会(NATA)，它可以确保建立有文件证明的质量体系,并严格按照国际公认的测试标准管理测试数据的完全可追溯性。其中采用 ISO/IEC17025:2005——《检测和校准实验室能力的通用要求》标准对实验室质量实行管控。

此外,必须对实验室执行的每个测试标准进行进一步的独立认证;进而作为独立证明和评估能力的保证。轻型装甲产品的弹道试验装置如图 11.1 所示。

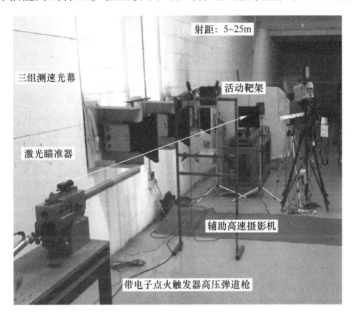

图 11.1 轻型装甲产品的弹道试验装置

这些独立的认证资质可证明弹道测试实验室能够达到其测试目标,提供的试验条件是客观、可重复再现、可提供报告且可审计的:
能够按照任何测试标准进行相应的弹道测试;
测试环境可控制在标准范围(通常温度为 21℃±5℃ 和湿度 50%±20%);
所有测试设备均在要求的测量不确定度范围内进行校准;
使用的弹药在有效期内;
发射设备应为在服役期内的完好设备,并能够保证子弹的稳定飞行。
装药量与弹速关系应明确,从而使靶场人员能够控制各种子弹的弹速,包括使那些非常规火炮所发射的弹丸达到正常的炮口速度。
应具有高精度的速度测量设备,能够在大范围内测得弹丸速度,包括所发射的速度范围很宽的模拟碎片的弹丸;
炮口到靶板的距离应精确计算,保证子弹发射应无偏航角,着靶点偏差通常在 ±5mm 范围,且在要求的入射角范围内着靶;

应具有一套针对各种装甲类型的准备间,对装甲性能进行实验室评估。实验室能够模拟各种环境条件:包括高温、低温、变湿度、低压、深水浸泡、太阳辐射、运输、跌落/粗暴装卸,以及这些的组合。

试验用弹必须符合标准中的规定。几乎所有的弹道试验标准都规定了一系列的防护等级和相应的试验子弹。在弹道测试实验室中,不能使用替代弹药。装甲防护系统设计初衷是为了抵御特定威胁,如果装甲件没有使用规定弹丸进行测试,就无法保证其是否符合要求。这一要求进一步扩展到测试弹头所用的材料,例如,美国国家司法研究院(NIJ)标准 0101.04 中要求所用弹丸为 7.62mm M80 子弹,钢制外壳。NIJ 0101.06 中进一步规定了子弹制造商和实际零件号。

在整个弹道试验过程中,控制弹速是实验室靶场操作员需要掌握的另一个技能。工厂装填弹药的可靠性会受到各种因素的影响,比如工人年龄、接触环境和制造质量等。这些因素都会影响试验速度或使速度超差。为了克服这一点,一些实验室将对工厂装载的弹药进行温度调节,以控制速度。BMT 的首选方法是拆除工厂原装子弹,并使用最佳技术手动装载,以在射击中实现较低的标准偏差。这种弹速控制水平为装甲设计师在研发装甲解决方案时提供了在指定速度范围内工作的灵活性。需要高水平弹速控制的另一个关键原因是为了减少重复射击试验,从而将测试期间无效射击的可能性降至最低。因为每次射击后,装甲样品的防护性能可能会轻微退化,因此,在某些测试标准允许的情况下,在单个靶板上进行超过要求数量的射击可能是不科学的,有可能导致对装甲性能的不客观评估。

在装甲发展的过程中,弹道测试实验室总是需要探索装甲系统对测试子弹的防护上限。这就要求实验室的弹速远远超过制式装药的速度,这也可能是弹道极限测试中的情况。当子弹超过其设计的初速时会导致飞行不稳定或过度偏航,通常称为"翻滚"。

因此,选用无偏航弹头作为试验弹是非常重要的,而且应该得到足够的重视。子弹偏离轴心线(偏航)会显著降低对装甲的侵彻能力,尤其是穿甲弹。实际情况是,由于偏航而导致的弹头性能降低将导致弹道试验产生"虚高"结果,从而导致试验不客观,甚至出现非常危险的情况。

为了举例说明这一点,BMT 的一位客户在英国进行测试,同时开发了一种装甲解决方案,以防博福斯 7.62mm×51mm FFV(Försvarets Fabriksverk)弹,这是一种带有碳化钨芯的穿甲弹。这种装甲件可轻松防住该穿甲弹,然而在测试结束时,实验室检查发现子弹一直在偏航,这导致测试数据不准,浪费时间和资源。

子弹是否偏航可以用几种方法检测到,最常见的方法是采用高速摄影机拍摄子弹的飞行过程,通过划线或者使用"偏航卡"来判断。偏航卡是一种非常薄且平的材料,放置在装甲前面,必须仔细选择偏航卡的材料,使子弹穿过它时切出一个干净的孔,以便仔细分析穿孔情况。图 11.2 展示出了可能的偏航极限范围。测量偏航的一些方法是简单地测量偏航卡上孔的椭圆度。作者的首选方法是用垫片材料制作一个简单的通止规，并将其固定在孔上，以确定是否存在偏航。大多数弹道测试标准都规定了可接受的偏航上限，通常约为 3°~5°。在可接受的范围内，可通过修正枪管膛线扭转率及测试样品与枪口的距离来控制子弹的稳定性。

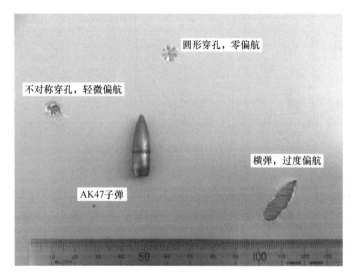

图 11.2　偏航弹丸的不同着靶姿态图示

## 11.1.2　测试程序和术语

在所有可测试的参数中，$V_{50}$ 测试是最有用、最实用和最相关的——这就是为什么它被使用了几十年。图 11.3 显示了一组典型的装甲材料及系统失效概率曲线。由图可见，当弹速从零缓慢增加时，靶板的穿透概率逐渐增加，直到达到穿透概率 100% 的弹速。穿透概率通常适合于正态分布，其概率分布由标准差描述。混合结果区（ZMR）覆盖范围为 $V_{01}(-3o')$ 到 $V_{99}(+3o')$。中间值 $V_{50}$ 也与正态分布的平均值一致。

有关失效的更多定义将在第 11.1.3 节中描述。在这里，将详细介绍这些 $V_{50}$ 曲线的推导和解释，因为它们对装甲设计师很重要（见第 1 章）。

图 11.3 显示了 3 种不同虚拟装甲的 3 种不同概率曲线。曲线 1 可能是装甲钢，曲线 2 可能是软装甲（SAI），曲线 3 可能是人体防护系统（BAS），由硬装甲板（HAP）和 SAI 组成。首先可以看出，$o'$ 的大小变化非常显著：要么是因为目标变量的数量在增加，要么是因为缺乏（或较差的）质量控制，从而使材料参数的变化剧烈。在最简单的情况下，采用标准 7.62mmAPM2 垂直侵彻单一均质装甲钢，其概

563

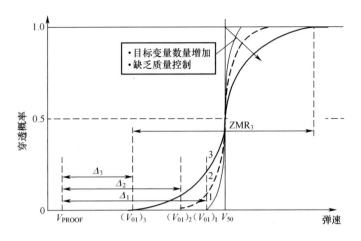

图 11.3 装甲材料和系统失效概率曲线

率曲线接近"阶跃函数"(即 o′接近零,如曲线 1)。然而,在多层结构中,如 SAI,织物重量及纤维强度的微小变化就会使 o′产生很大的变化,如曲线 2 所示。此外,在复杂的系统中,如人体防护系统(包括 HAP 和 SAI),系统中的材料数量会超过 10 个,每种材料都有其自身的性能。因此,对于 BAS,除非采取极端措施保持对关键材料特性变化的严格控制,否则 o′可能更大,如曲线 3 所示。

图 11.3 还显示了 o′的增加对装甲系统安全系数($d$)的影响。第 1.6 节描述了如何设计装甲系统。从测试角度来看,表征装甲件防护水平的临界速度通常与设计速度 $v_d$ 相同,如图 1.35 所示。对于相同的 $V_{50}$ 值,随着 o′的增加,$V_{01}$ 将减小,安全系数($\Delta$)降低。

在这一点上,值得讨论的是 $V_0$,即始终保证零穿透的最高速度。统计学家会告诉你,$V_0$ 是没有的,因为"你做的测试越多,你越有可能得到失败的结果",然而,终点弹道学家知道有一个物理极限,因为一支铅笔扔在一块玻璃上,玻璃不能被穿透。那么,对于 $V_0$ 应该使用哪个值呢?在设计装甲系统时,如果材料质量控制良好,加上置信度及适当的安全系数,可以保守地使用 4o′的值。

绘制这些概率曲线的方法有很多。当然,精确测量弹速是绝对必要的,而且,一般来说,$V_{50}$ 的计算应该包括尽可能多的数据:至少要 4 发,6~8 发较为常见,最多 12 发就非常理想了,测量越准确,$V_{50}$ 的值越可靠。概率单位法要求在 $V_{01}$ 和 $V_{50}$ 之间的整个速度范围内,每个速度值 10 发,然后,每增加一个速度时的失效百分比在概率曲线上提供一个点。理论上,这提供了一条非常精确的曲线,但耗费了大量的弹药和时间。

一种更简单的方法,称为 Bruceton 方法,或者更常见的是上下方法,已经被普遍采用,示例如图 11.4 所示。在本例中,选择了初始速度,并假定其会导致"失效"。第二发降低弹速使之"合格"。从这一点开始,连续的速度"减半",意味着随后的速度介于前两轮之间。这一过程继续进行重复射击,直到一个在指定速度范围内有三次合格和三次不合格,在本例中,$V_{50}$根据最后六发计算得到速度为846.3m/s,o′标准差为2.4m/s。因此,可以得到3o′为7.1m/s,6o′(ZMR的宽度)为14.2m/s。认证机构规定的可接受ZMR的宽度通常设置为15m/s、25m/s或50m/s。通过该方法,假设$V_0 = V_{50}-4o'$,则$V_0$为836.8m/s。

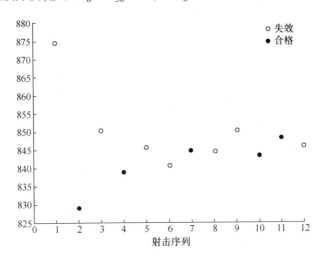

图 11.4　测定$V_{50}$值的Bruceton方法示例(彩图)

在进行$V_{50}$评估时,关键是知道从哪个速度开始(即,弹速1),然后确定弹速2,等等。还应注意"每一轮都很重要",不管它在哪里参与评估以及后续分析。提示:判断从第1次射击到第2次射击的速度变化有多大,只能从经验中得出,并且在弹道测试中实际存在!

由于$V_{50}$测定采用的假设是靶板均匀且不受先前冲击造成的损伤影响,因此该方法通常不用于评估装甲结构的防护性能,也不适用于人体防护系统的某些单元,如硬装甲板。相反,通常采用$V_{proof}$方法。

在某些情况下,通过测量穿孔后子弹的剩余速度$V_r$来观察靶板损伤情况。这可以通过使用背板材料,如高密度聚乙烯(HDPE),或一些软装甲内衬,以及判断穿透性子弹在背板介质中钻入的深度来进行定性测量。也可以通过高速摄影机获得更精确的测量结果。或者,通过绘制$V_r/V_i$曲线研究,详见第11.2.1节。

图 11.3 中的$V_{proof}$与第1章图1.35中的设计速度$v_d$相同。它是测试机构规定的速度,代表用户指定的速度。$V_{proof}$通常是子弹在炮口的速度:如在试验标准(NIJ,2008)中,7.62mm M80弹的标准弹速为847m/s。它也可以是子弹在特定距离的速度(例如,7.62mm API(穿甲燃烧弹)X54R,300m处的弹速)约为655m/s,

各种子弹的弹道系数见 mil-std-662F 表 1(DoD,1997)。

$V_{\text{proof}}$ 是靶场人员将用于弹道评估的测试速度。这也是装甲设计师所选的初始速度:他将从所选装甲系统中添加 3-4$o'$ 值,以及安全系数(如图 11.3 中的 $d1$),然后计算出系统需要的 $V_{50}$ 值,以便顺利通过 $V_{\text{proof}}$ 测试。在设计阶段,还应适当考虑任何可能降低系统抗弹性能的预处理要求,见第 11.5 节。美国国防部于 1997 年发布了 MIL-STD-662F,该标准对装甲系统进行 $V_{50}$ 评估所需程序的更多细节进行了说明,其中 AS/NZS 2343 为防弹板和元件提供了类似的指导。

### 11.1.3 "失效"的定义

在进行弹道测试以确定弹道极限或 $V_{50}$ 值时,必须了解合格及失效的标准,因为在不同的应用领域和威胁类型中,这些标准差异较大。表 11.1 说明了不同的标准。

表 11.1 装甲材料及系统的合格/失效标准

| 合 格 | 失 效 | 类 型 |
|---|---|---|
| 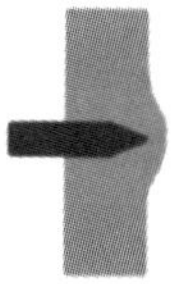  |   | 陆军弹道极限:背部有透光裂纹<br>用于需要在战场上保持气密性的结构装甲。<br>钢结构的弹道极限:在 D 级和 E 级损伤之间,见表 1.7 |
|   |   | 海军弹道极限:弹丸整体穿透装甲<br>用于海防结构,大型炮弹如果完全穿透,可能在船内造成致命伤害。<br>不适用于小型武器弹药 |
|   | 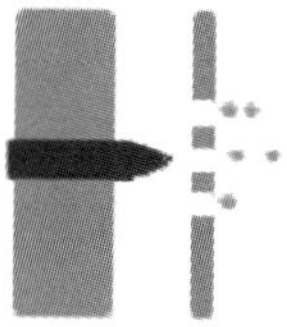  | 防护弹道极限:背板被穿透<br>通常用于任何碎片(来自弹丸或装甲)可能进入船只并对乘员及内部设备造成损坏的情况 |
| 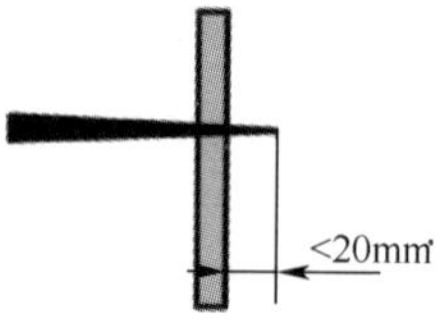  | 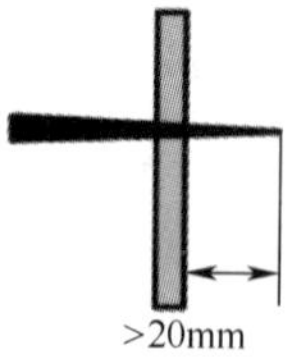  | 临界穿深:穿刺(如刀)已穿透到不可接受的深度<br>通常用于穿刺的失效标准,临界穿深取决于冲击能量的标准 |

续表

| 合 格 | 失 效 | 类 型 |
|---|---|---|
|  |  | 硬装甲背板：这是一个非侵入性标准，在该标准中，弹丸必须被硬装甲板阻止，并且保护软装甲不得受到任何侵入<br>用于保守设计，SAI 需要保持完整性，以便在冲击损坏后进一步使用 |
| <44mm | >44mm | 变形：这是一个非侵入性标准，在该标准中，弹丸必须被系统(通常是个体防护系统)拦截，且对变形程度有要求。BPS 的最大允许变形通常为 44mm，对于战斗头盔，应低至 15mm |

多年来，尤其是在第一次世界大战和第二次世界大战期间，在军用车辆制造中使用的钢板进行试验时，通常将弹道极限描述为陆军弹道极限。当时装甲车需要在战场上保持密闭。合格与失效的判定标准为"D"和"E"之间的边界线。见第1章表1.7。其中，D 表示钢板背凸且出现裂纹。E 表示背面产生有透光的裂纹，意味着穿孔的开始。

在类似的情况下，海洋系统工程师使用了海军弹道极限，在该极限中，当炮弹完全穿透船只且进入内部时，被认为是失效。这是爆炸弹药和弹头的一个很容易理解的标准，比如在马岛战争中具有毁灭性影响的外射导弹；然而，该标准通常不用于小型武器弹药。

更常见的是，防护弹道极限用于装甲结构和军事平台。将背板置于靶板后面，背板通常为 0.5mm 厚的铝合金板，如 2024-T3，其间距通常为 150mm。当子弹穿孔使背板透光时，则判定为失效。子弹本身、靶板崩落形成的破片均可导致这种穿孔。当需要保护装甲结构内部人员或设备非常关键时，采用该标准。

表 11.1 中所示的第四个标准代表侵入性标准，通常用于确定穿刺的标准。这些在其他地方都有详细描述(NIJ，2000)，这个标准代表致命的穿透深度，但可以接受较小但有限的侵入。

对于其他的装甲系统元件，如 SAIS，采用了非侵入标准。当测试防弹衣时，它通常由一块厚的塑性黏土(一种非硬化的温控黏土)支撑。在这种情况下，破坏是由非穿透冲击在黏土中形成的弹坑深度定义的。黏土的瞬时变形深度被作为背面变形表征(BFS)，NIJ 将最大可接受深度设定为 44mm。在一些标准中，例如英国内政部(2007a)，这可以低至 25mm。相反，背面变形(BFD)被定义为永久变形，是装甲后部测量的隆起高度(冲击后)—它总是小于 BFS 值。在测试战斗头盔时，也可以理解地使用最大 BFS 标准(见第 11.3.2 节)：在这种情况下，最大 BFS 通常为

15mm 或更小。

另外一个标准也可应用于人体防护系统的测试,该系统包括与 SAI 一起测试的 HAP。一些军方客户制定了一个最重要的合格判定标准,规定炮弹必须嵌在 HAP 内,而不是整个系统。这是一种非常保守的方法,往往导致 HAP 的过度保守设计。然而,它确实具有防止 SAI 受损并可供进一步使用的优点。当设计指标需要提高时,它还为规范"延伸"提供了一些空间。

以下各节介绍了装甲技术专家可以使用的技术。第 11.2 节详细说明了评估装甲系统和装甲材料的试验技术范围,以及具体的失效机制。第 11.3 节介绍了用于验证和认证装甲系统的标准方法,而第 11.4 节介绍了检查生产方法的条目。

## 11.2 装甲研制过程中使用的试验技术

在弹道测试中,如果装甲技术专家希望真正了解和开发装甲材料和系统,就必须"眼见为实",仅仅阅读弹道测试报告或识别单一结果(如 $V_{50}$ 值)是不够的。需要首先研究装甲材料失效的方式,然后再采用各种技术进行基本测试。

装甲类型的独立认证通常是开发过程中的最后一步,必须由经过认证的测试机构严格按照测试标准进行。在开发阶段,如果测试机构(如 BMT)与装甲技术专家合作,根据客户的特定要求量身定制,建立适当的测试方法,是非常有用的。使用公认的测试标准作为开发测试的框架非常重要,以便根据最终认证中使用的标准来衡量装甲的性能。因此,尽管测试人员在弹头选择、撞击速度、撞击角度、装甲的预测试调节、见证材料选择、撞击位置等方面非常多样化,但他们通常对稳定的弹头飞行、靶板安装、射击调整和判定标准有着非常严格的要求。

需要说明的是,如第 8 章和第 9 章所述,通过计算机建模或数学分析对装甲/反装甲相互作用进行数值模拟是非常有价值的工具,并在设计过程中起到支持作用。然而,由于实际的弹道测试会产生不可预测的结果,并且不时会出现意外故障,因此数值方法无法替代全面而深入的弹道测试。

### 11.2.1 装甲系统评估

11.2.1.1 $V_{50}$、o′、BFS 的测定

如上所述,$V_{50}$ 试验是量化系统抗弹性能的最常用方法。然而,对于材料不均匀的复杂装甲系统,$V_{50}$ 试验并不总是适用的。在这种情况下,$V_{\text{proof}}$ 测试更合适。然而,该测试本身并未表明装甲结构的质量或可重复性。必须通过观察后表面的

损坏情况并对其进行相应的分级来达到此目的。

对于人体防护系统,抗弹性能的变化可以通过以名义上相同的速度进行大量射击来确定。图 11.5 来自杜邦自己的数据库,测试了软装甲内衬的 BFS 值统计变化的示例,测试条件为 0.357 英寸手枪弹,弹速为 435m/s±10m/s。然而结果的分布范围都很大,从 30~48mm 不等,即使 40.62 的平均值(78 发)小于可接受的最大值 44mm,装甲也会因为这些冲击而被判定为失效,导致 BFS 大于 44mm。在这种情况下,$\sigma'$ 约为 3mm,并且估计未通过标准 NIJ 测试的概率约为 10%(Chiou 等,2007)。在这种情况下,为了将平均 BFS 值降低约 8mm,需要显著增加面板的面密度。这就是为什么在人体防护系统中,必须对产品的质量和重复性进行最大限度的控制;否则,由于过度保守设计将导致产品超重。

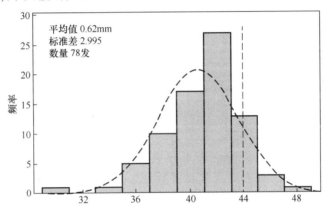

图 11.5 典型软装甲内衬的 BFS 值(单位:mm)的变化规律

#### 11.2.1.2 剩余速度曲线

确定装甲系统弹道极限的另一种方法是随着弹速 $V_i$ 的增加,测量一系列弹丸的剩余速度 $V_r$,然后绘制一条 $v_r/v_i$ 曲线,如图 11.6 所示,在 Borvik 等的工作之后(2003 年),在不同厚度的装甲上使用钝头破片。将数据拟合到现有数学模型或方程的曲线可以确定 $V_0$ 值。2007 年,澳大利亚 DST 集团的 Horace Billon 发表了从此类数据集直接计算 $V_0$ 的方法(Billon,2007)。

### 11.2.2 装甲材料评估

#### 11.2.2.1 单次法

仅从一发弹丸的撞击中,就可以通过试验装甲的表现获得大量的定性信息。

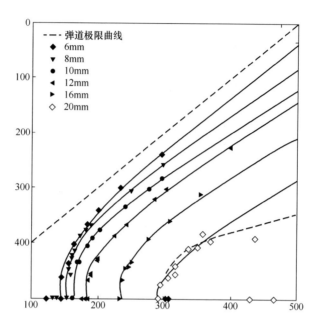

图 11.6 弹速与剩余速度的关系曲线(彩图)

事实上,如果要评估和比较一系列装甲材料,那么,只要它们具有相似的面密度,就可以通过判断它们在单发打击下的表现来对它们进行排名。例如,通过测量背面变形。虽然这是一种简单粗糙的方法,但它确可以从单一变量中发现大量的信息。例如,在图 11.7 中,如果在 650m/s 的速度下比较靶板 $A$、$B$ 和 $C$,并且观察到相同速度值的结果,则可以推断靶板 $B$ 可能具有最低的 $V_{50}$ 值。

### 11.2.2.2  $V_{50}$ 测试

如图 11.7 所示,可以在多种弹速条件下扩展这种比较。只要 3 个靶板的面密度值变化范围不太大(例如,在 5% 以内),就可以从估计的 $V_{50}$ 值中进行合理的比较。在图 11.7 中,从 4 个速度水平的更广泛评估来看,我们可以认为靶板 $A$ 的 $V_{50}$ 大于 675m/s,靶板 $B$ 小于 625m/s,靶板 $C$ 约为 638m/s。换句话说,从这个粗略的评估来看,靶板 $A$ 的表现优于 $C$,而靶板 $B$ 可能是最差的。这种方法虽然非常定性,但在进行全面的常规 $V_{50}$ 评估之前,可用于许多装甲材料的简单筛选过程。当然,这种技术可以与表 11.1 所列的任何合格判据结合使用。

### 11.2.2.3  穿深测试

弹丸的穿透力有时被定义为能够穿透一定深度的轧制均质装甲(RHA)的能力:例如,55mm 的 RHA(图 1.6)。同样的方法也可用于评估装甲材料的防护能

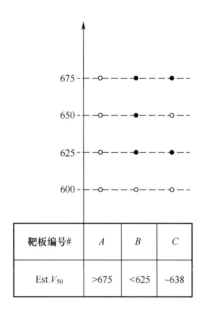

图 11.7 确定 $A$、$B$、$C$ 三种靶板在特定速度下的防护能力简表
(实心圆代表不合格,空心圆代表合格)

力,尤其是韧性材料,如轻合金(见第 3 章)。然而,在实际操作中,通常使用如图 11.8 所示的半无限靶板,不考虑任何背板或结构支撑条件对有限厚度靶板的影响。毫无疑问,该技术已被用于厚超高分子量聚乙烯(UHMWPE)靶的研究(Nguyen 等,2015),而且对观察穿深试验中涉及的各种失效机制非常有用。

#### 11.2.2.4 残余穿深测试

这种 DOP 测试已经有了自己的标准方法,例如,用于评估硬质材料(如:陶瓷)的抗弹性能。1987 年,Zvi-Rosenberg 提出了一种技术,可以计算出任何面板材料的防护等级。该试验称为残余穿深(RDOP)测试,旨在测定抗弹陶瓷的抗弹性能。图 11.8 说明了该方法的简单性和有效性,尤其是在常规冲击条件的初始阶段,确定用于吸收大部分能量的最有效陶瓷(图 7.4)。这一点说明了它的一个局限性:它不能真实地反映陶瓷在有限厚度陶瓷防护组件中所具有的支撑条件。然而,它确实提供了最佳的约束条件,在这种条件下,陶瓷作为一种面板材料能够在完全支撑的条件下发挥最佳的功能。

RDOP 试验方法是让所选穿甲弹以相同的弹速冲击半无限材料,通常为一块非常厚的铝合金板,如 6082-T651,带有或不带有陶瓷面板,深度 $D_0$ 和 $D_1$(图 11.8)可以比较。

陶瓷的"抗弹性能"可通过微分式 $\Delta_{\text{Tile}}$ 表示,表达式为

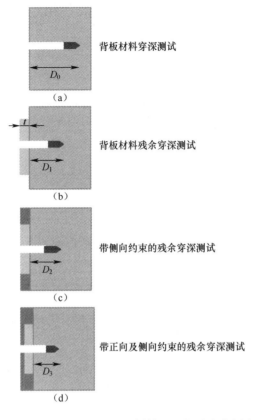

图 11.8 DOP 和 RDOP 不同情况下的测试示意图

$$\Delta_{\text{Tile}} = (D_0 - D_1) \cdot \rho_{\text{Backing}} / (t_{\text{Tile}} \cdot \rho_{\text{Tile}})$$

此外,陶瓷的质量防护系数 $E_m$ 也可通过以下方程式计算,但请注意,该性能等级并不代表实际防护系统中的陶瓷,仅代表 RDOP 试验:

$$E_m = (D_0 \cdot \rho_{\text{Backing}}) / (t_{\text{Tile}} \cdot \rho_{\text{Tile}} + D_1 \cdot \rho_{\text{Backing}})$$

$E_m$ 或 $\Delta_{\text{Tile}}$ 的数值可在 Holmquis(1999)及 Hazell(2006)等著作中查询。RDOP 试验也可用于评估各种形式约束的有效性,如图 11.8(c)和(d)所示。在这两种情况下,在计算 $E_m$ 或 $\Delta_{\text{Tile}}$ 时,都需要考虑约束板的附加重量。该 RDOP 试验还被用于估算在实际装甲系统中最有效的面板材料的最小厚度。这是使用不同厚度的陶瓷进行一系列 RDOP 测试,然后根据陶瓷厚度绘制不同的 $D_1$ 值。Savio 等(2011)发表了这种方法的一个例子,研究了在有无约束条件下碳化硼陶瓷对7.62mm 穿甲弹的防护性能。

最近,Carton 和 Rosebroeks(2014)对 RDOP 技术的有效性提出了质疑,并通过增加高速摄像机(测量 $V_i$ 和 $V_r$)以及使用独立陶瓷对该方法进行了改进。尽管这使测试复杂化,增加了大量的背衬层,但它消除了碎片形状等的影响。这种改进的有效性也可能存在一定的问题,因为他们认为陶瓷完全没有后支撑;这与陶瓷块总是由有限厚度的支撑材料支撑的现实相差甚远。然而,结合弹丸的收集和最终弹芯长度测量,可以从这种改进的技术中获得有价值的信息,包括对驻留时间的估算。

#### 11.2.2.5 崩落测试

在弹道冲击试验中,考虑到背崩是正常的。例如,在 PBL 测定中(表 11.1)。然而,一些弹道试验要求规定正面崩落的程度是有限制的。这一点对于陶瓷基个体防护系统尤为重要,因为陶瓷基人体防护系统可能会造成正面碎裂,危及附近的地面人员,并对防弹衣穿戴者的身体部位(即下巴/面部和手臂)造成严重伤害。

这种测试是将靶板放在一个有孔的五面铝制盒子中,弹丸就可以穿过这个盒子。如图 11.9 所示,正面崩落的破片被盒子收集,可以很容易地分析穿孔的数量和尺寸,并根据装置的几何结构计算出最大层裂锥角。此时,最大锥角及最大穿孔数将被作为合格判据。

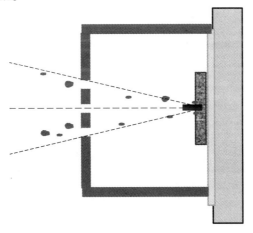

图 11.9 典型个体防护系统的正面崩落测试

### 11.2.3 防护机理研究

#### 11.2.3.1 靶板解剖

从弹坑部位的金相研究中可以获得很多信息,装甲技术人员通常会进行材料解剖分析,以发现弹丸是如何穿透装甲的,并确定相关的失效机制。这些发现将有力地证明靶板是否以有效的方式吸收能量或者是吸收较低的能量而导致失效。例如,绝热剪切(见第 2 章和第 3 章)。如果发生分层,那么分层区域有多宽?是否影响与撞击点(PoS)无关的材料,如 SAI(见第 6 章)?靶板是否只有一个相当于净的穿孔,并且附带损害最小?弹坑位置出现多少径向裂纹,材料可能有多脆,或者靶速度与 $V_{50}$ 的距离有多接近?通过射击试验可以收集到很多信息。

#### 11.2.3.2 RDOP 炸高测试

对于叠层装甲材料,主要有两种失效模式,模式Ⅰ(通过厚度压缩)和模式Ⅱ(分层)。失效过程中吸收的能量可通过 RDOP 试验进行估算。RDOP 试验由 Ian Crouch 在 20 世纪 90 年代早期开发,他去掉穿甲弹的弹壳,如 APM2,然后在有无支撑介质的情况下撞击叠层板。图 11.10 显示了 Crouch(1993)用于证明模式Ⅰ比

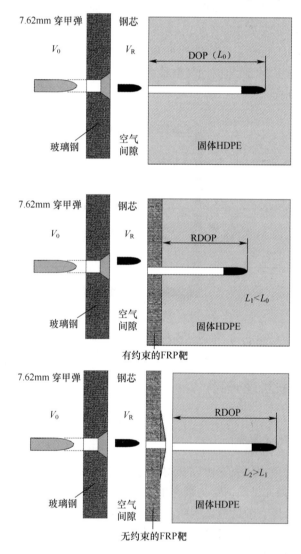

图 11.10　测定复合装甲材料中模式Ⅰ和模式Ⅱ能量吸收机制相对贡献的 RDOP 试验

模式Ⅱ吸收更多能量的试验装置。然而,一般来说,这项测试可用于任何叠层材料,以更好地了解模式Ⅰ和模式Ⅱ之间的平衡,并计算相关的能量吸收值。如果使用高密度聚乙烯块作为支撑介质,X 射线照相可间接测量各 RDOP 值。

#### 11.2.3.3 逆向弹道测试

逆向弹道学听起来就像把目标投射到静止的子弹上!但这为什么有用呢?你是怎么做到的?与传统的前向弹道学相比,该技术的优势如图 11.11 所示,可概括为:

高速摄影机拍摄的正常穿甲过程,侧面拍摄

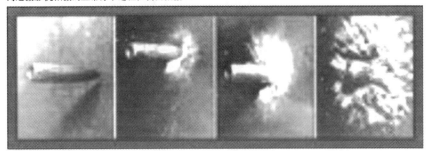

X射线拍摄逆向弹道试验过程,正面拍摄

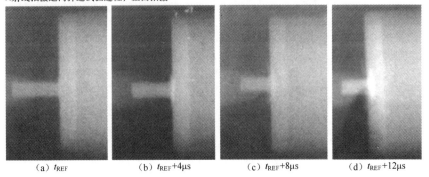

(a) $t_{REF}$    (b) $t_{REF}+4\mu s$    (c) $t_{REF}+8\mu s$    (d) $t_{REF}+12\mu s$

图 11.11 靶板正面穿甲过程

(1) 可实现撞击点的精确定位和对准;
(2) 可以避免炮弹不必要的偏航或旋转;
(3) 使用氢气炮可以获得更大范围的冲击速度且速度稳定;
(4) 闪光 X 射线照相可以更容易地集成到试验冲击中,具有同步性和多样性。

典型的试验装置如图 11.12 所示,其中 50mm 的两级氢气炮被用来将靶推射到静止弹头上。靶板是一个直径略小于 50mm 的完好扁平圆盘,这是该技术的一个缺点:靶板的尺寸可能会受到限制,特别是对于厚靶板。尽管如此,这项技术在过去十年左右的时间里被广泛应用于研究弹丸和靶板之间相互作用的早期阶段:

例如,"停顿"。结合弹芯回收技术,还可以量化弹芯的侵蚀率(图 11.13)。在这种情况下,AK47 弹头的软钢芯在移除弹壳后,会以恒定的速率被陶瓷材料侵蚀。

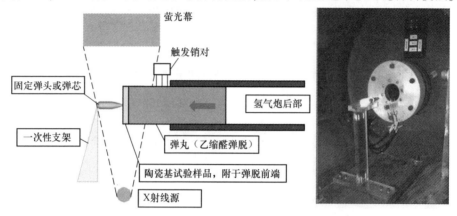

图 11.12　逆向弹道试验装置

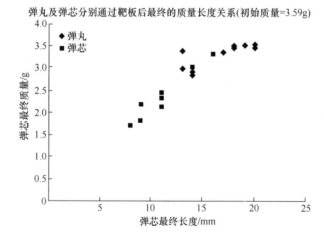

图 11.13　碳化硼靶板对 AK47 软芯弹侵蚀率

## 11.2.4　实验诊断工具

### 11.2.4.1　高速摄影机

高速摄影机是一个非常有价值的工具——它支持编者"眼见为实"的口号。例如,穿刺试验是此类工作的理想选择,在此类工作中,冲击速度不太高,且冲击器通常不变形——可以轻松、准确地跟踪冲击器通过软靶的过程。典型的测试过程如图 11.14 所示,而生成数据的示例如图 11.15 所示。在这个能量吸收(单位焦耳)

图 11.14 SAI 防穿刺测试装置

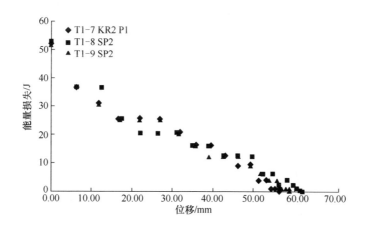

图 11.15 DMTC(2014)采用高速摄影和试验对穿刺过程能量吸收的研究,
结果显示了能量吸收曲线(与时间相关的函数)(彩图)

与侵彻体位移的曲线图中,探测到两个不同的穿孔阶段,无论是一把刀(如 KR2/P1)还是一个尖锐物(如 SP2),50~25J 的第一阶段对应于软织物的全厚度压缩;25J~0 的第二阶段对应于 PE 织物包装的穿孔。

#### 11.2.4.2 闪光 X 射线照相技术

自从许多有关穿甲弹性质和干扰的信息被揭示以来,高强度闪光射线照相技术已经被装甲系统的设计师们使用了几十年。在某些情况下,它在研究小武器弹药的影响时也发挥了巨大的作用。Barbillon 等(2014b)最近的研究是一个很好的例子,它捕捉了在进行事后材料解剖时可能丢失的重要动态信息。图 11.16 和图 11.17 展示了 7.62mm 铅芯弹冲击超高分子量聚乙烯头盔壳的动态效果。一系列闪光射线照片显示了穿孔的顺序,而图 11.17 中的数据显示了背面变形值之间(由闪光 X 射线记录值与撞击后的测量值) 的显著差异。请注意,图 11.17 中的压痕深度是以厘米为单位测量的,因此在这种情况下,最大 BFS 值超过 50mm——当前标准规定的不可接受深度。

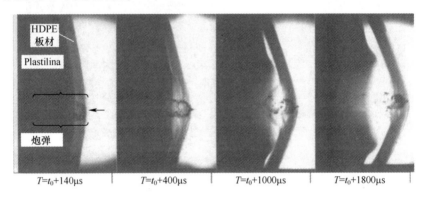

图 11.16　X 射线拍摄的一组 7.62mm 铅芯弹撞击 HDPE 头盔外壳过程

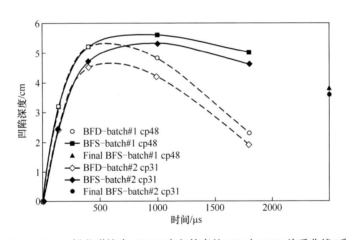

图 11.17　7.62mm 铅芯弹撞击 HDPE 头盔外壳的 BFS 与 BFD 关系曲线(彩图)

### 11.2.4.3　二维高分辨率数字 X 射线照相技术

装甲材料和系统的冲击结果后处理对装甲技术人员至关重要,尤其是在设计陶瓷基装甲系统时,如在 HAPS 中。使用数字 X 射线照相技术,分辨率小于 100μm,其中二维 X 射线图像可以后处理,以提供最大的信息。

例如,陶瓷面板的二维数字 X 射线照相也适用于以下几方面:

(1) 断裂模式分析:导致耐久性/粗暴搬运/跌落试验/环境调节以及弹道冲击的可能原因分析,如图 11.18 所示;

(2) 确定阻止裂纹扩展的有效手段:例如,在减少降落伞坠落或运输过程中损坏的有效方法;

(3) 精确记录弹丸着靶位置,如图 11.18 所示,或简单地研究陶瓷侵彻的规律性(图 11.19)。

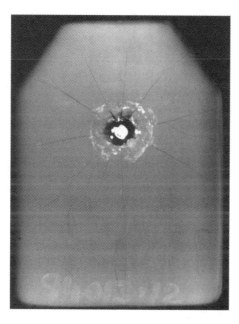

图 11.18　高分辨率 X 射线捕捉到的 7.62mm APM2 冲击的 HAP 图片,照片不仅显示了撞击点的,还确定了从撞击点发出的径向裂纹程度的细节

同样重要的是能够检测和发现装甲材料的内在缺陷,比如易碎的陶瓷。作者在多年的合作中,开发了一套采用反应烧结技术制造的碳化硅陶瓷的验收标准(见第 7 章),Crouch 等(2015b)提供这些标准的详细内容。不均匀性、变厚度、收缩裂纹等缺陷可能是制造过程中存在的质量管理问题,使装甲技术人员在制造过程之前,对质量较差的陶瓷产品进行拒收。此外,这些信息可以帮助陶瓷制造商改进他们的工艺或指导陶瓷装甲系统的设计师。

图 11.19 是陶瓷装甲试验系统的 X 射线照片,该系统由镶嵌在前后表面复合结构中的单个陶瓷组成。因此,在冲击后处理过程中,无法对瓷砖进行外观检查。然而,通过 X 射线的分析,可以检查镜头的位置,可以测量相邻陶瓷之间间隙的均匀性,并分析冲击损伤的形貌。在这种情况下,大多数冲击损伤都局限在靠近中心位置的陶瓷上。然而,高分辨率成像可以检测到相邻陶瓷中的细微裂缝。正如

Crouch(2014)最近报道的那样,以裂缝张开位移(COD)来衡量的裂缝宽度会影响小武器攻击后的侵彻,但不会像一般人想象的那样严重。

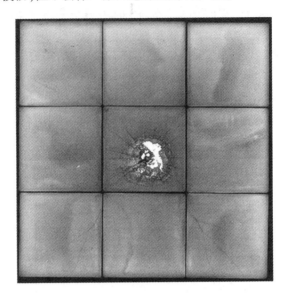

图 11.19 标准 3×3 碳化硅靶的数字高分辨率 X 射线照片

靶板由 KFRP 背板和 6mmHHS 面板构成,射击条件为 7.62mm 子弹,弹速约 700m/s。
子弹被系统拦截,X 光片显示了撞击点的细节以及相邻单元周边的轻微损伤。

### 11.2.4.4 三维高分辨率数字 X 射线照相技术

BMT 继续走在装甲系统无损检测(NDT)的前沿,经过几年的研究,开始采用计算机断层扫描(CT)或三维 X 射线技术。CT 的优点是,它可以检查复杂装甲系统中的所有材料,如 HAP 或战斗头盔,而不仅仅是陶瓷件。

CT 技术发展于 20 世纪 90 年代末(Wells 等,2001),可用于确定复合结构中关键区域的质量状况(图 11.20)。BMT 的研究表明,HAP 或头盔中的关键区域只能通过 CT 进行详细检查,如:

(1) 陶瓷和背衬材料之间的界面(如 HAP);
(2) 多层/叠层背衬材料(如在 HAP 中);
(3) 高曲率结构(如头盔)。

这些区域的分层可能影响 HAP 或头盔的防护性能,甚至降低其使用寿命。例如,战斗头盔内的分层必然会影响其承受耳压载荷的能力。随着时间的推移,监测这些结构的完整性可以为装甲技术专家和最终用户提供有关产品完整性的宝贵信息。通过了解这些结构的内部状况,现在不仅可以更好地了解最初的制造过程,而且还可以更好地了解这些产品在服役中可能出现的性能退化。

图 11.20　对硬装甲板的 CT 扫描显示,在衬底材料的下层有分层

## 11.3　装甲防护系统检验标准

本章的目的不是详细描述世界各地存在的标准试验方法和抗弹性能规范。但是非专业的读者当然需要知道,每一套装甲系统都将根据严格的标准进行测试。在这里,读者只要知道不同的标准使用不同类型的轻武器弹药就足够了(表 11.2)——这应该有助于在装甲设计的试验、开发和生产阶段决定进行哪些弹道试验。

### 11.3.1　人体防护系统

人体防护系统鉴定测试可能是全世界最广泛使用的弹道测试,最常见的标准是美国国家司法研究所(NIJ)发布的标准。NIJ 0101 最初于 1987 年发布,现在仍被广泛使用,并于 2008 年 7 月发布了一个新版本。它基于穿孔——背面压痕(P-BFS)测试方法,如前所述的 $V_{proof}$ 测试——见第 11.2.1 节。该标准包括软装甲系统和硬装甲系统的评估,其程序非常全面,并详细规定了射击方式、入射角、安全距离等。其他应用广泛的是英国内政部应用科学技术中心(CAST)标准及 2003 年发布的 STANAG 2920(第 2 版)的标准。

由 PBO(聚对苯撑-2,6-苯并双噁唑)制成的警用背心暴露在湿热的环境下,其力学性能下降,导致防护性能不合格,在使用过程中发生了悲剧事件(见第 6 章),之后,在 2008 年 NIJ 迅速推出了一种新标准,即 NIJ 0101.06。该标准要求更严格的预处理,增大了产品尺寸,缩短了边缘距离。然而,尽管制定新标准是有充分根据的,但该标准导致许多防弹背心公司因认证成本过高而倒闭。

这些公认的测试方法的两个特点需要提及:软装甲背心的捆绑和重新安装以及 BFS 的测量技术。可以接受各种捆扎方法,但这些方法非常规范(见标准),当重新安装背心时,在弹道测试之间,允许对背心进行一定程度的平滑和重新定位。这是非常主观的,应该仔细监控。多年来,BFS 测量也是非常主观的,由于这些临界值需要精确到毫米,因此测量技术需要进行充分的演练。这是一个在 NIJ 0101.06 问

表 11.2 抗弹性能试验标准及相关枪弹类型

| 枪弹类型 | EN 1522 | EN 1063 | NIJ 0108.00 | NIJ 0101.04 | NIJ 0101.06 | HOSDB 2007 | GOST | STANAG 2920 | VPAM | UL752 | AS/NZS2343 |
|---|---|---|---|---|---|---|---|---|---|---|---|
| **破片模拟弹（FSP）** | | | | | | | | | | | |
| 0.22in. 1.1gFSP | | | | | | | | 是 | | | |
| 0.30″ | | | | | | | | 是 | | | |
| 12.7mm FSP | | | | | | | | 是 | | | |
| 20mm FSP | | | | | | | | 是 | | | |
| **枪** | | | | | | | | | | | |
| 12 规格 00 大号铅弹 | | SG1&2 | | | | SG1 | Class 2a | | | Sp1 | S0 |
| 12 号线膛弹 | | | | | | | | | | Sp1 | S1 |
| **枪** | | | | | | | | | | | |
| 5.45mm×18mmPSM | FB1 | BR1 | I | I | | | Class2 | | Level1 | | |
| 22 long rifle | | | | | | | | | | | |
| 7.62mm×25mm Tokarev | | | | | | | Class2 | | | | |
| 7.62mm×39mmNagant | | | | | Ⅲa | | Class1 | | | | |
| 357SIG | | | Ⅱa/Ⅱ | | | | | | | | |
| 9mm×18mm makarov | | | | | | | Class1 | | | | |
| 9mm×19mm（9mm Luger）FMJ | FB2 | BR2 | Ⅰa/Ⅱ/Ⅲa | Ⅰa/Ⅱ/Ⅲa | Ⅱa&Ⅱ | HG1&2 | | | Level 2&3 | Level 1&6 | G0 |
| 357 镁铝合金 | FB3&4 | BR3 | Ⅱ | Ⅱ | Ⅱ | HG1&2 | | | | Level2 | G1 |
| 40 Smith & Wesson | | | | | | | | | | | |
| 44 Rem. Magnum SJHP | FB4 | BR4 | Ⅲa | Ⅱa | Ⅱa | | | | Level4 | Level3 | G2 |
| 44 Rem. Magnum SJSP | | | | Ⅲa | Ⅲa | | | | | | |
| 44Rem. Magnum LSWGC | | | Ⅲa | | | | | | | | |

续表

| 枪弹类型 | EN 1522 | EN 1063 | NIJ 0108.00 | NIJ 0101.04 | NIJ 0101.06 | HOSDB 2007 | GOST | STANAG 2920 | VPAM | UL752 | AS/NZS2343 |
|---|---|---|---|---|---|---|---|---|---|---|---|
| **步枪** | | | | | | | | | | | |
| 5.45mm×39mm 球 | | | | | | | Class 3&4 | | | | R1 |
| 5.56mm×45mm M193 | | | | | | | | | Level7 | Level7 | |
| 5.56mm×45mm SS109(M855) | FB5&6 | BR5 | | | | | | | | | |
| 5.56mm×45mm Tac Bonded | | | | | | | | | | | |
| 5.56mm×45mm APHC | | | | | | | | | | | |
| 7.62mm×39mm M43 MSC | | | | | | HG3 | | | Level6 | | |
| 7.62mm×39mm API-BZ | | | | | | | Class3 | | Level8 | | |
| 7.62mm×51mm Spitzer | | | | | | | | | | | |
| 7.62mm×51mm F4 | | | | | | | | | | | |
| 7.62mm×51mm L2A2 球 | | | | | | RF1 | Class5 | | Level7 | Level4 | R2 |
| 7.62mm×51mm M80 | FB6 | BR6 | | | | | | | | | |
| 7.62mm×51mm L40A1 | | | | | | RF2 | | | | Level8 | |
| 7.62mm×51mm P80 | FB7 | BR7 | | | | | | | | | |
| 7.62mm×51mm WC coreFFV | | | | | | | | | Level9 | | |
| 7.62mm×51mmWC core SwissAP | | | | | | | | | Level11 | | |
| 7.62mm×54mm R LPS | | | | | | | | | Level12 | | |
| 7.62mm×54mm R APIB32 | | | IV | IV | IV | | Class6 | | | | |
| 30-06 Springfield M2 球 | | | | | | | | | Level10 | Level9 | |
| 30-06 Springfield M2 AP | | | | | | | | | | | |

上更加严格的领域,图 11.21 显示了一个很好的 BFS 测量示意图,虽然,结果是在范围内,但尚未采用标准化的方法,这就是为什么它仍然是一个令人关注的领域。

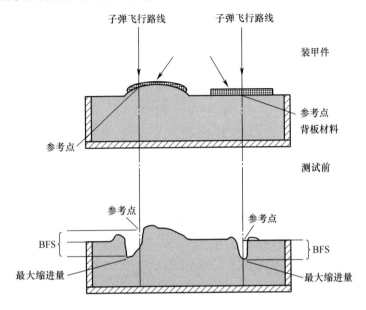

图 11.21　NIJ 0101.06 标准中对 BFS 测量的规定

还应注意的是,军方客户现在更倾向于为人体防护系统开发自己的国内测试标准和弹道规格,而不仅仅是适当地参考 NIJ 标准,该标准最初是为仲裁而设计的,与军事要求有明显不同。例如,澳大利亚国防部在对测试要求和行业参与进行全面审查后,于 2013 年最近的一场防弹衣招标之前发布了自己的测试标准(澳大利亚政府,2012a)。

总之,Phil Gotts 在 2014 年人体装甲防护系统研讨会上发表的论文(Gotts,2014)对人体装甲系统测试的许多重要问题进行了出色的解读和批判性评论。它还适当提到了"伦敦警察厅"采取的一种更为详细的方法,将对人体武器的评估扩展到 $V_{50}$ 测试,并结合临界穿深分析(Quelch 等,2002)。此外,Barbillon 等(2014a)最近强调了根据所使用的特殊弹药,特别是 7.62mm 弹丸的不同外壳材料,测量结果差异显著。最近,Crouch 和 Eu 在不同的 9mm 手枪子弹的性能水平上观察到了类似的差异。

### 11.3.2　战斗头盔

通常,战斗头盔的测试要么符合 NIJ0106.01 的穿透和冲击衰减,要么符合 MIL-H-44099A 的 $V_{50}$ 破片或 STANAG 2920 破片(北约,2003)。与防弹衣一样,澳大利亚国防部也发布了专门编制的测试标准,以评估军用作战头盔的性能和各种环境的具体情况(澳大利亚政府,2012b)。

除抗弹性能外,作战头盔的测试还需要评估其他性能指标。在弹道冲击之后,头盔受到冲击产生的加速度可能会对头部造成严重伤害。

头盔外壳以内的各部件均可形成"二次破片"。二次破片通常发生在弹丸直接命中或接近安全带固定装置、NVG 安装支架或安装在头盔上的类似装置时,导致头盔内部分装置的释放并对佩戴者头部造成伤害。在头盔的设计中,如果使用贯穿螺栓或螺钉,则必须进行二次破片试验。

一个对头盔进行测试的弹道测试实验室必须具有发射各种尺寸和形状的模拟破片的资质。如第 11.1.1 节所述,在讨论弹道测试实验室的目标时,如具有可接受偏航的稳定飞行区在这里尤为重要。头盔测试中最常用的一种破片是直圆柱型模拟破片(RCC),一种两端很平的钢圆柱。当在一定角度范围内发生偏航时,RCC 的任何偏航冲击都会将穿透模式从正常的钝性冲击转变为切割模式。这种性质的差异会导致不同的结果,这是非常不可取的,尤其是在比较不同实验室或不同批次试验的结果时。

在头盔上进行衰减试验时,为了测量头部所经历的加速度,将装有加速度计的头部模型连接到滑动台上(图 11.22(b))。当头盔受到子弹冲击时,滑动组件沿飞行路线向后运动,并测量加速度。相关标准对可接受的加速度水平设定了限制。

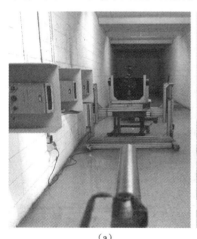

(a)      (b)

图 11.22 (a) BMT 测试作战头盔的部分靶场装置;(b) BMT 测试作战头盔的衰减试验装置

### 11.3.3 防穿刺背心

这些背心的构造见第 6 章。它们通常以复合的形式放置在标准 SAI 前面,或者作为多功能背心的一部分进行集成。刺伤和尖刺威胁通常是执法人员最常遇到的威胁,但最近,军事防弹衣也针对这些类型的威胁进行了测试。

防穿刺的两个行业标准是英国 HOSDB(英国内政部,2007b)和美国 NIJ 标准(2000)。穿刺测试最具挑战性的方面是测试来自不同供应商的刀片在穿刺时出现的不一致性。虽然所有的刀具在理论上都符合标准的要求,但就尺寸、硬度和表面粗糙度而言,BMT 观察到它们对实际装甲系统的杀伤力存在巨大差异:美国制造的刀具往往比英国制造的更具杀伤力。例如,在同一点上进行测试,一个合格,另一个不合格。

### 11.3.4 防弹玻璃和透明装甲

实际上,所有与建筑物及车辆有关的弹道测试标准都有一个关于透明装甲测试的章节。然而,将透明装甲样品安装到测试夹具中对于获得一致和客观的结果至关重要。测试装甲样品的标准将明确规定安装要求,实验室必须严格遵守这些要求。

在测试夹层玻璃样品时,实验室通常需要在弹道测试之前进行环境控制,因为不同气候条件(如高温/低温和热冲击)会显著影响夹层玻璃的性能。车辆可以在各种气候条件下运行,白天在阳光直射下长时间行驶和夜间在低温下行驶是很常见的。所以试验时通常需要进行环境控制来模拟各种工况。

泡沫膜通常用于制造透明装甲(见第 7 章),其设计目的是阻止可能从撞击点后的层压板内表面释放的玻璃碎片。作为聚合物材料,像聚碳酸酯这样的泡沫衬里材料在加热时会变得非常柔韧,但在低温时会变得非常硬且易碎。

如第 7 章所述,这些表层、夹层材料以及玻璃组件的热膨胀系数总是不同的,因此当加热或冷却时,层压结构容易分层。这也是弹道试验前的环境控制已成为任何全弹道试验项目的重要组成部分的另一个原因(见第 11.5 节)。

## 11.4 生产工艺检验

在装甲件的生产过程中,无论是一套防弹衣,还是炮塔铸件等个别部件,甚至是装甲车辆建造所需的一套 RHA 钢板,都需要以特定的抽样率进行弹道试验。这通常在有关采购合同的要求中加以说明。对于像 HAPS 这样的防弹衣部件,每生产 1000 件,就有 25 块钢板,其中每一块都要按照特定的防护标准进行测试。对于铸造炮塔,每 25 个炮塔中就有一个需要测试。在这种测试中,例如在一辆完整的轻型军用车辆的测试中,通常需要测试装甲结构对更高级别弹药的防御能力。在考核 HAPS 的情况下,这可能需要使用 20mm FSP;而在考核铸造炮塔的情况下,这可能需要使用17磅炮弹(第二次世界大战中所用炮弹)。这些高匹配的冲击旨在给部件施加真正的冲击载荷,以测试结构完整性(例如,大面积二次开裂)或异常的冲击行为(例如,不可接受的崩落(图1.32))。

## 11.5 预处理试验

防护试验前装甲样品的环境试验是任何类型装甲材料或系统验收试验的重要组成部分。用户非常关注防护产品在各种环境下的使用性能能否达到技术要求。如果需要,任何工艺缺陷或材料缺陷都可以得到适当的识别和纠正。

有两个非常相似的测试标准:英国Def Stan 00-35和美国MIL-STD-810G,它们通常用于环境试验。此外,一些较为特殊的防弹衣测试标准对预测试调试有非常具体的要求。美国防弹衣标准NIJ0101.03和NIJ0101.04的特点是水喷淋条件,而最新的NIJ0101.06版本则要求水淹、硬装甲落锤试验、耐久性测试,以及专门用于对防弹衣施加压力的环境试验的整个部分。本试验的控制室具有65℃±2℃和80%RH±5%RH的严格内部条件,并且内部装有保护面的圆桶。圆桶转速为5r/min±1r/min。

实验室需要模拟的一些更常见的环境条件包括:

(1) HAPS的跌落试验,以模拟野蛮装卸、运输跌落、降落伞跌落和倾覆。这些测试通常在产品的X射线成像之后进行。

(2) 水浸——包括咸水和淡水到不同的深度,例如模拟在水下使用到30m以上。

(3) 水喷雾技术,测试材料在轻微潮湿时的弹道响应。

(4) 高低温试验,覆盖全天候范围。

(5) 热冲击,模拟工作温度的突然变化。

(6) 太阳辐射,以确定紫外(紫外线)或红外(红外线)成分是否会导致装甲产品的破坏性退化。

(7) 低气压的影响,以模拟空运过程中的条件。

(8) 振动的影响,模拟履带和轮式车辆运输。

(9) 盐雾腐蚀。

(10) 燃料和化学品污染。

(11) 真菌生长产生的任何有害影响。

(12) 湿度的影响,尤其是对非金属成分的影响。

上述清单并非详尽无遗,它不仅适用于所有装甲产品,而且强调了装甲材料首先是可靠的工程材料。因此,像BMT这样的试验室必须配备一整套环境调节室,配备适当的数据记录设备,以便能够实现准确的监测和报告。对于试验室来说,将室内多个位置的数据记录下来,监测环境变化,确保样品处于均匀状态,也是一种很好的做法。图 11.23~图 11.25 展示了 BMT 的设备。

图 11.23　BMT 的 CL29 试验箱

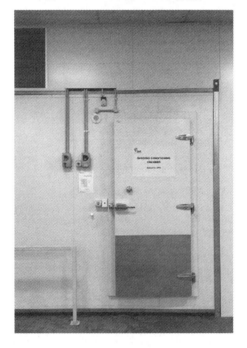

图 11.24　BMT 的低温控制室

图 11.25　BMT 的环境试验室

本章相关彩图,请扫码查看

# 参考文献

A non, 2014. Beekeeping, Trikes and Body Armour, TV Series: How Do They Do It? Released in USA on 17th July 2014.

Australian Government, 2012a. DEF(AUST)10946, ADF Personal Armour Test Standard, Part1: Body Armour.

Australian Government, 2012b. DEF (AUST) 10946, ADF Personal Armour Test Standard, Part2: Combat Helmets.

Barbillon, F., Auchere, R., Vuillemot, V., Simonetti, J. M., 2014a. Personal Armour Systems Symposium, Cambridge, UK.

Barbillon, F., Auchere, R., Vuillemot, V., Simonetti, J. M., 2014b. "Shatter-gapeffects" on HDPE plates with a lead-coresteel jacketed 7.62mm calibre ammunition. In: Personal Armour Systems Symposium, PASS 2014, Cambridge, UK, September 2014.

Billon, H., 2007. DSTO-TN-0791.

Borvik, T., et al, 2003. International Journal of Impact Engineering 28, 413e464.

Carton, E., Rosebroeks, G., 2014. Testing method for ceramic armor and bare ceramic tiles. In: 38th International Conference on Advanced Ceramics and Composites: Armor Ceramic Symposium, Daytona Beach, USA, January 2014.

Chiou, M., Schiffelbein, P., Fackler, J., 2007. NIST Workshop, October 3, 2007.

Crouch, I. G., March 1993. Penetration and Perforation Mechanisms in Composite Armour Materials, Euromech Colloquium 299. Oxford University.

Crouch, I. G., 2014. Effects of cladding ceramic and its influence on ballistic performance. In: International Symposium on Ballistics, Atlanta, GA, USA, September 2014.

Crouch, I. G., Appleby-Thomas, G., Hazell, P. J., 2015a. International Journal of Impact Engineering 80, 203e211.

Crouch, I. G., Kesharaju, M., Nagarajah, R., 2015b. Ceramics International 41, 11581–11591.

Department of Defence, 1997. AS/NZS 2343:1997, Bullet-Resistant Panels and Elements.

Department of Defense, USA, 1997. DoD Test Method Standard MIL-STD-662F, $V_{50}$ Ballistic Test for Armor.

Gotts, P. L., 2014. Personal Armour Systems Symposium. Cambridge, UK.

Hazell, P. J., 2006. Ceramic Armour: Design and Defeat Mechanisms. Argos Press, Canberra. Holmquist, T. J., Rajendran, A. M., Templeton, D. W., Bishnol, K. D., 1999. Tardec TR 13754, Warren, MI, USA, January 1999.

National Institute of Justice, USA, 2000. NIJ Standard 0115.00, Stab Resistance of Personal Body Armor, September 2000.

National Institute of Justice, USA, 2008. NIJ Standard 0101.06, Ballistic Resistance of Body Armor.

NATO, 2003. STANAG 2920(Edition2): Ballistic Test Method for Personal Armour Materials and Combat Clothing.

Nguyen, L. H., Ryan, S., Cimpoeru, S. J., Mouritz, A. P., Orifici, A. C., 2015. International Journal of Impact Engineering 75, 174–183.

Quelch, L. J., et al., 2002. Personal Armour Systems Symposium. The Hague, Netherlands, November 2002.

Rosenberg, Z., et al., 1987. A new definition of ballistic efficiency of brittle materials based on the use of thick-walled backing plates. In: Impact Loading and Dynamic Behaviour of Materials, pp. 491–496(Bremen).

Savio, S. G., et al., 2011. International Journal of Impact Engineering 38, 535e541.

UK Home Office, 2007a. HOSDB Body Armour Standards for UK Police (2007); Part 2-Ballistic Resistance.

UK Home Office, 2007b. HOSDB Body Armour Standards for UK Police (2007); Part 3-Knife and Spike Resistance.

Wells, M. W., Green, W. H., Rupert, N. L., 2001. Pre-impact damage assessment using x-ray tomography of SiC tiles encapsulated in discontinuously reinforced aluminium metal matrix composite. In: Technology Convergence in Composites Applications, UNSW, Sydney, Australia, February 2001.

# 第12章
# 装甲材料未来发展

伊恩·G. 克劳奇(I. G. Crouch)
澳大利亚维多利亚特伦特姆装甲防护方案有限公司

除了参考文献,本章的观点和看法总体属于作者本人,所提供的信息只适用于未来装甲材料对下面威胁的防护:最大14.5mm穿甲(AP)弹的小口径弹药;高速破片;穿刺威胁;所有形式的爆炸,不只是底部爆炸。

## 12.1 简述

如果读者已阅读本书的技术章节,那么现在就应该清楚地认识到什么是"完美"的装甲材料:低密度,特别是在全厚度方向上的高动态流动应力,高比弹性模量,高断裂伸长率和优异的断裂韧性,同时通过冲塞、碟形崩落、分层和剥落来完全抑制失效。当然,这样完美的装甲并不存在。但是,"接近完美"的方案,如第4章讨论的,是那些根据其功能特性量身定制或特别研制的包含几层装甲材料的叠层材料和/或结构。若要实现这一材料结构,接合、黏结和叠层工艺的改进是非常重要的。例如,可以考虑关注石墨烯和碳纳米管(CNT)固有的特点,通过将它们包含在聚合物薄膜中用来将装甲单元黏接在一起,或者甚至用功能石墨烯充填薄膜交织技术纺织品。本章将讨论添加任何可增强装甲材料的纳米颗粒的有益效果。

第2~7章广泛讨论了单一类型的装甲材料。就抗弹性能和/或商业化而言,它们中的任何一个材料都达到最大潜力了吗?这是许多装甲技术领域中的研发经理和赞助商在他们考虑投资特定的技术,特别是当预算有限的时候,常常提出的一个严肃问题。图12.1给出我自己的评估的简单介绍。对于这些观点没有固定的技术基础——只有35年在本领域和2年写作以及编辑此书的工作经验。慎重选择"交通灯系统"颜色来表示研究工作应该停止、减速、待命或发展。红色表示最老一类的装甲材料——装甲钢,几十年来的发展已经非常接近它们的潜力极限。黄色代表那些装甲材料,它们的物理和/或化学特性严重限制进一步发展:镁合金和传统的玻璃一般太软以致在未来不能发挥任何重要作用。蓝色一类装甲材料,通过合金化和纳米颗粒添加进一步拓展应用范围;而绿色一类装甲材料在装甲研发界被认为最具有发展潜力和令人兴奋的未来:装甲级钛合金仍然没有完全工业化;有机纤维可以提供更多的东西,如超高分子量聚乙烯(UHMWPE)纤维技术已经得到证明;透明陶瓷,个人觉得最有可能持续增长。美国在这类材料上几十年来投入了大量资金,Surmet 公司最近提供了 200 套直升机装甲。但是,板的尺寸仍然限制在 450mm×900mm。纵观装甲材料界,请研究人员注意——这个行业不再需要任何"PBO 故事"(见第 6 章),所以请记住:工程特性第一,抗弹性能第二。

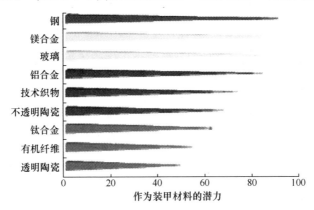

图 12.1　材料种类与作为装甲材料的潜力之间的函数关系

## 12.2　威胁谱的趋势

新型和不断提高水平的威胁继续挑战装甲技师,应用装甲材料科学将是未来几十年的任务,还有许多值得研究的工作。有据为证:

(1) 全球范围内看似无休止的一系列冲突,特别是中东、西欧和很多其他跨境领土争端事件。

(2) 大量枪击事件增多,特别是美国(Barrett,2014)。

(3) 不断增加的持刀袭击。大量的澳大利亚医院现在用防刺装甲保护医护人员,可以相信这应该是最佳的"第一响应"。

(4) 金属风暴技术,Defendtex 重生(Reddy,2015 年),正在进一步寻求商业化电子武器技术,能够快速发射大量子弹。发射弹丸之间间隔时间减小意味着在靠近或相同的撞击点上多重打击的可能性更大。如果该目标实现,它将成为装甲工艺师最大的挑战,特别是当设计具有高 $E_m$ 值的陶瓷基装甲时,因为这些系统通常具有相对差的抗多发弹性能。

(5) 简易爆炸装置(IED),就性能而言,随着战场不同,装甲材料也在相应地不断变化。在可预见的将来,不太可能减弱。

## 12.3 装甲材料发展趋势

### 12.3.1 装甲钢

如第2章所述,钢是一种用途广泛的装甲材料:具有货源充足、可用作结构、可焊、可修复和低成本的特点。然而,它们已经被研究了一个世纪以上,在20世纪50年代和60年代真正材料科学诞生期间经历了快速发展。在我自己的职业生涯早期(1984),我被安排进行装甲钢综述和作为资深组员,那时我得出了同样的结论——钢已接近其自然性能极限。

但是,我相信3个属性仍未实现:
(1) 高空间系数;
(2) 高效穿孔装甲或其他几何形状/材料组合的基础;
(3) 通过制造轧制结合多层高硬度钢和低碳钢提高超高强度产品的韧性潜力(图4.12,Kum等,1983)。受本人知识面限制,从来没有进行全面探索。可想而知,如果这个想法变成现实,底部装甲可以显著受益。

最后,如将在后面讨论的,也许最大的潜力在于通过更高的附加值提高其价值。穿孔装甲就是其中一例。

### 12.3.2 轻合金

如第3章介绍,轻合金是一种混合类装甲材料。铝合金在20世纪60年代是高强材料科学的新生代产物,用于轻型装甲车辆结构显著减重。但是,抗应力腐蚀、可焊接和抗AP弹级别需求仍是主要的目标。在所有轻合金中,钛装甲在抗穿甲弹性能方面表现突出,但是发现仍然难以找到低成本制造工艺,从而限制了其应用。叠层钛和铝抑制碟形崩落失效的需求不断增加,已经成为叠层装甲的主要成功典范。另外,镁合金在装甲材料研究领域很热,但实际应用潜力很小,本人觉得在这个狭窄的装甲领域,大部分研发应该停止。

该书很少提到金属基复合材料(MMC)。这里有很好的解释理由。MMC不能做出很好的装甲材料,因为基体中添加离散的无机颗粒或纤维,对于装甲材料所要求的综合性能提升很小:通常,MMC由于具有碟形开裂和剥落的倾向,因此横向特性较差,延性和韧性较低。美国陆军材料实验室的麦克威廉姆斯(McWilliams)等最新研究成果(2015)也很好地证明了这一点。

### 12.3.3　纤维和纤维增强塑料

如在第5章和第6章讨论,正在发展的高性能纤维令人振奋,UHMWPE、芳纶纤维和织物的特性和使用性能逐年提高。但是,这些发展会受到限制吗,会下降吗？

目前制造商可提供的基于聚乙烯和芳纶的纤维具有很高的模量,高达140GPa,拉伸强度达到4.3GPa,纤维体密度为950~1450kg/m³。纤维直径越来越小,接近15μm(图6.14和图6.15)。但是,成本继续上升。实际上,用乌克兰技术制造的AuTx纤维似乎把自己定价在许多人体装甲市场之外。同时,我相信其最高性能仍高于目前水平,但价格可能不是——还有很多工作需要进行,因为要不断提高性能。

我必须要提醒的是,聚合物纤维的老化一直是个问题——加工聚合物控制中的自然空隙,在很大程度上,还有老化速度和老化程度(Gladysz,2014)。为了提高抗弹性能,UHMWPE 纤维和织物处理施加的压力越来越大。但是,这存在两个缺点:材料成本和制造成本。在极端成型压力下制造的 UHMWPE 叠层板有可能具有高水平残余应力,换句话说,导致更大的性能下降。我希望不是。不要将重点放在通过更高成型压力的纤维研发,我相信,新的 UHMWPE 织物(即纤维和基体材料)的高压釜工艺处理还应该研究,因为这是制造安全、可靠、可重复大量制造硬质装甲板(HAP)的首选方法(见第5章)。

其他有趣的应用也需要引起关注——在透明装甲系统中使用透明玻璃纤维增强塑料(GFRP)中间层(夹层)(Zhu,2016)。众所周知,玻璃纤维增强环氧树脂,甚至在大断面尺寸最大60mm时,仍具有高透明度。对于叠层玻璃产品,通过利用较强韧中间层材料的想法是让人感兴趣的。它还提高了充分利用石墨烯或碳纳米管片来增强薄聚合物中间层性能的可能性。

前面已经讲过碳纳米管,那么它们作为装甲的潜力如何？要回答这个问题,我想需要介绍一下 Mylvaganam(2007)的标志性论文。他们的研究全部基于计算机模拟,与金属通常在多晶与它们单晶态时相比较弱的事实不同,碳纳米管的长度或尺寸不影响原子结构改变。因此它们的力学性能与物理性能应该成比例。但是,在15年实验室研究后,我认为非常清楚,制造基于碳纳米管的足够厚度和面积尺寸的装甲单元极其困难,而且成本很难控制。理论家们已经忘记了装甲材料科学的一件事——大块材料性能,特别是全厚度性能决定抗弹性能,而不是薄膜效应本身(见第4章)。我希望"石墨烯"可以更成功地应用于装甲材料。

### 12.3.4 织物

织物的性能自然非常依赖于所使用的纤维(见第6章)。不过,软装甲方案的纤维改进仍在进行,并给出一些最具创新性的装甲解决方案。最新的两个例子如:一个是Dyneema公司的金刚石技术(DSM,2015),另一个是杜邦公司的陶瓷涂覆凯夫拉(Atanasov,2014)。这些成果重点在于对抗刀刺和锥刺防护性能的改进。Dyneema公司的Diamond技术添加"微颗粒"到很细直径的UHMWPE纤维中,并声称(Anon,2015),抗多威胁背心减重25%,面密度仅为5.6kg/m$^2$,这种抗弹背心可能就使用了这种新型纤维。用类似的方法,杜邦最新发表的研究报道,北卡州大学的研究人员研发了用双层$TiO_2/Al_2O_3$通过原子层沉积法涂覆聚对苯二甲酰(PPTA)(Kevlar),改进了抗切割性能。随后的研究将告诉我们该工艺是否可放大和低成本。

最后,目前大多数UHMWPE基织物趋向于非缠绕。但是,即使紧而密的缠绕,织物仍然具有抗刀刺和锥刺的优点,像杜邦公司的改型织物(见第6章)。可以相信,随着编织技术的不断改进,缠绕越来越细的织物,也是值得并行发展的技术。

### 12.3.5 玻璃和陶瓷

第7章介绍了大量的装甲级玻璃和陶瓷,这是过去20多年无可非议地受到极大关注的领域。大量参加的关于"陶瓷装甲发展"的"DaytonaBeach"年度会议证明了这一事实(Franks,2007)。更进一步说,2012年,美国陆军研究实验室(ARL)建立了被称为"材料多尺度研究企业(EMRM)"计划(DeGuire,2013),即将紧密结合的材料设计方法用于所有装甲和电子材料的基础科学研究。

这种方法首先受益的材料之一是最新碳化硼的全面综述,该计划如表12.1所示,从表中认识到一些核心要素没有得到很好的识别或理解,与尺度无关。这是一个非常好和非常值得赞扬的方法,特别是在国防费用支出非常高的美国。也许世界其他国家在选择和定位方面更少一些。一定要解决与$B_4C$多型相关的非晶化问题,尽可能解决碳化硼的致命弱点。

就装甲而言,陶瓷差的韧性通常被认为是先天的缺点。但是,我个人却热衷于成为脆性材料设计的倡导者,因为有很多种抑制或利用脆性断裂行为的方法。如第7章介绍,陶瓷材料的硬度是其作为装甲材料最为吸引人的特性。研究人员(Liu,2015)已经通过添加约体积分数为1.5%还原氧化石墨烯(rGO)显著提高碳化硼的韧性,达到约$9MPa \cdot m^{1/2}$,但获得高韧性的前提是牺牲了硬度和弹性模量。

另一方面,Belmonte(2016)发表了类似的 rGO 添加到 SiC 的研究,令人惊奇的是强度提高 60%。这样在利用 rGO 增强陶瓷方面出现了某些令人振奋的发展。

表 12.1 有关机制、技术、模式和现象的综述

| 尺度或技术核心要素 | 最新陶瓷(碳化硼) | | | | | |
|---|---|---|---|---|---|---|
| | 主要机制 | 先进试验方法 | 建模和模拟 | 跨尺度 | 材料表征和性能 | 合成和处理 |
| 原子 | 电子结构,原子核热运动,键断裂 | 显微镜,冲击休斯继电器 | 量子力学,密度函数理论,状态能 | 粗晶 DFT,位能 | 模量,带隙 | 化学 |
| 晶体 | 解理分离,非晶化,孪晶,位错运动,堆垛层错成核,孪晶致开裂 | HREM,TEM,动态 TEM,Kolsky 杆,未压缩,纳米刻痕,DAC | 分子动力学,离散位错动力学,离散孪晶动力学,晶体塑性 | 粗晶 DFT,热 QC,超高速动力学 | 各向异性模数,解理分离和孪晶面,本征韧性 | 粉末生产和控制 |
| 介观 | 三结裂纹形核,晶界破坏,缺陷激活裂纹,晶间 vs 穿晶断裂,裂纹相互作用,各向异性(非均质)弹性对残余应力和开裂的影响 | HREM,TEM,动态 TEM,Kolsky 杆,X 射线,微衍射,仪器压痕,相对比,晶界强度的原位微压缩,声光谱学 | 晶体塑性,梯度项,微结构解析有限元法与最优无网格转移 | 缺陷动力学,概率模型 | 晶粒尺寸分布,晶粒形貌,织物,破坏表征 | 晶粒尺寸控制,晶界控制,微观组织设计,先进处理工艺 |
| 宏观 | 快速裂纹生长,有效塑性,各向异性破坏生长,短 vs 长裂纹,织物,破碎 | 冲击试验,Kolsky 杆,剥落试验,破坏原位可视化 | 黏塑性,FEM OTM,不确定性判定[条件] | 增强的连续介质,非局部模型,缺陷动力学 | 高应变率和高压响应,非线性加载破坏表征 | 烧结,热压,先进处理工艺 |
| | 基本认识、理解或完成 | 部分认识、理解或完成 | 较差的认识、理解或完成 | 基本没认识、理解或早期完成 | 未认识、理解或未完成 | |

提高硬度的进一步方法仍然是可能利用来自工业厂家以纳米管形式提供的立方氮化硼粉末,如 Bolduc(2014)指出。但是,这些供货很少,尽管氮化硼纳米管显示出很大的潜力,但目前该技术暂时还不成熟。立方氮化硼是仅次于金刚石的第二硬材料。

另外,我还看到一个需求就是进一步探索更加非传统的方法,像 Andrew Ruys

教授,于1990年发明的AusShield(Crouch,2010)(图12.2)。这是独特的材料,含有体积分数10%钢纤维,以网的形式(用和不用z-pining),增强由约体积分数85% SiC(或$B_4C$或氧化铝)颗粒和体积分数15%玻璃基体组成的零孔隙度陶瓷部件。在一个12mm厚的陶瓷块的情况下,陶瓷和钢纤维的热膨胀失配给予陶瓷残余侧向抗拉伸力大约$20t/m^2$。这意味着,陶瓷的裂纹扩展需要相当大的能量。但是,这样的结果是建立在没有破坏锥体的形成——陶瓷装甲的基本失效形式(Crouch,2015)。

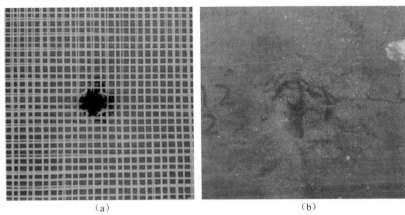

图12.2 (a)7.62mmAPM2弹撞击SiC基AusShield块高分辨率X-射线图;(b)APM2弹芯简单埋嵌在厚的未支撑的AusShield陶瓷块表面,显示最小的径向开裂(Crouch,2010年)

正如12.1节提到,对于所有类型的玻璃和陶瓷,基于氮氧化铝(AlON)材料的陶瓷是透明陶瓷,具有很大的待开发潜力。尽管透明装甲的市场比非透明装甲小得多,同时也认为是相当小宗材料类,但似乎在放大制造工艺方面仍有很多研究要做。当然,对于薄和厚透明陶瓷的成型工艺仍然是人们想要的并依然是技术推手。

### 12.3.6 微桁架材料

到目前为止,在任何一章还没有刻意提到这类材料——这是因为微桁架材料不能单独制造出很好的装甲材料,特别是当它用于捕获小口径弹药和高速破片时。不过,作为一种新材料,它们似乎具有某些实际应用潜力,当它用于吸收爆炸能量;不只是底部爆炸或空中爆炸。

微桁架材料是广泛应用的工程材料,具有高可设计的力学性能组合。图12.3(c)给出一例与其他类多孔材料的对比。但是,不像金属泡沫,典型都为蜂窝和不规则结构,微桁架结构是工程重复的微梁束按照典型金属泡沫孔的比例排列而成的桁架。当作为冲击波衰减研究时,文献报道了单梁束长度为6~20mm(Bele,2009;Wadley,2008;McKown,2007)。

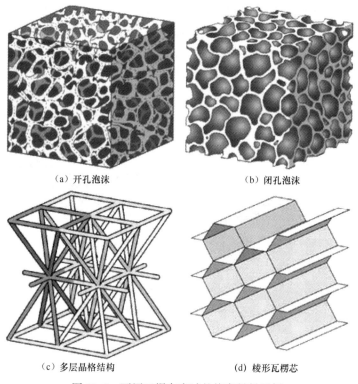

图 12.3 可用于爆轰衰减的蜂窝材料示例

因此,它们与其他多孔吸能材料如金属泡沫、蜂窝结构以及大量纤维增强聚合物压碎管相归于一类。但是,也存在很大区别:加上快速发展的 3D 打印技术,这些结构可以设计成具有均匀一致的微观特性。Rashed(2016)综述了许多不同的制造方法,如图 12.4 给出简单实例。当进行新型装甲材料研发时,这些材料一定会激发人们的想象力,同时这也会带来更大的设计选择。

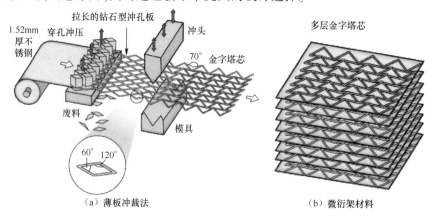

图 12.4 生产如(b)所示的微桁架材料所用的薄板冲裁法(a)

最后,作为本节补充说明,而且以很小篇幅,介绍一下金属有机骨架,特别是当涉及石墨烯基纳米结构研究时(见 Ahmed 和 Jhung,2014 年的综述)。与微桁架材料相同,它们也可定制和"有序生长"。

## 12.4 装甲系统发展趋势

如果装甲系统只有一个发展趋势,那就意味着装甲系统没有发展趋势——它们会随着威胁的不断发展从简单到更复杂和更创新的方向发展。在过去几十年中,我遇到很多对"抗弹"材料或装甲系统具有"最好"的创意的专业人员或其他人员。想法似乎是无限的,专利社团活动日益活跃。读者应该花些时间读一下由特拉华大学 Haque、Kearney 和 Gillespie(Haque,2012)发表的优秀论文——防护装甲包括人体和车辆装甲专利文献以及发展历史的全面综述,包括很广泛的专利构想。

在所有这些好的想法中,很重要的一点似乎被某些发明者忽略了——当设计轻型装甲系统时,重要的是,所提出系统的抗弹性能在所有可能的撞击点上是一致的。如果装甲沿厚度方向不具有均匀一致性,它就不会显示出均匀的抗弹性能水平。从图 12.5 中的专利思想看出,抗弹性能是在各点上改变的,以及在各点上抗弹性能是如何改变的。对于实际不均匀结构的装甲系统,那就可能需要按照最弱的地方进行设计,这样装甲系统就会过于沉重。这就是为什么使用单块拼接的陶瓷比均质陶瓷要重的缘故(见第 7 章)。

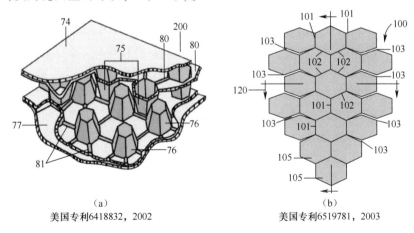

(a) 美国专利6418832,2002    (b) 美国专利6519781,2003

图 12.5　仅仅从大量人体装甲系统美国专利列举的两个专利

关于大量专利的想法需要注意的另外一点——从定义上说,这些以任何方式公开的想法不会代表实际使用的装甲系统的秘密部分。但是,这些数量不断增加的专利构想确实反映出可能应用的商业价值——特别是人体装甲市场没有变小,而且非军用市场远大于军用市场。

## 12.4.1 人体装甲系统

根据大量公开的市场调查(Visiongain,2009),人体装甲防护系统市场继续增长,到 2021 年市场规模预计达到约 14 亿美元。许多国家开展了下一代人体装甲系统研究的军用项目:美国陆军的士兵防护系统(SPS)、英国的未来步兵技术计划(FIST)、法国的 FELIN 计划和以色列的先进士兵(AS)等。在已经兴起的警察人体装甲市场上,警察军事化也不断增加了先进人体装甲系统的需求。在美国,Horn 等(2012)进行了国防部人体装甲系统不同减重方法的战略研究,研究表明,若不采用"银弹"材料方案,未来减重必须通过改变弹道性能的水平和不同的设计概念来实现。有趣的是,该报告甚至建议去除 Berry 修正案,这样"美国现役军人可以穿上来自世界最好、最耐用和防护力最好的服装"。1941 年生效的 Berry 修正案(USC,Title 10,Section 2533a)要求美国国防部优先采购本国制造的产品。个人看来,美国国防部及其现役军人确实失去了世界最好的训练和产品,而放弃这种限制性贸易行为可能会是有益的。

有确凿的证据表明,随着信息越来越公开,人体装甲装备的工业供应商的技术方案正在趋于同化,设计变得越来越接近最佳解决方案(Crouch,2016)。现在主要的差别在于成本(包括采购成本和整修成本)以及快速反应能力(指提供产品快速按需改进的能力)。如 2010 年早期澳大利亚国防部采用的"适应性采购"战略,目前能够使用户充分利用最新的改进技术。这一采购政策与采购整个部队的全部装甲系统的传统战略截然相反。澳大利亚陆军现在具有模块化系统,如模块化战斗人体装甲系统(MCBAS);分层系统,如分层人体装甲系统(TBAS)(见第 6 章)。

人体装甲如何进一步减重?我觉得有两种可用的方法:一种方法是通过改变战略;另一种方法就是通过更全面的设计方法。就战略而言,用户应根据实际作战环境,采取更加务实的观点,而不增大战场车外士兵生命的风险。受打击数量已经减少(Crouch,2016)。但是,如果认为非正面攻击是常态,那么防护水平就可降低,系统重量还可进一步降低,而且需要按照目标距离重新评估。我并不主张盲目采用这种做法——只承认,如果抗弹要求稍微放宽,减重是可能的。我希望大家深思。

就整体设计而言,用户现在应该意识到,现有的技术和装甲材料让用户认真研究人体装甲系统,提供一系列防护级别的多任务、单一产品装甲系统。例如,图 12.6 给出 2010 年作者提出的两个方案。方案 1 现在可以用于第 7 章论述的可变形陶瓷如黏塑性加工(VPP)碳化硼($B_4C$),方案 2 采用新开发的超高分子量聚乙烯软和硬装甲材料是相当可行的。

在阿富汗冲突中,为了降低采购时间、提高技术消化吸收,国防工业采用适应性采购战略。它是首选的创新模式,还可避免技术中断。我仅希望该体制和采购文化持续下去,因为在个人生存力空间它肯定会使有限研发资助价值最大化。

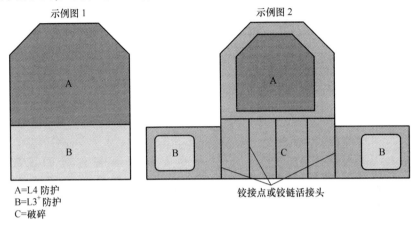

图12.6 通过产品提高防护水平的轻型人体装甲系统(BAS)

### 12.4.2 车辆装甲

基于2012年的统计数字(Visiongain,2010),包括升级和改装计划的军用车辆市场将不断增长,每年市场规模约24亿美元。图12.7给出其中大量专利申请的一小部分样本。当然,不断增长的威胁将继续推动实用系统的设计,本书不可能在这里包含所有情况。作者认为给读者提供少量的研究和重点已经足以说明情况。

当涉及耐用陶瓷基系统时,如Wang(2013)论述的球形陶瓷方案现在相当流行。这些不见得比均质方案有效和抗弹,但是它们却极其结实耐用(军用中重要的要求),冲击损伤可以更加局部化。

作为吸引人的要求,空间系数常常被忽略。不过,对于新型装甲材料都有空间系数和质量系数的要求。通过研究坚硬而且致密的材料便可获得这一点,就像长杆弹芯研究人员一样。这不是新概念,因为Gooch、Burkings和Palicka在15年前(2000)就公布了碳化钨陶瓷的研究。

第2章包含栓接结构超过焊接结构的优点。从装甲工程师的观点考虑,这种选择是非常吸引人的,因为模块设计的栓接结构不存在焊接工艺的结构异质性;它们很容易修复;装甲材料可替换和升级,具有很高抗弹性能的装甲材料可以得到更好的利用。

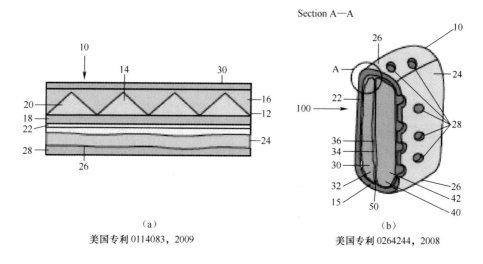

(a) 美国专利 0114083, 2009
(b) 美国专利 0264244, 2008

图 12.7 从大量车辆装甲系统相关专利列出的二个美国专利

最后,可以相信,随着微工程材料成为现实,当用于军用车辆底部和乘员的防护时,将使用更多的防爆炸装甲——不仅仅是几何结构。

## 12.5 思考和建议

任何装甲系统的设计推动仍然是降低加工制造成本(以及原材料成本),与使用性能的提高一样重要。这就是在过去 15 年研究低成本反应烧结碳化硅的动力(Crouch,2015),还有就是为什么国防材料技术中心(DMTC)要推进研究热压碳化硼的替代工艺——VPP 工艺(见第 7 章)。成本和抗弹性能之间的关系将在最后一节进行比较深入的探讨。

为 7.62mm APM2 威胁编制的数据库如表 12.2 所列。当然,这样的数据表应该是为多种威胁研究准备的,下面的分析可同样用于多种威胁情形。面密度数据来源于大量的参考文献,包括那些 1991 年公布的(Anon,1991)良好的性能数据。$E_m$ 数据按照传统的方法通过对标准 RHA 进行回归而得到。另一方面,成本数据作者已通过不同方法编撰,并向澳大利亚市场提供 2015 年中等规模的材料成本的预测估算。它们以澳元表示,脚注中给出货币兑换率。

表 12.2 部分装甲材料质量系数 $E_m$ 和成本数据

| 装甲材料/系统 | 面密度(AD)来源 | 面密度/(kg/m²) | 质量系数 $E_m$ | 成本/(澳元/kg) |
|---|---|---|---|---|
| RHA | IDR (1991) | 114 | 1.00 | 4 |
| HHS | IDR (1991) | 98 | 1.16 | 4 |

续表

| 装甲材料/系统 | 面密度(AD)来源 | 面密度/(kg/m²) | 质量系数 $E_m$ | 成本/(美元/kg) |
|---|---|---|---|---|
| DHA | IDR（1991） | 64 | 1.78 | 7 |
| 5083 | IDR（1991） | 128 | 0.89 | 9 |
| 5059-H131 | Showalter 等（2008） | 128 | 0.89 | 10 |
| 6061-T651 | Ryan（2015） | 135 | 0.84 | 9 |
| 7039 | IDR（1991） | 106 | 1.08 | 15 |
| 7075-T651 | Ryan（2015） | 107 | 1.07 | 18 |
| 2519 | IDR（1991） | 100 | 1.14 | 12 |
| Ti-6Al-4V | Timet（2015） | 86 | 1.33 | 113 |
| Mg 合金 ZK60A | Van de Voorde（2005） | 135 | 0.84 | 120 |
| E-玻璃 FRP | IDR（1991） | 115 | 0.99 | 24 |
| S2-玻璃 FRP | IDR（1991） | 93 | 1.23 | 30 |
| 钠钙玻璃 | Strassburger（2009） | 170 | 0.67 | 24 |
| AlON/PC/玻璃/PC | Strassburger（2009） | 65 | 1.75 | 150 |
| 氧化铝/5083 | IDR（1991） | 50 | 2.28 | 35 |
| 氧化铝/7020 | IDR（1991） | 42 | 2.71 | 38 |
| 氧化铝/KFRP | IDR（1991） | 38 | 3.00 | 150 |
| B₄C/6061 | IDR（1991） | 35 | 3.26 | 200 |
| B₄C/UHMWPE | Crouch（2014） |  | 3.56 | 220 |

注：1. 面密度数据来源：Anon（1991），Showalter 等（2008），Ryan（2015），Timet（2015），Van de Voorde（2005），Strassburger（2009）和 Crouch，（2014）；

2. 估算成本数据来源：Crouch（2015）；

3. 当时的汇率：1 澳元 = 0.70 美元和 0.50 英镑。

这组数据在绘制成曲线时变得非常具有启发性，如图 12.8 所示。数据有很大分散，但也有一个自然上升的趋势。用该曲线可说明设计师如何选择特殊的装甲系统：首先，设定最小可接受的抗弹性能——这里选择质量系数 $E_m$ 为 1。其次，逐一分析，就可画出一条成本线，成本线的斜率等于成本-效益线。关键的问题是"用户在减重方面的价值有多大？"因此，这条线的斜率将取决于你是设计一个重量敏感系统，如人体装甲系统，还是重量不敏感应用，如混凝土掩体。

这条曲线也提供了一个对应关注的成本和/或性能的改进非常有用的图示概述。4 个三角区指出未来发展的技术领域。钛合金(浅绿三角)、氮氧化铝(蓝色三角)和碳化硼(深绿三角)工业上肯定会获益于成本降低。建议获得成本降低的同时不应该降低抗弹性能，碳化硼除外，也许它早已具有高 $E_m$ 值。正是后一个示例，对应于深绿的碳化硼三角区，澳大利亚 DTMC 在过去 5 年大部分注意力都集中

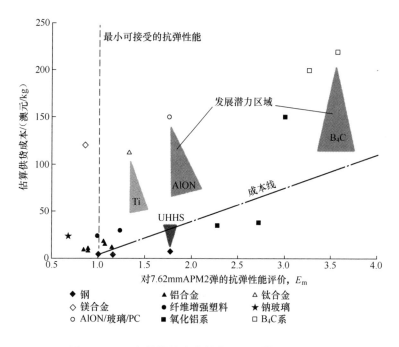

图 12.8　$E_m$ 与估算的大多数装甲材料供应成本曲线

在它身上。

从图中可看出有趣的和意想不到的一点就是装甲钢(棕色发展三角),是唯一一个低于成本线的材料家族。因此,超高硬度钢存在成本空间,因此对装甲工程师仍旧具有吸引力。也许适当增加成本可以带来某种形式的附加值。

当然,与任何供货商一样,把研发重点放在最终用户的需求上是至关重要的。技术需要能够放大和良好的工业化路径。装甲工程师也要有足够的胸怀,充分利用其他领域相关的研究,如增材制造、3D 打印、快速计算和更好的图像技术(Wang,2015)。然而,关键是对最终用户要有一条明确的路径。

澳大利亚的采购方式和制度是很有效和很流行的:由 Diggerworks 和 DMTC 这样的机构推进的短供应链与适应性采购战略。希望在和平时期仍继续这种做法,就像最近的冲突一样,因为这是一个很有收获也很丰硕的经历,在过去 10 年一直扮演主动角色。

## 12.6　结束语

我非常欣赏 James Gordon 教授的工作(1968,1978),不知不觉采用了类似的写作风格:有趣和引人入胜(希望),以及个性的,而不是纯粹的事实。正如 Gordon

教授指出,新的工程材料通过军事应用/需求来引入是正常的演化行为;剑用钢、头盔用铝合金、雷达系统用聚乙烯,以及那些新引入的材料,都会伴随着较高的采购成本,至少初期是这样。

Gordon(1968)还将下列预言性词语以结论的形式写进了他的首部作品 *The New Science of Strong Materials*:"通过读书不可能完全获取包罗万象的材料知识;一个人必须使用直接观察和经历。就像真正学习摄影、绘图或者绘画一样,在于学会观察,所以必须养成注意和观察你身边的结构和材料的习惯——即使是最普通的——也要睁大眼睛"。

这里,在《装甲材料科学》中,"眼见为实",正如许多场合所说的,了解装甲材料如何失效是研发新型装甲材料的秘密,这让我回到了这本书的起点——吉卜林(Kipling)的诗"破坏应变赞美诗"(见前言)。这是1970年大四本科生在他们期末考试之前通过利兹大学冶金学讲师克里斯·哈蒙德(Chris Hammond)博士给我的献礼。

感谢克里斯·哈蒙德!

本章相关彩图,请扫码查看

# 参考文献

Ahmed, I., Jhung, S. H., 2014. Materials Today 17, 136-146.

Anon., 1991. International Defence Review 1991, 349.

Anon., December 2015. www.dyneema.com.

Atanasov, S. E, et al., 2014. Improved cut-resistance of kevlar using controled interface reactions during atomic layer deposition of ultrathin, Joumal of Mateials Chemistry A.

Barrett, D. September 25, 2014. The Wal Street Journal A3. Thursday.

Bcle. E. Bouwhuis, B., Hibbard, G., 2009. Failure mechanisms in metal / metal hybrid nanocrystalline micro-truss materials, Acta Materialia.

Belmonte, M., et al., 2016. Scripta Materialia 113, 127-130.

Bolduc, M., et al., 2014. Toward Better Personal Balistic Protection. PASs 2014, Cambridge, UK.

Crouch, IG., Sandlin, J. D. 2010. D M TC Technical Report.

Crouch, IG., Kesharaju, M., Nagarajah, R. 2015. Ceramics Intemational 41, 11581-11591.

Crouch, I. G., Sandlin, J. D.. Thomas, S. Seeber, A..2016. Material science behind the development of a new, shapeable, bo Γ on carbide, amour material. In : 29th International Symposium on Balistics,

Edinburgh, UK, May 2016.

Crouch, I. G., March 2010. Materials World 26-27.

Crouch, I. G., 2014. Private communication.

De Guire, E., 2013. American Ceramic Society Bulletin 92, 26-31.

DSM, 2015.www.dyneema.com.

Franks, L. P., 2007. Advances in Ceramic Amor III. Wiley, New Jersey.

Gladysz, G., Chawla, K, 2014. Voids in Mateials : From Unavoidable Defects to Designed Cellular Materials. Elsevier.

Gooch, W. A., Burkins, M. S.. Palicka. R.2000.Joumal de Physique IV 10, 741-746.

Gordon, J. E., 1968. The New Science of Strong Materials. Penguin Books, Middlesex, England

Gordon, J. E., 1978. Structures. Penguin Books, Middlesex, England.

Haque, B. Z., Kearney, M. M. Gillespie, J. W., 2012. Rccent Patents on Materials Science 2015, 103-134.

Horn, K., et al., 2012. Lightening Body Amor-Arroyo Support to the Army Response to Section 125 of the National Defense Authorization Act for Fiscal Year 2011. RAND Corporation.

Kum, D. W., Oyama, T., Wadsworth, J., Sherby, O. D., 1983. Journal of the Mechanics and Physics of Solids 31, 173-186.

Liu, L., et al., 2015. Journal of the American Ceramic Society 2015, 1-8.

McKown, S.. et al., 2007. International Joumal of Impact Engineering 35, 795-810.

McWilliams, B.. Yu. J.Pankow、M., Yen, C.-F., 2015. International Journal of Impact Engineering 86, 57-66.

Mylvaganam, K., Zhang, L. C., 2007. Nanotechnology 18, 475701.

Rashed, M. G., et al., 2016. Metalic microlattice materials : a current state of the art on manufacturing, mechanical properties and applications. Matrials and Design. http ://dx. doi. org /10. 1016/j. matdes.2016.01.146.

Reddy, T., 2015.www.defendtex.com.

Ryan, S.. Cimpoeru, S., 2015. An evaluation of the Forrestal Scaling Law for predicting the performance of targets perforated in Ductile Hole Formation. In :3rd International Conference on Protective Structures (ICPS3), Newcastle, Australia.

Showalter D. D., Placzankis, B. E., Burkins, M. S., 2008. ARL-TR-4427.

Strassburger, E., 2009. Journal of the European Ceramic Society 29, 267-273.

Timet, 2015.www.timet.com. Van de Voorde, M. J., Diederan, A. M., Herlaar, K., 2005. Preliminary investigation of poten tial lightweight metallic armour plates. In : International Conference on Ballistics, Vancouver, Canada, November 2005.

Visiongain, 2009.www.visiongain.com.

Visiongain, 2010.www.visiongain.com.

Wadley. H. et al., 2008. compressive response о питауетеd pyramidial lattices Dduring underwater shock loading, International, Journal of Impact Engineerinp.

Wang. Q. Chen, Z. Chen, Z., 2013. Materials and Design 46, 634-639.

Wang, K., et al., 2015. Materials and Design 67, 159-164.

Zhu, H. Khanna, S. K., 2016. International Journal of Impact Engineering 89, 14-24.